电工工作速查手册

《电工工作速查手册》编委会　组织编写

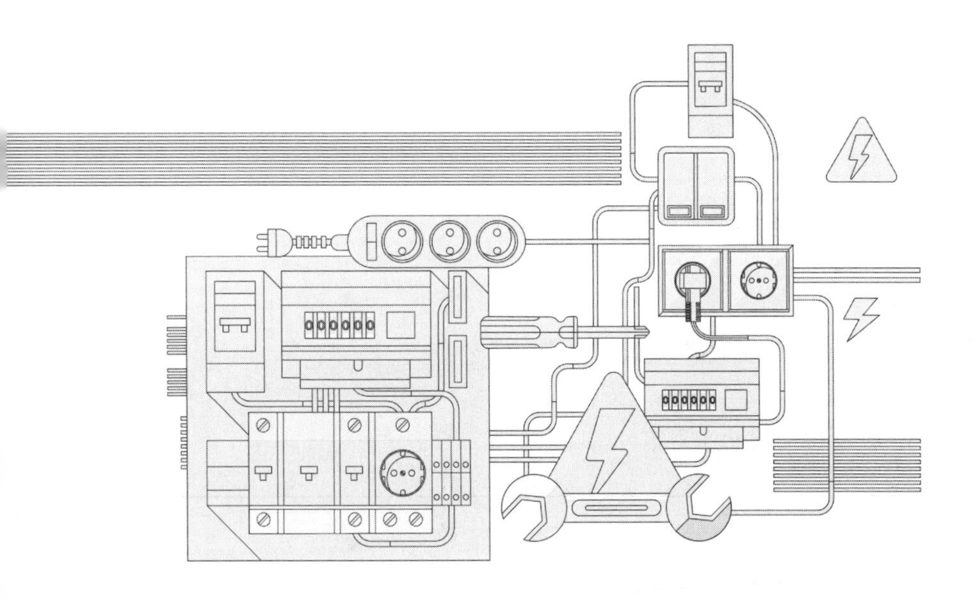

·北京·

内 容 简 介

《电工工作速查手册》是一本电工工具书，结合电工工作实际，全面系统地介绍了电工应掌握的基本知识和操作技能，主要包括电工基础知识、电工常用工具及仪表、电工基本操作技能、电子元器件、安全用电等；总结了电工常用设备的工作特性、故障检修方法和常用技术数据，涉及电动机、变压器、低压电器等设备；讲解了常用控制电路的工作原理等。本手册内容由浅入深，语言通俗易懂，不仅能帮读者快速掌握电工知识和技能，了解常用设备的运行、维护和检修方法，并且让读者在工作中能及时查阅有关数据和资料。

本手册适合广大电工、电气维修和操作人员阅读，也可供相关专业师生参考。

图书在版编目（CIP）数据

电工工作速查手册/《电工工作速查手册》编委会组织编写. —北京：化学工业出版社，2020.9

ISBN 978-7-122-37192-8

Ⅰ.①电… Ⅱ.①电… Ⅲ.①电工技术-技术手册 Ⅳ.①TM-62

中国版本图书馆CIP数据核字（2020）第097848号

责任编辑：万忻欣 李军亮　　文字编辑：陈 喆

责任校对：王佳伟　　装帧设计：王晓宇

出版发行：化学工业出版社（北京市东城区青年湖南街13号 邮政编码100011）

印　　刷：北京京华铭诚工贸有限公司

装　　订：三河市振勇印装有限公司

787mm×1092mm 1/16 印张26¼ 字数706千字 2020年11月北京第1版第1次印刷

购书咨询：010-64518888　　售后服务：010-64518899

网　　址：http://www.cip.com.cn

定　　价：99.00元

《电工工作速查手册》

编委会

前言

随着科学技术的发展，社会各领域的电气化程度越来越高，这使得电气及相关行业需要越来越多的电工技术人才。 与其他岗位不同，电工领域的工作存在一定程度的危险，这就需要从业人员学习理论知识的同时也要掌握电工操作的要点，具备处理故障的能力。 为了方便广大电工全面学习电工基础知识和技能，我们特编写了《电工工作速查手册》。

本手册是一本电工工具书，是根据电工的实际需要，结合电工工作实际，以应用为目的编写的。 本手册内容全面、系统、实用，既介绍了电工相关基础知识、数据资料、操作技能和规范等，又融入了电工的经验与技巧以及故障检修案例，帮助读者掌握电工知识和技能，了解常用设备的运行、维护和检修方法，并且在工作中能及时查阅有关数据和资料。

本手册内容具有以下特点。

- **电工基础和电工技能全面覆盖。**本手册循序渐进、由浅入深地介绍电工基础知识、电工常用工具及仪表、电工基本操作技能、电子元器件、电动机、变压器、低压电器、常用控制电路、安全用电等内容，帮助读者全面学习各项知识和技能。
- **基础起点低，语言通俗易懂。**本手册充分考虑初学者的需要，采用进阶式编排，内容图文并茂，尽量把复杂的理论和烦琐的公式简易化，引导电工快速入门。
- **资料全面。**本手册不仅包含常用名词术语、常用计算公式、常用工具及仪表等基础知识，还汇集了常用电气设备的最新技术标准和技术资料，文字与图表相结合，便于使用和查找，集学习和查阅于一体。
- **实用性强。**本手册对电气设备常见故障进行了归纳总结，讲解详细，读者可以边学边用，也可根据故障现象快速找到解决方案，与实际应用接轨。

本手册适合广大电工、电气维修和操作人员阅读，也可供相关专业师生参考。

由于编者水平有限，书中不足之处在所难免，欢迎读者批评指正。

编者

目录

第一章　电工基础知识

第二章　电工常用工具及仪表

第三章　电工基本操作技能

第四章 电子元器件

第五章 电动机

第六章 变压器

第七章 低压电器

第八章 常用控制电路

第九章 安全用电

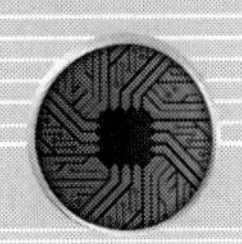

第一章 电工基础知识

第一节 电工常用名词术语

电源 能将其他形式的能量转换成电能的装置叫电源，如发电机、蓄电池和光电池等。

负荷 又称负载，是指吸收功率的器件或者指器件输出的功率，如电动机、电灯、继电器等。

电荷 电荷是指物体的带电质点。电荷有正电荷和负电荷两种。电荷之间存在着相互的作用力，同性电荷相互排斥，异性电荷相互吸引。电荷之间相互的作用力大小与电荷的多少成正比，与电荷间距离的平方成反比。

导体 具有良好的传导电流能力的物体称为导体。通常导体分为两类：像金属以及大地、人体等，称为第一类导体；像酸、碱、盐的水溶液以及熔融的电解质等，称为第二类导体。

绝缘体 不善于传导电流的物体称为绝缘体。

半导体 导电性能介于导体和绝缘体之间的物体。随着杂质含量及外界条件（光照、温度或压强等）的改变，半导体的导电性能会发生显著变化。

电流 电荷的定向流动，它可以是正电荷，负电荷或正、负电荷同时做有规则的移动而形成的。

电流密度 通过垂直于电荷流动方向的单位面积上的电流大小。

电路 用导体把电源、用电元器件或设备连接起来，构成的电流通路称为电路。

电压 在静电场中，将单位正电荷从 a 点移到 b 点过程中电场力所做的功，在数值上等于这两点间的电压，又称这两点间的电势差或电位差。

电压降 又称电位降，是指沿有电流通过的导体或在有电流通过的电路中电位的减小。

电动势 将单位正电荷从负极通过电源内部移动到正极时非静电力所做的功。或者说，电源的电动势等于在外电路断开时电源两极间的电势差。

感应电动势 分为动生电动势和感生电动势。动生电动势是指组成回路的导体（整体或局部）在恒定磁场中运动时使回路中磁通量发生变化而产生的电动势；感生电动势是指固定回路中磁场发生变化使回路磁通量改变而产生的电动势。

电阻 通常解释为物质阻碍电流通过的能力。根据欧姆定律，导体两端的电压和通过导体的电流成正比，电压与电流的比值称为电阻。

电阻率 表征物质导电的特性参数。电阻率越小，导电本领越强。导体的电阻率会受一些物理因素（如热、光、压力等）影响。

电导 表征物质导电特性的物理量，它是电阻的倒数。

电导率 电阻率的倒数。

电容 表征导体或导体系容纳电荷性能的物理量。

电场 有能发生力的电状态存在的空间的一个区域。电场具有特殊的性质，当放进一个带电体时，这个带电体就会受到电场的作用。

电场强度 电场强度是表示电场作用于带电物体上作用力大小和方向的一个物体量。

电感 是自感与互感的统称。自感是指通过闭合回路的电流变化引起穿过它的磁通量发生变化而产生感应电动势的现象；互感是指一个闭合回路中电流变化使穿过邻近另一个回路中磁通量发生变化而在该回路中产生感应电动势的现象。

直流电 电荷流动方向不随时间改变的电流。

交流电 大小和方向随时间做周期性变动且在一个周期内平均值为零的电流称为交变电流，简称交流电。

频率 周期的倒数。

瞬时值 交流电在任一时刻的量值称为瞬时值。

有效值 交流电在一个周期内的方均根值。即将交流电通过一电阻在一个周期内消耗的能量，若与一直流电通过同一电阻在相同时间内消耗的能量相等，则此直流电的量值被定义为该交流电的有效值。

感抗 交流电通过具有电感的电路时，电感起阻碍电流流过的作用。

容抗 交流电通过具有电容的电路时，电容起阻碍电流流过的作用。

阻抗 交流电通过具有电感、电容和电阻的电路时，电感、电容和电阻共同起阻碍电流流过的作用。

相位 交流电是随时间按正弦规律变动的物理量，用公式可表示为

$$i=I_{\mathrm{m}}\sin(\omega t+\varphi)$$

式中，$\omega t+\varphi$ 称为该交流电在某一瞬时 t 的相位；$\varphi(t=0)$ 称为初相。因相位常以角度表示，故又可称为相角。ω 称为角频率。

相位差 两个频率相同的正弦交流电的初相位之差称为相位差或相角差。

瞬时功率 指交流电路中任一瞬间的功率。

视在功率 在具有电阻和电抗的电路中，电压与电流有效值的乘积称为视在功率。

有功功率 交流电路功率在一个周期内的平均值称为平均功率，也称为有功功率。它实质上反映了电路从电源取得的净功率。

无功功率 在具有电感或电容的电路中，反映电路与外电源之间能量反复授受程度的量值称为无功功率，实质上是只与电源交换而不消耗的那部分能量。

功率因数 是指有功功率与视在功率的比值。

相电压 在三相交流系统中，任一根火线与中性线之间的电压叫作相电压。

线电压 在三相交流系统中，任两根火线之间的电压叫作线电压。

相电流 在三相负载中，每相负载中流过的电流叫作相电流。

线电流 三相电源线各线中流过的电流叫作线电流。

磁感应强度 在磁场中的某一点，单位正电荷以单位速度向着与磁场方向相垂直的方向运动时所受到的磁场力，称为这一点的磁感应强度。

磁通量 亦即磁感应强度的通量。

磁通（量）密度 指垂直于磁场的单位截面积上通过的磁通量。它与磁感应强度在数值上是一致的。

磁阻 磁路对磁通量所起的阻碍作用。

剩磁 铁磁物质在外磁场中被磁化，当外磁场消失后，铁磁物质仍保留一定的磁性，称作剩磁。

第二节 电工常用计算公式

电工常用计算公式见表 1-1。

表 1-1 电工常用计算公式

项目	公式
电流的计算	$I=\frac{Q}{t}$ Q——电量，C t——时间，s I——电流，A
电压的计算	$U=\frac{W}{Q}$ W——电能，J U——电压，V
欧姆定律	$I=\frac{U}{R}$ R——电阻，Ω
直流电路功率	$P=UI=I^2R=\frac{U^2}{R}$ P——电功率，W
电阻的计算	$R=\rho\frac{l}{S}$ l——长度，m S——截面面积，mm^2 ρ——电阻系数，$\Omega\cdot mm^2/m$
电阻与温度的关系	$R_t=R_{20}[1+\alpha(t-20)]$ R_t，R_{20}——t℃和 20℃时的电阻，Ω α——电阻温度系数，$℃^{-1}$
电阻串联	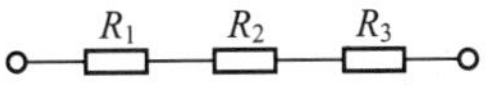 $R=R_1+R_2+R_3$
电阻并联	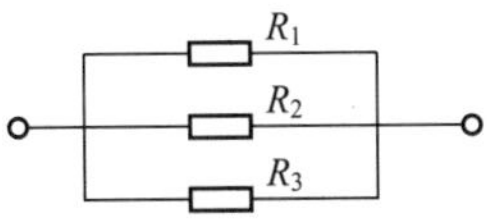 $\frac{1}{R}=\frac{1}{R_1}+\frac{1}{R_2}+\frac{1}{R_3}$
电阻复联	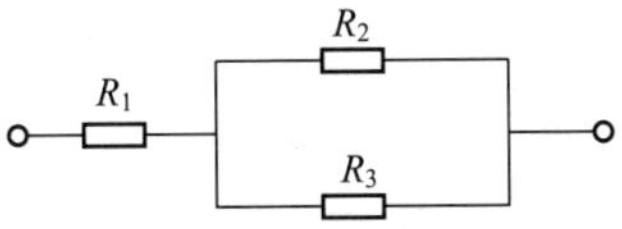 $R=R_1+\frac{R_2R_3}{R_2+R_3}$
全电路欧姆定律	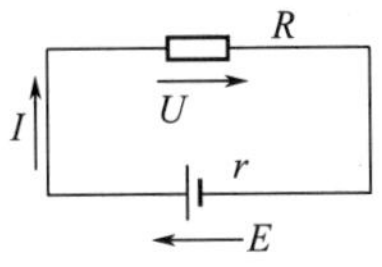 $I=\frac{E}{R+r}$ E——电源电动势 R——负载电阻，Ω r——电源内阻，Ω
电池组串联	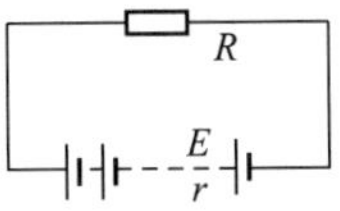 $I=\frac{nE}{R+nr}$ n——电池数量
电池组并联	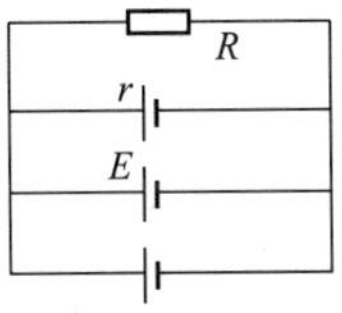 $I=\frac{E}{R+\frac{r}{n}}$

续表

项目	公式
电功及电功率的计算	$W=QU=UIt=I^2Rt=\frac{U^2}{R}t$　　R——电阻,Ω $P=\frac{W}{t}=UI=I^2R=\frac{U^2}{R}$　　t——时间,s
焦耳-楞次定律	$Q=I^2Rt$　　Q——热量,J
电容的计算	$C=\frac{Q}{U}$　　Q——电量,C C——电容,F
电容串联	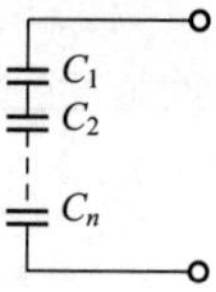 C_1 C_2 C_n $\frac{1}{C}=\frac{1}{C_1}+\frac{1}{C_2}+\cdots+\frac{1}{C_n}$
电容并联	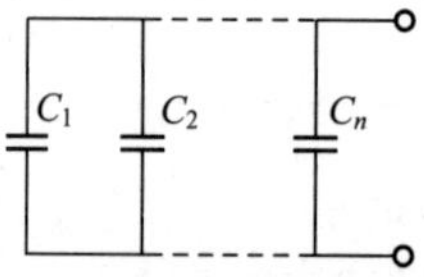 C_1 C_2 C_n $C=C_1+C_2+\cdots+C_n$
线圈电感计算	$L=\frac{\Psi}{I}=\frac{N\Phi}{I}$　　Ψ——磁链,Wb N——线圈匝数 Φ——磁通,Wb
无互感线圈串联	 L_1 L_2 $L=L_1+L_2$
无互感线圈并联	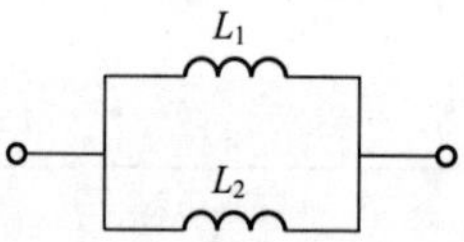 L_1 L_2 $\frac{1}{L}=\frac{1}{L_1}+\frac{1}{L_2}$
有互感线圈串联	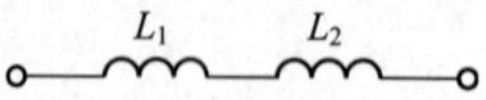 L_1 L_2 $L=L_1+L_2+2M$ L_1,L_2——线圈1、2的自感,H 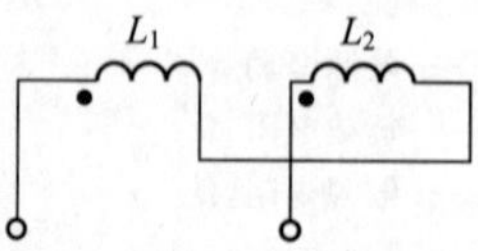 L_1 L_2 $L=L_1+L_2-2M$ M——线圈1、2的互感,H
有互感线圈并联	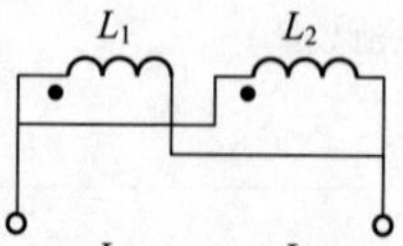 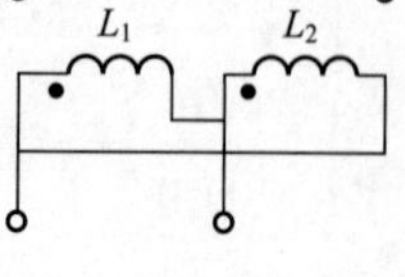 L_1 L_2 $L=\frac{L_1L_2-M^2}{L_1+L_2-2M}$ L_1 L_2 $L=\frac{L_1L_2-M^2}{L_1+L_2+2M}$

续表

项目	公式	
电阻、电感串联	 $Z=\sqrt{R^2+X_L^2}$ $X_L=2\pi fL$	Z——阻抗，Ω R——电阻，Ω X_L——感抗，Ω X_C——容抗，Ω X——电抗，Ω L——电感，H C——电容，F f——频率，Hz
电阻、电容串联	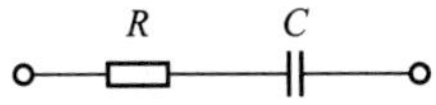 $Z=\sqrt{R^2+X_C^2}$，$X_C=\frac{1}{2\pi fC}$	
电阻、电感、电容串联	 $Z=\sqrt{R^2+(X_L-X_C)^2}$ $=\sqrt{R^2+X^2}$ $X=X_L-X_C$	
阻抗串联	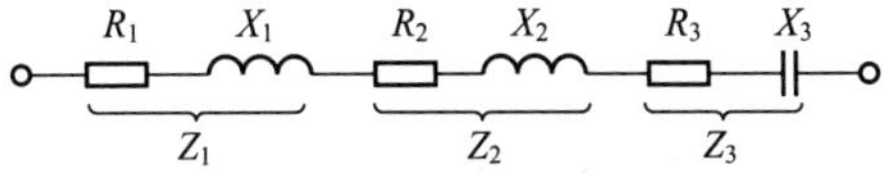 $Z=\sqrt{(R_1+R_2+R_3)^2+(X_1+X_2-X_3)^2}$ $=\sqrt{R^2+X^2}$ $R=R_1+R_2+R_3$，$X=X_1+X_2-X_3$ 注意：$Z\neq Z_1+Z_2+Z_3$	
交流电路 T、ω、f 的关系	$T=\frac{1}{f}$　　$\omega=2\pi f$	f——频率，Hz T——周期，s ω——角频率，rad/s
交流电有效值和最大值的关系	$U_E=\frac{U_{max}}{\sqrt{2}}$　　$I_E=\frac{I_{max}}{\sqrt{2}}$	
交流电平均值和最大值的关系	$U_A=\frac{2}{\pi}U_{max}$　　$I_A=\frac{2}{\pi}I_{max}$	
电阻星形-三角形连接互换：星形化为三角形	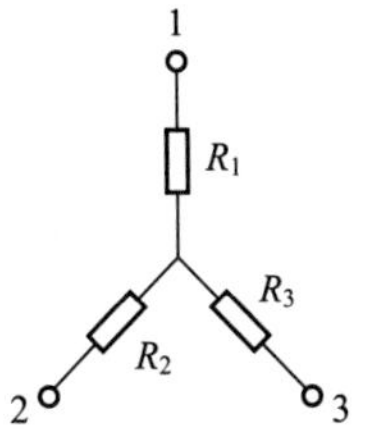 $R_{12}=R_1+R_2+\frac{R_1R_2}{R_3}$ $R_{23}=R_2+R_3+\frac{R_2R_3}{R_1}$ $R_{31}=R_3+R_1+\frac{R_3R_1}{R_2}$	
电阻星形-三角形连接互换：三角形化为星形	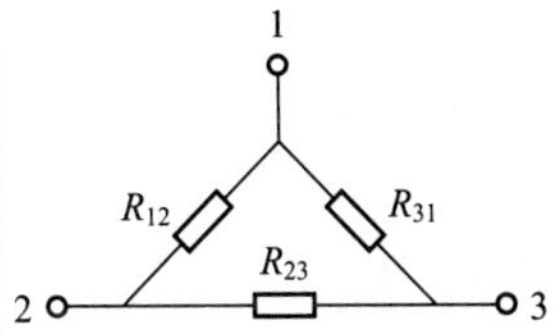 $R_1=\frac{R_{12}R_{31}}{R_{12}+R_{23}+R_{31}}$ $R_2=\frac{R_{23}R_{12}}{R_{12}+R_{23}+R_{31}}$ $R_3=\frac{R_{31}R_{23}}{R_{12}+R_{23}+R_{31}}$	

续表

项目	公式
交流电路中电压、电流、阻抗三者之间的关系(欧姆定律)	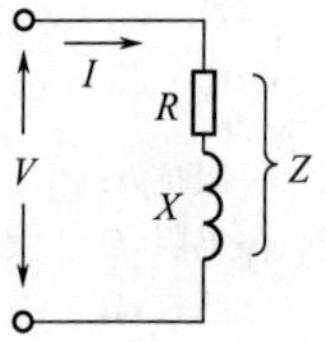 $I=\frac{V}{Z}$ $Z=\sqrt{R^2+X^2}$
交流电路功率	$P=VI\cos\varphi=I^2R$ $Q=VI\sin\varphi=I^2X$ $S=VI=I^2Z$ $\cos\varphi=\frac{R}{Z},\sin\varphi=\frac{X}{Z}$ P——有功功率,W Q——无功功率,var S——视在功率,V·A $\cos\varphi$——功率因数
交流并联电路的总电流	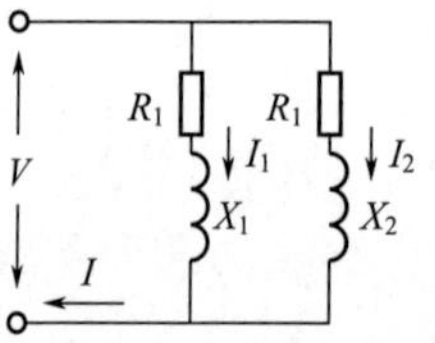 $I=\sqrt{I_1^2+I_2^2+2I_1I_2\cos(\varphi_1-\varphi_2)}$ $\varphi=\arctan\frac{I_1\sin\varphi_1+I_2\sin\varphi_2}{I_1\cos\varphi_1+I_2\cos\varphi_2}$ $\varphi_1=\arctan\frac{X_1}{R_1},\varphi_2=\arctan\frac{X_2}{R_2}$ φ——总电流 I 与电压 V 之间的相角 φ_1——第一支路电流 I_1 与电压 V 之间的相角 φ_2——第二支路电流 I_2 与电压 V 之间的相角
三相交流电路中线电压与相电压以及线电流与相电流的关系	负载三角形(△)接法: $V_L=V_{LN}$ $L_L=\sqrt{3}I_{LN}$ (负载对称时此式才成立) 负载星形(Y)接法: $I_L=I_{LN}$ $V_L=\sqrt{3}V_{LN}$ (有中线时此式才成立,与负载是否对称无关) V_L,I_L——线电压与线电流 V_{LN},I_{LN}——相电压与相电流
对称三相交流电路功率	$P=\sqrt{3}VI\cos\varphi$ $Q=\sqrt{3}VI\sin\varphi$ $S=\sqrt{3}VI$ V——线电压,V I——线电流,A φ——相电压与相电流之间的相角
直流电磁铁吸引力	$F=4B^2S\times10^3$ F——吸引力,N B——磁感应强度,T S——磁路的截面积,m^2
电动机额定转矩	$M=97.5\frac{P}{n}$ M——电动机额定转矩,N·m P——电动机额定容量,kW n——电动机转速,r/min

第三节　电工常用计量单位

一、国际单位制单位

国际单位制基本单位见表 1-2；包括国际单位制辅助单位在内的具有专门名称的国际单位制导出单位见表 1-3；国际单位制中构成倍数单位的词头见表 1-4。

表 1-2　国际单位制基本单位

量的名称	单位名称	单位符号
长度	米	m
质量	千克(公斤)	kg
时间	秒	s
电流	安[培]	A
热力学温度	开[尔文]	K
物质的量	摩[尔]	mol
发光强度	坎[德拉]	cd

注：1. 圆括号中的名称，是它前面名称的同义词，下同。

2. 无方括号的量的名称与单位名称均为全称。方括号中的字，在不致引起混淆、误解的情况下，可以省略。去掉方括号中的字即为其名称的简称，下同。

3. 本标准所称的符号，除特殊指明外，均指我国法定计量单位中所规定的符号以及国际符号，下同。

4. 日常生活和贸易中，质量习惯称为重量。

表 1-3　国际单位制辅助单位及导出单位

量的名称	SI 导出单位		
	名称	符号	用 SI 基本单位和 SI 导出单位表示
[平面]角	弧度	rad	1rad=1m/m=1
立体角	球面度	sr	$1sr=1m^2/m^2=1$
频率	赫[兹]	Hz	$1Hz=1s^{-1}$
力	牛[顿]	N	$1N=1kg \cdot m/s^2$
压力,压强,应力	帕[斯卡]	Pa	$1Pa=1N/m^2$
能[量],功,热量	焦[耳]	J	1J=1N·m
功率,辐[射能]通量	瓦[特]	W	1W=1J/s
电荷[量]	库[仑]	C	1C=1A·s
电压,电动势,电位,(电势)	伏[特]	V	1V=1W/A
电容	法[拉]	F	1F=1C/V
电阻	欧[姆]	Ω	1Ω=1V/A
电导	西[门子]	S	$1S=1\Omega^{-1}$
磁通[量]	韦[伯]	Wb	1Wb=1V·s
磁通[量]密度,磁感应强度	特[斯拉]	T	$1T=1Wb/m^2$
电感	亨[利]	H	1H=1Wb/A
摄氏温度	摄氏度	℃	1℃=1K
光通量	流[明]	lm	1lm=1cd·sr
[光]照度	勒[克斯]	lx	$1lx=1lm/m^2$

表 1-4　国际单位制词头

因数	词头名称		符号
	英文	中文	
10^{24}	yotta	尧[它]	Y
10^{21}	zetta	泽[它]	Z
10^{18}	exa	艾[可萨]	E
10^{15}	peta	拍[它]	P
10^{12}	tera	太[拉]	T
10^{9}	giga	吉[咖]	G
10^{6}	mega	兆	M
10^{3}	kilo	千	k
10^{2}	hecto	百	h
10^{1}	deca	十	da
10^{-1}	deci	分	d
10^{-2}	centi	厘	c
10^{-3}	milli	毫	m
10^{-6}	micro	微	μ
10^{-9}	nano	纳[诺]	n
10^{-12}	pico	皮[可]	p
10^{-15}	femto	飞[母托]	f
10^{-18}	atto	阿[托]	a
10^{-21}	zepto	仄[普托]	z
10^{-24}	yocto	幺[科托]	y

二、我国法定计量单位

可与国际单位制单位并用的我国法定计量单位见表 1-5。

表 1-5　可与国际单位制单位并用的我国法定计量单位

量的名称	单位名称	单位符号	与 SI 单位的关系
时间	分	min	1min=60s
	[小]时	h	1h=60min=3600s
	日,(天)	d	1d=24h=86400s
[平面]角	度	°	$1°=(\pi/180)$rad
	[角]分	′	$1'=(1/60)°=(\pi/10800)$rad
	[角]秒	″	$1''=(1/60)'=(\pi/648000)$rad
体积	升	L,(l)	$1L=1dm^3=10^{-3}m^3$
质量	吨 原子质量单位	t u	$1t=10^3kg$ $1u\approx1.660540\times10^{-27}kg$
旋转速度	转每分	r/min	$1r/min=(1/60)s^{-1}$
长度	海里	n mile	1n mile=1852m(只用于航行)
速度	节	kn	1kn=1n mile/h=(1852/3600)m/s(只用于航行)
能	电子伏	eV	$1eV\approx1.602177\times10^{-19}J$
级差	分贝	dB	

续表

量的名称	单位名称	单位符号	与 SI 单位的关系
线密度	特[克斯]	tex	$1tex=10^{-6}kg/m$
面积	公顷	hm^2	$1hm^2=10^4m^2$

注：1. 平面角单位度、分、秒的符号，在组合单位中应采用（°）、（′）、（″）的形式。

2. 升的符号中，小写字母 l 为备用符号。

3. 公顷的国际通用符号为 ha。

三、常用物理量及其单位换算

1. 常用电磁学的量和单位

常用电磁学的量和单位见表 1-6。

表 1-6 常用电磁学的量和单位

量和名称	符号	单位名称	单位符号	备注
电流	I	安[培]	A	在交流电技术中，用 i 表示电流的瞬时值
		千安[培]	kA	$1kA=10^3A$
		毫安[培]	mA	$1mA=10^{-3}A$
		微安[培]	μA	$1\mu A=10^{-6}A$
电荷	Q	库[仑]	C	$1C=1A\cdot s$
		安[培]小时	A·h	$1A\cdot h=3.6kC$
电荷(体)密度	ρ	库[仑]每立方米	C/m^3	$\rho=Q/V$（V：体积）
电荷(面)密度	σ	库[仑]每平方米	C/m^2	$\sigma=Q/A$（A：面积）
电场强度	E	伏[特]每米	V/m	$E=F/Q$（F：力） $1V/m=1N/C$（N：牛[顿]）
电位	V	伏[特]	V	$1V=1W/A$
电位差，电压	U	伏[特]	V	在交流电技术中，用 u 表示电压的瞬时值
		千伏[特]	kV	$1kV=10^3V$
		毫伏[特]	mV	$1mV=10^{-3}V$
		微伏[特]	μV	$1\mu V=10^{-6}V$
电动势	E	伏[特]	V	
电通[量]密度，电位移	D	库[仑]每平方米	C/m^2	矢量，其散度等于电荷体密度
电通[量]，电位移通量	Ψ	库[仑]	C	$\Psi=DA$（A：面积）
电容	C	法[拉]	F	$1F=1C/V$，$C=Q/U$
		毫法[拉]	mF	$1mF=10^{-3}F$
		微法[拉]	μF	$1\mu F=10^{-6}F$
		纳法[拉]	nF	$1nF=10^{-9}F$
		皮法[拉]	pF	$1pF=10^{-12}F$
介电常数(电容率)	ε	法[拉]每米	F/m	$\varepsilon=D/E$（E：电场强度）
真空介电常数(真空电容率)	ε_0	法[拉]每米	F/m	
相对介电常数(相对电容率)	ε_r			无量纲，$\varepsilon_r=\varepsilon/\varepsilon_0$
电流密度	J	安[培]每平方米	A/m^2	

续表

量和名称	符号	单位名称	单位符号	备注
电流线密度	A	安[培]每米	A/m	电流除以导电片宽度
磁场强度	H	安[培]每米	A/m	矢量，其旋度等于电流密度(包括位磁电流) 1Oe(奥斯特)=79.6A/m
磁位差	U_m	安[培]	A	$U_m=\int_{r1}^{r2}H\mathrm{d}r$ (dr:距离的微分)
磁通势	F	安[培]	A	$F=\oint H\mathrm{d}r$ (dr:距离的微分)
磁通[量]密度，磁感应强度	B	特[斯拉]	T	$1T=1Wb/m^2=1N/(A\cdot m)=1V\cdot s/m^2$ 1GS(高斯)$=10^{-4}$T
磁通[量]	Φ	韦[伯]	Wb	$\Phi=BA$(A:面积) $1Wb=1V\cdot s$ 1Mx(麦克斯韦)$=10^{-8}$Wb(韦伯)
磁矢位	A	韦[伯]每米	Wb/m	矢量，其旋度等于磁通密度
自感	L	亨[利]	H	$L=\Phi/I$, 1H=1Wb/A
		毫亨[利]	mH	$1mH=10^{-3}H$
		微亨[利]	μH	$1\mu H=10^{-6}H$
互感	M	亨[利]	H	$L=\Phi_1/I_2$(Φ_1:穿过回路1的磁通；I_2:回路2的电流)
耦合系数	k			无量纲，$k=M/\sqrt{L_1L_2}$
漏磁系数	σ			无量纲，$\sigma=1-K^2$
磁导率	μ	亨[利]每米	H/m	$\mu=B/H$ $1H/m=1Wb/(A\cdot m)=1V\cdot s/(A\cdot m)$
真空磁导率	μ_0	亨[利]每米	H/m	$\mu_0=4\pi\times10^{-7}H/m$
相对磁导率	μ_r			无量纲，$\mu_r=\mu/\mu_0$
磁化强度	M (H_i)	安[培]每米	A/m	$M=(B/\mu_0)-H$
电磁波传播速度	c (c_0)	米每秒	m/s	若用c代表介质中的速度，则真空中的速度用c_0表示
[直流]电阻	R	欧[姆]	Ω	1Ω=1V/A
		兆欧[姆]	MΩ	$1M\Omega=10^6\Omega$
		千欧[姆]	kΩ	$1k\Omega=10^3\Omega$
		毫欧[姆]	mΩ	$1m\Omega=10^{-3}\Omega$
		微欧[姆]	μΩ	$1\mu\Omega=10^{-6}\Omega$
[直流]电导	G	西[门子]	S	$1S=1\Omega^{-1}$
电阻率	ρ	欧[姆]米	Ω·m	$\rho=PA/l$(A:面积；l:长度)
电导率	γ	西[门子]每米	S/m	$\gamma=1/\rho$
线组的匝数	N			无量纲

续表

量和名称	符号	单位名称	单位符号	备注
相数	m			无量纲
功 能[量] 势能,位能 动能	W E E_p E_k	焦[耳]	J	1J=1N・m
功率	P	瓦[特]	W	1W=1J/s

2. 常用物理量的单位换算

常用物理量单位的换算分别见表 1-7～表 1-18。

表 1-7　功、能和热量单位的换算

单位名称	尔格	达因厘米	焦[耳]	千瓦小时	千卡	千克力米	米制马力小时	英制马力小时	英热单位	英尺磅力
单位符号	erg	dyn・cm	J	kW・h	kcal	kgf・m	ps・h	hp・h	Btu	ft・lbf
换算关系	1	1	10^{-7}	2.778×10^{-14}	2.39×10^{-11}	1.02×10^{-8}	3.777×10^{-14}	3.725×10^{-14}	9.478×10^{-11}	7.376×10^{-8}

表 1-8　功率单位的换算

单位名称	尔格每秒	瓦	千瓦	千卡每秒	千克力米每秒	米制马力	英制马力	英热单位每秒	英尺磅力每秒
单位符号	erg/s	W	kW	kcal/s	kgf・m/s	ps	hp	Btu/s	ft・lbf/s
换算关系	1	10^{-7}	10^{-10}	2.39×10^{-11}	1.0202×10^{-8}	0.136×10^{-9}	1.341×10^{-10}	9.478×10^{-11}	7.376×10^{-6}

表 1-9　长度单位的换算

单位名称	米	千米	厘米	毫米	英里	英尺	英寸	码	海里(国际)
单位符号	m	km	cm	mm	mile	ft	in	yd	n mile
换算关系	1	0.001	100	1000	0.0006214	3.2808	39.37	1.0936	0.00054

表 1-10　面积和地积单位的换算

单位名称	平方米	平方厘米	平方毫米	平方千米	公顷	公亩	平方英里	英亩	平方英尺	平方英寸	平方码
单位符号	m^2	cm^2	mm^2	km^2	ha	a	$mile^2$	acre	ft^2	in^2	yd^2
换算关系	1	10^4	10^6	10^{-6}	10^{-4}	10^{-2}	3.861×10^{-7}	2.471×10^{-4}	10.7639	1550	1.196

注：1 亩=666.667 米^2（m^2）。

表 1-11　体积和容积单位的换算

单位名称	立方米	立方厘米	毫升	升	英加仑	美加仑	立方码	立方英尺	立方英寸
单位符号	m^3	cm^3	ml	L(l)	UK gal	US gal	yd^3	ft^3	in^3
换算关系	1	10^6	10^6	10^3	220	264.2	1.308	35.315	61024

表 1-12　压力和应力单位的换算

单位名称	帕[斯卡]	巴	毫巴	微巴	达因每平方厘米	千克力每平方毫米	工程大气压 kgf/cm^2	毫米汞柱	毫米水柱	英寸水柱	标准大气压(物理大气压)	磅力每平方英寸
单位符号	Pa	bar	mbar	μbar	dyn/cm^2	kgf/mm^2	at	mmHg	mmH_2O	inH_2O	atm	lbf/in^2
换算关系	1	10^{-5}	0.01	10	10	1.02×10^{-7}	1.02×10^{-5}	0.0075	0.102	4.015×10^{-3}	0.99×10^{-5}	1.45×10^{-4}
其他单位名称(单位符号)	牛[顿]每平方米(N/m^2)							托(Torr)	千克力每平方米(kgf/m^2)			

表 1-13　力单位的换算

单位名称	牛[顿]	达因	千克力	斯坦	磅力	磅达	公斤力	吨力
单位符号	N	dyn	kgf	sn	lbf	pdl	kp	tf
换算关系	1	10^5	0.102	10^{-3}	0.2248	7.233	0.102	1.02×10^{-4}

注：kp（公斤力）作为力的单位，仅在部分国家使用。

表 1-14　力矩和转矩单位的换算

单位名称	牛[顿]米	达因厘米	千克力米	克力厘米	磅力英尺	磅达英尺
单位符号	N·m	dyn·cm	kgf·m	gf·cm	lbf·ft	pdl·ft
换算关系	1	10^7	0.1020	0.1020×10^5	0.73726	0.0421401

表 1-15　质量单位的换算

单位名称	千克	吨	克	磅	英吨(长吨)	美吨(短吨)	盎司
单位符号	kg	t	g	lb	lt	sht	oz
换算关系	1	0.001	1000	2.2046	0.9842×10^{-3}	1.1023×10^{-3}	35.274

表 1-16　密度单位的换算

单位名称	克每立方厘米	千克每立方米	磅每立方英寸	磅每立方英尺	磅每英加仑	磅每美加仑
单位符号	g/cm^3	kg/m^3	lb/in^3	lb/ft^3	lb/UK gal	lb/US gal
换算关系	1	1000	0.03613	62.43	10.02	8.345
其他单位名称(符号)	吨每立方米(t/m^3)	克每升(g/L)				

表 1-17　线速度单位的换算

单位名称	米每秒	米每分	厘米每秒	千米每时	英尺每秒	英尺每分	英里每时	海里每时
单位符号	m/s	m/min	cm/s	km/h	ft/s	ft/min	mile/h	n mile/h
换算关系	1	60	100	3.6	3.2808	196.85	2.2369	1.944

表 1-18　角速度单位的换算

单位名称	转每秒	转每分	度每秒	度每分	弧度每秒
单位符号	r/s	r/min	(°)/s	(°)/min	rad/s
换算关系	1	60	360	21600	2π

四、常用物理量数据

1. 常用物理量常数（表 1-19）

表 1-19　常用物理量常数

名称	符号	常数值	单位	名称	符号	常数值	单位
重力加速度	g	9.80665	m/s^2	真空磁导率	μ_0	$4\pi\times10^{-7}$	H/m
元电荷	e	1.6022×10^{-19}	C	电磁波在真空中的传播速度	c	2.998×10^{8}	m/s
电子半径	r_0	2.82×10^{-15}	m	玻耳兹曼常数	k	1.380×10^{-23}	J/K
电子伏特	eV	1.602×10^{-19}	J	斯忒藩-玻耳兹曼常数	σ	5.670×10^{-8}	$W/(m^2\cdot K^4)$
电子[静止]质量	m_e	9.109×10^{-28}	g	法拉第常数	F	9.648×10^{4}	C/mol
质子[静止]质量	m_p	1.6725×10^{-24}	g	普朗克常数	H	6.626×10^{-34}	J·s
中子[静止]质量	m_n	1.6748×10^{-24}	g	热力学温度	T_0	273.15	K
真空介电常数	ε_0	8.854×10^{-12}	F/m	摩尔气体常数	R	8.314	J/(mol·K)

2. 导体的电阻率（表 1-20）

表 1-20　导体的电阻率

材料	电阻率/Ω·m	材料	电阻率/Ω·m	材料	电阻率/Ω·m
银	1.62×10^{-8}	镍	7.24×10^{-8}	黄铜	8×10^{-8}
铜	1.69×10^{-8}	镉	7.4×10^{-8}	青铜	18×10^{-8}
金	2.40×10^{-8}	钴	9.70×10^{-8}	钢	$(10\sim20)\times10^{-8}$
铝	2.83×10^{-8}	铁	10.00×10^{-8}	铜镍合金	33×10^{-8}
镁	4.50×10^{-8}	锡	11.40×10^{-8}	白铜	42×10^{-8}
铍	4.60×10^{-8}	铈	21.00×10^{-8}	锰镍铜合金	43×10^{-8}
锰	5.0×10^{-8}	铅	21.90×10^{-8}	高镍钢	45×10^{-8}
铱	5.3×10^{-8}	锑	40.90×10^{-8}	康铜	49×10^{-8}
钨	5.5×10^{-8}	汞	95.80×10^{-8}	硅钢(含硅 45%)	62.5×10^{-8}
钼	5.7×10^{-8}	硬铝	3.55×10^{-8}	锰钢	$(34\sim100)\times10^{-8}$
锌	6.10×10^{-8}	磷青铜	$(2\sim5)\times10^{-8}$	镍铬铁合金	$(100\sim110)\times10^{-8}$

3. 电阻温度系数（表 1-21）

表 1-21　电阻温度系数

材料	电阻温度系数 $/10^{-6}℃^{-1}$	材料	电阻温度系数 $/10^{-6}℃^{-1}$	材料	电阻温度系数 $/10^{-6}℃^{-1}$
汞	0.0009	铝	0.0039	铯	0.0048
铂	0.0030	铅	0.0039	铁	0.0050
钼	0.0030	铱	0.0039	锰	$(3\sim10)\times10^{-6}$
锌	0.0037	镁	0.0040	康铜	15×10^{-6}
银	0.0038	锇	0.0042	阿范斯电阻合金	≈0
铜	0.0039	钨	0.0045		

4. 常用物质的介电常数（表 1-22）

表 1-22　常用物质的介电常数

物质	介电常数/(F/m)	物质	介电常数/(F/m)	物质	介电常数/(F/m)
氢	1.000264	石蜡	2～2.5	大理石	8.3
氧	1.000524	橡胶	2～3.5	聚乙烯	2.3
空气	1.000586	白云母	5～7	聚苯乙烯	2.4～2.7
一氧化碳	1.000695	琥珀	2.8	聚氯乙烯	3.4～3.6
二氧化碳	1.000946	石英玻璃	3.5～4.5	氧化钛	30～80
纸	2～2.6	钠玻璃	5.4～8	酒石酸钾钠	200
变压器油	2.2～2.4	橄榄油	3.1～3.2	钛酸钡	2500～4500
松节油	2.2～2.3	硫黄	3.6～4.2		
汽油	2.3	陶瓷	5～6.5		

第四节　电工常用图形符号及文字符号

一、常用基本文字符号

电工常用基本文字符号见表 1-23（摘自 GB/T 20939—2007）。

表 1-23　电气设备常用基本文字符号

设备、装置和元器件种类	举例	基本文字符号	
	中文名称	单字母	双字母
组件部件	分离元件放大器 激光器 调节器	A	
	本表其他地方未提及的组件、部件		
	电桥		AB
	晶体管放大器		AD
	集成电路放大器		AJ
	磁放大器		AM
	电子管放大器		AV
	印制电路板		AP
	抽屉柜		AT
	支架盘		AR

设备、装置和元器件种类	举例	基本文字符号	
	中文名称	单字母	双字母
变换器	温度变换器	B	B
	速度变换器		BV
电容器	电容器	C	
二进制元件 延迟器件 存储器件	数字集成电路和器件	D	
	延迟线		
	双稳态元件		
	单稳态元件		
	磁芯存储器		
	寄存器		
	磁带记录机		
	盘式记录机		

续表

设备、装置和元器件种类	举例 中文名称	基本文字符号 单字母	基本文字符号 双字母
非电量到电量变换器或电量到非电量变换器	热电传感器 热电池 光电池 测功计 晶体能量变换器 送话器 拾音器 扬声器 耳机 自整角机 旋转变压器 模拟和多级数字	B	
	变换器或传感器(用作指示和测量)		
	压力变换器		BP
	位置变换器		BQ
	旋转变换器(测速发电机)		BR
发生器 发电机 电源	旋转发电机、振荡器	G	
	发生器		GS
	同步发电机		
	异步发电机		GA
	蓄电池		GB
	旋转式或固定式变频机		GF
信号器件	声响指示器	H	HA
	光指示器		HL
	指示灯		HL
其他元器件	本表其他地方未规定的器件	E	
	发热器件		EH
	照明灯		EL
	空气调节器		EV
保护器件	过电压放电器件 避雷器	F	
	具有瞬时动作的限流保护器件		FA
	具有延时动作的限流保护器件		FR
	具有延时和瞬时动作的限流保护器件		FS
	熔断器		FU
	限压保护器件		FV
电动机	可作发电机或电动机用的电机	M	MG
	力矩电动机		MT
模拟元件	运算放大器 混合模拟/数字器件	N	
测量设备 试验设备	指示器件 记录器件 积算测量器件 信号发生器	P	
	电流表		PA
继电器 接触器	瞬时接触继电器	K	KA
	瞬时有或无继电器		KA
	交流继电器		KA
	闭锁接触继电器(机械闭锁或永磁铁式有或无继电器)		KL
	双稳态继电器		KL
	接触器		KM
	极化继电器		KP
	簧片继电器		KR
	延时有或无继电器		KT
	逆流继电器		KR
电感器 电抗器	感应线圈 线路陷波器 电抗器(并联和串联)	L	

续表

设备、装置和元器件种类	举例 中文名称	基本文字符号 单字母	双字母
电动机	电动机	M	
	同步电动机		MS
	异步电动机		MA
控制、记忆、信号电路的开关器件选择器	液体标高传感器	S	SL
	压力传感器		SP
	位置传感器（包括接近传感器）		SQ
	转速传感器		SR
	温度传感器		ST
变压器	电流互感器	T	TA
	控制电路电源变压器		TC
	电力变压器		TM
	磁稳压器		TS
	电压互感器		TV
	（脉冲）计数器	P	PC
	电度表		PJ
	记录仪器		PS
	时钟、操作时间表		PT
	电压表		PV
电力电路的开关器件	断路器	Q	QF
	电动机保护开关		QM
	隔离开关		QS
电阻器	电阻器	R	
	变阻器		
	电位器		RP
	测量分路表		RS
	热敏电阻器		RT
	压敏电阻器		RV
控制、记忆、信号电路的开关器件选择器	拨号接触器、连接级	S	
	控制开关		SA
	选择开关		SA
	按钮开关		SB
	机电式有或无传感器（单级数字传感器）		

设备、装置和元器件种类	举例 中文名称	基本文字符号 单字母	双字母
端子插头插座	连接插头和插座 接线柱 电缆封端和接头 焊接端子板	X	
	连接片		XB
	测试插孔		XJ
	插头		XP
	插座		XS
	端子板		XT
调制器变换器	鉴频器 解调器 变频器 编码器 变流器 逆变器 整流器 电报译码器	U	
电子管晶体管	气体放电管 二极管 晶体管 晶闸管	V	
	电子管		VE
	控制电路用电源的整流器		VC
传输通道波导天线	导线 电缆 母线 波导 波导定向耦合器	W	
电气操作的机械器件	气阀	Y	
	电磁铁		YA
	电磁制动器		YB
	电磁离合器		YC
	电磁吸盘		YH
	电动阀		YM
	电磁阀		YV
终端设备	电缆平衡网络	Z	
混合变压器	压缩扩展器		
滤波器	晶体滤波器		
均衡器			
限幅器	网络		

二、常用辅助文字符号

电工常用辅助文字符号见表 1-24。

表 1-24 常用辅助文字符号

序号	文字符号	名称	序号	文字符号	名称
1	A	电流	34	L	限制
2	A	模拟	35	L	低
3	AC	交流	36	LA	闭锁
4	A AUT	自动	37	M	主
			38	M	中
5	ACC	加速	39	M	中间线
6	ADD	附加	40	M MAN	手动
7	ADJ	可调			
8	AUX	辅助	41	N	中性线
9	ASY	异步	42	OFF	断开
10	B BRK	制动	43	ON	闭合
			44	OUT	输出
11	BK	黑	45	P	压力
12	BL	蓝	46	P	保护
13	BW	向后	47	PE	保护接地
14	C	控制	48	PEN	保护接地与 中性线共用
15	CW	顺时针			
16	CCW	逆时针	49	PU	不接地保护
17	D	延时(延迟)	50	R	记录
18	D	差动	51	R	右
19	D	数字	52	R	反
20	D	降	53	RD	红
21	DC	直流	54	R RST	复位
22	DEC	减			
23	E	接地	55	RES	备用
24	EM	紧急	56	RUN	运转
25	F	快速	57	S	信号
26	FB	反馈	58	ST	启动
27	FW	正、向前	59	S SET	置位,定位
28	GN	绿			
29	H	高	60	SAT	饱和
30	IN	输入	61	STE	步进
31	INC	增	62	STP	停止
32	IND	感应	63	SYN	同步
33	L	左	64	T	温度

序号	文字符号	名称	序号	文字符号	名称
65	T	时间	69	V	电压
66	TE	无噪声(防干扰)接地	70	WH	白
67	V	真空	71	YE	黄
68	V	速度			

三、电气图常用图形符号

电气图常用图形符号见表 1-25（新标准：GB/T 4728；旧标准：GB 312—64）。

表 1-25　电气图常用图形符号

名称	新标准规定的符号	旧标准规定的符号	名称	新标准规定的符号	旧标准规定的符号
直流	— 或 ═	—	导线的连接	┬ 或 ┬	┬
交流	∼	∼	导线的多线连接	或	或
交直流			导线的不连接	┼	┼
接地一般符号	⏚	⏚	接通的连接片	或	
无噪声接地(抗干扰接地)			断开的连接片		
保护接地			直流发电机	G	F
接机壳或接底板	或 ⊥	⊥ 或	交流发电机	G	F
等电位			直流电动机	M	D
故障			交流电动机	M	D
闪络、击穿			直线电动机	M	ZXD
导线间绝缘击穿			步进电动机	M	BJD

续表

名称	新标准规定的符号	旧标准规定的符号
电压调整二极管（稳压管）		
晶体闸流管（阴极侧受控）		
PNP 型半导体三极管		
NPN 型半导体三极管		
串励直流电动机	M	D
他励直流电动机	M	D
并励直流电动机	M	D
复励直流电动机	M	F
铁芯	—	—
带间隙的铁芯	— —	— —
手摇发电机	G	
三相笼型异步电动机	M 3~	
接触器的动合触点		
中间断开的双向触点		
延时闭合的动合触点	或	或

名称	新标准规定的符号	旧标准规定的符号
延时断开的动合触点	或	或
延时闭合的动断触点	或	或
延时断开的动断触点	或	或
延时闭合和延时断开的动合触点		或
延时闭合和延时断开的动断触点		或
接触器的动断触点		
三极开关	或	或
三极断路器		低压 高压
三极隔离开关		
三极负荷开关		
电阻器一般符号	优选型 其他型	
电容器一般符号	优选型 其他型	

续表

名称	新标准规定的符号	旧标准规定的符号
极性电容器	优选型　其他型	
半导体二极管一般符号		
光电二极管		
导线对机壳绝缘击穿	或	
导线对地绝缘击穿		
换向绕组		
补偿绕组		
串励绕组		
并励或他励绕组		或
三相绕线转子异步电动机	M 3~	
动合（常开）触点	或	或
动断（常闭）触点		或
先断后合的转换触点		或
先合后断的转换触点	或	

名称	新标准规定的符号	旧标准规定的符号
单相变压器	或	或
有中心抽头的单相变压器	或	
三相变压器星形有中性点引出线的星形连接	或	或
电流互感器脉冲变压器	或	或
位置开关的动合触点		或
位置开关的动断触点		或
热继电器的触点		或
熔断器		
操作线圈	或	
带动合触点的按钮		
带动断触点的按钮		
带动合和动断触点的按钮		
热继电器的驱动器件		
灯		照明灯 信号灯

第五节　常用电工材料

一、导电材料

导电材料应具有较高的导电性能，不易氧化、不易腐蚀，且应有足够的机械强度、易加工和易于焊接等特点。

1. 常用导电纯金属材料的性能及用途（表 1-26）

表 1-26　常用导电纯金属材料的性能及用途

名称	符号	密度/(g/cm^3)	熔点/℃	抗拉强度/MPa	电阻率(20℃)/$10^{-8}\Omega\cdot m$	电导率(20℃)[①]/%IACS	电阻温度系数(20℃)/$10^{-3}K^{-1}$
银	Ag	10.50	961.93	160～180	1.59	106	3.80
铜	Cu	8.90	1084.5	200～220	1.69	100	3.93
金	Au	19.30	1064.43	130～140	2.40	71.6	3.40
铝	Al	2.70	660.37	70～80	2.82	61	4.23
钠	Na	0.97	97.8	—	4.60	37	5.40
钼	Mo	10.20	2620	700～1000	4.77	36	3.30
钨	W	19.30	3387	1000～1200	5.48	31.4	4.50
锌	Zn	7.14	419.58	110～150	6.10	28.2	3.70
镍	Ni	8.90	1455	400～500	6.90	24.9	6.0
铁	Fe	7.86	1541	250～330	9.78	17.2	5.0
铂	Pt	21.45	1772	140～160	10.50	16.4	3.0
锡	Sn	7.30	231.96	15～27	11.4	15.1	4.20
铅	Pb	11.37	327.5	10～30	21.9	7.9	3.90
汞	Hg	13.55	−38.87	—	95.8	1.8	0.89

名称	符号	主要特性	主要用途
银	Ag	有最好的导电性和导热性，抗氧化性好，易压力加工，焊接性好	航空导线、耐高温导线、射频电缆等导体和镀层，瓷电容器极板等
铜	Cu	有好的导电性和导热性、良好的耐蚀性和焊接性，易压力加工	各种电线、电缆用导体，母线和载流零件等
金	Au	导电性仅次于银和铜，抗氧化性特好，易压力加工	电子材料等特殊用途
铝	Al	有良好的导电性、导热性、抗氧化性和耐蚀性，密度小，易压力加工	各种电线、电缆用导体，母线、载流零件和电缆护层等
钠	Na	密度特小、延展性好、熔点低、活性大、易与水作用	有可能作实用的导体
钼	Mo	有高的硬度和抗拉强度、耐磨、熔点高、性脆、高温易氧化，需特殊加工	超高温导体、电焊机电极、电子管栅极丝及支架等
钨	W	抗拉强度和硬度很高、耐磨、熔点高、性脆、高温易氧化，需特殊加工	电光源灯丝、电子管灯丝及电极、超高温导体和电焊机电极等
锌	Zn	耐蚀性良好	导体保护层和干电池阴极等
镍	Ni	抗氧化性好，高温强度高，耐辐照性好	高温导体保护层、高温特殊导体、电子管阳极和阴极等零件

续表

名称	符号	主要特性	主要用途
铁	Fe	机械强度高，易压力加工，电阻率比铜大6～7倍，交流损耗大，耐蚀性差	在输送功率不大的线路上作广播线、电话线的爆破线等
铂	Pt	抗氧化性和抗化学剂性特好，易压力加工	精密电表及电子仪器的零件等
锡	Sn	塑性高、耐蚀性好、强度和熔点低	导体保护层、钎料和熔丝等
铅	Pb	塑性高、耐蚀性好、密度大、熔点低	熔丝、蓄电池极板和电缆护层等
汞	Hg	液体，沸点为357℃，加热易氧化，其蒸气对人体有害	水银整流器、水银灯和水银开关等

① 1913年国际电工学会规定，退火工业纯铜在20℃时的电阻率等于$1.7241\times10^{-8}\Omega\cdot m$时为标准电阻率，以100% IACS表示，IACS即指国际退火工业纯铜标准。

2. 导电铜合金和铝合金的性能及用途（表1-27）

表1-27 导电铜合金和铝合金的性能及用途

类别		合金名称	电阻率 $/10^{-8}\Omega\cdot m$	电导率 /%IACS	抗拉强度 /MPa	伸长率 %	软化温度/℃	特点及用途
铜合金	高电导率铜合金	银铜(Cu-0.1Ag)	1.80	96	350～450	2～4	280	高导电性、高强度、耐热性较好，主要用作焊接电极、换向片、高强度耐热导线、架空线、电车线等
		铁铜(Cu-0.1Fe-0.03P)	1.87	92	410～460	7～10	425	
		镉铜(Cu-1Cd)	2.03	85	600	2～6	280	
		铬铜(Cu-0.5Cr)	2.03	85	500	15	500	
		锆铜(Cu-0.2Zr)	1.92	90	400～480	10	480	
		铬锆铜(Cu-0.5Cr-0.15Zr)	2.16	80	550	10	520	
	中电导率铜合金	镍硅铜(Cu-4Ni-2Si)	3.13	55	600～700	6	450	中导电率、高强度、耐磨性强，主要用作导电弹簧、导电集电环、集成电路引线框架、耐热合金焊接材料等
		钴铍铜(Cu-0.3Be-1.5Co)	3.45	50	750～900	5～10	400	
		铁钴锡铜(Cu-1.5Fe-0.8Co-0.6Sn)	3.45	50	600～700	5～10	475	
	低电导率铜合金	铍铜(Cu-2Be-0.3Co)	6.90～7.84	22～25	1300～1500	1～2	400	电导率较低、高强度、高弹性，主要用作插接件、导电弹簧、电位器及开关的接触簧片等
		钛铜(Cu-4.5Ti)	17.2	10	900～1100	2	450	
		镍锡铜(Cu-9Ni-6Sn)	15.7	11	1200～1400	2	450	
		锡磷青铜(Cu-7Sn-0.2P)	11.5～17.2	10～15	700～900	7	300	
		硅锰青铜(Cu-1Mn-3Si)	13.3～15.7	11～13	650～750	2～5	350	
		锌白铜(Cu-15Ni-20Zn)	17.2～21.6	8～10	800～940	2	300	
铝合金		铝镁硅(Al-0.5～0.9Mg-0.3～0.75Si)	>3.25	>53	300～360	4	—	高强度，用于架空导线
		铝镁(Al-0.65～0.9Mg)	3.08～3.25	53～56	230～260	2	—	中等强度，用于架空导线和电车线(软线也用于电线电缆线芯)
		铝镁铁(Al-0.5～0.8Fe-0.2Mg)	2.83～2.97	58～61	115～130	>15	—	用作电线电缆线芯和电磁线
		铝锆(Al-0.1Zr)	2.87～2.97	58～60	180～190	2	—	耐热，用于架空导线和汇流排
		铝硅(Al-0.5～1Si)	3.25～3.45	50～53	260～33	0.5～1.5	—	加工性特好，可拉制成特细线，用于电子工业连接线

3. 电阻合金材料的性能（表 1-28）

表 1-28　常用电阻合金材料的性能

名称	电阻率 /$10^{-8}\Omega \cdot m$	电阻温度系数 /$10^{-6}K^{-1}$	密度 /(g/cm^3)	抗拉强度 /MPa	伸长率 /%	最高工作温度 /℃
康铜	48	≈50	8.9	390～590	15～30	500
新康铜	48	≈50	8.0	390～540	15～30	500
镍铬	109	≈70	8.4	640～780	10～30	500
镍铬铁	112	≈150	8.2	640～780	20～35	500
铁铬铝	126	≈120	7.4	540～740	10～30	500
铂铑	19	1700	—	500	—	—
铂铱	25	1330	—	550	—	—
铂钌	42	470	—	800	—	—
铂铜	50	330	—	800	—	—
铂钨	62	280	—	1000	—	—
金银铜	12	—	—	960	—	—
金镍铜	19	—	—	—	—	—
金镍	14	71	—	≥500	—	—
金镍铬	24	35	—	390	—	—
金钯铁	190	20～75	—	—	—	—
钯银	42	30	—	400	—	—
钯银铜	45	30	—	500	—	—
钯钼	90	—	—	600	—	—
银锰锡	53	10～20	—	—	—	—
锰铜(0、1、2 级)	47	－5～10	8.4	400～550	10～30	45
锰铜(F_1、F_2级)	40	0～40	8.4	400～550	10～30	80
镍铬铝铁	133	－20～20	8.1	780～980	10～25	125
镍锰铬钼	190	－50～50	8.1	≈1600	6～10	125
硅锰铜	35	－3～5	8.4	400～550	10～30	45

4. 电热材料的性能

电热材料用于制造各种电阻加热设备中的发热元件，作为电阻体接在电路中，把电能转变为热能，使炉温升高。因此，要求它在高温下具有良好的氧化性能和一定的机械强度、较高的电阻率、较小的电阻温度系数，易于加工成形。

(1) 电热合金的性能（表 1-29）

表 1-29　常用电热合金的性能

品种及型号		电阻率 /$10^{-8}\Omega \cdot m$	抗拉强度 /MPa	伸长率 /%	熔点 /℃	最高使用温度/℃	特点及使用
铁铬铝合金	1Cr13Al4	125	600～750	≥16	1450	1100	抗氧化、耐高温、电阻率高、使用温度高，适应加热设备结构的需要，功率范围广
	0Cr13Al6Mo2	141	700～850	≥12	1500	1300	
	0Cr25Al5	142	650～800	≥12	1500	1300	
	0Cr21Al6Nb	145	700～800	≥12	1510	1350	
	0Cr27Al7Mo2	153	700～800	≥10	1520	1400	
镍铬合金	Cr15Ni60	115	650～800	20	1390	1150	高温抗氧化性及耐温略低于铁铬铝合金，适用于中温加热设备
	Cr20Ni80	114	650～800	20	1400	1200	
	Cr30Ni70	120	—	20	1380	1250	

续表

品种及型号		电阻率/$10^{-8}\Omega\cdot m$	抗拉强度/MPa	伸长率/%	熔点/℃	最高使用温度/℃	特点及使用
镍铁合金	Ni45Fe	52	550～650	20～35	1425	350	电阻率较低，用于快热式设备
	Ni55Fe	36	550～650	20～35	1425	500	
高熔点纯金属	铂 Pt	10.6	160～180	—	1773	1600	使用温度高、电阻率低，用于特殊高温要求的设备
	钼 Mo	5.63	800～1200	—	2622	1800	
	钽 Ta	12.4	300～450	—	2996	2200	
	钨 W	5.49	1100	—	3400	2400	—

(2) 常用电热管的性能（表 1-30）

表 1-30 常用电热管的性能

型号	加热介质	工作温度/℃	单位表面负荷/(W/cm²)	功率范围/kW	
				220V	380V
JGQ	非流动空气	300～500	1.2～3.0	0.5～1.5	2～3
JGQ	流动空气	300	1.8～4.0	0.5～1.5	2～3
JGY	静止油	300	2.5～2.8	1～8	5～8
JGY	流动油	100	3～6	1～8	5～8
JGS	水	100～105	5～10	1～5	4～7
JGX	硝盐	550	3～3.5	1～5	2～7
JGJ	碱	550	3～3.5	1～5	2～7
JGM	金属模具	220	2～4	0.2～1.5	2～7

5. 常用电动机用电刷的性能及应用（表 1-31）

表 1-31 常用电动机用电刷的性能及应用

名称	型号	电阻率/μΩ·m	一对电刷接触电压降/V	额定电流密度/(A/cm²)	最大圆周速度/(m/s)	应用范围
树脂石墨电刷	S-201	200	4.5	12	25	电动工具用电动机
	S-4	115	4.25	12	40	换向困难的交流换向器电动机和高速微型直流电动机
	S-5	120	3.65	10	35	换向困难的交流换向器电动机
	S-9	250	4.75	8	35	
电化石墨电刷	D104	11	2.5	12	40	轧钢用直流发电机、汽轮发电动机
	D106	9.5	2.35	12	40	电压为 180～120V 的直流电动机
	D172	13	2.9	12	70	大型汽轮发电机集电环、励磁机、水轮发电机集电环和换向正常的直流电动机
	D202	24.5	2.6	10	45	电力机车用牵引电动机、电压为 120～400V 的直流发电动机
	D213	31	3.0	10	40	汽车、拖拉机的发电机，牵引电动机

续表

名称	型号	电阻率/μΩ·m	一对电刷接触电压降/V	额定电流密度/(A/cm^2)	最大圆周速度/(m/s)	应用范围
电化石墨电刷	D214	29	2.5	10	40	汽轮发电机的励磁机，换向困难、电压在200V以上的有冲击负荷的直流电动机、轧钢电动机、牵引电动机等
	D215	30	2.9	10	40	
	D252	13	2.6	15	45	换向困难的直流电动机、牵引电动机，汽轮发电机的励磁机
	D308	40.5	2.4	10	40	牵引电动机、小型直流电动机和电动机扩大机等
	D309	35.5	2.9	10	40	
	D374	55	3.0	12	50	换向困难的高速直流电动机，牵引电动机，汽轮发电机的励磁机，轧钢电动机
	D479	31.5	2.1	12	40	换向困难的直流电动机
金属石墨电刷	J101	0.09	0.2	20	20	低电压、大电流直流发电机
	J102	0.23	0.5	20	20	
	J103	0.23	0.5	20	20	
	J151	0.08	0.28	25	25	
	J164	0.10	0.28	20	20	
	J201	3.1	1.25	15	25	电压在60V以下的低电压、大电流直流发电机和绕线式转子异步电动机集电环
	J202	20	2.2	12	—	交流发电机集电环
	J203	8.5	1.9	12	20	电压在80V以下的充电发电机、小型牵引电动机、异步电动机的集电环
	J204	1.1	1.1	15	20	电压在40V以下的低电压、大电流直流电动机，汽车辅助电动机，异步电动机集电环
	J205	6.5	＜2.0	15	35	电压在60V以下的直流发电机，汽车、拖拉机电动机，异步电动机集电环
	J206	3.5	1.5	15	25	电压在25～80V的小型直流电动机
	J220	8	1.4	12	20	同J203

二、绝缘材料

绝缘材料又称电介质，主要用来隔离带电的或不同电位的导体，使电流能按一定方向流通，在不同电工产品中分别起着散热冷却、机械支撑和固定、储能、灭弧、改善电位梯度、防潮、防霉以及保护导体等作用。

常用绝缘材料的主要性能见表1-32。除表中所列的外，常用的还有绝缘胶布带，供电压

表 1-32 常用绝缘材料的主要性能

材料名称	密度/(g/cm³)	绝缘耐压强度/(kV/mm)	抗张强度/(N/cm²)	膨胀系数/10⁻⁶℃⁻¹
空气	0.00121	3～4		
白云母	2.76～3.0	15～78		3
琥珀云母	2.75～2.9	15～50		3
云母纸带	2.0～2.4	15～50		
石棉	2.5～3.2	5～53	5100(经)	
石棉板	1.7～2	1.2～2	1400～2500	
石棉纸	1.2～2	3～4.2		
大理石	2.5～2.8	4～6.5	2500	2.6
瓷	2.3～2.5	8～25	180～4200	3.4～6.5
玻璃	3.2～3.6	5～10	1400	7
硫黄	2.0			
软橡胶	0.95	10～24	700～1400	
硬橡胶	1.15～1.5	20～38	2500～6800	
松脂	1.08	15～24		
虫胶	1.02	10～23		
树脂	1.0～1.2	16～23		
电木	1.26～1.27	10～30	350～770	20～100
矿物油	0.83～0.95	25～57		700～800
油漆		100(干);25(湿)		
石蜡	0.85～0.92	16～30		
干木材	0.36～0.80	0.8	4800～7500	
纸	0.7～1.1	5～7	5200(经)2400(纬)	
纸板	0.4～1.4	8～13	3500～7000(经) 2700～5500(纬)	
棉丝		3～5		
绝缘布		10～54	1300～2900	
纤维板(反白)	1.1～1.48	5～10	5600～10500	25～52

注：密度——绝缘材料每立方厘米的重量；绝缘耐压强度——又称介电强度，即单位厚度绝缘材料的击穿电压值；抗张强度——绝缘材料每单位面积能承受的拉力；膨胀系数——绝缘材料受热后体积增大的程度。

在380V及以下的导线包扎绝缘，其耐电性能为在电压1kV时保持1min不被击穿，适用温度范围在－10～＋40℃。

另外，每种绝缘材料都有其最高允许工作温度。在此温度内，绝缘材料可以长期安全工作；若超过此温度，绝缘材料将会迅速老化，不再适用。绝缘材料按耐热程度的分级见表1-33。

表 1-33 绝缘材料按耐热程度的分级

耐热等级	最高允许工作温度/℃	相当于该耐热等级的绝缘材料简述
Y	90	用未浸渍过的棉纱、丝及纸等材料或其组合物所组成的绝缘结构
A	105	用浸渍过的或者浸在液体电介质(如变压器油)中的棉纱、丝及纸等材料或其组合物所组成的绝缘结构
E	120	用合成有机薄膜、合成有机瓷漆等材料或其组合物所组成的绝缘结构
B	130	用合适的树脂黏合或浸渍、涂覆后的云母、玻璃纤维、石棉等,以及其他无机材料、合适的有机材料或其组合物所组成的绝缘结构
F	155	用合适的树脂黏合或浸渍、涂覆后的云母、玻璃纤维、石棉等,以及其他无机材料、合适的有机材料或其组合物所组成的绝缘结构

续表

耐热等级	最高允许工作温度/℃	相当于该耐热等级的绝缘材料简述
H	180	用合适的树脂(如硅有机树脂)黏合或浸渍、涂覆后的云母、玻璃纤维、石棉等材料或其组合物所组成的绝缘结构
C	>180	用合适的树脂黏合或浸渍、涂覆后的云母、玻璃纤维,以及未经浸渍处理的云母、陶瓷、石英等材料或其组合物所组成的绝缘结构

绝缘材料的型号含义如下：

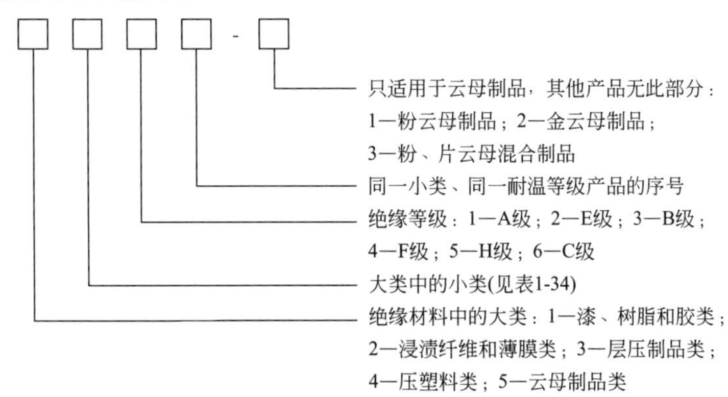

表 1-34　绝缘材料的小类代号

项目		大类代号				
		1	2	3	4	5
		漆、树脂和胶类	浸渍纤维和薄膜类	层压制品类	压塑料类	云母制品类
小类代号	0	浸渍漆类	棉纤维漆布类	有机填料层压板类	木粉为主填料类	云母带类
	1	浸渍漆类	棉纤维漆布类	石棉层压板	其他有机物为主填料类	柔软云母板类
	2	覆盖漆类	绸类	玻璃布层压板	玻璃填料类	塑料云母板类
	3	瓷漆类			石棉为主填料类	玻璃塑料云母板类
	4	胶黏漆,树脂漆	玻璃纤维漆布类		云母为主填料类	云母带类
	5		玻璃纤维漆布类	有机填料层压管	其他矿物为主填料类	换向器云母板类
	6	硅钢片漆类	半导体漆布和粘带类	无机填料层压管		
	7	漆包线漆类	漆管类	有机填料层压棒		衬垫云母板类
	8	胶类	薄膜类	无机填料层压棒		云母箔类
	9		薄膜制品类			云母管类

1. 绝缘漆

绝缘漆用作电动机、电器的变压器等的绝缘和保护。按其用途可分为浸渍漆、覆盖漆及表面修饰胶黏剂和灌注胶等。农用电动机、电器绕组修理常用的浸渍漆有沥青漆、清漆和醇酸树脂漆等。常用绝缘漆的特性与主要用途见表 1-35。

表 1-35　常用绝缘漆的特性与用途

名称	型号	颜色	干燥类型	漆膜干燥条件		耐热等级
				温度/℃	时间/h	
沥青漆	1010	黑色	烘干	105±2	6	A
	1011	黑色	烘干	105±2	3	A
	1210	黑色	烘干	105±2	10	A
	1211	黑色	烘干	20±2	3	A

续表

名称		型号	颜色	干燥类型	漆膜干燥条件		耐热等级
					温度/℃	时间/h	
绝缘浸渍漆	耐油清漆	1012	黄、褐色	烘干	105±2	2	A
	甲酚清漆	1014	黄、褐色	烘干	105±2	0.5	A
	晾干醇酸清漆	1231	黄、褐色	气干	20±2	20	B
	醇酸清漆	1030	黄、褐色	烘干	105±2	2	B
	丁基酚醛醇酸漆	1031	黄、褐色	烘干	120±2	2	B
	三聚氰胺醇酸树脂漆	1032	黄、褐色	烘干	105±2	2	B
	环氧脂漆	1033	黄、褐色	烘干	120±2	2	B
	气干环氧脂漆		黄、褐色	气干	25		B
	胺基酚醛醇酸树脂漆		黄、褐色	烘干	105±2	1	
	无溶剂漆	515-1 515-2	黄、褐色	烘干	130	1/6	B B
覆盖磁漆	灰磁漆	1320	灰色	烘干	105±2	3	E
	红磁漆	1322	红色	烘干	105±2	3	E
	气干红磁漆	1323	红色	气干	20	24	E
硅钢片漆		1611	黄、褐色	烘干	450～550	快干	A

名称		型号	特性及主要用途
沥青漆		1010	耐潮湿、耐温度变化，但不耐油，适用于浸渍电动机转子和定子绕组等不要求耐油的电气零部件
		1011	同1010，但干燥较快
		1210	耐潮湿、耐温度变化，但不耐油，适用于电动机绕组覆盖
		1211	晾干漆，干燥快、不耐油，适用于电动机绕组覆盖用，在不需耐油处可以代替晾干灰瓷漆用
绝缘浸渍漆	耐油清漆	1012	干燥迅速，具有耐油性、耐潮湿性，漆膜平滑有光泽，适于浸渍电动机绕组
	甲酚清漆	1014	干燥快，具有耐油性，适于浸渍电动机绕组，但由漆包线制成的绕组不能使用
	晾干醇酸清漆	1231	干燥快、硬度大、弹性较好、耐温性好、耐气候性好，具有较高的介电性能，适于不宜高温烘焙的电器或绝缘零件表面覆盖
	醇酸清漆	1030	性能较沥青漆及清烘漆好，具有较好的耐油性及耐电弧性，漆膜平滑有光泽，适于浸渍电动机电器线圈及作覆盖用
	丁基酚醛醇酸漆	1031	具有较好的流动性、干透性、耐热性和耐潮湿性，漆膜平滑有光泽，适于湿热带用电器线圈浸渍
	三聚氰胺醇酸树脂漆	1032	具有较好的干透性、耐热性、耐油性、耐电弧性和附着力，漆膜平滑有光泽，适用于湿热带浸渍电动机电器线圈
	环氧脂漆	1033	具有较好的耐油性、耐热性、耐潮湿性，漆膜平滑有光泽、有弹性，适用于湿热带浸渍电动机绕组或作电动机电气零部件的表面覆盖层
	气干环氧脂漆		低温下干燥迅速，其他性能同1033，适用于不宜高温烘焙的湿热带电气绝缘零件表面覆盖
	胺基酚醛醇酸树脂漆		固化性好，对油性漆包线溶解性小，适用于浸渍电动机电器线圈
	无溶剂漆	515-1 515-2	固化快，耐潮性及介电性能好，不需用活性溶剂，适于浸渍电器线圈
覆盖磁漆	灰磁漆	1320	漆膜强度高，能耐电弧和油的作用，但耐潮性及介电性能较差，适于电动机电器线圈覆盖用
	红磁漆	1322	同1320
	气干红磁漆	1323	同1320，但低温干燥，适于不宜高温烘焙的电动机电器线圈覆盖及各种电器、仪器绝缘零件的表面修饰
硅钢片漆		1611	漆膜牢固坚硬、耐水、耐油，适于作电动机、电器中硅钢片间绝缘

2. 浸渍绝缘漆布（表 1-36）

表 1-36 常用浸渍绝缘漆布的规格和用途

类别	名称	型号	厚度/mm	耐热等级	用途
漆布（绸）类	油性漆布（黄漆布）	2010	0.15,0.17,0.20,0.24	A	用作一般电动机、电器的包扎绝缘或衬垫绝缘
		2012	0.17,0.20,0.24	A	在变压器油中作衬垫绝缘或包扎绝缘
	油性漆绸（黄漆绸）	2210	0.04,0.05,0.06,0.08,0.10	A	在电动机、电器中作要求介电性能较高的薄层包扎绝缘和衬垫绝缘
		2212	0.08,0.10,0.12,0.15	A	适用于浸在变压器油中并要求介电性能高的薄层绝缘或包扎绝缘
玻璃漆布类	油性玻璃漆布	2412	0.11,0.13,0.15,1.17,0.20,0.24	E	在一般电动机、电器及变压器油中用作包扎绝缘或衬垫绝缘
	沥青醇酸玻璃漆布	2430	0.11,0.13,0.15,1.17,0.20,0.24	B	用作电动机的包扎绝缘或衬垫绝缘
	醇酸玻璃漆布	2432	0.11,0.13,0.15,1.17,0.20,0.24	B	在电动机、电器及在变压器油中用作包扎绝缘或衬垫绝缘
	环氧玻璃漆布	2433	0.11,0.13,0.15,1.17,0.20,0.24	B	用作耐化学腐蚀的电动机、电器的槽绝缘、衬垫绝缘和线圈绝缘

3. 绝缘纸和纸板（表 1-37）

表 1-37 常用绝缘纸和纸板的规格和性能

品种	型号	厚度	主要用途
低压电缆纸	DL-08 DL-12 DL-17	0.08mm 0.12mm 0.17mm	35kV 以下电缆绝缘
电容器纸	B-Ⅰ B-Ⅱ BD-Ⅰ BD-Ⅱ BD-0	10μm、12μm、15μm 8μm、10μm、12μm 10μm、12μm、15μm 8μm、10μm、12μm、15μm 15μm	电容器极间绝缘
卷缠绝缘纸		0.07cm	包缠电器及制造绝缘管筒
绝缘纸板		0.1～0.5mm 及以上	电动机或电器的绝缘和保护材料
硬钢纸板（反白板）		0.5～0.9mm 1.0～2.0mm 2.1～12.0mm	低压电动机槽楔及绝缘零件

4. 绝缘层压板（表 1-38）

表 1-38 常用绝缘层压板的规格和用途

名称	型号	厚度/mm	耐热等级	用途
酚醛层压纸板	3020	0.2～50	E	用作电工设备的绝缘结构件，工频时用于－60～＋105℃的变压器或空气中
	3303-1	0.2～100	E	

续表

名称	型号	厚度/mm	耐热等级	用途
酚醛层压纸板	3021	0.2～50	E	用作力学性能要求较高的电工设备的绝缘结构件
	3303-3	0.2～100	E	
	3022	0.5～50	E	用作潮湿条件下工作的电工设备的绝缘结构件
酚醛层压布板	3027	0.5～80	E	用作电器绝缘件，工频时用于－60～＋105℃的变压器油或空气中
	3301-1	0.2～100	E	
	3025	0.5～80	E	用作电器、电动机设备的绝缘结构件，并可在变压器中使用
	3301-2	0.2～100	E	
酚醛层压玻璃布板	3230	0.5～50	B	用作电工设备绝缘结构件，并可在变压器油中使用
环氧酚醛层压玻璃布板	3240	0.2～80	F	用作要求高强度、高介电性能以及耐水性好的电工绝缘结构件，并可在变压器油中使用

5. 绝缘云母制品（表 1-39）

表 1-39 常用绝缘云母制品的规格和用途

名称	型号	厚度/mm	耐热等级	用途
醇酸塑型云母板	5230	0.15～1.2	B	用于塑制电动机整流子 V 形环以及其他异形绝缘零件
虫胶塑型云母板	5231	0.15～1.2	B	
醇酸纸柔软云母板	5130	0.15	B	用作一般电动机槽绝缘及匝间绝缘
醇酸玻璃柔软云母板	5131	0.15	B	
沥青玻璃柔软云母板	5135	0.20，0.25	E	
虫胶换向器云母板	5535	0.4～1.5	B	用作一般电动机换向器绝缘
虫胶换向器金云母板	5535-2	0.4～1.5	B	
醇酸纸云母箔	5830	0.15～0.30	B	用于一般电动机、电器卷烘绝缘、磁极绝缘
虫胶纸云母箔	5831	0.15～0.30	E～B	

6. 薄膜、复合制品（表 1-40）

表 1-40 常用薄膜、复合制品的规格和用途

类别	名称	型号	厚度/mm	耐热等级	用途
薄膜类	聚酯薄膜	6020	0.040，0.050，0.070，0.100	E	用作中小型电动机的槽绝缘、匝间绝缘和线圈绝缘
复合制品类	聚酯薄膜绝缘纸复合箔	6520	0.15，0.17，0.20，0.22，0.25，0.30	E	用作电动机、电器的槽绝缘、衬垫绝缘和匝间绝缘
	聚酯薄膜玻璃漆布复合箔	6530	0.17，0.20，0.24	B	用于 B 级电动机槽绝缘、端部层间绝缘、匝间绝缘和衬垫绝缘，可用于湿热地区
	聚酯薄膜聚酯纤维纸复合箔		0.20～0.25	B	

7. 低压绝缘子

（1）低压架空线路用绝缘子

低压架空线路用绝缘子包括针式、蝶式、线轴式、拉紧绝缘子等。前两种用于工频交流或直流电压 1kV 以下低压线路中绝缘和固定导线，蝶式和线轴式还用作低压线路终端、耐张及转角杆上作为绝缘和固定导线，拉紧绝缘子作电杆拉线或张紧导线的绝缘和连接之用。

低压架空线路用针式绝缘子钢脚形式有铁担直脚、木担直脚和弯脚三种，分别以 T、M、W 作安装连接形式代号，适合在铁担、木质横担和木质电杆上使用。

低压架空线路用绝缘子的规格与性能见表 1-41～表 1-44。

表 1-41　低压架空线路用针式绝缘子规格与性能

型号	主要尺寸/mm				瓷件弯曲负荷/kN	工频电压/kV	
	伞径	瓷件高度	螺纹直径	安装长度		干闪	湿闪
PD-1T	80	80	16	35	7.8	35	15
PD-1M	80	80	16	110	7.8	35	15
PD-2T	70	66	12	35	4.9	30	12
PD-2M	70	66	12	105	4.9	30	12
PD-2W	70	66	12	55	4.9	30	12
PD-1-1T	80	110	16		9.8		
PD-1M	88	110	16		9.8		
PD-1T	76	66	12	35	9.8		
PD-M	76	66	12	105	9.8		
PD-1-2T	71	90	12	35	7.8		
PD-2M	71	90	12	110	7.8		
PD-3T	54	71	10	35	2.9		
PD-3M	54	71	10	110	2.9		

表 1-42　低压架空线路用蝶式绝缘子和线轴式绝缘子的规格与性能

型号(或代号)		主要尺寸/mm			机械破坏负荷/kN	工频电压/kV	
		伞径	瓷件高度	内孔直径		湿闪	干闪
蝶式	ED-1	100	90	22	11.8	10	22
	ED-2	80	75	20	9.8	9	18
	ED-3	70	65	16	7.8	7	16
	ED-4	60	50	16	4.9	6	14
	163001	120	100	22	17.6		
	163002	89	76	21	12.7		
	163003	90	80	20	14.7		
	163004	80	80	22	12.7		
	163005	75	65	16	9.8		
线轴式	EX-1	85	90	22	14.7	9	22
	EX-2	70	75	20	11.7	8	18
	EX-3	65	65	16	9.8	6	16
	EX-4	55	50	16	6.8	5	14
	166001	102	105	17.5	26.7	18	35
	166002	80	76	17.5	13.3	12	25
	166003	80	76	17.5	20.0	12	25
	166004	80	76	17.5	17.8		
	166005	76	81	17.5	20.0		
	166006	78	66	17.5	17.6		
	166007	57	54	17.5	8.9		
	166008	57	54	17.5	9.0	8	20
	166009	57	54	17.5	9.0	8	20

表 1-43　低压架空线路用瓷横担绝缘子规格

型号（或代号）	主要尺寸					变曲破坏负荷/kN	额定电压/kN
	长度/mm	线槽数	线槽宽/mm	线间距离/mm	安装孔径/mm		
SD1-1	585	2	20	400	18	2.0	0.5
SD1-2	570	2	20	380	13	2.0	
168501	360	3	20	93	13	1.7	0.5
168502	430	8		93		2.15	
168503	470	3		93		1.47	
168001	305	2		155		1.96	

表 1-44　低压架空线路用拉紧绝缘子规格

型号	结构形式	主要尺寸/mm			机械破坏负荷/kN	工频电压/kV	
		长度	直径	孔径		干闪	湿闪
J-0.5	蛋形	38	30		4.9	4	2
J-1		50	38		9.8	5	2.5
J-2		72	53		19.6	6	2.8
J-4.5	四角形	90	64	14	44	20	10
J-9	八角形	172	88	25	88	30	20
152001	八角形	140	86	25	88		
153001		146	73	22	70		
153002		216	115	38	160		
153003		280	115	38	160		

（2）低压户内布线用绝缘子

低压户内布线用绝缘子包括鼓形绝缘子、瓷夹板和瓷管，用于工频交流或直流电压在低于 1000V 的户内低压配电线路中作绝缘和固定导线之用。低压户内布线用绝缘子的规格与性能见表 1-45～表 1-47。

表 1-45　鼓形绝缘子规格与性能

型号（或代号）	主要尺寸/mm			额定电压/kV
	高度	直径	孔径	
G-25	25	22	7	0.5
G-38	38	30	8	
G-50	50	36	9	
G-60	60	45	10	
G-65	65	50		
G-75	75	66		
GK-50	50	35		

表 1-46　瓷夹板规格与性能

型号	主要尺寸/mm				额定电压/kV
	长度	宽度	高度	孔径	
N-240	40	20	20	6	0.5
N-250	50	22	24	7	0.5
N-376	76	30	30	7	0.5

表 1-47　瓷管规格与性能

型号	主要尺寸/mm			额定电压/kV
	长度	外径	内径	
U-10-150	150	16	10	0.5
U-15-150	150	24	15	
U-25-150		36	25	
U-40-150		52	40	
U-10-270	270	16	10	
U-15-270		24	15	
U-25-270		36	25	
U-40-270		52	40	
UW-10-150	150	16	10	
UW-15-150		24	15	
UW-25-150		36	25	
UW-40-150		52	40	
UW-10-270	270	16	10	
UW-15-270		24	15	
UW-25-270		36	25	
UW-40-270		52	40	
UB-10-30	30	16	10	
UB-15-30		24	15	
UB-25-30		36	25	
UB-40-30		52	40	

注：产品型号说明：U—直瓷管；UW—弯头瓷管；UB—包头瓷管。

三、磁性材料

磁性材料通常分为软磁材料和硬磁材料（永磁材料）两大类。

1. 软磁材料

软磁材料主要有电工用纯铁、硅钢片、导磁合金和铁氧体等。软磁材料的主要品种、牌号、特点和应用范围见表 1-48；电工用纯铁牌号和性能见表 1-49；硅钢片的分类、牌号、规格和主要用途见表 1-50；部分冷轧硅钢片技术数据见表 1-51；部分热轧硅钢片技术数据见表 1-52；部分铁镍导磁合金技术数据见表 1-53；常用软磁锌锰铁氧体技术数据见表 1-54。

表 1-48　软磁材料的主要品种、牌号、特点和应用范围

品种		参考牌号	主要特点	应用范围
电工用纯铁		DT3～DT6 DT3A～DT6A DT4E　DT6E DT4C　DT6C	含碳量在0.04%以下,饱和磁感应强度高,冷加工性好,但电阻率低,铁损高,有磁时效现象	用于直流或脉动成分不大的电器中作为导磁铁芯
硅钢片		D11～D44 W21～W33	含0.8%～4.5%的硅。与电工纯铁相比,电阻率增高,铁损降低,磁时效基本消除,但热导率降低,硬度提高,脆性增大	电动机、变压器、继电器、互感器、开关等产品的铁芯
导磁合金	铁镍合金	IJ50 IJ51 IJ79	磁导率大,但饱和磁通密度不如硅钢片,耐腐蚀性好	常用于高、中频电压、变压器,磁放大器,微特电动机和仪表中作为铁芯,也可用作电讯器件的磁屏
	铁铝合金	IJ6 IJ12 IJ16	与铁镍合金相比,电阻率高,密度小,但磁导率降低,随着含铝量增加,硬度和脆性增大,塑性变差	

续表

品种		参考牌号	主要特点	应用范围
铁氧体	软磁锰锌铁氧体	R1K R1.5KB R2K R2.5KB R4K R6K R10K	电阻系数高达100Ω·mm^2/m，适用的交变磁场频率在100～500kHz内	中、高频变压器，脉冲和开关电源变压器，高频焊接变压器，低通滤波器及晶闸管电流上升率限制电感的铁芯

表 1-49 电工用纯铁牌号和性能

牌号	等级	最大磁导率/(10^3H/m)	矫顽力/(A/m)	磁感应强度/T						
				B_{200}	B_{300}	B_{500}	B_{1000}	B_{2500}	B_{5000}	B_{10000}
DT3、DT4	普级	≥7.50	≤96	1.20	1.30	1.40	1.50	1.62	1.71	1.80
DT3A、DT4A	高级	≥8.75	≤72							
DT4E	特级	≥11.3	≤43							
DT4C	超级	≥15.0	≤32							

注：牌号末位字母表示：A—高级，E—特级，C—超级，无字母为普通级。

表 1-50 硅钢片分类、牌号、规格和主要用途

分类			牌号	标称厚度/mm	主要用途
热轧硅钢片	热轧电动机钢片		D11、D12	1.0、0.50	中小型发电机和电动机
			D21、D22、D23、D24	0.5	要求损耗小的发电机和电动机
			D31、D32	0.5	中小型发电机和电动机
			D41、D42、D43、D44	0.5	控制微电动机、大型汽轮发电机
	热轧变压器钢片		D31、D32	0.35	电焊变压器、扼流圈
			D41、D42、D43	0.35、0.50	电抗器和电感线圈
冷轧硅钢片	无取向	电动机用	W21、W22	0.5	大型直流电动机
			W32、W33	0.5	大型交流电动机
		变压器用	W21、W22	0.5	电焊变压器、扼流圈
			W32、W33	0.35、0.50	电力变压器、电抗器
	单取向	电动机用	Q3、Q4、Q5、Q6	0.35、0.50	大型发电机
			D310、D320、D330、D340	0.5	
			G1、G2、G3、G4	0.05、0.08、0.2	中、高频发电机，微电动机
		变压器用	Q3、Q4、Q5、Q6	0.35	电力变压器、高频变压器 电抗器、互感器
			D310、D320、D330、D340	0.35	
			G1、G2、G3、G4	0.05、0.08、0.2	电源变压器、高频变压器，脉冲变压器、扼流圈

表 1-51 部分冷轧硅钢片技术数据

牌号		标称厚度/mm	最小磁通密度/T			最大铁损/(W/kg)			最小弯折次数	密度/(g/cm^3)
			B_{10}	B_{25}	B_{50}	$P_{10/50}$	$P_{15/50}$	$P_{17/50}$		
无取向	W21			1.54	1.64	2.30	5.3		5	7.75
	W22			1.52	1.62	2.00	4.7			
	W32			1.50	1.60	1.60	3.6			7.65
	W33					1.40	3.3			
	W32					1.25	3.1			
	W33	0.50		1.48	1.58	1.05	2.7			

续表

牌号		标称厚度/mm	最小磁通密度/T			最大铁损/(W/kg)			最小弯折次数	密度/(g/cm³)
			B_{10}	B_{25}	B_{50}	$P_{10/50}$	$P_{15/50}$	$P_{17/50}$		
单取向	Q3	0.35	1.67	1.80	1.86	0.70	1.6	2.3	3	7.65
	Q4		1.72	1.85	1.90	0.60	1.4	2.0		
	Q5		1.76	1.88	1.92	0.55	1.2	1.7		
	Q6		1.77	1.92	1.96	0.44	1.1	1.51		

表 1-52 部分热轧硅钢片技术数据

新牌号	旧牌号	厚度/mm	最小磁通密度/T			最大铁损/(W/kg)		最小弯曲次数	密度/(g/cm³)	
			B_{25}	B_{50}	B_{100}	$P_{10/50}$	$P_{15/50}$		酸洗过	未酸洗
DR530-50	D22	0.50	1.51	1.61	1.74	2.20	5.30	10	7.75	7.70
DR510-50	D23		1.54	1.64	1.76	2.10	5.10			
DR490-50	D24		1.56	1.66	1.77	2.00	4.90			
DR450-50	D24/25		1.54	1.64	1.76	1.85	4.50			
DR420-50	D25					1.80	4.20			
DR400-50	D26					1.65	4.00			
DR400-50	D31		1.46	1.57	1.71	2.00	4.40	4	7.65	—
DR405-50	D32		1.50	1.61	1.74	1.80	4.05			
DR300-50	D41		1.45	1.56	1.68	1.60	3.60	1	7.55	—
DR315-50	D42					1.35	3.15			
DR290-50	D43					1.20	2.90			
DR265-50	D44	0.50	1.44	1.55	1.67	1.10	2.65	1	7.55	—
DR360-35	D31	0.35	1.46	1.57	1.71	1.60	3.60	5	7.65	—
DR325-35	D32		1.50	1.61	1.74	1.40	3.25			
DR320-35	D41		1.45	1.56	1.68	1.35	3.20	1	7.55	—
DR280-35	D42		1.44	1.54	1.66	1.15	2.80			
DR255-35	D43					1.05	2.55			
DR255-35	D44					0.90	2.25			

表 1-53 部分铁镍导磁合金技术数据

牌号(成分%，余量为铁)	厚度/mm	频率范围/Hz	在0.8A/m磁场强度中的磁导率/(H/m)	最大相对磁导率/10^3	H=80A/m时		B=1T时的铁损/(W/kg)
					矫顽力/(A/m)	磁通密度/T	
1J50(Ni49～51)	A级 0.02～2.50 B级 0.02～0.35	50～2000	2.8～5.0 2.8～5.9	20～45 25～52	24～9.6 20～8.8	0.94～1.25	0.195～63.0
1J51(Ni49～51)	0.005～0.10	400～2000	—	25～60	24～14.4	1.25～1.50	2.13～25.6
1J79(Ni78～80，Mo3.8～4.1)	A级 0.005～3.00 B级 0.02～0.35	50～2000	15～26.3 22.5～32.5	70～200 100～220	4.8～1.2 2.4～0.96	0.67～7.80	—

表 1-54 常用软磁锌锰铁氧体技术数据

牌号(旧牌号)	初始相对磁导率(±20%)	比温度系数(20～55℃)/10^{-6}	比损耗因数		饱和磁通密度/T	矫顽力/(A/m)	居里点/℃	密度/(g/cm³)	适用频率/MHz
			$\tan\delta/(\mu i)$/10^{-6}	f/MHz					
R1K(M×1000)	1000	4	<40	0.1	0.34	32	120	4.7	0.5

续表

牌号 （旧牌号）	初始相对磁导率 （±20%）	比温度系数 （20～55℃） $/10^{-6}$	比损耗因数		饱和磁通密度/T	矫顽力 /(A/m)	居里点/℃	密度 $/(g/cm^3)$	适用频率 /MHz
			$\tan\delta/(\mu i)$ $/10^{-6}$	f /MHz					
R1.5KB	1500	1.5	≤13	0.1	0.41	20	180	4.8	0.5
R2K （M×2000）	2000	2	≤30	0.1	0.34	32	120	4.8	0.5
R2KX （MXD2000）	2000	1	≤7.5	0.1	0.35	20	180	4.8	0.5
R2.5KB	2500				0.45	16	230	4.8	
R4K （M×4000）	4000	1	≤10	0.1	0.34	24	120	4.85	0.2
R6K （M×6000）	6000	1	≤10	0.01	0.32	20	120	4.9	0.2
R10K （M×10000）	10000	0.5	≤7	0.01	0.32	12	110	4.9	0.1

2. 硬磁材料

硬磁材料主要有铝镍钴系永磁材料、铁氧体永磁材料、稀土钴永磁材料和塑性变形永磁材料等。铝镍钴系永磁材料技术数据及用途见表1-55；铁氧体永磁材料技术数据见表1-56；常用稀土永磁材料技术数据见表1-57；铁铬钴类和永磁钢类材料技术数据见表1-58；铁钴钒类材料技术数据见表1-59。

表1-55 铝镍钴系永磁材料技术数据及用途

类别	牌号名称	代号	特征	剩余磁感应强度/T	矫顽力/(kA/m)	最大磁能积$/(kJ/m^3)$	回复磁导率$/(10^{-6}H/m)$	磁温度系数$/\%℃^{-1}$	居里点/℃	主要用途
铸造铝镍钴系	铝镍8	LN8	各向同性	0.45	57	8.0		−0.022	760	一般用于磁电式仪表、永磁电动机、磁分离器、微电动机、里程表
	铝镍10	LN10		0.60	36	10.0	7.5～8.5			
	铝镍钴13	LN13		0.80	48	13.0	7.5～8.5			
	铝镍钴20	LNG20	热磁处理各向异性	0.90	52	20	4.6～6.0	−0.016		精密磁电工仪表、永磁电动机、流量计、微电动机、磁性支座、传感器、扬声器、微波器件
	铝镍钴32	LNG32		1.20	44	32	4.0～5.7		890	
	铝镍钴32H			1.10	56	32	4.0～5.7			
	铝镍钴40	LNG40		1.25	48	40	4.0～5.7	−0.020		
	铝镍钴钛32	LNGT32		0.8	100	32	3.0～4.5		850	
	铝镍钴钛40			0.72	140	40	3.0～4.5			
	铝镍钴52	LNG52	定向结晶各向异性	1.30	56	52	3.0～4.5	−0.016	890	精密磁电式仪表、永磁电动机、微电动机、地震检波器、磁性支座、扬声器、微波器件
	铝镍钴60			1.35	60	60	3.0～4.5	−0.016	890	
	铝镍钴钛56	LNGT56		0.95	104	56	3.0～4.5	−0.025～−0.020	850	
	铝镍钴钛70			0.90	145	70	3.0～4.5		850	
	铝镍钴钛72	LNGT72		1.05	111	72	2.5～4.0		850	
	铝镍钴钛80			1.08	120	85	2.5～3.8		850	

续表

类别	牌号名称	代号	特征	剩余磁感应强度/T	矫顽力/(kA/m)	最大磁能积/(kJ/m^3)	回复磁导率/($10^{-6}H/m$)	磁温度系数/%$℃^{-1}$	居里点/℃	主要用途
粉末烧结铝镍钴系	烧结铝镍 9		各向同性	0.5	35	9	7.5～8.5		760	微电动机、永磁电动机、继电器、小型仪表
	铝镍钴 25		热磁处理各向异性	1.05	46	25				
	铝镍钴钛 28			0.70	95	28	4.0～5.4		890	

表 1-56　铁氧体永磁材料技术数据

牌号名称	特征	剩余磁感应强度/T	矫顽力/(kA/m)	回复磁导率/($10^{-6}H/m$)	最大磁能积/(kJ/m^3)	磁温度系数/%$℃^{-1}$	居里点/℃
铁氧体 10T	各向同性	0.20	128～169	1.3～1.6	6.4～9.6	−0.20～−0.18	450
铁氧体 15	各向异性	0.28～0.36	128～192		14.3～17.5		
铁氧体 20		0.32～0.38	128～192		18.3～21.5		
铁氧体 25		0.35～0.39	152～208		22.3～25.5		
铁氧体 30		0.38～0.42	160～216		26.3～29.5		
铁氧体 35		0.40～0.44	176～24		30.3～33.4		

表 1-57　常用稀土永磁材料技术数据

牌号	剩余磁感应强度(最小值)/mT	磁通密度矫顽力(最小值)/(kA/m)	内禀矫顽力(最小值)/(kA/m)	最大磁能积/(kJ/m^3)
XGS80/36	600	320	360	64～88
XGS96/40	700	360	400	88～104
XGS112/96	730	520	960	104～120
XGS128/120	780	560	1200	120～135
XGS140/120	840	600	1200	135～150
XGS160/96	880	640	960	150～180
XGS196/96	960	690	960	183～207
XGS196/40	980	380	400	183～200
XGS208/44	1020	420	440	200～220
XGS240/46	1070	440	460	220～250

表 1-58　铁铬钴类和永磁钢类材料技术数据

类别	牌号名称	剩余磁感应强度/T	矫顽力/(kA/m)	最大磁能积/(kJ/m^3)	回复磁导率/($10^{-6}H/m$)	磁温度系数/%$℃^{-1}$	居里点/℃
铁铬钴类	铁铬钴 15 铁铬钴 30	0.85 1.10	44 48	13.5～16.0 27～35	6.9～8.0 5.0～6.0	−0.052 −0.035 −0.045	
永磁钢类	ZJJ63	5.2	0.95	5			
	2J64	5.2	1.0	5.2			
	2J65	8	0.85	6.8			
	2J27	20.7	1.0	21			

表 1-59　铁钴钒类材料技术数据

牌号名称	丝材			带材		
	剩余磁感应强度/T	矫顽力/(kA/m)	磁能积/(kJ/m³)	剩余磁感应强度/T	矫顽力/(kA/m)	磁能积/(kJ/m³)
2J11	≥1.0	≥24	≥24	≥1.0	≥17.5	≥19.2
2J12	≥0.85	≥27.9	≥24	≥0.75	≥24	≥19.2
2J13	≥0.7	≥31.8	≥24	≥0.6	≥27.9	≥18.5

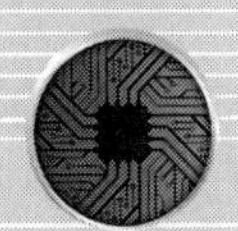

第二章

电工常用工具及仪表

第一节　电工常用工具

一、验电器

验电器分为高压和低压两类，如图 2-1 所示。低压验电器又称试电笔或验电笔，是检验导线、电器和电气设备是否带电的一种常用工具；检测范围为 60～500V，有钢笔式和螺钉旋具式两种。它由氖管、电阻、弹簧和笔身等组成。

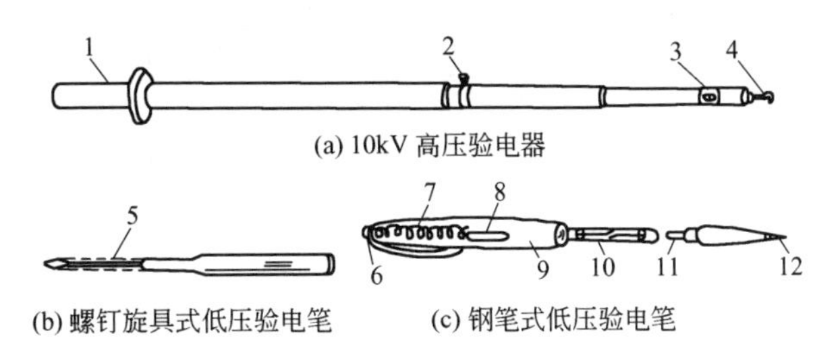

(a) 10kV 高压验电器

(b) 螺钉旋具式低压验电笔　(c) 钢笔式低压验电笔

图 2-1　验电器

1—把柄；2—紧定螺钉；3—氖管窗；4—触钩；5—绝缘套管；6—笔尾的金属体；7—弹簧；8—小窗；9—笔身；10—氖管；11—电阻；12—笔尖的金属体

1. 低压验电笔的正确使用

① 使用时必须按照图 2-2 所示的正确方法把笔握妥，以手指触及笔尾的金属体。

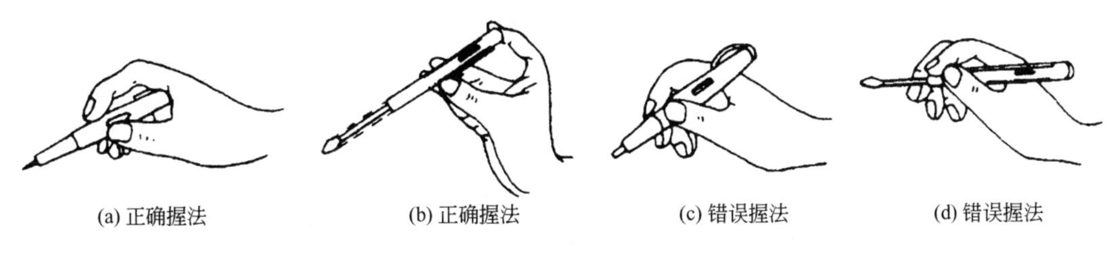

(a) 正确握法　(b) 正确握法　(c) 错误握法　(d) 错误握法

图 2-2　低压验电笔的握法

② 验电笔使用前，先要在有电的电源上检查电笔能否正常发光。

③ 低压验电器使用时，在明亮光线下不易看清氖管是否发光，应注意避光。

④ 用低压验电笔区分相线和零线。氖泡发亮的是相线，不亮的是零线。

⑤ 用低压验电笔区分交流电和直流电。交流电通过氖泡时，两极附近都发亮；而直流电通过时，仅一个电极附近发亮。

⑥ 用低压验电笔判断电压的高低。若氖泡发暗红色，轻微亮，则电压低；若氖泡发黄红色，很亮，则电压高。

⑦ 用低压验电笔识别相线接地故障。在三相四线制电路中，发生单相接地后，用电笔测试中性线，氖泡会发亮。在三相三线制星形连接的线路中，用电笔测试三根相线，如果两相很亮，另一相不亮，则这相可能有接地故障。

⑧ 使用以前，先检查电笔内部有无柱形电阻（特别是借来的、别人借后归还的或长期未使用的电笔）。若无电阻，严禁使用；否则，将发生触电事故。

⑨ 一般用右手握住电笔，左手背在背后或插在衣裤口袋中。人体的任何部位切勿触及笔尖相连的金属部分。

⑩ 防止笔尖同时搭在两条线上。

2. 高压验电器的正确使用

① 使用以前，应先在确有电源处试测，只有证明验电器确实良好，才可使用。

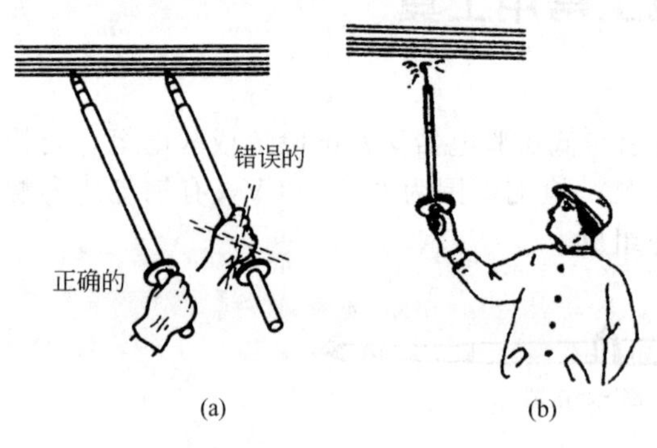

图 2-3　高压验电器握法

② 验电时，应逐渐靠近被测带电体，直至氖管发光。只有氖管不亮，才可直接接触带电体。

③ 室外测试时，只能在气候良好的情况下进行；在雨天、雪天、雾天和湿度较高时，禁止使用。

④ 测试时，必须戴上符合耐压要求的绝缘手套，手握部位不得超过护环，如图 2-3所示。不可一人单独测试，身旁应有人监护。测试时应防止发生相间或对地短路事故。人体与带电体应保持足够距离（电压 10kV 时，应在 0.7m 以上）。验电器每半年应做一次预防性试验。

3. 操作禁忌

验电器的操作禁忌见表 2-1。

表 2-1　验电器操作禁忌

种类		操作禁忌
低压验电笔操作禁忌	1	使用前应在有电的部位检查一下验电笔是否正常,禁止盲目不经验证就直接使用
	2	低压验电笔禁止在 500V 以上电压时使用,电压超过 500V 时可能使操作者触电遭到电击
	3	禁止用低压验电笔测 60V 以下电压,因为此时氖管不发光或发微弱光,会被误认为没有电,容易造成触电事故,所以低压验电笔应在 60～500V 之内使用
	4	禁止用手接触笔尖金属部分,否则会因验电笔中的高阻值电阻不再起限流作用,而使操作者触电
高压验电器操作禁忌	1	禁止使用未经检查和试验不合格的验电器
	2	禁止使用与被检电气设备电压不相符的验电器
	3	高压验电器在使用时,手握部分禁止超过护环
	4	操作人员要戴绝缘手套,严禁直接接触设备的带电部分,要逐渐接近,直至氖灯发亮为止
	5	室外操作时,禁止在气候条件不好的情况下操作
	6	为防止邻近带电设备的影响,要求高压验电器与带电设备距离应符合下面的规定,否则禁止操作。电压为 6kV 时,应大于 150mm;电压为 10kV 时,应大于 250mm;电压为 35kV 时,应大于 500mm;电压为 110kV 时,应大于 1000mm

二、电工钳

1. 普通电工钳

普通电工钳又名钢丝钳，是钳夹和剪刀工具，由钳头和钳柄两部分组成，如图 2-4 所示。钳口用来弯绞或钳夹导线线头；齿口用来紧固或起松螺母；刀口用来剪切导线或剖切软导线绝缘层；铡口用来铡切电线线芯和钢丝、铅丝等较硬金属。普通电工钳的规格及用途见表 2-2。

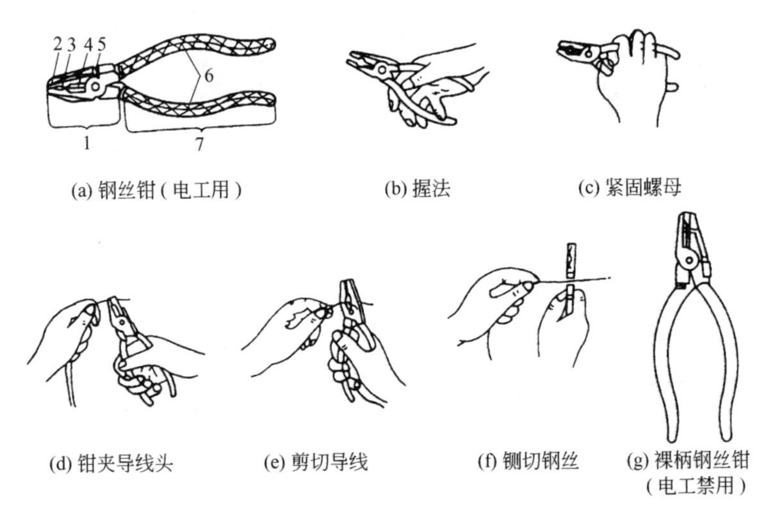

(a) 钢丝钳(电工用)　(b) 握法　(c) 紧固螺母

(d) 钳夹导线头　(e) 剪切导线　(f) 铡切钢丝　(g) 裸柄钢丝钳(电工禁用)

图 2-4　钢丝钳

1—钳头；2—钳口；3—齿口；4—刀口；5—铡口；6—绝缘管；7—钳柄

表 2-2　普通电工钳　　单位：mm

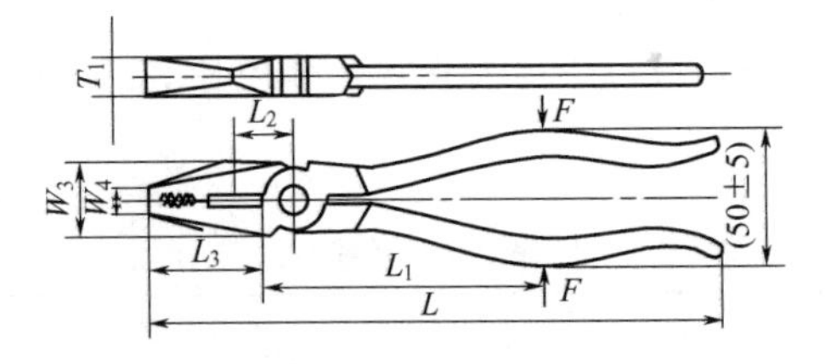

L	L_3	W_{3max}	W_{4max}	T_{1max}	L_1	载荷 F/N	L_2	用途
160	28	25	7	12	80	1120	16	用来夹持或弯折薄片形、细圆柱形金属零件及切断金属丝
180	32	28	8	13	90	1260	18	
200	36	32	9	14	100	1400	20	

注：1. 在 F 作用下的永久变形量应不大于 1.2mm。

2. 用 1.6mm 钢丝做剪切试验时最大剪切力为 580N。

使用注意事项：

① 使用电工钢丝钳前，必须检查绝缘柄的绝缘是否完好。在钳柄上应套有耐压为 500V 以上的绝缘管。如果绝缘管损坏，不得带电操作。

② 高压验电器的握法如图 2-3(b) 所示，刀口朝向自己面部。头部不可代替锤子作为敲打工具使用。

③ 钢丝钳剪切带电导线时，不得用刀口同时剪切相线和零线，或同时剪切两根相线，以免发生短路故障。

2. 剥线钳（表 2-3）

表 2-3 剥线钳 单位：mm

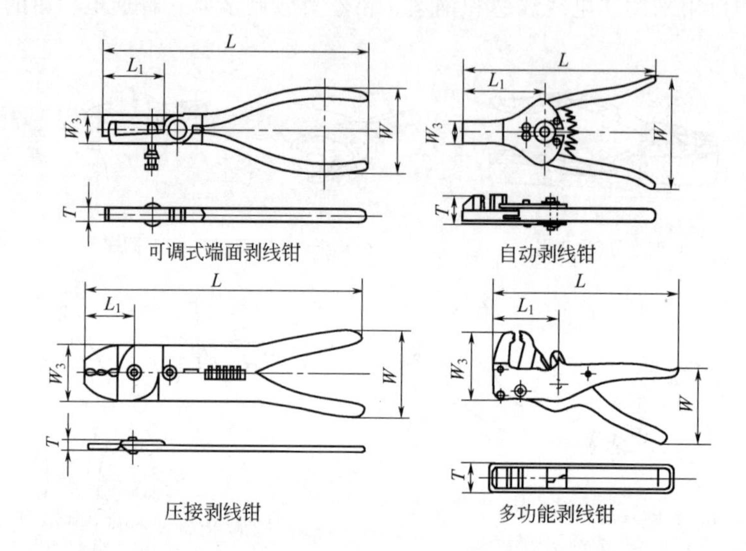

可调式端面剥线钳　自动剥线钳　压接剥线钳　多功能剥线钳

品种	L	L_1	W	W_{3max}	T_{max}	用途
可调式端面剥线钳	160	36	50	20	10	供电工用于在不带电的条件下，剥离线芯直径0.5～2.5mm 的各类电讯导线外部绝缘层。多功能剥线钳还能剥离带状电缆
自动剥线钳	170	70	120	22	30	
多功能剥线钳	170	60	80	70	20	
压接剥线钳	200	34	54	38	8	

注意：手柄绝缘的剥线钳，可以带电操作，工作电压在 500V 以下。

3. 紧线钳（表 2-4）

表 2-4 紧线钳 单位：mm

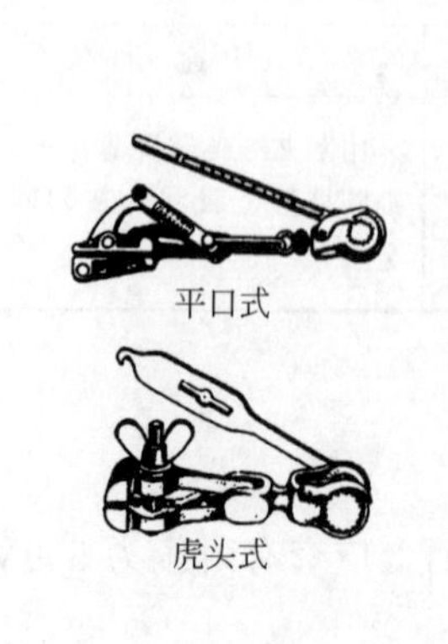

平口式　虎头式

平口式紧线钳

规格	钳口弹开尺寸	额定拉力/kN	夹线直径范围：单股钢、铜线	夹线直径范围：钢绞线	夹线直径范围：无芯铝绞线	夹线直径范围：钢芯铝绞线
1号	≥21.5	15	10～20	—	12.4～17.5	13.7～19
2号	≥10.5	8	5～10	5.1～9.6	5.1～9	5.4～9.9
3号	≥5	3	1.5～5	1.5～4.8	—	—

虎头式紧线钳

长度	150	200	250	300	350	400	450	500
额定拉力/kN	2	2.5	3.5	6	8	10	12	15
夹线直径范围	1～3	1.5～3.5	2～5.5	2～7	3～8.5	3～10.5	3～12	4～13.5
用途	专供架设空中线路工程拉紧电线或钢绞线用							

4. 压线钳（表 2-5）

表 2-5　压线钳

JYJ-V 型　　JYJ-1A 型

型号	手柄长度（缩/伸）/mm	质量/kg	适用范围	用途
JYJ-V_1	245	0.35	适用于压接（围压）0.5～6mm² 裸导线	用于冷轧压接铜、铝导线，起中间连接作用或封端
JYJ-V_2	245	0.35	适用于压接（围压）0.5～6mm² 裸导线	
JYJ-1	450/600	2.5	适用于压接（围压）6～240mm² 导线	
JYJ-1A	450/600	2.5	适用于压接（围压）6～240mm² 导线，能自动脱模	
JYJ-2	450/600	3	适用于压接（围压、点压、叠压）6～300mm² 导线	
JYJ-3	450/600	4.5	适用于压接（围压、点压、叠压）6～300mm² 导线	

5. 冷压接钳（表 2-6）

表 2-6　冷压接钳

	规格（长度）/mm	压接导线断面面积/mm²	用途
	400	10 16 25 35	专供压接铝或铜导线的接头或封端

6. 冷轧线钳（表 2-7）

表 2-7　冷轧线钳

	规格（长度）/mm	压接导线断面面积/mm²	用途
	200	2.5～6	除具有一般钢丝钳的用途外，还可以利用轧线结构部分轧接电话线、小型导线的接头或封端

7. 尖嘴钳和斜口钳（表 2-8）

表 2-8　尖嘴钳和斜口钳

项目	常用规格/mm	应用	示意图
尖嘴钳	130、160、180、200	适于在较狭小的工作空间操作，可以用来弯扭和钳断直径为 1mm 以内的导线。有铁柄和绝缘柄两种，绝缘柄为电工所用，绝缘柄的工作电压为 500V 以下。目前常见的多数是带刃口的，既可夹持零件又可剪切金属丝	

续表

项目	常用规格/mm	应用	示意图
斜口钳	130、160、180、200	用于剪切金属薄片及细金属丝的一种专用剪切工具，其特点是剪切口与钳柄成一角度，适用于比较狭窄和有斜度的工作场所	

三、螺钉旋具

螺钉旋具又称改锥、起子或螺丝刀，如图 2-5 所示；分有平口（或叫平头）和十字口（或叫十字头）两种，以配合不同槽形的螺钉使用，常用的有 50mm、100mm、150mm 及 200mm 等规格。

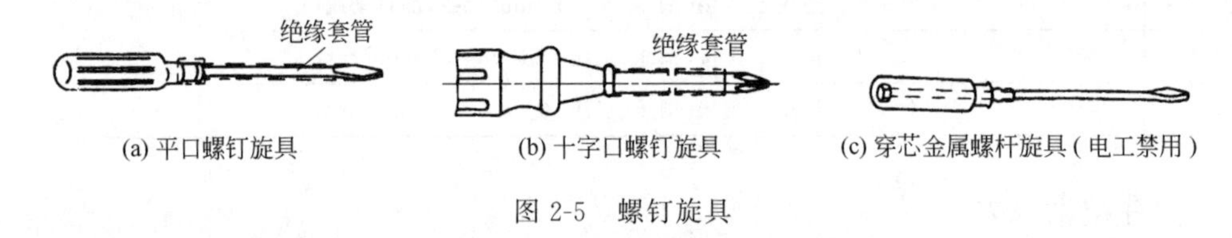

(a) 平口螺钉旋具　(b) 十字口螺钉旋具　(c) 穿芯金属螺杆旋具（电工禁用）

图 2-5　螺钉旋具

螺钉旋具的握法如图 2-6 所示。螺钉旋具使用注意事项如下：

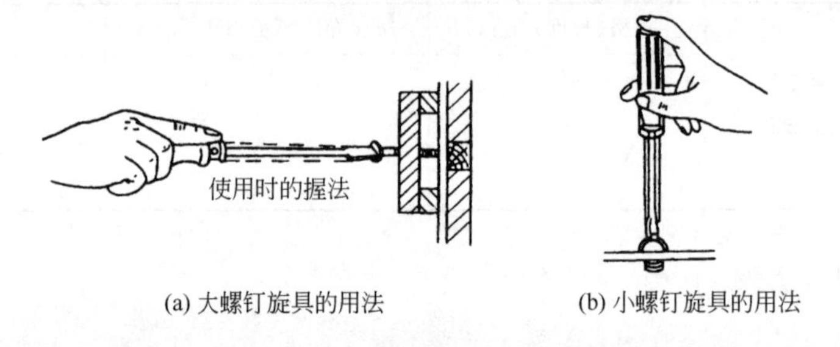

(a) 大螺钉旋具的用法　(b) 小螺钉旋具的用法

图 2-6　螺钉旋具的使用

① 电工不得使用金属杆直通柄顶的旋具，否则容易造成触电事故。

② 为了避免旋具的金属杆触及皮肤或邻近带电体，应在金属杆上套绝缘管。

③ 旋具头部厚度应与螺钉尾部槽形相配合，斜度不宜太大，头部不应该有倒角，否则容易打滑。

④ 旋具在使用时应使头部顶牢螺钉槽口，防止打滑而损坏槽口。同时注意，不用小旋具去拧旋大螺钉。否则，一是不容易旋紧；二是螺钉尾槽容易拧豁；三是旋具头部易受损。反之，如果用大旋具拧旋小螺钉，也容易造成因力矩过大而导致小螺钉滑扣的现象。

四、活扳手

活扳手又称活扳头，如图 2-7(a) 所示。活扳手由头部和柄部组成，头部由定、动扳唇以及蜗轮和轴销等构成。旋动蜗轮以调节扳口大小。常用的规格有 150mm、200mm、250mm 和 300mm 等，按螺母大小选用适当规格。

扳拧较大螺母时，需用较大力矩，手应握在近柄尾处，如图 2-7(b) 所示；扳拧较小螺母时，需用力矩不大，但螺母过小容易打滑，宜照图 2-7(c) 所示的握法，可随时调节蜗轮，收紧扳唇防止打滑。

活扳手不可反用，如图 2-7(d) 所示，即动扳唇不可作为重力点使用，也不可用钢管接

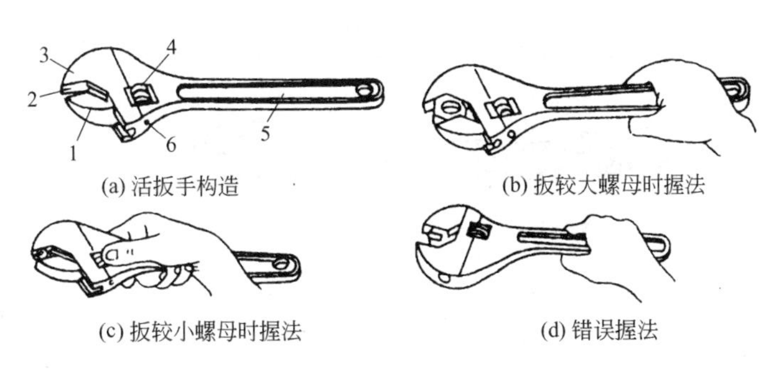

(a) 活扳手构造　(b) 扳较大螺母时握法

(c) 扳较小螺母时握法　(d) 错误握法

图 2-7　活扳手

1—动扳唇；2—扳口；3—呆扳唇；4—蜗轮；5—手柄；6—轴销

长柄部来施加较大的扳拧力矩。

五、电工刀

电工刀见表 2-9。

表 2-9　电工刀

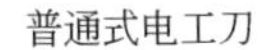

普通式电工刀　多用电工刀

型式	普通式(单用)			二用	三用	用途
	大号	中号	小号			专供电工接线作业时削割电线绝缘层、木塞、绳索之用,多用电工刀的附件中锥子可钻电器圆木或方木孔,锯片可锯割电线槽板
刀柄长度/mm	115	105	95	115	115	
附件	—	—	—	锥子	锥子、锯片	

电工刀如图 2-8(a) 所示，禁止用电工刀切削带电的绝缘导线；在切削导线时，刀口一定朝人体外侧，不准用锤子敲击，如图 2-8(b) 所示。

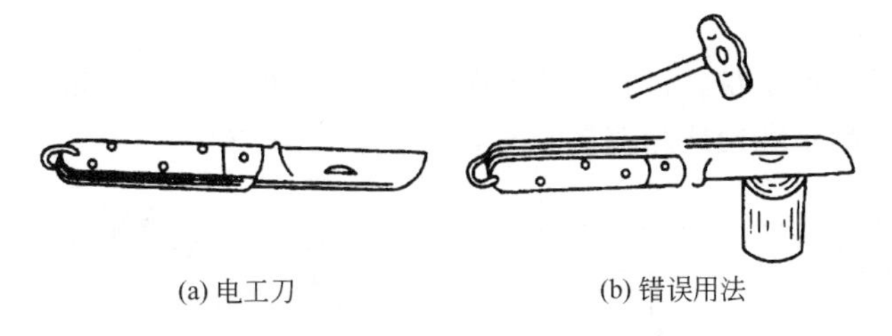

(a) 电工刀　(b) 错误用法

图 2-8　切削工具

六、电烙铁

电烙铁见表 2-10。

七、专用工具

1. 喷灯

喷灯是一种利用喷射火焰对工件进行加热的工具，火焰温度可达 900℃以上，常用于锡钎焊时加热火烙铁、电缆封端及导线局部的热处理等。常用喷灯分煤油喷灯和汽油喷灯两种，

表 2-10　电烙铁

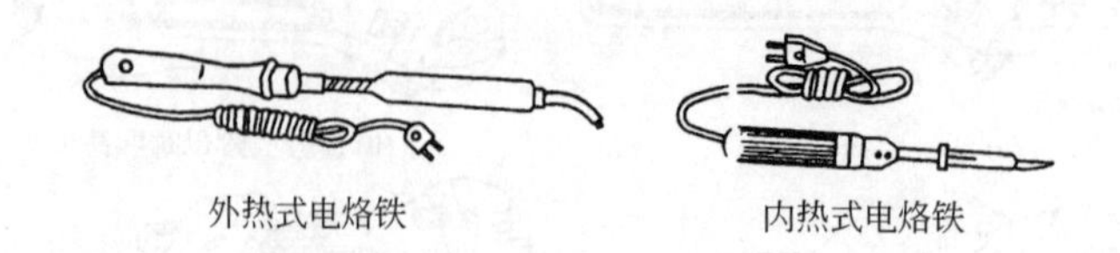

外热式电烙铁　　内热式电烙铁

名称	功率/W	用途
非调温型外热式电烙铁	30、50、75、100、150、200、300、500	用于电气元件、线路接头的焊接
非调温型内热式电烙铁	20、35、50、70、100、150、200、300	

如图 2-9 所示。

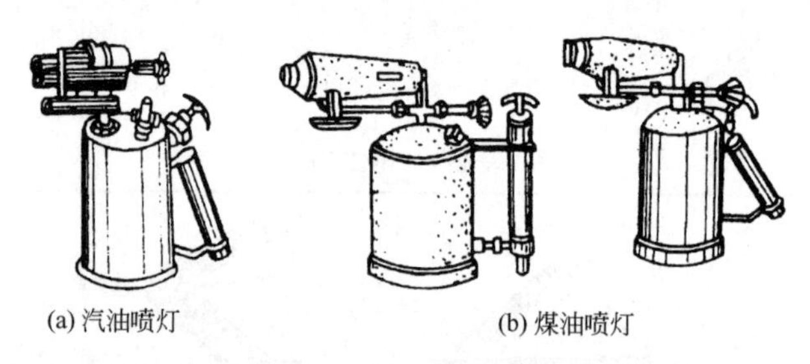

(a) 汽油喷灯　(b) 煤油喷灯

图 2-9　喷灯

使用注意事项：

① 使用前应仔细检查油桶是否漏油，喷嘴是否堵塞、漏气等。

② 根据喷灯所规定使用的燃料油种类，加注相应的燃料油，其油量不得超过油桶容量的 3/4，加油后应拧紧加油处的螺塞。

③ 喷灯点火时，喷嘴前严禁站人，且工作场所不得有易燃物品。点火时在点火碗内加入适量燃料油，用火点燃；待喷嘴烧热后再慢慢打开进油阀；打气加压时应先关闭进油阀。

④ 喷灯工作时应注意火焰与带电体之间的安全距离。

⑤ 喷灯的加油、放油、修理在喷灯熄火冷却后方可进行。

2. 冲击钻

冲击钻和电锤是一种携带式冲击的电动钻孔工具，如图 2-10 所示，主要用于对混凝土、砖墙进行钻孔，安装膨胀螺栓或膨胀螺钉，以固定设备或支架。

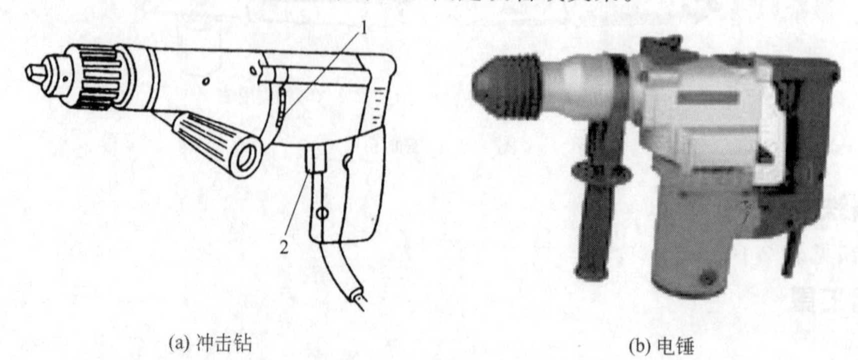

(a) 冲击钻　(b) 电锤

图 2-10　冲击钻与电锤

1—钻调节开关；2—电源开关

冲击钻与电锤使用注意事项：

① 根据孔径大小，选择合适的钻头。在更换钻头前，一定要将电源开关断开，或将电钻的电源插头从插座上拔出，以免在更换钻头过程中因不慎误压开关使电钻旋转，从而发生操作人员受伤事故。

② 通电前应检查电源引线和插头、插座是否完好无损，通电后，用验电笔检查是否漏电。

③ 单相电钻的电源引线应选用三芯坚韧橡胶护套线；三相电钻的电源引线应选用四芯坚韧皮护线，并与相应的插头和插座配合使用，特别注意护套线中接地芯线不得接错。

④ 有些电钻有“钻孔”和“冲击”两种工作方式，当钻孔时，应选用相应尺寸的普通钻头，并将工作方式置“钻孔”位置；需“冲击”钻孔（在水泥墙上钻孔）时，应选用相应尺寸的冲击钻头，并将工作方式置“冲击”位置。

3. 电热烘箱

电热烘箱（图 2-11）主要用于电动机和变压器的干燥及各种绕组浸渍后的烘干处理，其烘焙温度可根据烘焙对象任意设置。

使用注意事项：

① 使用前应检查电热烘箱的插头、插座是否完好，门、电源、开关及温度显示是否正常，排气孔是否通畅等。

② 烘焙时应注意温度的调节，电动机的烘干温度应设定在 80℃左右，且烘焙时间一般在 8～10h，并随时测量其绝缘电阻（>0.5MΩ）；小容量的变压器，温度应设定在 95℃，且每小时测一次其绝缘电阻。

③ 在烘焙过程中，应将烘箱上部的通气孔打开，将蒸发出来的潮气排出。

图 2-11　电热烘箱

④ 在对浸渍绕组进行烘干处理时，刚开始温度不宜过高，以避免溶剂挥发过快使漆膜形成针孔或气泡，影响产品的性能和寿命。在烘焙过程中，温度逐步升高，一般来说，初期烘焙温度与浸渍材料工作温度相同，后期烘焙温度比浸渍材料的工作温度高 20℃。

⑤ 烘焙完毕，断开电源，打开烘箱门，待物件自然冷却后再取出，以避免发生烫伤事故。

4. 其他专业工具

其他专业工具见表 2-11。

表 2-11　其他专业工具

工具	内容	
射钉枪	射钉枪利用弹筒内火药爆发时的推力，将特制的螺钉射入混凝土或砖砌体内以固定管线支架等用。操作时要注意安全，周围严禁有工作人员。射钉枪内孔有 6mm、8mm 和 10mm 三种。射钉直径为 3.7mm、4.5mm，射钉长度一般为 13～62mm，型号有 SDTA301 等	

续表

工具	内容	
拆卸器	拆卸器又称拉具或拉子，主要用于拆卸带轮、联轴器和轴承。使用时拆卸器要放正，其爪钩的位置应基本平衡，丝杆应对准电动机轴心，用力要均匀。若直接拉脱有困难，可在丝杆已接紧时用木锤敲击带轮的外圆，或在带轮与轴的接缝处渗些煤油，必要时采用热脱方法（用喷灯或气焊枪将带轮外表面加热，使之膨胀，将带轮迅速拉下）	
刮板	刮板又称划线板，用竹片或层压板制成，是小型电动机嵌线时的使用工具。在嵌线时用刮板分开槽口的绝缘纸，将已经下槽的导线理齐，并推向槽内两侧，使后嵌的导线容易入槽。在制作刮板时，刮线的部分（前端及前端两侧）要用锉刀倒圆，并用砂纸打光，以免刮线时刮破导线的绝缘层和槽底的绝缘纸，其宽度约为 2～3cm	

八、登高作业工具

在电气安装工程中，离不开登高作业。为了安全，要求登高工具必须牢固可靠。对从业人员也有严格的要求，凡没有上岗证，患有严重高血压、心脏病和癫痫等疾病者，均不能登高作业。

1. 梯子

电工常用的梯子有竹梯和人字梯（图 2-12）。一般地说，竹梯多用于户外登高作业；室内登高作业多使用人字梯。

但由于竹梯移动方便，且可适应狭窄的工作场所，因而它也可作为室内配线的爬高工具。而在没有依傍的室内空间，也可选用人字梯。使用竹梯时，应在两梯脚绑扎橡胶类的防滑材料。人在竹梯上作业时为防止因用力过度站不稳，应采取图 2-13 所示的站立姿势。使用人字梯时应在中间绑扎两道防止自行滑开的拉绳。

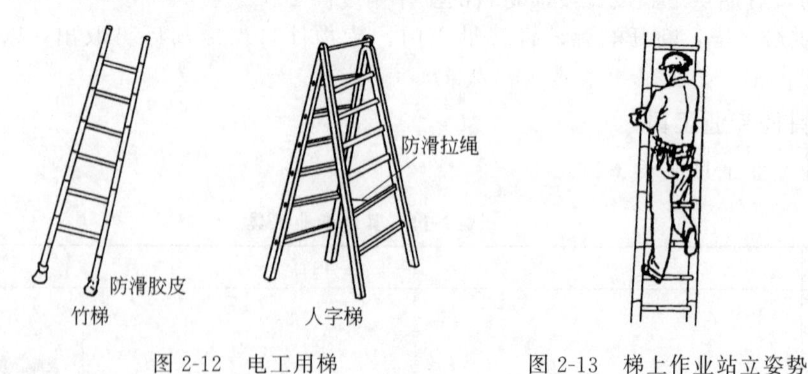

图 2-12　电工用梯　　图 2-13　梯上作业站立姿势

2. 脚扣

脚扣又叫铁扣，是攀登电杆的工具。脚扣分为木杆脚扣和水泥杆脚扣两种，木杆脚扣的扣环上有铁齿，以牢固地扣在木杆上，如图 2-14(a) 所示；水泥杆脚扣的扣环上裹有橡胶，能有效地防止打滑，如图 2-14(b) 所示。

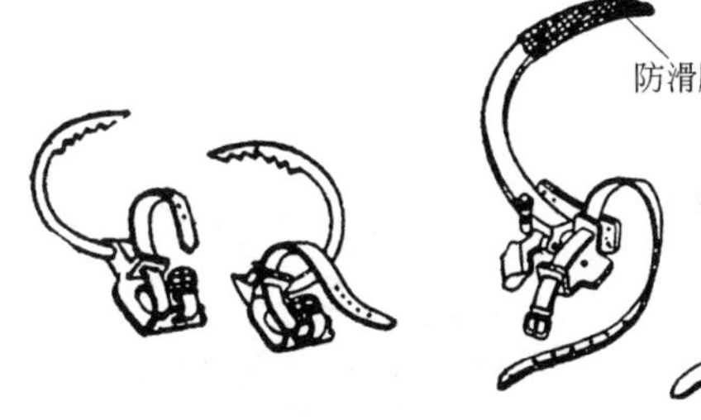

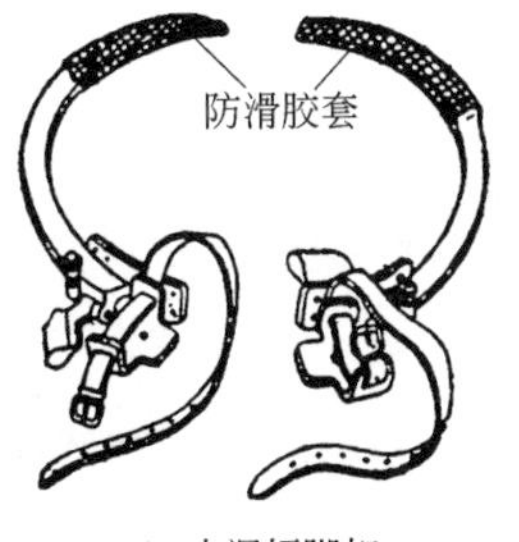

(a) 木杆脚扣

(b) 水泥杆脚扣

图 2-14　脚扣

图 2-15　脚扣定位方法

为了保证作业时人体站立平稳，两脚应按图 2-15 所示的姿势站立。为确保安全，使用前应仔细检查脚扣各部分是否完好无损；同时，一定要按电杆的规格选择大小相适应的脚扣。如需要，水泥杆脚扣可用于木杆代替木杆脚扣，但木杆脚扣不能用于水泥杆。

3. 腰带、保险绳和腰绳

腰带、保险绳和腰绳都是电杆登高操作必备的安全用品，如图 2-16 所示。

腰带用来系扣保险绳和腰绳，使用时应系结在臀部上部而不是系结在腰间；否则操作时容易扭伤腰部且灵活性受到限制。保险绳主要起安全带的作用，万一失足，则防止人体坠空而酿成事故。保险绳一端要可靠地系结在腰带上，另一端用保险钩或保险绳扣挂在牢固的横担或抱箍上。腰绳用于固定人体下部，使上身有更大的灵活性，在使用时应系结于电杆的横担或抱箍下方，防止腰绳从电杆顶部松脱而造成安全事故。

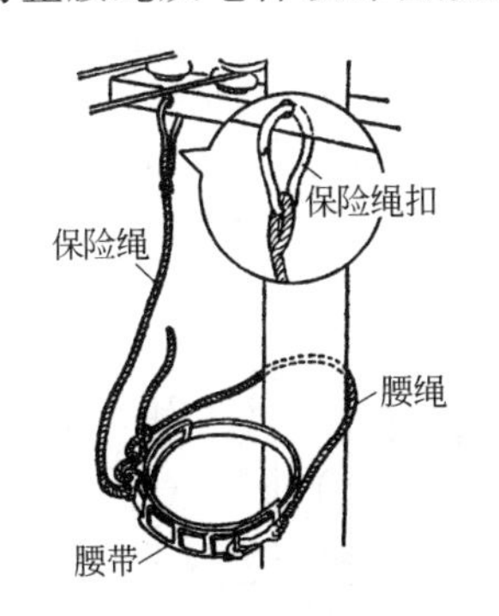

图 2-16　腰带、保险绳和腰绳

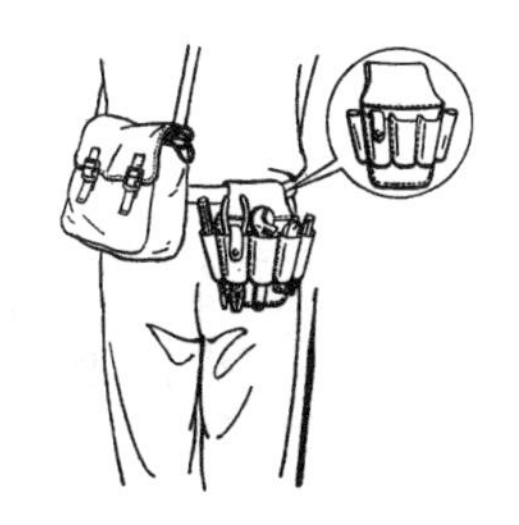

图 2-17　电工工具套

4. 电工工具套

电工工具套是专门装放若干种随身携带的常用电工工具的组合套子，用皮革或帆布制成；一般可放四五件工具，由电工佩挂在背后右侧的腰带上，如图 2-17 所示，是户内外登高作业的必备品。此外，电工常用的零星器材，如熔丝、各色绝缘包扎带、黄蜡绸、膨胀胶粒、螺钉、铁钉及少量电线等，可另用一只帆布背包装着并随身携带。

5. 设备安装和维修工具

(1) 拉具

拉具主要用来拆卸皮带轮以及电动机轴承等配件。拉具也称拉模或拉盘，分双爪和三爪两种，如图 2-18 所示。

(2) 套筒扳手

对深孔的螺母或无法使用活动扳手时，可用套筒扳手对紧固件进行拧紧或旋松作业。它

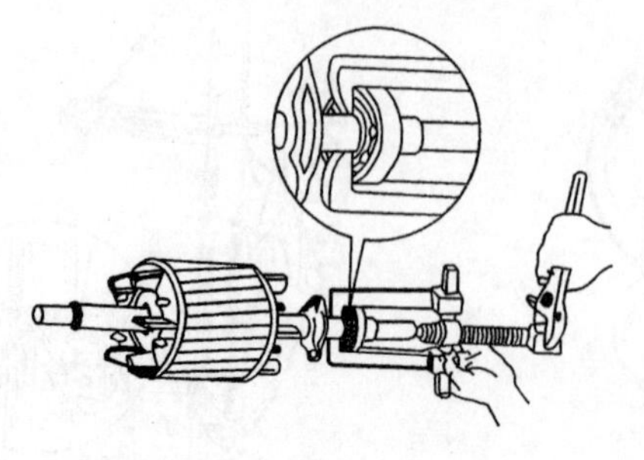

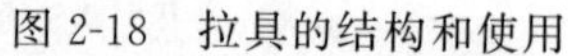

图 2-18　拉具的结构和使用

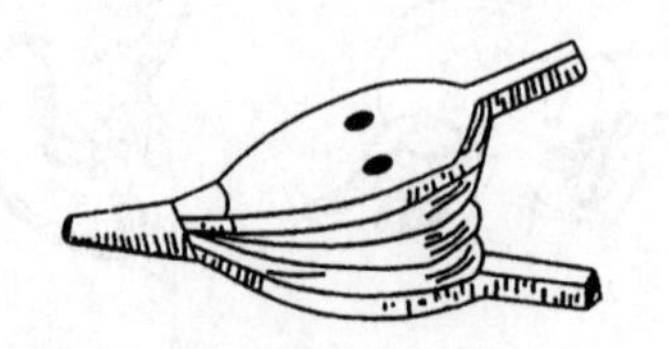

图 2-19　皮老虎

一般由套筒和手柄两部分组成。

（3）皮老虎

皮老虎用以吹除各种电气设备内部的积尘或其他碎屑，是设备安装和维修时的常用工具，如图 2-19 所示。

第二节　常用电工仪器仪表

一、电流表与电压表

1. 安装式电流表与电压表（表 2-12）

表 2-12　安装式电流表与电压表

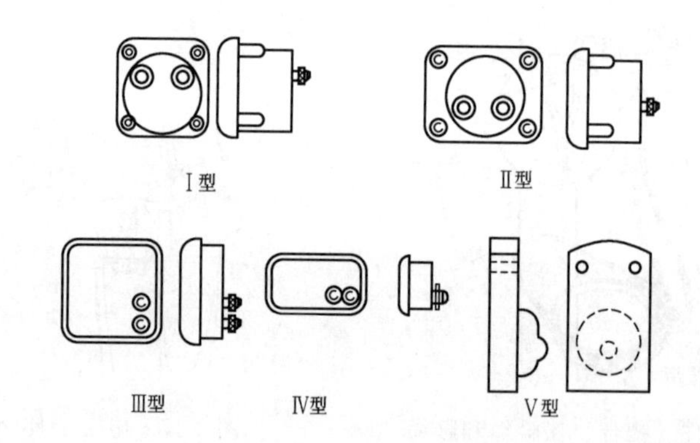

型号	名称	量限	准确度/%	接入方式	用途
42L9-A	交流电流表	0.5A、1A、2A、3A、5A、10A、15A、20A、30A、50A	±1.5	直接接通	适于固定安装在控制盘、控制屏、开关板及电气设备面板上，用来测量交流电路中的电流与电压
		5A、10A、15A、20A、30A、50A、75A、100A、150A、200A、300A、400A、500A、600A、750A		经电流互感器接通次级电流 5A	
		1kA、1.5kA、2kA、3kA、4kA、5kA、6kA、7.5kA、10kA			
42L9-V	交流电压表	15V、30V、50V、75V、100V、150V、250V、300V、450V、500V、600V	±1.5	直接接通	
		3kV、7.5kV、12kV、15kV、150kV、300kV、450kV		经电压互感器接通次级电压 100V	

续表

型号	名称	量限	准确度/%	接入方式	用途
42L20-A	交流电流表	0.5A、1A、2A、3A、5A、10A、15A、30A	±1.5	直接接通	适于固定安装在控制盘、控制屏、开关板及电气设备面板上，用来测量交流电路中的电流与电压
		5A、10A、15A、30A、50A、75A、100A、150A、300A、450A、500A、750A 1kA、2kA、3kA、5kA、7.5kA、10kA		配用电流互感器二次侧电流5A	
42L20-V	交流电压表	30V、50V、75V、100V、150V、250V、300V、500V、600V	±1.5	直接接通	
		3.6kV、7.2kV、12kV、18kV、42kV、72kV、150kV、300kV、450kV		配用电压互感器二次侧电压100V	
44L1-A	交流电流表	0.5A、1A、2A、3A、5A、10A、20A	±1.5	直接接通	
		5A、10A、15A、20A、30A、50A、75A、100A、150A、200A、300A、400A、600A、750A 1.5kA、2kA、3kA、4kA、5kA、6kA、7.5kA、10kA		经电流互感器接通次级电流5A	
44L1-V	交流电压表	3V、5V、7.5V、10V、15V、20V、30V、50V、75V、100V、150V、250V、300V、450V、500V、600V	±1.5	直接接通	
		1kV、3kV、6kV、10kV、15kV、35kV、60kV、100kV、220kV、380kV		互感器接通次级电压100V	
44L13-A	交流电流表	0.5A、1A、2.5A、5A、10A	±1.5	直接接入	
		15A、20A、30A、50A、75A、100A、150A、200A、300A、450A、600A、750A		经电流互感器	
		1kA、1.5kA			
44L13-V	交流电压表	10V、15V、30V、50V、75V、100V、150V、250V、300V、450V	±1.5	直接接入	适于固定安装在控制盘、控制屏、开关板及电气设备面板上，用来测量交流电路中的电流与电压
		450V、600V、750V		经电压互感器	
		1kV、1.5kV			
16C14-A	直流电流表	50μA、100μA、150μA、200μA、300μA、500μA ±25μA、±50μA、±100μA、±150μA、±250μA、±300μA、±500μA 1mA、2mA、3mA、5mA、10mA、15mA、20mA、30mA、40mA、50mA、75mA、100mA、150mA、200mA、300mA、500mA 1A、2A、3A、5A、7.5A、10A	±1.5	直接接通	
16C14-A	直流电流表	15A、20A、30A、40A、50A、75A、100A、150A、200A、300A、500A、750A 1kA、2kA、3kA、4kA、7.5kA、10kA	±1.5	外附FLZ型分流器	
16C14-V	直流电压表	1.5V、3V、5V、7.5V、10V、15V、20V、30V、50V、75V、100V、150V、200V、250V、300V、450V、500V、600V	±1.5	直接接通	
		750V、1000V、1500V		外附FJ17型定值电阻器	
42C6-A	直流电流表	1mA、2mA、3mA、5mA、7.5mA、10mA、15mA、20mA、30mA、50mA、75mA、100mA、150mA、200mA、300mA、500mA	±1.5	直接接通	
		1A、2A、3A、5A、7.5A、10A、15A、20A、30A			
		75A、100A、150A、200A、300A、500A、750A		外附定值分流器	
		1kA、1.5kA、2kA、3kA、4kA、5kA、6kA、7.5kA、10kA			

续表

型号	名称	量限	准确度/%	接入方式	用途
42C6-V	直流电压表	3V、7.5V、10V、15V、20V、30V、50V、75V、150V、200V、250V、300V、450V、500V、600V	±1.5	直接接通	适于固定安装在控制盘、控制屏、开关板及电气设备面板上，用来测量交流电路中的电流与电压
		0.75kV、1kV、1.5kV		外附定值分流器	
42C20-A	直流电流表	100μA、200μA、300μA、500μA 1mA、2mA、3mA、5mA、10mA、20mA、30mA、50mA、75mA、100mA、150mA、200mA、250mA、300mA、500mA、750mA 1A、2A、3A、5A、7.5A、10A、15A、20A、30A、50A	±1.5	直接接通	
		75A、100A、150A、200A、300A、500A、750A 1kA、1.5kA、2kA、3kA、4kA、5kA、6kA、10kA		外附分流器	
42C20-V	直流电压表	1.5V、3V、7.5V、10V、15V、20V、30V、50V、75V、100V、150V、200V、250V、300V、450V、500V、600V	±1.5	直接接通	
		750V、1kV、1.5kV		外附定值电阻器	

2. PZ52B型数字电表（表2-13）

表2-13　PZ52B型数字电表

	量程	分辨力	误差8h(20±1)℃ ±(读数%+字)	误差6个月(20±5)℃ ±(读数%+字)	温度系数/℃ ±(读数%+字)
直流电压测量	19.999mV	1μV	±(0.02读数%+4字)	±(0.03读数%+6字)	±(0.0025读数%+2字)
	199.99mV	10μV	±(0.01读数%+1字)	±(0.02读数%+2字)	±(0.0025读数%+0.2字)
	1.9999V	100μV	±(0.01读数%+1字)	±(0.02读数%+1字)	±(0.0025读数%+/字)
	19.999V	1mV	±(0.02读数%+1字)	±(0.03读数%+1字)	±(0.003读数%+0.2字)
	199.9V	10mV	±(0.02读数%+1字)	±(0.03读数%+1字)	±(0.003读数%+/字)
	1000V	100mV	±(0.02读数%+1字)	±(0.03读数%+1字)	±(0.003读数%+/字)
直流电流测量	量程	分辨力	输入电阻	误差6个月(20±5)℃ ±(读数%+字)	温度系数/℃ ±(读数%+字)
	19.999μA	1nA	1kΩ	±(0.2读数%+8字)	±(0.005读数%+2字)
	199.99μA	10nA	1kΩ	±(0.2读数%+4字)	±(0.005读数%+0.2字)
	1.9999mA	100nA	10Ω	±(0.2读数%+8字)	±(0.005读数%+2字)
	19.999mA	1μA	10Ω	±(0.2读数%+4字)	±(0.005读数%+0.2字)
	199.99mA	10μA	0.1Ω	±(0.4读数%+8字)	±(0.005读数%+2字)
	1.9999A	100μA	0.1Ω	±(0.4读数%+4字)	±(0.005读数%+0.2字)

续表

	量程	分辨力	误差 8h(20±1)℃ 40Hz～15kHz ±(读数%+字)	误差 6 个月(20±5)℃ 40Hz～15kHz ±(读数%+字)	温度系数/℃ ±(读数%+字)
交流电压测量(平均值测量、有效值刻度)	19.999mV	10μA	±(0.15 读数%+10 字)	±(0.2 读数%+10 字)	±0.015 读数%
	1.9999mV	100μA	±(0.15 读数%+10 字)	±(0.2 读数%+10 字)	±0.015 读数%
	19.999V	1mV	±(0.2 读数%+10 字)	±(0.3 读数%+10 字)	±0.02 读数%
	199.99V	10mV	±(0.2 读数%+10 字)	±(0.3 读数%+10 字)	±0.02 读数%
	600.0V	100mV	±(0.2 读数%+10 字)	±(0.3 读数%+10 字)	±0.02 读数%
交流电流测量(40Hz～10kHz)	量程	分辨力	输入电阻	误差 6 个月±5℃ ±(读数%+字)	温度系数/℃ ±(读数%+字)
	19.99μA	10nA	1kΩ	±(0.3 读数%+10 字)	±(0.01 读数%+0.1 字)
	199.9μA	100nA	1kΩ	±(0.3 读数%+1 字)	±(0.01 读数%+0.1 字)
	1.999mA	1μA	10Ω	±(0.3 读数%+10 字)	±(0.01 读数%+0.1 字)
	19.99mA	10μA	10Ω	±(0.3 读数%+1 字)	±(0.01 读数%+0.1 字)
	199.9mA	100μA	0.1Ω	±(0.5 读数%+10 字)	±(0.01 读数%+0.1 字)
	1.999A	1mA	0.1Ω	±(0.5 读数%+1 字)	±(0.01 读数%+0.1 字)

注：1. PZ52B 型数字电表为实验室精密测量仪表，用于测量 0～1000V 直流电压、0～2A 直流电流以及 0～600V 的交流电压（频率范围为 40Hz～15kHz）。它也可以作为标准表，校验等级较低的数字电压表、数字面板表及指针式仪表等。

2. 采样速率：4 次/s。

3. 外形尺寸：250mm×80mm×320mm。

3. PZ90 型交流数字电压表（表 2-14）

表 2-14 PZ90 型交流数字电压表

型号	对应量程	测量范围	灵敏度	输入阻抗	过载电压/V	采样速率/(次/s)	平均故障时间/h	功耗/W	外形尺寸/mm
PZ90/1	200mV	0～199.9mV	100μV	≥10MΩ	2	2～3	>1000	3.5	48×100×112
PZ90/2	2V	0～1.999V	1mV	≥100kΩ	20				
PZ90/3	20V	0～19.99V	10mV	≥100kΩ	200				
PZ90/4	200V	0～199.9V	100mV	≥1MΩ	400				
PZ90/5	400V	0～400V	1V	≥1MΩ	600				

注：PZ90 型安装式交流数字电压表用于测量频率 50Hz～1kHz 范围内 0～400V 的交流电压，仪表显示位数四位。

4. 钳形表（表 2-15）

表 2-15 钳形表

名称	型号	量限	精度/%	外形尺寸/mm
钳形交流电流表	MG3-1 (T301)	10A、25A、50A、100A、250A、 10A、25A、100A、300A、600A 10A、30A、100A、300A、1000A	±2.5	385×110×75
钳形交流电流电压表	MG3-2 (T-302)	10A、50A、250A、1000A 300V、600V	±2.5	385×110×75
	MG4	10A、30A、100A、300A、1000A 150V、300V、600V	±2.5	385×90×60
	MG24	5A、25A、50A；300V、600V 5A、50A、250A；300V、600V		160×82×36

续表

名称	型号	量限	精度/%	外形尺寸/mm
钳形交、直流电流表	MG20	200A、400A、600A	±2.5	308×107×70
	MG21	750A、1000A、1500A		308×107×70
多用钳形表	MG31	AC:5A、25A、50A 450V,Ω:50kΩ AC:50A、125A、250A、450V 450V,Ω:50kΩ	±5.0	184×80×35
	MG33	AC:5A、50A;25A、100A; 50A、250A AC:150V、300V、600V,Ω:300Ω		195×80×38
	MG41	AC:10A、30A、100A、300A、1000A 150V、300V、600V W;1kW、3kW、30kW、100kW		315×90×60
	MG310	AC:6A、15A、60A、150A、300A AC:150V、300V、750V Ω:1kΩ、100kΩ		315×90×60
3½数字式钳形表	MGS2	DC:200V、1000V AC:200V、1000V DC:200A、1000A AC:200A、1000A 频率:40～500Hz	±(0.5%读数+0.1%满度) ±(1%读数+0.2%满度) ±(1.5%读数+0.2%满度) ±(2%读数+0.3%满度)	350×69×33

注：钳形表是一种携带式整流系多量程的指针示仪表，它可以在不断开被测线路的情况下，对电气参数进行测量，使用和携带都很方便，是线路检修中常用的一种指示仪表。

二、功率表

功率表是用来测量电功率的仪表，有单相功率表和三相功率表两种。

1. 功率表的基本原理

功率表大都采用电动式测量机构，如图 2-20 所示。由电功率的计算公式可知，要测量电功率，功率表必须反映电流和电压的乘积。现分别将电动式测量机构的定圈和动圈接在与负载串联和并联的支路中。定圈串入电路，称为电流支路；动圈和附加电阻串联后并入电路，称为电压支路。这样的结构和连线方法，使仪表指针的偏转角度与负载电流和电压的乘积成正比，便可测量负载的功率。

2. 功率表的接线方法

单量程功率表有四个接线端子，其中两个是电流线圈接线端子，另两个是电压线圈接线端子。为了便于正确接线，通常在电流支路的一端（简称电流端）和电压支路的一端（简称电压端）标有“*”号（一般称它们为“发电机端”）。它们的正确接线规则如下：

（1）测量单相交流电路功率

其接线方法如图 2-21 所示，连接时应注意以下两点：

① 功率表标有“*”号的电流端子必须接至电源的一端，而另一电流端子则接至负载端。电流线圈必须串联在电路中。

② 功率表中标有“*”号的电压端，可以接到电流线圈端子的任何一端，而另一个电压线圈端子则跨接到负载的另一端。功率表的电压线圈必须并联在电路中。图 2-21(a) 的接

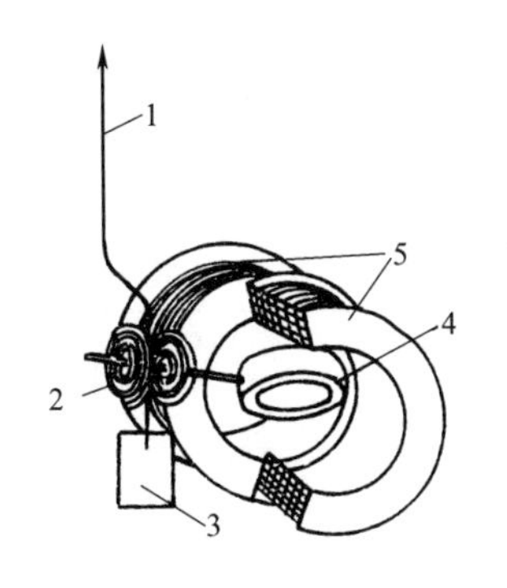

图 2-20　电动式仪表的原理结构
1—指针；2—游丝；3—空气阻尼器；
4—可动线圈；5—固定线圈

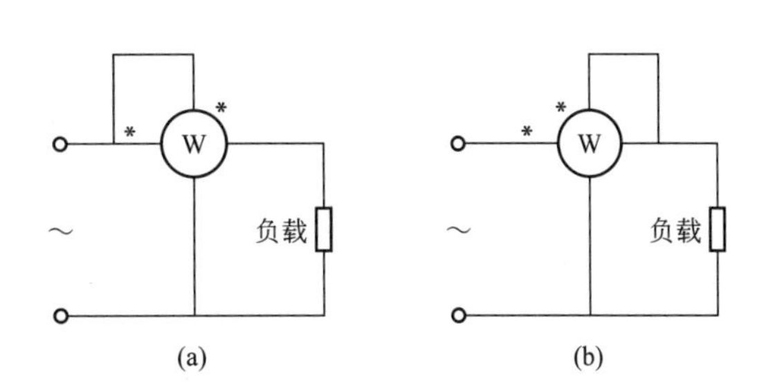

图 2-21　功率表正确接线法

线法适用于负载电阻远比功率表电流线圈电阻大得多的情况；图 2-21(b) 的接线法适用于负载电阻远比功率表电压线圈支路电阻小得多的情况。

(2) 测量三相交流电路功率

用单相功率表测量三相四线制电路功率，接线方法如图 2-22 所示。电路功率为这三只功率表的读数之和。

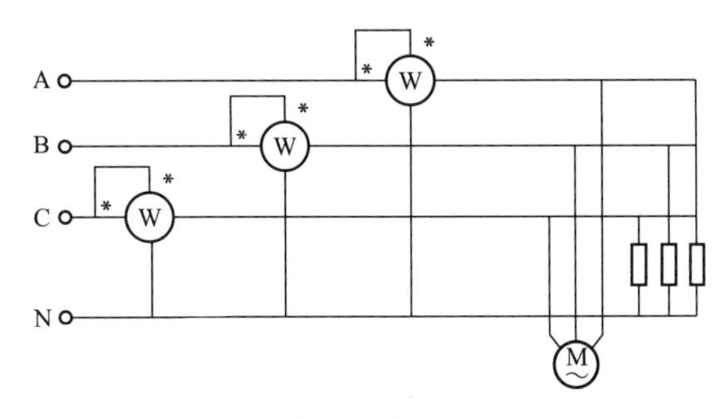

图 2-22　测量三相四线制电路功率的接线法（三功率表法）

三、万用表

1. 指针式万用表（表 2-16）

表 2-16　指针式万用表

<table>
<tr><th>型号</th><th>测量范围</th><th>灵敏度</th><th>准确度/%</th><th>外形尺寸/mm</th></tr>
<tr><td rowspan="8">MF64</td><td>直流电压:0～0.5～2～10～50～200～500～1000V</td><td>2kΩ/V</td><td rowspan="2">±2.5</td><td rowspan="8">171×122
×59</td></tr>
<tr><td>直流电流:0～5μA～0.25～2.5～1.25～25～125～500mA～2.5A</td><td></td></tr>
<tr><td>交流电压:0～10V　0～50～250V　0～500～1000V
频率范围:45～50Hz　45～1000Hz　45～65Hz</td><td>4kΩ/V</td><td rowspan="4">±5.0</td></tr>
<tr><td>交流电流:0～0.5～5～25～50～250mA～1A
频率范围:45～500Hz</td><td rowspan="3"></td></tr>
<tr><td>电阻:0～2kΩ～20kΩ～200kΩ～2MΩ～20MΩ</td></tr>
<tr><td>h_{FE}: Si、Ge 三极管 0～400</td></tr>
<tr><td>电平:0～+56dB</td><td rowspan="2"></td><td rowspan="2">±5.0</td></tr>
<tr><td>V_{BATT}:0～1.5V</td></tr>
</table>

续表

型号	测量范围	灵敏度	准确度/%	外形尺寸/mm
MF82	直流电流:0.1～0.5～5～25～50～250mA～2.5A	10.75V	±2.5	149×100×41
	直流电压:150mV(不考核)2～5～20～50～100～500V	10kΩ/V 4kΩ/V	±2.5	
	交流电流:0.5mA(不考核)1～10～50～100～500mA	1.5V	±5.0	
	交流电压:750mV(不考核)10～25～50～100～500V	2kΩ/V	±5.0	
	电阻:R×1Ω、R×10Ω、R×100Ω、R×1kΩ、R×10kΩ		±2.5	
	h_{FE}:Si(硅)三极管 0～380 Ge(锗)三极管 0～230			
	音频电平:−10～+22dB			
	音频功率:0～12W			
MF92	直流电流:0～0.05～1～10～100～500mA		±2.5	150×100×46
	直流电压:0～0.5～2.5～10～50～250～1000V		±2.5	
	交流电压:0～2.5～10～250～500～1000V		±5.0	
	直流电阻:R×1Ω、R×10Ω、R×100Ω、R×1kΩ、R×10kΩ		±2.5	
	音频电平:−10～+22dB			
	h_{FE}:0～250		参考值	
	信号源输出:1kHz,150mV,465kHz(已调波)		参考值	
MF368	直流电压:0～0.15～0.5～2.5～10～50～250～500～1500V 直流电流:0～50μA～2.5～25～250mA～2.5A 交流电压:0～2.5～10～50～250～500～1500V 电阻:R×1、R×10、R×100、R×1k、R×10k	20kΩ/V 9kΩ/V	±2.5 ±5.0	150×100×46
MF105	直流电压:0～0.1V	20kΩ/V	±5	223×149×73
	直流电压:0～0.5～2.5～10～25～100～250～500V		±2.5	
	直流电压:0～100V		±5	
	直流电流:0～50μA～50mA～5mA～50mA～500mA～5A	≤1255mV	±2.5	
	交流电压:0～2.5V～10～25～100～250～500	4kΩ/V	±5	
	交流电流:0～0.5mA～5mA～50mA～500mA～5A	≤1255mV	±5	
	电阻量程:R×1、R×10、R×100、R×1000			
	电容量程:μF×1、μF×10、μF×100、μF×1000			

注：1. 指针式万用表是磁电系整流结构仪表，具有高灵敏度、多量限等特点，可用来测量直流电流、直流电压、交流电流、交流电压、直流电阻以及音频电平、电容、电感等。

2. 使用条件：温度 0～40℃，相对湿度＜80%。

2. 数字式万用表（表 2-17）

表 2-17 数字式万用表

型号	测量范围	准确度	频率范围/Hz	外形尺寸/mm
PF33	直流电压:200mV、2V、20V、200V、1000V	±(0.25～0.35)%读数±1字		51×83×191
	交流电压:2000mV、2V、20V、200V	±1%读数	40～1000	
	交流电压:750V	±1%读数	40～400	

续表

型号	测量范围	准确度	频率范围/Hz	外形尺寸/mm
PF33	交流电压:2000mV、2V、20V、200V、750V	±(0.5~0.6) %读数+3字	50或60	51×83×191
	直流电流:2mA、20mA、200mA、2000mA	±0.75%读数+1字		
	交流电流:2mA、20mA、200mA、2000mA	1.5%读数+3字		
	电阻:200Ω、2kΩ、20kΩ、200kΩ、2000kΩ、20MΩ	0.25%读数+1字		
PF24A	直流电压:0.2~1000V	±0.2%读数 ±0.1%读数		117×178×49
	直流电流:0.2~2000mA	±0.5%读数 ±0.2%读数		
	交流电压:0.2~750V	±0.1%读数 ±0.5%读数		
	交流电流:0.2~2000mA	±0.5%读数 ±0.2%读数		
DT830	DC:200mV~1000V　200μA~10A AC:200mV~750V　200μA~10A R:200Ω~20MΩ h_{FE}:0~1000	±0.8%读数±2字 ±1%读数±2字 ±1%读数±5字 ±1.2%读数±5字 ±2%读数±3字		160×84×26
DT890	DC:200mV~1000V　200μA~10A AC:200mV~700V　2mA~10A R:200Ω~20MΩ h_{FE}:0~1000	±0.5%读数±1字 ±1.2%读数±1字 ±1.2%读数±3字 ±1.8%读数±3字 ±1%读数±2字		162×88×36
PF5b	直流电压:1000mV	±(0.05%读数 +0.02%满度)		78×200×240
	10V	±(0.03%读数 +0.02%满度)		
	100V	±(0.05%读数 +0.02%满度)		
	1000V	±(0.05%读数 +0.02%满度)		
	直流电流:1000μA	±(0.1%读数 +0.02%满度)		
	10mA	±(0.1%读数 +0.02%满度)		
	100mA	±(0.1%读数 +0.02%满度)		
	200mA	±(0.1%读数 +0.1%满度)		
	交流电压:1000mV	±(0.1%读数 +0.1%满度) ±(0.02%读数 +0.15%满度)	100~1000 45~100 1~10000 100~1000 45~100 1~5000 45~1000	
	10V	±(0.15%读数 +0.15%满度)		
	100V	±(0.3%读数 +0.2%满度)		
	600V	±(0.5%读数 +0.3%满度)		

续表

型号	测量范围	准确度	频率范围/Hz	外形尺寸/mm
PF5b	直流电流:1000μA 10mA 100mA 交流电流:200mA	±(0.3%读数 +0.2%满度) ±(0.5%读数 +0.2%满度) ±(0.2%读数 +0.1%满度) ±(0.3%读数 +0.2%满度) ±(0.5%读数 +0.3%满度) ±(0.7%读数 +0.5%满度)	100～1000 45～100 1～5000 100～1000 45～100 1～5000 100～1000 45～100 1～5000	78×200×240
	电阻:1000Ω 10kΩ 100kΩ 1000kΩ 10MΩ 20MΩ	±(0.05%读数 +0.02%满度) ±(0.05%读数 +0.02%满度) ±(0.05%读数 +0.02%满度) ±(0.05%读数 +0.2%满度) ±(0.05%读数 +0.05%满度) ±(1%读数 +0.2%满度)		

注：数字式万用表是采用运算放大器和大规模集成电路，通过模数转换将被测量用数字形式显示出来的。它具有读数直观、准确度高、性能稳定等特点，不但可广泛用作多种用途的数字测量，还可作为较低级数字电压表、数字面板表等校验用仪表。

四、兆欧表

兆欧表俗称摇表，是测量电气设备和电气线路绝缘电阻最常用的一种携带式电工仪表。

在电动机、电气设备和电气线路中，绝缘材料的好坏对电气设备的正常运行和安全发电、供电、用电有着重大影响，而说明绝缘材料性能好坏的重要参数是它的绝缘电阻大小。绝缘电阻往往由于绝缘材料受热、受潮、污染、老化等原因而降低，造成电气短路、接地等严重事故。所以经常监测电气设备和线路的绝缘电阻是保障电气设备和线路安全运行的重要手段。

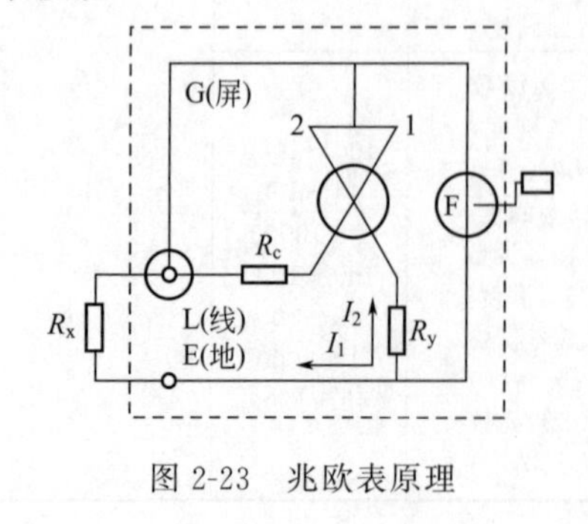

图 2-23　兆欧表原理

1. 兆欧表的工作原理

兆欧表的主要组成部分是一个磁电式流比计和一个作为测量电源的手摇发电机。磁电式流比计的测量机构是在同一根转轴上装有两只交叉的线圈，两个线圈在磁场中所受的作用力矩相反，仪表指针的偏转度取决于两个线圈中流过电流的比值。

兆欧表上有三个分别标有接地（E）、线路（L）和保护（或“屏”）（G）的接线柱。兆欧表的原理如图 2-23

所示。

被测电阻 R_x 接于兆欧表的“线”（L）和“地”（E）两端子之间，与附加电阻 R_c 及可动线圈 1 串联，流过可动线圈 1 的电流 I_1 的大小与被测电阻 R_x 的大小有关，R_x 越小，I_1 就越大，可动线圈 1 在磁场中所受力矩 M_1 就越大。可动线圈 2 的电流与被测电阻 R_x 无关，它在磁场中所受力矩 M_2 和 M_1 相反，相当于游丝的反作用力矩。这两个线圈并联加在手摇发电机上。这两个线圈所受的合力矩决定了摇表指针偏转的大小，于是指示出被测电阻的数值。

2. 兆欧表的正确使用

用兆欧表测量绝缘电阻，虽然很简单，但如果对下述问题不注意，那非但测量结果不准，甚至还会损坏仪表和危及人身安全。

下面对兆欧表的正确使用做简要介绍。

（1）兆欧表的选用

兆欧表的选用，主要是选择合适的兆欧表额定电压及测量范围。通常对于检测何种电气设备应该采用何种电压等级的兆欧表都有具体规定，所以在测量电气设备绝缘电阻时，应按规定选用电压等级和测量范围合适的兆欧表。表 2-18 是选用兆欧表的举例，可供参考。

表 2-18　兆欧表选用举例

被测对象	被测设备的额定电压/V	所选兆欧表的电压/V
线圈的绝缘电阻	500 以下	500
	500 以上	1000
发电机线圈的绝缘电阻	380 以下	1000
电力变压器、发电机、电动机线圈的绝缘电阻	500 以上	1000～2500
电气设备的绝缘电阻	500 以下	500～1000
	500 以上	2500
瓷瓶、母线、刀闸的绝缘电阻		2500～5000

从表 2-18 可看出，电压高的电气设备其绝缘电阻一般较大，因此电压高的电气设备和线路需要电压高的兆欧表来测试。例如瓷瓶（绝缘子）的绝缘电阻至少要选用 2500V 以上的兆欧表才能测量。一些低电压的电气设备，它内部绝缘所能承受的电压不高，为了设备的安全，测量绝缘电阻时就不能用电压太高的兆欧表。例如测量额定电压不足 500V 线圈的绝缘电阻时，应选用 500V 的兆欧表。

兆欧表的量程要与被测设备绝缘电阻数值吻合，量程不能太大，以免读数不准。另外在选择兆欧表时还要注意，有的兆欧表标度尺不是从零开始，而是从 1MΩ 或 2MΩ 开始，这种兆欧表不适宜测量处在潮湿环境中的低压电气设备的绝缘电阻；因为在潮湿环境中的低压电气设备的绝缘电阻值可能很小，有可能小于 1MΩ，这样在仪表上就读不出来了。

（2）测量前的准备

① 用兆欧表进行测量前，必须先切断被测设备的电源，将被测设备与电路断开并接地短路放电。不允许用兆欧表测量带电设备的绝缘电阻，以防发生人身和设备事故。假如断开了电源，被测设备没有接地放电，那设备上可能有剩余电荷。尤其是电容量大的设备，这时若测量，非但测不准而且还可能发生事故。

② 有可能感应出高电压的设备，在可能性没有消除以前，不可进行测量。

③ 被测物的表面应擦干净，否则测出的结果不能说明电气设备的绝缘性能。

④ 兆欧表要放置平稳，防止摇动兆欧表手柄时兆欧表摔地伤人和损坏仪表。另外，兆欧表放置地点要远离强磁场，以保证测量正确。

(3) 兆欧表测量前本身检查

测量前应检查兆欧表本身是否完好。检查方法是：兆欧表未接上被测物之前摇动兆欧表手柄到额定转速，这时指钳应指出"∞"的位置，然后将"线"(L) 和"地"(E) 两接线柱短接，缓慢转动兆欧表手柄（只能轻轻一摇），看指针是否指在"0"位。检查结果假如满足上述条件，则表明兆欧表是好的，可以接线使用。假如不符合上述要求，那说明兆欧表有毛病，需检修后才能使用。

(4) 接线

一般兆欧表上有三个接线柱："线"(或"火线""线路""L") 接线柱，在测量时与被测物和大地绝缘的导体部分相接；"地"(或"接地""E") 接线柱，在测量时与被测物的金属外壳或其他导体部分相接；"屏"(或"保护""G") 接线柱，在测量时与被测物上的遮蔽环或其他不需测量部分相接。一般测量时只用"线"和"地"两个接线柱。只有在被测物电容量很大或表面漏电很严重的情况才使用"屏"("保护") 接线柱。将"屏"接线柱与被测物表面遮蔽环连接后，被测物大的电容电流或漏电流就直接经"屏"端子通过，不再经过仪表，这样在测量大电容量被测物绝缘电阻时就准确。

(5) 测量

① 转动兆欧表手柄，使转速达到 120r/min 左右，这样兆欧表才能产生额定电压值，测量才能准确（兆欧表刻度值是根据额定电压值情况计算出的绝缘电阻值）；而且转动时转速要均匀，不可忽快忽慢，使指针摆动，增大测量误差。

② 绝缘电阻值随测量时间的长短而不同，一般采用 1min 以后的读数为准。当遇到电容量特别大的被测物时，需等到指针稳定不动时为准。

③ 测量时，除记录被测物绝缘电阻外，必要时，还要记录对测量有影响的其他条件，如温度、气候、所用兆欧表的电压等级和量程范围等型号规格以及被测物的状况等，以便对测量结果进行综合分析。

(6) 拆线

在兆欧表没有停止转动和被测物没有放电以前，不可用手去触摸被测物测量部分和进行拆除导线工作。

在做完大电容量设备的测试后，必须先将被试物对地短路放电，然后再拆除兆欧表的接线，以防止电容放电伤人或损坏仪表。

《电业安全工作规程（发电厂和变电所电气部分）》(DL 408—91) 中规定：用兆欧表测量高电压设备绝缘，应由两人担任。测量用的导线，应使用绝缘导线，其端部应有绝缘套。测量绝缘时，必须将被测设备从各方面断开，验明无电压，确实证明设备上无人工作后，方可进行。在测量中禁止他人接近设备。在测量绝缘前后，必须将被测设备对地放电。测量线路绝缘时，取得对方允许后方可进行。在有感应电压的线路上（同杆架设的双回线或单回线与另一线路有平行段）测量绝缘时，必须将另一回路线路同时停电，方可进行。雷电时，严禁测量线路绝缘。在带电设备附近测量绝缘电阻时，测量人员和兆欧表安放位置必须选择适当，保持安全距离，以免兆欧表引线或引线支持物触碰带电部分。移动引线时，必须注意监护，防止发生触电事故。

五、钳形表

钳形表可以用在不断开电路的情况下测量通电导线中的电流。新型号的钳形表体积小、重量轻，又有与普通万用表相似的多种用途，所以在电工技术中应用甚广。

1. 钳形表的工作原理

专用于测量交流的钳形表实质上就是一个电流互感器的变形。用这种仪表前端的钳形电流互感器（以下称 CT 部分）钳入通有交流电流的导线，由电磁感应作用所产生的感应电动势用整流式仪表指示读数，这样不需停电就能测量电路中的电流。因此，用它就能够方便地测量电动机的负载电流、输电线或接地线的电流等。有的钳形表还附有测量电压及电阻的端钮，在端钮上接上导线也可以测量电压或电阻。

测量交流、直流的钳形表实质上是一个电磁式仪表。放在钳口中的通电导线作为仪表的固定励磁线圈，它在铁芯中产生磁通，并使位于铁芯缺口中的电磁式测量机构发生偏转，从而使仪表指示出被测电流的数值。由于指针的偏转与电流种类无关，所以此种仪表可测交流、直流电流。

一般使用图 2-24 那样 CT 部分和电表组装在一起的携带式钳形电流表。另外，测量通电状态下高压线路的电流则使用和上述原理相同的线路用电流表，如图 2-25 所示。

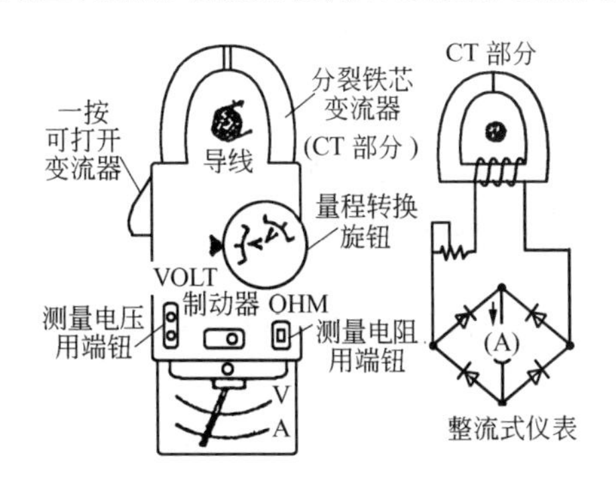

图 2-24　携带式钳形电流表

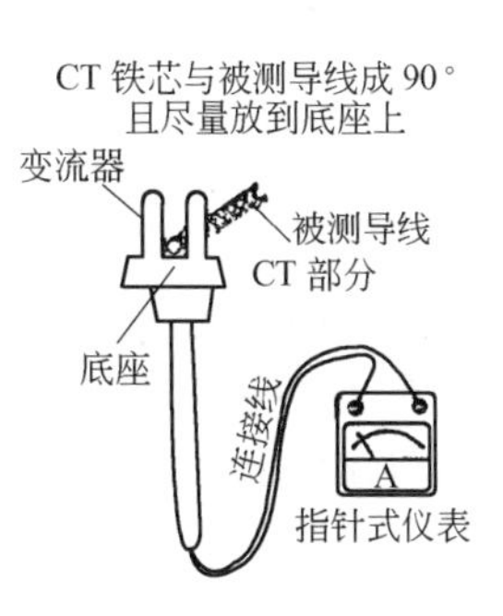

图 2-25　线路用电流表

钳形表的典型型号和规格如表 2-19 所示。各种新型的袖珍式钳形表采用整流式仪表来构成一个万用表，因而具有测量交流、直流电压及直流电流、直流电阻等多种功能。测量这些电量时，应把测试棒插入专用插座，并把面板上的转换开关拨到相应的挡级上，此时仪表的读数方法与使用注意事项与一般万用表相同。

表 2-19　钳形表的典型型号和规格

型号	名称	量程	精度	特征
MG4-1 (VAW) (MG4)	电压电流功率三用钳形表	A:10～30～100～300～1000A V:150～300～600V W:1～3～10～30～100W	A、V2.5 级 W5.0 级	可同时测量 A、V、W，不包括功率挡
MG-20	交直流钳形电流表	0～100A，0～200A， 0～300A，0～400A， 0～500A，0～600A	5.0 级	是唯一可以测量直流的钳形电流表，一般仅有 1 挡量程
MG-21		0～750A，0～1000A， 0～1500A		
MG-24	钳形交流电流电压表（袖珍式）	V:0～300～600V A:①5～25～50A ②5～50～250A	2.5 级	袖珍式钳形表，携带及使用均很方便
MG-26		V:0～300～600V A:①5～50～250A ②10～50～150A		

续表

型号	名称	量程	精度	特征
MG-28	多用钳形表 （袖珍式）	$\underset{\simeq}{V}$:0～25～250～500V $\underset{\simeq}{A}$:0.5～10～1000mA $\underset{\sim}{A}$:5～25～50～100～250～500A Ω:1～10～100kΩ	5.0 级	由钳形互感器和袖珍式万用电表组合而成，二者分开后，万用表可单独用
MG-34	叉式多用钳形表	$\underset{\simeq}{V}$:0～50～250～500V $\underset{\simeq}{A}$:1～5～25～100mA $\underset{\sim}{A}$:1～5～25～100～250～1000A Ω:R×10，R×1k	2.5 级	由叉式变换器和万用表组合而成，万用表采用运算放大器线路

2. 钳形电流表的使用方法

① 从原理可知，频率不同会产生正比于频率的误差，因此应按规定的额定频率使用。

② 由于测量结果是用整流式指针仪表显示的，所以电流波形及整流二极管的温度特性对测量值都有影响，在非正弦波或高温场所使用时须加注意。

③ 被测通电导线应置于钳口中央，以免产生误差。

④ 要使 OT 部分的铁芯啮合面完全咬合。若啮合面上夹有异物测量时，由于磁阻变大，指示的电流值将比实际值小。

⑤ 测量小于 5A 的电流时，倘若导线尚有一定富余长度，可把导线多绕几圈放进钳口进行测量。此时的电流值应为仪表的读数除以放进钳口内的导线根数。

⑥ 从一个接线板引出许多根导线而 OT 部分又不能一次钳进所有这些导线时，可以分别测量每根导线的电流，取这些读数的代数和即可。

⑦ 测量受外部磁场影响很大，如在汇流排或大容量电动机等大电流负荷附近的测量要另选测量地点。

⑧ 重复点动运转的负载，测量时如果 OT 部分稍张开些，就不会因过偏而损坏仪表指针。

⑨ 读取电流读数困难的场所，测量时可利用制动器锁住指针，然后到读数方便处读出指示值。

⑩ 测量前应根据电流的估计值预选适当量程，测量后应把量程选择开关置于最大量程位置。

3. 线路用电流表的使用方法

线路用电流表的使用方法和钳形电流表相同。它除了用于高压干线之外，还可用于高压电动机负载电流的测量。与钳形电流表相比，使用上还需注意以下几点：

① 因为 OT 部分和指针式仪表是分开的，所以要先调整好指针的零点再连接导线。

② 连接导线的长度不应超过规定电阻值所允许的长度。

③ 在最高回路电压范围内使用。

④ 如附近有其他载流导线时，它将受到此电流所产生的感应电动势影响，尤其要注意将 OT 的开口部分放在没有这种导线的方向上，并离开一定的距离。

4. 钳形功率表的使用方法

钳形功率表是像钳形电流表一样能够方便地测通电电路功率的仪表。功率的取法是根据电压和电流的取法进行的，电流要素是使导线穿过 OT 部分取得的，而电压要素则使用导线夹取得。在使用方法上，单相功率、三相功率都能测量。单相功率的测量如图 2-26 所示，如果功率表的指针反向偏转时，把所钳方向反过来或导线夹调换一下，指针就会正向偏转。三相功率的测量是根据二瓦计理论测量的，其原理如图 2-27 所示。任意定 1、2、3 三相的相序，第 1 相的电流和 1、2 相间的线电压构成的功率 W_1 与第 3 相的电流和 3、2 相间的线电压构成的功率 W_2 之和，即 W_1+W_2 就是三相负载的功率。若一个表的读数为负值，此时调换一下电压连接线，待指针正向偏转后再读数，由两个功率表的读数之差可求出三相功率。

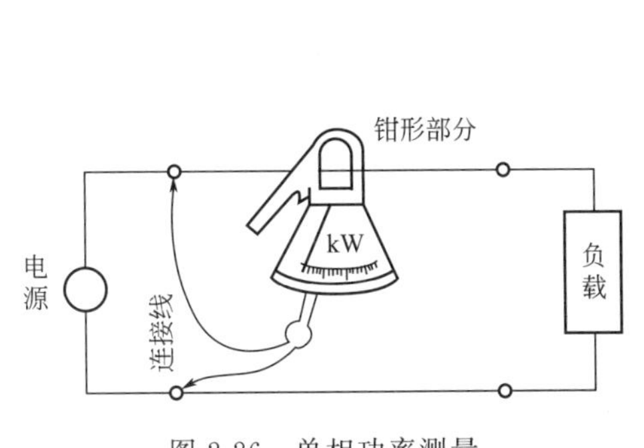

图 2-26　单相功率测量

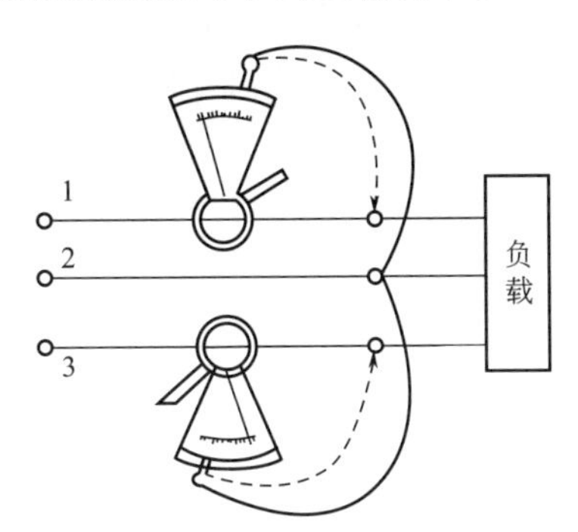

图 2-27　三相功率测量

六、电度表

电度表在电工仪表中是生产和使用数量最多的一种，它是工农业生产和日常生活中不可缺少的一种电表。

发电量和用电量是以电能作为计算标准的，因此电能的测量是必不可少的。电度表就是用来测量某一段时间内发电机发出的电能或负载所消耗电能的仪表。电力工业中电能的单位为 kW·h，平时我们说用 1 度电就是指消耗 1kW·h 的电能。

电度表的种类很多，按其结构及工作原理可分为电解式、电子数字式和电气机械式三大类。电解式主要用于化学工业和有色金属冶炼工业中电能的测量；电子数字式适用于自动检测、遥测和自动控制系统；电气机械式电度表主要分为电动式和感应式两大类，电动式主要用于测量直流电能，目前交流电度表都是采用感应式电度表。

感应式电度表根据测量对象分为有功电度表和无功电度表两类。有功电度表用来测量电源供给（或负载所消耗）的有功电能，无功电度表则用来测量无功电能。由于感应式电度表有其独特的优点，如成本低廉、稳定性高等，因此在目前，世界各国还是广泛使用和大量生产感应式电度表。

1. 交流单相电度表的工作原理

电度表大都采用感应式，其原理结构如图 2-28 所示。仪表由电压线圈、电流线圈、铝转盘、制动磁铁和计数机构等组成。当两线圈都通过交流电时，产生的交变磁场穿过铝转盘，在转盘上感应产生的涡流与交变磁场相互作用而产生转动力矩使铝盘转动。转动的铝盘又切割制动磁铁的磁场而产生制动力矩，制动力矩与铝盘的转速成正比。当转动力矩和制动力矩平衡时，铝盘以稳定的速度转动。被测电能越大，转速越快；时间越久，转动越多，通过计数器累计电能并用数字指示出来。因此，这种仪表能计量电能。利用这种测量机构测电能时，其线路接法与功率表相似，测量电能的原理电路如图 2-29 所示。

图 2-29 中 A、B 分别表示电度表的电流线圈和电压线圈，当交变电流通过线圈以后，就有交变磁场通穿过转盘，于是在转盘上感应产生涡流，因而产生转矩。

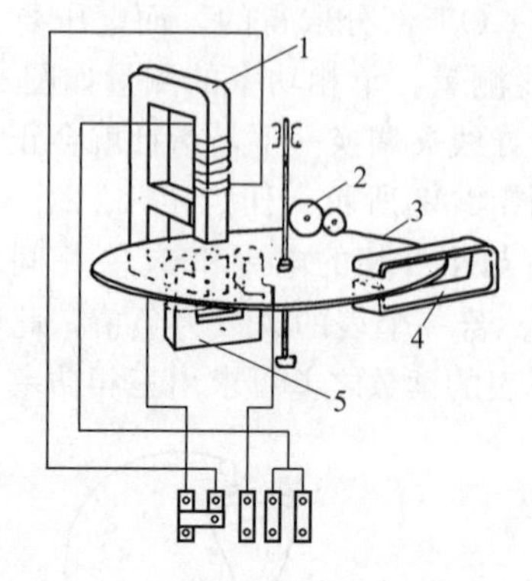

图 2-28 感应式电度表原理结构
1—电压线圈；2—计数机构；3—铝转盘；
4—制动磁铁；5—电流线圈

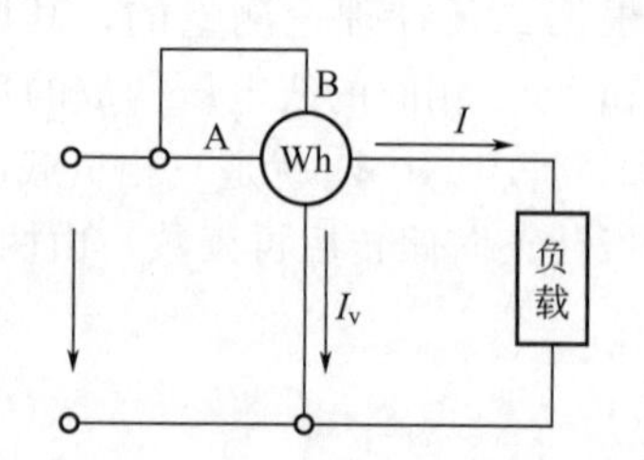

图 2-29 单相电度表原理接线图

根据电工理论可知，任意两个以上的交变磁通，只要在空间相差一定角度，在时间上又相差一定的相位角时，就会产生移进磁场，从而使磁场中的导体受到一个与移进磁场方向一致的作用力。移进磁场的方向是从相位上超前的磁通位置指向相位滞后的磁通位置。转盘的旋转方向也就是移进磁场的移进方向，实际上是反时针方向。

2. 三相有功电度表

三相有功电度表可以用来测量三相交流电路中所消耗的有功电能。由于三相电路接线形式的不同，又有三相三线制和三相四线制之分。

(1) 三相四线有功电度表

在完全对称的三相四线制中，可用一只单相电度表测量任何一相的消耗电能，然后再乘以 3 即可求得三相的总电能。

如果三相负荷不平衡，则必须用三个单相电度表分别测出各相所消耗的电能，然后把它们加起来，即：

$$W=W_A+W_B+W_C$$

但用三个电度表进行测量既不直观又不经济。

工业上往往采用三相四线有功电度表，它由三个电磁元件和三个装在同一转轴上的铝盘组成，它的读数直接反映了三相所消耗的实际电能。三相四线有功电度表直接接入的原理线路图如图 2-30 所示。

(2) 三相三线有功电度表

在三相三线制中所消耗的电能可以用两只单相电度表来测量，三相消耗的总功率等于两个电度表读数之和，即：

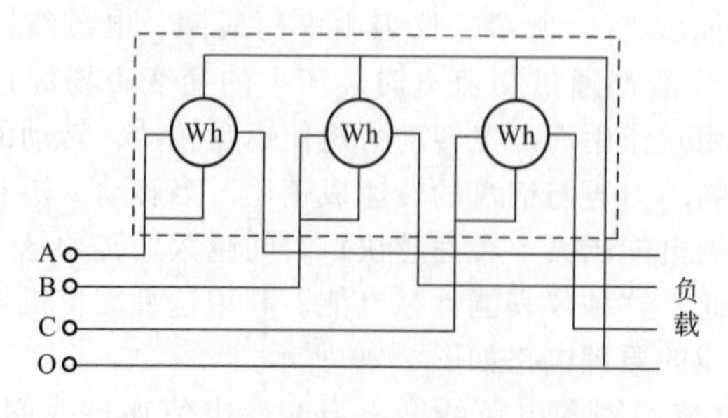

图 2-30 三相四线有功电度表接线图

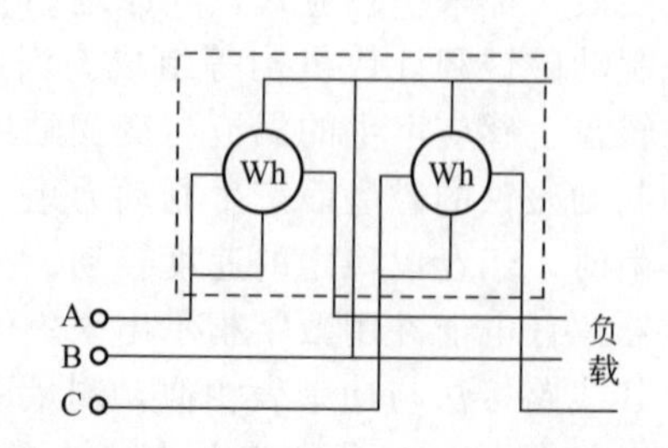

图 2-31 三相三线有功电度表接线图

$$W=W_1+W_2$$

其原理和三相三线制功率测量中的两表法相同。

工业上实际采用三相三线有功电度表来测量三相三线制系统消耗的电能。该表结构的特点是有两个电磁元件分别作用在同一转轴的转盘上，其原理接线图如图 2-31 所示。

3. 电度表的使用

① 根据任务选用电度表的种类。电度表可分成单相有功、三相三线制有功、三相三线制无功、三相四线制有功等种类。单相电度表的型号很多，其中以 DD28 较为典型；它是全国统一设计的新产品，由于采用了磁力较强的制动磁铁，使转盘最大转速大大降低为 22r/min（DD28）及 11r/min（DD28-1），提高了使用寿命。此外，电度表还能在过负载 200%（DD28）或过负载 400%（DD28-1）的条件下工作，这样如果用户用电量有所增加时，可以不必更换电度表。

三相电度表又可分成直接接入式及互感器接入式两种，直接接入式的最大电流为 20～50A，互感器接入式的额定电流为 5A。电度表的主要型号及规格见表 2-20。

表 2-20　电度表的主要型号及规格

名称	型号	电压/V	电流/A	名称	型号	电压/V	电流/A
三相四线有功表	DT7	380/220	5	三相三线有功表	DS5	380、220、127	5、10、20、30、40、50
	DT8		5、10、25、40、80		DS8	330、100	5、10、25
	DT10		5		DS10	380、220、100	5
	DT6-a		5、10、20、25		DS15	380、110、100	5、10、20、40、50
	DT18-2		5、10、20、30		DS18-2	380、100	5、10、20、30、60、80
单相电度表	DD14	220	3、5、10、15、30	三相三线无功表	DX8	380、100	5
	DD17		1、2.5、5、10、30、60		DX10	380、220、100	5
	DD28		1、2、5、10、20、40		DX15	380、110、100	5、10
	DD28-1		5、10、20		DX18-2	380、220	5、10、20、30、60

② 根据负载的电压和电流数值来选定合适的电度表，使电度表的额定电压、额定电流等于或大于负载的电压、电流。电度表的额定电压和额定电流标在电度表的铭牌上。

③ 电度表的接线比较复杂，容易接错。在接线前可查看附在电度表上的说明书，根据说明书上的要求和接线图把进线和出线依次对号接在电度表的出线头上。接线时要注意电源的相序，接线后经反复查对无误才能合闸使用。

④ 当负载在额定电压下空载时，电度表铝盘应该静止不转，否则必须检查线路，找出原因。

⑤ 当发现有功电度表反转时，必须进行具体分析，有可能是由于错误接线引起的，但在某种情况下是正常现象。例如当用两只单相电度表测定三相三线有功负载时，在电流与电压的相角大于 60°，即 $\cos\varphi<0.5$ 时，其中一个电度表会反转。

⑥ 测量误差。电度表是用来计量有功电能及无功电能的仪表，两者都是根据感应式原理制成的，适用于频率为 50Hz 的交流电路。一般电度表的准确度为 2.0 级，但是当负载电流减小、功率因数减小时将使相对误差增大。此外，当电压、频率及温度发生变化时，将引起附加误差。基本误差及附加误差如表 2-21 所示。

七、电子示波器

1. 示波器的分类

电子示波器的种类繁多，分类方法多种多样。按示波器的用途性能可分为以下五种。

表 2-21 电度表的基本误差及附加误差

项目	使用条件	负载电流相对值	功率因数 $\cos\varphi$	误差值/%
基本误差	额定电压 380V/220V 额定频率 50Hz 额定温度 20℃	5% $I_{\text{额}}$	1.0	±2.5
		(10%～100%)$I_{\text{额}}$		±2.0
		10 $I_{\text{额}}$	0.5	±3.0
		(20%～100%)$I_{\text{额}}$		±2.0
附加误差	频率及温度额定 电压自额定值偏差±10%	10% $I_{\text{额}}$	1.0	±1.5
		100% $I_{\text{额}}$		±1.0
	电压及温度额定 频率自额定值偏差±5%	(10%～100%)$I_{\text{额}}$	1.0	±1.0
		100% $I_{\text{额}}$	0.5	±2.0
	电压及频率额定 温度自额定值每偏差 10℃	100% $I_{\text{额}}$	1.0	±0.75
			0.5	±1.0

（1）通用示波器

通用示波器是采用单束示波管，并应用示波器的基本原理构成的，可对电信号进行定性和定量观测。通用示波器按垂直通道的带宽又可分为四类：

① 简单示波器，频带很窄，为 100～500kHz；

② 低频示波器，频带不大于 1MHz；

③ 普通示波器，频带宽度为 5～60MHz；

④ 宽带示波器，频带宽度在 60MHz 以上，一般能双踪显示，目前宽带示波器的上限频率已达 1000MHz。

（2）多束示波器

多束示波器又称为多线示波器，它采用多束示波管，在示波管屏幕上显示的每一个波形都是由单独的电子束产生的。因此，它能同时观测与比较两个以上的信号。

（3）取样示波器

取样示波器是采用取样技术，把高频信号模拟转换成低频信号，然后用类似于通用示波器的原理进行显示的。这种示波器一般具有双踪显示能力。

（4）存储示波器

存储示波器（或称记忆示波器）是一种具有存储信息功能的示波器。它能将单次瞬变过程、非周期现象、低重复频率信号或者慢速信号长时间地保留在屏幕上或存储于电路中，供分析、比较、研究和观测之用。它能够比较和观测不同时间或者不同地点发生的信号。目前实现存储信息的方法有两种，一种是采用存储示波管，另一种是采用数字存储技术。

（5）特殊示波器

特殊示波器是能满足特殊用途或具有特殊装置的专用示波器。例如，电视示波器、高压示波器、超低频示波器、矢量示波器等。

2. 示波器的基本测量方法

示波测量法已经广泛地用于电磁参数以及各种非电量的测量。示波器是电信号的“全息”测量仪器，表征电信号特征的所有参数，几乎都可以用示波器进行测量。最基本的示波测量主要包括电压、时间、相位和频率。

（1）电压测量

和电压表相比，用示波器测量电压具有如下的优点：

a. 速度快。由于被测电压的波形可以立即显示在屏幕上，故避免了表头的惰性。

b. 不受检波器波形响应的影响。电压表一般只能测谐波失真很小的正弦电压，而示波器不但能测量失真很大的正弦电压，而且还能测量脉冲电压、已调幅信号电压等。

c. 能测瞬时电压。因为示波器直接显示被测电压的波形，所以它还能测量被测信号瞬时和波形上任意两点间的电压差，这是用其他电压表不能做到的。

d. 能同时测量直流电压和交流电压。在一次测量过程中，电压表一般不能同时测量被测电压的直流分量和交流分量，但示波器能方便地实现这一点。

用示波器测量电压的主要缺点是误差较大，一般为5%～10%，但仍比脉冲电压表精确。此外它还不受脉冲占空系数及波形的影响。现代将数字电压测量技术应用于示波器，使其测量误差减小到1%以下。

① 直接测量法。直接测量法就是直接从示波器屏幕上量出被测电压波形的高度，然后换算成电压值。示波管电子射线在屏幕上的垂直偏转距离 y 与示波器输入电压 u 之间的关系为

$$u=D_y y$$

式中，D_y为示波器偏转因数。

如果已知Y信道的偏转因数（一般 D_y可在示波器面板上读出），则根据示波管屏幕前标尺刻度读出的 y 值就可以求得被测电压值。以图2-32为例，由标尺片可读出 $y=3.6\text{div}$，若此时面板上读出 $D_y=1\text{V/div}$ 则被测方波的幅度为

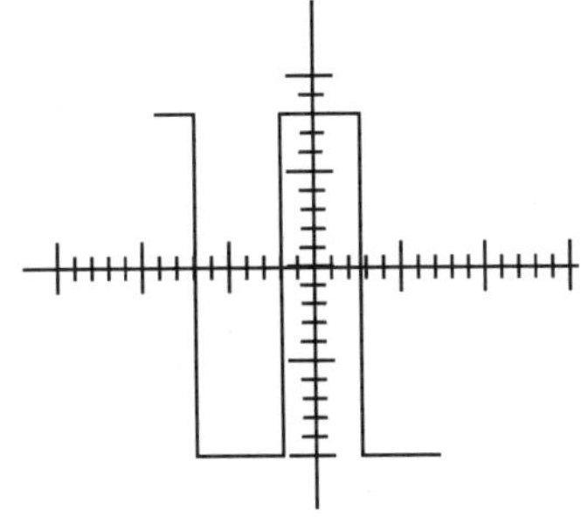

图2-32　示波管屏幕读数

$$u=1\times3.6=3.6(\text{V})$$

再考虑到示波器探头的衰减比 A，则

$$u=AD_y y$$

为了减少测量误差，被测信号波形最好不要超过中间6div的范围，以消除Y信道非线性失真的影响。但是图的高度也不能太低，否则读数误差太大。此外图像应该稳定，光迹应尽可能细；读数时，眼睛应与光迹在同一水平面上，即视线应垂直于示波管屏面，以减小视差。现在不少示波器采用具有内标尺的示波管，更能有效地消除视差。

直接测量法测量电压的误差，不仅包括确定偏转距离 y 的误差，还包括偏转因数的误差。因此测量精度不高，很难低于±5%。

此外，用直接测量法时，Y信道的“增益微调”旋钮必须置于校准位置，否则偏转因数步进调节的读数 D_y数值将不符合实际的偏转因数，因此这种方法灵活性较差。

② 比较测量法。比较测量法就是用已知电压值的信号波形与被测信号电压波形相比较，并算出测量值。被测信号加到示波器的输入端，调节Y信道放大器的增益，使示波管屏幕上的图形具有适当的高度，记下此高度并保持Y信道增益不变。然后用一个幅度可调且已知的标准电压代替被测电压，调节标准电压在荧光屏上所显示的高度，使之与被测电压的显示高度相等，此时标准电压的峰-峰值即是被测电压的峰-峰值。若标准电压不可调节，则可根据两次图形的高度比来判定被测电压的大小。

测量误差由比较误差、标准电压误差和Y信道的频率特性等决定，精度相比直接测量法有显著提高。

有些示波器内部有比较信号发生器，并在面板上装有输出端。例如，图2-33表示出了国产SBT-5型示波器采用的比较测量法，它有比较信号 $50\text{mV}_{\text{P-P}}$～$50\text{V}_{\text{P-P}}$共7挡，误差为±3%，频率约为1kHz的方波。K为Y输入选择。

当信号频率不是太高时，示波管对交流信号的偏转灵敏度近似等于它对直流电压的偏转灵敏度，因此示波管可作为交直流电压的比较器；如果 Y 信道的频率下限可延伸到直流，那么整个示波器可以作为交直流比较器。也就是说，可以借助于示波管或示波器，用已知的直流电压和与未知的被测电压相比较，从而可以达到测量电压的目的。

③ 位移法。位移法又称直流偏移法，可用图 2-33 来说明。

首先调节电位器 W，使直流电压表 V_m 指零。加入被测信号，调出波形，并利用“垂直位移”旋钮将波形的上峰顶移至“0”轴上（图 2-33 屏幕显示波形①）。然后调电位器 W，使波形上移到下峰顶位于“0”轴上（图 2-33 屏幕显示波形②）。很明显，被测电压峰-峰值将等于电压表 V_m 的读数。

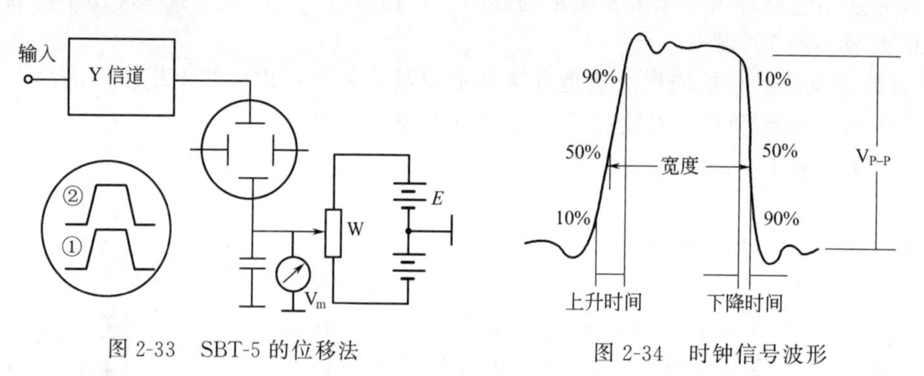

图 2-33　SBT-5 的位移法

图 2-34　时钟信号波形

(2) 时间测量

目前，示波器是测量一个数字时钟信号和脉冲时间参数的主要工具。一个典型的实际数字时钟信号波形如图 2-34 所示。可见，利用示波器来测量时间是非常直观的，而且能提供较多的信息。用示波器测量时间有如下特点：

a. 可以方便地测出被测信号波形上任意两点间的时间间隔。

b. 若采用双踪示波器，还可以方便地测出两个信号波形上任意两点间的时间间隔。

c. 示波器测量时的范围很宽，高端可达秒级，低端可达纳秒级。

d. 在用示波器测量时间的同时，还可以观测信号的波形，测量电压及其他参数。

e. 示波器测量时间的误差一般为 5%～10%，如果采用双延迟扫描技术和数字延迟技术，则可把测量误差降低到 1%以下。

① 直接测量法。当线性扫描时，示波器的水平轴就是时间轴。若扫描电压线性变化的速率和 X 放大器的电压增益一定，那么时基因数也为定值，即可知道时间基线单位长度对所对应的时间。这样，与电压的直接测量法一样，被测时间可从下式求得

$$t=F_t x$$

式中　F_t——示波器的时基因数；

　　x——被测波形的水平长度。

如图 2-34 所示方波信号一个周期相应的水平长度为 $x=2\text{div}$，若 $F_t=0.5\mu\text{s/div}$，则该方波的周期为

$$T=0.5\times2=1(\mu\text{s})$$

用直接测量法测量时间时，应让被测时间间隔落在中间 8div 的范围内，以减少 X 信道非线性失真所引起的误差。若示波器有“扫描微调”旋钮，则旋钮必须置于校正位置。此外，应该注意使视线与屏面垂直，以减小视差。

为了消除时基因数误差的影响，可以对时基因数进行校准（用调节放大器的增益来实现）。

如果使用“扫描扩展”，且扩展倍数为 k_e（一般为 5～10），则

$$t=\frac{F_t x}{k_e}$$

② 比较法。用一个周期准确已知的信号与被测信号一起加到示波管直接进行比较，以确定被测时间，这种方法称为比较法，常用的比较法有叠加法和时标法（又称调亮法）两种。

• 叠加法。把标准信号与被测信号一起送到示波器 Y 信道输入端，在屏幕上将显示出两个信号叠加后的波形。假如被测信号是矩形脉冲，标准信号是正弦波，则屏幕上将显示出如图 2-35 所示的图像。在这个图例中，在被测脉冲的宽度内，正好有 4 个标准信号周期。如果标准信号周期等于 1μs，则被测信号脉冲宽度等于 4μs。

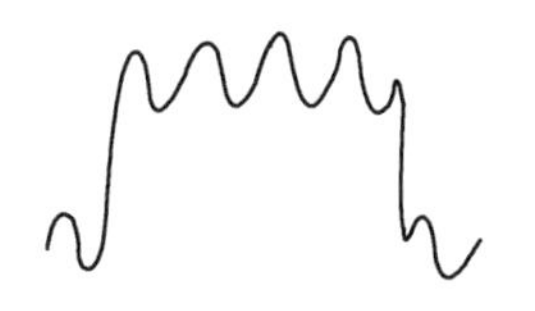

图 2-35　用叠加法测时间

采用叠加法时，标准信号的幅度应该远低于被测信号的幅度，以免过分地破坏被测信号的波形。为了获得较高的测量精度，标准信号的周期应远小于被测时间。但标准信号周期过小时，读数较困难。用叠加法测量脉冲宽度或信号周期是方便的，但不宜用来测脉冲的前、后沿。如果采用双踪示波器，则被测信号的标准信号可以分别送入 Y_A 和 Y_B 输入端来进行比较。

• 时标法。利用时标法测量时间，可克服扫描非线性所引起的误差，测量方框图如图 2-36(a) 所示。

时标发生器受扫描电路在扫描正程内输出的负闸门脉冲电压控制。因此时标发生器和扫描发生器是同步工作的，即只有在扫描发生器正程期间，时标发生器才工作，并输出具有一定重复周期的时标信号（一般为方波或正弦波）。时标信号送到示波管的控制栅极进行辉度调制，若时标信号的周期远小于被测信号的持续时间，那么由于屏幕上的光迹受到辉度调制而出现明暗间隔的时间标记（即时标），且每两个亮点间的时间间隔等于时标信号的周期，如图 2-36(b) 所示。此时，被测时间可用下式计算。

$$t=mT$$

式中，m 为被测时间 t 内的亮点数；T 为时标信号的周期。

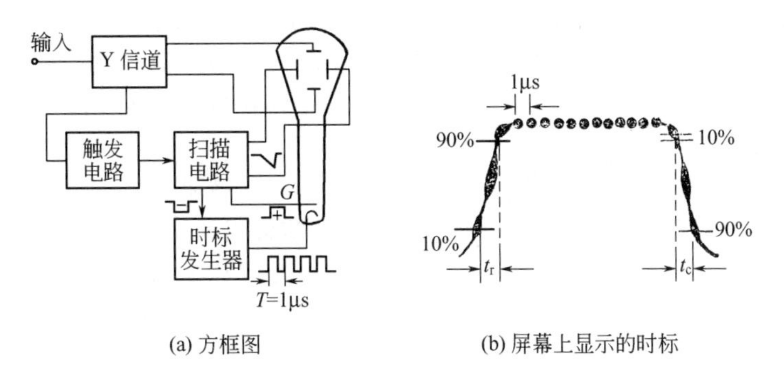

(a) 方框图　(b) 屏幕上显示的时标

图 2-36　时标测量法

这种测量方法的测量精度，主要取决于时标信号周期的准确度，而与扫描的非线性和 X 放大器增益无关；且时标的间隔愈小，量化误差愈小，测量精确度愈高。但是，当被测时间不等于标准信号半周期的整数倍时，就必须进行估计。

为了适应不同持续时间的测量，可备有若干个时标信号。例如国产 SBT-5 型示波器的时标信号有 0.04μs、0.1μs、1μs、10μs、100μs 几种可供选择。

③ 位移法。测量时间的位移法与测量电压的位移法基于同一原理，这是因为信号波形在水平方向的位移量可以换算成时间。这样，与测量电压一样，只要在X放大器直流平衡管的栅极加入一个用时间校准的位移电压，那么就可从提供这个电压的电位器刻度盘上直接读出时间刻度。

（3）相位测量

① 用双踪示波器测量相位。这种方法不但可以测得两个频率相同信号的相位关系，而且还能测得两个频率具有整数倍关系信号的相应关系。

从一个完整的正弦周期 $2\pi=360°$ 考虑，用示波器的扫速"t/cm"改变每厘米角度数，其标准的方法是根据被测信号的频率，调整"t/cm"扫速挡级开关以及扫速"微调"控制器，使正弦信号的一个完整周期，在荧光屏上所显示的长度，按照 X 轴厘米刻度为9cm（见图2-37）。此时示波器的扫速对被测波形来说，即40(°)/cm，这时可按下列公式计算。

$$\varphi_c = a \times 40(°)/\text{cm}$$

式中，a 为两个被测信号相位对应点之间的距离。

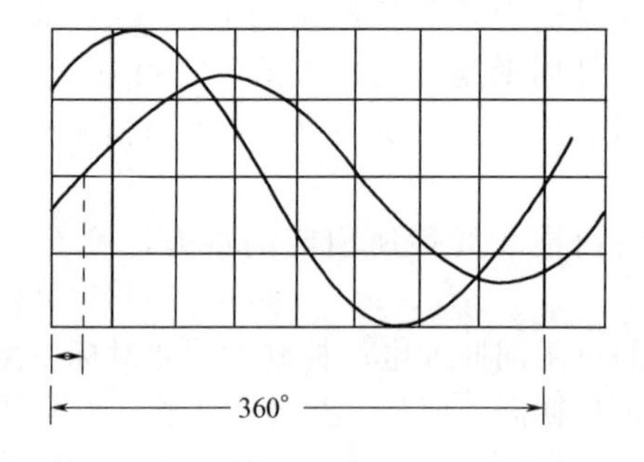

图2-37 测量两个波形间的相角

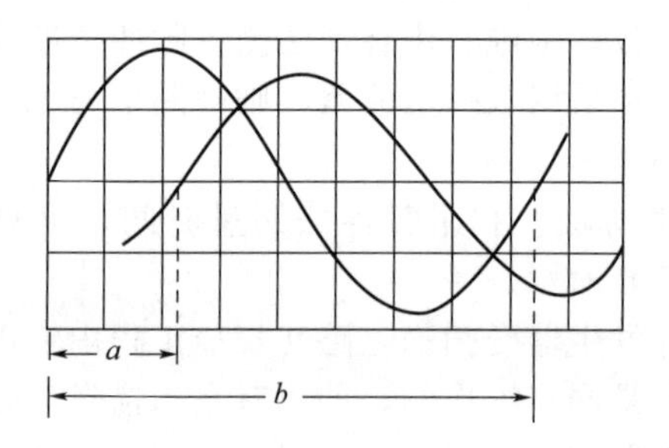

图2-38 测量相角的另一方法

另一种读测相角的方法，如图2-38所示。这种方法不需要做每厘米角度数值的校准，只要准确地读测 a 和 b 的两个长度即可；尤其在所测的相角很小时，长度 a 的精度显得更为重要。

$$\varphi_c = \frac{a}{b} \times 360°$$

用双踪示波器测量两个频率相同信号的相位时，其触发点正确与否是很重要的；应该把触发源选择开关置于"Y_B"的位置，然后用内触发形式启动扫描，测得两个信号的相位差。如果采用外触发进行启动扫描也能获得正确的触发点。

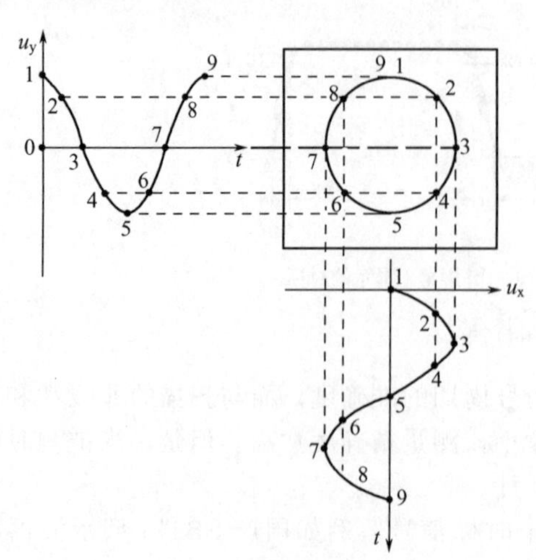

图2-39 李沙育图形的形成

用双踪示波器测量两种频率不相同的信号（必须是整数倍）时，应该以较低的频率作触发信号，因此在内触发方式中，Y 轴触发选择开关在"Y_B"通道作用位置时，"Y_B"必须输入较低频率的信号。

如果内触发信号从通道转换器（即电子开关）后引出，触发信号将随着通道的转换而转换，此时荧光屏显示的两个波形之间的水平位置不能表示两个信号实际的时间关系。因此只能做一般的波形观测，不能做时间比较或相位测量。必须注意，无论哪些形式的内触发信号都必须在延迟级之前取出。

② 用李沙育图形测量相位。李沙育图形是在同一平面上的两个正交的简谐运动合成的运动轨迹。因此若在示波器的X、Y两对偏转板上都加入正弦信号，那么在屏幕上将显示出李沙育图形。现在在X、Y两对偏转板上加入同频、等幅、相位差为90°的正弦信号，以此为例，来说明李沙育图形的形成。如图2-39所示，Y偏转板上的信号u_y导前于X偏转板上的信号u_y90°，因此当u_y为最大值时，u_x之值等于零。如图中的“1”点，相应的荧光屏上的光点也是位于“1”点。随着时间的变化并继续下去，荧光屏上的光点将描出一个顺时针旋转的圆。若u_y落后于u_y90°，那么将形成一个逆时针旋转的圆。

如果u_y和u_x的频率相同，相位差为90°，但幅度不等，则按上述的方法可知，它们形成的李沙育图形是一个正椭圆。

如果u_y和u_x的频率相同，但相位差不等于90°，那么它们形成的李沙育图形将不是圆或正椭圆，而是斜椭圆或斜线。图2-40画出了在频率相同、幅度相等，而相位不同时的各种李沙育图形。

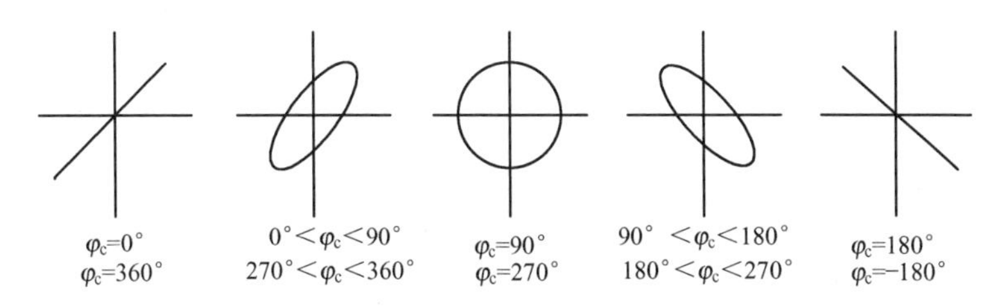

图2-40 同频、等幅时的李沙育图形

由图2-40可知，在u_x、u_y同频、等幅的情况下，不同的相位差可能得到不同的李沙育图形。因此，根据示波器上显示的李沙育图形可以推知u_x和u_y之间的相位差。当两个信号之间有任意相位差时，形成的李沙育图形是倾斜的椭圆，如图2-41所示。根据李沙育图形的形成过程，可以求得u_x和u_y之间的相位差有如下关系

$$\varphi_c=\varphi_y-\varphi_x=\arcsin\frac{a}{b}$$

式中，φ_x、φ_y分别为u_x、u_y的初相。

上式不但对u_x、u_y等幅的情况是正确的，而且当u_x、u_y的幅度不相等时，它也是正确的。

用李沙育图形测量相位时的误差来源主要包括：确定距离a、b的误差；示波器X、Y放大器的非线性和相位差；被测信号的谐波含量等。当被测信号含有高次谐波时，李沙育图形不是一个纯粹的椭圆，因而不能准确地确定a、b的数值。用上述方法测量相位的误差考虑了各种影响因素之后，一般在±5°之内。

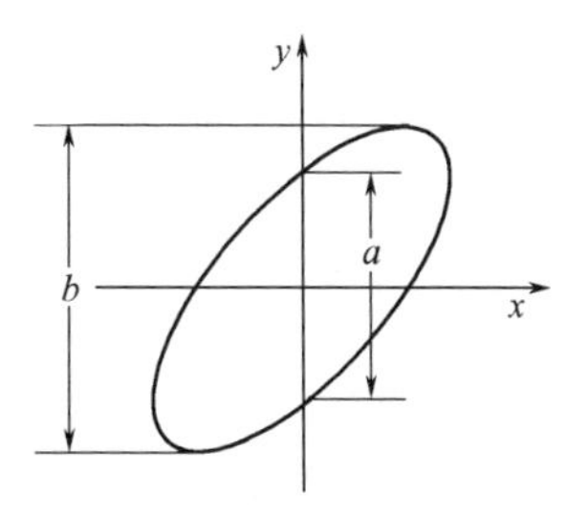

图2-41 用李沙育图形测相位

需要注意的是，如果椭圆的长轴在1、3象限内，则所求得的相位差将在0°～90°或270°～360°；如果椭圆的长轴在2、4象限内，则所求得的相位差将在90°～180°或180°～270°。若电子射线是顺时针扫描，则表示所求的相位差在0°～180°；电子射线是反时针扫描，则表示被测相位差在180°～360°。为了确定电子射线的扫描方向，一种简便而可靠的方法是将一个相移已知的移相网络（例如简单的RC移相电路）插入到某通道中，即可立即判断出相位差所处的象限。设需要判断φ_c是+45°还是−45°时，只需把一个相移为30°（或者其他已知值）的RC移相器插入Y通道中。如果屏幕上图形的相移变为75°，显然$\varphi_c=+45°$；反之如图形的相移变成−15°，则$\varphi_c=-45°$。

第三章 电工基本操作技能

第一节　导线和电缆的基本操作

一、导线和电缆的选择

1. 导体材料的选择

电线、电缆一般采用铝线芯。濒临海边及有严重盐雾地区的架空线路可采用防腐型钢芯铝绞线。下列场合宜采用铜芯电极及电缆。

① 重要的操作回路及二次回路。

② 移动设备的线路及剧烈振动场合的线路。

③ 对铝有严重腐蚀而对铜腐蚀轻微的场合。

④ 爆炸危险场所有特殊要求者。

2. 绝缘及护套的选择

(1) 塑料绝缘电线

塑料绝缘电线绝缘性能良好、制造工艺简便、价格较低，无论明敷或穿管都可取代橡胶绝缘线，从而节约大量橡胶和棉纱。缺点是塑料对气候适应性能较差，低温时变硬变脆，高温或日光照射下增塑剂容易挥发而使绝缘老化加快。因此，塑料绝缘电线不宜在室外敷设。

(2) 橡胶绝缘电线

根据玻璃丝或棉纱原料的货源情况配置编织层材料，型号不再区分，而统一用 BX 及 BLX 表示。

(3) 氯丁橡胶绝缘电线

$35mm^2$以下的普通橡胶线已逐渐被氯丁橡胶绝缘线取代。它的特点是耐油性能好、不易霉、不延燃、适应气候性能好、光老化过程缓慢，老化时间约为普通橡胶绝缘浅的两倍，因此适宜在室外敷设。由于绝缘层机械强度比普通橡胶绝缘电线稍弱，因此，其外径虽较小但穿线管仍与普通橡胶绝缘电线的相同。

(4) 油浸纸绝缘电力电缆

油浸纸绝缘电力电缆耐热能力强、允许运行温度较高、介质损耗低、耐电压强度高、使用寿命长，但绝缘材料弯曲性能较差，不能在低温时敷设，否则容易损伤绝缘。由于绝缘层内油的淌流，电缆两端水平高差不宜过大。

油浸纸绝缘电力电缆有铅、铝两种护套。铅护套质软、韧性好，不影响电缆的弯曲性能；化学性能稳定、熔点低，便于加工制造。但它价贵质重，并且膨胀系数小于浸渍纸，线芯发热时电缆内部产生的应力可能使铅包变形。铝包护套重量轻、成本低，但加工困难。

（5）聚氯丁烯绝缘护套电力电缆

聚氯丁烯绝缘护套电力电缆有 1kV 及 6kV 两级，制造工艺简便，没有敷设高差限制，可以在很大范围内代替油浸纸绝缘电缆、滴干绝缘和不滴流浸渍纸绝缘电缆。主要优点是重量轻，弯曲性能好，接头制作简便，耐油、耐酸碱腐蚀，不延燃，具有风铠装结构，使钢带或钢丝免腐蚀，价格便宜。

缺点是绝缘电阻较油浸纸绝缘电缆低，介质损耗大。特点是 6kV 级的介质损耗比油浸绝缘电缆大好多倍，耐腐蚀性能尚不完善，在含有三氯乙烯、三氯甲烷、四氯化碳、二硫化碳、醋酸酐、冰醋酸的场合不宜采用，在含有苯、苯胺、丙酮、吡啶的场所也不适用。

（6）橡胶绝缘电力电缆

橡胶绝缘电力电缆弯曲性能较好，能够在严寒气候下敷设，特别适用于水平高差大和垂直敷设的场合。它不仅适用于固定敷设的线路，也可用于定期移动的固定敷设线路。橡胶绝缘橡皮护套软电缆（简称橡套软电缆）还可用于连接移动式电气设备；但橡胶耐热性能差，允许运行温度较低，普通橡胶遇到油类及其化合物时很快便被损坏。

（7）交联聚乙烯绝缘聚氯乙烯护套电力电缆

交联聚乙烯绝缘聚氯乙烯护套电力电缆有 6kV、10kV、35kV 这 3 种等级，性能优良、结构简单、制造方便、外径小、重量轻、载流量大、敷设水平高差不受限制。但它有延燃的缺点，并且价格也较高。

3. 外护层及铠装选择

外护层及铠装的选择详见表 3-1。在大型建筑物、构筑物附近，土壤可能发生位移的地段直接埋地敷设电缆时，应选用能承受机械外力的钢丝铠装电缆，或采取预留长度、用板桩或排桩加固土壤等措施，以减少或消除因土壤位移而作用在电缆上的应力。

表 3-1　各种电缆外护层及铠装的适用敷设场合

护套或外护层	铠装	代号	敷设方式							环境条件					备注
			室内	电缆沟	隧道	管道	竖井	埋地	水下	易燃	移动	多砾石	一般腐蚀	严重腐蚀	
裸铝护套(铝包)	无	L	√	√	√					√					
裸铅护套(铅包)	无	Q	√	√	√	√				√					
一般橡套	无		√	√	√	√					√		√		
不延燃橡套	无	F	√	√	√	√				√	√		√		耐油
聚氯乙烯护套	无	V	√	√	√	√		√		√	√		√	√	
聚乙烯护套	无	Y	√	√	√	√		√			√		√	√	
普通外护层（仅用于铅护套）	裸钢带	20	√	√	√					√					
	钢带	2	√	√	○			√							
	裸细钢丝	30					√			√					
	细钢丝	3					○	√	√	○		√			
	裸粗钢丝	50					√			√					
	粗钢丝	5					○	√	√	○		√			

续表

护套或外护层	铠装	代号	敷设方式							环境条件					备注
			室内	电缆沟	隧道	管道	竖井	埋地	水下	易燃	移动	多砾石	一般腐蚀	严重腐蚀	
一级防腐外护层	裸钢带	120	√	√	√					√			√		
	钢带	12	√	√	○			√		○		√	√		
	裸细钢丝	130					√			√			√		
	细钢丝	13					○	√	√	○		√	√		
	裸粗钢丝	150					√			√			√		
	粗钢丝	15					○	√	√	○		√	√		
二级防腐外护套	钢带	22						√		√		√		√	
	细钢丝	23					√	√	√	√		√		√	
	粗钢丝	25					○	√	√	○		√		√	
内铠装塑料外护层（全塑电缆）	钢带	29	√	√	√			√		√		√		√	
	细钢丝	39					√	√	√	√		√		√	
	粗钢丝	59					√		√	√		√		√	

注：1. “√”表示适用；“○”表示外被层为玻璃纤维时适用；无标记者不推荐采用。

2. 裸金属护套一级防腐外护层由沥青复合物加聚氯乙烯护套组成。

3. 铠装一级防腐外护层由衬垫层、铠装层和外被层组成。衬垫层由两个沥青复合物、聚氯乙烯带和浸渍皱纸带的防水组合层组成。外被层由沥青复合物、浸渍电缆麻（可浸渍玻璃纤维）和防止黏合的涂料组成。

4. 裸铠装一级防腐外护层的衬垫层与铠装一级外护层的衬垫层相同，但没有外被层。

5. 铠装二级防腐外护层的衬垫层与铠装一级外护层的衬垫层相同，钢带及细钢丝铠装的外被层由沥青复合物和聚氯乙烯护套组成。粗钢线铠装的镀锌钢丝外面挤包一层聚氯乙烯护套或其他同等效能的防腐涂层，以保护钢丝免受外界腐蚀。

6. 如需要用湿热带地区的防霉特种护层可在型号规格后加代号“TH”。

7. 单芯钢带铠装电缆不适用于交流线路。

4. 导线和电缆截面的选择与计算

为了保证供电系统安全、可靠、经济、合理地运行，选择导线和电缆截面时，必须满足下列条件。

发热条件：导线和电缆在通过正常最大负荷电流（即计算电流）时产生的发热温度，不应该超过其正常运行时的最高允许温度。

经济电流密度：高压配电线和大电流的低压配电线路，应按规定的经济电流密度选择线和电缆的截面，使电能损失较小，节省有色金属。

电压损失：导线和电缆在通过正常最大负荷电流时产生的电压损失，不应超过正常运行时允许的电压损失。

机械强度：导线的截面不应小于其最小允许截面，以满足机械强度的要求。

在选择导线和电缆时，还应满足工作电压的要求。对于高压配电线，一般先按经济电流密度选择截面，然后验算其发热条件和允许电压损失。对于高压电缆线路，还应进行热稳定校验。对于低压配电线，往往先按发热条件选取截面，然后再验算允许的电压损失和经济电流密度。

（1）按发热条件选择导线和电缆截面

导线有电流通过就要发热，产生的热量一部分散发到周围的空气中，另一部分使导线温度升高。导线允许通过的最大电流（也称允许载流量或允许持续电流），通常由实验方法确定。把实验所得数据列成表格，在设计时利用这些表格来选择导线截面，就是按发热条件选择导线和电缆截面。

按发热条件选择导线和电缆截面时，应满足下式

$$I_{yx} \geqslant I_{js}$$

式中 I_{js}——导线和电缆的计算电流；

I_{yx}——导线和电缆的允许载流量。

必须注意，导线和电缆的允许载流量与环境温度有关。导线和电缆的允许载流量所对应的空气周围环境温度为25℃，如果不是25℃，则其允许载流量应予校正。

（2）按经济电流密度选择导线和电缆的截面

按经济观点来选择截面，需从降低电能损耗、减少投资和节约有色金属几方面来衡量。从降低电能损耗来看，导线截面越大越好；从减少投资和节约有色金属出发，导线截面越小越好。线路投资和电能损耗都影响年运行费。综合考虑各方面的因素而确定的符合总经济利益的导线截面积，称为经济截面；对应于经济截面的电流密度，称为经济电流密度。我国目前采用的经济电流密度见表3-2。

经济截面 S_{ji} 可由下式求得

$$S_{ji} = \frac{I_{js}}{J_{jr}}$$

式中 I_{js}——导线和电缆的计算电流；

J_{jr}——经济电流密度。

表3-2 我国规定的导线和电缆经济电流密度 单位：A/mm²

线路类别	导线材料	年最大负荷利用小时/h		
		＜3000	3000～5000	＞5000
架空线路	铝	1.65	1.15	0.90
	铜	3.00	2.25	1.75
电缆线路	铝	1.92	1.73	1.54
	铜	1.5	2.25	2.0

（3）按允许电压损失选择导线、电缆的截面

一切用电设备都是按照在额定电压下运行的条件而制造的，当端电压与额定值不同时，用电设备的运行就要恶化。电气设备端点的实际电压和电气设备额定电压之差称为“电压偏移”。要保证电网内各负荷点在任何时间的电压都等于额定值是十分困难的。电网各点的电压往往不等于额定电压，而是在额定电压上下波动。为了保证用电设备的正常运行，一般规定出允许电压的偏移范围，作为计算电网、校验用电设备端电压的依据。

高压配电线路规定自变电所二次侧出口至线路末端的变压器一次侧，电压损失百分数不应超过额定电压的5%；低压配电线路规定自变电所二次侧出口至线路末端，电压损失百分数不应超过额定电压的7%（城镇不应超过4%）。

线路电压损失的计算，只要已知负荷 P 和线路长度 L，根据表3-3～表3-5，就可求出线路的电压损失值 $\Delta U\%$。如果算出的线路电压损失值超过了允许值，则应适当加大导线或电缆的截面，使它满足电压损失值的要求。

（4）按导线允许最小截面来选择导线截面

架空线路经常受风、雨、结冰和温度的影响，必须有足够的机械强度才能保证安全运行。架空线路导线的最小允许截面或直径见表3-6。

表 3-3　6kV、10kV 三相架空线路电压损失

额定电压/kV	导线型号	当 $\cos\varphi$ 等于下列数值时的电压损失/[%/(MW·km)]			
		0.95	0.9	0.85	0.8
6	LJ-16	5.85	6.01	6.16	6.29
	LJ-25	3.90	4.07	4.21	4.35
	LJ-35	2.90	3.07	3.21	3.35
	LJ-50	2.13	2.29	2.43	2.57
	LJ-70	1.63	1.79	1.93	2.07
	LJ-95	1.29	1.46	1.60	1.74
	LJ-120	1.10	1.26	1.41	1.54
	LJ-150	0.93	1.10	1.24	1.38
	LJ-185	0.82	0.98	1.13	1.26
10	LJ-16	2.105	2.164	2.216	2.265
	LJ-25	1.405	1.464	1.516	1.565
	LJ-35	1.045	1.104	1.156	1.205
	LJ-50	0.765	0.824	0.876	0.925
	LJ-70	0.585	0.644	0.696	0.745
	LJ-95	0.465	0.524	0.576	0.625
	LJ-120	0.395	0.454	0.506	0.555
	LJ-150	0.335	0.394	0.446	0.495
	LJ-185	0.295	0.354	0.406	0.455

注：计算公式：$\Delta U\%=\frac{R_0+X_0\tan\varphi}{U^2}PL=\Delta u\%PL$

式中　P——负荷，MW；

L——线路长度，km；

U——额定电压，kV；

R_0——线路单位长度电阻，Ω/km；

X_0——线路单位长度感抗，Ω/km，6～10kV，X_0取平均值 0.38Ω/km，35kV，X_0取平均值 0.40Ω/km 计算；

$\Delta U\%$——线路 1MW·km 的电压损失百分数。

表 3-4　6kV、10kV 三相铝芯电缆线路电压损失

线路电压/kV	电缆截面/mm²	当 $\cos\varphi$ 等于下列数值时的电压损失/[%/(MW·km)]		
		0.7	0.8	0.9
6	3×16	6.25	6.20	6.14
	3×25	4.09	4.03	3.97
	3×35	2.98	2.92	2.86
	3×50	2.44	2.37	2.31
	3×70	1.61	1.55	1.48
	3×95	1.24	1.18	1.12
	3×120	1.03	0.97	0.91
	3×150	0.87	0.81	0.75
	3×185	0.75	0.69	0.63
	3×240	0.63	0.57	0.51

续表

线路电压/kV	电缆截面/mm²	当 cosφ 等于下列数值时的电压损失/[%/(MW·km)]		
		0.7	0.8	0.9
10	3×16	2.25	2.23	1.21
	3×25	1.47	1.45	1.43
	3×35	1.07	1.05	1.03
	3×50	0.88	0.85	0.83
	3×70	0.58	0.56	0.53
	3×95	0.45	0.43	0.40
	3×120	0.37	0.35	0.33
	3×150	0.31	0.29	0.27
	3×185	0.27	0.25	0.23
	3×240	0.23	0.20	0.18

注：计算公式：$\Delta U\%=\dfrac{(r_0+X_0\tan\varphi)\times 100}{U^2}PL=\Delta u\%PL$

式中 P——负荷，MW；

L——线路长度，km；

r_0——50℃时电缆一相芯线的电阻，Ω/km；

X_0——电缆一相线的电抗，Ω/km；

U——线路电压，kV；

$\Delta U\%$——线路 1MW·km 的电压损失百分数。

各型号电缆的感抗值有所不同，本表仅作参考。

表 3-5 0.38kV 三相架空线路铝导线的电压损失

导线型号	当 cosφ 等于下列数值时的电压损失/[%/(kW·km)]						
	0.7	0.75	0.8	0.85	0.9	0.95	1.0
LJ-16	1.624	1.59	1.56	1.523	1.49	1.45	.37
LJ-25	1.13	1.097	1.064	1.034	1.0	0.965	0.887
LJ-35	0.875	0.833	0.812	0.781	0.75	0.713	0.637
LJ-50	0.671	0.64	0.611	0.582	0.551	0.517	0.443
LJ-70	0.539	0.509	0.480	0.452	0.424	0.390	0.318
LJ-95	0.450	0.420	0.392	0.365	0.337	0.304	0.235
LJ-120	0.396	0.367	0.340	0.314	0.286	0.254	0.187

表 3-6 导线最小允许截面或直径

导线种类	高压		低压
	居民区	非居民区	
铝及铝合金线	35mm²	25mm²	16mm²
钢芯铝线	25mm²	16mm²	16mm²
铜线	16mm²	16mm²	直径 3.2mm

注：1. 高压配电线路不应使用单股铜导线。

2. 裸铝线及铝合金不应使用单股线。

二、导线基本操作规范

1. 导线的布放

导线布放是保证室内布线施工的第 1 步。常用布放方法有手工布放和放线架布放两种，如表 3-7 所示。

表 3-7　导线的布放

方法	示意图	说明
手工布放法		手工布线适宜线径不太粗、线路较短的施工。布线时，由两个人合作完成，即一人把整盘线按左图所示套入双手中，另一人捏住线头向前拉；放出的线不可在地上拖拉，以免擦破或弄脏绝缘层
放线架布放法	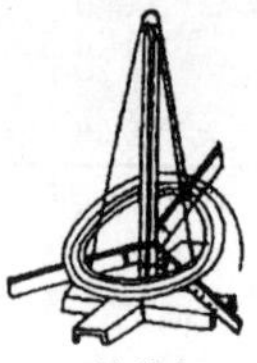 放线架	放线架布线适宜线径较粗、线路较长的施工。布线时，导线应从一端开始，将导线一端紧固在瓷瓶（绝缘子）上，调直导线再逐级敷设；不能有下垂松弛现象，导线间距及固定点距离应均匀

2. 导线绝缘层剖削与连接

（1）导线绝缘层的剖削

导线绝缘层的剖削方法很多，一般有用电工刀剖削、用钢线钳或尖嘴钳剖削和用剥线钳剖削等，具体操作步骤如下：

① 用电工刀剥离。用电工刀剖削导线绝缘层，如表 3-8 所示。

表 3-8　用电工刀剖削

塑料硬线端头绝缘层的剖削	
示意图	说明
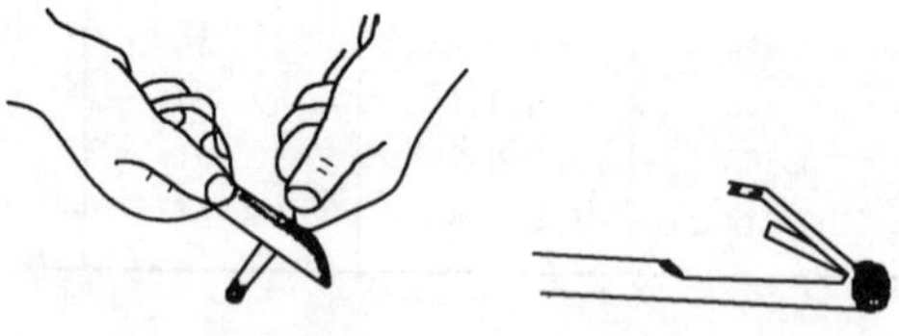 (a)　(b)	左手持导线，右手持电工刀，如图(a)所示。以45°切入塑料绝缘层，线头切割长度约为 35mm，如图(b)所示
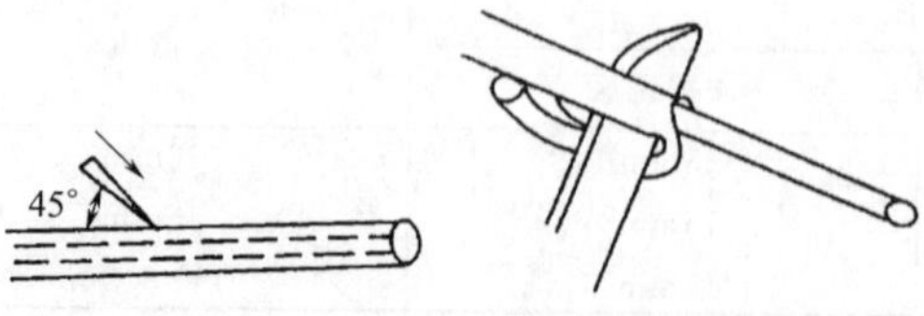 45°　(a)　(b)	将电工刀向导线端推削，削掉一部分塑料绝缘层，如图(a)所示。持电工刀沿切入处转圈划一深痕，用手拉去剩余绝缘层即可，如图(b)所示
护套线端头绝缘层的剖削	
示意图	说明
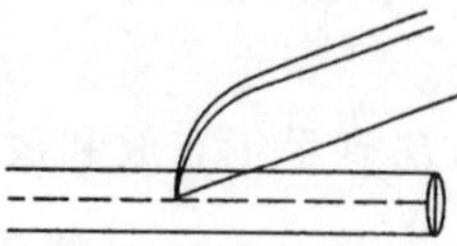	用电工刀尖从所需长度界线上开始，划破护套层，如左图所示

续表

护套线端头绝缘层的剖削	
示意图	说明
	剥开已划破的护套层，如左图所示
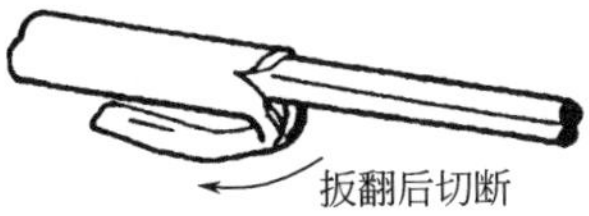	把剥开的护套层向切口根部扳翻，并用电工刀齐根切断，如左图所示

橡皮软电缆护套层的剖削	
示意图	说明
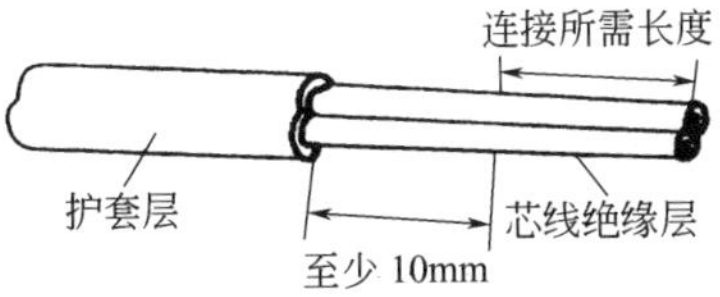	塑料护套芯线绝缘层的剖削方法与塑料硬线端头绝缘层的剖削方法完全相同，但切口相距护套层至少 10mm，如左图所示
	用电工刀于端头任意两芯线缝中割破部分护套层，如左图所示
	把割破的护套层分拉成左右两部分，至所需长度为止，如左图所示
	翻扳已被分割的护套层，在根部分别切割，如左图所示
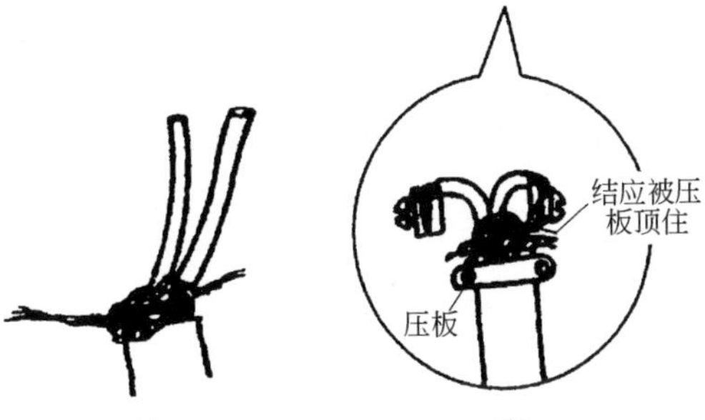 (a) (b)	将麻线扣结加固，位置尽可能靠在护套层切口根部，如图(a)所示；在使用时，为了使麻线能承受外界拉力，应将麻线的余端压在防拉板后顶住，如图(b)所示

续表

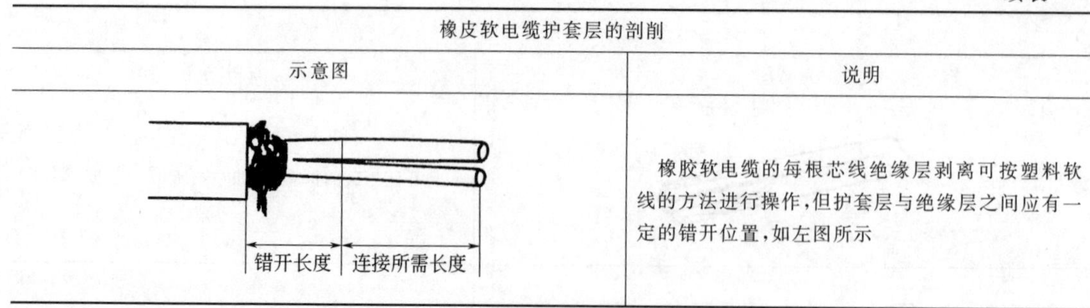

橡皮软电缆护套层的剖削	
示意图	说明
	橡胶软电缆的每根芯线绝缘层剥离可按塑料软线的方法进行操作，但护套层与绝缘层之间应有一定的错开位置，如左图所示

② 用钢丝钳（或尖嘴钳）剖削导线绝缘层，如表 3-9 所示。

表 3-9 用钢丝钳（或尖嘴钳）剖削

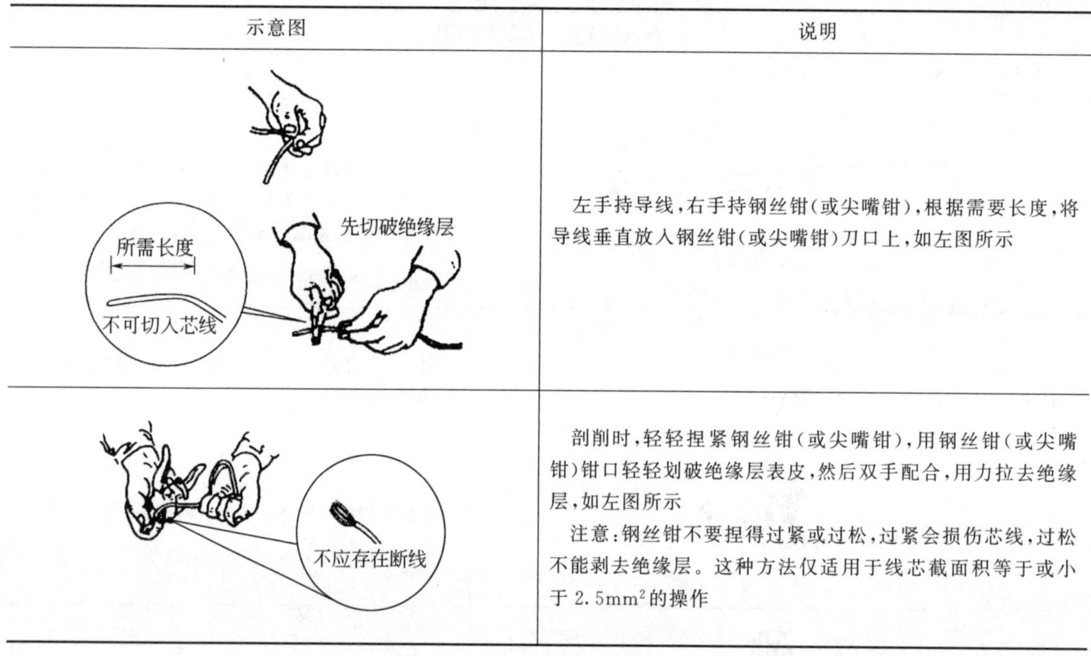

示意图	说明
	左手持导线，右手持钢丝钳（或尖嘴钳），根据需要长度，将导线垂直放入钢丝钳（或尖嘴钳）刀口上，如左图所示
	剖削时，轻轻捏紧钢丝钳（或尖嘴钳），用钢丝钳（或尖嘴钳）钳口轻轻划破绝缘层表皮，然后双手配合，用力拉去绝缘层，如左图所示 注意：钢丝钳不要捏得过紧或过松，过紧会损伤芯线，过松不能剥去绝缘层。这种方法仅适用于线芯截面积等于或小于 2.5mm^2 的操作

③ 用剥线钳剥离导线的绝缘层，如表 3-10 所示。

表 3-10 用剥线钳剖削

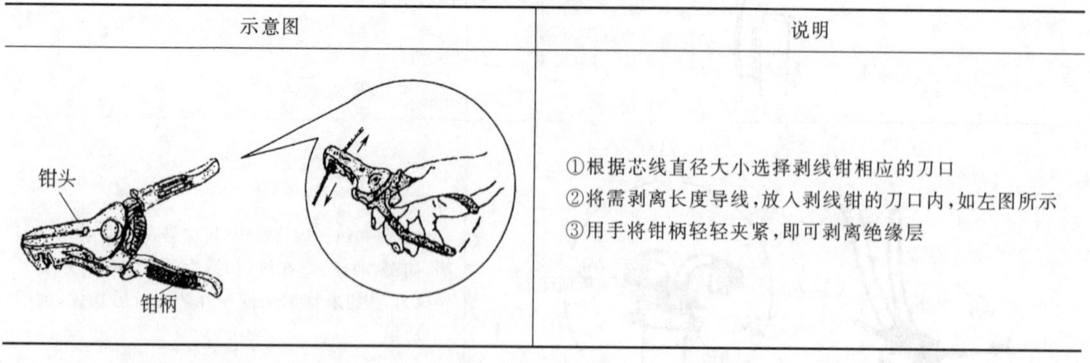

示意图	说明
	①根据芯线直径大小选择剥线钳相应的刀口 ②将需剥离长度导线，放入剥线钳的刀口内，如左图所示 ③用手将钳柄轻轻夹紧，即可剥离绝缘层

(2) 导线的连接

在室内布线过程中，常常会遇到线路分支或导线“断”的情况，需要对导线进行连接。

通常我们把线的连接处称为接头。

① 导线连接的基本要求如下：

a. 导线接触应紧密、美观，接触电阻要小，稳定性好。

b. 导线接头的机械强度不小于原导线机械强度的 80%。

c. 导线接头的绝缘强度应与导线的绝缘强度一样。

d. 铝-铝导线连接时，接头处要做好耐腐蚀处理。

② 导线连接的方法。导线线头连接的方法一般有缠绕式连接（又分直接缠绕式、分线缠绕式、多股软线与单股硬线缠绕式和塑料绞型软线缠绕式等）、压板式连接、螺钉压式连接和接线耳式连接等。

a. 单股硬导线的连接方法，如表 3-11 所示。

表 3-11　单股硬导线的连接

连接方法与步骤		示意图	说明
直线连接	第 1 步		将两根线头在离芯线跟部的 1/3 处呈“×”状交叉，如左图所示
	第 2 步		把两线头如麻花状相互紧绞两圈，如左图所示
	第 3 步		把一根线头扳起，使其与另一根处于下边的线头保持垂直，如左图所示
	第 4 步		把扳起的线头按顺时针方向在另一根线头上紧绕 6～8 圈，圈间不应有缝隙，且应垂直排绕，如左图所示。绕毕，切去线芯余端
	第 5 步		另一端头的加工方法，按上述第 3、4 步要求操作
分支连接	第 1 步		将剖削绝缘层的分支线芯，垂直搭接在已剖削绝缘层的主干导线的线芯上，如左图所示
	第 2 步		将分支线芯按顺时针方向在主干线芯上紧绕 6～8 圈，圈间不应有缝隙，如左图所示
	第 3 步		绕毕，切去分支线芯余端，如左图所示

b. 多股导线的连接方法，如表 3-12 所示。

表 3-12　多股导线的连接

连接方法与步骤		示意图	说明
直线连接	第 1 步	全长 2/5 进一步绞紧	在剥离绝缘层切口约全长 2/5 处将线芯进一步绞紧，接着把余下 3/5 的线芯松散呈伞状，如左图所示
	第 2 步		把两伞状线芯隔股对叉，并插到底，如左图所示
	第 3 步	叉口处应钳紧	捏平叉入后的两侧所有芯线，并理直每股芯线，使每股芯线的间隔均匀；同时用钢丝钳绞紧叉口处，消除空隙，如左图所示
	第 4 步		将导线一端距芯线叉口中线的 3 根单股芯线折起，成 90°（垂直于下边多股芯线的轴线），如左图所示
	第 5 步		先按顺时针方向紧绕两圈后，再折回 90°，并平卧在扳起前的轴线位置上，如左图所示
	第 6 步		将紧挨平卧的另两根芯线折成 90°，再按第 5 步方法进行操作
	第 7 步		把余下的三根芯线按第 5 步方法缠绕至第 2 圈后，在根部剪去多余的芯线，并按平；接着将余下的芯线缠足三圈，剪去余端，钳平切口，不留毛刺
	第 8 步		另一侧按步骤第 4～7 步方法进行加工 注意：缠绕的每圈直径均应垂直于下边芯线的轴线，并应使每两圈（或三圈）间紧缠紧挨
分支连接	第 1 步	全长 1/10 进一步绞紧	把支线线头离绝缘层切口根部约 1/10 的一段芯线做进一步的绞紧，并把余下 9/10 的芯线松散，使其呈伞状，如左图所示
	第 2 步		把干线芯线中间用螺丝刀（螺钉旋具）插入芯线股间，并将分成均匀两组中的一组芯线插入干线芯线的缝隙中，同时移正位置，如左图所示
	第 3 步		先钳紧线插入口处，接着将一组芯线在干线芯线上按顺时针方向垂直地紧紧排绕，剪去多余的芯线端头，不留毛刺，如左图所示
	第 4 步		另一组芯线按第 3 步方法紧紧排绕，同样剪去多余的芯线端头，不留毛刺 注意：每组芯线绕至离绝缘层切口处 5mm 左右为止，则可剪去多余的芯线端头

c. 单股与多股导线的连接方法，如表 3-13 所示。

表 3-13 单股与多股导线的连接方法

步骤	示意图	说明
第 1 步	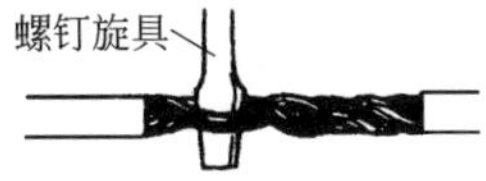 螺钉旋具	在离多股线左端绝缘层切口 3～5mm 处的芯线上，用螺钉旋具把多股芯线均匀地分成两组（如 7 股线的芯线分成一组 3 股，另一组 4 股），如左图所示
第 2 步	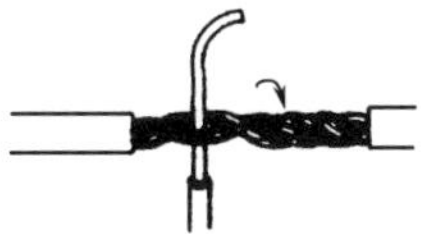	把单股线插入多股线的两组芯线中间，但是单股芯线不可插到底，应使绝缘层切口离多股芯线约 3mm，如左图所示。接着用钢丝钳把多股线的插缝钳平钳紧
第 3 步	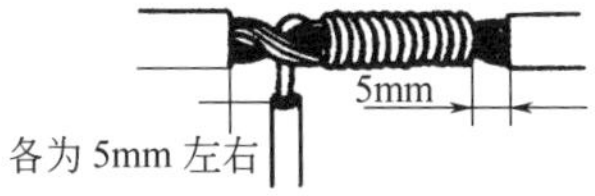 5mm 各为 5mm 左右	把单股芯线按顺时针方向紧缠在多股芯线上，应绕足 10 圈，然后剪去余端。若绕足 10 圈后另一端多股芯线裸露超出 5mm，且单股芯线尚有余端，则可继续缠绕，直至多股芯线裸露约 5mm 为止，如左图所示

d. 导线其他形式的连接方法，如表 3-14 所示。

表 3-14 导线其他形式的连接方法

导线连接方法	示意图	说明
塑料绞型软线连接	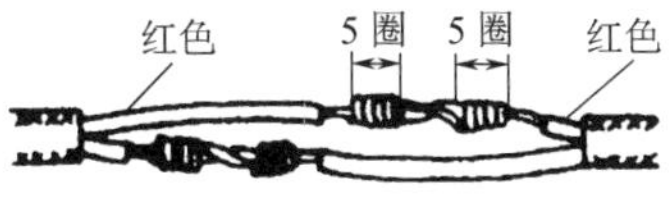 红色 5 圈 5 圈 红色	将剖削绝缘层的两根多股软线线头理直绞紧，如左图所示 注意：两接线头处的位置应错开，以防短路
多股软线与单股硬线的连接		将剖削绝缘层的多股软线理直绞紧后，在剖削绝缘层的单股硬导线上紧密缠绕 7～10 圈，再用钢丝钳或尖嘴钳把单股硬线翻过压紧，如左图所示
压板式连接	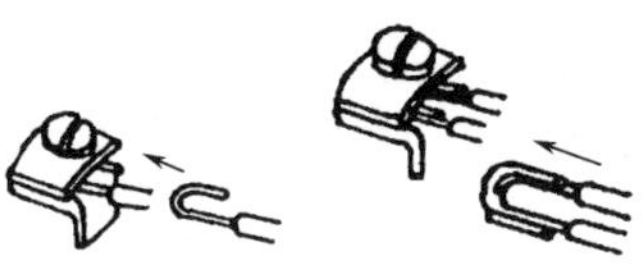	将剥离绝缘层的芯线用尖嘴钳弯成钩，再垫放在瓦楞板或垫片下。若是多股软导线，应先绞紧再垫放在瓦楞板或垫片下，如左图所示 注意：不要把导线的绝缘层垫压在压板（如瓦楞板、垫片）内
螺钉压式连接	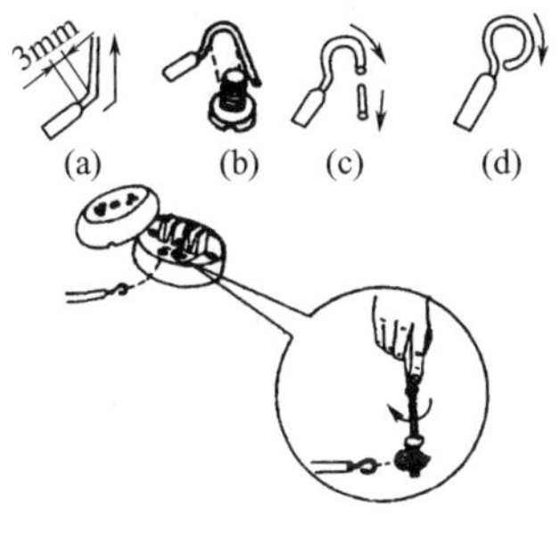 3mm (a) (b) (c) (d)	在连接时，导线的剖削长度应视螺钉的大小而定，然后将导线头弯制成羊眼圈形式[如左图(a)、(b)、(c)、(d)四步弯制羊眼圈工作]，再将羊眼圈套在螺钉中，进行垫片式连接

续表

导线连接方法	示意图	说明
针孔式连接		在连接时，将导线按要求剖削，插入针孔，旋紧螺钉，如左图所示
接线耳式连接	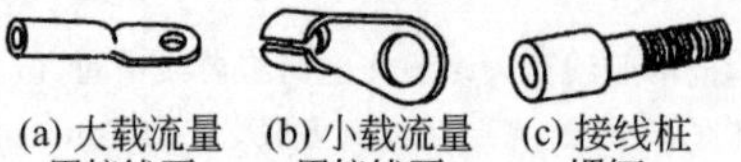 (a) 大载流量用接线耳 (b) 小载流量用接线耳 (c) 接线桩螺钉 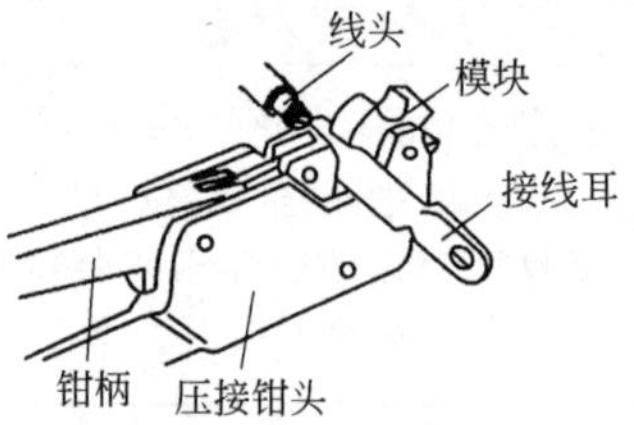 线头 模块 接线耳 钳柄 压接钳头 (d) 导线线头与接线头的压接方法	连接时，应根据导线的截面积大小选择相应的接线耳。导线剖削长度与接线耳的尾部尺寸相对应，然后用压接钳将导线与接线耳紧密固定，再进行接线耳式的连接，如左图所示

3. 导线绝缘层的恢复

导线绝缘层被破坏或连接后，必须恢复其绝缘层的绝缘性能。在实际操作中，导线绝缘层的恢复方法通常为包缠法。包缠法又可分导线直接点绝缘层的绝缘性能恢复、导线分支接点和导线并接点绝缘层的绝缘性能恢复，其具体操作方法分别如表 3-15～表 3-17 所示。

表 3-15　导线直接点绝缘层的绝缘性能恢复

步骤	示意图	说明
第 1 步	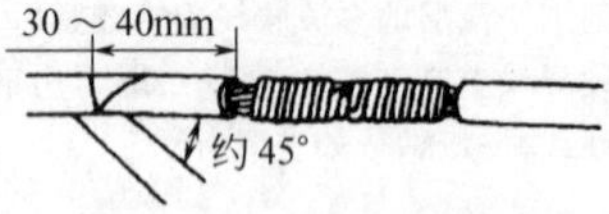 30～40mm 约 45°	用绝缘带(黄蜡带或涤纶薄膜带)从左侧完好的绝缘层上开始顺时针包缠，如左图所示
第 2 步	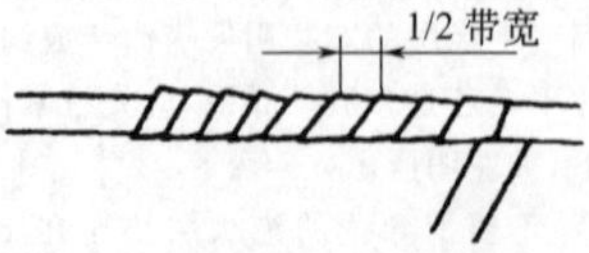 1/2 带宽	进行包扎时，绝缘带与导线应保持 45°的倾斜角并用力拉紧，使得绝缘带半幅相叠压紧，如左图所示
第 3 步	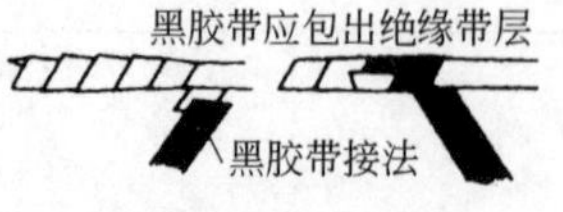 黑胶带应包出绝缘带层 黑胶带接法	包至另一端也必须包入与始端同样长度的绝缘层，然后接上黑胶带，并应使黑胶带包出绝缘带至少半根带宽，即必须使黑胶带完全包没绝缘带，如左图所示
第 4 步	 两端捏住做反方向扭旋(封住端口)	黑胶带的包缠不得过疏过密，包到另一端也必须完全包没绝缘带，收尾后应用双手的拇指和食指紧捏黑胶带两端口，进行一正一反方向拧紧，利用黑胶带的黏性，将两端充分密封起来，如左图所示

注：直接点常出现因导线不够需要进行连接的位置。由于该处有可能承受一定的拉力，所以导线直接点的机械拉力不得小于原导线机械拉力的 80%。绝缘层的恢复也必须可靠，否则容易发生断路和触电等电气事故。

表 3-16 导线分支接点绝缘层的绝缘性能恢复

步骤	示意图	说明
第 1 步		采用与导线直接点绝缘层的恢复方法从左端开始包扎，如左图所示
第 2 步		包至分支线时，应用左手拇指顶住左侧直角处包上的带面，使它紧贴转角处芯线，并应使处于线顶部的带面尽量向右侧斜压，如左图所示
第 3 步		绕至右侧转角处时，用左手食指顶住右侧直角处带面，并使带面在干线顶部向左侧斜压，与被压在下边的带面呈现"×"状交叉。然后把带再回绕到右侧转角处，如左图所示
第 4 步	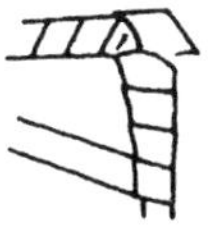	带沿紧贴住支线连接处根端，开始在支线上缠包，包至完好绝缘层上约两根带宽时，原带折回再包至支线连接处根端，并把带向干线左侧斜压，如左图所示
第 5 步	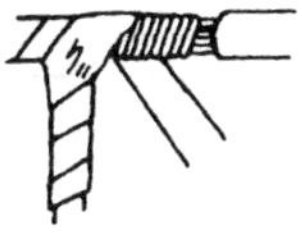	当带围过干线顶部后，紧贴干线右侧的支线连接处开始在干线右侧芯线上进行包缠，如左图所示
第 6 步	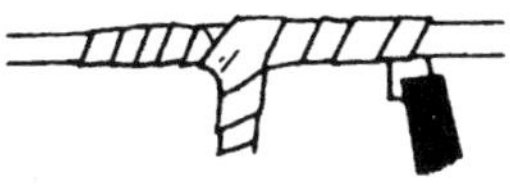	包至干线另一端的完好绝缘层上后，接上黑胶带，再按第 2～5 步方法继续包缠黑胶带，如左图所示

注：分支接点常出现在导线分路的连接点处，要求分支接点连接牢固、绝缘层恢复可靠，否则容易发生断路等电气事故。

表 3-17 导线并接点绝缘层的绝缘性能恢复

步骤	示意图	说明
第 1 步		用绝缘带(黄蜡带或涤纶薄膜带)从左侧完好的绝缘层上开始顺时针包缠，如左图所示
第 2 步		由于并接点较短，绝缘带叠压宽度可紧些，间隔可小于 1/2 带宽，如左图所示
第 3 步		包缠到导线端口后，应使带面超出导线端口 1/2～3/4 带宽，然后折回伸出部分的带宽，如左图所示
第 4 步		把折回的带面按平压紧，接着缠包第二层绝缘层，包至下层起包处止，如左图所示

续表

步骤	示意图	说明
第 5 步		接上黑胶带，并使黑胶带超出绝缘带层至少半根带宽，并完全压没住绝缘带，如左图所示
第 6 步		按第 2 步方法把黑胶带包缠到导线端口，如左图所示
第 7 步		按第 3、4 步方法把黑胶带包缠到端口绝缘带层，要完全压没住绝缘带，然后折回，缠包第二层黑胶带，包至下层起包处止，如左图所示
第 8 步		用右手拇指、食指两指紧捏黑胶带断带口，使端口密封，如左图所示

注：并接点常出现在木台、接线盒内。由于木台、接线盒的空间小、导线和附件多，往往彼此挤在一起，容易贴在墙面，所以导线并接点的绝缘层必须恢复得可靠，否则容易发生漏电或短路等电气事故。

4. 导线的“封端”

所谓导线的“封端”，是指将大于 $10mm^2$ 的单股铜芯线、大于 $2.5mm^2$ 的多股铜芯线和单股铝芯线的线头，进行焊接或压接接线端子的工艺过程。

在电工工艺上，铜导线“封端”与铝导线“封端”是不相同的，如表 3-18 所示。

表 3-18　导线的“封端”

导线材质	选用方法	“封端”工艺
铜	锡焊法	①除去线头表面、接线端子孔内的污物和氧化物 ②分别在焊接面上涂上无酸焊剂，线头搪上锡 ③将适量焊锡放入接线端子孔内，并用喷灯对其加热至熔化 ④将搪锡线头接入端子孔，把熔化的焊锡灌满线头与接线端子孔内 ⑤停止加热，使焊锡冷却，线头与接线端子牢固连接
	压接法	①除去线头表面、压接管内的污物和氧化物 ②将两根线头相对插入，并穿出压接管(两线端各伸出压接管 25～30mm) ③用压接钳进行压接
铝	压接法	①除去线头表面、接线孔内的污物和氧化物 ②分别在线头、接线孔两接触面涂以中性凡士林 ③将线头插入接线孔，用压接钳进行压接

三、电缆基本操作规范

1. 电缆头及其制作的一般要求

按环境和敷设方式选择导线和电缆，如表 3-19 所示。

表 3-19 按环境和敷设方式选择导线和电缆

环境特征	线路敷设方式	常用导线和电缆型号
正常干燥环境	①绝缘线瓷珠、瓷夹板或铝皮卡子明配线	BBLX、BLV、BLVV
	②绝缘线、裸线瓷瓶明配线	LLBX、BLV、LJ、LMY
	③绝缘线穿管明敷或暗敷	BBLX、BLV
	④电缆明敷或放在沟中	ZLL、ZLL_{11}、VLV、YJLV、XLV、ZLQ
潮湿和特别潮湿的环境	①绝缘线瓷瓶明配线(敷设高度＞3.5m)	BBLX、BLV
	②绝缘线穿塑料管、钢管明敷或暗敷	BBLX、BLV
	③电缆明敷	ZLL_{11}、VLV、YJLV、XLV
多尘环境(不包括火灾及爆炸危险尘埃)	①绝缘线瓷珠、瓷瓶明配线	BBLX、BLV、BLVV
	②绝缘线穿钢管明敷或暗敷	BBLX、BLV
	③电缆明敷或放在沟中	ZLL、ZLL_{11}、VLV、YJLV、XLV、ZLQ
有腐蚀性的环境	①塑料线瓷珠、瓷瓶明配线	BLV、BLVV
	②绝缘线穿塑料管明敷或暗敷	BBLX、BLV、BV
	③电缆明敷	VLV、YJLV、ZLL_{11}、XLV
有火灾危险的环境	①绝缘线瓷瓶明配线	BBLX、BLV
	②绝缘线穿钢管明敷或暗敷	BBLX、BLV
	③电缆明敷或放在沟中	ZLL、ZLQ、VLV、YJLV、XLV、XLHF
有爆炸危险的环境	①绝缘线穿钢管明敷或暗敷	BBX、BV
	②电缆明敷	ZL_{120}、ZQ_{20}、VV_{20}
户外配线	①绝缘线、裸线瓷瓶明配线	BLXF、BLV_{-1}、LJ
	②绝缘线钢管明敷(沿外墙)	BLXF、BBLX、BLV
	③电缆埋地	ZLL_{11}、ZLQ_{2}、VLV、VLV_{2}、YJLV、YJV_{2}

电缆头包括中间接头和封端头。将两段电缆连接起来，使之成为一条线路，需要利用电缆中间接头。电缆的起端和终端如要与其他导体或电气设备连接，则需要利用电缆封端头。

目前工矿企业中应用较广的电缆中间接头盒，有环氧树脂中间接头盒等。电缆封端头（即终端头）分户内和户外两大类。目前户内、户外都普遍采用环氧树脂封端头。

电缆头制作的一般要求如下：

① 制作过程中，应防止灰尘、杂物、汗液、水分等落入接头处。

② 所有户外电缆封端，分别装有瓷制或环氧树脂制的引出套管和防雨帽或采用雨罩结构。

③ 电缆芯线的弯曲半径与电缆芯线直径（包括绝缘层）之比，其倍数应不小于绝缘电缆的 10 倍以及橡皮绝缘电缆的 3 倍。

④ 在制作电缆终端及中间接头前，应进行如下检查工作：核对相序；检查工具是否清洁、锋利；检验纸绝缘是否受潮，如有潮气，应将电缆切去一段再试，直至不含潮气为止；检查绝缘材料是否合格，电缆胶或塑料电缆配合原材料是否合格；检查其他材料，如接头套管、电缆头外壳、瓷套管、接线端子及塑料套管等是否合格，是否符合电缆芯线截面。

⑤ 雨天或大雾天气，不宜进行电缆的封端连接工作。

⑥ 电缆头制作作业必须连续到做完为止。

⑦ 电缆封端头的引出线芯应与设备对准后再包绝缘带。

户内电缆封端头引出线芯最小包扎绝缘长度为：1kV 以下，160mm；3kV，210mm；6kV，270mm；10kV，315mm。

⑧ 电力电缆的电缆头外壳，与该处的电缆铅（铝）皮及钢带均应良好接地。接地线一般为截面不少于 $10mm^2$ 的铜绞线。

⑨ 在电缆头浇灌环氧树脂等绝缘物之前，电缆芯及电缆头应卡住固定。电缆头制成后不应有渗漏油现象。

⑩ 电缆引入中间接头及封端头的附近，应有一段直线段。该段的最小长度，截面在 $70mm^2$ 以下时为 100mm；截面在 $70mm^2$ 以上时为 150mm。

2. 电缆敷设的一般要求

① 埋地敷设的电缆应避开规划中建筑工程需要挖掘的地方，使电缆不致受到损坏及腐蚀。

② 尽可能选择最短的路径。

③ 尽量避开和减少穿越地下管道（包括热力管道、上下水管道、煤气管道等）、公路、铁路及通信电缆等。

④ 对电缆敷设方式的选择，要从节省投资、施工方便和安全运行三方面考虑。电缆直埋敷设施工简单、投资省、电缆散热条件好，应首先考虑采用。

⑤ 在确定电缆构筑物时，需结合扩建规划，预留备用支架及孔眼。

⑥ 电缆支架间或固定点间的间距，不应大于表 3-20 所列的数据。

表 3-20 电缆支架间或固定点间的最大间距 单位：m

敷设方式	塑料护套、铅包、铝包、钢带铠装		钢丝铠装电缆
	电力电缆	控制电缆	
水平敷设	1.0	0.8	3.0
垂直敷设	1.5	1.0	6.0

⑦ 电缆敷设的弯曲半径与电缆外径的比值，不应小于表 3-21 所列的数据。

表 3-21 电缆敷设的弯曲半径与电缆外径的比值（最小值）

电缆护套类型		电力电缆		控制电缆等
		单芯	多芯	多芯
金属护套	铅	25	15	15
	铝	30①	30①	30
	皱纹铝套和皱纹钢套	20	20	20
非金属护套		20	15	无铠装 10 有铠装 15

① 铝包电缆外径＜40mm 时的比值为 25。

注：1. 表中比值未注明者，包括铠装和无铠装电缆。

2. 电力电缆中包括油浸绝缘电缆（包括不滴流电缆）和橡胶、塑料绝缘电缆。

⑧ 垂直或沿陡坡敷设的油浸纸绝缘电力电缆，如无特殊装置（如塞子式接头盒），其水平高差不应大于表 3-22 所列的数据。橡胶和塑料绝缘电缆的水平高差不受限制。

表 3-22 油浸纸绝缘电缆的允许敷设最大水平高差 单位：m

电压等级	电缆结构类型	铅包	铅包
1～3kV	有铠装	25	25
	无铠装	20	20
6～10kV	有铠装或无铠装	15	15
20～35kV			5

⑨ 电缆在隧道或电缆沟内敷设时，其净距不宜小于表 3-23 所列的数据。

⑩ 敷设电缆和计算电缆长度时，均应留有一定的裕量。

表 3-23　电缆在隧道、电缆沟内敷设时的最小净距　　单位：mm

敷设方式		电缆隧道	电缆沟	
		高度≥1800mm	深度≤600mm	深度>600mm
两边有电缆架时，架间水平净距（通道宽）		1000	300	500
一边有电缆架时，架与壁间水平净距（通道宽）		900	300	450
电缆架层间的垂直净距	电力电缆	200	150	150
	控制电缆	120	100	100
电力电缆间的水平净距		35，但不小于电缆外径		

⑪ 电缆在电缆沟内、隧道内及明敷时，应将麻布外层剥去，并刷防腐漆。

⑫ 电缆在屋外明敷时，应避免日光直晒。

⑬ 交流回路中的单芯电缆应采用无钢带铠装的或非磁性材料护套的电缆。单芯电缆敷设时，应满足下列要求：

a. 使并联电缆间的电流分布均匀；

b. 接触电缆外皮时应无危险；

c. 防止引起附近金属部件发热。

3. 电缆的敷设

(1) 直埋电缆的敷设

① 施工要求。同一路径上电缆的条数一般不宜超过 6 条；电缆埋设深度不应小于 700mm；穿过马路的电缆应穿入内径不小于电缆外径 1.5 倍并不小于 100mm 的管中；与地下其他管线交叉不能保持 500mm 的距离时，电缆应穿入管中保护；电缆外皮距建筑物基础的距离不能小于 600mm；电缆周围应铺 100mm 的细砂或软土；电缆上方 100mm 处应盖水泥保护板，其宽度应超出电缆直径两侧各 50mm。具体的施工方法如图 3-1～图 3-5 所示，其中平行敷设时 x 的取值见表 3-24。

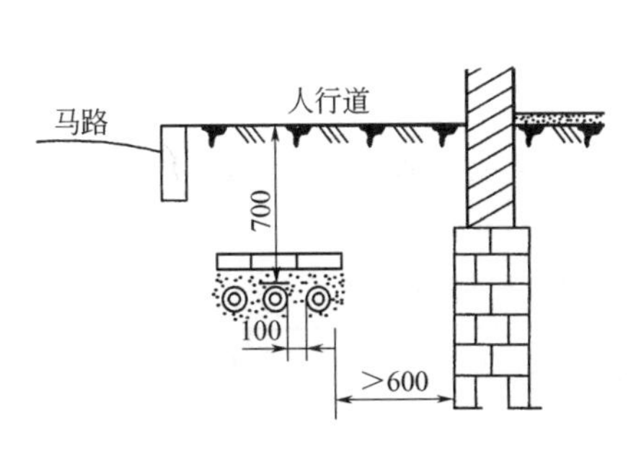

图 3-1　电缆埋于人行道下

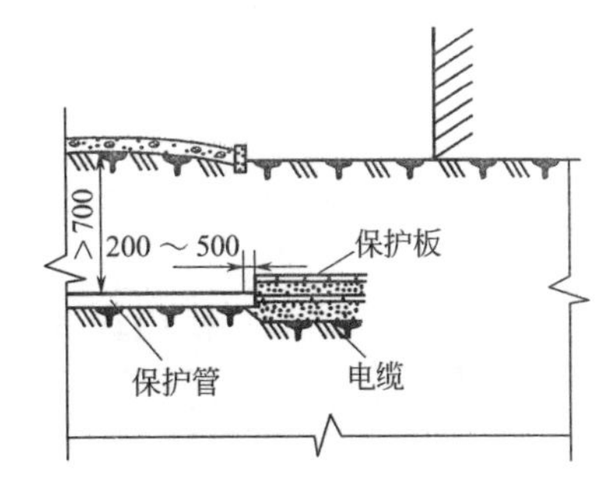

图 3-2　电缆与市区马路交叉敷设

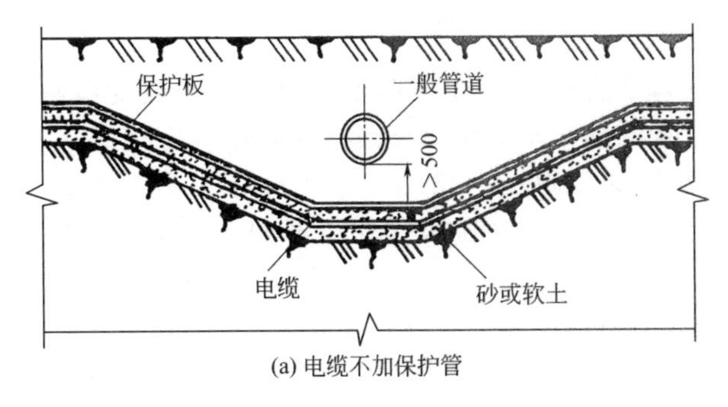

(a) 电缆不加保护管

图 3-3

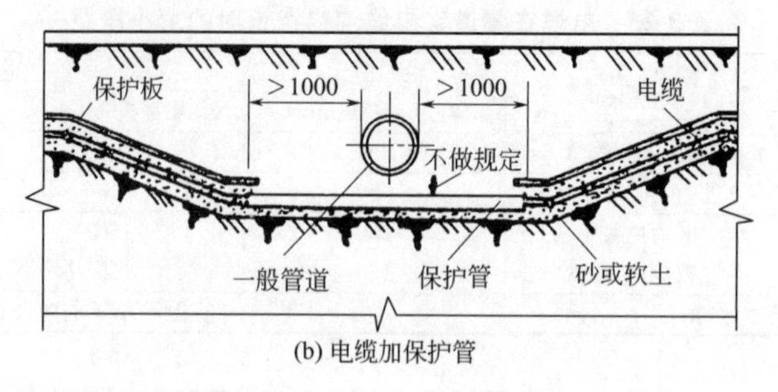

图 3-3 电缆与一般管道交叉敷设

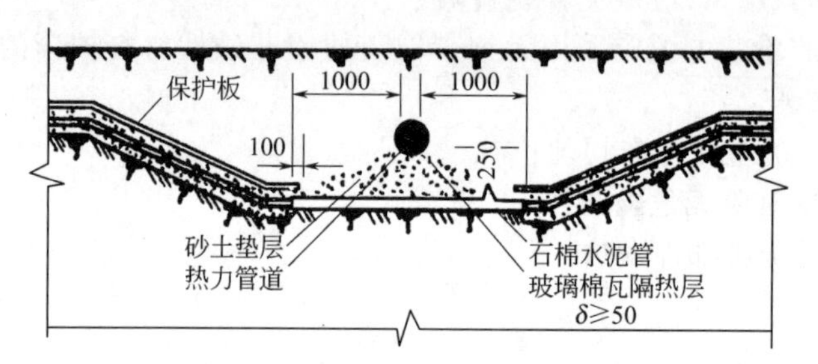

图 3-4 电缆与热力管道交叉敷设

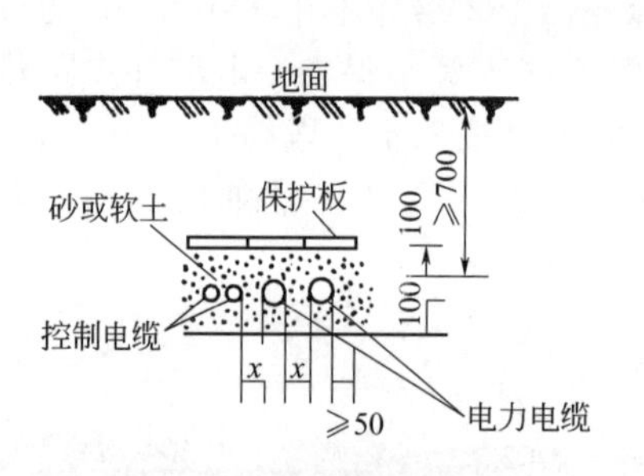

图 3-5 电缆平行敷设

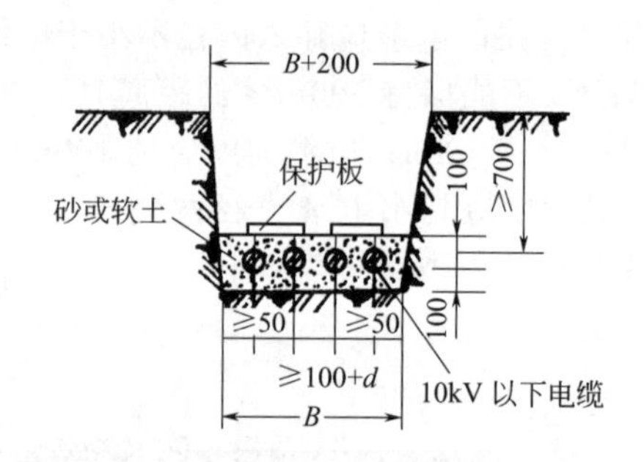

图 3-6 电缆沟的宽度和形状

表 3-24 电缆平行敷设时的 x 值

类型	x 值/mm
10kV	100
35kV	250
不同部门	500

② 开挖电缆沟。按施工图用白灰在地面上划出电缆敷设的线路和沟的宽度。电缆沟的宽度取决于电缆根数的数量。如果只埋一条电缆，则其宽度以人在沟中操作方便为准；如数条电力电缆或与控制电缆同在一条沟中，还应考虑散热等因素，其宽度和形状见表 3-25和图 3-6。若电缆沟中有 2 根控制电缆和 3 根电力电缆时，其宽度（B）为 880mm；若沟中仅有 3 根电力电缆时，其宽度为 650mm。电缆沟的深度一般要求不小于 800mm。如遇有障碍物或冻土层较深的地方，则应适当加深。电缆沟的转角处，要挖成圆弧形，以保护电缆的弯曲半径。电缆接头的两端以及引入建筑物和引上电杆处，需挖出备用电缆的预留坑。

表 3-25 电缆沟宽度 单位：mm

项目		不同控制电缆根数电缆沟宽度 B						
		0	1	2	3	4	5	6
10kV 及以下电力电缆根数	0		350	380	510	640	770	900
	1	350	450	580	710	840	970	1100
	2	550	600	780	860	990	1120	1250
	3	650	750	880	1010	1140	1270	1400
	4	800	900	1030	1160	1290	1420	1550
	5	950	1050	1180	1310	1440	1570	1800
	6	1120	1200	1330	1460	1590	1720	1850

③ 施放电缆。首先对运到现场的电缆进行核算，弄清每盘电缆的长度，确定中间接头的地方。核算时应注意不要把电缆接头放在道路交叉处、建筑物的大门口以及其他管道交叉的地方。如在同一条电缆沟内有两条以上电缆并列敷设时，电缆接头的位置要相互错开，错开的距离应在 2m 以上，以便日后检修。

无论人工敷设还是机械牵引敷设，都要先将电缆盘稳固地架设在放线架上，使它能自由转动。然后从盘的上端引出电缆，逐渐松开放在滚轮上，用人工或机械向前牵引，如图 3-7 所示。在施放电缆过程中，电缆盘的两侧应有专人协助转动，并应有适当的工具，以便随时刹住电缆线盘。另外电缆放在沟底里，不必拉得太直，可略呈波形，使电缆长度比沟长 0.5%～1%，以防热胀冷缩。

电缆施放完毕，电缆沟的回填土应分层填实，覆土要高于地面 150～200mm，以备日后土松沉陷。沿电缆线路的两端和转弯处要竖立露在地面上的混凝土标桩，而在标桩设标示牌，注意电缆的型号、规格、敷设日期和线路走向等，以方便日后检修。

(2) 电缆沟的敷设

电缆沟一般都是混凝土结构，沟底必须清洁整齐，并有符合设计要求的坡度、集水池和

图 3-7 用滚轮敷设电缆的方法

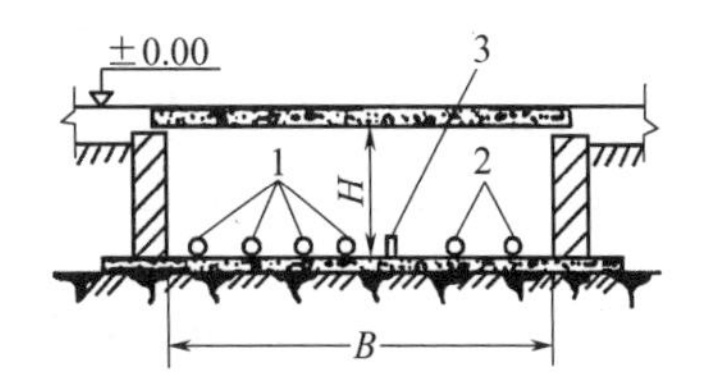

图 3-8 电缆在沟底敷设

1—控制电缆；2—电力电缆；3—接地线

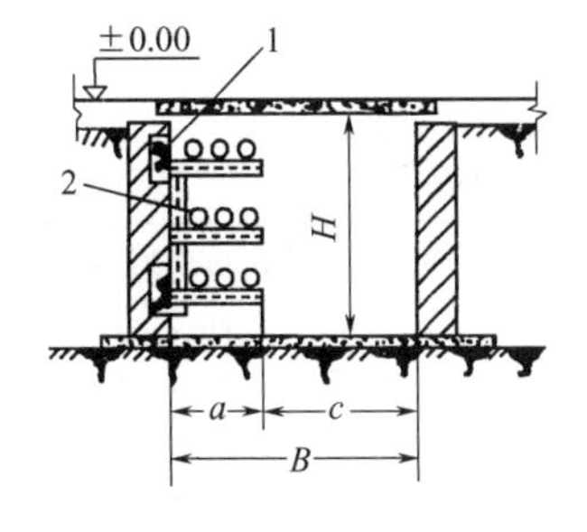

图 3-9 电缆在单侧支架上敷设

1—接地线；2—主架

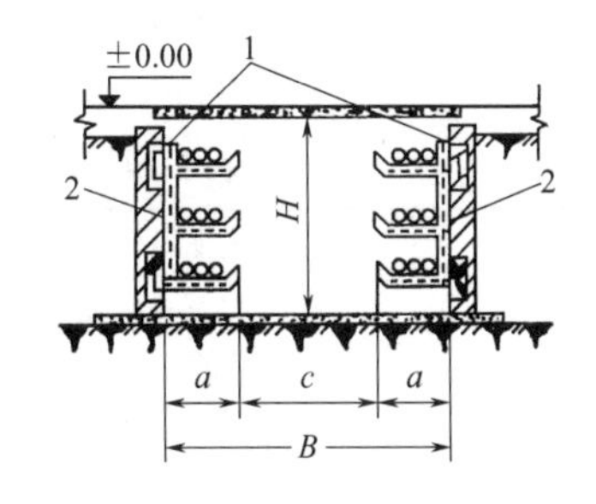

图 3-10 电缆在双侧支架上敷设

1—接地线；2—主架

排水道。电缆沟转弯的角度应和电缆的允许弯曲半径相配合，沟顶的盖板应和地面齐平。盖板材料可用混凝土或有孔的铁板，也可用木板，但其底面要用耐火材料如铁皮之类包住，以防着火。通向沟外的地方应有防止地下水浸入沟内的措施。电缆从电缆沟引出到地上的部分，离地 2m 高度内的一段必须套上钢管保护，以免被外物碰伤。

电缆可以敷设于沟底，但在有可能积水、积油污的地方，应将电缆敷设于支架上，方法如图 3-8～图 3-10 所示。

电缆沟的尺寸见表 3-26～表 3-28。

表 3-26　无支架电缆沟尺寸　　单位：mm

沟宽 B	沟深 H	沟宽 B	沟深 H
600 500	200 200	400 300	200 200

表 3-27　单侧支架电缆沟尺寸　　单位：mm

层数	主架	层架 a	沟宽 B	沟深 H	通道 c
2	320	200 300	650 750	600	450
3	520	200 300	700 800	700	500
4	720	200 300	800 900	900	600
5	920	200 300	800 900	1100	600

表 3-28　双侧支架电缆沟尺寸　　单位：mm

层数	主架	层架 a	沟宽 B	沟深 H	通道 c
2	320	200 300	900 1100	700	500
3	520	200 300	1000 1200	800	600
4	720	200 300	1100 1300	1000	700
5	920	200 300	1100 1300	1300	700

电缆在沟道内并列敷设时，其相互间净距应符合设计要求。电缆敷设排列的顺序，如设计未做规定时，一般应符合下列要求：对于双侧支架，电力电缆和控制电缆应分开排列；对于单侧支架，应符合表 3-29 的规定。

表 3-29　电缆在支架上排列的顺序

序号	按电压排列(自上而下)	按用途排列(自上而下)
1	10kV 电力电缆	发电机电力电缆
2	6kV 电力电缆	主变压器电力电缆
3	1kV 及以下电力电缆	馈线电力电缆
4	照明电缆	直流电缆
5	直流电缆	控制电缆
6	控制电缆	通信电缆
7	通信电缆	—

沟道内预埋电缆支架应牢靠稳固，并做防腐处理。支架的垂直净距：10kV 及其以下为 150mm；35kV 为 200mm；控制电缆为 100mm。支架横挡至沟顶净距为 150～200mm；至沟底净距为 50～100mm。

4. 电缆的测试

电力电缆的绝缘状态以及其他性能参数直接影响电力系统的安全性，因此必须按规定对电缆进行电气测试。对于施工、运行部门来说，主要是在交接和运行过程中对电缆进行测试。电力电缆的测试项目、周期和标准如表 3-30 所示。

表 3-30　电力电缆的测试项目、周期和标准

<table>
<tr><th>序号</th><th>项</th><th>周期</th><th colspan="4">标准</th></tr>
<tr><td>1</td><td>测量绝缘电阻</td><td>①交接时
②1～2 年一次</td><td colspan="4">绝缘电阻自行规定</td></tr>
<tr><td rowspan="9">2</td><td rowspan="9">直流耐压试验并测量泄漏电流</td><td rowspan="9">①交接时
②运行中 110kV 及以上的电缆 2～3 年一次，110kV 以下的电缆 1～3 年一次，发电厂、变电所的主干线每年一次
③重包电缆头时</td><td colspan="4">①试验电压标准如下：</td></tr>
<tr><td colspan="2" rowspan="2">电缆类型及额定电压/kV</td><td colspan="2">试验电压</td></tr>
<tr><td>交接时</td><td>运行中</td></tr>
<tr><td rowspan="4">油浸纸绝缘电缆</td><td>2～10</td><td>6 倍额定电压</td><td>5 倍额定电压</td></tr>
<tr><td>15～35</td><td>5 倍额定电压</td><td>4 倍额定电压</td></tr>
<tr><td>35～110</td><td>—</td><td>3 倍额定电压</td></tr>
<tr><td>110 及以上</td><td>按制造厂规定</td><td>按制造厂规定</td></tr>
<tr><td>橡胶绝缘电缆</td><td>2～10</td><td>4 倍额定电压</td><td>3.5 倍额定电压</td></tr>
<tr><td colspan="2">塑料绝缘电缆</td><td>按制造厂规定</td><td>按制造厂规定</td></tr>
<tr><td></td><td></td><td></td><td colspan="4">②试验持续时间：
交接、重包电缆头时为 10min，运行中为 5min
③三相不平衡系数：
工作电压为 3kV 及以下者不大于 2.5，其余不大于 2</td></tr>
<tr><td>3</td><td>检查电缆线路的相位</td><td>①交接时
②运行中重装接线盒或拆过接线头时</td><td colspan="4">两端相位应一致</td></tr>
</table>

(1) 绝缘电阻的测试

绝缘电阻是电力电缆测试的主要项目。

① 测试方法如下：

a. 测量接线。电力电缆的绝缘电阻，是指电缆线芯对外皮或线芯对线芯及外皮间的绝缘电阻。测量时摇表的加压方式应根据电缆的芯数确定，如图 3-11 所示。

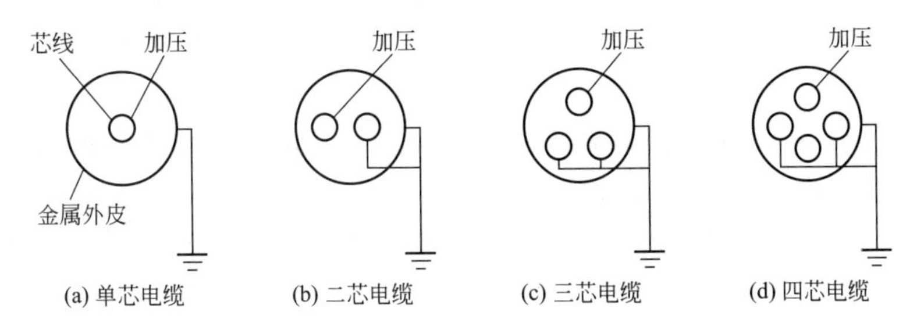

图 3-11　测量电力电缆绝缘电阻的加压方式

b. 测量仪表。1kV 以下的电力电缆，使用 1kV 摇表；1kV 及其以上的电力电缆，使用

2.5kV 摇表。

② 注意事项如下：

a. 测量前拆除被测电缆的电源及一切对外接线，并将其对地放电，放电时间不得少于1min，电容量较大的电缆不得小于 2min。

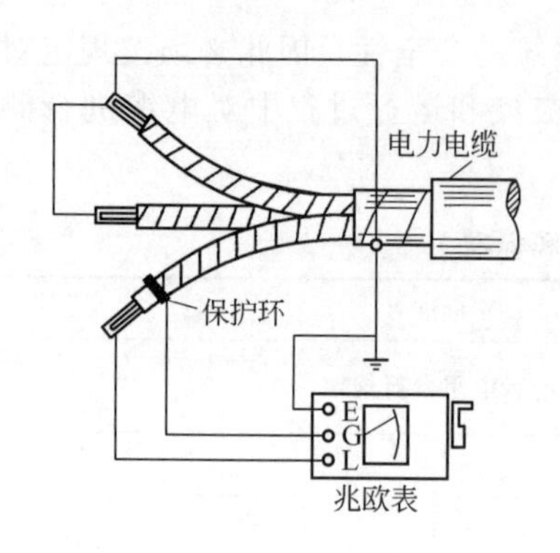

图 3-12 测量电缆绝缘电阻时消除表面泄漏的方法

b. 具有金属统包外皮的电力电缆，其芯线与外皮间存在较大电容，在测量每相绝缘电阻后，均应对地进行彻底地放电，放电时间不少于 2min。

c. 测量前需用干燥、清洁的柔软布擦去电缆终端头套管或芯线及其绝缘表面的污垢。

d. 在周围空气湿度较大时，电缆绝缘表面的泄漏会影响测量结果的准确性，此时可在被测芯线的绝缘表面采用保护环屏蔽的方式来消除其误差影响，接线方法如图 3-12 所示。

e. 电力电缆的绝缘电阻参考标准是按温度为 20℃和长度为 500m 而定的，如测量时的温度和长度与以上数值不同，则测出的绝缘电阻应进行温度和长度的换算。其换算公式如下：

$$R_{20}=R_t k_t$$

式中 R_{20}——温度为 20℃时的绝缘电阻值，MΩ；

R_t——温度为 t℃时实测的绝缘电阻值，MΩ；

k_t——电力电缆绝缘电阻的温度换算系数（见表 3-31）。

电力电缆的绝缘电阻与长度的关系为：长度增加，绝缘电阻率相应降低。一般规定了长度为 500m 以下电缆绝缘电阻的参考标准值。如电缆长度大于 500m，其标准值允许降低。

表 3-31 浸渍纸电缆绝缘电阻温度换算系数（k_t）

t/℃	k_t	t/℃	k_t	t/℃	k_t	t/℃	k_t
1	0.494	11	0.74	21	1.037	31	1.46
2	0.51	12	0.75	22	1.075	32	1.52
3	0.53	13	0.79	23	1.10	33	1.56
4	0.56	14	0.82	24	1.14	34	1.61
5	0.57	15	0.85	25	1.18	35	1.66
6	0.59	16	0.88	26	1.24	36	1.71
7	0.62	17	0.90	27	1.28	37	1.76
8	0.64	18	0.94	28	1.32	38	1.81
9	0.68	19	0.98	29	1.36	39	1.86
10	0.70	20	1.00	30	1.41	40	1.92

③ 分析判断。

电力电缆的绝缘电阻指标，国家已有明确规定。其中油浸纸绝缘电缆，额定电压在3kV 及以下时，绝缘电阻为 50MΩ；额定电压在 6kV 及以上时，绝缘电阻为 100MΩ。

多芯电缆在测量绝缘电阻后，还可用不平衡系数来分析判断其绝缘情况。不平衡系数等于同一电缆各芯线的绝缘电阻中最大值与最小值之比，绝缘良好的电力电缆，其不平衡系数一般不大于 2.5。

（2）直流耐压试验与泄漏电流的测量

对电力电缆进行直流耐压及泄漏试验，是检查和鉴定电缆绝缘状态的主要试验项目。通过耐压试验可进一步分析判断电缆线路所存在的缺陷。

① 试验接线方法。一般采用两种接线方式。

a. 微安表接在高压侧，高压引线及微安表加屏蔽，如图 3-13 所示。

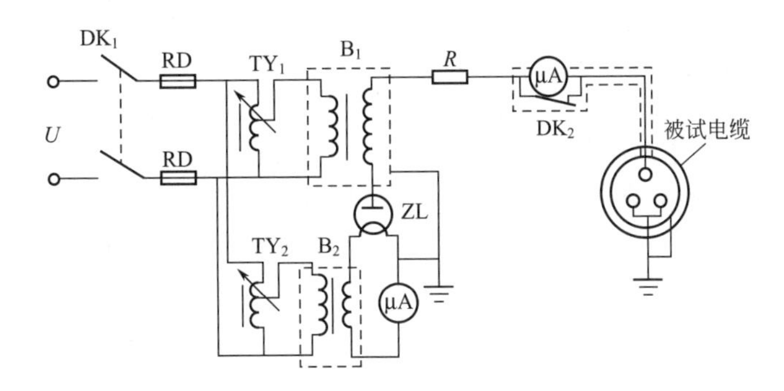

图 3-13　微安表接在高压回路并加屏蔽的电缆直流泄漏及直流耐压试验接线

DK_1—电源开关；RD—熔断器；TY_1，TY_2—单相调压器；B_1—试验变压器；

B_2—灯丝变压器；ZL—高压整流器；μA—直流微安表；R—限流电阻；DK_2—短接开关

由于微安表接在高压回路，且高压引线和微安表加了屏蔽，因此，能够消除高压引线电晕和试验设备杂散电流对试验结果的影响，测出的泄漏电流准确性较高。另外，无论电缆外皮是否对地绝缘均可适用该接线方法。

接于高压回路的微安表应放置在良好的绝缘台上，微安表的短接开关应用绝缘棒操作。为了防止微安表在电缆发生击穿时损坏，应设有微安表的保护装置。

b. 微安表接在被试电缆的地线回路，如图 3-14 所示。

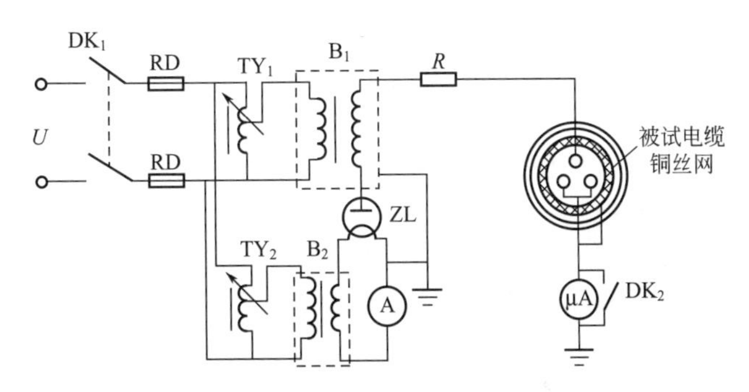

图 3-14　微安表接在被试电缆地线回路的电缆直流泄漏及直流耐压试验接线

DK_1—电源开关；RD—熔断器；TY_1，TY_2—单相调压器；B_1—试验变压器；

B_2—灯丝变压器；ZL—高压整流器；R—限流电阻；DK_2—短接开关

此种接线方法同样能消除高压引线电晕和试验设备杂散电流对试验结果的影响，但它只适用于带有铜丝网屏蔽层结构且对地绝缘的电力电缆。

采用本接线法最好能在被试电缆加压端直接测量试验电压，因为如采用低压侧测量换算高压的方法，则由于受到半波整流后的电压波形和变压比的误差等影响，在一定程度上会影响结果的准确性。图 3-14 中的限流电阻 R，其阻值通常在 0.1～1MΩ，它一方面可以在被试电缆绝缘被击穿时对试验设备有一定保护作用；另一方面还能防止在电缆击穿后因周期性对电容充放电而可能产生的过电压。

② 注意事项如下：

a. 试验前，须断开电缆与其他设备的一切连接线，并将电缆各芯线短路接地，充分放电 1～2min。在试验过程中，不接试验设备的一端应加标示牌或派专人严加看守，不得靠近或接触。

b. 电力电缆直流耐压试验电压标准，油纸绝缘电缆，额定电压为 2～10kV 时，试验电压为额定电压的 5 倍；额定电压为 15～35kV 时，试验电压为额定电压的 4 倍。

c. 测量直流泄漏电流的升压过程中，应在 0.25 倍、0.5 倍、0.75 倍试验电压下停留 1min，以观察并读取电流值，最后在试验电压下按规定时间进行耐压试验。

d. 每相耐压试验完毕，待降压和切断电源后，应先以 0.1～0.2MΩ 的限流电阻对地放电数次，然后再直流对地放电，放电时间应不少于 5min。

e. 全部试验完毕，经短路接地充分放电后，方可撤离另一端看守人员或标示警告牌。

f. 进行较短的电缆试验时，应尽量使用保护环，以消除表面泄漏电流对试验结果的影响。保护环加于被测电缆加压芯线的绝缘表面，用导线与高压正极（整流管的灯丝）短接。

第二节 室内配线

室内配线是指建筑物内部（包括与建筑物相关联的外部位）的电气线路敷设，有明配线和暗配线两种敷设方式；有瓷夹板配线、瓷瓶（瓷柱）配线、穿管（金属管、塑料管）配线、铝片夹（或线夹）配线、钢索配线等种类。其中穿管配线、铝片卡（线夹）配线用得最多。

室内配线如果导线截面选择不妥，导线质量差，安装不符合要求，就很容易发生导线过热从而引发火灾和触电事故，造成生命财产损失。据资料统计，在火灾事故中由电气引起的占有很大比例，而这些电气原因中，配线故障又是重要原因。因此保证室内配线安装可靠，至关重要。

一、室内配线的基本要求

① 使用的导线其额定电压应大于线路的工作电压。导线的绝缘应符合线路安装方式和敷设环境的条件。导线截面应能满足供电负荷和机械强度的要求。各种型号导线都有它的适用范围，导线和配线方式的选择应根据安装环境的特点及安全载流量的要求等全面考虑后确定。

② 配线线路中应尽量避免接头，在实际使用中，很多事故都是由于导线连接不良、接头质量不合格而引起的。若必须接头，则应保证接头牢靠、接触良好。穿在管内敷设的导线不准有接头。

③ 明配线在敷设时要保持水平和垂直（横平竖直）。导线与地面的最小距离应符合表 3-32 中的规定，否则应穿管保护，以防机械损伤。

表 3-32 绝缘电线至地面的最小距离

布线方式		最小距离/m	布线方式		最小距离/m
电线水平敷设时	室内	2.5	电线垂直敷设时	室内	1.8
	室外	2.7		室外	2.7

④ 导线穿越楼板时，应将导线穿入钢管或硬塑料管内保护。保护管上端口距地面不应小于 1.8m；下端口到楼板下为止。

⑤ 导线穿墙时，也应加装保护管（瓷管、钢管、塑料管）。保护管的两端出线口伸出墙面的距离不应小于 10mm。

⑥ 导线通过建筑物的伸缩缝或沉降线时，应稍有余量；敷设线管时，应装补偿装置。

⑦ 导线相互交叉时，为避免相互碰线，在每根导线上应加套绝缘管保护，并将套管牢

靠地固定。

⑧ 绝缘导线明敷在高温辐射或对绝缘有腐蚀的场所时，导线间及导线至建筑物表面最小净距不应小于表 3-33 所列数值。

表 3-33　高温或腐蚀性场所绝缘电线间及导线与建筑物表面最小净距

导线固定定点间距 L/m	最小净距/mm
$L\leqslant 2$	75
$2<L\leqslant 4$	100
$4<L\leqslant 6$	150
$6<L\leqslant 10$	200

⑨ 在与建筑物相关联的室外部位配线时，绝缘导线至建筑物的间距不应小于表 3-34 所列数值。

表 3-34　绝缘导线至建筑物最小间距

布线方式	最小间距/mm
水平敷设时的垂直间距	
距阳台、平台、屋顶	2500
距下方窗户	300
距上方窗户	800
垂直敷设时至阳台、窗户的水平间距	750
电线至墙壁、构架的间距(挑檐下除外)	50

⑩ 采用瓷瓶或瓷柱配线的绝缘导线最小间距见表 3-35。

表 3-35　室内外配线的绝缘导线最小间距

绝缘子类型	固定点间距 L/m	电线最小间距/mm		绝缘子类型	固定点间距 L/m	电线最小间距/mm	
		室内配线	室外配线			室内配线	室外配线
鼓形绝缘子(瓷柱)	$L\leqslant 1.5$	50	100	针式绝缘子	$3<L\leqslant 6$	100	150
鼓形或针式绝缘子	$1.5<L\leqslant 3$	75	100	针式绝缘子	$6<L\leqslant 10$	150	200

⑪ 在室内沿墙、顶棚配线时绝缘导线固定点最大间距见表 3-36。

表 3-36　室内沿墙、顶棚配线时绝缘导线固定点最大间距

配线方式	电线截面/mm^2	固定点最大间距/m	配线方式	电线截面/mm^2	固定点最大间距/m
瓷(塑料)夹板配线	1～4 6～10	0.6 0.8	鼓形绝缘子(瓷柱)配线	1～4 6～10 16～25	1.5 2.0 3.0

⑫ 室内明配线敷设时，必须与煤气管道、热水管道等各种管道保持一定的安全距离。其最小距离参见表 3-37。

二、塑料护套线配线

塑料护套线是一种具有塑料保护层的双芯或多芯绝缘导线，具有防潮、耐酸和耐腐蚀等性能；可以直接敷设在空心楼板、墙壁以及建筑物表面，用铝片或线夹固定。

1. 塑料护套线配线要求

① 塑料护套线不得直接埋入抹灰层内暗配敷设；不得在室外露天场所直接明配敷设。

表 3-37　室内明配线与管道间最小距离　　单位：mm

配线方式		绝缘导线明配线	配线方式		绝缘导线明配线
蒸汽管	平行	1000(500)	通风、上下水、压缩空气管	平行	100
	交叉	300		交叉	100
暖、热水管	平行	300(200)	煤气管	平行	1000
	交叉	100		交叉	300

注：表内有括号的数值为线路在管道下边的数据。

② 塑料护套线明配敷设时，导线应平直、紧贴墙面，不应有松弛、扭绞和曲折现象；弯曲时不应损伤护套和芯线的绝缘层，弯曲半径不应小于导线护套宽度的 3 倍。

③ 固定塑料护套线线卡之间的距离一般为 150～200mm；线卡距接线盒、灯具、开关、插座等 50mm 处应增加一个固定点。在导线转弯处，也应在转弯点两端 50mm 处增加固定点，将导线固定牢靠。

④ 塑料护套线线路中间不应有接头。分支或接头应在灯座、开关、插座接线盒内进行。在多尘和潮湿的场所应采用密封式接线盒。

⑤ 塑料护套线与接地体和不发热的管道交叉敷设时，应加绝缘管保护；敷设在易受机械损伤的场所，应采用钢管保护。

⑥ 塑料护套线进入接线盒或与电气器具连接时，护套层应引入盒内或器具内，不能露在外面。

⑦ 在空心楼板板孔内暗配敷设时，不得损伤护套线，并应便于更换导线；在板孔内不得有接头，板孔内应无积水和脏杂物。

2. 塑料护套线敷设

(1) 护套线选择

塑料护套线具有双层塑料保护层，即线芯绝缘内层，外面再统包一层塑料绝缘护套。常用的塑料护套线有 BVV 型铜芯聚氯乙烯绝缘聚氯乙烯护套圆形电线、BVVB 型铜芯聚氯乙烯绝缘聚氯乙烯护套平型电线。BVV 型塑料护套线数据见表 3-38。

表 3-38　BVV 型 300V/500V 护套线数据

芯数×标称截面/mm²	导电线芯根数/单线标称直径/mm	绝缘标称厚度/mm	内护套近似厚度/mm	护套标称厚度/mm	平均外径/mm		20℃时导体电阻/(Ω/km)		70℃时最小绝缘电阻/MΩ·km
					上限	下限	铜芯	镀锡铜芯	
1×0.75	1/0.98	0.6	—	0.8	3.6	4.3	24.5	≤24.8	0.012
1×1.0	1/1.13	0.6	—	0.8	3.8	4.5	18.1	≤18.2	0.011
1×1.5	1/1.38	0.7	—	0.8	4.2	4.9	12.1	≤12.2	0.011
1×1.5	7/0.52	0.7	—	0.8	4.3	5.2	12.1	≤12.2	0.010
1×2.5	1/1.78	0.8	—	0.8	4.8	5.8	7.41	≤7.56	0.010
1×2.5	7/0.68	0.8	—	0.8	4.9	6.0	7.41	≤7.56	0.009
1×4	1/2.25	0.8	—	0.9	5.4	6.4	4.61	≤4.70	0.0085
1×4	7/0.85	0.8	—	0.9	5.4	6.8	4.61	≤4.70	0.0077
1×6	1/2.76	0.8	—	0.9	5.8	7.0	3.08	≤3.11	0.0070
1×6	7/1.04	0.8	—	0.9	6.0	7.4	3.08	≤3.11	0.0065
1×10	7/1.35	1.0	—	0.9	7.2	8.8	1.83	≤1.84	0.0065
2×1.5	1/1.38	0.7	0.4	1.2	8.4	9.8	12.1	≤12.2	0.011
2×1.5	7/0.52	0.7	0.4	1.2	8.6	10.5	12.1	≤12.2	0.010

续表

芯数×标称截面/mm^2	导电线芯根数/单线标称直径/mm	绝缘标称厚度/mm	内护套近似厚度/mm	护套标称厚度/mm	平均外径/mm			20℃时导体电阻/(Ω/km)	70℃时最小绝缘电阻/MΩ·km
					上限	下限	铜芯	镀锡铜芯	
2×2.5	1/1.78	0.8	0.4	1.2	9.6	11.5	7.41	≤7.56	0.011
2×2.5	7/0.68	0.8	0.4	1.2	9.8	12.0	7.41	≤7.56	0.009
2×4	1/2.25	0.8	0.4	1.2	10.5	12.5	4.61	≤4.70	0.085
2×4	7/0.85	0.8	0.4	1.2	10.5	13.0	4.61	≤4.70	0.077
2×6	1/2.76	0.8	0.4	1.2	11.5	13.5	3.08	≤3.11	0.070
2×6	7/1.04	0.8	0.4	1.2	11.5	14.5	3.08	≤3.11	0.065
2×10	7/1.35	1.0	0.6	1.4	15.0	18.0	1.83	≤1.84	0.0065
2×16	7/1.70	1.0	0.6	1.4	16.5	20.5	1.15	≤1.16	0.0052
2×25	7/2.14	1.2	0.8	1.4	20.0	24.5	0.727	≤0.734	0.0050
2×35	7/2.52	1.2	1.0	1.6	23.0	27.5	0.524	≤0.529	0.0044
3×1.5	1/1.38	0.7	0.4	1.2	8.8	20.5	12.1	≤12.2	0.011
3×1.5	7/0.52	0.7	0.4	1.2	9.0	11.0	12.1	≤12.2	0.010
3×2.5	1/1.78	0.7	0.4	1.2	10.0	12.0	7.41	≤7.56	0.010
3×2.5	7/0.68	0.7	0.4	1.2	10.0	12.0	7.41	≤7.56	0.009
3×4	1/2.25	0.7	0.4	1.2	11.0	13.0	4.61	≤4.70	0.0085
3×4	7/0.85	0.7	0.4	1.2	11.0	14.0	4.61	≤4.70	0.077
3×6	1/2.76	0.7	0.4	1.4	12.5	14.5	3.08	≤3.11	0.070
3×6	7/1.04	0.7	0.4	1.4	12.5	15.5	3.08	≤3.11	0.065
3×10	7/1.35	1.0	0.6	1.4	15.5	19.0	1.83	≤1.84	0.0065
3×16	7/1.70	1.0	0.8	1.4	18.0	22.0	1.15	≤1.16	0.0052
3×25	7/2.14	1.2	0.8	1.6	22.0	26.5	0.72	≤0.734	0.0050
3×35	7/2.52	1.2	1.0	1.6	24.5	29.5	0.524	≤0.529	0.0044
4×1.5	1/1.38	0.7	0.4	1.2	9.6	11.5	12.1	≤12.2	0.011
4×1.5	7/0.52	0.7	0.4	1.2	9.6	12.0	12.1	≤12.2	0.010
4×2.5	1/1.78	0.8	0.4	1.2	11.0	13.0	7.41	≤7.56	0.010
4×2.5	7/0.68	0.8	0.4	1.2	11.0	13.5	7.41	≤7.56	0.009
4×4	1/2.25	0.8	0.4	1.4	12.5	14.5	4.61	≤4.70	0.0085
4×4	7/0.85	0.8	0.4	1.4	12.5	15.5	4.61	≤4.70	0.0077
4×6	1/2.76	0.8	0.6	1.4	14.0	16.0	3.08	≤3.11	0.070
4×6	7/1.04	0.8	0.6	1.4	14.0	17.5	3.08	≤3.11	0.065
4×10	7/1.35	1.0	0.6	1.4	17.0	21.0	1.83	≤1.84	0.0065
4×16	7/1.70	1.0	0.8	1.4	20.0	24.0	1.15	≤1.16	0.0052
4×25	7/2.14	1.2	1.0	1.6	24.5	29.0	0.727	≤0.734	0.0050
4×35	7/2.52	1.2	1.0	1.6	27.0	32.0	0.524	≤0.529	0.0044
5×1.5	1/1.38	0.7	0.4	1.2	10.0	12.0	12.1	≤12.2	0.011
5×1.5	7/0.52	0.7	0.4	1.2	10.0	12.0	12.1	≤12.2	0.010
5×2.5	1/1.78	0.7	0.4	1.2	11.5	14.0	7.41	≤7.56	0.010
5×2.5	7/0.68	0.7	0.4	1.2	12.0	14.5	7.41	≤7.56	0.009
5×4	1/2.25	0.8	0.4	1.4	12.5	14.5	4.61	≤4.70	0.0085
5×4	7/0.85	0.8	0.4	1.4	12.5	15.5	4.61	≤4.70	0.0077
5×6	1/2.76	0.8	0.6	1.4	14.0	16.0	3.08	≤3.11	0.070
5×6	7/1.04	0.8	0.6	1.4	14.0	17.5	3.08	≤3.11	0.065
5×10	7/1.35	1.0	0.6	1.4	17.0	21.0	1.83	≤1.84	0.0065
5×16	7/1.70	1.0	0.8	1.4	20.0	24.0	1.15	≤1.16	0.0052
5×25	7/2.14	1.2	1.0	1.6	24.5	29.0	0.727	≤0.734	0.0050
5×35	7/2.52	1.2	1.0	1.6	27.0	32.0	0.524	≤0.529	0.0044

选择塑料护套线时，其导线规格、型号必须符合设计要求，并有产品出厂合格证。工程上使用的塑料护套线的最小芯线截面，铜线不应小于 $1mm^2$。塑料护套线采用明敷设时，导线截面积一般不宜大于 $6mm^2$。

(2) 护套线配线与各种管道距离

塑料护套线配线应避开烟道和其他的发热表面，与各种管道相遇时，应加保护管，与各种管道间的最小距离不得小于下列数值：

① 与蒸汽管平行时不得小于 1000mm；在管道下边平行时不得小于 500mm；蒸汽管外包隔热层时不得小于 300mm；与蒸汽管交叉时不得小于 200mm。

② 与暖热水管平行时不得小于 300mm；在管道下边平行时不得小于 200mm；与暖热水管交叉时不得小于 100mm。

③ 与通风、上下水、压缩空气管平行时不得小于 200mm；交叉时不得小于 100mm。

④ 与煤气管道在同一平面布置时，间距不应小于 500mm；在不同平面布置时，间距不应小于 20mm。

⑤ 电气开关和导线接头盒与煤气管道间的距离不应小于 150mm。

⑥ 配电箱与煤气管道间的距离不应小于 300mm。

(3) 塑料护套线固定

塑料护套线明敷设时一般用铝片卡（钢精轧头）或塑料钢钉电线卡固定。铝片卡的形状如图 3-15 所示，塑料钢钉电线卡固定和护套线如图 3-16 所示。

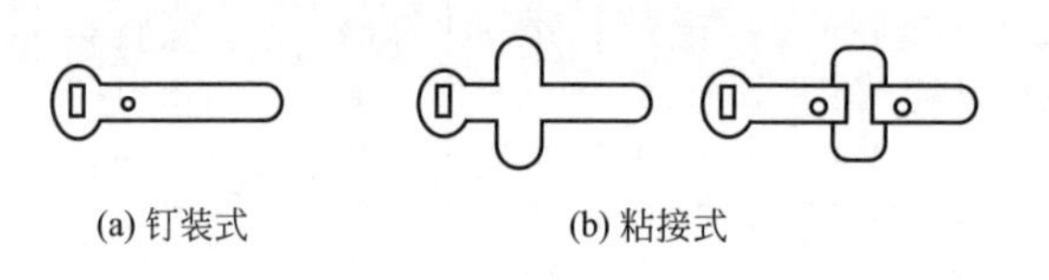

图 3-15 铝片卡

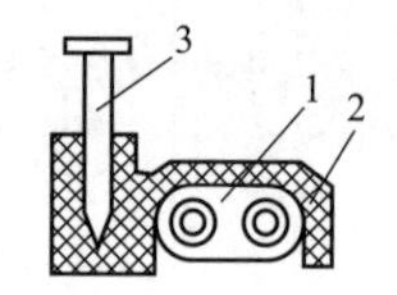

图 3-16 塑料钢钉电线卡

1—塑料护套线；2—电线卡；3—钢钉

塑料护套线配用铝片卡规格见表 3-39。

表 3-39 塑料护套线配用铝片卡号数

导线截面 /mm^2	BVV,BLVV 双芯			BVV,BLVV 三芯		导线截面 /mm^2	BVV,BLVV 双芯			BVV,BLVV 三芯	
	1 根	2 根	3 根	1 根	2 根		1 根	2 根	3 根	1 根	2 根
1.0	0	1	3	1	3	5	1	3		3	
1.5	0	2	3	1	3	6	2	4		3	
2.5	1	2	4	1	4	8	2			4	
4	1	3	5	2	5	10	3			4	

塑料护套线敷设时，先根据设计图纸要求，按线路的走向，找好水平和垂直线（护套线水平敷设时，距地面最小距离不应小于 2.5m；垂直敷设时不应小于 1.8m，小于 1.8m 时应穿管保护），用粉线沿建筑物表面弹出线路的中心线，同时标明照明器具及穿墙套管和导线分支点的位置，以及电气器具或接线盒两侧 50～100mm 处；直接段导线固定点间距为 150～200mm。两根护套线敷设遇到十字交叉时，交叉处的四方都应有固定点，如图 3-17 所示。

固定点及设备安装位置确定后，在建筑物墙体内埋设木楔，然后将铝片卡用铁钉固定。导线由铝片卡夹住。用塑料钢钉电线卡固定时，应先敷设护套线，将护套线收紧后，在线路上按已确定好的位置，直接钉牢塑料电线卡上的钢钉即可。

塑料护套线放线时，一般需两人合作，要防止护套线平面扭曲。一人把整盘导线按图 3-18 所示方法套入双手中，顺势转动线圈，另一人将外圈线头向前拉。放出的护套线不可在地上拖拉，以免磨损、擦破或沾污护套层。

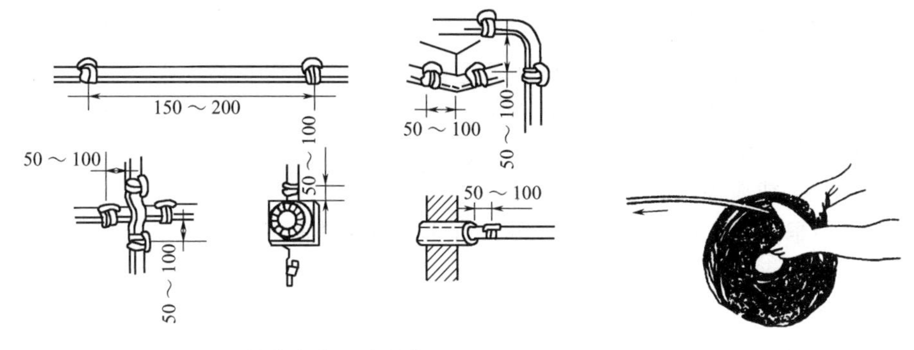

图 3-17　塑料护套线固定点位置　　　　图 3-18　护套线放线

导线放完后先放在地上，量好敷设长度后剪断，然后盘成较大圈径，套在肩上随敷随放。

在放线时因放出的护套线不可能完全平直无曲，所以在敷设时要采用勒直、勒平和收紧的方法校直。将护套线用临时瓷夹夹紧，然后用清洁纱团裹住护套线，用力来回将护套线勒直勒平，或用螺钉旋具的金属梗部，把扭曲处来回压勒平直，如图 3-19 所示。

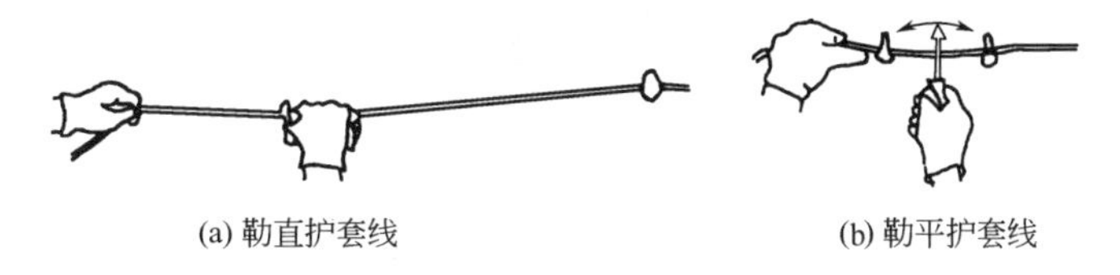

(a) 勒直护套线　　(b) 勒平护套线

图 3-19　勒直、勒平护套线

护套线经过勒直勒平后就可敷设，在敷设中需将护套线尽可能收紧，然后将护套线按顺序逐一由铝片夹住，如图 3-20 所示。

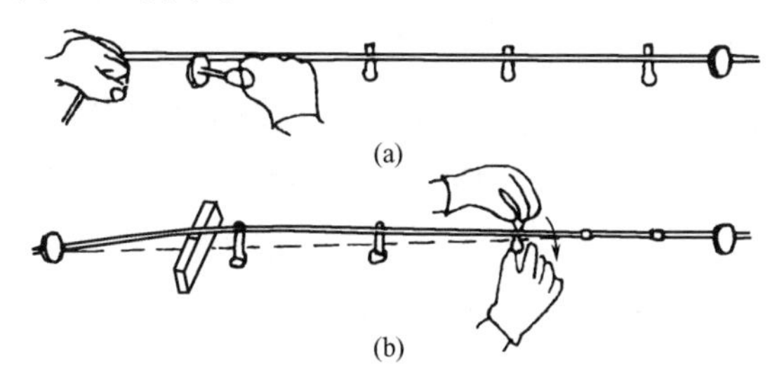

图 3-20　收紧护套线

在夹持铝片卡的过程中，每夹完 4～5 个后需进行检查，并用小锤轻敲线夹，使线夹平整，固定牢靠。图 3-21 所示是铝片卡夹住导线的四个步骤。

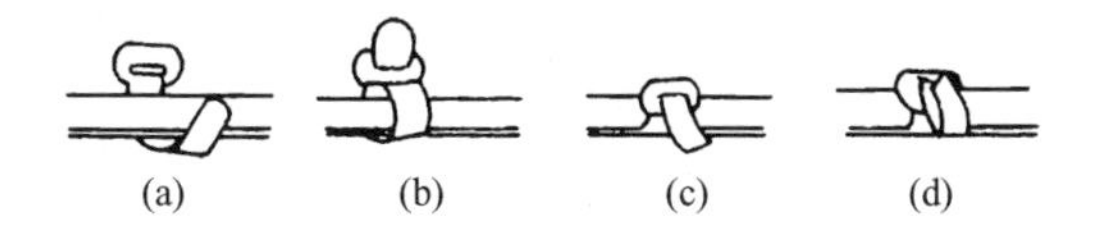

图 3-21　夹持铝片卡四个步骤

护套线在跨越建筑物变形缝（伸缩缝）时，两端应固定牢靠，中间变形缝处护套线应留有一定余量。

三、钢索配线

钢索配线是将绝缘导线吊钩在钢索上配线，在宽大的厂房内等场所使用。

1. 钢索配线的要求

① 钢索的终端拉环应固定牢固，应能承受钢索在全部负载下的拉力。

② 钢索配线使用的钢索应符合下列要求：

a. 宜使用镀锌钢索；

b. 敷设在潮湿或腐蚀性的场所应使用塑料护套钢索；

c. 钢索的单根钢丝直径应小于 0.5mm，并不应有扭曲和断股现象；

d. 选用圆钢作钢索时，在安装前应调直、预伸并涂刷防腐漆。

③ 钢索长度在 50m 及以下时，可在一端装花篮螺钉；超过 50m 时，两端应装花篮螺钉；每超过 50m 应加装一个中间花篮螺钉。

钢索在终端处固定时，钢索卡不应少于两个。钢索的终端头应用金属线扎紧。

④ 钢索中间固定点的间距不应大于 12m；中间吊钩宜使用圆钢，其直径不应小于 8mm；吊钩的深度不应小于 20mm。

⑤ 钢索配线敷设后的弧垂（驰度）不应大于 100mm，如不能达到时应增加中间吊钩。

⑥ 钢索上各种配线的支持件间、支持件与灯头盒间及瓷柱配线线间的距离应符合表 3-40所列数值。

表 3-40 钢索配线零件间和线间距离

配线种类	支持件最大间距/mm	支持件与灯头盒间最大距离/mm	线间最小距离/mm	配线种类	支持件最大间距/mm	支持件与灯头盒间最大距离/mm	线间最小距离/mm
钢管	1500	200	—	塑料护套线	200	100	—
硬塑料管	1000	150	—	瓷柱配线	1500	100	35

2. 钢索安装

（1）钢索及其附件选择

钢索配线用的钢索应采用镀锌钢索，钢索的单根钢丝直径应小于 0.5mm。在潮湿或有腐蚀性介质及易积存纤维灰尘的场所，钢索外应套塑料护套，含油性的钢索不能使用。常用作钢索的钢丝绳规格见表 3-41。

表 3-41 常用作钢索的钢丝绳数据

钢丝绳规格	直径/mm		参考重量/(kg/m)	钢丝绳不同公称抗拉强度下的破断拉力总和/kN		
	钢丝绳	钢丝		1373kN/mm²	1520kN/mm²	1667kN/mm²
1×37	2.8	0.4	0.039	≥6.38	≥7.06	≥7.24
	3.5	0.5	0.061	≥9.90	≥10.98	≥12.05
6×7	3.8	0.4	0.05	≥7.2	≥8.02	≥8.79
	4.7	0.5	0.079	≥11.27	≥12.45	≥13.72
6×19	6.2	0.4	0.135	≥19.6	≥21.66	≥23.81
	7.7	0.5	0.211	≥30.3	≥33.91	≥53.61

续表

钢丝绳规格	直径/mm		参考重量/(kg/m)	钢丝绳不同公称抗拉强度下的破断拉力总和/kN		
	钢丝绳	钢丝		$1373kN/mm^2$	$1520kN/mm^2$	$1667kN/mm^2$
7×7	3.6 4.5	0.4 0.5	0.055 0.086	≥8.43 ≥13.13	≥9.34 ≥14.60	≥10.19 ≥15.97
7×19	6.0 7.5	0.4 0.5	0.147 0.229	≥22.83 ≥35.77	≥25.28 ≥39.59	≥27.73 ≥43.41
8×19	7.6 9.5	0.4 0.5	0.188 0.294	≥26.17 ≥40.87	≥28.91 ≥45.28	≥31.75 ≥49.69

选用镀锌圆钢作钢索时，在安装前要调直。在调直、拉伸时不能损坏镀锌层。热轧圆钢的规格见表 3-42。

表 3-42　热轧圆钢规格

直径/mm	理论重量/(kg/m)	直径/mm	理论重量/(kg/m)	直径/mm	理论重量/(kg/m)	直径/mm	理论重量/(kg/m)
5	0.154	9	0.499	15	1.39	21	2.72
5.5	0.186	10	0.617	16	1.58	22	2.98
6	0.222	11	0.746	17	1.78	24	3.55
6.5	0.260	12	0.888	18	2.00	25	3.85
7	0.302	13	1.04	19	2.23		
8	0.395	14	1.21	20	2.47		

不同配线方式，不同截面的导线，使钢索承受的拉力各不相同。钢索配线用的钢绞线和圆钢的截面，应根据跨距、荷重、机械强度选择。采用钢绞线时，最小截面不应小于 $10mm^2$；采用镀锌圆钢做钢索时，直径不应小于 10mm。

钢绞线（钢丝绳）选择时，应先根据弧垂（驰度）S，支点间距 L，每米长度上的荷重 W，计算出拉力 P，然后再考虑一个安全系数 K（一般取 3），选择钢丝绳。

计算公式如下：

$$P=9.8\frac{WL^2}{8S}$$

式中　P——钢索拉力，kN；

L——两支点间距，m；

W——每米长度承重，kg/m，包括灯具、管材及钢索自重。

钢索拉力 P 值也可查表 3-43 得出，表 3-43 是钢索拉力表。

钢索配线用的附件有拉环、花篮螺栓、钢索卡和索具套环及各种连接盒。这些附件均应是镀锌制品或应刷防腐漆。

拉环用于在建筑物上固定钢索，一般应用于不小于 ϕ16mm 圆钢的制作，拉环外形如图 3-22 所示。

花篮螺栓用于拉紧钢索，并起调整松紧作用。花篮螺栓型号、规格见表 3-44，花篮螺栓的外形如图 3-23 所示。

表 3-43　钢索拉力

S/m	L/m P/kN W/(kg/m)	4	6	8	10	12	15
0.02	2	1.960	4.410	7.840			
	3	2.940	6.615				
	4	3.920	8.820				
	5	4.900					

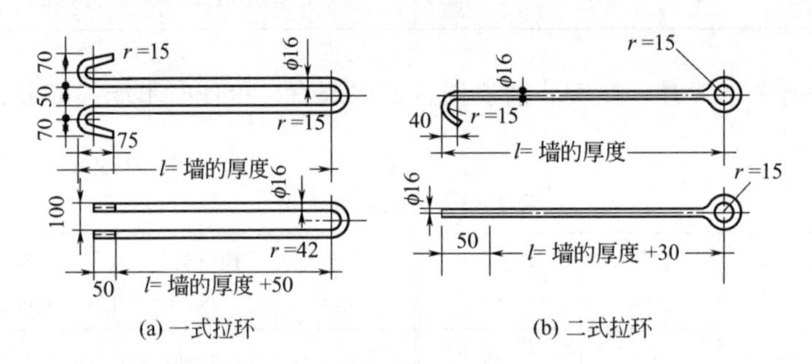

图 3-22　拉环外形

表 3-44　花篮螺栓型号、规格　　单位：mm

编号	名称	型号及规格			编号	型号及规格		
		1000kg	600kg	400kg		1000kg	600kg	400kg
1A	调节螺母	ϕ10	ϕ8	ϕ6	A	25	21	18
1B		ϕ30	ϕ28	ϕ25	B	20	18	17
1C		M16	M14	M12	C	ϕ17	ϕ15	ϕ13
2	吊环	M16	M14	M12	D	28	24	22
3	吊环	M16	M14	M12	E	210	190	160
4	螺母	M16	M14	M12	F	250	230	200
					G	24	20	18.5

钢索长度在 50m 及以下时，可在一端装花篮螺栓；超过 50m 时，两端均应装花篮螺栓，每超过 50m 应增加一个中间花篮螺栓。

钢索卡即钢丝绳轧头、钢丝绳夹，是与钢索套环配合作夹紧钢索末端用的附件，其外形和规格如图 3-24 和表 3-45 所示。

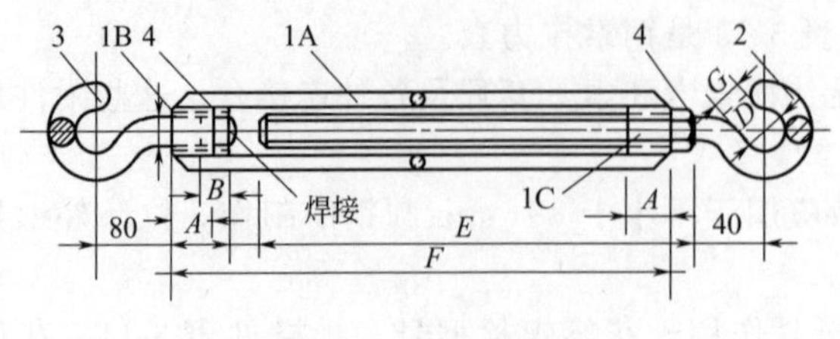

图 3-23　花篮螺栓外形

图 3-24　钢索卡外形

表 3-45　钢丝绳轧头标准产品规格尺寸

公称尺寸/mm	主要尺寸/mm				公称尺寸/mm	主要尺寸/mm			
	螺栓直径 d	螺栓中心距 A	螺栓全高 H	夹座厚度 G		螺栓直径 d	螺栓中心距 A	螺栓全高 H	夹座厚度 G
6	M3	13.0	31	6	26	M20	47.5	117	20
8	M8	17.0	41	8	28	M22	51.5	127	22
10	M10	21.0	51	10	32	M22	55.5	136	22
12	M12	25.0	62	12	36	M24	61.5	151	24
14	M14	29.0	72	14	40	M27	69.0	168	27
16	M14	31.0	77	14	44	M27	73.0	178	27
18	M16	35.0	87	16	48	M30	80.0	196	30
20	M16	37.0	92	16	52	M30	84.5	205	30
22	M20	43.0	108	20	56	M30	88.5	214	30
24	M20	45.5	113	20	60	M36	98.5	237	36

注：1. 绳夹的公称尺寸，即等于该绳夹适用的钢丝绳直径。

2. 当绳夹用于起重机上时，夹座材料推荐采用 Q235A 钢或 ZG35Ⅱ碳素钢铸件制造。其他用途绳夹的夹座材料有 KT35-10 可锻铸铁或 QT42-10 球墨铸铁。

索具套环即钢丝绳套环、心形环，是钢丝绳的固定连接附件。在钢丝绳与钢丝绳或其他附件间连接时，钢丝绳（钢绞线）一端嵌入在套环的凹槽中，形成环状，这样可保护钢丝绳在弯曲连接时发生断股现象。套环的外形和规格见图 3-25 和表 3-46。

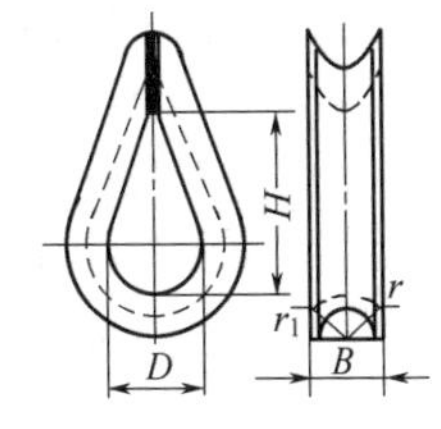

图 3-25　索具套环外形

(2) 钢索安装

钢索是悬挂灯具和导线以及附件的承力部件，必须安装牢固、可靠。

表 3-46　索具套环规格　　单位：mm

套环号码	许用负荷/kN	适用钢丝绳最大直径	套环宽度 B	环孔直径 D	环孔高度 H
0.1	1	6.5(6)	9	15	26
0.2	2	8	11	20	32
0.3	3	9.5(10)	13	25	40
0.4	4	11.5(12)	15	30	48
0.8	8	15.0(16)	20	40	64
1.3	13	19.0(20)	25	50	80
1.7	17	21.5(22)	27	55	88
1.9	19	22.5(24)	29	60	96
2.4	24	28	34	70	112
3.0	30	31	38	75	120
3.8	38	34	48	90	144
4.5	45	37	54	105	168

注：括号内数字为习惯称呼的直径。

在墙体上安装钢索，使用的拉环根据拉力的不同而不同，安装方法要根据现场的具体情况而定。拉环应能承受钢索在全部荷载下的拉力，拉环应固定牢靠，不能被拉脱，否则会造成严重事故。图 3-26 中右侧拉环在墙体上安装，应在墙体施工阶段配合土建施工预埋 DN25mm 的钢管作套管，一式拉环受力按 3900N 考虑，应预埋一根套管，二式拉环应预埋

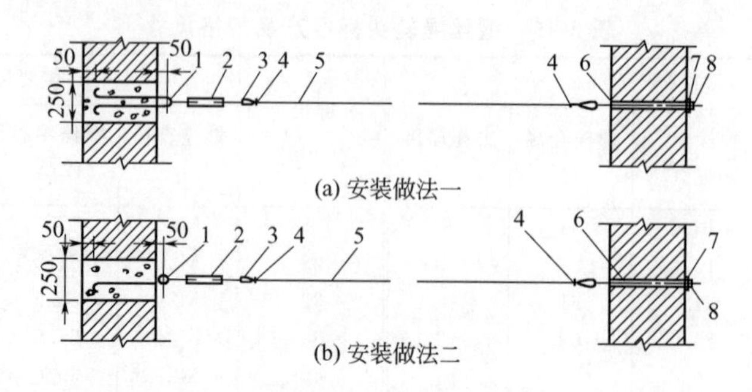

图 3-26　墙上安装钢索

1—拉环；2—花篮螺栓；3—索具套环；4—钢索卡；
5—钢索；6—套管；7—垫板；8—拉环

两根 DN25mm 套管；左侧拉环需在混凝土梁或圈梁施工中进行预埋。钢索配线的绝缘导线至地面的最小距离，在室内时不应小于 2.5m，安装导线和灯具后钢索的驰度不应大于100mm，如不能达到时，应增加中间吊钩。

钢索安装应在土建工程基本结束后进行，右侧一式拉环在穿入墙体内的套管后，在外墙一侧垫上一块 120mm×75mm×5mm 的钢制垫板；二式拉环需垫上一块 250mm×100mm×6mm 的钢制垫板。然后在垫板外每个螺纹处各用一个垫圈、两个螺栓拧紧，将拉环安装牢固，使其能承受钢索在全部荷载下的拉力。

用钢绞线作钢索时，钢索端头绳头处应用镀锌铁线扎紧，防止绳头松散，然后穿入拉环中的索具套环（心形环）内，用不少于两个的钢索卡（钢丝绳轧头）固定，确保钢索固定牢靠。

用圆钢作钢索时，端部可顺着索具套环（心形环）围成环形圈，并将圈口焊牢或使用钢索卡（钢丝绳轧头）固定。

钢索一端固定好后，在另一端拉环上装上花篮螺栓，并用紧线器拉紧钢索；然后与花篮螺栓吊环上的索具套环（心形环）相连接，剪断余下的钢索，将端头用金属线扎紧，再用钢索卡（钢丝绳轧头）固定（不少于两道）牢靠。紧线器要在花篮螺栓受力后才能取下，花篮螺栓将导线紧到规定要求后，用铁线将花篮螺栓绑扎，以防脱钩。

钢索两端拉紧固定后，在中间有时也需进行固定，为保证钢索张力不大于钢索允许应力，固定点的间距不应大于 12m，中间吊钩可用圆钢制作，圆钢直径不应小于 8mm。吊钩的深度不应小于 20mm，并要有防止钢索跳出的锁定装置。

在柱上安装钢索，可使用 ϕ16mm 圆钢抱箍固定终端支架和中间支架，如图 3-27 所示。

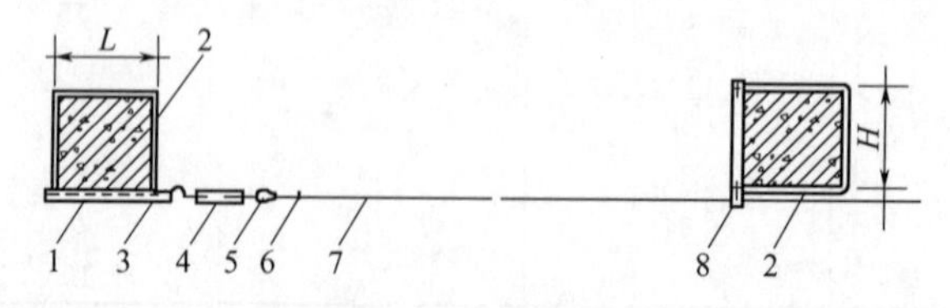

图 3-27　柱上安装钢索

1—支架；2—抱箍；3—螺母；4—垫圈；5—花篮螺栓；6—索具套环；7—钢索卡；8—钢索

屋面梁上安装钢索，如图 3-28 所示。

双梁屋面梁安装钢索，如图 3-29 所示。

矩形屋架梁安装钢索，如图 3-30 所示。

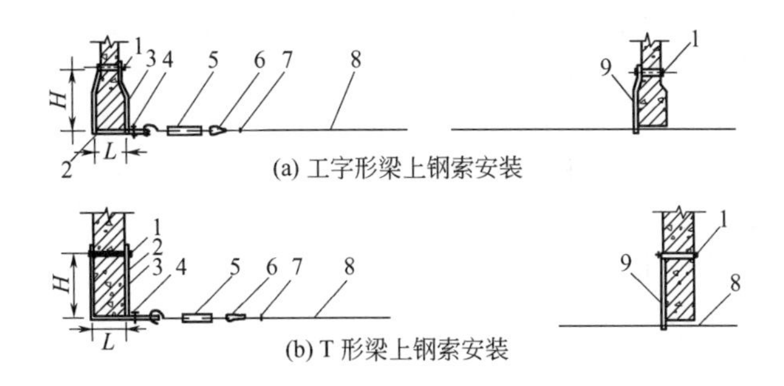

图 3-28 屋面梁上安装钢索

1—螺栓（M12×25B 级）；2,3—支架；4—螺栓（M12×30 A 级）；
5—花篮螺栓；6—索具套环；7—钢索卡；8—钢索；9—吊钩

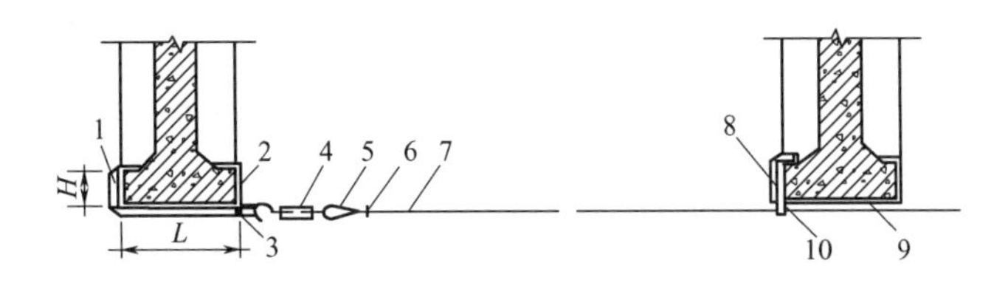

图 3-29 双梁屋面梁安装钢索

1—∟ 50×5 支架；2—抱箍；3—M16 螺母；4—花篮螺栓；5—索具套环；
6—钢索卡；7—钢索；8—∟ 30×4 支架；9—－40×4 支架；10—M10 螺栓

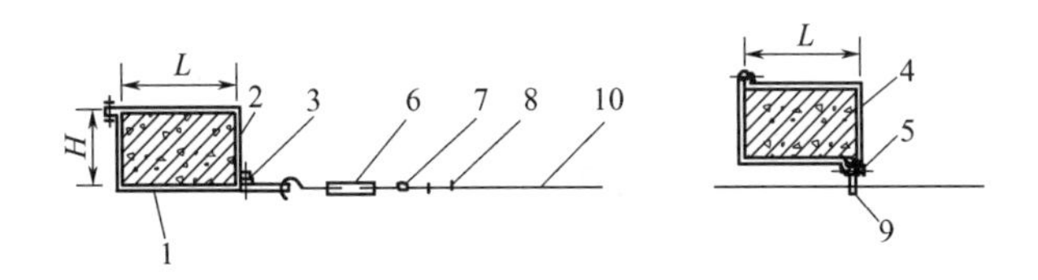

图 3-30 矩形屋架梁安装钢索

1,2—支架；3—M12×40 螺栓；4—支架-25×4；5—M6×25 螺栓；
6—花篮螺栓；7—钢索套环；8—钢索卡；9—吊钩；10—钢索

(3) 钢索吊装塑料护套线配线

钢索吊装塑料护套线配线方式，是采用铝片卡将塑料护套线固定在钢索上和使用塑料接线盒及接线盒安装钢板将照明灯具吊装在钢索上的。

在配线时，按设计图要求，先在钢索上确定好灯位位置，然后把接线盒的固定钢板吊挂在钢索的灯位处，最后使塑料接线盒（如图 3-31 所示）底部与固定钢板上的安装孔连接牢固。

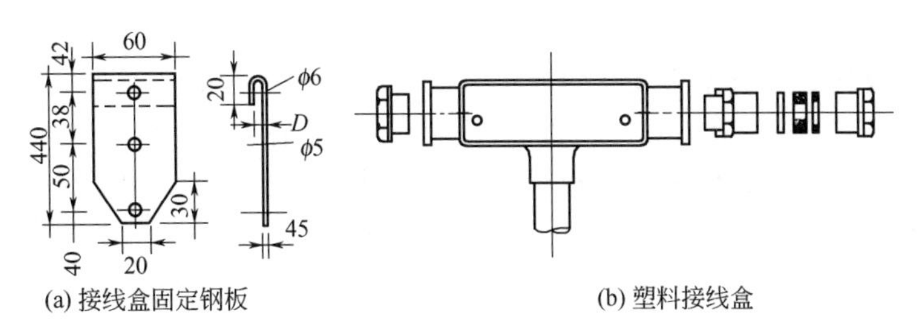

图 3-31 塑料接线盒及固定件

敷设短距离护套线时，可测量出两灯具间的距离，留出适当余量，将塑料护套线按段剪断，进行调直然后卷成盘。敷线从一端开始，一只手托线，另一只手用铝片将护套线平行卡吊在钢索上。

敷设长距离塑料护套线时，将护套线展放并调直后，在钢索两端做临时绑扎，要留足接线盒处导线的余量；长度过长时中间部位也应做临时绑扎，把导线吊起，然后根据要求用铝片卡把护套线平行卡吊在钢索上。

在钢索上固定铝片卡的间距：铝片卡与灯头盒间的最大距离为100mm；铝片卡间最大距离为200mm，铝片卡间距应均匀一致。

敷设后的护套线应紧贴钢索，无垂度、缝隙、弯曲和损伤。

钢索吊装塑料护套线配线，照明灯具一般使用吊链灯，灯具吊链可用螺栓与接线盒固定钢板下端的螺孔连接固定。当采用双链吊灯时，另一根吊链可用20mm×1mm的扁钢吊卡用M6×20螺栓固定，如图3-32所示。

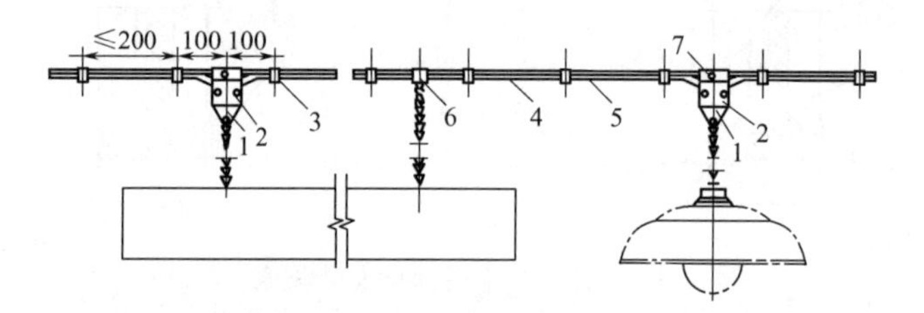

图3-32　钢索吊装塑料护套线布线吊链灯

1—接线盒固定钢板；2—塑料接线盒；3—铝片卡；4—塑料护套线；5—钢索；6—吊卡；7—螺栓

四、电缆桥架敷设

在用电设备数量较多、安装位置分散、安装高度参差不一的某些生产场所或需大量动力线和控制线，不适于采用一般绝缘导线架空敷设或埋地敷设时，宜采用电缆桥架敷设。它可以直接支撑大量电力电缆、控制电缆、仪表信号电缆等，基本上以放射式配电。

1. 电缆桥架的制作与安装要求

（1）制作

桥架用铝合金或型钢、冲孔钢板等制作，由支柱、托臂、托盘、盖板以及连接固定件等组成。其表面应采用镀锌处理。在要求不高的场所可以采用涂红丹外刷锌粉漆的方法加以保护。在强烈腐蚀环境中，应采用塑料喷涂。铝合金构件不得用于碱性腐蚀或含氯气的环境中。

（2）安装要求

① 桥架在室内布置时应尽可能沿建筑物的墙、柱、梁、天花板等平行敷设。

② 尽量不与其他管道交叉，应避开可能产生高温的设备。桥架离地高度的最低点应在2.5m以上（在技术夹层中可稍低）。

③ 桥梁与一般管道平行架设时，净距应大于500mm。不得已交叉时，如在管道下面，净距应大于30mm，且用盖板遮好。盖板应伸出管道两侧各500mm。

④ 桥架顶部到天花板、横梁及其他物件底部的净距应不小于350～400mm。

⑤ 电缆桥架由正常环境进入防火区时，应采用电缆防火堵料或密封料密封防火。该段的托盘等应无孔。如经墙孔进入防爆区时，应有由电缆防火密封料密封的防爆隔离措施。

2. 电缆桥架之间的间距

① 在同一托臂或同一平面上的桥架与桥架平行架设时，其净距应不大于50mm。交叉

时，交叉处的净空应大于 300mm。其下层桥架应加盖板且伸出上层桥架两侧各 500mm。

② 电缆桥架上下重叠架设时，其层间垂直距离对于电力电缆应取桥架边高加 200mm，对于控制电缆应取边高加 150mm。若上层桥架宽度大于 800mm 时，与下层桥架垂直距离不应小于 500mm（桥架的宽度最好一致）。

3. 电缆在桥架内的敷设

① 电缆应选用非铠装的型号如 VV、VLV、XV、XLV、KVV、KXV 等，或带有护套的 VV_{22}、VLV_{22}等。

② 从配电点出线到用电设备的电缆应是整根的，中间不宜有接头，无法避免时应适当放宽该段桥架的宽度。

③ 电缆在桥架内占有空间应取填充系数 0.4～0.5（包括护套在内的电缆总截面积与托盘横断面积之比），考虑发展和良好的散热条件，一般最好取 0.2 左右。

④ 电缆在桥架中按水平方向每隔 5～10m 固定一次，垂直方向每隔 1.5m 固定一次，两头均应妥善加以固定。单芯电缆不得用金属材料固定。桥架应适应电缆规定的弯曲半径实行转向。

⑤ 加上电缆的重量，对水平架设的桥架应按制造厂“载荷曲线”规定选取最佳支撑跨距。垂直架设时，每 1.5～2m 应设一固定支架。

⑥ 电缆与电缆应适当保持一定的距离。根数较多时，电力电缆载流量应按梯架、托盘结构的不同，加盖板与否，根据测试数据，采取不同的校正系数。

平面上成捆的电缆或封闭在槽内的电缆，其部分参考校正系数见表 3-47。

表 3-47　部分参考校正系数（摘自 IEC）

回路根数	1	2	3	4	5	6	7	8
校正系数	1.00	0.80	0.70	0.65	0.60	0.55	0.55	0.50
回路根数	9	10	12	14	16	18	20	
校正系数	0.50	0.50	0.45	0.45	0.40	0.40	0.40	

4. 电缆桥架的接地

① 电缆桥架的桥边应可靠地接地，使之与车间的接地干线相连。在腐蚀环境中经塑料喷涂的桥架，或在 Q-2 级爆炸危险环境中的桥架，应沿桥架边上敷设铜线或铝排（12mm×4mm）作为接地线；每 1.5m 固定一次，每 25m 与车间接地干线相连一次。

② 多层次桥架除顶层设接地线外，上下层之间每隔 6m 用接地线相连一次即可。

③ 目前国内已有多家制造厂生产电缆桥架。结构分梯架式、托盘式、线槽式以及组合式等。应根据需要与环境条件参考产品样本进行选择。

五、车间内电气管道与其他管道间的距离

车间内各种电气管线、电缆与其他管道应保持一定的安全距离，如表 3-48 所示。

六、滑触线的选择与安装

车间内移动的起重运输设备如单轨电动葫芦、悬挂梁式起重机、桥式起重机、龙门架式起重机一般均经由滑动接触的导体滑触线向其供电。

1. 滑触线材料、截面、开关及熔断器选择

（1）材料的选择

① 在爆炸危险的场所和火灾危险的场所应采用软电缆。对钢材有强烈腐蚀作用的场所、

表 3-48　车间内电气管线和电缆与其他管道之间的最小净距　单位：m

敷设方式	管线及设备名称	管线	电缆	绝缘导线	裸导(母)线	滑触线	插接式母线	配电设备
平行	煤气管	0.1	0.5	1.0	1.5	1.5	1.5	1.5
	乙炔管	0.1	1.0	1.0	2.0	3.0	3.0	3.0
	氧气管	0.1	0.5	0.5	1.5	1.5	1.5	1.5
	蒸汽管	1.0/0.5	1.0/0.5	1.0/0.5	1.5	1.5	1.0/0.5	0.5
	热水管	0.3/0.2	0.5	0.3/0.2	1.5	1.5	0.3/0.2	0.1
	通风管		0.5	0.1	1.5	1.5	0.1	0.1
	上下水管	0.1	0.5	0.1	1.5	1.5	0.1	0.1
	压缩空气管		0.5	0.1	1.5	1.5	0.1	0.1
	工艺设备				1.5	1.5		
交叉	煤气管	0.1	0.3	0.3	0.5	0.5	0.5	
	乙炔管	0.1	0.5	0.5	0.5	0.5	0.5	
	氧气管	0.1	0.3	0.3	0.5	0.5	0.5	
	蒸汽管	0.3	0.3	0.3	0.5	0.5	0.3	
	热水管	0.1	0.1	0.1	0.5	0.5	0.1	
	通风管		0.1	0.1	0.5	0.5	0.1	
	上下水管		0.1	0.1	0.5	0.5	0.1	
	压缩空气管		0.1	0.1	0.5	0.5	0.1	
	工艺设备				1.5	1.5		

注：1. 表中的分数，分子数字为线路在管道上面时的最小净距，分母数字为线路在管道下面时的最小净距。

2. 电气管线与蒸汽管不能保持表中距离时，可在蒸汽管与电气管线之间加隔热层，这样平行净距可减至 0.2m，交叉处只考虑施工维修方便。

3. 电气管与热水管不能保持表中距离时，可在热水管外包隔热层。

4. 裸母线与其他管道交叉不能保持表中距离时，应在交叉处的裸母线外面加装保护网或罩。

电动葫芦轨道直线距离在 100m 以下，也可采用软电缆。

② 在 Q-1、Q-2、G-1 级的场所和室外露天场所，宜采用重型移动电缆。在 Q-3、G-2 级的场所和其他场所可采用中型移动电缆。

③ 在一般正常环境的场所中，大、中型起重机多采用型钢，如工字钢和角钢作为滑触线；小型起重机有用扁钢、圆钢或小型角钢的；露天场地上有吊车梁的起重机，也可用角钢。

④ 露天场地上的大、中型起重机，当轨道敷设在地面上时，其滑触线有敷设在电杆上的双沟导线；有敷设在地沟（带翻动的金属板）中的型钢；有随地敷设并自动卷放的软电缆等各种形式。

⑤ 特别寒冷地区的露天滑触线，也有用钢-铜包的双沟导线。

(2) 截面选择要求

① 载流量应不小于计算电流。

② 应符号机械强度的要求。

③ 自供电变压器的低压母线至起重机电动机端子的电压损失，在尖峰电流时，不宜超过额定电压的 15%。一般要求起重机内部电压损失约占 2%～3%；电源线电压损失约占 3%～5%；滑触线的电压损失不应大于 8%～10%。

④ 滑触线电压损失不能满足要求时，可以采取如下一些措施：

a. 在型钢滑触线侧加铝母线作为辅助线；

b. 增大滑触线的截面；

c. 使供电点靠近滑触线中心（但角钢不宜大于 75mm×8mm）；

d. 对太长的滑触线实行分段供电。

(3) 开关和熔断器的选择

开关的额定电流应不小于计算电流的 1.1 倍，或不小于熔体的额定电流。电源熔断器熔体的额定电流应不小于 0.5～0.63 倍的尖峰电流。

(4) 常用起重机的开关、导线、熔断器及滑触线的选择

在一般环境中，大、中型起重机实际上常用角钢作为滑触线，可参照表 3-49～表 3-53 进行选用。当小型起重机（5t 及以下的电动葫芦或单梁式起重机）需改用软电缆作滑触线时，其截面可略大于 BLV 型电源线截面。

表 3-49　一台起重机（ε=25%）开关、导线及滑触线选择

起重机类型	起重量/t	总额定功率①/kW	电动机功率及电流			
			主钩	副钩	大车	小车
电动葫芦	0.5	1.1	0.8kW/3A	—	—	0.3kW/0.9A
	1	2.8	2.2kW/6.4A	—	—	0.6kW/1.9A
	2	4.1	3.5kW/9.2A	—	—	0.6kW/1.9A
	3	6	5kW/13A	—	—	
	5	8.5	7.5kW/19.7A	—	—	1kW/2.9A
梁式起重机②	0.5	3.3	0.8kW/3A	—	2.2kW/5A	0.3kW/0.9A
	1	5	2.2kW/6.4A	—		0.6kW/1.9A
	2	6.3	3.5kW/9.2A	—		0.6kW/1.9A
	3	8.9	5kW/13A	—		0.6kW/1.9A
	5	11.4	7.5kW/19.7A	—		1.7kW/3.7A
单主梁桥式起重机	5	15.9	7.5kW/19.7A	—	2×3.5kW/9.2A	1.4kW/4A
	8	23.2	11kW/28A	—	2×5kW/15A	2.2kW/6.4A
	10	28.2		—	2×7.5kW/21A	
	12.5	29.5	16kW/43A	—	2×5kW/151A	3.5kW/9.2A
	16/3	35.5		11kW/28A		
	20/5	42	22kW/57A	16kW/43A	2×7.5kW/21A	5kW/15A
	32/8	67	40kW/100A	30kW/69.5A	2×11kW/28A	7.5kW/7.2A
	50/12.5	79.5	50kW/117A			
双梁桥式起重机	5	23.2	11kW/28A	—	2×5kW/15A	2.2kW/7.2A
	10	29.5	16kW/43A	—		
	15/3	35.5	22kW/57A	11kW/28A		3.5kW/10A
	20/5			16kW/43A		
	30/5	65	45kW/110A		2×7.5kW/21A	5kW/115A
	50/10	89.5	60kW/133A	30kW/2A	2×11kW/28A	7.5kW/21A

起重机类型	计算电流/A	尖峰电流/A	熔体电流/A	铁壳开关额定电流/A	BLV 型导线截面面积③及钢管直径		滑触线	
					截面面积/mm²	钢管直径/mm	角钢或扁钢尺寸/mm	每 10m 电压损失/%
电动葫芦	3	17	10	10	3×2.5	15	∟30×30×4	0.19
	6.4	27	15	15				0.30
	9.2	36	20	30				0.40
	13	61	40	60				0.67
	19.7	90	60	60	3×4	20	∟40×40×4	0.87

续表

起重机类型	计算电流/A	尖峰电流/A	熔体电流/A	铁壳开关额定电流/A	BLV型导线截面面积③及钢管直径		滑触线	
					截面面积/mm²	钢管直径/mm	角钢或扁钢尺寸/mm	每10m电压损失/%
梁式起重机②	5	19	10	10	3×2.5	15	−30×4	0.34
							∟40×40×4	0.20
	6.4	29	20	30			−30×4	0.52
							∟40×40×4	0.31
	9.2	38	25	30			−30×4	0.69
							∟40×40×4	0.48
	13	62	40	60			−30×4	1.12
							∟40×40×4	0.60
	19.7	90	60	60	3×4	20	∟40×40×4	0.87
单主梁桥式起重机	19.4	51	30	30	3×4	20	∟40×40×4	0.50
	28	73	40	60	3×6			0.70
	34	79						0.75
	36	105	60		3×10	25		0.96
	43	134	80	100	3×10(16)	25(32)	∟50×50×5	0.97
	51	142			3×16	32		1.00
	82	242	150	200	3×35(50)	32(50)	∟75×75×8	1.08
	97	284			3×50	50		1.21
双梁桥式起重机	27.8	67	40	60	3×6	20	∟40×40×4	0.65
	35	104	60		3×10	25		0.96
	43	134	80	100	3×10(16)	25(32)	∟50×50×5	0.97
	78	254	160	200	3×35		∟75×75×8	1.13
	107	320			3×50(70)			1.32

① 总额定功率中不包括副钩电动机功率。

② 悬挂梁式起重机采用扁钢滑触线，支柱梁式起重机可采用钢滑触线。

③ 环境温度按30℃考虑，当环境温度为35℃时，导线截面面积及管径采用括号内的数值；导线截面面积、管径后未加括号的数值，同时适用于35℃。

表 3-50　一台桥式起重机（ε=40%）开关、导线及滑触线选择

起重机类型	起重量/t	总额定功率①/kW	电动机功率及电流			
			主钩	副钩	大车	小车
单主梁桥式起重机	5	22.8	13kW/29.5A		2×4.2kW/10A	1.4kW/5.3kW
	8	27.7	17.5kW/50A		2×4kW/9.5A	
	10	44.8	25kW/73A		2×8.8kW/25A	2.2kW/7A
	12.5	35.8	23.5kW/62A	11kW/27.5A	8.8kW/25A	3.5kW/10A
	16/3	56.1	40kW/106A	16kW/46A	2×6.3kW/19A	
	20/5	72.6	50kW/119A		2×2.88kW/25A	5kW/15A
	32/8	87	65kW/170A		2×11kW/27.5A	
	50/12.5	102	80kW/208A			
双梁桥式起重机	5	27.8	13kW/29A	—	2×6.3kW/19A	2.2kW/7A
	10	39.6	23.5kW/62A	—		3.5kW/10A
	15/3	69.1	48kW/114A	11kW/31A	2×8.8kW/25A	
	20/5			16kW/43A		
	30/5	94	63kW/163A		2×13kW/29A	5kW/15A
	50/10	105.5		30kW/72A	2×17.5kW/50A	7.5kW/21A

续表

起重机类型	计算电流/A	尖峰电流/A	熔体电流/A	铁壳开关额定电流/A	BLV型导线截面面积②及钢管直径				滑触线	
					30℃		40℃		角钢或扁钢尺寸/mm	每10m电压损失/%
					截面面积/mm²	钢管直径/mm	截面面积/mm²	钢管直径/mm		
单主梁桥式起重机	35	79	50	60	3×10	25	3×10	25	∟40×40×4	0.77
	2	117	60	100	3×25	32	3×16	32	∟50×50×5	1.06
	68	178	100		3×16		3×35			1.16
	54	147	80	200	3×35	50	3×25	50	∟75×75×8	1.05
	85	244	150		3×50		3×50			1.18
	110	289	150		3×70		3×70			0.47
	132	387	200	400①	3×95	70	3×95	70	∟50×50×5+LMY-30×3	0.61
	155	167	250							0.73
双梁桥式起重机	42	100	60	60	3×10	25	3×16	25	∟40×40×4	0.93
	59	152	86	100	3×25	32	3×25	32	∟50×50×5	1.06
	104	275	160	200	3×50	50	3×70	50	∟75×75×8	1.18
	141	389	200		3×95	70	3×95	70	∟50×50×5+LMY-30×3	0.61
	158	406					3×120			0.64

① 400A的开关可采用XL-12型配电箱。

② 导线截面选择按环境温度30℃考虑。

注：总额定功率中不包括副钩电动机功率。

表3-51 两台梁式起重机组（ε=25%）开关及导线选择

起重机组合起重量/t	总额定功率/kW	计算电流/A	尖峰电流/A	熔体电流/A	铁壳开关额定电流/A	BLV型导线截面面积①及钢管直径		滑触线	
						截面面积/mm²	钢管直径/mm	角钢尺寸/mm	每10m电压损失/%
1+1	10	9	36	20	30	3×2.5	15	∟40×40×4	0.40
2+1	11.3	10.2	45	30					0.51
2+2	12.6	11.3	46.3	40	60				0.52
3+1	13.9	13.0	71.5	60					0.69
3+2	15.2	13.7	72						0.70
3+3	17.8	16.0	74.5						0.72
5+1	16.4	19.9	104.6			3×4	20		0.97
5+2	17.7	20.1	104.8						
5+3	20.3	20.3	105						
5+5	22.8	20.5	105.2						0.98

① 导线截面选择按环境温度30℃考虑。

表 3-52 两台桥式起重机组（ε=40%）开关及导线选择

<table>
<tr><th rowspan="2">起重机组合
起重量/t</th><th rowspan="2">总额定
功率
/kW</th><th rowspan="2">计算
电流
/A</th><th rowspan="2">尖峰
电流
/A</th><th rowspan="2">熔体
电流
/A</th><th rowspan="2">铁壳开
关额定
电流
/A</th><th colspan="4">BLV 型导线截面面积②
及钢管直径</th><th colspan="2">滑触线</th></tr>
<tr><th>截面面积
/mm²</th><th>钢管直径
/mm</th><th>截面面积
/mm²</th><th>钢管直径
/mm</th><th>角钢尺寸
/mm</th><th>每 10m
电压损
失/%</th></tr>
<tr><td>5+5</td><td>22.6</td><td>64</td><td>127</td><td>80</td><td rowspan="3">100</td><td>3×25</td><td>32</td><td>3×35</td><td>40</td><td rowspan="2">∟50×50×5</td><td>0.93</td></tr>
<tr><td>10+5</td><td>67.4</td><td>78</td><td>178</td><td rowspan="2">100</td><td>3×35</td><td>40</td><td rowspan="2">3×50</td><td rowspan="3">50</td><td>1.19</td></tr>
<tr><td>10+10</td><td>79.2</td><td>91</td><td>192</td><td>3×50</td><td rowspan="3">50</td><td rowspan="8">∟50×50×5
+LMY-30×3</td><td>1.23</td></tr>
<tr><td>15/3+5</td><td>96.9</td><td>111</td><td>296</td><td rowspan="2">160</td><td rowspan="7">200</td><td rowspan="2">3×70</td><td>3×70</td><td>0.47</td></tr>
<tr><td>15/3+10</td><td>108.7</td><td>125</td><td>310</td><td>3×95</td><td rowspan="2">70</td><td>0.49</td></tr>
<tr><td>15/3+15/3</td><td>138.2</td><td>159</td><td>344</td><td>200</td><td>3×95</td><td>70</td><td>3×120</td><td>0.54</td></tr>
<tr><td>20/5+5</td><td>96.9</td><td>111</td><td>296</td><td rowspan="4">160</td><td rowspan="2">3×70</td><td rowspan="2">50</td><td>3×70</td><td>50</td><td>0.47</td></tr>
<tr><td>20/5+10</td><td>108.7</td><td>125</td><td>310</td><td>3×95</td><td rowspan="3">70</td><td>0.49</td></tr>
<tr><td>20/5+15/3</td><td rowspan="2">138.2</td><td rowspan="2">159</td><td rowspan="2">344</td><td rowspan="2">3×95</td><td rowspan="2">70</td><td rowspan="2">3×120</td><td rowspan="2">0.54</td></tr>
<tr><td>20/5+20/5</td></tr>
<tr><td>30/5+5</td><td>121.8</td><td>150</td><td>418</td><td rowspan="4">250</td><td rowspan="10">400①</td><td rowspan="2">3×95</td><td rowspan="4">70</td><td>3×95</td><td rowspan="2">70</td><td rowspan="10">∟50×50×5
+LMY-30×3</td><td>0.66</td></tr>
<tr><td>30/5+10</td><td>133.6</td><td>154</td><td>421</td><td>3×120</td><td>0.67</td></tr>
<tr><td>30/5+15/3</td><td rowspan="2">163.1</td><td rowspan="2">188</td><td rowspan="2">455</td><td rowspan="2">3×120</td><td rowspan="2">2(3×70)</td><td rowspan="2">2(50)</td><td rowspan="2">0.72</td></tr>
<tr><td>30/5+20/3</td></tr>
<tr><td>30/5+30/5</td><td>188</td><td>216</td><td>484</td><td>300</td><td>3×70</td><td>50</td><td>3×70</td><td>50</td><td>0.76</td></tr>
<tr><td>50/10+10</td><td>145.1</td><td>167</td><td>434</td><td rowspan="3">250</td><td>3×95</td><td>70</td><td>2(3×50)</td><td rowspan="3">2(50)</td><td>0.69</td></tr>
<tr><td>50/10+15/3</td><td rowspan="2">174.6</td><td rowspan="2">201</td><td rowspan="2">468</td><td rowspan="2">2(3×50)</td><td rowspan="4">2(50)</td><td rowspan="2">2(3×70)</td><td rowspan="2">0.74</td></tr>
<tr><td>50/10+20/3</td></tr>
<tr><td>50/10+30/5</td><td>199.5</td><td>229</td><td>497</td><td rowspan="2">300</td><td rowspan="2">2(3×70)</td><td rowspan="2">2(3×95)</td><td rowspan="2">2(70)</td><td>0.79</td></tr>
<tr><td>50/10+50/10</td><td>211</td><td>243</td><td>547</td><td>0.86</td></tr>
</table>

① 400A 的开关可采用 XL-12 型配电箱。

② 导线截面选择按环境温度 30℃考虑。

2. 滑触线安装要求

① 常用的角钢滑触线一般均用支架与绝缘子固定安装于行车梁侧面。支架间距见表 3-54。对于圆钢、扁钢滑触线支架常固定焊装于工字梁导轨上，在导轨的转弯处宜适当缩短其间距。滑触线离地面的高度不得低于 3.5m。

② 滑触线宜设置在起重机驾驶室的相对方向。如不能在此处安装，则在操作人员上、下驾驶室时可能触及滑触线的地方，应加装防护网栅等措施。

③ 在滑触线的两端及适当地点（长度超过 50m 处）宜装设灯光信号表示带电。

④ 在大型车间和多尘的热加工车间同一跨度内，有两台及以上的起重机共用一条滑触线时，每台起重机应有各自的检修段。检修段的长度应不小于起重机桥身的宽度。检修段与工作中的带电段保持约 30mm 的空气绝缘间隙，并通过开关与工作段联络。

⑤ 分段供电的滑触线其分段间隙一般为 20mm。如各段的供电电源不允许并联运行，则该间隙应大于集电滑块的长度。

表 3-53　两台桥式起重机组（ε＝25％）开关、导线及滑触线选择

起重机组合起重量/t	总额定功率/kW	计算电流/A	尖峰电流/A	熔体电流/A	铁壳开关额定电流/A	BLV 型导线截面面积[①]及钢管直径		滑触线	
						截面面积/mm²	钢管直径/mm	角管或角钢加铅母线尺寸/mm	每 10m 电压损失/％
5＋5	46.4	42	90	50	60	3×10	25	∟50×50×5	0.70
10＋5	52.7	47	120	60		3×16			0.89
10＋10	59	53	126	80					0.93
15/3＋5	58.7		150						1.07
15/3＋10	65	59	156	100	100	3×25	32		1.10
15/3＋15/3	71	64	161	80		3×16	25		1.12
20/5＋5	58.7	53	150			3×25	32		1.07
20/5＋10	65	59	156						1.10
20/5＋15＋/3									1.12
20/5＋20/5	71	64	161	100					
30/5＋5	88	80	266	160	200	3×35	40	∟50×50×5＋LMY-30×3	0.42
30/5＋10	95	86	282						0.45
30/5＋15/3	101	91	288			3×50	50		0.46
30/5＋20/3									
30/5＋30/5	130	117	304	200		3×70			0.48

① 导线截面选择按环境温度 30℃考虑。

注：1. 本表按普通双梁桥式起重机编制。

2. 两台（ε＝25％）单主梁桥式起重机开关及导线选择可参照本表确定。5～8t 单主梁桥式起重机可视为 5t 双梁桥式起重机；10～12.5t 单主梁可视为 10t 双梁；16/3～20/5t 单主梁可视为 15/3t 双梁；32/8t 单主梁可视为 30/5t 双梁；50/12.5t 单主梁可视为 50/10t 双梁。

表 3-54　固定滑触线支架的间距

起重机类型	固定点间距/m	角钢规格/mm
3t 及以下的梁式起重机、电动葫芦	＜1.5	＞25×1
10t 及以下的桥式起重机	＜3	≥40×4
10t 及以上的桥式起重机	≤3	≥50×5

⑥ 户外角钢滑触线在多尘或易结冰的场所，可按 L 形装设，使窄边向上。

⑦ 所有滑触线在可能条件下，应涂刷区分相别的油漆，以利于运行维护。按 A、B、C 相分别漆成黄、绿、红色。

型钢滑触线在建筑物沉降缝处应如同检修段予以断开并以铜绞线连接。适时随沉降情况的检查，调整滑触线的高差，使位于同一水平。

⑧ 滑触线的连接采用焊接或对焊，并用同样截面的型钢衬托，连接处的尖端及毛边应磨光以避免妨碍集电器滑块的运行。

⑨ 采用 ϕ6mm 圆钢、ϕ7.5mm 或 ϕ8.5mm 钢丝绳悬吊移动电缆，当环境为 20℃左右时，参照表 3-55 确定弧垂的大小。根据安装时温度的情况，高则加、低则减，适当调整。

表 3-55　环境温度 20℃时吊索的弧垂

电缆芯线/mm²	ϕ6mm 圆钢				ϕ7.5mm 圆钢					ϕ8.5mm 圆钢丝绳
	跨距长度/m									
	30	40	50	60	30	40	50	60	80	100
2.5	0.3	0.40	0.60	0.80	0.18	0.30	0.45	0.60	0.75	0.90

续表

电缆芯线/mm²	φ6mm 圆钢				φ7.5mm 圆钢					φ8.5mm 圆钢丝绳
	跨距长度/m									
	30	40	50	60	30	40	50	60	80	100
4	0.3	0.45	0.65	0.85	0.18	0.30	0.45	0.65	0.80	1.00
6	0.35	0.50	0.70	1.00	0.20	0.35	0.50	0.70	0.95	1.10
10	—	—	—	—	0.25	0.40	0.55	0.75	1.10	1.10
16	—	—	—	—	0.25	0.40	0.60	0.80	1.40	1.80

第三节　电气照明装置的安装

一、照明光源

1. 白炽灯泡

白炽灯泡见表 3-56。

表 3-56　白炽灯泡

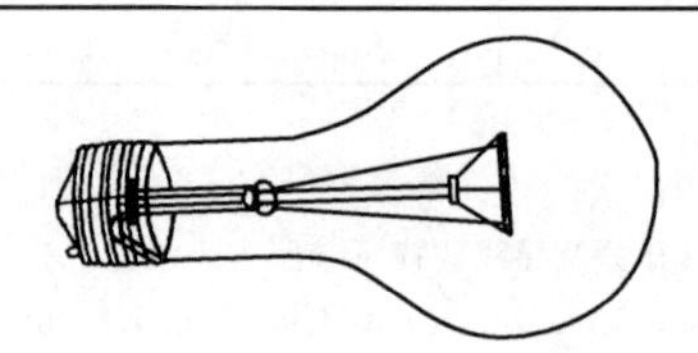

类别	型号	功率/W	电压/V	光通量/lm	灯头型号	直径/mm	全长/mm	用途
透明玻壳	PZ220-15	15	220	110	E27B22	61	110	适用于室内外照明
	PZ220-25	25	220	220	E27B22	61	110	
	PZ220-40	40	220	350	E27B22	61	110	
	PZ220-60	60	220	630	E27B22	61	110	
	PZ220-100	100	220	1250	E27B22	61	110	
	PZ220-150	150	220	2090	E27B22	81	166	
	PZ220-200	200	220	2920	E27B22	81	166	
	PZ220-300	300	220	4610	E40	111	240	
	PZ220-500	500	220	8300	E40	111	240	
磨砂玻壳	PZ220-15	15	220	107	E27B22	61	110	
	PZ220-25	25	220	213	E27B22	61	110	
	PZ220-40	40	220	340	E27B22	61	110	
	PZ220-60	60	220	611	E27B22	61	110	
	PZ220-100	100	220	1210	E27B22	61	110	
	PZ220-150	150	220	2030	E27B22	81	166	
	PZ220-200	200	220	2830	E27B22	81	166	
内涂玻壳	PZ220-15	15	220	105	E27B22	61	110	
	PZ220-25	25	220	209	E27B22	61	110	
	PZ220-40	40	220	333	E27B22	61	110	
	PZ220-60	60	220	599	E27B22	61	110	
	PZ220-100	100	220	1188	E27B22	61	110	
	PZ220-150	150	220	1986	E27B22	81	166	
	PZ220-200	200	220	2774	E27B22	81	166	

注：1. 另外可生产 110V、120V、130V、230V、240V 和 250V 灯泡。

2. 本表技术数据取自飞利浦亚明照明有限公司，其灯泡为“亚字牌”铭牌。

2. 荧光灯管

荧光灯管见表 3-57。

表 3-57 荧光灯管

型号	功率/W	显色性 Ra	色温/K	光通量/lm	长度 L/mm	直径 D/mm	用途
TLD18W/927	18	95	2700	950	604	26	高级服饰店、画廊、博物馆、产品展示间、花卉店及饭店和其他需要高显色性灯光的场所
TLD18W/930	18	95	3000	1000	604	26	
TLD18W/940	18	95	4000	1000	604	26	
TLD18W/950	18	98	5000	1000	604	26	
TLD18W/965	18	96	6500		604	26	
TLD36W/927	36	95	2700	2300	1213.6	26	
TLD36W/930	36	95	3000	2350	1213.6	26	
TLD36W/940	36	95	4000	2350	1213.6	26	
TLD36W/950	36	98	5000	2350	1213.6	26	
TLD36W/965	36	96	6500	2300	1213.6	26	
TLD58W/927	58	95	2700	3600	1514.2	26	
TLD58W/930	58	95	3000	3700	1514.2	26	
TLD58W/940	58	95	4000	3700	1514.2	26	
TLD58W/950	58	98	5000	3700	1514.2	26	
TLD58W/965	58	96	6500	3700	1514.2	26	

注：本表技术数据取自飞东照明有限公司。

3. 环形荧光灯管

环形荧光灯管见表 3-58。

表 3-58 环形荧光灯管

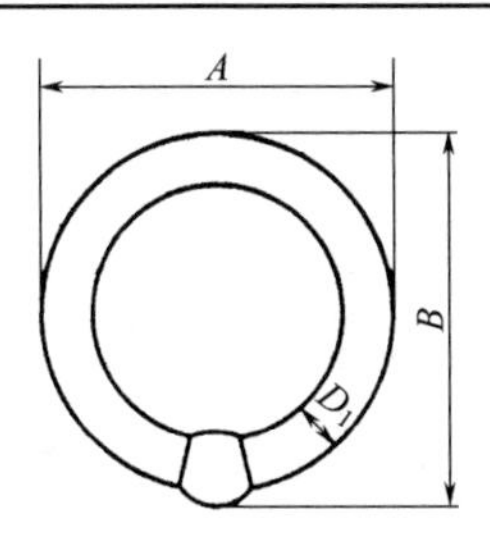

型号	功率/W	电压/V	光通量/lm	发光颜色	最大外形尺寸/mm			用途
					A	B	D_1	
YH20RR	20	61	890	日光色	—	151	36	卧室、饭厅、办公室、医院、宿舍等照明用
YH20RL			1005	冷白色				
YH20RN			1005	暖白色				
YH30RR	30	81	1560	日光色	—	247	33	
YH30RL			1835	冷白色				
YH30RN			1835	暖白色				

续表

型号	功率/W	电压/V	光通量/lm	发光颜色	最大外形尺寸/mm			用途
					A	B	D_1	
YH40RR YH40RL YH40RN	40	110	2225 2560 2580	日光色 冷白色 暖白色	247.7	247.6	34.1	卧室、饭厅、办公室、医院、宿舍等照明用

4. 节能灯

节能灯见表 3-59。

表 3-59 节能灯

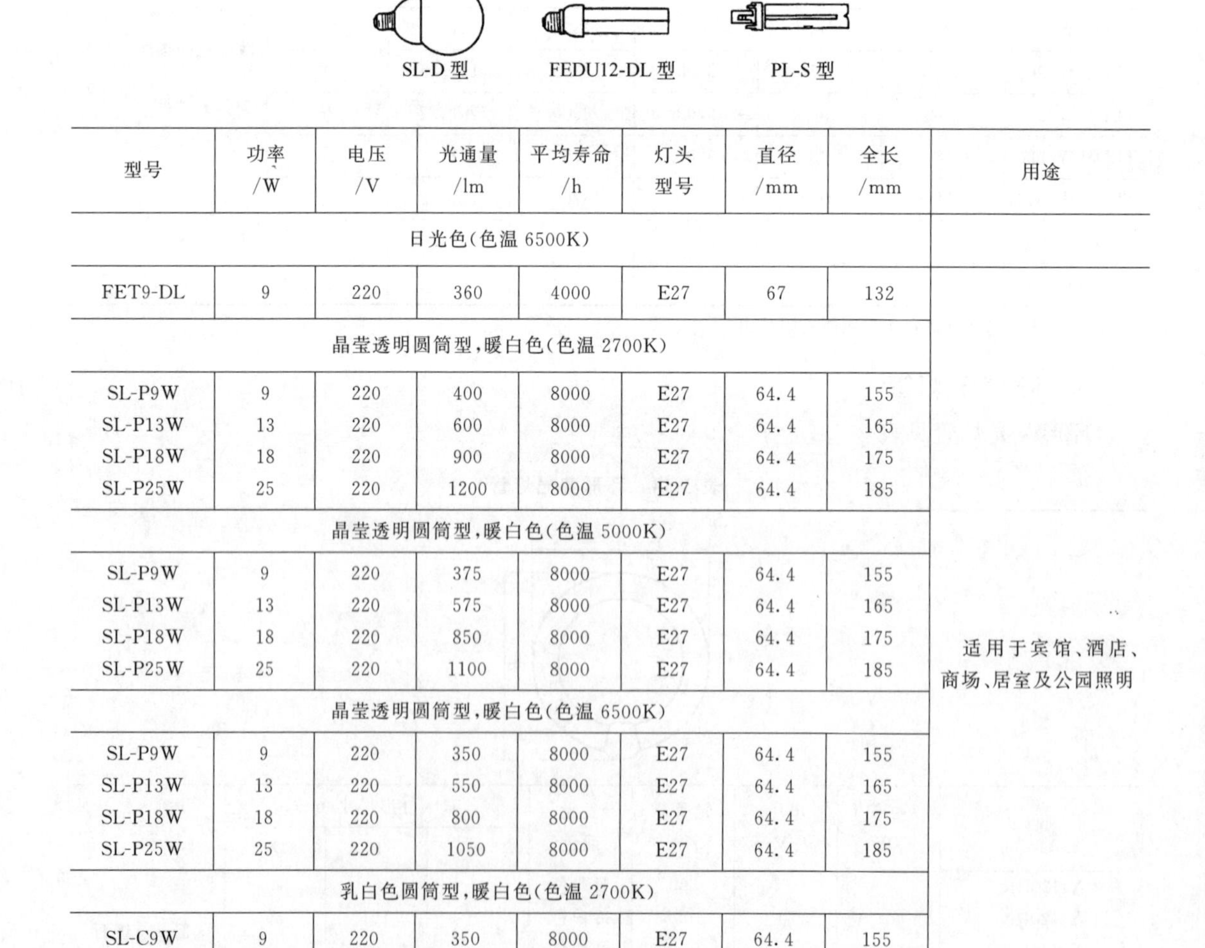

型号	功率/W	电压/V	光通量/lm	平均寿命/h	灯头型号	直径/mm	全长/mm	用途
日光色(色温 6500K)								
FET9-DL	9	220	360	4000	E27	67	132	适用于宾馆、酒店、商场、居室及公园照明
晶莹透明圆筒型,暖白色(色温 2700K)								
SL-P9W	9	220	400	8000	E27	64.4	155	
SL-P13W	13	220	600	8000	E27	64.4	165	
SL-P18W	18	220	900	8000	E27	64.4	175	
SL-P25W	25	220	1200	8000	E27	64.4	185	
晶莹透明圆筒型,暖白色(色温 5000K)								
SL-P9W	9	220	375	8000	E27	64.4	155	
SL-P13W	13	220	575	8000	E27	64.4	165	
SL-P18W	18	220	850	8000	E27	64.4	175	
SL-P25W	25	220	1100	8000	E27	64.4	185	
晶莹透明圆筒型,暖白色(色温 6500K)								
SL-P9W	9	220	350	8000	E27	64.4	155	
SL-P13W	13	220	550	8000	E27	64.4	165	
SL-P18W	18	220	800	8000	E27	64.4	175	
SL-P25W	25	220	1050	8000	E27	64.4	185	
乳白色圆筒型,暖白色(色温 2700K)								
SL-C9W	9	220	350	8000	E27	64.4	155	
SL-C13W	13	220	550	8000	E27	64.4	165	
SL-C18W	18	220	900	8000	E27	64.4	175	
SL-C25W	25	220	1200	8000	E27	64.4	185	

续表

型号	功率/W	电压/V	光通量/lm	平均寿命/h	灯头型号	直径/mm	全长/mm	用途
乳白色圆筒型，暖白色（色温 5000K）								适用于宾馆、酒店、商场、居室及公园照明
SL-C9W	9	220	325	8000	E27	64.4	155	
SL-C13W	13	220	525	8000	E27	64.4	165	
SL-C18W	18	220	750	8000	E27	64.4	175	
SL-C25W	25	220	1000	8000	E27	64.4	185	
日光色（色温 6500K）								
FEG9-DL	9	220	360	4000	E27	87	132	
冷日光色（色温 6500K）								
SL-D18W	18	220	800	8000	E27	115.7	175.3	
日光色（色温 6500K）								
FEDU12-DL	12	220	600	5000	E27	48	170	
色温 2700K								适用于书写、建筑物轮廓、走廊、装饰、居室、局部照明
PL-S7W/82	7	220	400	800	G23	28	135	
PL-S9W/82	9	220	570	800	G23	28	167	
PL-S11W/82	11	220	880	800	G23	28	236	
色温 4000K								
PL-S7W/84	7	220	400	800	G23	28	135	
PL-S9W/84	9	220	570	800	G23	28	167	
PL-S11W/84	11	220	880	800	G23	28	236	
色温 5000K								
PL-S7W/85	7	220	400	800	G23	28	135	
PL-S9W/85	9	220	570	800	G23	28	167	
PL-S11W/85	11	220	880	800	G23	28	236	

注：本表技术数据取自飞利浦亚明照明有限公司。

5. 高压汞灯

高压汞灯见表 3-60。

表 3-60　高压汞灯

型号	功率/W	电源电压/V	光通量/lm	平均寿命/h	灯头型号	直径/mm	全长/mm	用途
GGY50	50	220	1575	3500	E27	56	145	适用于室内外照明
GGY80	80	220	2940	3500	E27	71	170	
GGY125	125	220	4990	6000	E27	81	191	
GGY175	175	220	7350	5000	E40	91	222	
GGY250	250	220	11025	7000	E40	91	234	
GGY400	400	220	21000	7000	E40	122	302	
GGY1000	1000	220	52500	5000	E40	182	410	

型号	功率/W	电源电压/V	光通量/lm	平均寿命/h	灯头型号	直径/mm	全长/mm	用途
GYZ125	125	220	1500	1600	E27	81	191	适用于室内外照明
GYZ160	160	220	2560	2500	E27	81	191	
GYZ250	250	220	4900	3000	E40	91	234	
GYZ450	450	220	11000	3000	E40	122	302	
GYF50	50	220	211①	3000	E27	81	152	适用于广场、车站、码头、工地投射照明
GYF80	80	220	497①	3000	E27	101	179	
GYF125	125	220	903①	3000	E27	127	198	
GYF400	400	220	4000①	6000	E40	182	302	
HPL50	50	220	1800		E27	56	129	适用于室内外照明
HPL80	80	220	3700		E27	71	156	
HPL125	125	220	6300		E27	77	177	
HPL125	125	220	6300		E40	77	186	
HPL175	175	220	8400		E40	91	227	
HPL250	250	220	13000		E40	91	227	
HPL400	400	220	22000		E40	122	292	
HPL700	700	220	40000		E40	142	329	
HPL1000	1000	220	58000		E40	162	400	
ML100	100	220～230	1100		E27	71	156	
ML160	160	220～230	3150		E27	76	177	
ML250	250	220～230	5500		E40	91	227	
ML500	500	220～230	13000		E40	122	290	

① 发光强度，单位为 cd。

注：本表技术数据取自飞利浦亚明照明有限公司。

6. 高压钠灯

高压钠灯见表 3-61。

表 3-61 高压钠灯

NG□T、TN型 NGG□T型　NG□TT型　SON-T型　SON-E型　NG□R型

型号	功率/W	电源电压/V	光通量/lm	平均寿命/h	灯头型号	直径/mm	全长/mm	用途
NG35T	35	220	2250	16000	E27	39	155	适用于道路、机场、码头、车站及工矿企业照明
NG50T	50	220	3600	18000	E27	39	155	
NT70T	70	220	6000	18000	E27	39	155	
NT100T1	100	220	8500	18000	E27	39	180	
NG100T2	100	220	8500	18000	E40	49	210	
NG110T	110	220	10000	16000	E27	39	180	
NT150T1	150	220	16000	18000	E40	49	210	
NG150T2	150	220	16000	18000	E27	39	180	
NG215T	215	220	23000	16000	E40	49	259	
NG250T	250	220	28000	18000	E40	49	259	
NG360T	360	220	40000	16000	E40	49	287	
NG400T	400	220	48000	18000	E40	49	287	
NG1000T1	1000	220	130000	18000	E40	67	385	
NG1000T2	1000	380	120000	16000	E40	67	385	

续表

型号	功率/W	电源电压/V	光通量/lm	平均寿命/h	灯头型号	直径/mm	全长/mm	用途
NG100TN	100	220	6800	12000	E27	39	180	适用于道路、机场、码头、车站及工矿企业照明
NG110TN	110	220	8000	12000	E27	39	180	
NG150TN	150	220	12800	20000	E27	39	180	
NG215TN	215	220	19200	20000	E40	49	252	
NG250TN	250	220	23300	20000	E40	49	252	
NG360TN	360	220	32600	20000	E40	49	280	
NG400TN	400	220	39200	20000	E40	49	280	
NG1000TN	1000	220	96200	2000	E40	62	375	
NGG150T	150	220	12250	12000	E40	49	211	适用于大型商场、娱乐场、体育馆、展览中心、宾馆和道路照明
NGG250T	250	220	21000	12000	E40	49	259	
NGG400T	400	220	35000	12000	E40	49	287	
NG70TT	70	220	5880	32000	E40	47	205	适用于道路、机场、码头、车站、高空照明和不能间断照明的场所
NG100TT	100	220	8300	32000	E40	47	205	
NG110TT	110	220	9800	32000	E40	47	205	
NG150TT	150	220	15600	48000	E40	47	205	
NG215TT	215	220	21800	32000	E40	47	252	
NG250TT	250	220	26600	48000	E40	47	252	
NG360TT	360	220	38000	32000	E40	47	282	
NG400T	400	220	45600	48000	E40	47	282	
NG70R	70	220	4900	9000	E27	125	180	适用于广场、机场、码头、车站及广告牌、展览馆等聚光照明
NG100R	100	220	7000	9000	E27	125	180	
NG110R	110	220	8000	9000	E27	125	180	
NG150R	150	220	12000	16000	E40	180	292	
NG215R	215	220	20000	16000	E40	180	292	
NG250R	250	220	23000	16000	E40	180	292	
SON-T50	50	220	3600	—	E27	38	156	适用于道路、机场、码头、车站及工矿企业照明
SON-T70	70	220	6000	—	E27	38	156	
SON-T150	150	220	16000	—	E40	48	211	
SON-T250	250	220	28000	—	E40	48	257	
SON-T400	400	220	48000	—	E40	48	283	
SON-T1000	1000	220	130000	—	E40	67	390	
SON-T100PLUS	100	220	105000	—	E40	48	211	
SON-E50	50	220	3500	—	E27	71	156	
SON-E70	70	220	5600	—	E27	71	156	
SON-E150	150	220	14500	—	E40	91	226	
SON-E250	250	220	27000	—	E40	91	226	
SON-E400	400	220	48000	—	E40	122	290	
SON-E1000	1000	220	130000	—	E40	166	400	
SON-E100PLUS	100	220	1000	—	E40	76	186	

注：本表技术数据取自飞利浦亚明照明有限公司。

二、照明灯具的安装

① 筒灯在吊顶内安装如图 3-33 所示。

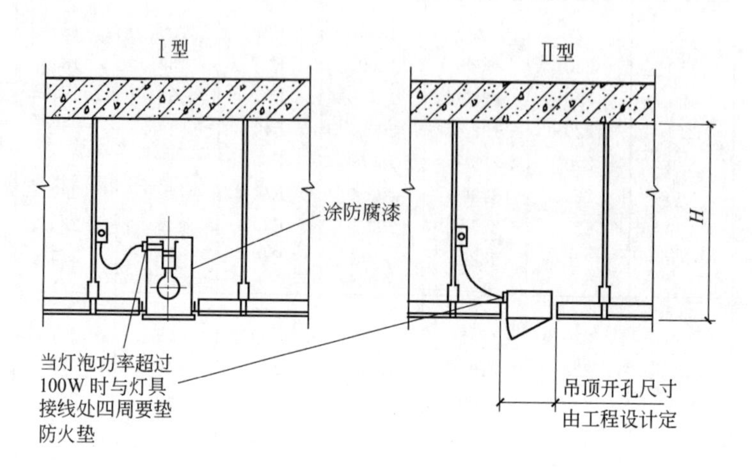

图 3-33 筒灯在吊顶内安装

② 吸顶灯安装如图 3-34 所示。

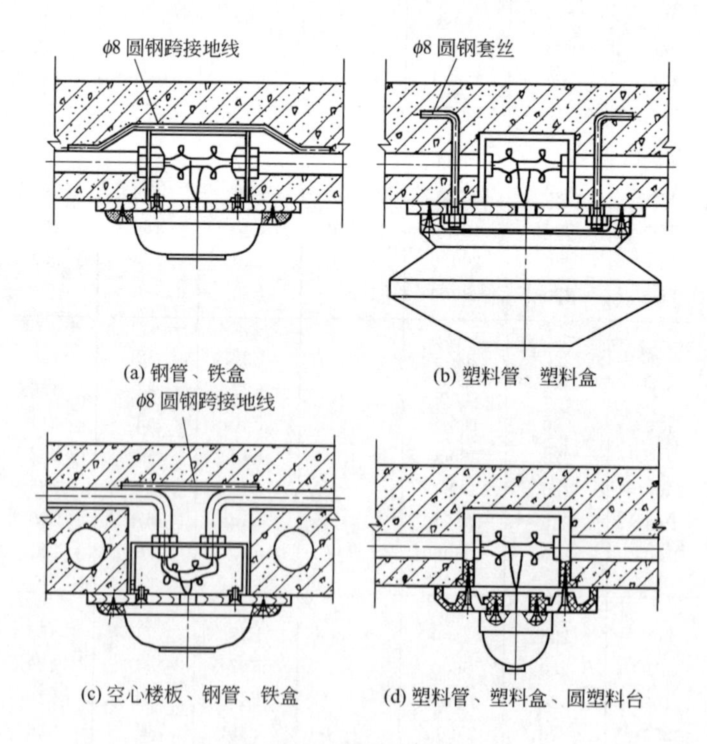

图 3-34 吸顶灯安装

③ 荧光灯具吸顶吊挂安装如图 3-35 所示。

④ YG72 系列高效荧光灯具吸顶安装如图 3-36 所示。

⑤ 大型嵌入式荧光灯盘安装如图 3-37 所示。

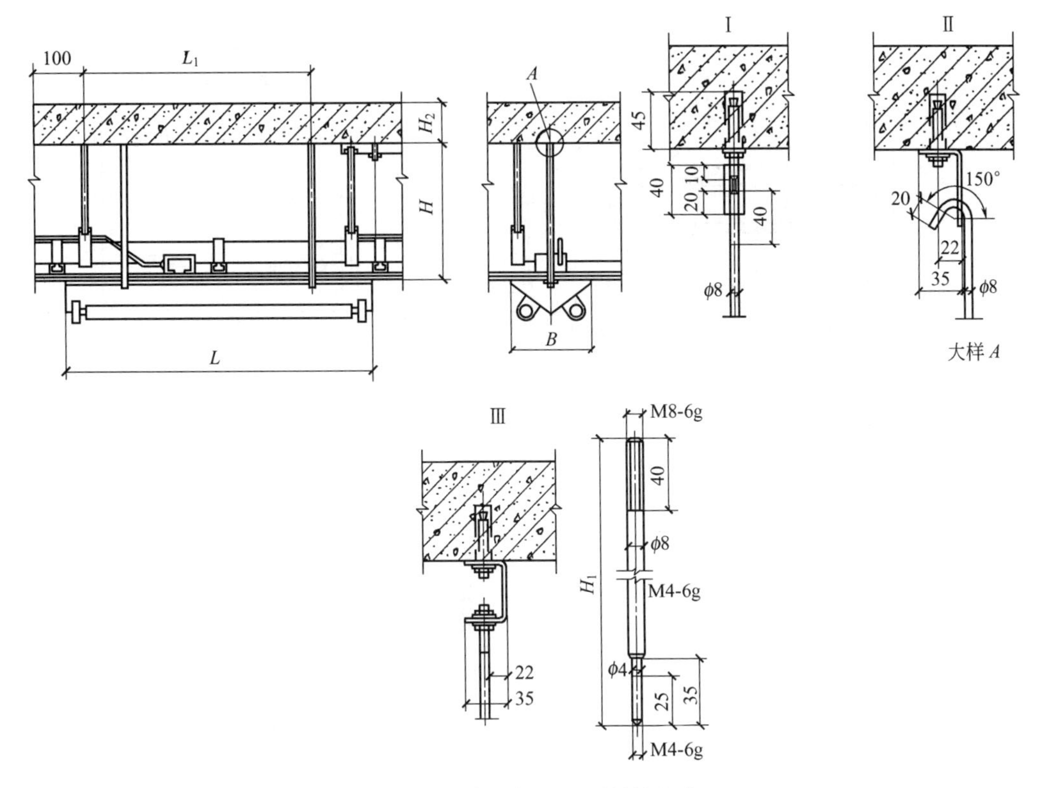

图 3-35　荧光灯具吸顶吊挂安装

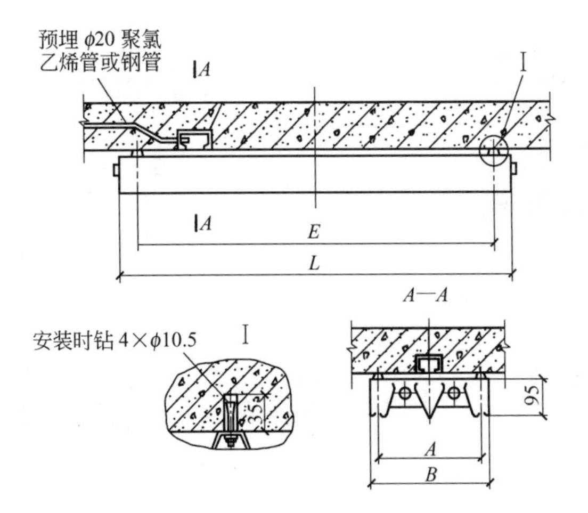

图 3-36　YG72 系列高效荧光灯具吸顶安装

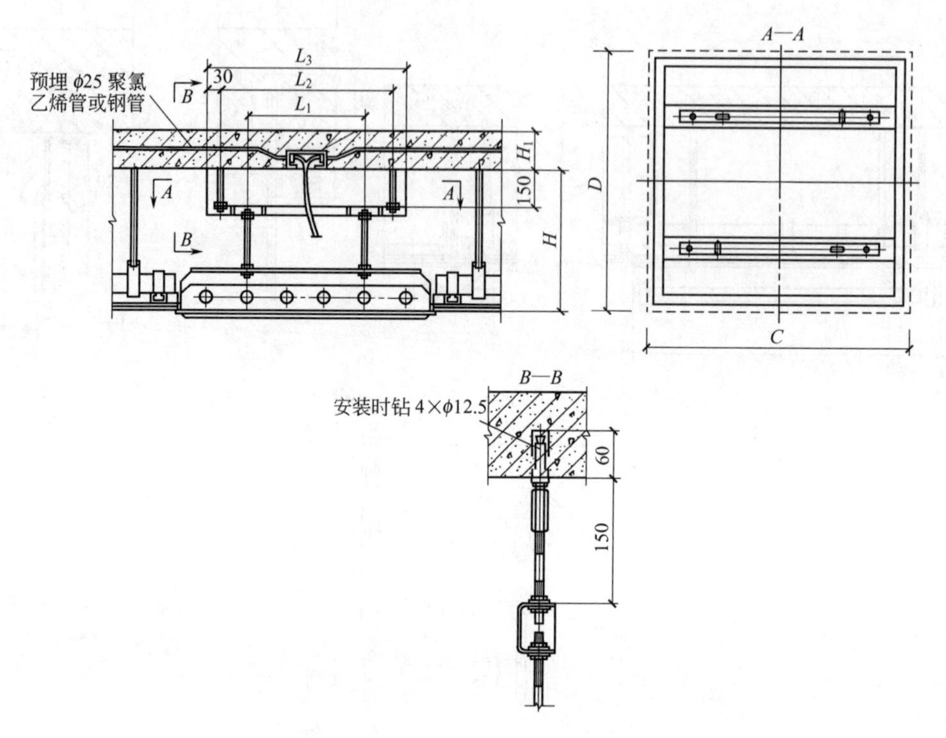

图 3-37　大型嵌入式荧光灯盘安装

⑥ 特殊重量灯具安装如图 3-38 所示。

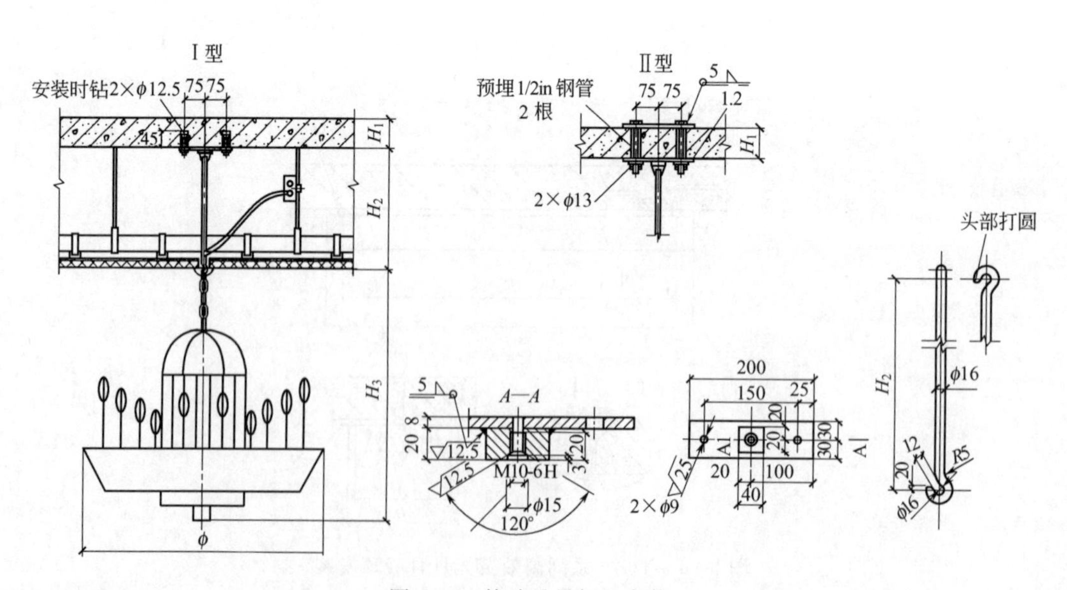

图 3-38　特殊重量灯具安装

⑦ 荧光灯灯槽内安装如图 3-39 所示。

⑧ 荧光灯檐内向下照射安装如图 3-40 所示。

⑨ 水下照明灯安装如图 3-41 所示。

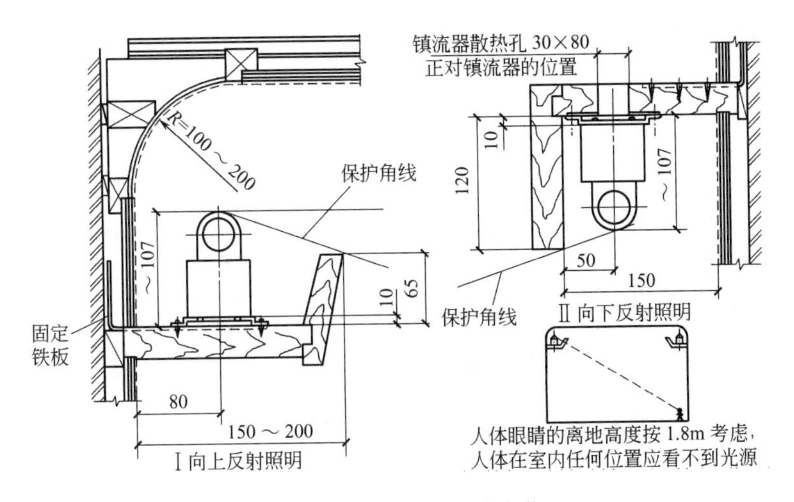

图 3-39　荧光灯灯槽内安装

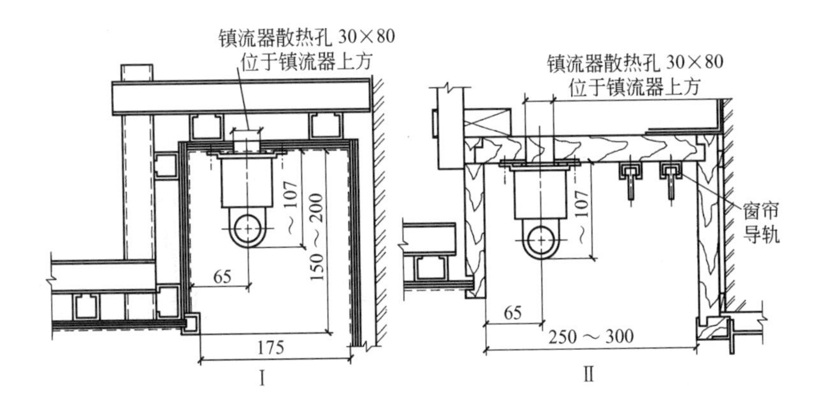

图 3-40　荧光灯檐内向下照射安装

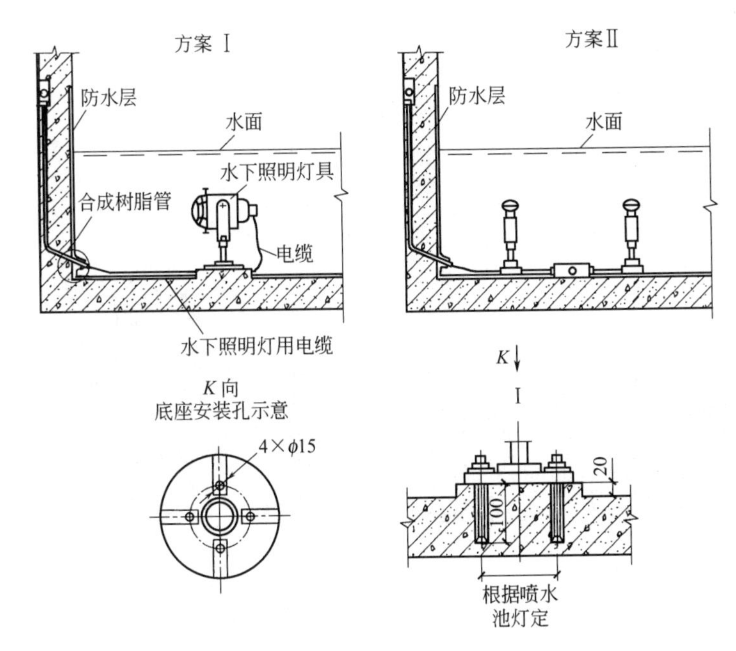

图 3-41　水下照明灯安装

⑩ 庭院灯安装如图 3-42 所示。

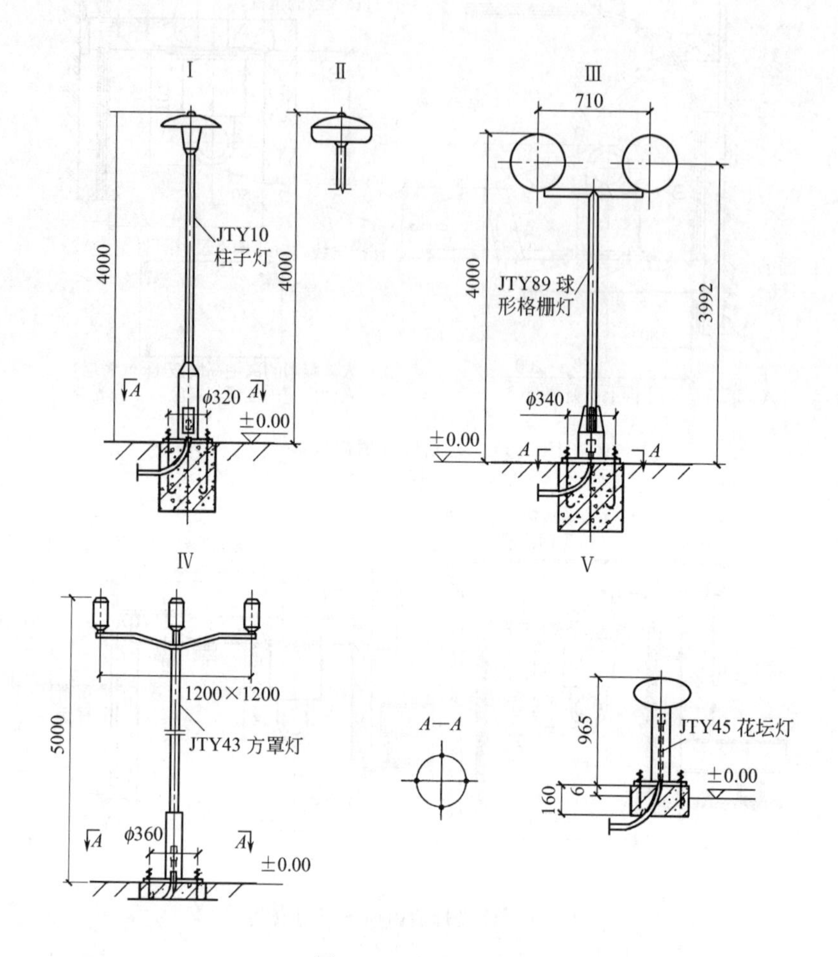

图 3-42 庭院灯安装

⑪ 路灯灯具及金属灯杆安装如图 3-43 所示。

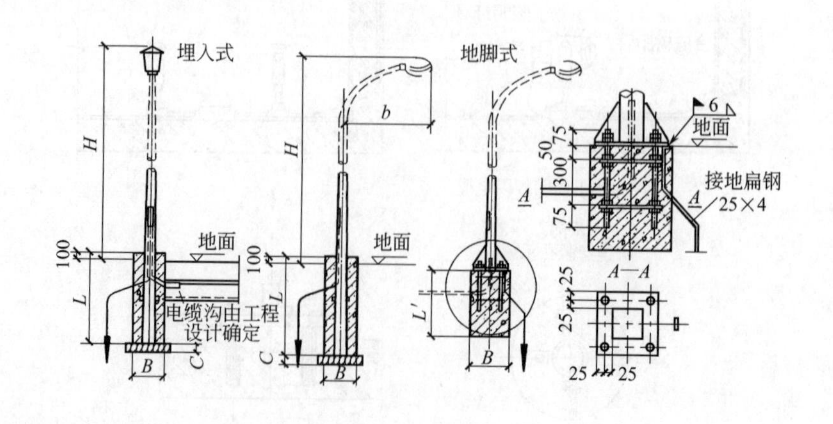

图 3-43 路灯灯具及金属灯杆安装

⑫ 防水、防尘灯具安装如图 3-44 所示。

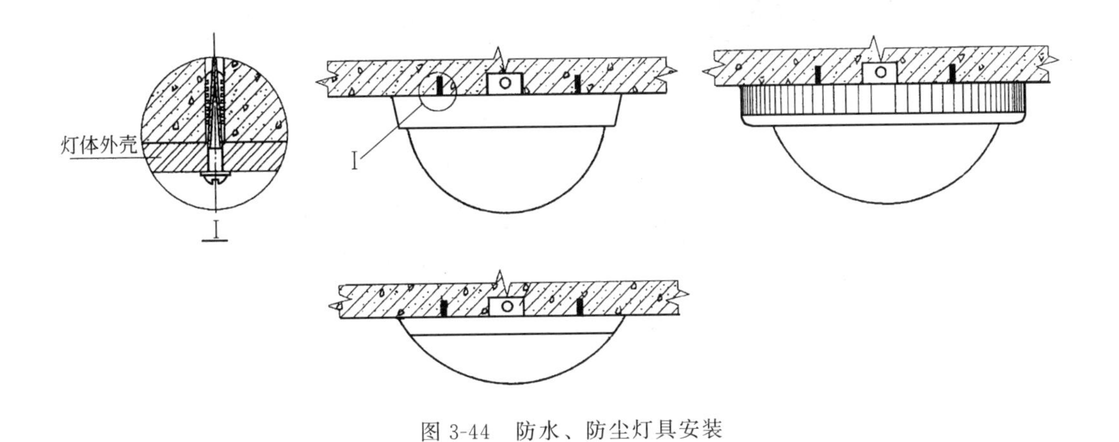

图 3-44　防水、防尘灯具安装

⑬ 黑板灯安装如图 3-45 所示。

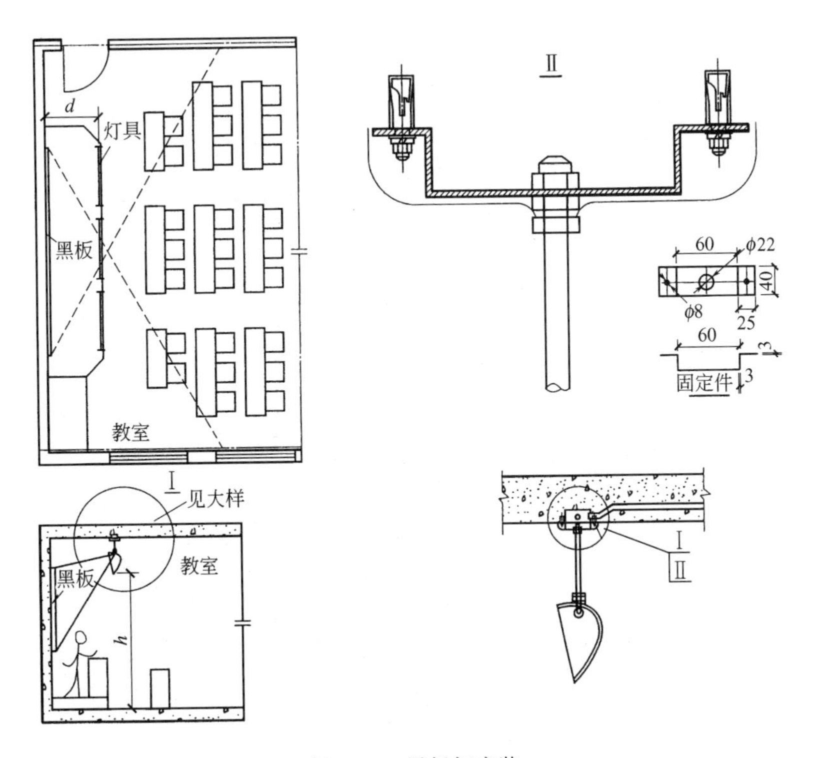

图 3-45　黑板灯安装

⑭ 应急疏导标志灯安装如图 3-46 所示。

三、开关的安装

开关是用来控制灯具等电器电源通断的器件。根据它的使用和安装，大致可分明装式、暗装式和组装式几大类。明装式开关有扳把式、翘板式、按钮式和双联或多联式；暗装式（即嵌入式）开关有按钮式和翘板式；组合式即根据不同要求组装而成的多功能开关，有节能钥匙开关、请勿打扰的门铃按钮、调光开关、带指示灯的开关和集控开关（板）等。

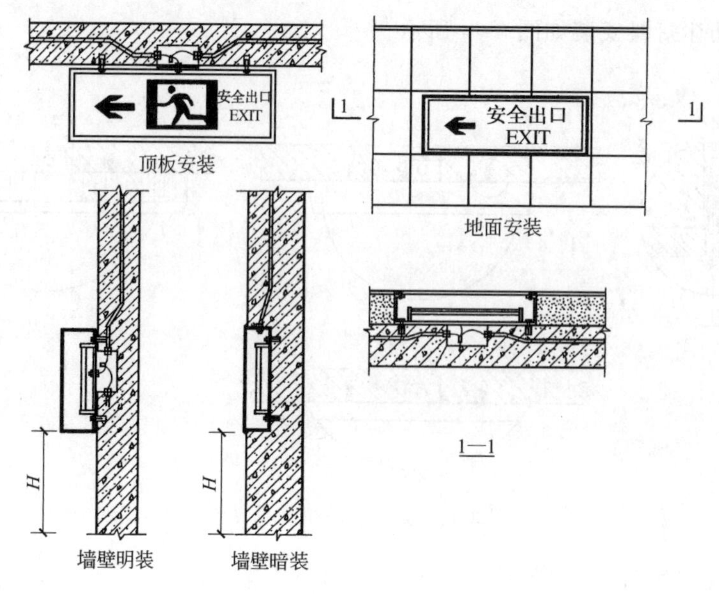

图 3-46 应急疏导标志灯安装

图 3-47 所示是一些常见的开关。开关的具体安装范例见表 3-62。

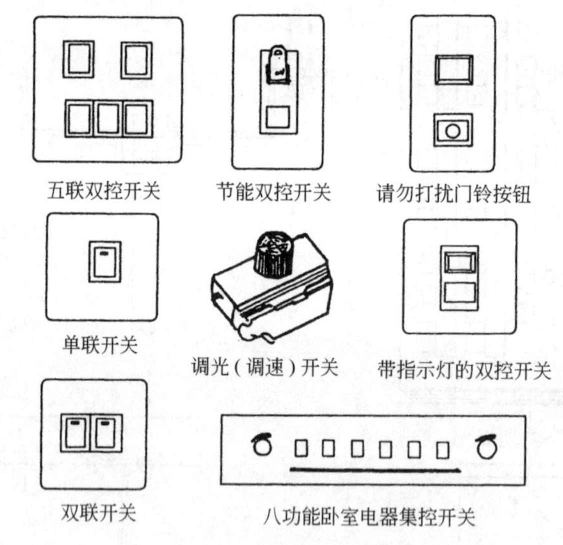

图 3-47 几种常见开关

表 3-62 开关的具体安装范例

安装形式	步骤	示意图	安装说明
明装	第 1 步	灯头与开关的连接线 火线 塞上木枕	在墙上准备安装开关的地方，居中钻 1 个小孔，塞上木枕，如左图所示。一般要求倒板式、翘板式或按钮式开关距地面高度为 1.3m，距门框 150～200mm；拉线开关距地面 1.8m，距门框 150～200mm

安装形式	步骤	示意图	安装说明
明装	第 2 步		把待安装的开关在木台上放正，打开盖子，用铅笔或多用电工刀对准开关穿丝孔在木台板上划出印记，然后用多用电工刀在木台钻 3 孔(2 个为穿线孔，另一个为木螺钉安装孔)。把开关的两根线分别从木台板孔中穿出，并将木台固定在木枕上，如左图所示
	第 3 步		卸下开关盖，把已剖削绝缘层的 2 根线头分别穿入底座上的两个穿线孔，如左图所示，并分别将两根线头接开关的 a_1、a_2，最后用木螺钉把开关底座固定在木台上 对于扳把开关，按常规装法：开关扳把向上时电路接通，向下时电路断开
暗装	第 1 步		将接线暗盒按定位要求埋设(嵌入)在墙内，埋设时用水泥砂浆填充，但要注意埋设平整，不能偏斜，暗盒口面应与墙的粉刷层面保持一致，如左图所示
	第 2 步		卸下开关面板，把穿入接线暗盒内的两根导线头分别插入开关底板的两个接线孔，并用木螺钉将开关底板固定在开关接线暗盒上；再盖上开关面板即可，如左图所示
注意事项	开关安装要牢固，位置要准确 安装扳把开关时，其扳把方向应一致：扳把向上为“合”，即电路接通；扳把向下为“分”，即电路断开		

四、插座的安装

插座是供移动电器设备如台灯、电风扇、电视机、洗衣机及电动机等连接电源用的。插座分固定式和移动式两类。图 3-48 所示是常见的固定式插座，有明装和暗装两种。表 3-63 所示是插座的具体安装范例。

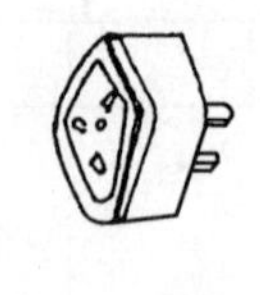

(a) 明装插座

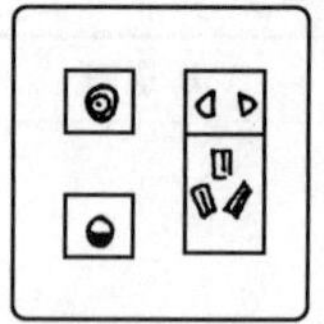

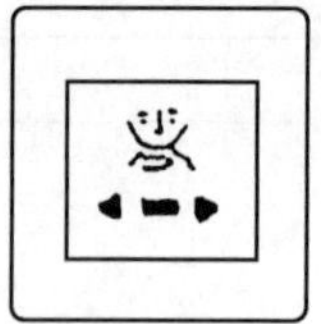

(b) 暗装插座

图 3-48　几种常见的固定式插座

表 3-63　插座的安装

安装形式	步骤	示意图	安装说明
明装	第 1 步	灯头与开关的连接线 火线 塞上木枕	在墙上准备安装插座的地方居中打 1 个小孔塞上木塞,如左图所示 高插座木塞安装距地面为 1.8m,低插座木塞安装距地面 0.3m
	第 2 步	在木台上钻孔	对准插座上穿线孔的位置,在木台上钻 3 个穿线孔和 1 个木螺钉孔,再把穿入线头的木台固定在木枕上,如左图所示
	第 3 步	E(保护接地) N L	卸下插座盖,把 3 根线头分别穿入木台上的 3 个穿线孔,然后,再把 3 根线头分别接到插座的接线柱上;插座大孔接插座的保护接地 E 线,插座下面的 2 个孔接电源线(左孔接零线 N,右孔接相线 L),不能接错。如左图所示,是插座孔排列顺序
暗装	第 1 步	墙孔 埋入 接线暗盒	将接线暗盒按定位要求埋设(嵌入)在墙内,如左图所示。埋设时用水泥砂浆填充,但要注意埋设平整,不能偏斜,暗装插座盒口面应与墙的粉刷层面保持一致
	第 2 步	E(保护接地) N L	卸下暗装插座面板,把穿过接线柱的导线线头分别插入暗装插座下面的两个小孔内,插入相线线头,如左图所示。检查无误后,固定暗装插座,并盖上插座面板

续表

安装形式	步骤	示意图	安装说明
注意事项		安装插座接线孔的排列、连接线路顺序要一致 单相二孔插座：二孔垂直排列时，相线接在上孔，零线接在下孔；水平排列时，相线接在右孔，零线接在左孔 单相三孔插座：保护线接在上孔，相线接在右孔，零线接在左孔 三相四孔插座：保护线接在上孔，其他三孔按左、下、右接 A、B、C 三相线	

五、配电箱的安装

建筑装饰装修工程中所使用的照明配电箱有标准型和非标准型两种。标准型配电箱多采用模数化终端组合电器箱，它具有尺寸模数化、安装轨道化、使用安全化、组合多样化等特点，可向厂家直接订购。非标准配电箱可自行制作。照明配电箱根据安装方式不同，可分为明装和暗装两种。

1. 材料质量要求

① 设备及材料均符合国家或部颁发的现行标准，符合设计要求，并有出厂合格证。

② 配电箱、柜内主要元器件应为“CCC”认证产品，规格、型号符合设计要求。

③ 箱内配线、线槽等附件应与主要元器件相匹配。

④ 手动式开关机械性能要求有足够的强度和刚度。

⑤ 外观无损坏、锈蚀现象，柜内无器件损坏或丢失，接线无脱焊或松动。

2. 主要施工机具

电焊机、气割设备、台钻、手电钻、电锤、砂轮切割机、常用电工工具、扳手、锤子、锉刀、钢锯、台虎钳、钳桌、钢卷尺、水平尺、线坠、万用表、绝缘摇表（500V）。

3. 施工顺序

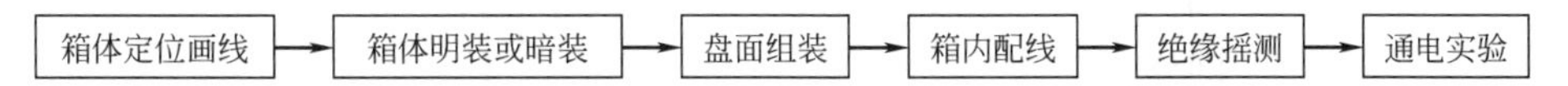

4. 配电箱安装一般规定

① 安装电工、电气调试人员等应按有关要求持证上岗。

② 安装和调试用各类计量器具，应检定合格，使用时应在有效期内。

③ 动力和照明工程的漏电保护装置应做模拟动作实验。

④ 接地（PE）或接零（PEN）支线必须单独与接地（PE）或接零（PEN）干线相连接，不得串联连接。

⑤ 安装配电箱，当箱体厚度超过墙体厚度时不宜采用嵌墙安装方法。

⑥ 所有金属构件均应做防腐处理，进行镀锌，无条件时应刷一度红丹、二度灰色油漆。

⑦ 安装配电箱时，配电箱和四周墙体应无间隙；箱体后部墙体如已留通洞，则箱体后墙在安装时需做防开裂处理。

⑧ 铁制配电箱与墙体接触部分须刷樟丹油或其他防腐漆。

⑨ 螺栓锚固在墙上用 M10 水泥砂浆，锚固在地面上用 C20 细石混凝土，在多孔砖墙上不应直接采用膨胀螺栓固定设备。

⑩ 当箱体高度为 1.2m 以上时，宜落地安装；当落地安装时，柜下宜垫高 100mm。

⑪ 配电箱安装高度应便于操作、易于维护。设计无要求时，当箱体高度不大于 600mm

时，箱体下口距地宜为 1.5m；箱体高度大于 600mm 时，箱体上口距室内地面不宜大于 2.2m。

5. 配电箱安装

(1) 配电箱明装

配电箱在墙上用螺栓安装如图 3-49 所示；配电箱在墙上用支架安装如图 3-50 所示；配电箱在空心砌块墙上安装如图 3-51 所示；配电箱在轻质条板墙上安装如图 3-52 所示；配电箱在夹心板墙上安装如图 3-53 所示；配电箱在轻钢龙骨内墙上安装如图 3-54 所示。

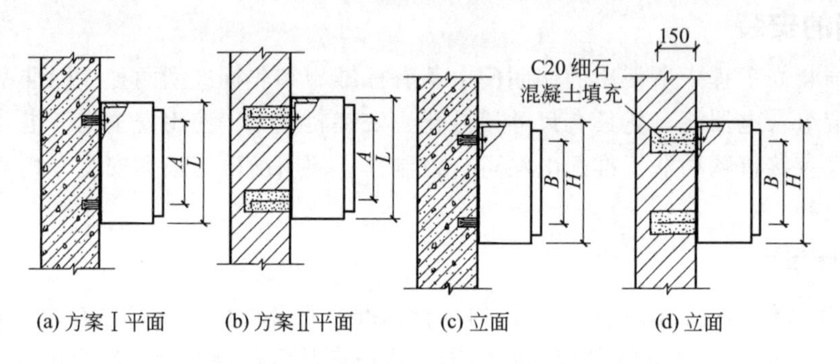

图 3-49 配电箱在墙上用螺栓安装

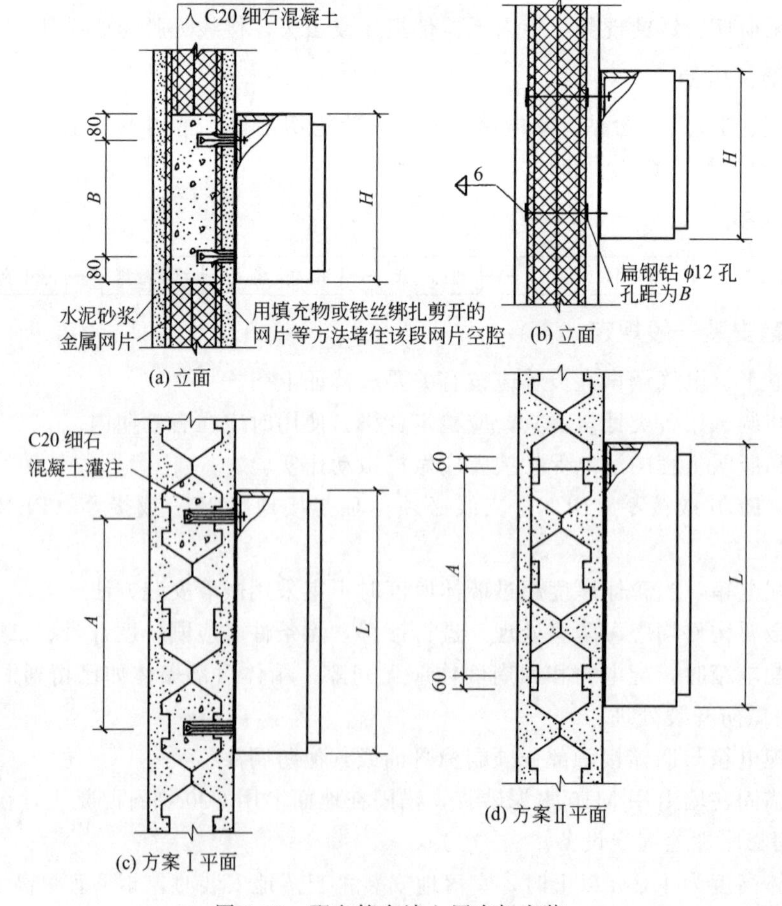

图 3-50 配电箱在墙上用支架安装

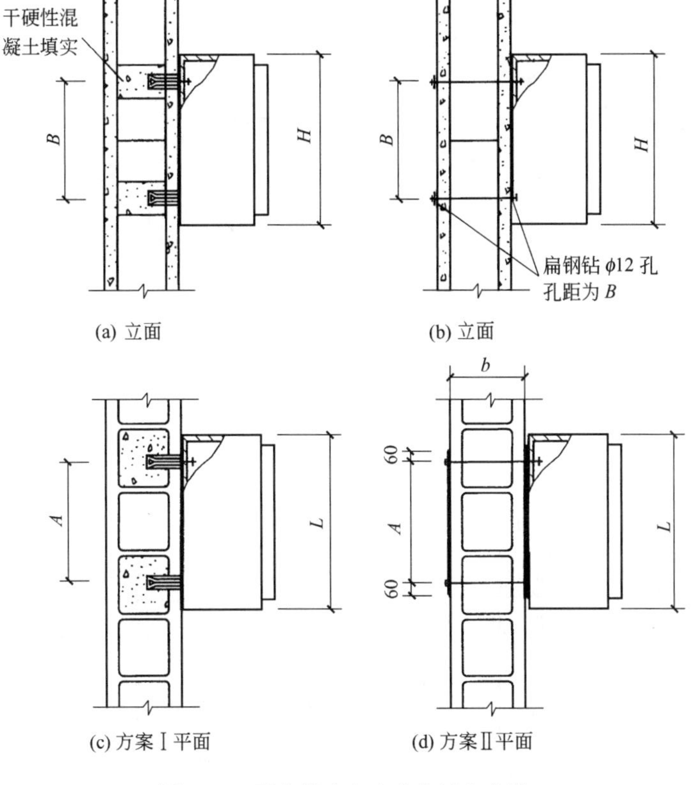

图 3-51　配电箱在空心砌块墙上安装

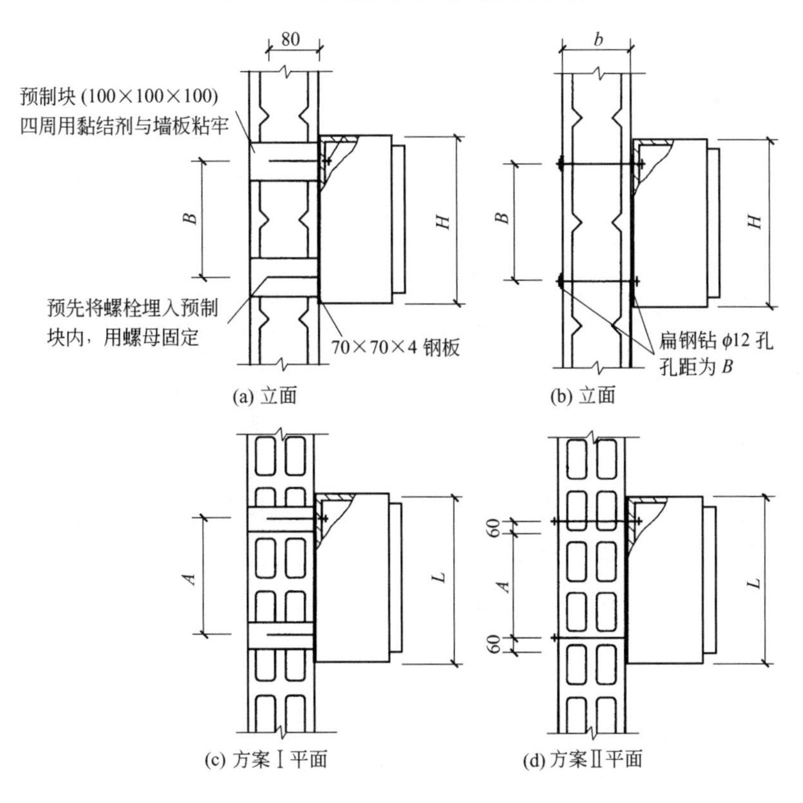

图 3-52　配电箱在轻质条板墙上安装

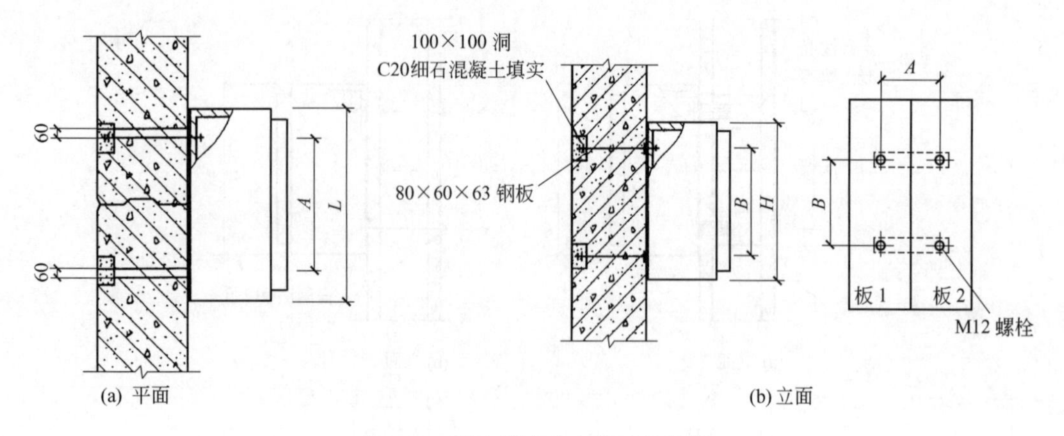

图 3-53　配电箱在夹心板墙上安装

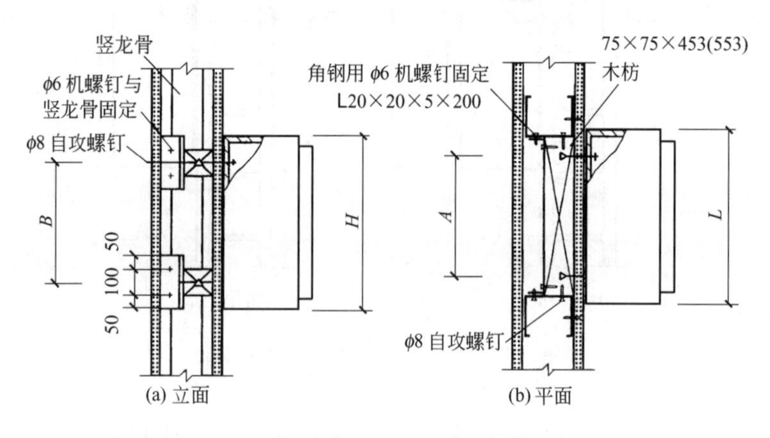

图 3-54　配电箱在轻钢龙骨内墙上安装（明装）

（2）配电箱暗装

配电箱嵌墙安装如图 3-55 所示；配电箱在空心砌块墙上嵌墙安装如图 3-56 所示；配电箱在轻钢龙骨内墙上安装如图 3-57 所示。

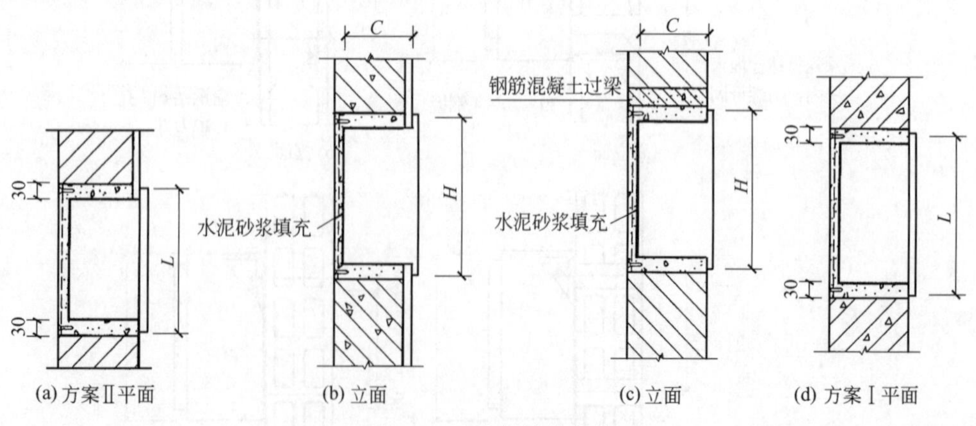

图 3-55　配电箱嵌墙安装

所有箱（盘）全部电器安装完后，用 500V 兆欧表对线路进行绝缘遥测，遥测相线与相线之间、相线与零线之间、相线与地线之间、零线与地线之间的绝缘电阻，达到要求后方可送电试运行。

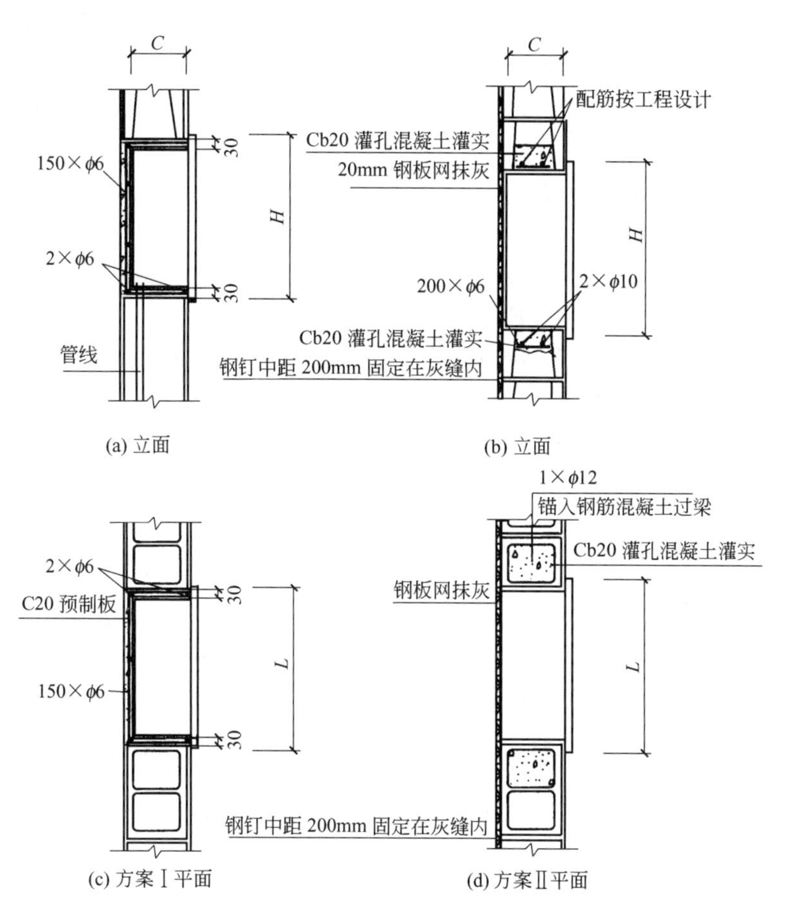

图 3-56　配电箱在空心砌块墙上嵌墙安装

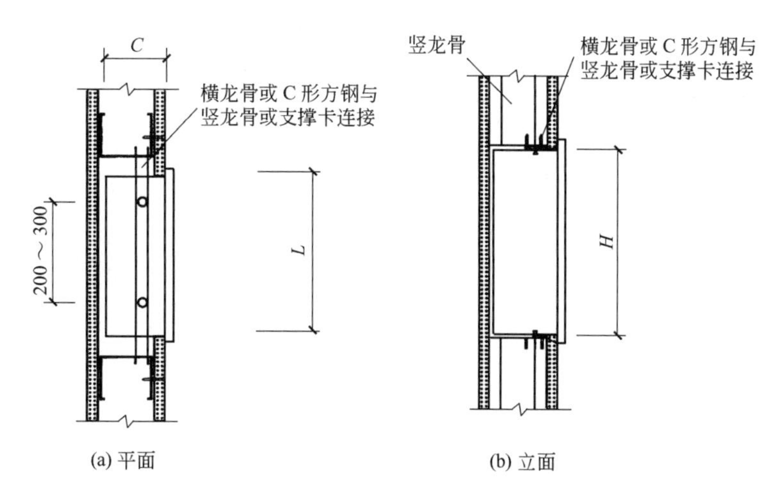

图 3-57　配电箱在轻钢龙骨内墙上安装（暗装）

六、漏电保护器的安装

漏电保护器（俗称触电保安器或漏电开关）是用来防止人身触电和设备事故的装置。

1. 漏电保护器的使用

① 漏电保护器应有合理的灵敏度。灵敏度过高，可能因微小的对地电流而造成保护器

频繁动作，使电路无法正常工作；灵敏度过低，有可能发生人体触电后，保护器不动作，从而失去保护作用。一般漏电保护器的启动电流应在 15～30mA。

② 漏电保护器应有必要的动作速度。一般动作时间小于 0.1s，以达到保护人身安全的目的。

2. 漏电保护器使用时注意事项

① 不能以为安装了漏电保护器，就可以大意。

② 安装在配电箱上的漏电保护器线路对地要绝缘良好，否则会因对地漏电电流超过启动电流，使漏电保护器经常发生误动作。

③ 漏电保护器动作后，应立即查明原因，待事故排除后，才能恢复送电。

④ 漏电保护器应定期检查，确定其是否能正常工作。

3. 漏电保护器的安装

漏电保护器的安装步骤如表 3-64 所示。

表 3-64　漏电保护器的安装

示意图	步骤	安装说明
电源侧 合 分 负载侧	选型	应根据用户的使用要求来确定保护器的型号、规格。家庭用电一般选用 220V、10～16A 的单极式漏电保护器，如左图所示
	安装	安装接线应符合产品说明书规定在干燥、通风、清洁的室内配电盘上。家用漏电保护器安装比较简单，只要将电源两根进线连接于漏电保护器进线两个桩头上，再将漏电保护器两个出线桩头与户内原有两根负荷出线相连即可
	测试	漏电保护器垂直安装好后，应进行试跳，试跳方法即将试跳按钮按一下，如漏电保护器开大跳开，则为正常

注：当电器设备漏电过大或发生触电时，保护器动作跳闸，这是正常的，决不能因跳闸而擅自拆除。正确的处理方法是对家庭内部线路设备进行检查，消除漏电故障点，再继续将漏电保护器投入使用。

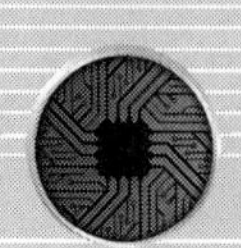

第四章 电子元器件

第一节 常用电子元件

一、电阻器

1. 电阻器的基本知识

电流通过导体时，导体对电流有一定的阻碍作用，这种阻碍作用称为电阻。在电路中起电阻作用的元件称为电阻器，通常简称电阻。电阻的文字符号是 R，电阻的基本单位是 Ω（欧［姆］），还有较大的单位 kΩ（千欧）和 MΩ（兆欧）。它们的换算关系为

$$1M\Omega=10^3k\Omega=10^6\Omega$$

电阻器的主要用途是：稳定和调节电路中的电流和电压，作为分流器和分压器以及作为消耗电能的负载电阻。

电阻器由电阻体、基体（骨架）、引出线和保护层 4 部分组成，如图 4-1 所示。电阻器可以做成棒形、片形等各种形状。

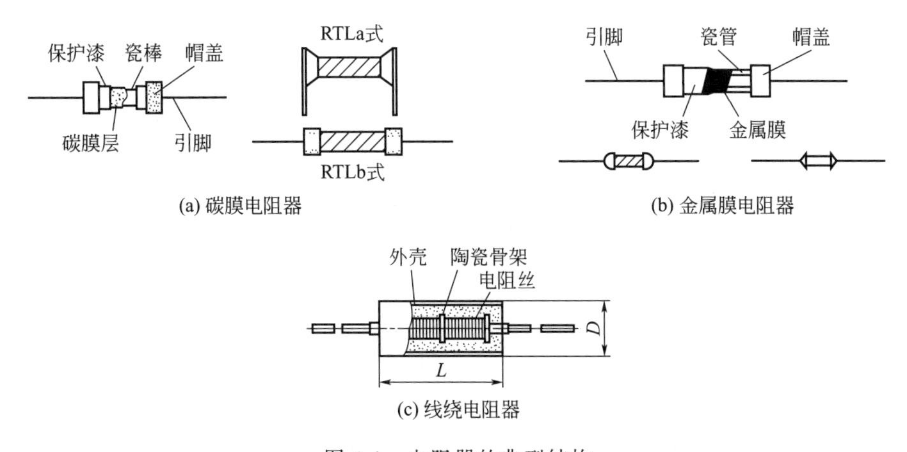

图 4-1 电阻器的典型结构

2. 电阻器的分类及命名方法

(1) 电阻器的分类

常用电阻器一般分为两大类，阻值固定的电阻器称为固定电阻器，阻值连续可变的电阻器称为可变电阻器（包括微调电阻器和电位器）。它们的外形和图形符号如图 4-2 所示。由于制作的材料不同，电阻器也可分为碳膜电阻器、金属膜电阻器或线绕电阻器等。按用途不

同，有精密电阻器、高频电阻器、功率型电阻器和敏感型电阻器等。

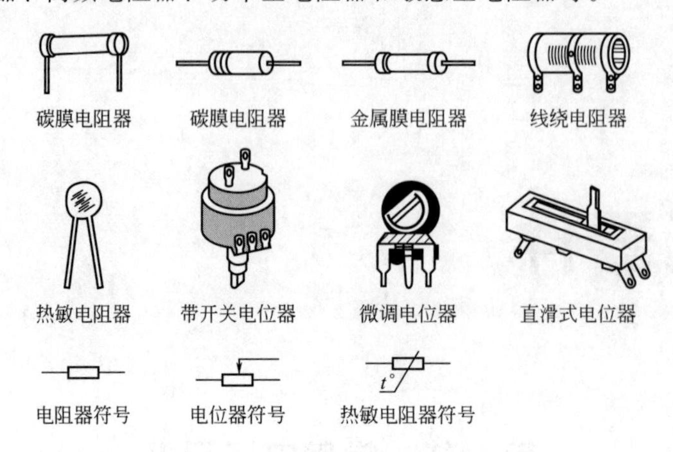

图 4-2 部分电阻器的外形及符号

(2) 电阻器的命名

根据国家标准 GB/T 2470—1995，电阻器和电位器的型号由以下四部分组成。

第一部分：用字母表示产品的主称；

第二部分：用字母表示产品的材料；

第三部分：一般用数字表示分类，个别类型也用字母表示分类；

第四部分：用数字表示序号。

主称、材料和分类部分的符号及意义如表 4-1 所示。

表 4-1 电阻器和电位器型号中的代号及意义

第一部分：主称		第二部分：材料		第三部分：分类		
符号	意义	符号	意义	符号	意义	
					电阻器	电位器
				1		普通
		T	碳膜	2	普通	普通
		J	金属膜	3	普通	—
		Y	氧化膜	4	超高频	—
R	电阻器	H	合成膜	5	高阻	—
		S	有机实芯	6	高阻	—
		N	无机实芯	7	—	精密
		I	玻璃釉膜	8	精密	特种函数
RP	电位器	X	线绕	9	高压	特殊
				G	特殊	—
				T	高功率	—
				W	可调	微调
				D		多圈

应用示例：RJ71。

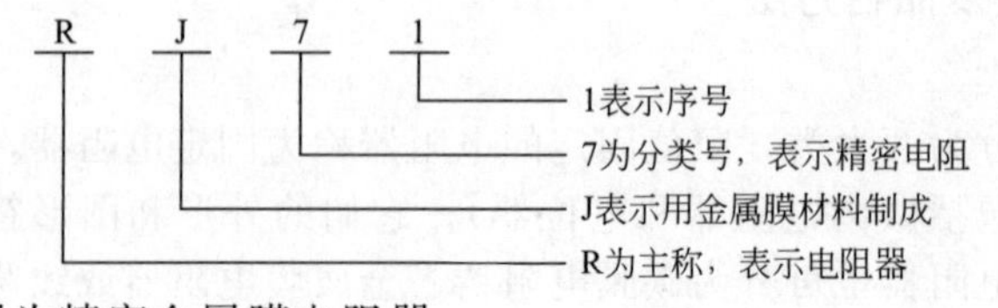

故 RJ71 型电阻器为精密金属膜电阻器。

3. 电阻器的主要性能参数

电阻器的结构、材料不同，性能就有一定的差异。在选择和使用电阻器时，必须掌握各种电阻器的特性。电阻器的主要性能参数有标称阻值及允许偏差、额定功率、最高工作电压和电阻温度系数等。

(1) 标称阻值及允许偏差

电阻器的标称阻值是指电阻器上标出的名义阻值，它是电阻器的设计阻值。由于材料、设备和工艺等原因，同一批生产出来的电阻器阻值的离散性是不可避免的，故一般电阻器的标称阻值与实际所测阻值之间都有偏差。实际阻值与标称阻值之间允许的最大偏差范围称为阻值允许偏差，此偏差通常称为阻值允许误差，一般都用标称阻值的百分数来表示。通用电阻器的阻值误差分为 3 个等级：Ⅰ级精度的阻值允许误差为±5%；Ⅱ级为±10%；Ⅲ级为±20%。

精密电阻器的阻值误差有以下 11 个等级：±2%、±1%、±0.5%、±0.2%、±0.15%、±0.05%、±0.02%、±0.01%、±0.005%、±0.002%和±0.001%。

为了既满足使用者对各种规格的需要，又能使规格减小到最低限度，除了少数特殊规格外，电阻器一般都是按国家标准 GB/T 2471—1995 电阻器标称阻值系列标准中的规定进行生产的。使用电阻器时，应尽量在标准规定的系列中选择所需的标称阻值。表 4-2 所示为通用电阻器的标称阻值系列，所列数值可乘以 10 的 n 次幂；其中，n 为正整数或负整数。

表 4-2 通用电阻器的标称阻值系列

允许偏差				允许偏差			
E24	E12	E6	E3	E24	E12	E6	E3
±5%	±10%	±20%	>±20%	±5%	±10%	±20%	>±20%
1.0					2.2	2.2	
	1.0			2.4			
1.1							2.2
		1.0	1.0	2.7			
1.2					2.7		
	1.2			3.0			
1.3				3.3			
					3.3		
				3.6		3.3	
				3.9			
					3.9		
				4.3			
1.5				4.7			4.7
	1.5	1.5			7.7		
1.6				5.1		4.7	
1.8				5.6			
	1.8				5.6		
2.0				6.2			
2.2				6.8			
					6.8		
				7.5			
						6.8	
				8.2			
					8.2		
				9.1			

(2) 额定功率

额定功率是指电阻器在直流或交流电路中，当大气压力在96～104kPa时，在产品标准中规定的额定温度下，长期连续负荷所允许消耗的最大功率，通常又称标称功率。

当环境温度升高时，电阻器的额定功率必须要降低。用不同材料制成的电阻器具有不同的负荷特性，这在产品技术条件中均有规定。环境温度超过额定环境温度后，容许的额定功率直线下降。在低于规定的额定功率下使用电阻器的寿命就较长，可以安全工作。如超负荷使用，不仅会缩短电阻器寿命，而且会使电阻器参数不稳定，甚至可能烧毁。因此，在选用电阻器时，额定功率必须选择合适，以确保电阻器稳定可靠地工作。

电阻器额定功率的大小是按表4-3中规定的系列确定的。实际应用中，应尽量选用此标准系列中的标称功率。

表4-3 电阻器的额定功率系列

线绕电阻器/W	0.05	0.125	0.25	0.5	1	2	4	8	10
	16	25	40	50	75	100	150	250	500
非线绕电阻器/W	0.05	0.125	0.25	0.5	1	2	5	10	16
	25	50	100						

(3) 电阻温度系数

一般情况下，电阻器阻值随工作温度变化而变化。这种变化将会影响电路工作的稳定性，因此应使其尽可能地小。通常，用电阻温度系数来表示电阻器的温度稳定性，它表示温度每变化1℃时，电阻值的相对变化量。电阻温度系数越大，则该电阻器的温度稳定性越差。

4. 电阻器的标识方法

电阻器的标识方法有直标法、文字符号法、数码法和色环法等。

(1) 直标法

用阿拉伯数字和单位文字符号在电阻器表面直接标出标称阻值和允许偏差的方法，允许偏差用百分数表示。

(2) 文字符号法

用阿拉伯数字和文字符号有规律地组合来表示标称阻值及允许偏差的方法。标称阻值单位文字符号的位置则代表标称阻值有效数字中小数点所在位置，单位文字符号前面的数表示阻值的整数部分，文字符号后面的数表示阻值的小数部分，文字符号表示小数点和单位，符号的意义如表4-4所示。阻值允许偏差用文字符号表示，如表4-5所示。

表4-4 文字符号法标称阻值系列表

标称阻值/Ω	文字符号表示法	标称阻值/MΩ	文字符号表示法	标称阻值/MΩ	文字符号表示法
0.1	R1	1	1M0	3.3×10^4	33G
0.33	R33	3.3	3M3	5.9×10^4	59G
0.59	R59	5.9	5M9	10^5	100G
3.3	3R3	10	10M	3.3×10^5	330G
5.9	5R9	1 000	1G	5.9×10^5	590G
3.3	3K3	3 300	3G3	10^6	1T
5.9	5K9	5 900	5G9	3.3×10^6	3T3
10	10K	10 000	10G	5.9×10^6	5T9

表 4-5　阻值允许偏差的文字符号表示法

允许偏差/%	标志符号	允许偏差/%	标志符号	允许偏差/%	标志符号	允许偏差/%	标志符号
±0.001	E	±0.02	U	±0.5	D	±10	K
±0.002	X	±0.05	W	±1	F	±20	M
±0.005	Y	±0.1	B	±2	G	±30	N
±0.01	H	±0.2	C	±5	J		

例如：3K3J 表示阻值为 3.3kΩ，误差为±5%；

5R9F 表示阻值为 5.9kΩ，误差为±1%。

（3）数码法

用 3 位整数表示电阻阻值的方法。数码从左向右：前面的两位数为有效值，第三位数为零的个数（或倍率 10^n），单位为 Ω。

例如：512J 表示阻值为 5100Ω，误差为±5%；

393K 表示阻值为 39000Ω，误差为±10%。

（4）色环法

用不同颜色的色环在电阻器表面画出电阻值和误差的方法，是目前最常用的电阻值标识方法。能否识别色环电阻，是考核电子行业人员的基本项目之一。图 4-3 所示为电阻器色环表示示意图，表 4-6 所示为电阻器的色标符号规定，单位为 Ω。

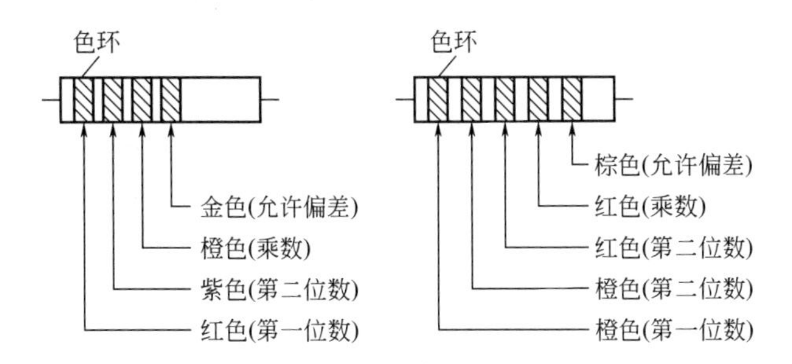

图 4-3　电阻器的色环表示

表 4-6　色标符号

颜色	第一色环	第二色环	第三色环	第四色环
	十位数字	个位数字	倍乘数	允许误差/%
棕	1	1	$\times10^1$	±1
红	2	2	$\times10^2$	±2
橙	3	3	$\times10^3$	
黄	4	4	$\times10^4$	
绿	5	5	$\times10^5$	±0.5
蓝	6	6	$\times10^6$	±0.25
紫	7	7	$\times10^7$	±0.1
灰	8	8	$\times10^8$	
白	9	9	$\times10^9$	+50　−20
黑	0	0	$\times10^0$	
金			$\times10^{-1}$	±5
银			$\times10^{-2}$	±10
无色				±20

目前，一般都为四色环电阻（普通电阻）和五色环电阻（精密电阻）。色环的颜色为黑、棕、红、橙、黄、绿、蓝、紫、灰、白，每种颜色都表示一个数字（0～9）。金色没有有效数，只表示乘数 10^{-1}（为 0.1）或允许精度误差±5%，银色只表示 10^{-2}（为 0.01）或允许精度误差为±10%。

① 四色环。前面两条色环代表的数字为有效数字，第三条色环代表零的个数（即倍率 10^n），最后一条色环表示允许偏差。

② 五色环。五色环为精密色环电阻，有效数字多一个，前面三条色环代表的数为有效数字，第四条色环代表零的个数（即倍率 10^n），最后一条色环代表允许偏差。

例如，四色环电阻红、红、棕、金，前面两条色环红色代表的数为 22，第三条色环（棕色）则表示前面两个数乘上 10^1（10）也就是说在前面的两个数字之后要加上 1 个“0”，这个色环电阻器的标称阻值就是 220Ω，误差为±5%。

五色环电阻红、黄、橙、金、棕，前面三条色环代表的数为 243，第四条色环（金色）则表示前面三个数乘上 10^{-1}（0.1），这个色环电阻器的标称阻值就是 24.3Ω，误差为±1%。

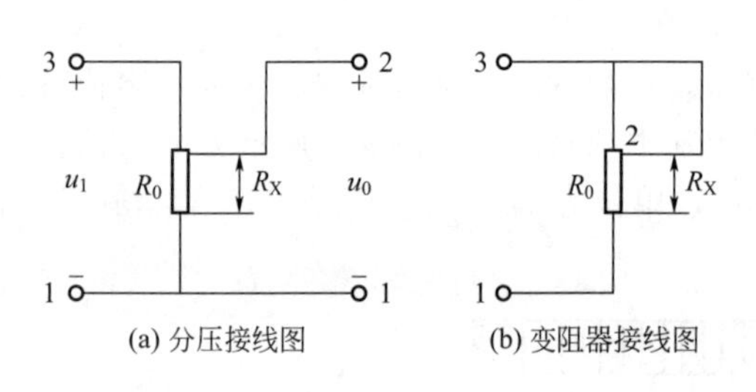

图 4-4　电位器的接线图

5. 电位器

电位器是一种连续可调的电阻器，它靠一个活动点（电刷）在电阻体上滑动，可以获得与转角（或位移）成一定关系的电阻值。

在电路中，电位器常用作分压器，它是一个四端元件。如图 4-4(a) 所示，输入电压 u_1 加在电阻体的 1、3 两端上，通过活动点 2 在电阻体 1、3 两点间的位移，把总电阻 R_0 分成 R_X 和（R_0-R_X）两部分，输出电压 u_0 是从 R_X 上取得的。

电位器作变阻器用时，是一个两端元件。如图 4-4(b) 所示，1、3 两端的阻值可随电刷 2 的位移而改变。

（1）电位器的主要性能参数

① 标称阻值与零位电阻。电位器外表标明的阻值是电位器的标称阻值，也是电位器的最大阻值。电阻标称阻值是按国标 GB/T 2471—1995，采用 E_6、E_{12} 系列进行生产的。在选用电位器的标称值时，应尽量考虑在此标准系列中选择。零电阻是电位器的活动点（电刷）处于始末端时，活动电刷与始末端之间存在的接触电阻；此值不为零，而是电位器的最小阻值。

② 变化特性。为了适应不同的用途，电位器的阻值变化规律有几种不同的情况。当活动点（电刷）在电阻体上转动或滑动时，阻值即随之改变。阻值随活动点（电刷）旋转的角度或移动的长度变化的关系称为阻值变化特性，也就是电位器的输出特性。

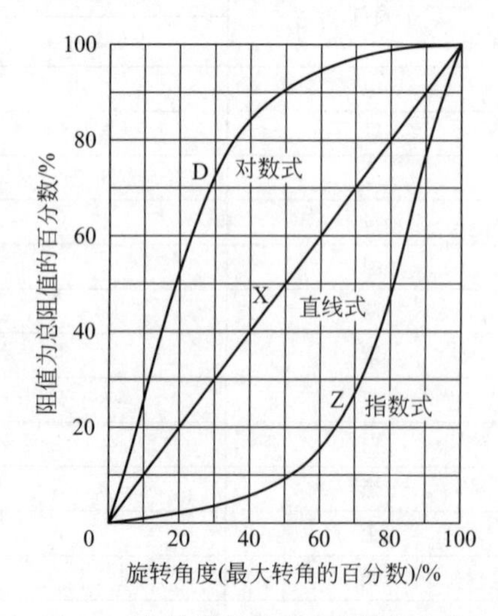

图 4-5　电位器的阻值变化特性曲线

线绕电位器的阻值变化特性一般是直线式的。非线绕电位器的阻值变化特性通常分为三类：直线式（X）、指数式（Z）和对数式（D），如图 4-5 所示。

直线式电位器：其阻值变化与转角成直线关系，它适用于要求调节均匀的场合，如分压器电路。指数式电位器：其阻值开始时变化较平缓，当转角接近最大转角一端时，阻值变化曲线较陡，这种电位器适用于音量控制电路，这是因为人耳对小音量的变化感觉比较灵敏。对数式电位器：其阻值开始时变化很大，而在转角接近最大转角一端时，阻值变化比较缓慢，它适用于要求与指数关系相反的电路中，如音调控制电路。

③ 动噪声。电位器的动噪声是电位器的动接点（电刷）在滑动时产生的电噪声。当电位器用于调节收音机音量时，动噪声会导致扬声器发出刺耳的声音。电位器的动噪声与转角速度、电刷接触压力及外加电压和电流的大小有关。

④ 分辨力。分辨力是电位器输出量调节的精细程度指标。线绕电位器的输出特性不是平滑上升，而是阶梯上升的。因为它的电刷不是沿电阻线长度平滑移动，而是一匝一匝地过渡移动，有时短接或跳过一些线匝。最小的调节量是一个阶梯的高度（即一匝所具有的阻值）。非线绕电位器的输出电压曲线也并不是很平滑，但比线绕电位器好得多。

电位器的特性参数很多，其中许多与电阻器相同，如额定功率等，此处不再逐一介绍。

(2) 电位器的分类

电位器可分为接触式和非接触式两大类。接触式电位器是靠电刷和电阻体直接接触而工作的，目前常用的多属于这一类。非接触式电位器工作时没有直接接触的电刷，是新近发展起来的新型电位器，如数字电位器、光电电位器和磁敏电位器等。

按电阻体所用的材料分，有合成碳膜电位器、金属膜电位器、金属氧化膜电位器、金属玻璃釉电位器、导电塑料膜电位器、合成实芯电位器和线绕电位器等。

按高节方式分，有旋转式电位器和直滑式电位器两种。目前一般常用的多为旋转式。旋转式转轴的轴端形式有 3 种，如图 4-6 所示。

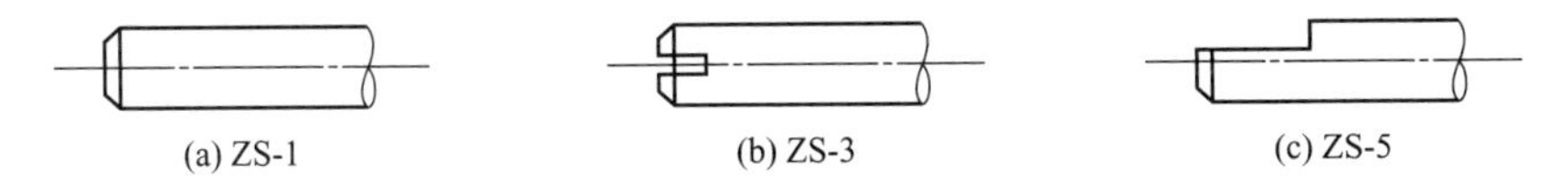

图 4-6 电位器转轴的轴端形式

按电位器的组合形式分，有单联电位器和多联电位器。多联电位器有同轴式和异轴式两种。一般电位器多为单联电位器。

按是否带开关分，有带开关电位器和不带开关电位器。带开关电位器有旋转式开关和推拉式开关两种，后者寿命较长。图 4-7 所示为带开关电位器的结构示意图。

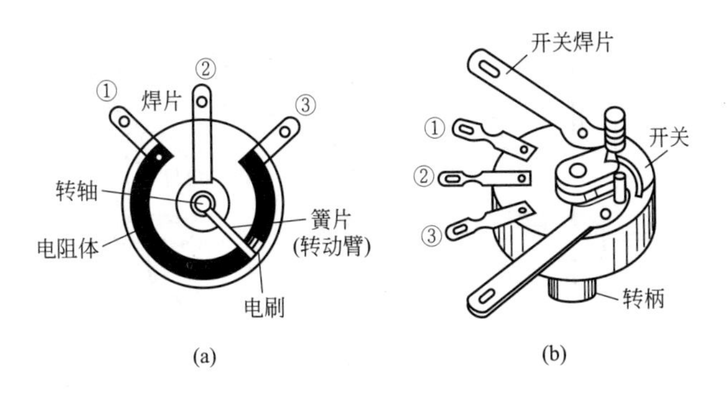

图 4-7 带开关电位器的结构

(3) 电位器的标识

电位器的标识一般用文字或数字表示其型号、品种、功率、标称阻值、允许误差、轴长及轴端形式等。

例如：

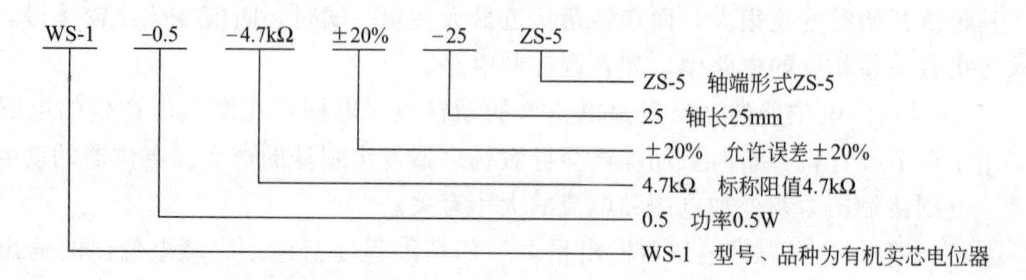

二、电容器

1. 作用与分类

电容器是一种储能元件，是电子电路中最常用的元件之一，它由被绝缘物质隔开的两个导体（极板）组成。两个极板间的绝缘物质称为电介质，它们可以是空气、云母、塑料薄膜或陶瓷等。电容器除具有隔直和分离各种不同频率的能力外，在电路中还可用作旁路、耦合信号、滤波和谐振元件等。

电容器按其使用材料和结构不同而有不同的分类方法。表 4-7 是电容器的常用分类方法。

表 4-7 电容器的分类

按结构分类	固定电容	有机、无机、电解质等介质
	可变电容	空气介质、塑膜介质
	微调电容	陶瓷介质、空气介质、塑膜介质
按介质材料分类	有机介质	纸介电容器、漆膜介电容器、复合介电容器
	无机介质	陶瓷电容器、云母电容器、玻璃釉电容器
	气体介质	空气电容器、真空电容器
	电解质	铝电解电容器、钽电解电容器、铌电解电容器

各种电容器的外形如图 4-8 所示。

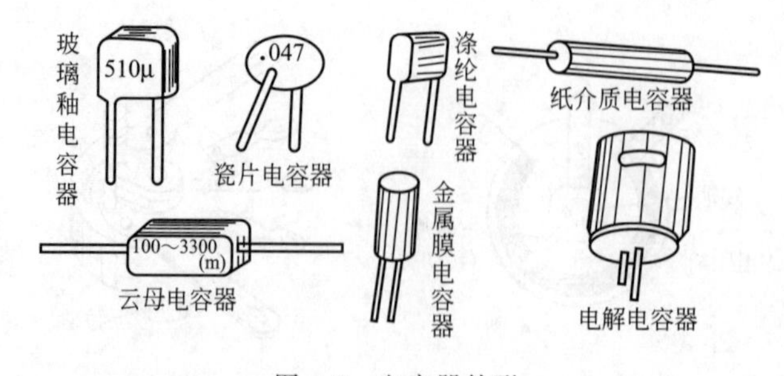

图 4-8 电容器外形

2. 命名方法

电容器的型号一般由四部分组成。

第一部分：主称（电容器用 C 表示）。

第二部分：材料（用字母表示），含义如表 4-8 所示。

第三部分：特征（用字母或数字表示），含义见表 4-8。

第四部分：产品序号（用数字表示）。

表 4-8　电容器型号中介质材料的字母含义

主称		材料		特征				
字母	含义	字母	含义	符号	瓷介电容器	云母电容器	有机电容器	电解电容器
C	电容器	A	钽电容	1	圆形	非密封	非密封	箔式
		B	聚苯乙烯等非极性有机薄膜	2	管形	非密封	非密封	箔式
		C	高频瓷介	3	叠片	密封	密封	烧结粉　非固体
		D	铝电解	4	独石	密封	密封	烧结粉　固体
		F	聚四氟乙烯	5	穿芯		穿芯	
		G	合金电解	6	支柱形			
		H	纸膜复合	7				无极性
		I	玻璃釉	8	高压	高压	高压	
		J	金属化纸介	9			特殊	特殊
		L	聚酯(涤纶)等极性有机薄膜	G		高功率		
		N	铌电解	T		叠片式		
		O	玻璃膜	W		微调		
		Q	漆膜					
		S	聚碳酸酯					
		T	低频瓷介					
		Y	云母					
		Z	纸介					

3. 电路符号及单位

电容器在电路中的符号如图 4-9 所示。其中图（a）为一般电容器，图（b）为电解电容器，图（c）为可调电容器，图（d）为可调电容器（微调电容器），图（e）为双联可调电容器。

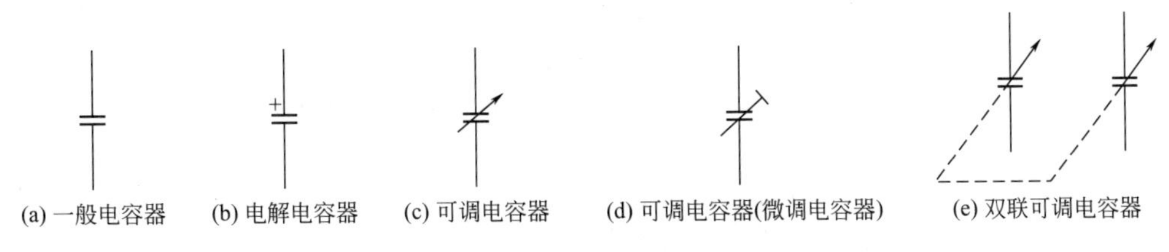

图 4-9　电容器的电路符号

电容器的基本单位是法［拉］（F），但在应用中较多采用较小的单位，如微法（μF）、纳法（nF）、皮法（pF）等。它们的换算关系是：

$$1F=10^{6}\mu F=10^{9}nF=10^{12}pF$$

4. 主要参数

电容器的主要参数有标称容量、允许误差、额定耐压、绝缘电阻及漏电流等。

(1) 标称容量和允许误差

电容器上所标明的电容值称为标称容量。电容器的实际容量与标称容量之间的差为电容器的误差，它反映了电容器的精度。电容器的精度等级一般分为五级，如表 4-9 所示。

表 4-9　电容器的精度等级

精度等级	00	0	Ⅰ	Ⅱ	Ⅲ
允许误差/%	±1	±2	±5	±10	±20

(2) 额定耐压

电容器的耐压是指电容器能够承受施加电压而不至于被击穿的能力，是表征电容器电性能的主要指标之一，常以额定直流工作电压、实验电压和交流工作电压三个参数来评定。

额定电压是指在允许环境温度下，连续长期施加在电容器上的最大电压有效值。电容器的耐压值一般都标在电容器的表面上，实际应用时绝不允许电路工作电压超过电容器额定工作电压，否则电容器将会击穿损坏。

(3) 漏电流和绝缘电阻

电容器中的介质是非理想绝缘体，在一定工作温度及电压条件下，电容器两极板间存在漏电流。一般地，电解电容器的漏电流较大些，其他类电容器的漏电流较小。绝缘电阻等于加到电容极板上的直流电压与漏电流之比，常用来表征电容器的绝缘性能。一般电容器的绝缘电阻都在数百兆欧以上。

5. 识别方法

电容器容量的标注方法与电阻器基本相似，有直接标注法、字母数字混标法、纯数字表示法和色标法。

直接标注法：在电容器表面用数字和单位直接标出电容器的容量、误差和额定耐压等。例如，某电容器上标有 33 字样，表示该电容器的标称容量为 33pF；某电容器上标有 330pF ±10%、160V、CZ12 字样，表示这一电容是纸介（CZ）电容器，标称容量为 330pF，允许偏差为±10%，额定耐压为 160V。

字母数字混标法：同电阻器的表示方法类似。例如，p10 表示 0.1pF；5p9 表示 5.9pF；3n3 表示 3300pF；μ33 表示 0.33μF。

纯数字表示法：该方法又分为三位数字表示法和四位数字表示法。在三位数字表示法中，用三位整数表示电容器的标称容量，然后用一个字母表示允许偏差。在三位数字中，前两位数字表示有效数字，第三位表示倍乘，即表示是 10 的 n 次方，标称电容的单位为 pF。例如，某电容器上标有 681J，则表示该电容器的标称容量为 $68\times10^{1}=680$pF，J 表示容量允许误差为±5%。在国产电容中，常用来对瓷片电容等较小容量的电容器进行标注。

在四位数字表示法中有两种情况，一是用四位整数表示标称电容量大小，此时电容器的单位是 pF，如 2200 表示 2200pF；二是用小数（有时不足四位数字）来表示标称容量，此时电容器的单位是 μF，如 0.22 表示电容器的容量为 0.22μF。

在纯数字表示法中，有时在数字的末尾还附有一个字母符号以表示电容器的误差。常用电容器标称符号与允许误差见表 4-10。

表 4-10　电容器标称符号与允许误差对照表

标称符号	B	C	D	F	G	J	K	M	N	P	S	Z
允许偏差/%	±0.1	±0.2	±0.5	±1	±2	±5	±10	±20	±30	$\pm^{100}_{20}$	$\pm^{50}_{20}$	$\pm^{80}_{20}$

色标法：电容器的色标法规则与电阻器相同，但其单位为 pF。除此之外，电容器的工作电压色标规则如表 4-11 所示。

表 4-11　电容器工作电压色标法规则

颜色	黑	棕	红	橙	黄	绿	蓝	紫	灰
工作电压/V	4	6.3	10	16	25	32	42	50	63

6. 质量检测与代换

对电容器的检测包括容量测量和质量好坏判别。要对电容器的容量进行精确测量，必须利用专用仪器来完成。在实际应用中更多的是对其质量好坏进行鉴别。

用万用表电阻挡对电容器进行测量时，主要是利用电容器的充放电特性实现的；正常情况下，表针应顺时针方向摆动，然后逐渐回摆，直至最后表针停留在某一刻度或无穷大位置。表针停留的位置就是被测电容的漏电电阻，表针回摆位置距无穷大越近，说明被测电容的漏电电阻越大。对于同容量的电容器，漏电电流越大，漏电电阻越小，电容器的性能也就越差。

（1）大容量电容（电解电容）器的检测与代换

由于电解电容器的容量较大，用万用表检测时可以清楚地看到表针的摆动情况。具体检测时，可选用万用表的 $R\times100$ 挡或 $R\times1\text{k}$ 挡，若此时表针偏转的幅度仍很大，甚至达到满刻度，则很难比较不同电容器间的容量大小，应降低电阻挡位进行测量。对大于 1000μF 的电容器，甚至可以选用 $R\times1$ 挡进行测量。

① 电解电容器容量的估测。将万用表置 $R\times100$ 挡或 $R\times1\text{k}$ 挡，黑表笔接电解电容器的正极，红表笔接电解电容器的负极，此时表针会向右（顺时针）偏转，然后逐渐回摆；对调两表笔再进行测量，表针摆动幅度会更大，然后逐渐回摆。电容器容量越大，表针的摆动幅度就越大。

② 电解电容器极性的判别。电解电容器在使用过程中，会出现极性标注不清或根本未标注的情况，此时可借助万用表对其极性进行判别。将万用表置 $R\times100$ 挡或 $R\times1\text{k}$ 挡，测量其漏电电阻大小，然后对调表笔再测其漏电电阻。比较两次测量结果，漏电电阻较大的一次，黑表笔所接的一端即为电解电容器的正极，红表笔所接的一端为电解电容器的负极。

③ 电解电容器的选用与代换。电解电容器的选用，主要考虑的是其容量与耐压值。高耐压电解电容器可代替低耐压电解电容器，但低耐压电容器却不能代替高耐压电容器。

（2）中小容量电容器的检测与代换

对中小容量电容器的检测，由于其漏电电阻一般都很大，当选用万用表进行测量时，需用较高欧姆挡位，如 $R\times1\text{k}$ 挡或 $R\times10\text{k}$ 挡，容量越小，选用的挡位越高。对电容器容量大小的估计，用万用表的同一电阻挡进行测量时，表针摆动越大，其容量也越大。

对于容量小于 5000pF 的电容器，用万用表很难看出其充放电现象，只能用专用仪器进行测量。

用万用表对电容进行测量时，如果被测电容的阻值很小或为零，说明被测电容可能已击穿短路。如估测较大容量电容时，测得的阻值很大或无穷大，则说明该电容已内部断路。

对中小容量电容器的代换，除注意耐压和容量外，使用频率也是需要考虑的因素。一般情况下，用于低频场合的电容器，只要体积允许，都可以用等容量的高频电容器来代替；但应用在高频场合的电容器，却不能用低频电容器来代替。

7. 可变电容器的检测与代换

对于可变电容器，无论是单联、双联或多联，其容量都很小，一般只有几到几十皮法，很难用万用表检测出阻值的变化，只能检测其是否有短路现象。具体方法是：将万用表置 $R\times100$ 挡或 $R\times1k$ 挡，两表笔分别接可变电容器的定片和动片引出端子，缓缓旋动转轴，观察万用表指针的摆动情况。若动片处在任何位置时表针均指在无穷大，则可变电容器是正常的；若在转动转轴时，有表针指在零欧姆或某一较小电阻值情况，说明该电容器有碰片短路现象。

对可变电容器的代换，只能用同型号、同规格及容量变化范围相同的可变电容器来代替。

三、电感器

电感器简称电感，通常指电感线圈，是用绝缘导线（如漆包线、纱包线等）在绝缘骨架、磁芯或磁铁芯上绕制而成的一种元件。

1. 电感器的作用及电路图形符号

（1）电感器的作用

电感器是根据线圈的自感原理制成的，它具有阻交流、通直流的特性，在电路中起产生谐振（与电容器配合）、使信号传递延迟、限制高频交流电流、产生与电流成正比的磁场（通交流电产生交变磁场，通直流电则产生恒定磁场）、产生电磁力及产生与磁通的变化相对应的电动势等功能。

（2）电感器的电路图形符号

电感器在电路中的文字符号用字母“L”表示，其电路图形符号见图 4-10。

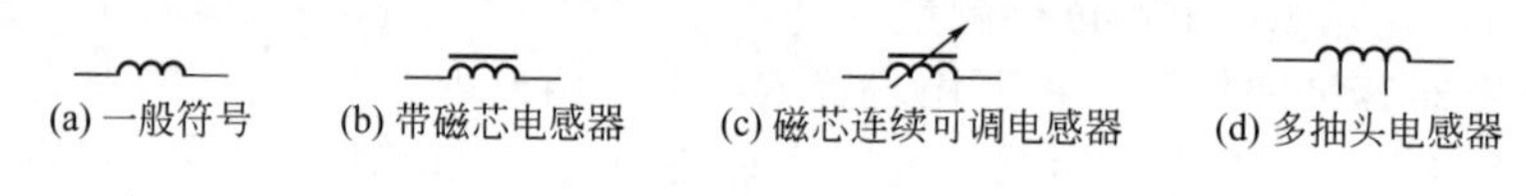

图 4-10　电感器的电路图形符号

2. 电感器的种类

（1）按用途和性质不同分类

电感器按用途和性质的不同可分为振荡线圈、电视机偏转线圈、电视机校正线圈、固定电感器等多种。各种线圈的工作频率、骨架材料、绕组匝数、绕制方法等均有很大区别。

振荡线圈分为收音机用振荡线圈和电视机用振荡线圈。其中，收音机用振荡线圈又分为调频本振线圈、中波本振线圈以及短波本振线圈等；电视机用振荡线圈又分为高频振荡线圈、行振荡线圈、场振荡线圈等。

电视机偏转线圈用来产生与电流成正比的磁场以使显像管电子束偏转。它分为行偏转线圈和场偏转线圈。电视机校正线圈用来校正显像管显示光栅的畸变，它又分为行线性线圈和枕形校正线圈。

固定电感器可分为立式固定电感器、卧式固定电感器、片状电感器及印制电感器等。

（2）按结构分类

不同用途的电感器其结构也不相同。例如，有的电感器为空心线圈，有的电感器采用磁芯（或铁芯、铜芯）。电感器线圈的绕制方法也不同，大致可分为单层间绕、单层密绕、多层密绕、蜂房式绕等多种形式。另外，电感器还分为固定式电感器和可调式电感器。固定式电感器的电感器是固定不变的；而可调式电感器的磁芯（或铜芯）是可以调节的，电感量是可变的。

3. 电感器的主要参数

电感器的主要参数有电感量、允许偏差、品质因数、分布电容以及标称电流等。

电感量 L 是用来表示电感器产生自感应能力的一个物理量。电感器之电感量的大小取决于线圈的匝数、绕制方式及磁芯的材料等。通常线圈的圈数越多、绕制的线圈越密集，电感量就越大。磁芯磁导率越大的电感器，其电感量也越大。电感量的单位是亨利，用字母“H”表示，常用的单位还有毫亨（mH）和微亨（μH），它们之间的换算关系是：

$$1H=1000mH$$

$$1mH=1000\mu H$$

允许偏差用来表示电感器标称电感量的允许误差范围。振荡电路中使用的电感器（如各种振荡线圈），要求的精度相对较高，其允许偏差为±0.2%～±0.5%。阻流圈和耦合用电感器的精度要求不高，其允许偏差为±5%～±15%。

电感器的品质因数也称 Q 值，它用来表示电感线圈的损耗大小。Q 值越大，线圈的损耗就越小；反之，损耗则越大。品质因数在数值上等于线圈在某一频率的交流电压下工作时，线圈所呈现的感抗（指电感器限制交流电流的作用）与线圈的总等效损耗电阻（包括线圈的直流电阻）之比值。通常，谐振电路中的线圈，要求 Q 值要高一些；而阻流圈和耦合线圈对 Q 值要求不高。

分布电容是指电感器的匝与匝之间或线圈与磁芯之间、线圈与屏蔽罩之间存在的电容。分布电容的存在会使电感器的 Q 值减小，稳定性能降低。因此，电感器的分布电容越小越好。

标称电流也称电感器的额定电流，是指电感器在正常工作时所允许通过的最大电流值。要求电感器在使用时，实际工作电流应低于或等于标称电流，否则线圈会发热甚至被烧毁。

4. 固定电感器

固定电感器通常是用漆包线在磁芯上直接绕制而成的，主要用在滤波、振荡、陷波、延迟等电路中。它有密封式和非密封式两种封装形式，两种形式又都有立式和卧式之分，如图 4-11 所示。

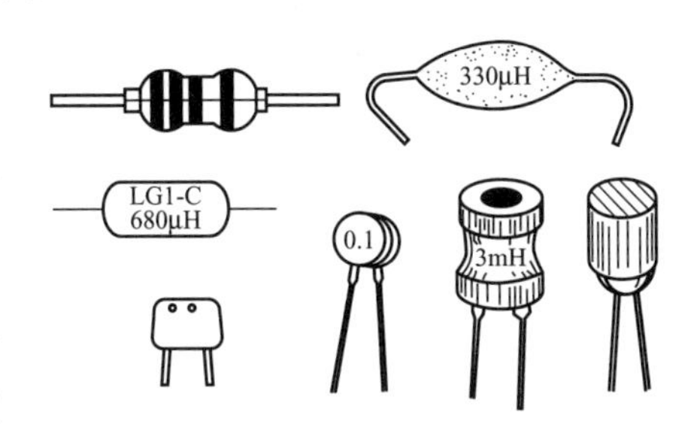

图 4-11　小型固定电感器的外形

立式密封固定电感器采用同向形引脚，国产有 LG 和 LG2 等系列，其电感量范围为 0.1～22 000μH（直接标在外壳上），额定工作电流为 0.05～1.6A，误差范围为±5%～±10%。进口有 TDK 系列色码电感器，其电感量用色点标在电感器表面。卧式密封固定电感器采用轴向形引脚，国产有 LG1、LGA、LGX 等系列。

5. 可调电感器

常用的可调电感器有半导体收音机用振荡线圈，电视机用行振荡线圈、行线性线圈、中频陷波线圈、音响用频率补偿线圈、阻波线圈等，如图 4-12 所示。

（1）收音机用振荡线圈

此振荡线圈在收音机中与可变电容器等组成本机振荡电路，用来产生一个比输入调谐电路接收的电台信号高出 465kHz 的本振信号。其外壳为金属屏蔽罩，内部由尼衬架、“工”字形磁芯、磁帽及引脚座等构成，在“工”字形磁芯上有用高强度漆包线绕制的绕组。磁帽装在屏蔽罩内的尼龙架上，可以上下旋动，通过改变它与线圈的距离来改变线圈的电感量。电视机中频陷波线圈的内部结构与振荡线圈相似，只是磁帽为可调磁芯。

（2）电视机用行振荡线圈

行振荡线圈用于黑白电视机中，它与外围的阻容元件及行振荡三极管等组成自励振荡电路（三点式振荡器或间歇振荡器、多谐振荡器），用来产生频率为 15625Hz 的矩形脉冲电压

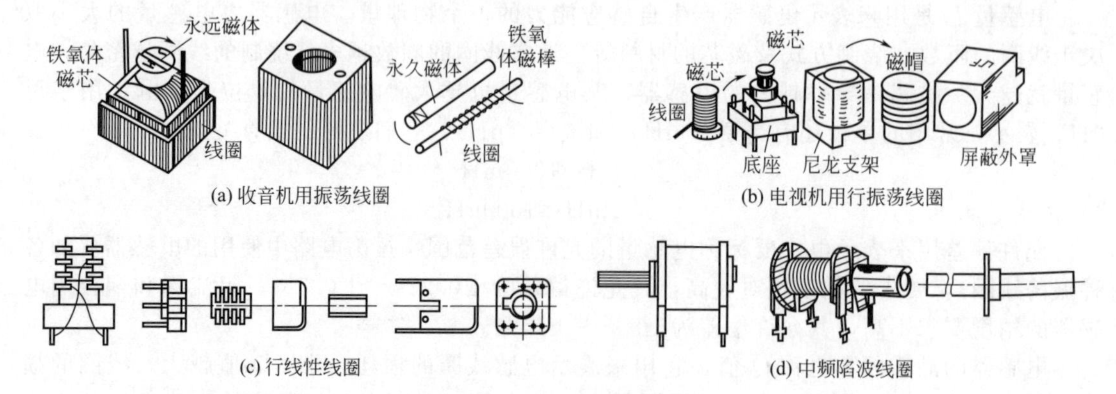

(a) 收音机用振荡线圈　(b) 电视机用行振荡线圈

(c) 行线性线圈　(d) 中频陷波线圈

图 4-12　可调电感器外形

信号。该线圈的磁芯中心有方孔，行同步调节旋钮直接插入方孔内；旋动行同步调节旋钮，即可改变磁芯与线圈之间的相对距离，从而改变线圈的电感量，使行振荡频率保持为15625Hz，与自动频率控制电路（AFC）送入的行同步脉冲产生同步振荡。

(3) 行线性线圈

行线性线圈是一种非线性磁饱和电感线圈，其电感量随着电流的增大而减小。它一般串联在行偏转线圈回路中，利用其磁饱和来补偿图像的线性畸变。它是用漆包线在“工”字形铁氧体高频磁芯或铁氧体磁棒上绕制而成的，线圈的旁边装有调节的永久磁铁。通过改变永久磁铁与线圈的相对位置，来改变线圈电感量的大小，从而达到线性补偿的目的。

6. 偏转线圈

偏转线圈是电视机显像管的附属部件，它包括行偏转线圈和场偏转线圈，它们均套在显像管的管颈（锥体部位）上，用来控制电子束的扫描运动方向，行偏转线圈控制电子束作水平方向扫描，场偏转线圈控制电子束作垂直方向的扫描。偏转线圈的外形及结构如图 4-13 所示。

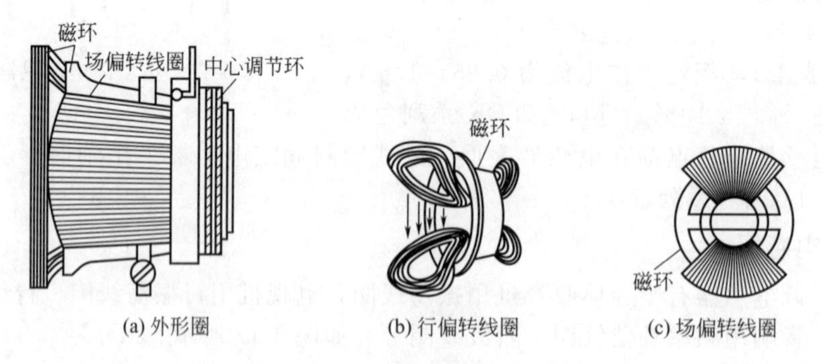

(a) 外形圈　(b) 行偏转线圈　(c) 场偏转线圈

图 4-13　偏转线圈的外形及结构

7. 阻流电感器

阻流电感器是指在电路中用以阻塞交流电流通路的电感线圈，它分为高频阻流线圈和低频阻流线圈。

高频阻流线圈也称高频扼流线圈，用来阻止高频交流电流通过。它工作在高频电路中，多采用空心或铁氧体高频磁芯，骨架用陶瓷材料或塑料制成，线圈采用蜂房式分段绕制或多层平绕分段绕制。

低频阻流线圈也称低频扼流圈，它应用于电源电路、音频电路或场输出电路等，其作用是阻止低频交流电流通过。通常，将用在音频电路中的低频阻流线圈称为音频阻流圈；将用在场输出电路中的低频阻流线圈称为场阻流圈；将用在电流滤波电路中的低频阻流圈称为滤波阻流圈。低频阻流线圈一般采用“E”型硅钢片铁芯（俗称矽钢片铁芯）、坡莫合金铁芯或铁氧体磁芯。

第二节　半导体分立器件

常用半导体分立器件有半导体二极管、半导体三极管、场效应半导体管、晶闸管以及集成电路等。

一、半导体二极管

半导体二极管也称晶体二极管（以下简称二极管），它在电路中的文字符号用字母“VD”表示。图 4-14 是二极管的电路图形符号。

1. 半导体、晶体与 PN 结

（1）半导体

半导体是导电能力介于导体（指导电的物体，如金、银、铜、铁、铝等材料）和绝缘体（指不导电的物体，如塑料、橡胶、陶瓷、环氧树脂、云母等材料）之间的物质，具有热敏特性、光敏特性和掺杂特性。常用的半导体材料有硅、锗、硒、砷、砷化镓及金属的氧化物、硫化物等。纯正（不含任何杂质）的半导体材料（如硅、锗等四价元素）称为本征半导体。

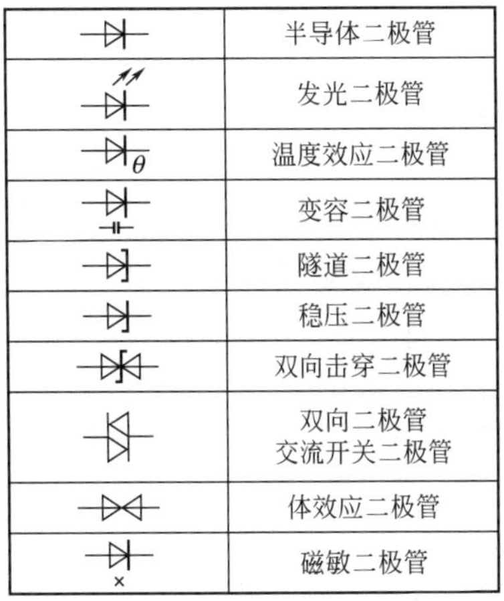

	半导体二极管
	发光二极管
	温度效应二极管
	变容二极管
	隧道二极管
	稳压二极管
	双向击穿二极管
	双向二极管 交流开关二极管
	体效应二极管
	磁敏二极管

图 4-14　二极管的电路图形符号

（2）晶体

自然界的一切物质都是由很小的物质粒——原子构成的。按照原子排列形式的不同，物质又可分为晶体和非晶体两类。晶体通常都具有规则的几何形状，其内部的原子按照一定的晶格结构有规律地整齐排列；而非晶体内部的原子排列无规律，杂乱无章。

本征半导体属于理想的晶体，在热激发的作用下，其内部会产生载流子（指自由电子和空穴等运载电流的粒子）。

（3）N 型半导体与 P 型半导体

在硅或锗等本征半导体材料中掺入微量的磷、锑、砷等五价元素，就变成了以电子导电为主的半导体，即 N 型半导体。在 N 型半导体中，电子（带负电荷）叫多数载流子，空穴（带正电荷）叫少数载流子。

在硅或锗等本征半导体材料中掺入了微量的硼、铟、镓或铝等三价元素，就变成了以空穴导电为主的半导体，即 P 型半导体。在 P 型半导体中，空穴（带正电荷）叫多数载流子，电子（带负电荷）叫少数载流子。

（4）PN 结

通过特殊的“扩散”制作工艺，将一块本征半导体的一半掺入微量的三价元素，变成 P 型半导体；而将另一半掺入微量的三价元素，变成 N 型半导体。在 P 型半导体区和 N 型半导体区的交界面处就会形成一个具有特殊导电性能的薄层，这就是 PN 结，它对 P 型区和 N 型区中多数载流子的扩散运动产生了阻力。

（5）单向导电性

PN 结具有单方向导电性，即在 PN 结加上适当的正向电压（P 区接电源正极，N 区接

电源负极），PN结就会导通，产生正向电流。若在PN结上加反向电压，则PN结将截止（不导通），正向电流消失，仅有极微弱的反向电流。当反向电压增大至某一数值时，PN结将击穿损坏，使反向电流急剧增大。

2. 二极管的种类

二极管可以根据其使用的半导体材料、结构、用途、功能、封装形式、电流容量和工作频率等方面的不同，分为多种类型。

按其使用的半导体材料可分为锗（Ge）二极管、硅（Si）二极管和砷化镓（GaAs）二极管、磷化镓（GaP）二极管等；按其结构可分为点接触型二极管和面接触型二极管；按其用途和功能可分为普通二极管、精密二极管、整流二极管、快恢复二极管、检波二极管、开关二极管、阻尼二极管、续流二极管、稳压二极管、发光二极管、激光二极管、光电二极管、变容二极管、双基极二极管、磁敏二极管、肖特基二极管、双向击穿二极管、温度效应二极管、隧道二极管、双向触发二极管、体效应二极管以及恒流二极管等；按其封装形式可分为塑料封装（简称塑封）二极管、玻璃封装（简称玻封）二极管、金属封装（简称金封）二极管、片状二极管及无引线圆柱形二极管等；按其电流容量可分为大功率二极管（电流为5A以上）、中功率二极管（电流在1～5A）和小功率二极管（电流在1A以下）；按其工作频率可分为高频二极管和低频二极管。

3. 二极管的主要参数

不同用途、不同功能的二极管，其参数也不同。普通二极管的主要参数有额定正向工作电流I_F、最高反向工作电压U_R、反向电流I_R、正向电压降U_F以及最高工作频率f_M等。除以上参数外，稳压二极管还有稳定电压U_Z、稳定电流I_Z、额定功耗P_Z、最大稳定电流I_{ZM}和动态电阻R_Z等参数；变容二极管还有结电容C_d、效率Q、电容温度系数C_{TC}等参数；双向触发二极管和开关二极管还有转折电压U_S、维持电流I_H等参数；快恢复二极管和肖特基二极管还有反向恢复时间T_{rr}等参数；发光二极管和激光二极管还有发光强度I_V、发光波长λ_p、光功率P等参数。

① 额定正向工作电流I_F　也称最大整流电流，是指二极管长期连续工作时允许通过的最大正向电流值。

② 最高反向工作电压U_R　指二极管在工作中能承受的最大反向电压值，略低于二极管的反向击穿电压V_B。

③ 反向电流I_R　指在规定的反向电压和环境温度下测得的二极管反向漏电流。此电流值越小，表明二极管的单向导电性能越好。

④ 正向电压降U_F　指二极管导通时其两端产生的正向电压降。在一定的正向电流下，二极管的正向电压降越小越好。

⑤ 最高工作频率f_M　指二极管工作频率的最大值。

⑥ 稳定电压U_Z　指稳压二极管的稳压值，即稳压二极管的反向击穿电压。

⑦ 稳定电流I_Z　也叫稳压工作电流，是指稳压二极管正常稳压工作时的反向电流，一般为其最大稳定电流I_{ZM}（即最大反向电流）的1/2左右。

⑧ 额定功率P_Z　指稳压二极管在正常工作时产生的耗散功率。

⑨ 动态电阻R_Z　指稳压二极管两端电压变化随电流变化的比值。

⑩ 结电容C_d　指变容二极管的PN结电容，其容量随着反向偏压的变化而改变。

⑪ 效率Q　指在规定的频率和偏压下，变容二极管的存储能量与消耗能量之比。

⑫ 电容温度系数C_{TC}　指在规定的频率、偏压和温度范围内，变容二极管的结电容随温度的相对变化率。

⑬ 转折电压U_S　指开关二极管或双向触发二极管由截止变为导通时所需的正向电压。

⑭ 维持电流I_H　指开关二极管（或双向触发二极管）维持导通状态所需的最小工作电流。

⑮ 反向恢复时间T_{rr}　指快恢复二极管（或肖特基二极管）工作电流通过零点由正向转变为反向、再从反向转变为规定值的时间间隔。

⑯ 发光强度I_V　发光二极管的光学指标，用来表示发光亮度的大小，其单位是mcd。

⑰ 发光波长λ_p　也称峰值波长，是指发光二极管（或激光二极管）在一定工作条件下，其发射光的峰值所对应的波长。

⑱ 光功率P　指激光二极管输出的激光功率，该值与半导体材料的结构有关。

4. 二极管的结构特点

(1) 二极管的基本结构

二极管是由一个PN结构成的半导体器件，即将一个PN结加上两条电极引线做成管芯，并用管壳封装而成。P型区的引出线称为正极或阳极，N型区的引出线称为负极或阴极。

普通二极管有硅管和锗管两种，它们的正向导通电压（PN结电压）差别较大，锗管为0.2～0.3V，硅管为0.6～0.7V。

二极管分为点接触型和面接触型两种基本结构，见图4-15。

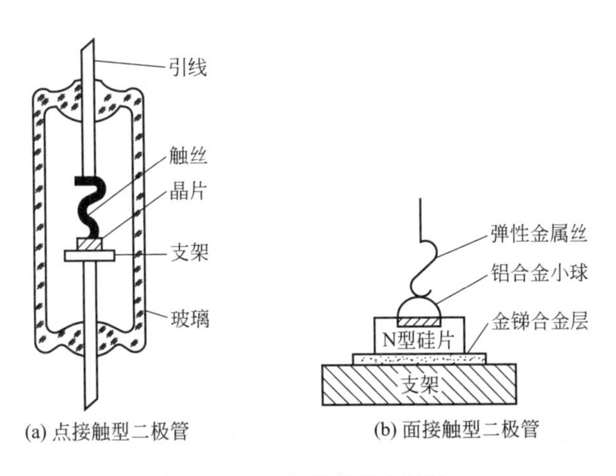

图4-15　二极管的基本结构

点接触型二极管是由一根很细的金属丝热压在半导体薄片上制成的。在热压处理过程中，半导体薄片与金属丝的接触面上形成了一个PN结，金属丝为正极，半导体薄片为负极。金属丝和半导体的接触面很小，虽难以通过较大的电流，但因其结电容较小，可以在较高的频率下工作。点接触型二极管可用于检波、变频、开关等电路及小电流的整流电路中。

面接触型二极管是利用扩散、多用合金及外延等掺杂质方法，实现P型半导体和N型半导体直接接触而形成PN结的。PN结的接触面积大，可以通过较大的电流，适用于大电流整流电路或在脉冲数字电路中作开关管。因其电容相对较大，故只能在较低的效率下工作。

图4-16是几种常用二极管的外形图。

(2) 检波二极管

检波（也称解调）二极管的作用是利用其单向导电性将高频或中频无线电信号中的低频信号或音频信号取出来。检波二极管广泛应用于半导体收音机、收录机、电视机及通信等设备的小信号电路中，其工作频率较高，处理信号幅度较弱。常用的国产检波二极管有2AP系列锗玻璃封装二极管。

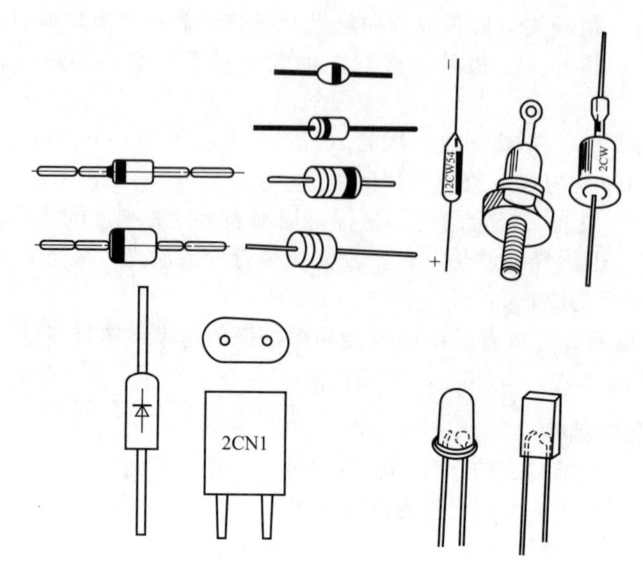

图 4-16　几种常用二极管的外形

(3) 整流二极管

整流二极管的作用是利用其单向导电性，将交流电变成直流电。它除有硅管和锗管之分外，还可分为高频整流二极管、低频整流二极管、大功率整流二极管及中、小功率整流二极管。整流二极管有金属封装、塑料封装、玻璃封装等多种形式。

常用的国产低频（普通）整流二极管有 2CP 系列、2DP 系列和 2CZ 系列；高频整流二极管有 2CZ 系列、2CP 系列、2CG 系列、2DG 系列及 2DZ2 系列。常用的进口低频整流二极管有 1S 系列、RM 系列、IN40××系列、IN53××系列和 IN54××系列；高频整流二极管有 EU 系列、RU 系列、RGP 系列等。

(4) 开关二极管

开关二极管是利用其单向导电性制成的电子开关。它除能满足普通二极管的性能指标要求外，还具有良好的高频开关特性（反向恢复时间较短），被广泛应用于电视机、家用电脑、通信设备、家用音响、影碟机、仪器仪表、控制电路及各类高频电路中。

开关二极管分为普通开关二极管、高速开关二极管、超高速开关二极、低功耗开关二极管、高反压开关二极管、硅开关二极管以及电压开关二极管等多种。其封装形式有塑料封装和表面封装等。

(5) 阻尼二极管

阻尼二极管类似于高频、高压整流二极管，其特点是具有较低的电压降和较高的工作频率，且能承受较高的反向击穿电压和较大的峰值电流。它主要在电视机中作为阻尼二极管、升压整流二极管或大电流开关二极管。

(6) 稳压二极管

稳压二极管也称齐纳二极管或反向击穿二极管，在电路中起稳定电压的作用。它是利用二极管反向击穿后，在一定反向电流范围内反向电压不随反向电流变化这一特点进行稳压的。

稳压二极管通常由硅半导体材料采用合金法或扩散法制成，它既具有普通二极管的单向导电性，又可工作于反向击穿状态。在反向电压较低时，稳压二极管截止；当反向电压达到一定数值时，反向电流突然增大，稳压二极管进入击穿区，此时即使反向电流在很大范围内变化，稳压二极管两端的反向电压也能保持基本不变。但若反向电流大到一定数值后，稳压二极管则会彻底击穿而损坏。

稳压二极管根据其封装形式、电流容量、内部结构的不同可分为多种类型：按其封装形式可分为金属外壳封装稳压二极管、玻璃封装（简称玻封）稳压二极管和塑料封装（简称塑封）稳压二极管（塑封稳压二极管又分为有引线和表面封装两种类型）；按其电流容量不同可分为大功率稳压二极管（2A 以上）和小功率稳压二极管（1.5A 以下）。根据其内部结构可分为单稳压二极管和双稳压二极管（三电极稳压二极管）。常用的国产稳压二极管有 2CW 系列和 2DW 系列；常用的进口稳压二极管有 IN41××系列、IN46××系列、IN47××系列等。

（7）变容二极管

变容二极管是利用 PN 结之间电容可变的原理制成的半导体器件，在高频调谐、通信等电路中作可变电容器使用。它属于反偏压二极管，改变其 PN 结上的反向偏压，即可改变 PN 结电容量。反向偏压越高，结电容则截止小，反向偏压与结电容之间的关系是非线性的。

变容二极管有玻璃外壳封装（玻封）、塑料封装（塑封）、金属外壳封装（金封）和无引线表面封装等多种封装形式。通常中小功率的变容二极管采用玻封、塑封或表面封装，而功率较大的变容二极管多采用金封。常用的国产变容二极管有 2CC 系列和 2CB 系列；常用的进口变容二极管有 S 系列、MV 系列、KV 系列、1T 系列、1SV 系列等。

（8）发光二极管

发光二极管（简称 LED）是一种将电能转变成光能的半导体发光显示器件（当其内部有一定电流通过时，它就会发光）。它与普通二极管一样由 PN 结构成，也具有单向导电性。

发光二极管按其使用材料可分为磷化镓发光二极管、磷砷化镓发光二极管、砷化镓发光二极管、磷铟砷化镓发光二极管和砷铝化镓发光二极管等多种；按其封装结构及封装形式除可分为金属封装、陶瓷封装、塑料封装、树脂封装和无引线表面封装外，还可分为加色散射封装（D）、无色散射封装（W）、有色透明封装（C）和无色透明封装（T）；按其封装外形可分为圆形、方形、矩形、三角形和组合形等多种；发光二极管按其管体颜色又分为红色、琥珀色、黄色、橙色、浅蓝色、绿色、黑色、白色、透明无色等多种；按发光颜色及光谱范围可分为有色光和红外光。有色光又分为红色光、黄色光、橙色光、绿色光等。另外，发光二极管还可分为普通单色发光二极管、高亮度发光二极管、超高亮度发光二极管、变色发光二极管、电压控制型发光二极管、红外发光二极管和负阻发光二极管等。

普通单色发光二极管属于电流控制型半导体器件，可用各种直流、交流、脉冲等电源驱动点亮，使用时需串接合适的限流电阻。普通单色发光二极管的发光颜色与发光的波长有关，而发光的波长又取决于制造发光二极管所用的半导体材料。红外发光二极管也称红外线发射二极管，它是可以将电能直接转换成红外光能（不可见光）并辐射出去的发光器件，主要应用于各种遥控发射电路中。其结构、原理与普通发光二极管相近，只是使用的半导体材料不同。

（9）光电二极管

光电二极管也称光敏二极管，是一种能将光能转变为电能的敏感型二极管，广泛应用于各种遥控与自动控制电路中。它分为硅 PN 结型（PD）光电二极管、PIN 结型光电二极管、锗雪崩型光电二极管和肖特基结型光电二极管，其中硅 PN 结型光电二极管较常用。

光电二极管采用金属外壳、塑料外壳或环氧树脂材料封装，有二端和三端（带环极）两种形式。管体上端或侧面有受光窗口（或受光面）。当光电二极管两端加上反向电压时，其反向电流将随着光照强度的改变而改变。光照强度越大，反向电流则越大。

光电二极管按接收信号的光谱范围可分为可见光光电二极管、红外光光电二极管和紫外光光电二极管。红外光光电二极管也称红外接收二极管，是一种特殊的PIN结型光电二极管，可以将红外发光二极管等发射的红外光信号转变为电信号，广泛应用于彩色电视机、录像机、影碟机（视盘机）、音响等家用电器及各种电子产品的遥控接收系统中。它只能接收红外光信号，而对可见光无反应（即对红外光敏感，而接收可见光时则截止）。

(10) 双向击穿二极管

双向击穿二极管也称瞬态电压抑制二极管（TVS），是一种具有双向稳压特性和双向负阻特性的过压保护器件，类似压敏电阻。它应用于各种交流、直流电源电路中，用来抑制瞬时过电压。当被保护电路瞬间受到浪涌脉冲电压冲击时，双向击穿二极管能迅速齐纳击穿，由高阻状态变为低阻状态，对浪涌电压进行分流和钳位，从而保护电路中各元件不被瞬间浪涌脉冲电压损坏。

(11) 快恢复二极管

快恢复二极管（简称FRD）是一种具有开关特性好、反向恢复时间短等特点的半导体二极管，主要应用于彩色电视机中作高频整流二极管、续流二极管或阻尼二极管。它属于PIN结型二极管，内部结构与普通PN结二极管不同（在P型硅材料与N型硅材料中间增加了基区Ⅰ，构成PIN硅片）。因其基区很薄，反向恢复电荷很少，所以快恢复二极管的反向恢复时间较短，正向压降较低，反向击穿电压（耐压值）较高。通常，5～20A的快恢复二极管采用TO-220FP塑料封装；20A以上的大功率快恢复二极管采用顶部带金属散热片的TO-3P塑料封装；5A以下的快恢复二极管则采用塑料封装。

5. 二极管组件

二极管组件由两只或两只以上的二极管组合而成，主要是为了缩小体积和便于安装。常用的二极管组件有整流桥堆和高压硅堆等。

(1) 整流桥堆

整流桥堆一般用在全波整流电路中，它又分为全桥和半桥。图4-17是整流桥堆的外形图。

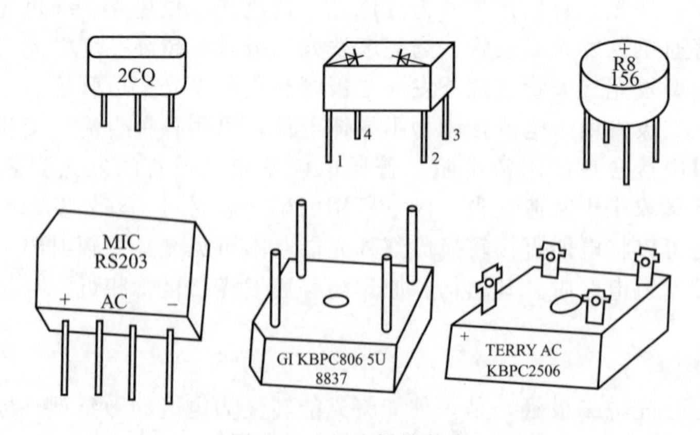

图4-17　整流桥堆外形

全桥是由四只整流二极管按桥式全波整流电路的形式连接并封装为一体构成的，其正向电流有0.5A、1A、1.5A、2A、2.5A、3A、5A、10A以及20A等多种规格，耐压值（最高反向电压）有25V、20V、100V、200V、300V、400V、500V、600V、800V和1000V等多种规格。常用的国产全桥有QL系列，进口全桥有RB系列、RS系列等。

半桥是由两只整流二极管封装在一起构成的，它有四端和三端之分。四端半桥内部的两只二极管各自独立，而三端半桥内部的两只整流二极管负极与负极相连或正极与正极相连。用一只半桥可以组成全波整流电路，用两只半桥可以组成桥式全波整流电路。

(2) 高压硅堆

高压硅堆是由多只硅整流二极管串联组成的耐高压整流器件，其最高反向电压在几千至几万伏之间，主要用于电子仪器及黑白电视机中。常用的高压硅堆有 2DGL、2CGL 等系列。

二、三极管

1. 结构与分类

三极管是由两个 PN 结构成的半导体器件，它有两个结，分别为集电结和发射结。它的三个电极分别是基极 B、发射极 E 和集电极 C，结构如图 4-18 所示。其中图 (a) 为 NPN 型三极管，图 (b) 为 PNP 型三极管。

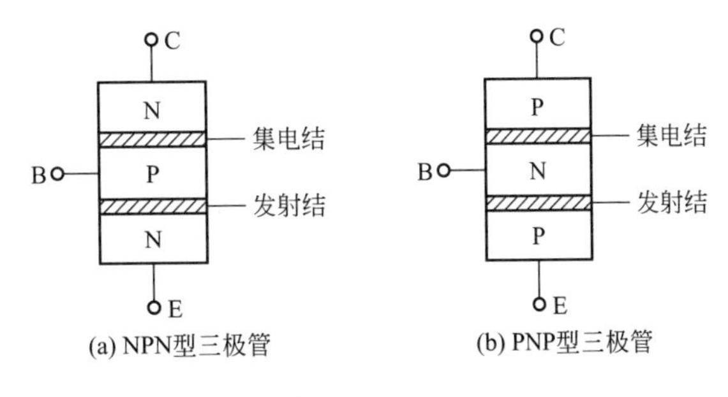

(a) NPN型三极管　(b) PNP型三极管

图 4-18　三极管外形结构

三极管的分类方法有很多，按照材料可分为锗三极管和硅三极管；按照构成的极性可分为 NPN 型和 PNP 型三极管；按照工作频率可分为低频和高频三极管；按照使用功率可分为小功率、中功率、大功率三极管等。

2. 命名方式

我国三极管的命名方式包括五部分内容，各部分内容的含义如表 4-12 所示。

表 4-12　我国半导体器件的命名规则及含义

第一部分 电极数目 (用数字表示)		第二部分 材料和极性 (用字母表示)		第三部分 器件类型 (用字母表示)				第四部分 序号 (用数字表示)	第五部分 规格 (用字母表示)
符号	含义	符号	含义	符号	含义	符号	含义		
2	二极管	A B C D	N 型，锗材料 P 型，锗材料 N 型，硅材料 P 型，硅材料	P V W C Z L S	普通管 微波管 稳压管 参量管 整流管 整流堆 隧道管	N U K B T J	阻尼管 光电管 开关管 雪崩管 晶闸管 阶跃管	代表产品的具体设计序号	代表产品的某一项参数，例如反向耐压、放大倍数等
3	三极管	A B C D E	PNP 型，锗材料 NPN 型，锗材料 PNP 型，硅材料 NPN 型，硅材料 化合物材料	X G D A K	低频小功率管 高频小功率管 低频大功率管 高频大功率管 开关管				

3. 外形与电路符号

三极管根据其使用材料、功率和封装结构等不同具有不同的外形，常见的三极管外形和电路符号如图 4-19 所示。

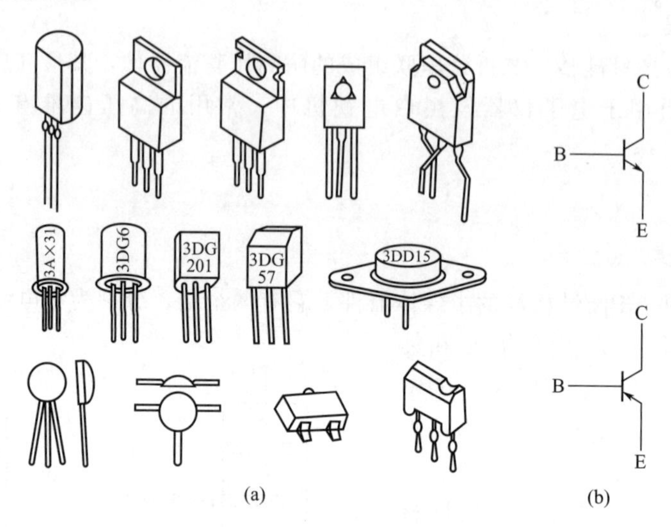

图 4-19 三极管外形和电路符号

4. 基本特性

三极管是一种电流控制型器件。它的基本特性就是电流放大作用，此时的三极管工作在放大区。若三极管工作在饱和区和截止区，它还可以在电子电路中作开关来使用。

5. 主要性能参数

三极管的参数包括直流参数、交流参数和极限参数。对于电子产品维修人员，应重点掌握三极管的以下主要参数。

① 电流放大倍数　直流电流放大倍数 β 是指在忽略穿透电流 I_{CEO} 时，集电极直流电流 I_C 与基极电流 I_B 的比值。交流电流放大倍数 β 是指集电极电流的变化量 ΔI_C 与基极电流的变化量 ΔI_B 之比。

② 集电极最大允许电流 I_{CM}　三极管工作时，集电极电流的变化会导致 β 值的相应变化。当集电极电流增大到使 β 值下降到原来的 1/2 时所对应的集电极电流为集电极最大允许电流。由此可见，当集电极电流大于该值时，三极管并不会损坏，只是放大倍数会降低；但当集电极电流远大于其最大允许电流时，将会损坏三极管。

③ 反向漏电流 I_{CEO}　当基极开路时，集电极和发射极之间的电流称为反向漏电流，也称穿透电流。该值越小，三极管性能越稳定。

④ 集电极-发射极间反向击穿电压 U_{CEO}　当三极管基极开路时，加到集电极和发射极间的最大允许电压。

⑤ 集电极最大允许耗散功率 P_{CM}　三极管参数在允许变化范围内时，集电极所允许承受的最大功率。在三极管工作过程中，实际耗散功率不能超过这一参数值；否则，将会使管子因过热而损坏。为提高这个值，大功率三极管都加有散热片。

⑥ 特征频率 f_T　特征频率是指管子的 β 值下降到 1 时对应的频率值。此时的管子已失去放大作用。

6. 识别与质量鉴别

三极管的识别内容主要包括对三极管的极性和类型识别两大方面。常用的方法有直观识别法、字符标志识别法和检测识别法三种。

(1)直观识别法

直观识别法是指根据三极管引脚排列规律和维修人员的经验，对三极管各引脚极性进行识别的方法。

目前使用的三极管，多是金属封装或塑料封装形式。对金属封装的三极管，其引脚分别如图 4-20 所示。

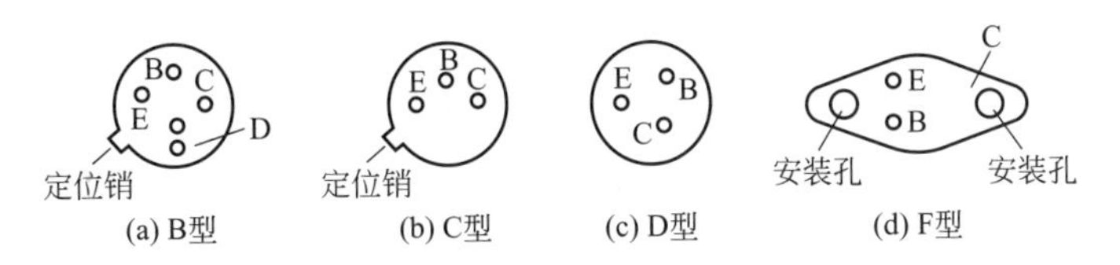

图 4-20　金属封装三极管引脚分布底视图

对塑料封装三极管，其引脚分别如图 4-21 所示。

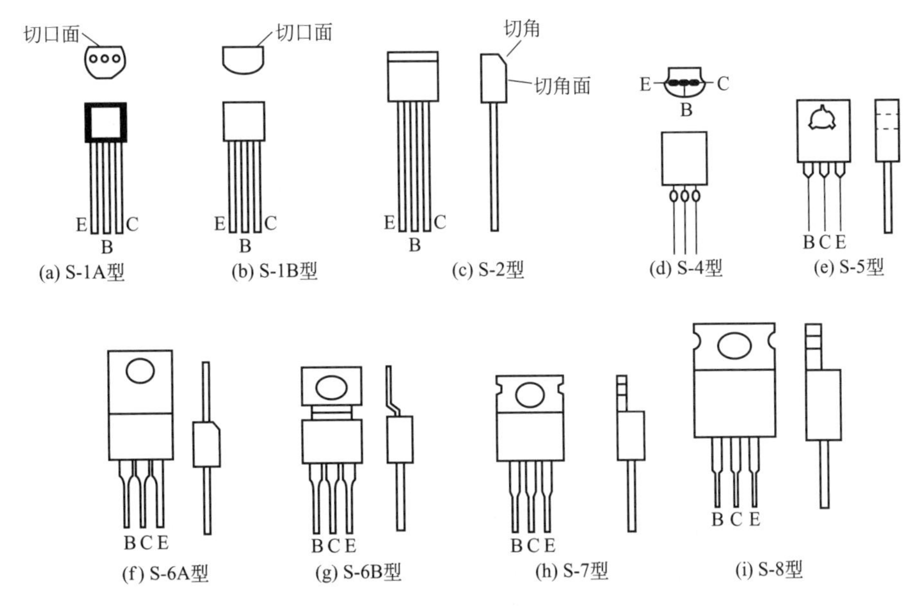

图 4-21　塑料封装三极管引脚分布示意图

(2)字符标志识别法

字符标志识别法是指通过三极管表面所标注的字符代号，按照相应的命名规则对三极管材料和类型进行识别的方法。具体命名规则可参考表 4-12。

(3)检测识别法

检测识别法是指利用晶体管特性图示仪或万用表对三极管进行测量，进而识别出三极管材料、极性的方法。下面介绍利用指针式万用表对三极管进行识别的方法。

① 判别基极和管子型号。将万用表置 $R\times100$ 挡或 $R\times1\text{k}$ 挡，用黑表笔接三极管的某一引脚，红表笔分别接三极管的另外两个引脚，直到出现测得的两个电阻都很小，黑表笔所接的引脚是 NPN 管的基极。若没有出现上述情况，则应将红表笔接三极管的某一引脚，黑表笔分别接三极管的另外两个引脚，直到出现测得的两个电阻都很小，红表笔所接的引脚是 PNP 管的基极。判别示意图如图 4-22 所示。

② 判别集电极和发射极。将万用表置 $R\times1\text{k}$ 挡，两表笔分别同时接管子另外两个引脚，用一只几十千欧的电阻或用湿润的手指接于基极与假定的集电极之间，观察表针摆动情

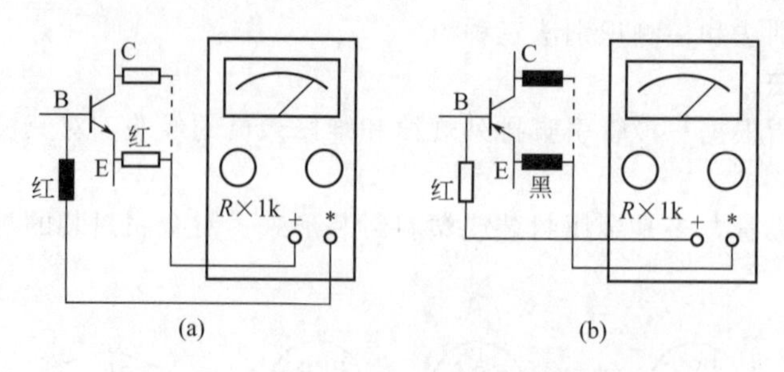

图 4-22　三极管基极与管子型号判别示意图

况；然后再用同样方法交换两表笔测量一次，如图 4-23 所示。对于 NPN 型管，表笔摆动较大的一次，黑表笔所接的是三极管的集电极，红表笔接的是三极管的发射极。对于 PNP 型管，表笔摆动较大的一次，红表笔所接的是三极管的集电极，黑表笔接的是三极管的发射极。

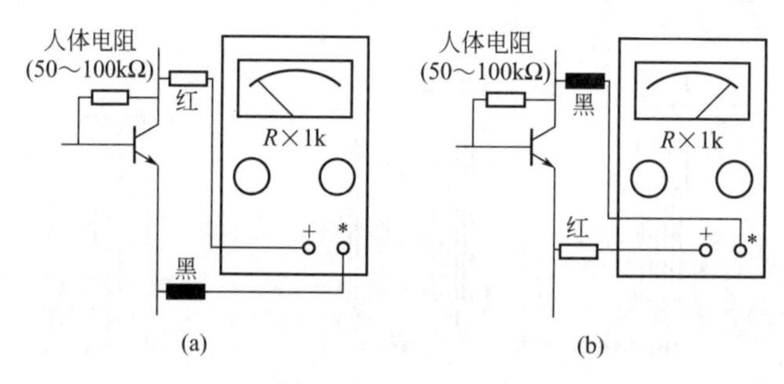

图 4-23　三极管发射极与集电极判别示意图

③ 判别锗管和硅管。通过用万用表测量两个 PN 结的正向电阻，可以判别出是锗管还是硅管。一般地，硅管正向电阻为 3～10kΩ，锗管的正向电阻为几百欧；硅管的反向电阻大于 500kΩ，锗管的反向电阻大于 100kΩ。

④ 估测直流电流放大倍数 β。用上述判别集电极、发射极的方法，观察表针的摆动情况，表针摆动幅度越大，说明电流放大倍数越大。

⑤ 估测反向漏电流 I_{CEO}。万用表置 $R\times1\mathrm{k}$ 挡，将基极开路，测量集电极-发射极间电阻。对于 PNP 管，红黑表笔分别接集电极和发射极（NPN 管则相反），测得的阻值越大，说明其反向漏电流越小，三极管性能就截止稳定。通常硅管的 I_{CEO} 小于锗管，高频管小于低频管，小功率管小于大功率管。

注意：采用数字万用表判别三极管的方法有较大不同，因为对数字式万用表，黑表笔接的是表内电池的负极，红表笔接的是正极。另外，测量时不是使用欧姆挡，而是使用 PN 结挡测量；也可以通过测量三极管的发射结判别管子材料，若测得值约为 200Ω，则是锗管，若测得值约为 600Ω，则是硅管。当反向测量 PN 结时，表中读数为“1”。

7. 选用与代换

对三极管的选用，要根据电路的要求选择管子的类型，根据信号特点选择管子的种类，根据电路的工作情况选择管子的性能。例如，在功率放大电路中，应选用中、大功率管；在工作频率高的电子调谐器中，应选用超高频管。另外，管子的特征频率一般应为工作频率的 3～10 倍。

三极管的代换，主要是考虑管子的类型、材料、用途及引脚排列方式，最好是采用同型号、同规格或性能相近的管子。高性能的管子可代换低性能的管子。

三、场效应管

1. 结构、作用与分类

场效应管是在一种半导体材料上镶制另一种半导体材料，具有 PN 结构的放大器件，结构如图 4-24 所示。它有三个电极，分别是栅极、源极和漏极，它是利用栅极电压控制漏极电流的一种电压控制型器件。在彩色电视机中，场效应管一般用于开关电源的控制、中放通道的 AFT 调控电路、高频放大电路等。场效应管分为结型场效应管和绝缘栅型场效应管两大类。

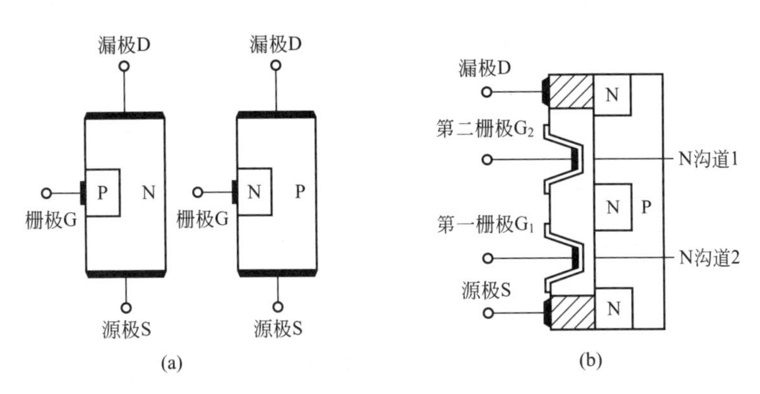

图 4-24 场效应管结构

2. 外形与电路符号

场效应管的外形与三极管相似，图 4-25 为场效应管的电路符号。

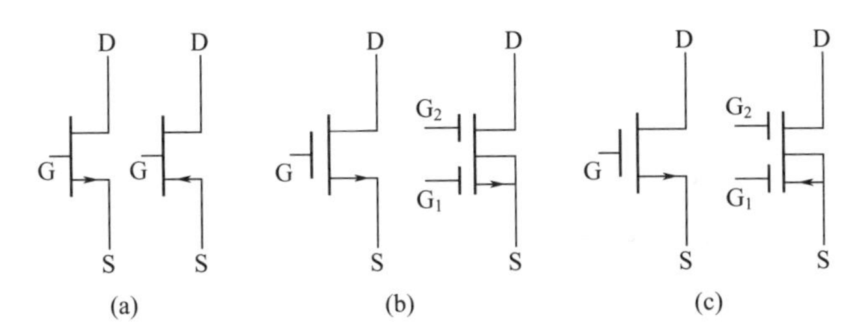

图 4-25 场效应管的电路符号

3. 主要参数

场效应管的主要参数包括直流参数、交流参数和极限参数，一般应掌握以下主要参数：

① 饱和漏电流 I_{DSS}。饱和漏电流是耗尽型场效应管在零偏压（栅极和源极短路）、漏源极电压大于夹断电压时的漏极电流。

② 夹断电压 V_P。夹断电压是指当漏源电压一定时，使漏源电流为零时的栅极电压。

③ 直流输入电阻。直流输入电阻是指栅极、源极间的直流电阻值。

④ 跨导。跨导是指当漏源电压一定时，漏极电流变化量和相应的栅源电压变化量的比值。

4. 检测方法

对场效应管的检测包括极性判别和质量检测两部分。

(1) 极性判别

对于结型场效应管，将万用表置 $R\times1$k 挡，用黑表笔接管子的其中一个电极，红表笔分别接另外两个电极，直到两次测量的阻值都很小时，黑表笔所接的是 N 沟道结型场效应管的栅极 G；若是用红表笔接管子的其中一个电极，黑表笔分别接另外两个电极，直到两次测量的阻值都很小时，红表笔所接的是 P 沟道结型场效应管的栅极 G。当栅极确定后，由于结型场效应管本身结构上另两电极的对称性，另两个引脚可任意分别定为源极 S 和漏极 D。

上述检测原理是基于 G 极和 S 极之间、G 极与 D 极之间均为一个 PN 结的结构，利用 PN 结正、反向电阻相差很多的特点来分辨出栅极和 N 沟道或 P 沟道的。

对于 MOS 场效应管，可将万用表置 $R\times10$ 挡或 $R\times100$ 挡，若测得某脚与其他两脚间阻值为无穷大，则该脚为栅极 G；再将表笔分别接于 D 极和 S 极之间，正常时测得的阻值应为几百至几千欧，其中阻值较小的一次，黑表笔接的是 D 极，红笔接的是 S 极。

（2）质量检测

对结型场效应管，可用万用表作质量的简单判别，原理同极性判别。用黑表笔接 N 沟道管的栅极，红表笔分别接另两电极，测得的阻值应为 5～10kΩ 左右；对 P 沟道管，则均为无穷大。这样说明管子是正常的，若检测不出上述结果，则说明管子已经损坏。若用红表笔接栅极，黑表笔分别接另两电极，对 P 沟道管测得的阻值应为 5～10kΩ 左右；对 N 沟道管，则均为无穷大。若测量中符合这些要求，说明管子是正常的。

5. 选用与代换

场效应管在选用时，主要需考虑管子的最大耗散功率、漏极和源极间最大的反向电压等参数。需要更换时，应尽可能考虑以同型号管子代用；在无法配到原型号时，选配时应注意结型、绝缘栅型之间不能直接代用，N 沟道与 P 沟道之间不可直接代用。另外，管子的主要参数要接近或优于原型号管子。

对场效应管的使用操作，尤其是绝缘栅型场效应管的操作要特别小心。因为，绝缘栅型场效应管的栅极处于高度绝缘状态，特别容易击穿。在焊接时，电烙铁的外壳要接保护性地线或在焊接时拔掉电烙铁插头，操作时应先焊 S 极，后焊 G 极，再焊 D 极。对于三根引脚已用导线短接的管子，先将各脚焊好后再解除绕在引脚上的导线。对于内部无保护措施的管子，在存放时三个电极要短路在一起，关键是不能让栅极悬空。同时要注意，用来检测场效应管的仪器，其外壳应接保护性地线。

四、晶闸管

晶闸管是由 P-N-P-N 结组成的半导体开关的总称，其种类较多。从导通性能分有单向和双向；从引脚分有两端、三端和四端器件等。其中，尤以普通型晶闸管（SCR）最为典型，应用也最广，所以本手册将其作为主要介绍内容。表 4-13 为几种晶闸管的符号及伏安特性。

表 4-13　几种晶闸管的符号及伏安特性

晶闸管名称	符号	伏安特性
反向阻断三端晶闸管（SCR）	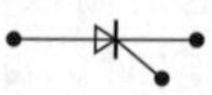	
光控反向阻断二端晶闸管（LAS）		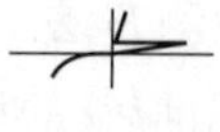
光控反向阻断三端晶闸管（LASCR）	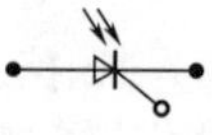	

续表

晶闸管名称	符号	伏安特性
双向三端晶闸管 （TRIAC）		
可关断三端晶闸管 （GTO）		
反向阻断四端晶闸管 （SCS）		
光控反向阻断四端晶闸管 （LASCS）		

1. 晶闸管的工作原理

图 4-26 为晶闸管的结构原理图。它是由 P-N-P-N 结组成的 N-P-N 型晶体管紧耦合型半导体器件。其外层的 P 为阳极（a）；内层的 P 为控制极（g）；外层的 N 为阴极（c）。

当正向电压（阳极为正，阴极为负）加在晶闸管上时，两晶体管均处于正向电压下的放大区。此时若在控制极与阴极间再输入一正向控制信号（信号的正极加于控制极），就会产生如下的正反馈效应：控制信号产生 V_1 的基极电流，放大后形成较大的 I_{C1}。此 I_{C1} 正是 V_2 的基极电流 I_{b2}，由 V_2 放大得到更大的 I_{C2}。而 I_{C2} 又恰恰是 V_1 的基极电流 I_{b1}，再经 V_1 放大得到更大的 I_{C1}。如此反复循环，最终 V_1 和 V_2 全部进入饱和导通态，晶闸管便处于导通。若没有控制电压信号，虽有正向阳极电压，也不能形成上述的正反馈，晶闸管仍处于关断状态。总之，要使晶闸管正常导通，必须同时具备正向阳极电压和正向控制电压两个条件。当反向阳极电压过高或正向阳极电压过高，电压上升太快时，晶闸管也会突然导通。这种情况为非正常运行，称为击穿，会造成晶闸管永久性损坏，必须避免。

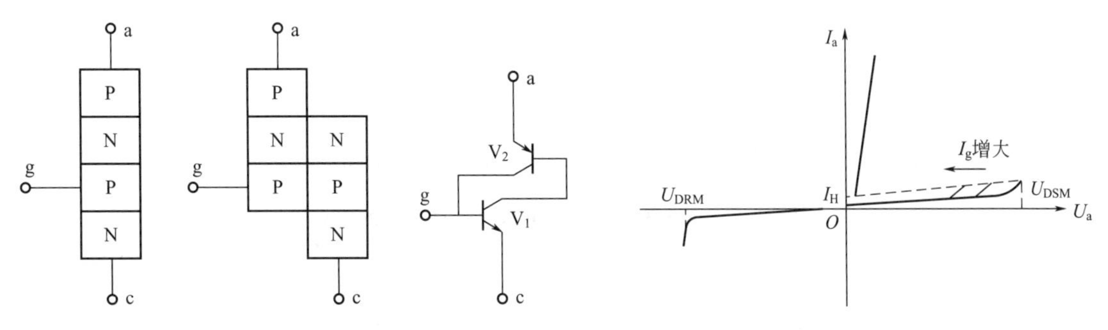

图 4-26 晶闸管的结构原理图

图 4-27 晶闸管的阳极伏安特性曲线

晶闸管的阳极伏安特性：定量地分析阳极电压、电流及控制极电压、电流等参数对晶闸管通断的转化关系常用阳极伏安特性曲线。图 4-27 中横坐标是阳极电压，纵坐标为阳极电流。在第一象限，当无控制极电压时，特性曲线靠近横坐标，只有少量的正向漏电流，晶闸管处于正常关断状态。随着正向阳极电压上升，正向漏电流逐渐增大，特性曲线上翘。当正向阳极电压达到某值时，晶闸管突然转化为导通状态。此时的正向阳极电压值称为正向转折电压（U_{DSM}）。晶闸管导通后，阳极电压变小，流过较大的负载电流，特性曲线陡直，靠近纵坐标。若此时再减小阳极电压或增加负载电阻，阳极电流就逐渐减小。当电流小于某定值时，晶闸管由导通转化为关断状态。这时的阳极电流称为维持电流（I_H）。关断后阳极电流很小，阳极电压又增大，回到靠近横坐标的特性曲线。

当输入控制电压时，由于控制电流（I_g）的存在，使晶闸管能在较低的正向阳极电压下导通，也就是使转折电压降低了。控制电流越大，正向转折电压就越低，特性曲线也就越向左移。

第四象限表示在反向阳极电压时的伏安特性。此时反向电流很小，称反向漏电流，曲线平直靠近横坐标。若反向阳极电压达到某一值，反向漏电流会突然增加，特性曲线急剧下弯。此时晶闸管就被反向击穿。此点电压称为反向最高测试电压（U_{RB}），又称反向不重复峰值电压（U_{DRM}）。

2. 晶闸管的型号命名法

晶闸管的型号命名由六个部分组成，各部分的含义如下：

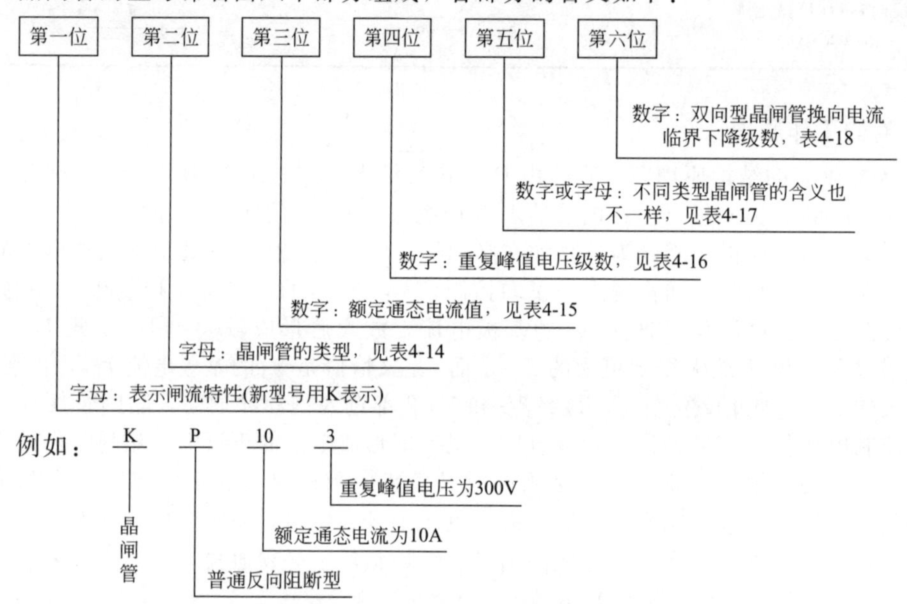

表 4-14　晶闸管型号命名的第二位字母及其含义

字母	P	K	S
类型	普通反向阻断	快速反向阻数	双向型

表 4-15　晶闸管型号命名的第三位数字及其含义

额定通态电流/A	1	5	10	50	100	200	300	400	500	1000

表 4-16　晶闸管型号命名的第四位数字及其含义

级数	1	2	3	4	5	6	7	8	9	10	12	14	16	18	20
U_{RRM}/V	100	200	300	400	500	600	700	800	900	1000	1200	1400	1600	1800	2000

表 4-17　晶闸管型号命名的第五位数字（或字母）及其含义

KP	级别	A	B	C	D	E	F	G	H	I
	通态平均电压/V	≤0.4	0.4～0.5	0.5～0.6	0.6～0.7	0.7～0.8	0.8～0.9	0.9～1	1～1.1	1.1～1.2

KK	级数	0.5	1	2	3	4	5	6
	换向关断时间/μs	≤5	5～10	10～20	20～30	30～40	40～50	50～60

续表

KS	断态电压临界上升率级数	0.2	0.5	2	5
	du/dt/(V/μs)	20～50	50～2200	2200～2500	≥2500

表 4-18 晶闸管型号命名的第六位数字及其含义

级数	0.2	0.5	1
di/dt/(A/μs)	20～50	50～2200	≥1%

附晶闸管旧的型号命名法如下：

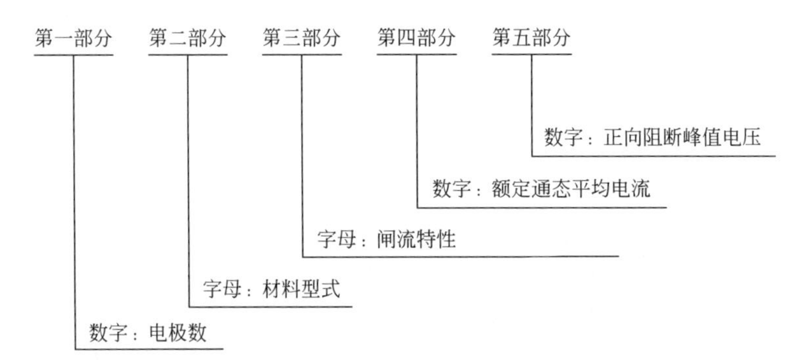

例如：3CT5/200 表示三端晶闸管，额定通态平均电流为 5A，正向阻断峰值电压为 200V。

3. 主要技术参数

晶闸管的技术参数达 40 余种，不同类型管子有其特殊的参数要求。下面介绍一些共同参数，便于在应用时合理选择晶闸管。

① 通态平均电流（I_T） 在环境温度为 40℃及规定的冷却条件下，负载为电阻性的单相 50Hz 电流中，允许通过的最大通态平均电流。

② 断态不重复峰值电压（U_{DSM}） 控制极断开时，在正向阳极电压下，伏安特性急剧变化处的电压，又称正向转折电压（$I_g=0$ 时）。

③ 断态重复电压（U_{SSM}） 其值为断态不重复峰值电压的 80%。

④ 反向不重复峰值电压（U_{DRM}） 控制极断开时，在反向阳极电压下，伏安特性急剧变化处的电压，又称反向最高测试电压。

⑤ 反向重复峰值电压（U_{RRM}） 其值为反向不重复峰值电压的 80%。

⑥ 通态平均电压（U_T） 在规定条件下，流过通态平均电流时的晶闸管主电压（晶闸管上的压降）。

⑦ 反向不重复平均电流（I_{RS}） 在额定结温和控制极断开时，对应于反向不重复电压下的平均漏电流。

⑧ 反向重复平均电流（I_{RR}） 在额定结温和控制极断开时，对应于反向重复峰值电压下的平均漏电流。

⑨ 浪涌电流（I_{TSM}） 在规定条件下，通过额定通态平均电流稳定后，加 50Hz 正弦波半周期内元件能随的最大过载电流。

⑩ 维持电流（I_H） 在规定温度和控制极断开时，使元件处于通态所必需的最小电流。

⑪ 控制极触发电流（I_{GT}） 在规定温度和规定的主电压条件下，使元件全导通所必需

的最小控制极直流电流。

⑫ 控制极触发电压（U_{GT}） 对应于 I_{GT}时的控制极直流电压。

⑬ 断态电压临界上升率（du/dt） 在额定结温和控制极断开时，使元件从断态转入通态的最低电压上升率。

⑭ 通态电流临界上升率（di/dt） 在规定条件下，元件能承受而不损坏的通态电流最大上升率。

⑮ 控制极平均功率（P_G） 在规定条件下，控制极加上正向电压时所允许的最大平均功率。

⑯ 控制极控制开通时间（t_{gt}） 在控制脉冲作用下，元件由断态转为通态时，在控制脉冲规定点使主电压降低到规定值时所需要的时间。

⑰ 电路换向关断时间（t_g） 在规定结温下，元件从通态电流降到零瞬间起到承受规定断态电压时所需的时间。

五、集成电路

集成电路是利用半导体工艺、厚膜工艺、薄膜工艺，将无源器件（如电阻、电容、电感等）和有源器件（如二极管、晶体管、场效晶体管等）按照设计要求连接起来，制作在同一硅片上，成为具有特定功能的电路。集成电路打破了电路的传统概念，实现了材料、元件、电路的三位一体，与分立元器件组成的电路相比，具有体积小、重量轻、功能多、成本低、适合于大批量生产的特点，同时缩短和减少了连线和焊接点，从而提高了电子产品的可靠性和一致性。几十年来，集成电路的生产技术取得了迅速的发展，集成电路得到了极其广泛的应用。

1. 集成电路的分类

(1) 按照集成电路的制造工艺分类

可以分为半导体集成电路、薄膜集成电路、厚膜集成电路、混合集成电路。

① 半导体集成电路。在半导体硅片上使用外延氧化、光刻、扩散等半导体工艺来制作晶体管、二极管、电阻、电容等元件及施行隔离，并用蒸发工艺进行互连，这样构成的集成电路称为半导体集成电路。采用半导体工艺难以制作高精度、高阻值的电阻以及大容量的电容和电感，因此半导体集成电路广泛用来作数字电路和线性电路。

半导体集成电路又分双极型集成电路（又称 TTL 电路）和 MOS 型集成电路（分 NMOS 型、PMOS 型和 CMOS 型集成电路）。

② 薄膜集成电路。一般厚度在 0.5～1.5μm 以下的金属或介质膜称为薄膜。形成薄膜工艺的如真空蒸发、溅射、化学气相淀积等都称为薄膜工艺。在绝缘基片上，由薄膜工艺形成有源元件、无源元件和互连布线而构成的电路称为薄膜集成电路。

③ 厚膜集成电路。厚度为几微米至几十微米的膜称为厚膜。形成厚膜工艺的如电镀、丝网漏印、烧结、喷涂等都称为厚膜工艺。在陶瓷等绝缘基片上，用厚膜工艺制作厚膜无源网络，然后装接二极管、晶体管或半导体集成芯片，构成有一定功能的电路即为厚膜集成电路。

厚膜集成电路可在普通大气环境下制造，设备简单，成本低，网印工艺亦便于自动化生产。但厚膜集成电路制作的元件种类及数值范围有一定的限制，故主要用在大电流的功率集成电路和低成本的设备方面。

④ 混合集成电路。由半导体工艺与薄（厚）膜工艺结合而制成的集成电路。在混合集成电路中，电阻、电容都可采用高精度和温度性能良好的厚、薄膜元件，有源元件可采用经过电工测量与电路匹配较好的芯片，使整个电路性能较佳。故混合集成电路比较多地用来构成大功率集成电路、微波集成电路和大规模集成电路。

(2) 按照功能性质分类

可以分为数字集成电路、模拟集成电路和微波集成电路。

① 数字集成电路。以“开”和“关”两种状态或以高、低电平来对应“1”和“0”二进制数字量，并进行数字的运算、存储、传输及转换的集成电路称为数字集成电路。数字电路中最基本的逻辑关系有“与”“或”“非”3种，再把它们组合就可构成各类门电路和某一特定功能的逻辑电路，如触发器、计数器、寄存器和译码器等。与模拟电路相比，数字电路的工作形式简单、种类较少、通用性强、对元件精度要求不高，广泛地应用于计算机、自动控制和数字通信系统中。

数字集成电路又可以分为双极型数字集成电路、MOS场效应晶体管数字集成电路和大规模数字集成电路（LST）3种。

常用的双极型数字集成电路有54××、74××、74LS××系列。

常用的CMOS场效应数字集成电路有4000、74HC××系列。

常见的LST电路有Z80-CPU、ROM（只读存储器）、RAM（随机存储器）、EPROM（可编程只读存储器）等。

② 模拟集成电路。以电压或电流为模拟量进行放大、转换、调制的集成电路称为模拟集成电路。数字集成电路以外的电路统称为模拟集成电路。模拟集成电路的精度高、种类多、通用性小。模拟集成电路可分为线性集成电路和非线性集成电路两种。

a. 线性集成电路。这类电路的型号很多，功能多样，最常见的是各类运算放大器。线性集成电路在测量仪器、控制设备、电视、收音机、通信机、雷达等方面得到广泛的使用。

b. 非线性集成电路。是指输出信号随输入信号的变化不成线性关系，但也不是开关性质的集成电路。非线性集成电路大多是专用集成电路，其输入、输出信号通常是模拟-数字、交流-直流、高频-低频、正-负极性信号的混合，很难用某种模式统一起来；常用的非线性集成电路有用于通信设备的混频器、振荡器、检波器、鉴频器，用于工业检测控制的模-数隔离放大器、交-直流变换器、稳压电路以及各种家用电器中的专用集成电路。

③ 微波集成电路。工作在100MHz以上的微波频段的集成电路，称为微波集成电路。它是采用半导体和薄、厚膜集成工艺，在绝缘基片上将有源、无源元件和微带传输线或其他特种微型波导联系成一个整体构成的微波电路。

微波集成电路具有体积小、重量轻、性能好、可靠性高和成本低等优点，在微波测量、微波地面通信、卫星通信、导航、雷达、电子对抗、导弹制造和宇宙航行等重要领域得到应用。

(3) 按照集成规模分类

可分为小规模集成电路、中规模集成电路、大规模集成电路、超大规模集成电路。

① 小规模集成电路。集成度少于10个门电路或少于100个元件的，称为小规模集成电路。

② 中规模集成电路。集成度在10～100个门电路之间，或者集成元件数在100～1000个元件之间的，称为中规模集成电路。

③ 大规模集成电路。集成度在100个门电路以上或1000个元件以上的，称为大规模等集成电路。

④ 超大规模集成电路。集成度达1万个门电路或10万个元件以上的，称为超大规模集成电路。

2. 集成电路的命名和封装

(1) 集成电路的命名

近年来，集成电路的发展十分迅速，特别是大、中规模集成电路的发展，使各种性能的通用、专用的集成电路大量涌现，类别之多令人眼花缭乱。国外各大公司生产的集成电路推出时已经自成系列，但除了表示公司标志的电路型号字头有所不同以外，一般来说在数字序号上基本是一致的。大部分数字序号相同的器件，功能差别不大可以代换。因此，在使用国外集成电路时，应该查阅手册或几家公司的产品型号对照表，以便正确选用器件。

根据国家标准规定，国产集成电路的型号命名由四部分组成，如表 4-19 所示。

表 4-19　国产集成电路的型号命名

第一部分		第二部分	第三部分	第四部分	
用汉语拼音字母表示电路的类型		用三位数字表示电路的系列和品种号	用汉语拼音字母表示电路的规格	用汉语拼音字母表示电路的封装	
符号	意义			符号	意义
T	TTL			A	陶瓷扁平
H	HTL			B	塑料扁平
E	ECL			C	陶瓷双列
I	IIL			D	塑料双列
P	PMOS			Y	金属圆壳
N	NMOS			E	F 型
C	CMOS				
F	线性放大器				
W	集成稳压器				
J	接口电路				

例如，T063AB——TTL 中速 4 输入端双与非门：

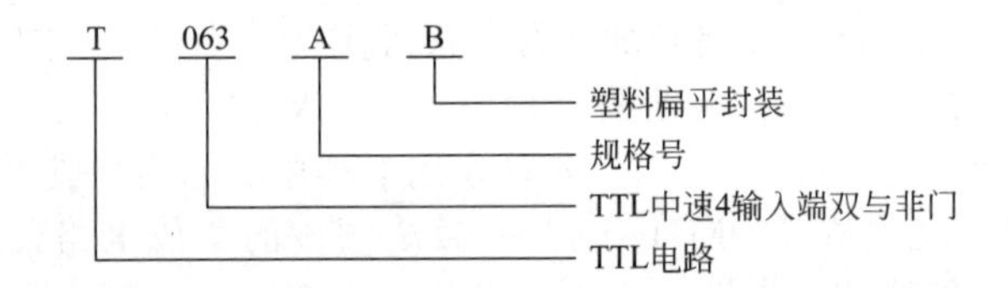

(2) 集成电路的封装

由于集成电路的半导体芯片太小，一定要封装在适当的外壳里，然后用导线连接芯片作为引出线。集成电路的封装，按材料基本分为金属、陶瓷、塑料三类；按电极引脚的形式分为通孔插装式和表面安装式两种。这几种封装形式各有特点，应用领域也有区别，现主要介绍插装式引脚的集成电路封装。集成电路的常用封装形式如图 4-28 所示。

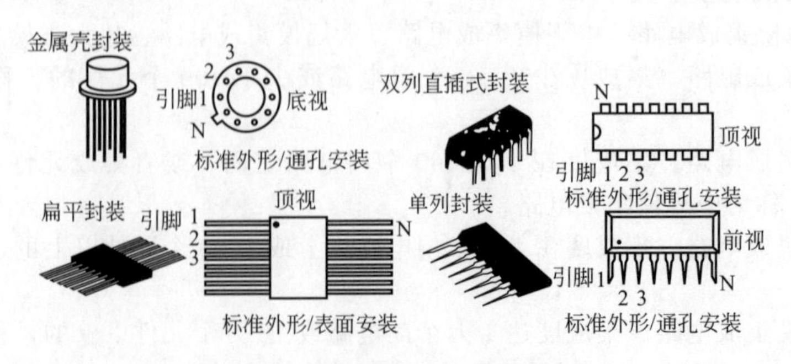

图 4-28　集成电路的常用封装形式

① 金属封装。金属封装散热性好，可靠性高，但安装使用不够方便，成本较高。这种封装形式常用于高精度集成电路或大功率器件。

② 陶瓷封装。陶瓷封装可分为扁平式（FP 型）和双列直插式（DIP 型）及单列直插式（SIP 型）。扁平式集成电路的水平引脚较长，现被引脚较短的 SMT 封装所取代。双列直插式集成电路，随着引脚数的增加，已经发展到 PGA 针栅阵列或柱形封装、BGA 球栅阵列形式。

③ 塑料封装。塑料封装是目前最常见的一种封装形式，最大特点是工艺简单、成本低，因而被广泛使用。它和陶瓷封装一样可分为扁平式和单、双列直插式两种。

（3）集成电路引脚的识别

双列直插式集成电路引脚常用的有 4 条、8 条、14 条和 16 条等多种，扁平式集成电路多达几百条。识别这些引脚的常规方法是将集成电路引脚朝下，以缺口或打有一个点“.”或划有一道竖线位置为准，按逆时针方向记数排列。图 4-29 所示为集成电路引脚识别示意。

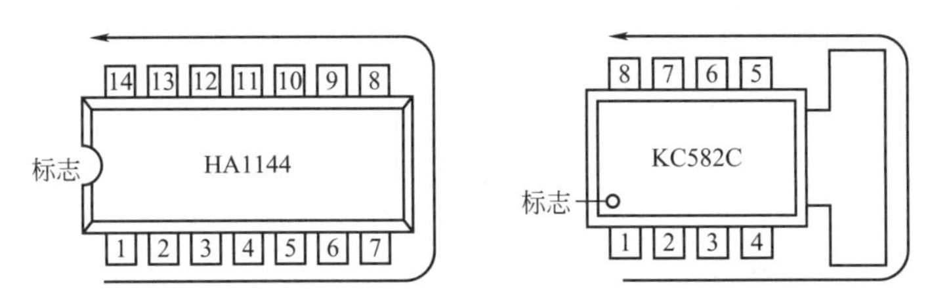

图 4-29　集成电路引脚识别

① 单列直插式集成电路。以正面（印有型号商标的一面）朝自己，引脚朝下，引脚编号顺序一般从左到右排列。

② 双列直插式集成电路。从左下方逆时针方向依次计数排列（顶视、缺口在左方）。

③ 扁平封装集成电路。从左下方起，按逆时针方向依次计数排列（顶视）。

④ 金属封装集成电路。从凸缘或小孔处起，按顺时针方向依次计数排列（底部朝上）。

除了以上常规的引脚方向排列外，也有一些引脚方向排列较为特殊，应引起注意。这些大多属于单列直插式封装结构，它的引脚方向排列刚好与上面说的相反，使用时应以手册资料为准。

3. 集成电路使用注意事项

① 集成电路使用时，不许超过参数手册规定的参数数值。

② 集成电路插装时要注意引脚序号方向，不能插错。

③ 扁平式集成电路外引出线成型、焊接时，引脚要与印制电路板平行，不得穿引扭焊，不得从根部弯折。

④ 集成电路焊接时，不得使用大于 45W 的电烙铁，每次焊接时间不得超过 10s，以免损坏电路或影响电路性能。集成电路引出线间距较小，在焊接时不要相互锡连，造成短路。

⑤ 对于 MOS 集成电路，要特别防止栅极静电感应击穿。要求一切测量仪器、电路本身有良好的接地，尤其是信号源和交流测量仪器。另外在存储 MOS 集成电路时，必须将 MOS 集成电路放在金属盒内或用金属箔包装起来。

第三节　电子元器件基本操作

一、电子元器件的焊接

1. 锡焊焊点的要求

锡焊焊点的要求如下：

① 焊点接触良好。

② 无虚焊情况。

③ 焊点有足够的机械强度。

④ 焊点表面光滑，无棱角、尖刺等现象。

如图 4-30 所示是常见的焊点外形，图（a）是符合要求的，其余均不符合要求。

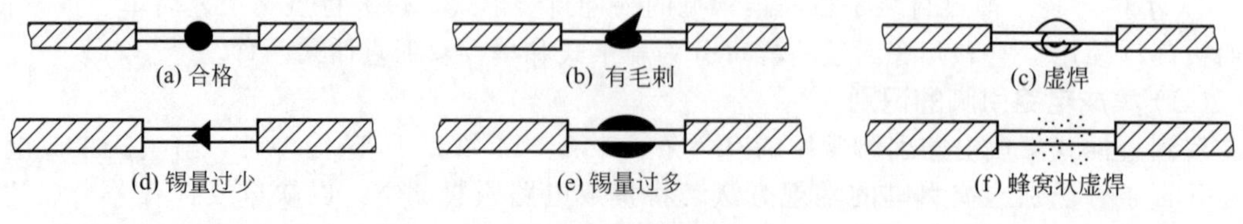

图 4-30　焊点外形

2. 焊接操作技法

（1）电烙铁头的清理及挂锡

焊接前选好电烙铁的功率，焊接晶体管及其他受热易损元器件时，宜选用 20W 的内热式或 25W 的外热式电烙铁。焊接导线及同轴电缆时，宜选用 45～75W（外热式）和 50W（内热式）的电烙铁。焊接较大的元器件时，宜选用 100W 左右的电烙铁。

首先用细砂布或小刀清除电烙铁头表面氧化层，然后将被焊接的导线和元器件引线表面氧化层清除，要逐根清理干净。

将加热的电烙铁头接触松香，使电烙铁头表面挂上一层锡，挂锡时注意电烙铁的温度，使松香冒出白烟即可。最后再将所需焊接导线的部位也挂上锡，这样能保证焊接质量。

（2）焊接操作时电烙铁的握法

握电烙铁方法通常有反握法、正握法和握笔法三种，如图 4-31 所示。

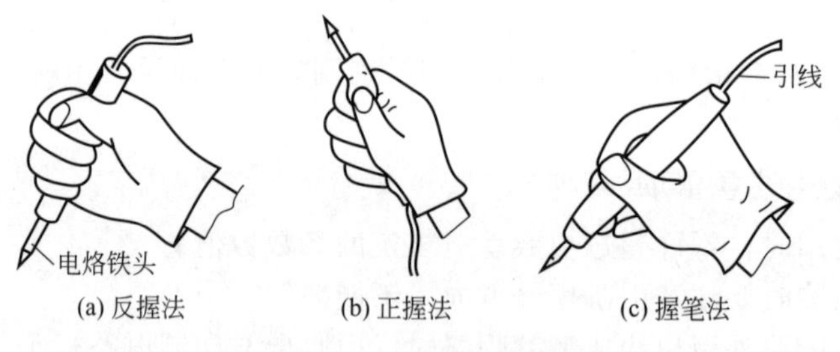

图 4-31　电烙铁的握法

反握法适合于大功率电烙铁和热容量大的被焊件，因为这种反握法长时间操作时动作稳定不易产生疲劳感。正握法适用弯烙铁头操作及直烙铁头在机架上焊接互连导线时操作。握笔法适用于小功率电烙铁和热容量小的焊件，在电子元器件中焊接时广泛应用。

（3）焊锡丝的拿法

在施焊时，通常是左手拿焊锡丝，右手握电烙铁进行焊接。焊锡丝的拿法如图 4-32 所示。

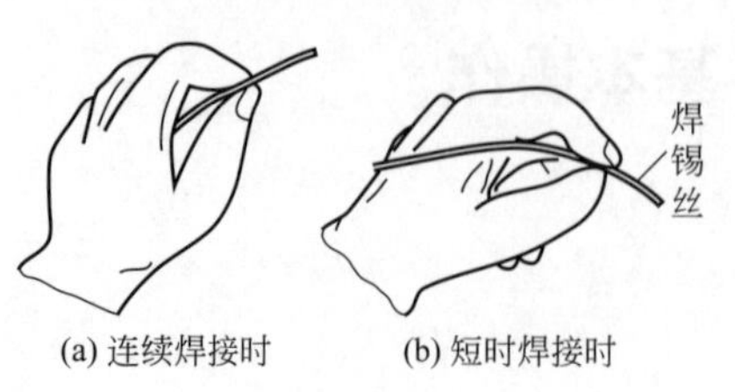

图 4-32　焊锡丝的拿法

（4）焊接的基本操作步骤

焊接的基本操作步骤如图 4-33 所示。

① 准备。选择好电烙铁和焊锡丝，把被焊件固定好，可准备施焊，这时焊锡丝和电烙铁头靠近被焊件。

② 预热。将含有焊锡的电烙铁头蘸一些松香焊

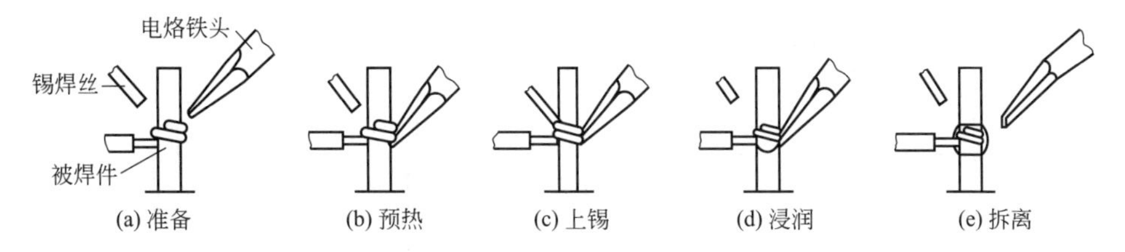

图 4-33　焊接的基本操作步骤

剂，然后对准焊接点进行预热，预热时间要根据焊件大小而定。

③ 送入焊锡丝。被焊件预热后，左手拿好焊锡丝接触到被焊处，要求焊锡丝在电烙铁头的对面，不要接触在一起，以防焊锡丝中焊剂被焚烧失效。焊锡丝停留时间视焊件大小而定，时间过长过短均不好。

④ 移开焊锡丝。当熔化一定量之后，立即移开焊锡丝。

⑤ 移开电烙铁。当焊锡丝流动扩散覆盖整个焊点后，迅速移开电烙铁。电烙铁的撤离方向与焊料量和焊点外形有关。

如图 4-34 所示，一般电烙铁头是以 45°角度的方向移开，此时的焊点圆滑。

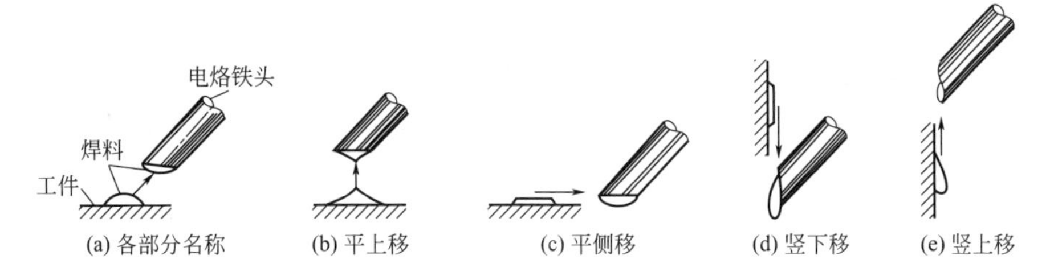

图 4-34　移开电烙铁

对于热容量小的焊件可精简为三步，如图 4-34(a)、(c)、(e) 所示。

(5) 焊点质量检查

① 牢固，具有一定的机械强度。

② 外观圆滑、光亮，焊点大小一致。

③ 焊锡量适中，无漏焊、虚焊、气孔、拉尖、连焊、错焊等现象。

④ 用镊子夹住并摇动焊件引脚，不松动。

二、电子元器件的安装

将电子元器件安装到电路板上有两种安装方式，即插装元件方式和表面贴装元件方式。

1. 引线成形

元件安装前要将引线成形，使安装尺寸与电路板的配合适当。

手工插装元器件的引线成形，对于手工焊的安装方式如图 4-35 所示；对于自动焊安装时，元器件引线成形的形状如图 4-36 所示。

引线成形形状的工艺要求如下：

① 引线的弯形不可直接在根部弯曲，至少要离根部 1.5mm 以上。

② 弯曲处的圆角半径 R 要大于引线直径的 2 倍。

③ 弯曲后的两根引线要与元器件本体垂直，且与元器件中心位于同一平面内。

④ 元器件标志符号的方向应一致，以便于观察。

如果批量少的元件，其引线的成形可用辅助工具进行，如图 4-37 所示，用尖嘴钳靠手工进行弯曲成形。

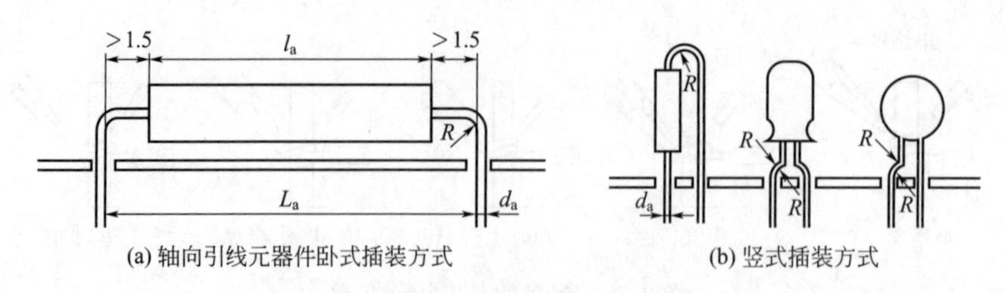

图 4-35　手工插装元器件引线成形形状

L_a—两焊盘的跨接间距；l_a—元件轴向引线元件体的长度；d_a—元件引线的直径或厚度

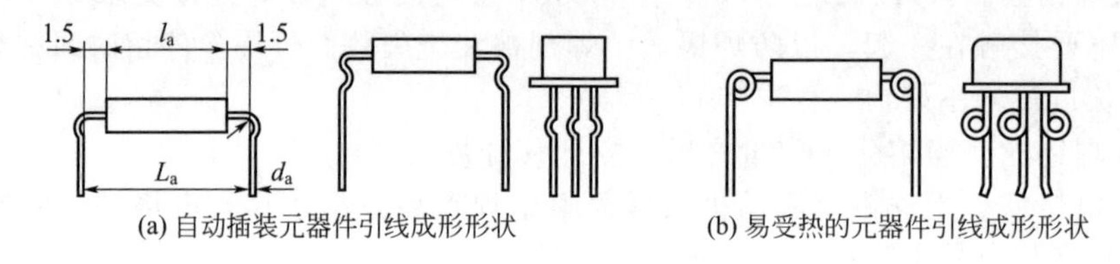

图 4-36　自动插装元器件成形形状

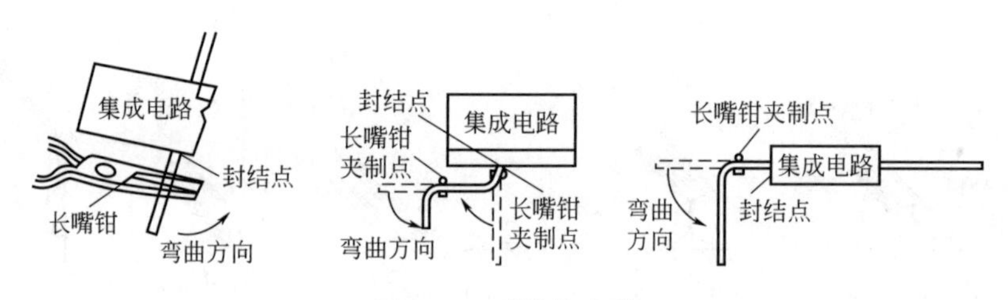

图 4-37　引线的成形

如果电子元器件批量大或要求弯曲成形尺寸一致，为节省工时，可用模具进行手工成形，如图 4-38 所示。图 4-39 是元器件安装孔距不合适的引线成形。

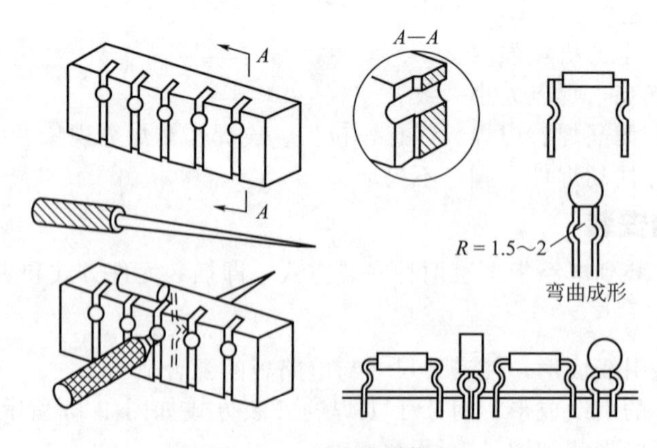

图 4-38　引线成形模具

2. 电子元器件的插装方法

元器件的插装是指元器件的引线插入印制电路板上相应的安装孔内，然后进行焊接。插装分为手工插装和自动插装两种。通常维修电工常用手工插装；自动插装是采用自动插装机进行插装工作的。

插装和焊接操作：

① 清除元器件引线（焊脚）处的氧化层并搪锡。

② 对被安装元器件的电路板要清除表面氧化层，再涂上松香酒精溶液，以防继续氧化。

③ 在确认元器件各引线所对应的位置后，插入孔，剪去多余的长度，进行焊接，焊接时间不超过 2s。

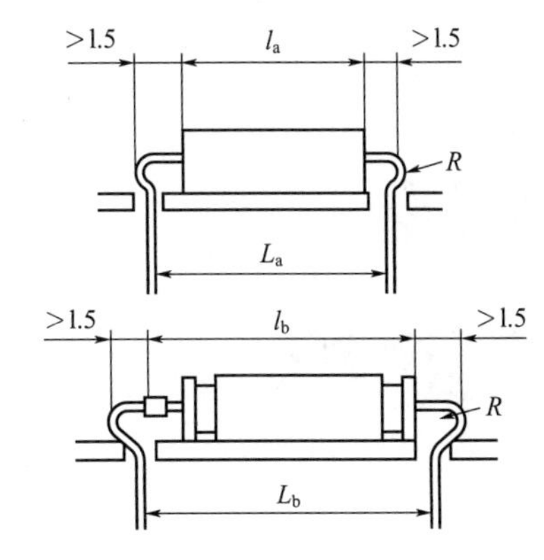

图 4-39 元器件安装孔距不合适的引线成形

印制电路板上元器件的插装原则：

① 电子元器件（如电阻、电容、晶体管和集成电路）的插装，应使其标记和色码朝上，以便于辨认。

② 有极性的元件（如电解电容、晶体二极管等），应由其极性标记方向来决定插装方向。

③ 插装顺序应该先轻后重、先里后外、先低后高。如先插装卧式电阻、二极管，其次插装立式电阻、电容和三极管，再插装大体积元器件，如大电容器、变压器等。

④ 应注意元器件间的距离。印制电路板上的元器件间距离不能小于 1mm，引线间的间隔要大于 2mm，当有可能接触时，引线要套绝缘套管。

⑤ 对于较大、较重的特殊元器件（如大电解电容、变压器、阻流圈、磁棒等），插装时必须用金属固定件或固定架加强固定。

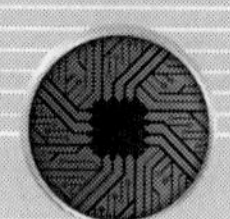

第五章

电动机

第一节 概 述

一、电动机的分类及型号

1. 电动机的分类

电动机的主要类型如下：

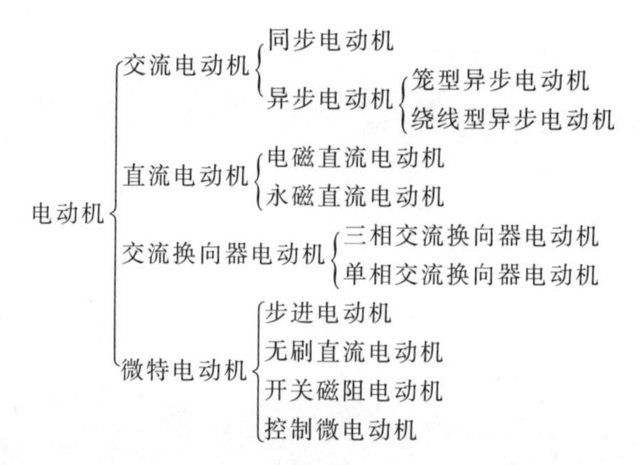

电动机
- 交流电动机
  - 同步电动机
  - 异步电动机
    - 笼型异步电动机
    - 绕线型异步电动机
- 直流电动机
  - 电磁直流电动机
  - 永磁直流电动机
- 交流换向器电动机
  - 三相交流换向器电动机
  - 单相交流换向器电动机
- 微特电动机
  - 步进电动机
  - 无刷直流电动机
  - 开关磁阻电动机
  - 控制微电动机

2. 电动机的产品型号

根据国家标准JB/T 8232—1995的规定，产品型号由产品代号、规格代号、特殊环境代号和补充代号四部分组成，并按下列顺序排列：

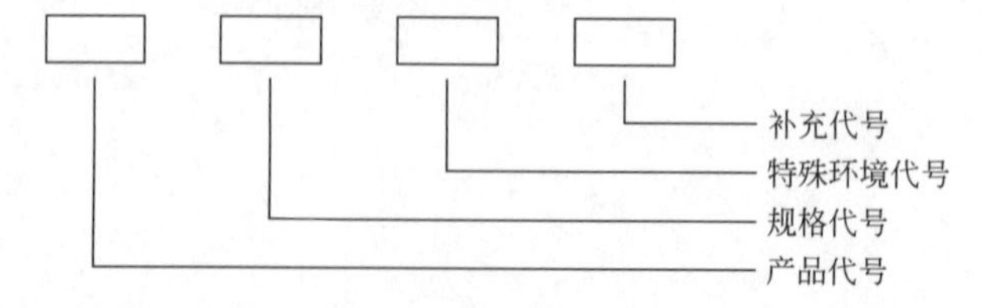

(1) 产品代号

产品代号由电动机类型代号、电动机特点代号、设计序号和励磁方式代号四个小节组成。

类型代号是用汉语拼音字母表征电动机各种类型，主要有：Y——异步电动机；T——同步电动机；Z——直流电动机；H——交流换向电动机；Q——潜水电泵和F——纺织用电动机等。

特点代号是用汉语拼音字母表征电动机的性能、结构或用途，主要有：A——增安型；

B——隔爆型。

设计序号是指电动机的产品设计顺序，用阿拉伯数字表示；对于第一次设计的产品，不标注设计序号。

(2) 规格代号

规格代号用中心高、铁芯外径、机座号、机壳外径、轴伸直径、凸缘代号、机座长度、铁芯长度、功率、电流等级、转速或极数等来表示。

主要系列的规格代号如表 5-1 所示。

表 5-1 电动机系列的规格代号表示法

系列产品	规格代号
小型异步电动机	中心高(mm)-机座长度(字母代号)-铁芯长度(数字代号)-极数
中大型异步电动机	中心高(mm)-铁芯长度(数字代号)-极数
小型同步电动机	中心高(mm)-机座长度(字母代号)-铁芯长度(数字代号)-极数
中大型同步电动机	中心高(mm)-铁芯长度(数字代号)-极数
小型直流电动机	中心高(mm)-铁芯长度(数字代号)
中型直流电动机	中心高(mm)或机座号(数字代号)-铁芯长度(数字代号)-电流等级(数字代号)
大型直流电动机	电枢铁芯外径(mm)-铁芯长度(mm)
分马力电动机	中心高或机壳外径(mm)-机座长度(字母代号)-铁芯长度、电压、转速(均用数字代号)
交流换向器电动机	中心高或机壳外径(mm)-铁芯长度(均用数字代号)

机座长度采用国际通用字母符号表示，S 表示短机座，M 表示中机座，L 表示机座。铁芯长度由短至长顺序用数字 1、2、3……表示。凸缘代号采用国际通用字母符号 FF（凸缘上带通孔）或 FT（凸缘上带细孔）连同凸缘固定孔中心基圆直径的数值来表示。

(3) 特殊环境代号

电动机的特殊环境代号采用汉语拼音字母表示：G——“高”原用；H——“船”（海）用；W——户“外”用；F——化工防“腐”用；TH——“湿热”带用等。

(4) 补充代号

仅适用于有此要求的电动机。

产品型号举例如下：

① 小型异步电动机

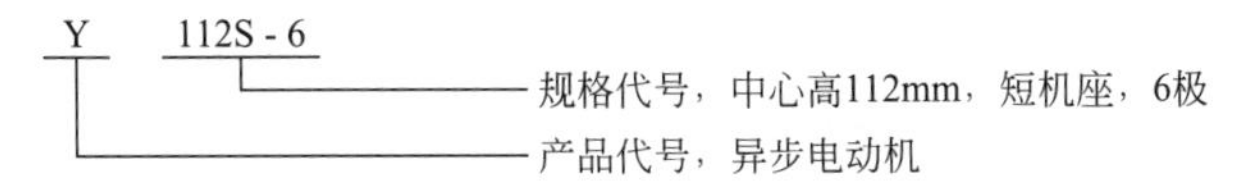

② 直流电动机

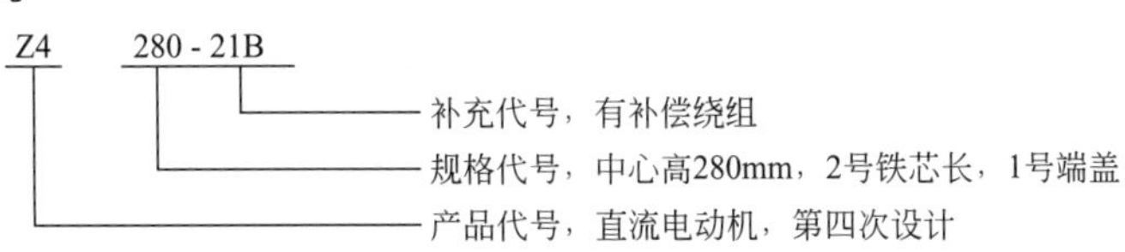

③ 户外化工防腐用小型隔爆异步电动机

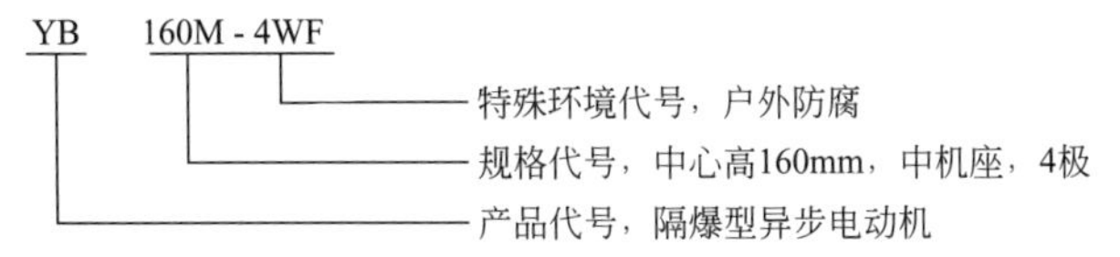

二、电动机的基本结构

电动机的基本结构形式包括外壳防护分级、冷却方法和结构及安装形式。

1. 电动机外壳防护分级

防护等级的代号是由表征字母 IP（“国际防护”英文缩写）及附加两个表征数字组成的，第一位数字表示第一种防护的各个等级，第二位数字表示第二种防护的各个等级。

第一种防护：防止人体触及接近壳内带电部分和触及壳内转动部件，以及防止固体异物进入电动机，共分 6 个等级，表征数字为 0、1、2、3、4、5。2 表示防护大于 12mm 的固体；4 表示防护大于 1mm 的固体；5 表示防尘。

第二种防护：防止由于电动机进水而引起的有害影响，共分 9 个等级，表征数字为 0、1、2、3、4、5、6、7、8。3 表示防淋水；4 表示防溅水；5 表示防喷水。常见的电动机防护等级有 IP23、IP44、IP54 和 IP55 等。

2. 电动机冷却方法

冷却方法的代号是由表征字母 IC（“国际冷却”英文缩写）和附加表征字母及数字组成的，附加表征字母代表冷却介质，例如 A 表示冷却介质为空气，在简化标记中可以省略；F 表示冷却介质为氟利昂；H 表示冷却介质为氢气；W 表示冷却介质为水；U 表示冷却介质为油等；附加第一位数字表征冷却回路的布置，共分 10 种，用 0、1、2、3、4、5、6、7、8、9 表征；附加第二位和第三位数字分别表征初级和次级冷却介质运动的推动方法，共分 10 种，用 0、1、2、3、4、5、6、7、8、9 表征。常见的电动机冷却方法有 IC0A1 简化标记为 IC01；IC4A1A1 简化标记为 IC411 等。

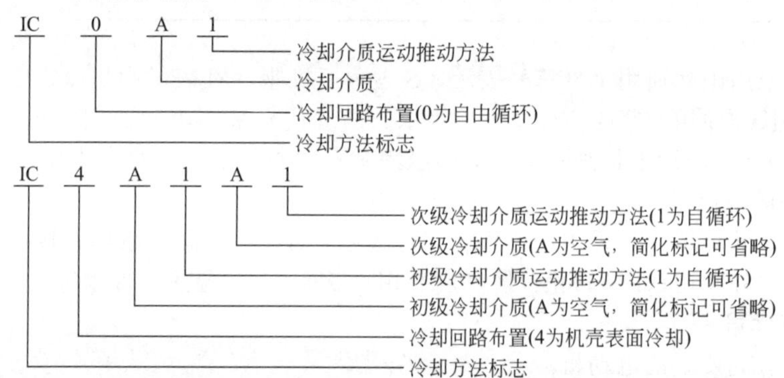

3. 电动机结构及安装形式

电动机的结构及安装形式代号是由表征字母 IM（“国际安装”英文缩写）和附加字母及 1 位或 2 位数字组成的，附加字母 B 代表卧式安装，V 代表立式安装。卧式安装的电动机共有 13 种形式，立式安装的电动机共有 18 种形式，常用的卧式安装形式有 B3（只有底脚安装）、B5（只有凸缘安装）、B35（底脚和凸缘安装）、V3（凸缘在顶部安装）、V5（轴伸向下底脚安装在墙上）、V6（轴伸向上底脚安装在墙上）、V15（底脚安装在墙上凸缘在底部）、V36（底脚安装在墙上凸缘在顶部）等，结构形式及示意图见图 5-1。

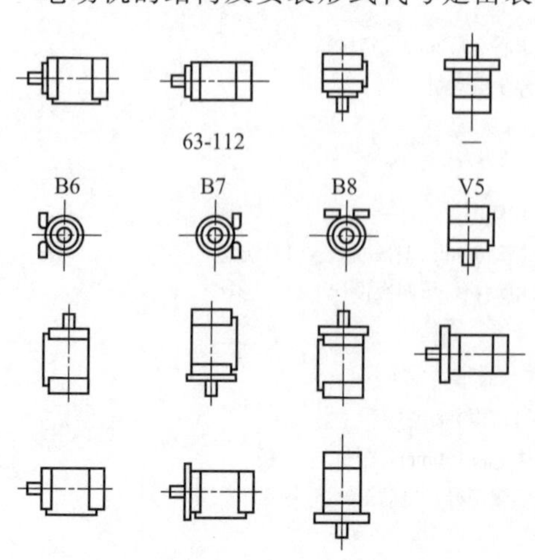

图 5-1　结构形式及示意图

三、电动机的功率等级

根据国家标准 GB/T 4772.1—1999，250kW 及以下电动机的功率等级为 0.12、0.18、0.25、

0.37、0.55、0.75、1.1、1.5、2.2、3.0、4.0、5.5、7.5、11、15、18.5、22、30、37、45、55、75、90、110、132、160、200、250。该功率等级是采用IEC 60072文件所规定的第一数系数值，其中3.7用第二数系的3和4代替，与国外主要公司的同类产品保持一致，既有利于进口设备的国产化，又利于出口需要。

对于250kW以上的电动机功率等级，则有280～10000kW共43个功率等级。

四、电动机常用计算公式

1. 额定电流 I

$$I=\frac{1000P}{1.73U\eta\cos\varphi}$$

式中 P——额定功率，kW；

U——额定电压，V；

$\cos\varphi$——功率因数；

η——电动机效率。

2. 同步转速 n

$$n=\frac{f}{p}\times 60$$

式中 f——频率，Hz；

p——磁极对数，如两极时 $p=1$；四极时 $p=2$。

3. 转差率 S

$$S=\frac{n-n_e}{m}\times 100\%$$

式中 n——电动机同步转速，r/min；

n_e——电动机额定转速，r/min。

4. 转矩 M

$$M=\frac{9555N}{n}$$

$$M=F\frac{D}{2}$$

$$F=\frac{19110N}{nD}$$

式中 M——电动机的转矩，N·m；

N——工作机械的负载，kW；

n——转速，r/min；

F——皮带拉力，N；

D——皮带轮直径，mm。

第二节　三相异步电动机

一、三相异步电动机的分类及型号

三相异步电动机结构简单、使用维护方便、运行可靠、制造成本低，因而广泛用于工农业生产，作为驱动机床、水泵、风机、运输机械、矿山机械、农业机械以及其他机械运行的动力。

1. 产品分类

三相异步电动机品种繁多，一般可按转子结构、外壳防护等级、冷却方式、安装结构及安装形式等分类。

① 按转子结构分，可分为笼型和绕线型。

② 按外壳防护等级分，Y 系列三相异步电动机（基本系列）分为 IP44（封闭式）和 IP23（防护式）两种。

③ 按冷却方式分，Y 系列三相异步电动机（基本系列）分为 ICO141（自扇冷却）和 ICO1（自冷式）两种。

④ 按安装结构和安装形式分，Y 系列三相异步电动机（基本系列）有 IMB3、IMB35 和 IMB5 等几种。

2. 产品型号

产品型号编制方法按国家标准 GB/T 4831—2016《旋转电机产品型号编制方法》的有关规定。三相异步电动机的产品型号、结构特征及用途详见表 5-2。

表 5-2 三相异步电动机的产品型号、结构特征及用途

序号	名称	型号		结构特征	用途
		新	老		
1	小型三相异步电动机(封闭式)	Y (IP44)	JO2	自扇冷却、封闭式结构，能防止灰尘、水滴大量进入电动机内部	作一般用途的驱动源，即用于驱动对启动性能、调速性能及转差率无特殊要求的机器和设备；亦可用于灰尘较多、水土飞溅的场所
2	小型三相异步电动机(防护式)	Y (IP23)	J2	自冷式、防护式结构，能防止水滴或其他杂物从与垂向成 60°的范围内落入	同上(序号 1)，但必须用于周围环境较干净、防护要求较低的场所
3	变极多速三相异步电动机	YD (IP44)	JD02	同 Y 系列(IP44)	同 Y 系列(IP44)，驱动要求有 2～4 种分级变化转速的设备
4	高转差率三相异步电动机	YH (IP44)	JH02	转子采用高电阻系数的铝合金，其余结构同 Y 系列(IP44)	用于传动飞轮力矩较大、具有冲击性负荷、启动及逆转次数较多的设备
5	高效率三相异步电动机	YX (IP44)		同 Y 系列(IP44)，只是改变了电磁参数；使用高导磁低损耗硅钢片等，以降低损耗，提高效率	用于驱动长期连续运行、负载率较高的设备
6	绕线转子三相异步电动机(封闭式)	YR (IP44)	JR02	转子为绕线形的封闭式结构，能防止灰尘及水滴大量进入电动机内部	用于驱动启动转矩高而启动电流小及需要小范围调速的设备，可用于周围灰尘多、水土飞溅、环境较恶劣的场所
7	绕线转子三相异步电动机(防护式)	YR (IP23)	JR_2	转子为绕线型的防护式结构，能防止水滴从与垂直方向成 60°的范围内进入电动机内部	同 YR 系列(IP44)，但必须在周围环境较干净、防护要求较低的场合使用
8	低振动、低噪声三相异步电动机	Y2C (IP44)	JJ02	同 Y 系列(IP44)	用于驱动精密机床以及需要低噪声、低振动的各种机械设备
9	船用三相异步电动机	Y-H (IP44 或 IP54)	J02-H	机座材料、接线盒结构符合船舶使用特点，其余同 Y 系列(IP44)	用于海洋、江河一般船舶上的机械传动
10	户外型三相异步电动机	Y-W (IP54 或 IP55)	J02-W	在 Y 系列(IP44)结构基础上，加强结构材料，加强结构密封和采取零部件防腐蚀措施	用于户外轻腐蚀环境的各种机械传动

续表

序号	名称	型号		结构特征	用途
		新	老		
11	化工防腐蚀型三相异步电动机	Y-WF_1 Y-F （IP54或IP55）	J02-F	同Y-W系列	用于户外中腐蚀环境的各种机械传动装置；用于经常或不定期在一种或一种以上化学腐蚀性质环境中的各种机械传动
12	隔爆型三相异步电动机	YB （IP44或IP54）	BJ02	电动机必须符合有关防爆特殊技术要求，主要零部件要符合隔爆要求	用于煤矿井下固定设备的一般传动；作为工厂有最大试验安全间隙不小于ⅡB级，引燃温度不低于T4组的可燃性气体或蒸气与空气形成爆炸性混合物的设备传动
13	增安型三相异步电动机	YA （IP54）		电动机符合防爆性环境等通用要求及爆炸性环境增安型要求 ①爆炸混合物自然极限温度不低于450℃时，功率等级与机座号对应关系同Y系列（IP44） ②爆炸混合物自然极限温度在200～300℃时，功率等级与机座号对应关系比Y系列（IP44）降低一级	适用于石油、化工、化肥、制药、轻纺等企业中具有二类爆炸危险场所使用的各种机械传动
14	电磁调速三相异步电动机	YCT	JZT	由Y系列（IP44）三相异步电动机与电磁滑差离合器组成	用于要求恒转矩或风机型负载的无级调速传动，其控制功率小，调速范围较广，调速精度较高
15	傍磁式制动三相异步电动机	YEP （IP44）	JZD	转子非轴伸端装有分磁块及制动装置并与电动机组成一体，其余结构同Y系列（IP44）	适用于频繁启动、制动的一般机械，作为起重运输机械、升降工作机械及其他要求迅速、准确停车的主传动或辅助传动用
16	电磁制动三相异步电动机	YEJ		由Y系列（IP44）三相异步电动机与电磁制动器（IP23）组成	适用于频繁启动、制动的一般机械，作为起重运输机械、升降工作机械及其他要求迅速、准确停车的主传动或辅助传动用
17	齿轮减速三相异步电动机	YCJ	JTC	由Y系列（IP44）电动机与齿轮减速器直接耦合而成	用作驱动低速、大转矩的设备，并只准使用联轴器或正齿轮连接
18	摆线针轮减速三相异步电动机	YXJ	JXJ	由Y系列（IP44）电动机与摆线针轮减速器组合而成	用作驱动低速、大转矩的设备，并只准使用联轴器或正齿轮连接
19	立式深井泵用三相异步电动机	YLB （IP44）	JLB2 DM JTM	在电动机一端装有单列向心推力轴承，能承受一定的轴向力；转子轴为空心轴；在电动机另一端装有防逆盘以防电动机逆向旋转	驱动立式深井泵，为广大农村及工矿企业吸取地下水

续表

序号	名称	型号		结构特征	用途
		新	老		
20	起重冶金用三相异步电动机	YZ（IP44或IP54）	JZ2	机座号112～132为封闭自冷式，其余为封闭自扇冷却。转子铸铝材料为高电阻铝锰合金。机座号112～160为圆柱轴伸；机座号180～400为圆锥轴伸；机座号200及以上的风扇端与轴伸端轴承型号、规格不同，绝缘等级为FH级	IP44-F级绝缘电动机用于一般环境起重运输机械传动 IP54-H级绝缘电动机用于冶金辅助设备的传动
21	起重冶金用三相异步电动机	YZR	JZR	除转子为绕线型外，其余同上	IP44-F级绝缘电动机用于一般环境起重运输机械传动 IP54-H级绝缘电动机用于冶金辅助设备的传动
22	井用潜水三相异步电动机	YQS2	JQS YQS	为充水式密封结构，即定子、转子、绕组、轴承均在水中长期工作。上下端各装有水润滑径向滑动轴承，下端还装有水润滑止推轴承，以承受轴间力及防止轴向窜动。电动机各上口接合面以"O"形密封圈或密封胶密封，同时在轴伸端装有防砂密封装置	与井用潜水泵配套组成井用潜水电泵，是农业灌溉、工矿企业供水和高原山区抽取地下水的先进动力设备
23	电动阀门用三相异步电动机	YDF（IP44）		同Y系列（IP44）	用作驱动电动阀门、要求高启动转矩和最大转矩的场合
24	力矩三相异步电动机	YCJ		强迫通风冷却；笼型转子铸铝，采用高电阻合金铝材料	用于要求恒张力、恒线速度传动（卷绕特性）或恒转矩传动（导辊特性）的场合

二、三相异步电动机的主要技术性能

三相异步电动机的主要技术性能详见表5-3。

表5-3 三相异步电动机主要技术性能

序号	名称及代号	定义	计算公式	提高技术性能的主要措施
1	效率η	输出功率与输入功率之比，用百分比（%）表示	$\eta=P_2/P_1$ P_2——电动机输出功率 P_1——电动机输入功率	①放粗线径，降低定、转子铜耗 ②采用低损耗硅钢片降低铁耗 ③采取工艺措施降低杂散损耗及铁耗
2	功率因数$\cos\varphi$	输入功率与视在功率之比	$\cos\varphi=(P_1/\sqrt{3})I_NU_N$ I_N——额定线电流 U_N——额定线电压	①减少定、转子之间空气隙 ②增加线圈匝数 ③采用高导磁硅钢片
3	堵转电流倍数I_{st}	转子堵转时定子的电流与额定电流之比	I_{st}(倍数)$=i_{st}/I_N$ i_{st}——堵转电流	①增加定子匝数 ②增加转子电抗
4	堵转转矩倍数T_{st}	使转子堵转时所需的转矩与额定转矩之比	T_{st}(倍数)$=M_{st}/M_N$ M_{st}——堵转转矩 M_N——额定转矩	①增加定、转子间的空气隙 ②增加转子电阻 ③减少定子匝数

续表

序号	名称及代号	定义	计算公式	提高技术性能的主要措施
5	最大转矩倍数 T_{max}	启动过程中电动机出现的最大转矩与额定转矩之比	$T_{max}=M_{max}/M_N$ M_{max}——最大转矩	①减少定子匝数,降低电抗 ②增加定、转子间空气隙
6	最小转矩倍数 T_{min}	启动过程中电动机出现的最小转矩与额定转矩之比	$T_{min}=M_{min}/M_N$ M_{min}——最小转矩	①选择合理的定、转子槽配合 ②增加定、转子间空气隙
7	振动 V(mm/s) 噪声 L[dB(A)]		振动测定方法及限值按 GB 10068.1～GB 10068.2 进行 噪声测定方法及限值按 GB 10069.1～GB 10069.3 进行	①提高轴承室及轴承挡加工精度 ②提高转子动平衡精度 ③采用低噪声值的电动机专用轴承 ④合理选择定、转子槽配合及合适的定、转子气隙 ⑤合适的转子槽斜度
8	温升 K	绕组的工作温度与环境温度之差	用电阻法测定绕组温升时: $K=\frac{R_2-R_1}{R_1}(H+t_1)+(t_2-t_1)$ R_2——电动机在额定负载下达到稳定时的电阻值 R_1——电动机实际冷态时的电阻值 t_2——测得 R_2 时的环境温度 t_1——测得 R_1 时的环境温度 H——铜绕组为 235,铝绕组为 228	①采取措施,降低电动机各部分损耗 ②增加散热面积 ③加强通风(增大风扇外径,增加进风面积)

三、三相异步电动机的结构原理

三相异步电动机是利用定子中三相电流所产生的旋转磁场，与转子导体内的感应电流相互作用而工作的。

1. 三相异步电动机的结构

三相异步电动机的种类很多，但各类三相异步电动机的基本结构是相同的，它们都由定子和转子这两大基本部分组成，在定子和转子之间具有一定的气隙。此外，还有端盖、轴承、接线盒、吊环等其他附件，如图 5-2 所示。

(1) 定子

三相异步电动机的固定不动部分称为定子。定子由机座、装在机座内的圆筒形铁芯以及嵌在铁芯内的三相定子绕组组成。机座是电动机的外壳，起支撑作用，用铸铁或铸钢制成；铁芯由 0.5mm 厚的硅钢片叠成，片间互相绝缘。

铁芯的内圆周中有线槽，用以放置定子对称三相绕组。有些电动机的定子三相绕组连接成星形，有些电动机的定子三相绕组连接成三角形。

为了便于接线，常将三相绕组的 6 个出线头引至接线盒中，三相绕组的始端分别标为 U_1、V_1、W_1，末端分别标为 U_2、V_2、W_2。6 个出线头在接线盒中的位置排列及星形和三角形两种接线方式如图 5-3 所示。

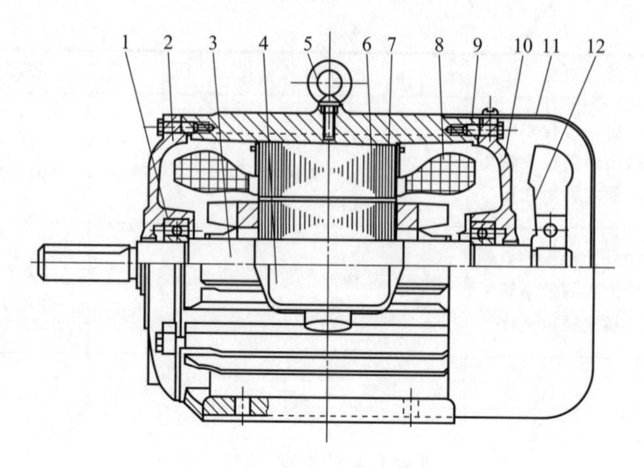

图 5-2　封闭式三相笼型异步电动机结构图

1—轴承；2—前端盖；3—转轴；4—接线盒；5—吊环；6—定子铁芯；
7—转子；8—定子绕组；9—机座；10—后端盖；11—风罩；12—风扇

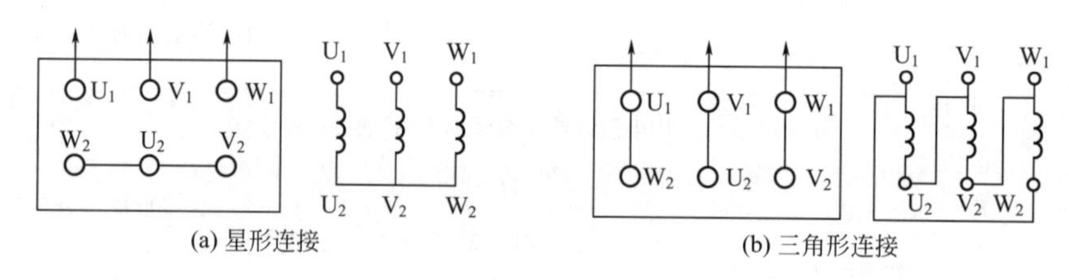

图 5-3　三相异步电动机定子绕组的接线方式

(2) 转子

三相异步电动机的转动部分称为转子。按照构造上的不同，三相异步电动机的转子分为笼型和绕线型两种。两种转子铁芯都为圆柱状，也是用硅钢片叠成的，表面冲有管槽。铁芯装在转轴上，轴上加机械负载。

笼型转子绕组的特点是在转子铁芯的槽中放置铜条，两端用端环连接，如图 5-4 所示，因其形状极似鼠笼而得名。在实际制造中，对于中小型电动机，为了节省铜材，常采用在转子槽管内浇铸铝液的方式来制造笼型转子。现在 100kW 以下的三相异步电动机，转子槽内的导体、两个端环以及风扇叶都是用铝铸成的，各部分形状如图 5-5 所示。

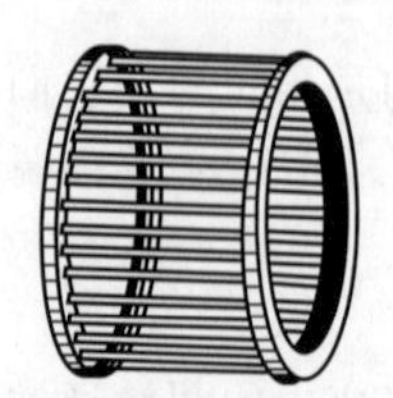

图 5-4　铜条笼型转子

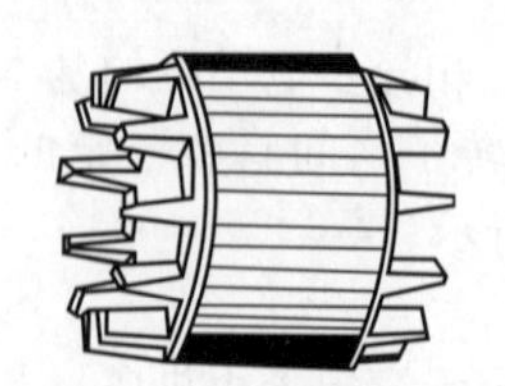

图 5-5　铸铝笼型转子

图 5-6　绕线型转子

绕线型转子绕组的构造如图 5-6 所示，其形式与定子绕组基本相同。3 个绕组的末端连接在一起构成星形连接，而 3 个始端则连接在 3 个铜集电环上。环和环之间以及环和轴之间彼此相互绝缘。启动变阻器和调速变阻器通过电刷与集电环和转子绕组相互连接。

虽然笼型异步电动机和绕线式异步电动机的转子结构有所不同，但它们的工作原理是一样的。由于笼型电动机构造简单、价格便宜、工作可靠、使用方便，因此在工业生产和家用电器上得到广泛应用。

定子与转子之间的间隙称为异步电动机的气隙。气隙的大小对异步电动机的性能有很大影响。气隙大，则空载电流大，损耗大，功率因数低。因此，异步电动机的气隙要尽可能小。一般中小型异步电动机的气隙在0.2～2.0mm。

2. 旋转磁场的产生

为便于分析，设在三相异步电动机的定子铁芯槽孔内相隔120°对称地放置匝数相同的3个绕组。3个绕组的首端分别为A、B、C，末端分别为X、Y、Z，并且把三相绕组接成星形，如图5-7(a)所示。当把三相异步电动机的三相定子绕组接到对称三相电源上时，定子绕组中便有对称三相电流流过。设电流的参考方向为由各个绕组的首端流向末端，相序为A→B→C，则流过三相绕组的电流分别为

$$i_A = I_m \sin\omega t$$
$$i_B = I_m \sin(\omega t - 120°)$$
$$i_C = I_m \sin(\omega t + 120°)$$

电流波形如图5-7(b)所示。在正半周电流的实际方向与参考方向一致；在负半周电流的实际方向与参考方向相反。

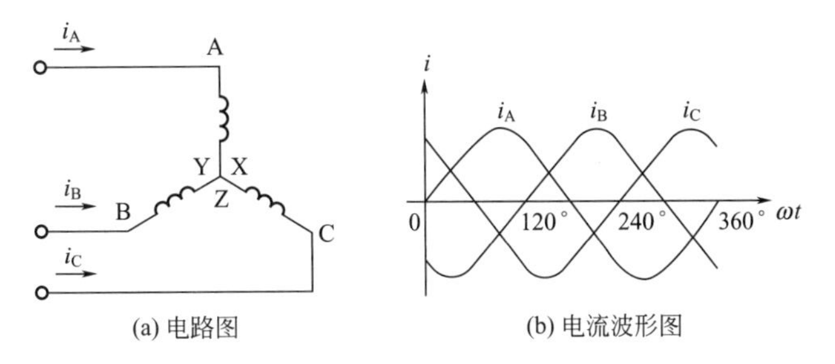

图5-7 对称三相电流

在$\omega t = 0°$瞬间，定子绕组的电流$i_A = 0$；i_B为负，实际方向与参考方向相反，电流从Y流到B（B端用⊙表示，Y端用⊗表示）；i_C为正，实际方向与参考方向相同，电流从C流到Z（C端用⊙表示，Z端用⊗表示），如图5-8(a)所示。根据右手定则可以确定，3个绕组中的电流在这一瞬间所产生的合成磁场方向是自上而下的。

在$\omega t = 120°$瞬间，定子绕组中的电流i_A为正，$i_B = 0$，i_C为负。根据右手定则可知，3个绕组中的电流在这一瞬间所产生的合成磁场方向如图5-8(b)所示。与$\omega t = 0°$瞬间相比，合成磁场方向已在空间顺时针转过了120°。

同理，在$\omega t = 240°$瞬间，合成磁场的方向又顺时针转过了120°，如图5-8(c)所示。在$\omega t = 360°(0°)$瞬间，合成磁场的方向如图5-8(d)所示，这时合成磁场的方向又转回到如图5-8(a)所示情况。

由以上分析可得到如下结论：

① 在空间对称排列的三相绕组，通入三相对称电流后，能够产生一个在空间旋转的合成磁场。

② 磁场的旋转方向是先从A相绕组的首端到B相绕组的首端，然后再到C相绕组的首端，即遵循着A→B→C→A→…的方向，这和3个绕组中电流的相序（A→B→C）是一致的。如果将3个绕组电流的相序改为A→C→B，则

$$i_A = I_m \sin\omega t$$
$$i_C = I_m \sin(\omega t - 120°)$$
$$i_B = I_m \sin(\omega t + 120°)$$

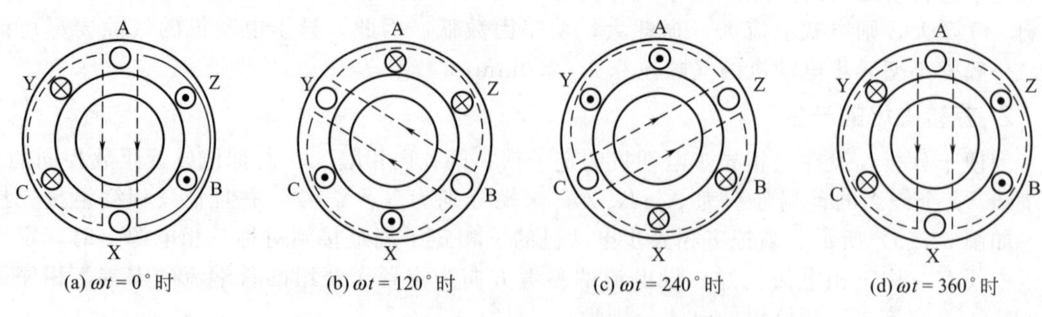

(a) $\omega t=0°$时　(b) $\omega t=120°$时　(c) $\omega t=240°$时　(d) $\omega t=360°$时

图 5-8　三相电流产生的旋转磁场（一对磁极）

采用上述方法分析（读者可自行画图），可得出合成磁场的旋转方向与图 5-8 所示的方向相反，即按着 A→C→B 的方向旋转。

由此可见，磁场的旋转方向是由 3 个绕组中三相电流的相序决定的，即只要改变流入三相绕组中的电流相序，就可以改变旋转磁场的转向。具体方法就是将定子绕组接到三相电源上的 3 根导线中的任意两根对调一下。

③ 旋转磁场的转速称为同步转速，用 n_0 表示。对两极（一对磁极）磁场而言，电流变化一周，合成磁场一周。若三相交流电的频率 $f_1=50\text{Hz}$，则合成磁场的同步转速 $n_0=f_1=50\text{r/s}$（转每秒）。工程上，转速的单位习惯采用 r/min（转每分），这时同步转速 $n_0=60f_1=300\text{r/min}$。由此可见，同步转速 n_0 的大小与电流频率有关，改变电流的频率可以改变合成磁场的转速。

同步转速 n_0 的大小还与旋转磁场的磁极对数有关。上面讨论的旋转磁场只有两个磁极，即只有一对 N、S 极，称为一对磁极，用 $p=1$ 表示。如果电动机的旋转磁场不只一对磁极，则为多极旋转磁场。如 4 极旋转磁场有两对 N、S 极，称为两对磁极，用 $p=2$ 表示。6 极旋转磁场有 3 对 N、S 极，称 3 对磁极，用 $p=3$ 表示。旋转磁场磁极对数增加时，同步转速将按比例减小。可以证明，同步转速 n_0 与旋转磁场磁极对数 p 的关系为：

$$n_0=\frac{60f_1}{p}$$

式中，f_1 为三相电源的频率，我国电网的频率 $f_1=50\text{Hz}$。对于制成的电动机，磁极对数 p 已定，所以决定同步转速的唯一因素是频率。同步转速 n_0 与旋转磁场磁极对数 p 的关系如表 5-4 所示。

表 5-4　同步转速 n_0 与旋转磁场磁极对数 p 的对应关系

磁极对数 p	1	2	3	4	5	6
同步转速 n_0/(r/min)	3000	1500	1000	750	600	500

三相异步电动机的磁极对数越多，电动机的磁场转速越慢。电动机磁极对数的增加，需要采用更多的定子线圈，加大电动机的铁芯，这将使电动机的成本提高，重量增大。因此，电动机的磁极对数 p 有一定的限制，常用电动机的磁极对数为 1～4。

3. 三相异步电动机的转动原理

由以上分析可知，三相异步电动机的定子绕组通入三相电流后，即在定子铁芯、转子铁芯及其之间的气隙中产生一个同步转速为 n_0 的旋转磁场。在旋转磁场的作用下，转子导体将切割力线而产生感应电动势。

在图 5-9 中，旋转磁场在空间按顺时针方向旋转，因此转子导体相对于磁场按逆时针方向旋转而切割磁力线。根据右手定则可确定感应电动势的方向。转子上半部分导体中产生的感应电动势方向是从里向外，转子下半部分导体中产生的感应电动势方向是从外向里。因为笼型转子绕组是短路的，所以，在感应电动势作用下，转子导体中产生感应电流，即转子电流。正因为异步电动机的转子电流是由电磁感应产生的，所以异步电动机又称为感应电动机。

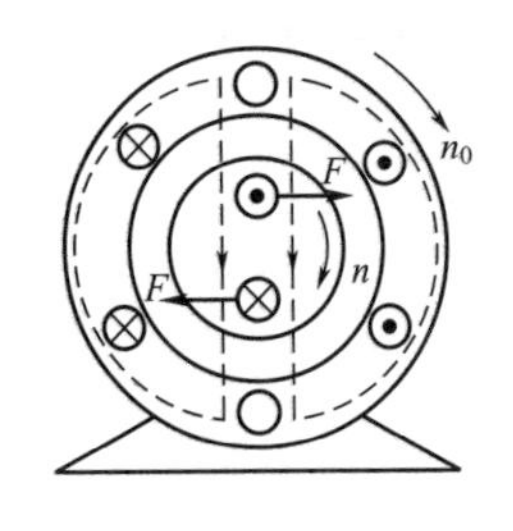

图 5-9　三相异步电动机的转动原理

通有电流的转子处在旋转磁场中，将受到电磁力的作用。电磁力的方向可用左手定则判定。在图 5-9 中，转子上半部分导体受力的方向向右，下半部分导体受力的方向向左。这一对电磁力对于转轴形成转动力矩，称为电磁转矩。如图 5-9 所示电磁转矩方向为顺时针方向，在该方向的电磁转矩作用下，转子便按顺时针方向以转速 n 旋转起来。

由此可见，三相异步电动机电磁转矩的方向与旋转磁场的方向一致。如果旋转磁场的方向改变，则电磁转矩的方向改变，电动机转子的转动方向也随之改变。因此，可以通过改变三相绕组中的电流相序来改变电动机转子的转动方向。

显然，电动机转子的转速 n 必须小于旋转磁场的同步转速 n_0，即 $n<n_0$。如果 $n=n_0$，转子导体与旋转磁场之间就没有相对运动，转子导体不切割磁力线，就不会产生感应电流，电磁转矩为零，转子因失去动力而减速。待到 $n<n_0$时，转子导体与旋转磁场之间又存在相对运动，产生电磁转矩。因此，电动机在正常运转时，其转速 n 总是稍低于同步转速 n_0，因而称为异步电动机。

异步电动机转速和转子转速的差值与同步转速之比称为转差率，用 s 表示，即：

$$s=\frac{n_0-n}{n_0}\times 100\%$$

转差率表示转子转速 n 与旋转磁场同步转速 n_0之间相差的程度，是分析异步电动机的一个重要参数。转子转速 n 越接近同步转速 n_0，转差率 s 越小。当 $n=0$（启动初始瞬间）时，转差率 $s=1$；当理想空载时，即转子转速与旋转磁场转速相等（$n=n_0$）时，转差率 $s=0$。因此，三相异步电动机运转时转差率 s 的值在 0～1 之间，即 $0<s<1$。

由于三相异步电动机的额定转速与同步转速十分接近，所以转差率很小。通常异步电动机在额定负载下运行时的转差率约为 1%～9%。

四、三相异步电动机的转矩特性

电磁转矩 T（以下简称转矩）是三相异步电动机最重要的物理量之一，机械特性是它的主要特性。对电动机进行分析往往离不开它们。

1. 转矩公式

异步电动机的转矩是由旋转磁场的每极磁通 Φ 与转子电流 I_2 相互作用而产生的。但因转子电路是感性的，转子电流 $\dot{I}_2$ 比转子电动势 $\dot{E}_2$ 滞后 φ_2 角；又因

$$T=\frac{P_\varphi}{\Omega_\varphi}=\frac{P_\varphi}{\frac{2\pi n_0}{60}}$$

电磁转矩与电磁功率 P_φ成正比，和讨论有功功率一样，也要引入 $\cos\varphi_2$。于是得出

$$T=K_T\Phi I_2\cos\varphi_2$$

式中，K_T是一常数，它与电动机的结构有关。

由式 $T=K_{\mathrm{T}}\Phi I_2\cos\varphi_2$ 可见，转矩除与 Φ 成正比外，还与 $I_2\cos\varphi_2$ 成正比。

$$\Phi=\frac{E_1}{4.44f_1N_1}\approx\frac{U_1}{4.44f_1N_1}\propto U_1$$

$$I_2=\frac{sE_{20}}{\sqrt{R_2^2+(sX_{20})^2}}=\frac{s(4.44f_1N_2\Phi)}{\sqrt{R_2^2+(sX_{20})^2}}$$

$$\cos\varphi_2=\frac{R_2}{\sqrt{R_2^2+(sX_{20})^2}}$$

由于 I_2 和 $\cos\varphi_2$ 与转差率 s 有关，所以转矩 T 也与 s 有关。

如果将上列三式代入式 $T=K_{\mathrm{T}}\Phi I_2\cos\varphi_2$，则得出转矩的另一个表示式

$$T=K\frac{sR_2U_1^2}{R_2^2+(sX_{20})^2}$$

式中，K 是一常数。

由上式可见，转矩 T 还与定子每相电压 U_1 的平方成比例。所以当电源电压有所变动时，对转矩的影响很大。此外，转矩 T 还受转子电阻 R_2 的影响。

2. 机械特性曲线

在一定的电源电压 U_1 和转子电阻 R_2 之下，转矩与转差率的关系曲线 $T=f(s)$ 或转速与转矩的关系曲线 $n=f(T)$，称为电动机的机械特性曲线。它可根据式 $T=K_{\mathrm{T}}\Phi I_2\cos\varphi_2$ 得出，如图 5-10 所示。图 5-11 的 $n=f(T)$ 曲线可从图 5-10 得出，只需将 $T=f(s)$ 曲线顺时针方向转过 90°，再将表示 T 的横轴移下即可。

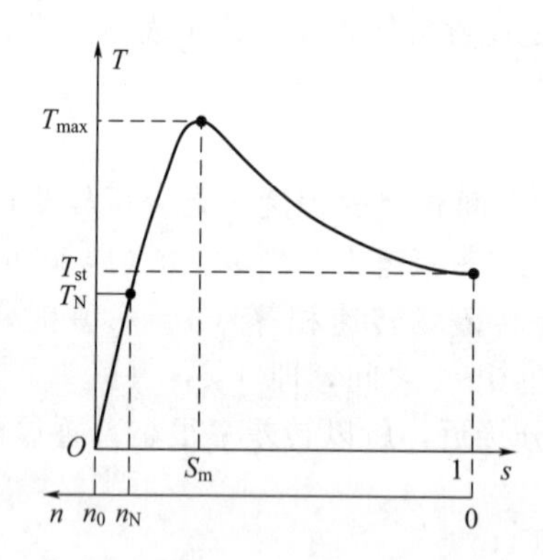

图 5-10　三相异步电动机的 $T=f(s)$ 曲线

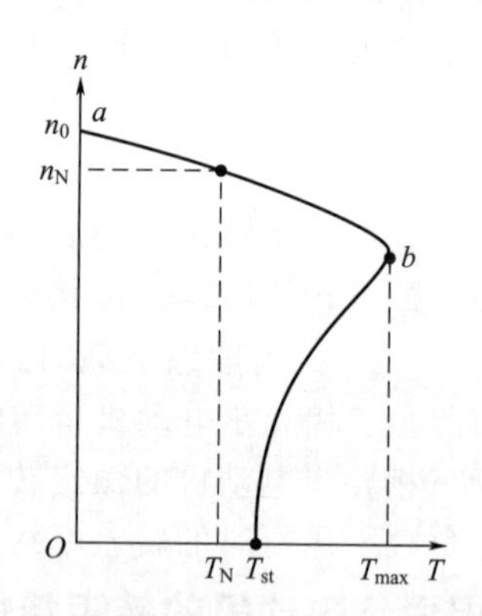

图 5-11　三相异步电动机的 $n=f(T)$ 曲线

研究机械特性的目的是为了分析电动机的运行性能。在机械特性曲线上，我们要讨论三个转矩。

(1) 额定转矩 T_N

在等速转动时，电动机的转矩 T 必须与阻转矩 T_C 相平衡，即 $T=T_C$，阻转矩主要是机械负载转矩 T_2。此外，还包括空载损耗转矩（主要是机械损耗转矩）T_0。由于 T_0 很小，常可忽略，所以

$$T=T_2+T_0\approx T_2$$

并由此得

$$T\approx T_2=\frac{P_2}{\frac{2\pi n}{60}}$$

式中，P_2是电动机轴上输出的机械功率。

上式中转矩的单位是牛·米（N·m）；功率的单位是瓦（W）；转速的单位是转每分（r/min）。功率如用千瓦为单位，则得出

$$T=9550\frac{P_2}{n}$$

额定转矩是电动机在额定负载时的转矩，它可从电动机铭牌上的额定功率（输出机械功率）和额定转速应用式 $T=9550\frac{P_2}{n}$求得。

例如某普通车床主轴电动机（Y132M-4 型）的额定功率为 7.5kW，额定转速为 1440r/min，则额定转矩

$$T_N=9550\frac{P_{2N}}{n_N}=9550\times\frac{7.5}{1440}=49.7(\text{N}\cdot\text{m})$$

通常三相异步电动机都工作在图 5-11 所示特线曲线的 ab 段。当负载转矩增大（例如车床切削时的吃刀量加大，起重机的起重量加大）时，在最初瞬间电动机的转矩 $T<T_C$，所以它的转速 n 开始下降。随着转速的下降，由图 5-11 可见，电动机的转矩增加了，因为这时 I_2增加的影响超过 $\cos\varphi_2$ 减小的影响。当转矩增加到 $T=T_C$时，电动机在新的稳定状态下运行，这时转速较前为低。但是，ab 段比较平坦，当负载在空载与额定值之间变化时，电动机的转速变化不大。这种特性称为硬的机械特性。三相异步电动机的这种硬特性非常适用于一般金属切削机床。

（2）最大转矩 T_{max}

从机械特性曲线上看，转矩有一个最大值，称为最大转矩或临界转矩。对应于最大转矩的转差率为 s_m，它由$\frac{dT}{ds}$求得

$$\frac{dT}{ds}=\frac{d}{ds}\left[K\frac{sR_2U_1^2}{R_2^2+(sX_{20})^2}\right]=K\frac{[R_2^2+(sX_{20})^2]R_2U_1^2-sR_2U_1^2(2sX_{20}^2)}{[R_2^2+(sX_{20})^2]}=0$$

得 $s=s_m=\pm\frac{R_2}{X_{20}}$（取正值），即

$$s_m=\frac{R_2}{X_{20}}$$

再将 s_m代入 $T=K\frac{sR_2U_1^2}{R_2^2+(sX_{20})^2}$，则得

$$T_{max}=K\frac{U_1^2}{2X_{20}}$$

由上列两式可见，T_{max}与 U_1^2 成正比，而与转子电阻 R_2无关；s_m与 R_2有关，R_2愈大，s_m也愈大。

上述关系表示在图 5-12 和图 5-13 中。

当负载转矩超过最大转矩时，电动机就带不动负载了，发生所谓闷车现象。闷车后，电动机的电源电流马上升高六七倍，电动机严重过热，以致烧坏。

另外一个方面，也说明电动机的最大过载可以接近最大转矩。如果过载时间较短，电动机不至于立即过热，是容许的。因此，最大转矩也表示电动机短时容许过载能力。电动机的额定转矩 T_N比 T_{max}要小，两者之比称为过载系数 λ，即

$$\lambda=\frac{T_{max}}{T_N}$$

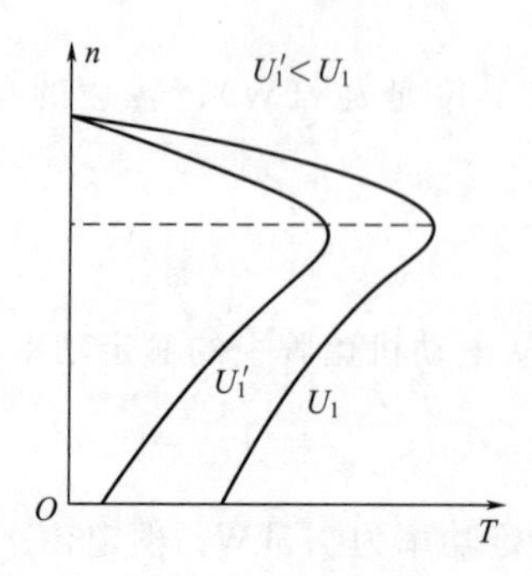

图 5-12　对应于不同电源电压 U_1 的 $n=f(T)$ 曲线（R_2=常数）

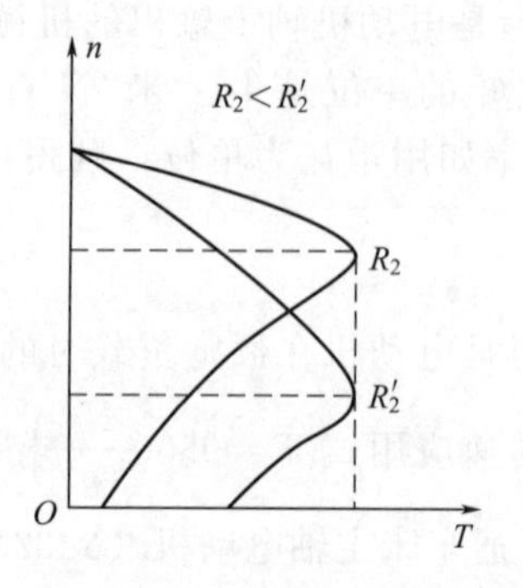

图 5-13　对应于不同转子电阻 R_2 的 $n=f(T)$ 曲线（U_1=常数）

一般三相异步电动机的过载系数为 1.8～2.2。

在选用电动机时，必须考虑可能出现的最大负载转矩，而后根据所选电动机的过载系数算出电动机的最大转矩，它必须大于最大负载转矩；否则，就要重选电动机。

（3）启动转矩 T_{st}

电动机刚启动（$n=0$，$s=1$）时的转矩称为启动转矩。将 $s=1$ 代入式 $T=K\dfrac{sR_2U_1^2}{R_2^2+(sX_{20})^2}$即得出

$$T_{st}=K\ \frac{R_2U_1^2}{R_2^2+X_{20}^2}$$

由上式可见，T_{st}与U_1^2 及R_2有关。当电源电压U_1降低时，启动转矩会减小。当转子电阻适当增大时，启动转矩会增大。由式 $s_m=\dfrac{R_2}{X_{20}}$，式 $T_{max}=K\ \dfrac{U_1^2}{2X_{20}}$及式 $T_{st}=K\ \dfrac{R_2U_1^2}{R_2^2+X_{20}^2}$可推出：当$R_2=X_{20}$时，$T_{st}=T_{max}$，$s_m=1$。但继续增大$R_2$时，$T_{st}$就要随着减小，这时$s_m>1$。

五、三相异步电动机的工作特性

三相异步电动机定子侧从电网吸收的电能经变换成机械能之后，通过转轴输出给机械负载。机械负载各种各样，它们对电动机有不同的要求，为满足特定机械负载而设计、制造的电动机称为专用电动机，有些通用机械负载对电动机无特殊要求。国家有关部门组织统一设计，开发三相异步电动机通用系列产品，并规定了一些性能指标，以满足用户的需要。

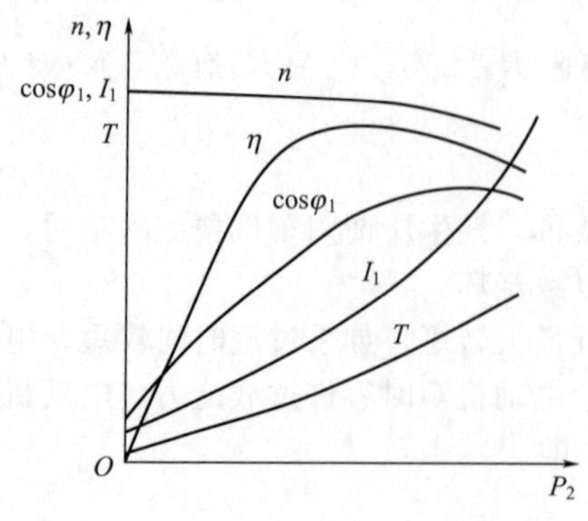

图 5-14　三相异步电动机的工作特性

三相异步电动机的工作特性是指，在电动机的定子绕组加额定电压，电压的频率又为额定值，这时电动机的转速n、定子电流I_1、功率因数$\cos\varphi_1$、电磁转矩T、效率η等与输出功率P_2的关系，即

$$U_1=U_N、f_1=f_N时，n、I_1、\cos\varphi_1、T、\eta=f(P_2)$$

可以通过直接给异步电动机带负载测得工作特性，也可以利用等效电路计算而得。

图 5-14 是三相异步电动机的工作特性曲线，分别叙述如下。

1. 工作特性的分析

（1）转速特性 $n=f(P_2)$

三相异步电动机空载时，转子转速 n 接近于同步速 n_1。随着负载的增加，转速 n 要略微降低，这时转子电动势 E_{2s} 增大，转子电流 I_{2s} 增大，以产生大的电磁转矩来平衡负载转矩。因此，随着 P_2 的增加，转子转速 n 下降，转差率 s 增大。

（2）定子电流特性 $I_1=f(P_2)$

当电动机空载时，转子电流 I_2 差不多为零，定子电流等于励磁电流 I_0。随着负载的增加，转速下降，转子电流增大，定子电流也增大。

（3）定子侧功率因数 $\cos\varphi_1=f(P_2)$

三相异步电动机运行时，必须从电网中吸取滞后性无功功率，它的功率因数永远小于1。空载时，定子功率因数很低，不超过0.2，当负载增大时，定子电流中的有功电流增加，使功率因数提高。额定负载时，$\cos\varphi_1$ 最高。如果负载进一步增大，由于转差率 s 的增大，因 $\varphi_2=\arctan\dfrac{sX_2}{R_2}$，$\cos\varphi_1$ 又开始减少。

（4）电磁转矩特性 $T=f(P_2)$

稳态运行时，三相异步电动机的转矩方程为

$$T=T_2+T_0$$

输出功率 $P_2=T_2\Omega$，所以

$$T=\frac{P_2}{\Omega}+T_0$$

当电动机空载时，电磁转矩 $T=T_0$。随着负载增大，P_2 增大，由于机械角速度 Ω 变化不大，电磁转矩 T 随 P_2 的变化近似地为一条直线。

（5）效率特性 $\eta=f(P_2)$

根据

$$\eta=\frac{P_2}{P_1}=1-\frac{\sum p}{P_2+\sum p}$$

式中，$\sum p$ 是电动机的总损耗，包括定/转子铜耗、铁损耗、机械损耗和附加损耗。电动机空载时，$P_2=0$，$\eta=0$。随着输出功率 P_2 的增加，效率 η 也增加。在正常运行范围内，因气隙每极磁通和转速变化较小，所以铁损耗、机械损耗变化很小，称为不变损耗。定、转子铜损耗与电流平方成正比，变化较大，称为可变损耗。

当不变损耗等于可变损耗时，电动机的效率达最大。对中、小型异步电动机，大约 $P_2=0.75P_N$ 时，效率最高。如果负载继续增大，效率反而要降低。一般来说，电动机的容量越大，效率越高。

由于三相异步电动机在额定功率附近其效率与功率因数都最高，因此选用电动机时，应使电动机容量与负载相匹配。如果电动机容量比负载大得多，不仅增加了购买电动机本身的费用，而且运行时的效率及功率因数都降低。反之，如果负载超过电动机容量，则电动机运行时，其温升要超过允许值，影响寿命甚至损坏电动机。

2. 用试验法测三相异步电动机的工作特性

如果用直接负载法求三相异步电动机的工作特性，要先测出电动机的定子电阻、铁损耗和机械损耗。这些参数都能从电动机的空载试验中得到。

直接负载试验是在电源电压为额定电压 U_N、额定频率 f_N 的条件下，给电动机的轴上带上不同的机械负载，测量不同负载下的输入功率 P_1、定子电流 I_1、转速 n，即可算出各

种工作特性，并画成曲线。

如果用试验法能测出三相异步电动机的参数以及测出机械损耗和附加损耗（附加损耗也可以估算），利用异步电动机的等效电路，也能够间接地计算出电动机的工作特性。

六、三相异步电动机参数的测定

上面已经说明，为了要用等效电路计算三相异步电动机的工作特性，应先知道它的参数；和变压器一样，通过做空载和堵转两个试验，就能求出三相异步电动机的 R_1、X_1、R'_2、X'_2、R_m 和 X_m。

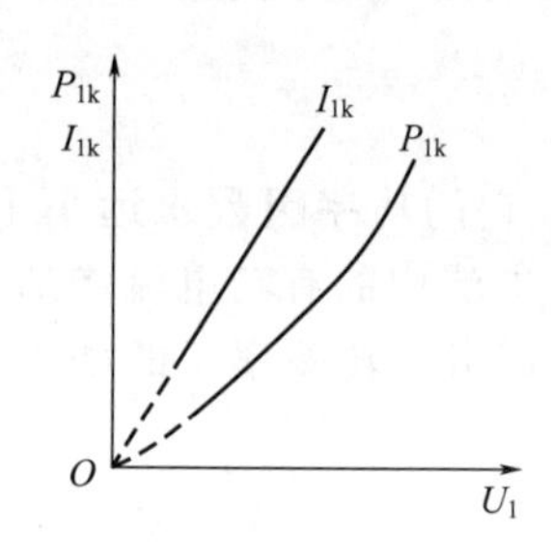

图 5-15　三相异步电动机的堵转特性

堵转试验即把绕线型异步电动机的转子绕组短路，并把转子卡住，不使其旋转。笼型电动机转子本身已短路，为了在做堵转试验时不出现过电流，可把加在三相异步电动机定子上的电压降低。一般从 $U_1=0.4U_N$ 开始，然后逐渐降低电压。试验时，不仅应记录定子绕组加的端电压 U_1、定子电流 I_{1k} 和定子输入功率 P_{1k}，还应量测定子绕组每相电阻 R_1 的大小。根据试验的数据，画出三相异步电动机的堵转特性 $I_{1k}=f(U_1)$，$P_{1k}=f(U_1)$，如图 5-15 所示。

三相异步电动机堵转时，因电压低，铁损耗可忽略。为了简单，可认为 $|Z_m| \gg |Z'_2|$，$I_0 \approx 0$。由于试验时，转速 $n=0$，机械损耗 $p_m=0$，定子全部的输入功率 P_{1k} 都损耗在定子、转子的电阻上，即

$$P_{1k}=3I_1^2R_1+3(I'_2)^2R'_2$$

由于 $I_0 \approx 0$，

$$I'_2 \approx I_1=I_{1k}$$

所以

$$P_{1k}=3I_{1k}^2(R_1+R'_2)$$

根据堵转试验测得的数据，可以算出短路阻抗 $|Z_k|$、短路电阻 R_k 和短路电抗 X_k。即

$$|Z_k|=\frac{U_1}{I_{1k}}$$

$$R_k=\frac{P_{1k}}{3I_{1k}^2}$$

$$X_k=\sqrt{|Z_k|^2-R_k^2}$$

其中，

$$R_k=R_1+R'_2$$

$$X_k=X_1+X'_2$$

从 R_k 中减去定子电阻 R_1，即得 R'_2。对于 X_1 和 X'_2、机械损耗 p_m 和铁损耗 p_{Fe}。试验时，电动机的转轴上不加任何负载，即处于空载运行。把定子绕组接到频率为额定的三相对称电源上，当电源电压为额定值时，让电动机运行一段时间，使其机械损耗达到稳定值。用调压器改变加在电动机定子绕组上的电压，使其从 $(1.1\sim1.3)U_N$ 开始，逐渐降低电压，直到电动机的转速发生明显的变化为止。记录电动机的端电压 U_1、空载电流 I_0、空载功率 P_0 和转速 n，并画成曲线，如图 5-16 所示，即三相异步电动机的空载特性。

由于三相异步电动机处于空载状态，转子电流很小，转子铜损耗可忽略不计。在这种情况下，定子输入的功率 P_0 消耗在定子铜损耗 $3I_0^2R_1$、铁损耗 p_{Fe}、机械损耗 p_m 和空载附加损耗 p_a 中，即

$$P_0=3I_0^2R_1+p_{Fe}+p_m+p_a$$

从输入功率 P_0 中减去定子铜损耗 $3I_0^2R_1$ 并用 P'_0 表示，得

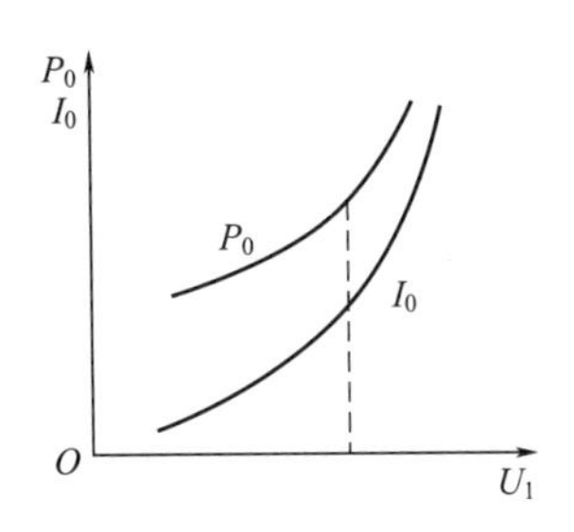

图 5-16　三相异步电动机的空载特性

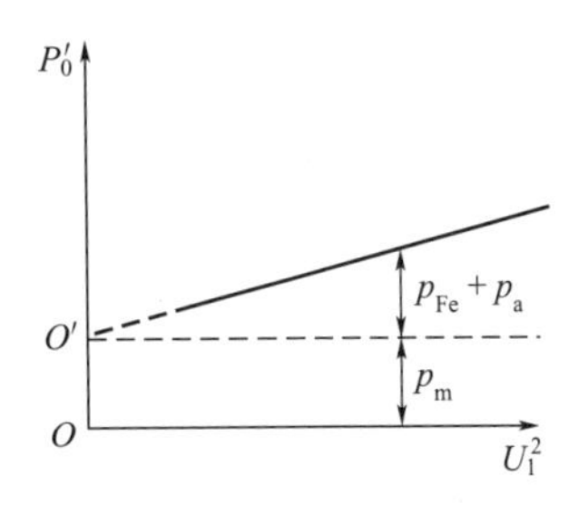

图 5-17　$P'_0=f(U_1^2)$ 曲线

$$P'_0=P_0-3I_0^2R_1=p_{Fe}+p_m+p_a$$

上述损耗中，p_{Fe}和 p_a随着定子端电压 U_1的改变而发生变化，至于 p_m的大小与电压 U_1无关，只要电动机的转速不变化或变化不大时，就认为是个常数。由于铁损耗 p_{Fe}和空载附加损耗 p_a可认为与磁通密度的平方成正比，近似地看成为与电动机的端电压 U_1^2 成正比。这样可以把 P'_0对 U_1^2 的关系画成曲线，如图 5-17 所示。把图 5-17 中曲线延长与纵坐标轴交于点 O'，过 O'做一水平虚线，把曲线的纵坐标分成两部分。由于机械损耗 p_m与转速有关，电动机空载时，转速接近于同步转速，对应的机械损耗是个不变的数值。即可由虚线与横坐标轴之间的部分来表示这个损耗，其余部分当然就是铁损耗 p_{Fe}和空载附加损耗 p_a了。

定子加额定电压时，根据空载试验测得的数据 I_0和 P_0，可以算出

$$|Z_0|=\frac{U_1}{I_0}$$

$$R_0=\frac{P_0-p_m}{3I_0^2}$$

$$X_0=\sqrt{|Z_0|^2-R_0^2}$$

式中，P_0是测得的三相输入功率；I_0、U_1分别是相电流和相电压。

电动机空载时，$s\approx0$，从 T 形等效电路中看出，这时

$$\frac{1-s}{s}R'_2\approx\infty$$

可见
$$X_0=X_m+X_1$$

式中，X_1可从堵转试验中测出，于是励磁电抗

$$X_m=X_0-X_1$$

励磁电阻则为
$$R_m=R_0-R_1$$

七、三相异步电动机的选择与使用

电动机的使用寿命是有限的，电动轴承的磨损、绝缘材料的老化等都是不可避免的。一般来说，只要选用正确、安装良好、维修保养完善，电动机的使用寿命还是比较长的。在使用中如何尽量避免对电动机的损害，及时发现电动机运行中的故障隐患，对电动机的安全运行意义重大。因此，电动机在运行中的监视和维护，定期的检查维修是消灭故障隐患，延长电动机使用寿命，减小不必要损失的重要手段。

1. 三相异步电动机的铭牌

为了满足各种生产机械的需要，电动机制造厂家设计并制造出各种型号的电动机，形成了许多产品系列。选择电动机时，必须根据使用环境、工作特点以及生产机械提供的技术数据等在产品目录中选取。产品目录中列有多项有关电动机的技术数据，以便用户在选择电动机时能比较详细地了解电动机的性能。

每台电动机的外壳上都有一块铭牌，标出这台电动机的主要规格，如型号、额定数据、使用条件等。要正确使用、维护、修理电动机，必须看懂铭牌。现以 YR180L-8 型电动机为例，逐项说明它们的意义。YR180L-8 型电动机的铭牌如图 5-18 所示。

三相异步电动机

型号 YR180L-8	功率 11kW	频率 50Hz
电压 380V	电流 25.2A	接法 △
转速 746r/min	效率 86.5%	功率因数 0.77
工作方式 连续	绝缘等级 B	重量 kg
标准编号		出厂日期

××电动机厂

图 5-18 YR180L-8 型电动机的铭牌

(1) 型号

型号是不同规格电动机的代号，每一个字母都有一定含义。

电动机的型号由产品代号、规格代号和工作环境代号 3 部分组成。其中产品代号又由电动机的类型代号、特点代号和设计序号组成。

异步电动机的产品类型代号及主要用途如表 5-5 所示。

表 5-5 异步电动机的代号及其用途

产品名称	代号	主要用途
笼型异步电动机	Y	一般用途，如水泵、风扇、金属切割机床等
绕线型异步电动机	YR	用于电流容量较小，不足以启动笼型电动机，或要求较大启动转矩及小范围调速的场合
笼型防爆型异步电动机	YB	用于有爆炸性气体的场合
起重冶金用笼型异步电动机	YZ	用于起重机械或冶金机械
起重冶金用绕线型异步电动机	YZR	用于起重机械或冶金机械
高启动转矩笼型异步电动机	YQ	用于启动静止负载或惯性较大的机械，如压缩机、传送带、粉碎机等

设计序号是指电动机产品设计的顺序。

规格代号是指电动机的中心高、铁芯外径、机座号、机座长度、功率、转速或极数等。

电动机的机座号直接用电动机轴中心高度或机壳外径的毫米数表示。机座（铁芯）长度等级用 L、M、S 分别表示长、中、短。铁芯长度用数字表示，数字越大，铁芯越长。极数用数字表示。特殊环境代号用字母表示，如：TH——温热带用，TA——干热带用，G——高原用，W——户外用，F——化工防腐用等。

例如，型号 YR180L-8 的异步电动机，其型号的意义如图 5-19 所示。

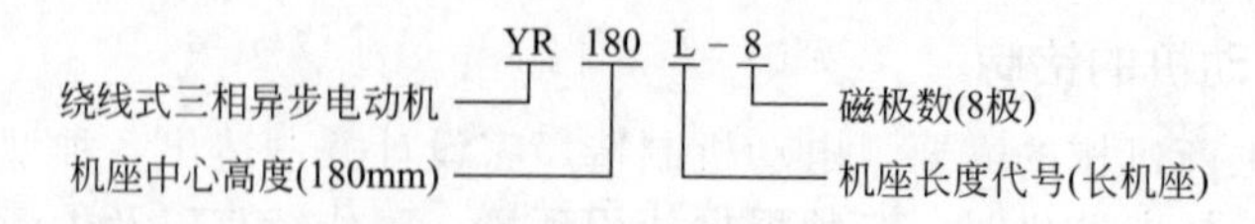

图 5-19 YR180L-8 异步电动机型号的意义

关于型号的具体标示有一定规则和标准，可查手册。

(2) 功率

电动机在铭牌规定条件下正常工作时转轴上输出的机械功率称为额定功率或额定容量，单位用千瓦（kW）。电动机的输出功率与输入功率并不相等，其差值等于电动机本身的损耗，包括铜损、铁损及机械摩擦损耗等。

(3) 电压

指电动机在额定工作状态下运行时定子绕组上应接电源的额定电压。对电动机来讲，要求电源电压值的波动不应超过额定电压的 5%，否则电动机不能正常工作。有的电动机铭牌上标有两个电压值，如“220V/380V”表示电动机绕组采用三角形和星形两种不同连接时，分别适用于这两种电源线电压。

(4) 电流

指电动机在额定工作状态下运行时定子绕组中的额定线电流。如果电动机铭牌上有两个电流值，表示绕组采用三角形和星形两种不同连接方式时对应的输入电流。

(5) 频率

指电动机所接交流电源的工作频率。我国工频为 50Hz。

(6) 转速

指额定转速，表示电动机在额定功率时转子每分钟的转数。

(7) 接法

这里特指三相定子绕组的连接方法，即接成星形还是三角形。三相异步电动机的 6 个出线头在出线盒的位置排列及星形和三角形两种接线方式如图 5-20 所示。

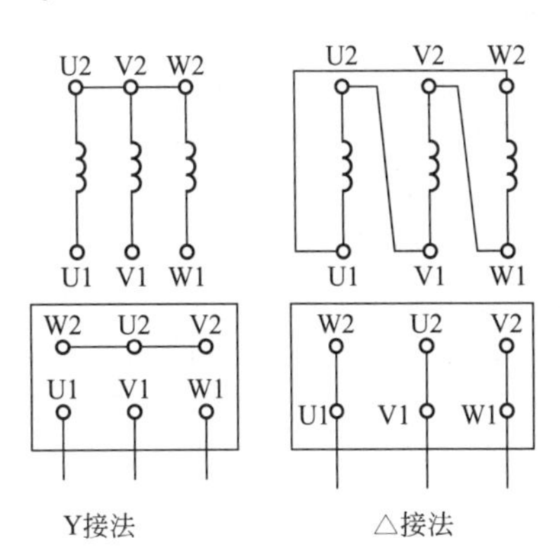

图 5-20　三相异步电动机的接线方式

(8) 工作方式

工作方式分连续、短时、断续 3 种。

(9) 绝缘等级

绝缘等级是按电动机绕组所用的绝缘材料在使用时允许的极限温度划分的。所谓极限温度，是指电动机绝缘结构中最热点的最高允许温度。若工作温度过高，会使绝缘材料老化。在修理电动机时，选用的绝缘材料要符合铭牌规定的绝缘等级。常用的绝缘材料等级及其极限温度如表 5-6 所示。

表 5-6　绝缘材料的绝缘等级及其极限温度

绝缘等级	A	E	B	F	H
极限温度/℃	105	120	130	155	180

(10) 功率因数

因为电动机是感性负载，定子相电流的相位比相电压的相位滞后一个 φ，$\cos\varphi$ 就是电动机的功率因数。电动机铭牌上的功率因数是指电动机在额定工作状态下运行时，定子电路的额定功率因数。三相异步电动机的功率因数较低，在额定负载时为 0.7～0.9，空载时只有 0.2～0.3，因此必须正确选择电动机的容量，防止大马拉小车，并力求缩短空载的时间。

(11) 效率

指电动机在额定状态下运行时的额定效率，为电动机的额定功率 P_N 与电源输入到定子的功率 P_1 之比，即：

$$\eta_N=\frac{P_N}{P_1}=\frac{P_N}{\sqrt{3}U_N I_N\cos\varphi_N}$$

2. 三相异步电动机的选择

合理选择电动机是正确使用电动机的前提。电动机品种繁多、性能各异，选择时要全面考虑电源、负载、使用环境等诸多因素。对于电动机配套使用的控制电器和保护电器的选择也同样重要。

(1) 电源的选择

在三相异步电动机中，中小功率电动机大多采用三相 380V 电压，也有使用三相 220V 电压的。在电源频率方面，我国自行生产的电动机采用 50Hz 的频率，而世界上有些国家采用 60Hz 的交流电源。虽然频率不同不至于烧毁电动机，但其工作性能将大不一样，因此，选择电动机应根据电源的情况和电动机的铭牌正确选用。

(2) 防护型式的选择

由于工作环境不尽相同，有的生产场所温度较高，有的生产场所有大量粉尘，有的生产场所空气中含有爆炸性气体或腐蚀性气体等。这些环境都会使电动机的绝缘状况恶化，从而缩短电动机的使用寿命，甚至危及生命和财产安全。因此，使用时有必要选择各种不同结构形式的电动机，以保证在各种不同工作环境中电动机都能安全可靠地运行。

电动机的外壳一般有如下几种类型：

① 开启型。外壳有通风孔，借助和转轴连成一体的通风风扇使周围的空气与电动机内部的空气流通。这种形式的电动机冷却效果好，适用于干燥无尘的场所。

② 防护型。机壳内部的转动部分及带电部分有必要的机械保护，以防止意外的接触。若电动机通风口带网孔的遮盖物盖起来，称为网罩式；通风口可防止垂直下落的液体或固体直接进入电动机内部的称为防漏式；通风口可防止与垂直方向成 100°范围内任何方向的液体或固体进行进入电动机内部的称为防溅式。

③ 封闭式。机壳严密密封，靠自身或外部风扇冷却，外壳带有散热片，适用于潮湿、多尘或含酸性气体的场合。

④ 防爆式。电动机外壳能阻止电动机内部的气体爆炸传递到电动机外部，从而引起外部燃烧气体的爆炸。

此外，还应考虑电动机是否应用于特殊环境，如高原、户外、湿热等。

(3) 功率的选择

选用电动机的功率要满足所带负载的要求。一般电动机的额定功率要比负载功率大一些，以留有一定余量，但也不宜大太多，否则既浪费设备容量，又降低电动机的功率因数和效率。

对于短时运行的工作场合，如果先用连续工作型电动机，由于允许电动机短时过载，所以所选电动机的额定功率可以略小一些；一般可以是生产机械要求功率的$\frac{1}{\lambda}$，其中 λ 为电动机的过载系数。

(4) 转速的选择

应该根据生产机械的要求选择电动机的额定转速，转速不宜选择过低（一般不低于 500r/min），否则会提高设备成本。如果电动机转速和机械转速不一样，可以用皮带轮或齿轮等变速装置变速。在负载转速要求不严格的情况下，尽量选用四极电动机，因为在相同容量下，二极电动机启动电流大、启动转矩小且机械磨损大，而多极电动机体积大、造价高、空载损耗大。

3. 电动机的安装原则和接地装置

（1）电动机的安装原则

若安装电动机的场所选择不好，不但会使电动机的寿命大大缩短，还会引起故障，损坏周围的设备，甚至危及操作人员的生命安全，因此，必须慎重考虑安装场所。

安装电动机应遵循如下原则：

① 有大量尘埃、爆炸性或腐蚀性气体，环境温度 40℃以上以及水中作业等场所，应该选择具有适当防护功能的电动机。

② 一般场所安装电动机要注意防止潮气。必要情况下要抬高基础，安装换气扇排潮。

③ 通风条件良好。环境温度过高会降低电动机的效率，甚至使电动机过热烧毁。

④ 灰尘好。灰尘会附着在电动机的线圈上，使电动机绝缘电阻降低、冷却效果恶化。

⑤ 安装地点要便于对电动机的维护、检查等操作。

（2）电动机的接地装置

电动机的绝缘如果损坏，运行中机壳就会带电。一旦机壳带电而电动机又没良好的接地装置，当操作人员接触机壳时，就会发生触电事故。因此，电动机的安装、使用一定要有接地保护。电源中点直接接地的系统应采用保护接零；电源中点不接地的系统应采用保护接地，电动机密集地区应将中线重复接地。

接地装置包括接地极和接地线两部分。接地极通常用钢管或角钢制成。钢管直径多为 ϕ50mm，角钢采用 45mm×45mm 的，长度为 2.5m 的。接地极应垂直埋入地下，每隔 5m 打一根，上端离地面的深度不应小于 0.5～0.8m，接地极之间用 5mm×50mm 的扁钢焊接。

接地线最好用裸铜线，截面积不小于 16mm^2，一端固定在机壳上，另一端和接地极焊牢。容量 100kW 以下的电动机保护接地，其电阻不应大于 10Ω。

下列情况可以省略接地：

① 设备的电压在 150V 以下；

② 设备置于干燥的木板地上或绝缘性能较好的物体上；

③ 金属体和大地之间的电阻在 100Ω 以下。

八、三相异步电动机的维护与保养

1. 启动前的准备和检查

① 检查电动机及启动设备接地是否可靠和完整，接线是否正确与良好。

② 检查电动机铭牌所示电压、频率与电源电压、频率是否相符。

③ 新安装或长期停用的电动机（停用 3 个月以上）启动前应检查绕组相对相、相对地绝缘电阻（用 1000V 兆欧表测量）。绝缘电阻应大于 0.5MΩ，如果低于此值，需将绕组烘干。

④ 对绕线型转子应检查其集电环上的电刷及提刷装置是否能正常工作，电刷压力是否符合要求。电刷压力应为 1.5～2.5N/cm^2。

⑤ 检查电动机转动是否灵活，滑动轴承内的油是否达到规定油位。

⑥ 检查电动机所用的熔断器额定电流是否符合要求。

⑦ 检查电动机紧固螺栓及安装螺栓是否拧紧。

上述各检查全部达到要求后，可启动电动机。电动机启动后，空载运行 30min 左右，注意观察电动机是否有异常现象，如发现噪声、振动、发热等不正常情况，应采取措施，待情况消除后才能投入运行。

启动绕线型电动机时，应将启动变阻器接入转子电路中。对有电刷提升结构的电动机，应放下电刷，并断开短路装置，合上定子电路开关，扳动变阻器。当电动机接近额定转速时，提起电刷，合上短路装置，电动机启动完毕。

2. 运行中的维护

① 电动机应经常保持清洁，不允许有杂物进入电动机内部；进风口和出风口必须保持畅通。

② 用仪表监视电源电压、频率及电动机的负载电流。电源电压、频率要符合电动机铭牌数据，电动同负载电流不得超过铭牌上的规定值，否则要查明原因，采取措施，不良情况消除后方能继续运行。

③ 采取必要手段监测电动机各部位温升，其温升限值见表5-7。

表5-7 电动机各部位温升限值

绝缘等级 / 测量方法 / 电动机部位	E		R		F	
	温度计法	电阻法	温度计法	电阻法	温度计法	电阻法
定子绕组		75		80		105
转子绕组{绕线型 笼型	65	75	70	80	85	105
定子铁芯	75		80		100	
滑环	70		80		90	
滚动轴承	95		95		95	

④ 对于绕线型转子电动机，应经常注意其电刷与集电环间的接触压力、磨损及火花情况。电动机停转时，应断开定子电路内的开关，然后将电刷提升机构扳到启动位置，断开短路装置。

⑤ 电动机运行后作定期维修，一般分小修、大修两种。小修属一般检修，对电动机启动设备及其整体不做大的拆卸，约一季度一次。大修是要将所有传动装置及电动机的所有零部件都拆卸下来，并将拆卸的零部件做全面的检查及清洗，一般一年一次。

九、三相异步电动机常见故障处理

1. 绕组故障检查及处理

三相异步电动机绕组故障检查及处理方法见表5-8。

表5-8 绕组故障检查及处理

故障现象	产生原因	检查方法	处理方法
绕组对地击穿	①绕组受潮，绝缘物失去绝缘作用 ②电动机长期过载，绝缘物老化、开裂、脱落 ③嵌线时绝缘物受损伤 ④定、转子相擦，引起绝缘物烧坏 ⑤绕组端部碰端盖 ⑥引接线绝缘损坏与壳体相接触	①目测法：仔细查看绕组端部及接近槽口部分的绝缘物是否破裂和有无焦黑的痕迹，若有则表示有故障 ②万用表检查法：把万用表拨至测量电阻挡，把万用表的两根引接线分别接至电动机壳体及引接线上。若电阻值小，则表示有故障 ③兆欧表检查法：把1000V兆欧表的两根引接线分别接至电动机壳体及引接线上，测量其绝缘电阻。若绝缘电阻接近于零，则表示有故障 注：采用上述方法找出绕组对地击穿故障以后，必须找出对地击穿的确切位置。一般方法为：先用目测法找出击穿处。如找不出，则采用分组淘汰法，把每相绕组拆开，查出对地击穿相。确定了所在相后，再用目测法找对地击穿所在线圈。若还是找不出，再用分组淘汰法拆除一相的线圈组间连接线和线圈间连接线，最后找出对地击穿线圈。这种方法的步骤是：目测→检查→目测→检查，用分组淘汰法找出确切的对地击穿处	①在击穿处再填放一层绝缘纸（材料同原来材料），同时在该处涂刷好相同的绝缘漆并烘干 ②如果击穿处在槽内，则需要更新绕组 ③因受潮引起的对地击穿，需将绕组烘干，使其绝缘电阻大于0.5MΩ

续表

故障现象	产生原因	检查方法	处理方法
绕组短路 ①匝间短路 ②线圈与线圈短路 ③极相组处短路 ④相间短路	①嵌线不当,使电磁线漆膜损坏 ②绕组受潮,电动机接电源加上电压后使绝缘击穿 ③长期过载,电流超过额定电流,使绝缘老化,失去绝缘作用 ④相间或层间绝缘没有垫好 ⑤搬运不当或缺乏器具,使绕组端部绝缘损坏	①目测法:仔细查看绕组端部,绝缘有无烧焦处,有则表示该处短路 ②电桥法:用电桥测量各相电阻值。如果三相电阻相差－10%以上,则电阻小的一相为短路 ③电流法:将电动机通入低压交流电,如果三相电流相差＋10%以上,则电流大的一相为短路 ④短路侦察器法:如图 5-21 所示将短路侦察器串联一个电流表,分别依次放在定子铁芯槽口。如果某处有电流指示,则表示该处短路 图 5-21 短路侦察器检查法(一) 短路侦察器是利用变压器原理来检查绕组匝间短路的。它具有一个不闭合的铁芯磁路,上面绕有励磁绕组,相当于变压器初级绕组。将已接通交流电源的短路侦察器放在定子铁芯槽口构成闭合磁路,沿着各个槽口逐槽移动。当它经过一个短路绕组时,这短路绕组就相当于变压器的次级绕组,因此电流表指示出较大电流。不用电流表,也可将一片 0.5mm 钢片或旧锯条放在被测绕组的另一个绕组边所在槽口上面,如图 5-22 所示。如被测绕组短路,钢片就会发生振动 图 5-22 短路侦察器检查法(二)	①用绝缘材料把短路处隔开 ②重新包扎 ③更换线圈

续表

故障现象	产生原因	检查方法	处理方法
接线接错及接反： ①个别线圈接错 ②极相组接错 ③外部接线接反	①接线不按图接 ②引接线没有表明始端和末端	接线错误检查： ①将电动机拆开，按接线图仔细对照检查每相绕组的接头，找出与接线图不符之处 ②旋转检查法。将电动机通入 60～100V 低电压，将一颗钢球放入定子内圆，沿定子内圆滚动钢球。钢球不能旋转，则说明接线有错 ③极性检查法。将其相绕组通入低压直流电，用指南针沿铁芯槽逐槽移动。指南针在每个邻极组指向相同，则表示该相绕组接错 ④内部接线接反。 a. 绕组串联检查法：如图 5-23 和图 5-24 所示，将一相绕组接通 36V 低压交流电，另外两相串联起来接上灯光。如果情况与图不相符，说明三相头尾有错误 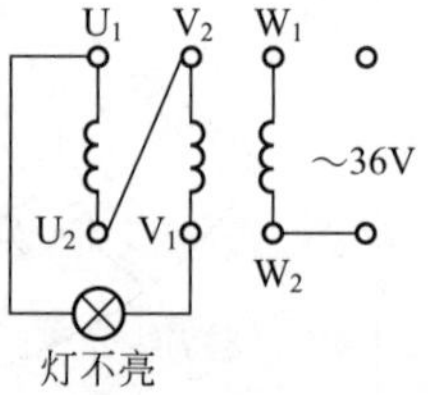 图 5-23　绕组串联检查法（一） 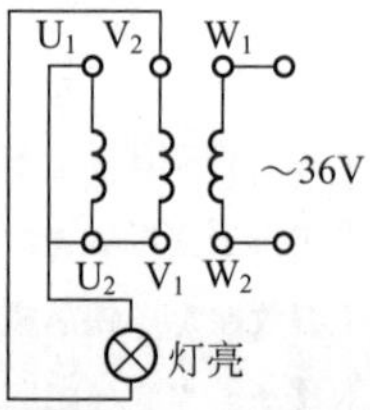 图 5-24　绕组串联检查法（二） b. 将绕组按图 5-25 所示接好。合上开关的瞬间，如万用表（mA 挡）指针摆向大于零一边，表示电池正极所接线头与万用表负端所接的接线头极性相同（同是尾或同是头）；如指针反方向摆动，则表示电池正极所接线头与万用表正端所接的接线头极性相同（同是头或同是尾）。依此类推，将电池接到其他两个相的两个线头上试验，即可确定各相头尾 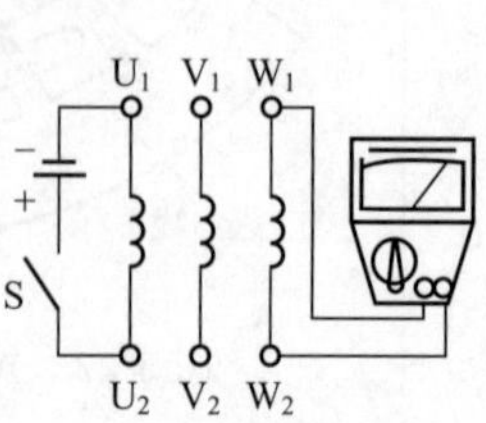 图 5-25　万用表检查绕组头尾反接方法	①按接线图更正错误处，包扎好，涂刷绝缘漆并烘干 ②更正错误，重新确定每相绕组的头尾

2. 其他故障检查及处理

三相异步电动机其他故障检查及处理方法见表5-9。

表5-9 其他故障检查及处理方法

故障	产生原因	处理方法
不能启动	①电源未接通 ②绕组故障 ③熔丝规格不符 ④绕线型转子启动误操作 ⑤负载过大或传动装置被卡住 ⑥控制设备接线错误	①检查开关、熔丝、各对触点及电动机引接线接线头 ②同绕组故障处理 ③换上符合要求的熔丝 ④分开短路装置，串接变阻器 ⑤选较大容量电动机或减轻负载，消除传动装置故障 ⑥按接线图校正接线
电动机在额定负载运行，转速低于额定转速	①电源电压过低 ②笼型转子断条 ③负载过大 ④绕组故障 ⑤绕线形转子启动装置不良 ⑥两相运行	①用电压表测量电动机输入端电压，并将之用调压器调整到额定电压 ②换新转子 ③选择大容量电动机或减轻负载 ④同绕组故障处理 ⑤更换或修理启动装置 ⑥排除绕组故障或接线故障，或更换熔丝开关
电动机运转时声音不正常，振动大	①定子、转子相擦 ②两相运行 ③轴承损坏或严重缺油 ④轴伸变曲 ⑤转子、皮带轮、联轴器平衡未校正 ⑥带轮、联轴器轴孔偏心	①消除定子、转子突出部位，或更换轴承，或更换轴承孔松的端盖 ②排除绕组故障或接线故障，或更换熔丝开关 ③更换损坏轴承或加油到规定值 ④校正轴伸直至达到要求 ⑤校正转子、带轮、联轴器平衡 ⑥车正或镶套校正带轮、联轴器的同心度
轴承过热	①轴承损坏 ②轴承配合不当 ③润滑油过多或过少或油质不符要求 ④带轮、联轴器等装配不当	①更换轴承 ②更换轴或端盖使轴承内外径配合符合要求 ③清除或加入轴承润滑油；换加符合质量要求的润滑油 ④重新调整装配带轮、联轴器、端盖、轴承盖等，使之装配符合要求
绕线型转子滑环火花过大	①电刷牌号不符 ②滑环表面有污垢、杂物 ③电刷装配不当或压力太小	①更换符合要求的电刷 ②用“0”号砂布磨光滑环，擦净污垢 ③重新装配电刷，调整电刷压力
电动机转动时电流表指针来回摆动	①笼型转子断条 ②绕线型转子电刷和滑环短路装置接触不良 ③绕线型转子一相断路	①更换转子 ②调整电刷压力，改善电刷与三角环的接触面，修理或更换短路装置 ③修复或更换绕线型转子
电动机过热或冒烟	①负载过大 ②两相运行 ③电动机风道阻塞 ④电源电压过低或过高 ⑤电源频率不符合要求	①选较大容量电动机或减轻负载 ②排除绕组、电源、开关、控制设备等故障 ③清除风道油垢及灰尘 ④用调压器将电源电压调整到额定值 ⑤调整电源到符合要求

第三节 直流电动机

一、直流电动机分类与型号

1. 直流电动机的分类

直流电动机按励磁方式的不同分为他励式电动机和自励式电动机。不同励磁方式的直流电动机有不同的特点，使用时应予以注意。

(1) 他励式电动机

他励式电动机的特点是电动机的励磁绕组和电枢绕组分别由不同的直流电源供电，如图 5-26(a) 所示。这种电动机构造比较复杂，一般用于对调速范围要求很宽的重型机床等设备中。

他励式电动机在使用中有以下几点值得注意：

① 他励式电动机启动时，电枢电流比额定电枢电流大十多倍，故应在电枢电路中串接启动限流电阻。

② 由于他励式电动机的励磁绕组和电枢绕组不是由同一个电源供电，使用中必须先给励磁绕组加上电压，再给电枢绕组加电压，否则将损坏电枢绕组。

③ 启动时不允许把电动机的额定电压直接加到电枢上，应逐渐升高电枢电压，避免因启动电流过大导致电枢绕组、控制电器和控制线路过热而烧毁。

(2) 自励式电动机

自励式电动机根据励磁绕组与电枢绕组连接方式的不同，分为并励式电动机、串励式电动机和复励式电动机 3 种，分别如图 5-26(b)～(d) 所示。它们的共同特点是励磁电流和电枢电流由同一个直流电源提供。

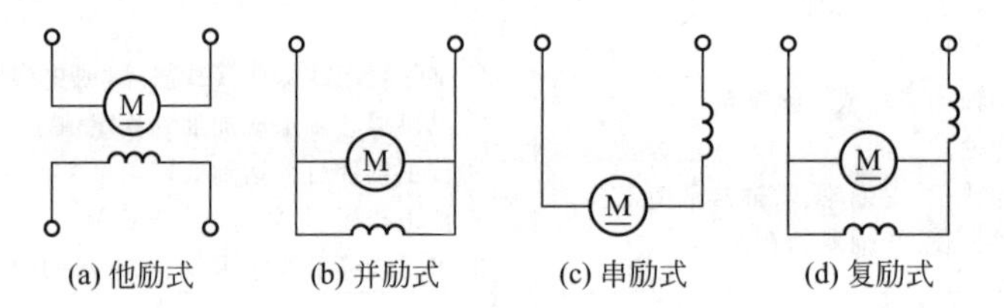

图 5-26　直流电动机的种类

① 并励式电动机。并励式电动机的励磁绕组与电枢绕组并联在同一个电源上，励磁绕组匝数较多，电阻较大，故可以起到减小励磁电流的作用。

并励式电动机有以下特点：

a. 在外加电压一定的情况下，励磁电流产生的磁通将保持恒定不变。

b. 启动转矩大，负载变动时转速比较稳定，转速调节方便，调速范围大。

c. 并励电动机在运转时切不可断开励磁电路，因为这时电动机的磁通很小，转速很大，空载会导致飞转，在有一定负载时会停转并导致电枢电流过大而引起事故。

② 串励式电动机。串励式电动机的励磁绕组和电枢绕组串联，为了减小串励绕组的电压降和铜损耗，串励绕组的匝数较少，且铜线的截面积较粗。

串励式电动机有以下特点：

a. 串励式电动机的转速随转矩的增加呈显著下降的软特性。这种软特性特别适用于起重设备，当提升重量较轻的货物时，电动机的转速较高，以便提高生产效率；当提升较重的货物时，电动机的转速较低，保证工作安全。

b. 串励式电动机的启动转矩很大，电动机启动时很快就能达到正常转速。

c. 串励式电动机的磁通和转矩随负载的变化而变化，因此其转速随负载的变化而变化较大，对于需要转速稳定的场合不太适用。

d. 串励式电动机在负载很小时，电枢电流很小，即励磁电流和磁通都很小，这时电动机的转速将剧烈增大，远远超过电动机机械强度所允许的数值。特别是在无负载的情况下，电动机将出现飞转，出现电动机发生破裂和飞散的危险。因此，串励式电动机决不允许在无载或轻载（小于额定负载 25%～30%）时启动。此外，串励式电动机应与生产机械直接耦合，不能用皮带传动，因为万一皮带出现松脱将使电动机处于空载状态而出现飞车。

③ 复励式电动机。复励式电动机上有两个励磁绕组，一个与电枢绕组串联，另一个与电枢绕组并联。

当复励式电动机的两个励磁绕组产生的磁通方向一致时，称为积复励；两个绕组产生的磁通方向相反时，称为差复励。

对于使用较多的积复励电动机，由于它的并励绕组磁通在任何负载下保持不变，而串励绕组的磁通与负载成正比，因此复励式电动机的磁通介于并励式电动机和串励式电动机之间，其机械特性也介于两者之间。当负载小时，并励绕组磁通的作用大于串励绕组，机械特性接近并励式电动机。反之，串励绕组磁通的作用大于并励绕组，机械特性接近串励式电动机。

积复励电动机主要用于负载力矩有突然变化的场合。由于它的电磁转矩变化较快，因此，当负载变化时，能够有效克服电枢电流的冲击，比并励式电动机的性能优越。

差复励电动机应用较少，但它具有负载变化时转速几乎不变的特性，因此常用于要求转速稳定的机械中。

2. 直流电动机的型号

直流电动机为直流发电机和直流电动机的总称，有基本系列、派生系列和专用系列，它们的主要型号及用途见表 5-10。

表 5-10 直流电动机及其派生、专用产品的用途和分类

序号	产品名称	主要用途	型号	原用型号
1	直流电动机	一般用途、基本系列	Z	Z、ZD、ZJD
2	直流发电机	一般用途、基本系列	ZF	Z、ZF、ZJF
3	调速直流电动机	用于恒功率调速范围较大的传动机械	ZT	ZT
4	冶金起重直流电动机	冶金辅助传动机械等用	ZZJ	ZZ、ZZK、ZZY
5	直流牵引电动机	电力传动机车、工矿电机车和蓄电池供电车等用	ZQ、ZQX	ZQ
6	船用直流电动机	船舶上各种辅助机械用	Z-H	Z2C、ZH
7	船用直流发电机	作船舶上电源用	ZF-H	Z2C、ZH
8	精密机床用直流电动机	磨床、坐标镗床等精密机床用	ZJ	ZJD
9	汽车起动机	汽车、拖拉机、内燃机等用	ST	ST
10	汽车发电机	汽车、拖拉机、内燃机等用	F	F
11	挖掘机用直流电动机	冶金、矿山挖掘机用	ZKJ	ZZC
12	龙门刨床用直流电动机	龙门刨床用	ZU	ZBD
13	防爆安全型直流电动机	矿井和有易爆气体场所用	ZA	Z
14	无槽直流电动机	快速动作伺服系统中用	ZW	ZWC

二、直流电动机的结构原理

1. 直流电动机的结构

直流电动机由定子和转子两部分组成，如图 5-27 所示。

定子的主要作用是产生磁场，包括主磁极、换向磁极、机座和电刷等。主磁极由铁芯和励磁线圈组成，用于产生一个恒定的主磁场，改变外接直流励磁电源的正负极性就能改变主磁场的方向。换向磁极也由铁芯和绕在上面的线圈组成，安装在两个相邻的主磁极之间，用

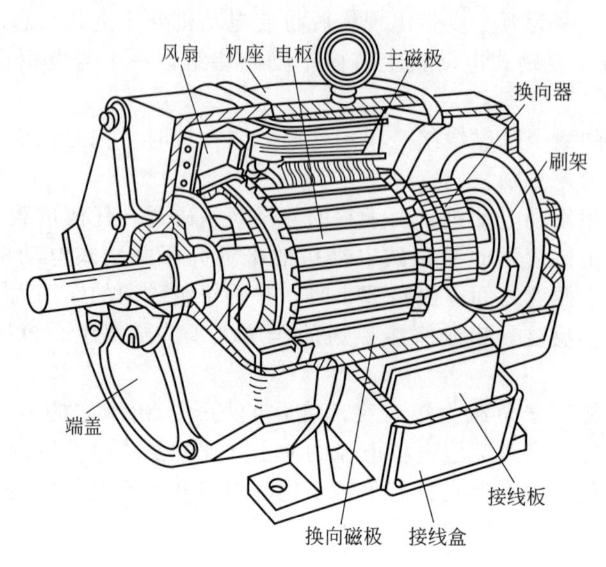

图 5-27 直流电动机的剖面图

来减少电枢绕组换向时产生的火花。电刷装置的作用是通过与换向器之间的滑动接触，把直流电压、直流电流引入或引出电枢绕组。

转子又称电枢，其主要作用是产生电磁转矩。转子由电枢铁芯、电枢绕组和换向器等组成。电枢铁芯上冲有槽孔，槽内放置电枢绕组，电枢铁芯也是直流电动机磁路的组成部分。电枢绕组的一端装有换向器。换向器是由许多铜质换向片组成的一个圆柱体，换向片之间用云母绝缘。换向器是直流电动机的重要构造特征，其作用是通过与电刷的摩擦接触，将两个电刷之间固定极性的直流电流变换成为绕组内部的交流电流，以便形成固定方向的电磁转矩。

2. 直流电动机的转动原理

为了便于分析，用如图 5-28(a) 所示的简化原理图代表直流电动机。图中 N 和 S 代表定子绕组产生的一对固定磁极，线圈 a、b 代表电枢绕组，A、B 为一对换向片，U 是电枢绕组的外加直流电源电压。

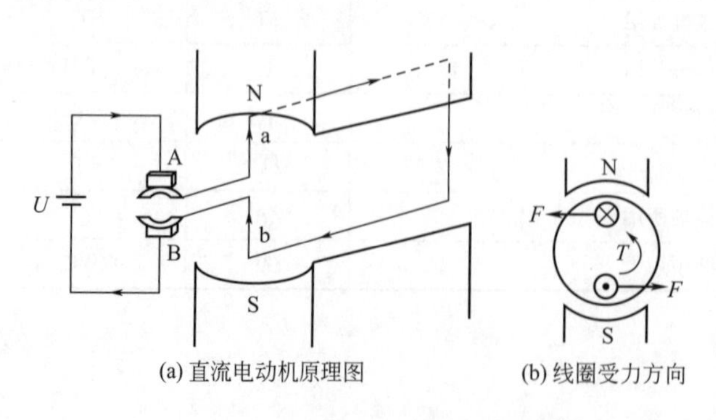

(a) 直流电动机原理图　(b) 线圈受力方向

图 5-28 直流电动机转动原理图

当接通直流电压 U 时，直流电流从 a 边流入，b 边流出。由于电枢的 a 边处于 N 极之下，b 边处于 S 极之下，线圈两边将受到电磁力的作用，从而形成一个逆时针方向的电磁转矩 T，这个电磁转矩将使电枢绕组绕轴线方向逆时针转动，如图 5-28(b) 所示。

当电枢转动半周后，电枢的 a 边正好处于 S 极之下，b 边正好处于 N 极之下。由于采用了电刷和换向器装置，当电枢处于上述位置时，电刷 A、B 所接触的换向片恰好对调，因此，电枢中的直流电流方向也得到了改变，即电流从 b 边流入，a 边流出。这样一来，电枢仍然受到一个逆时针方向的电磁转矩 T 的作用，所以，电枢继续绕轴线方向逆时针转动。这就是直流电动机的转动原理。

直流电动机采用换向器结构是将外部直流电流转换成电枢内部的交流电流的关键，它保证了每个磁极之下的线圈边电流始终有一个固定不变的方向，从而保证电枢导体所受到的电磁力对转子产生确定方向的电磁转矩，这就是换向器的作用。

从上述分析可以知道，改变定子绕组中励磁电流的方向或改变电枢绕组中直流电流的方向都可以使直流电动机反转。

3. 直流电动机的电磁转矩与电压平衡方程

和交流电动机一样，直流电动机的电磁转矩也是由于载波转子导体在磁场中受电磁力作用而产生的。电磁转矩 T 与定子磁通 Φ、电枢电流 I_a成正比，即：

$$T=C_m\Phi I_a$$

式中，C_m是与电动机结构有关的转矩常数。

当直流电动机转动时，电枢绕组切割磁力线而产生感应电动势，称为电枢电动势。电枢电动势 E 与定子磁通 Φ 成正比，并且还与转子转速 n 成正比，即：

$$E=C_e\Phi n$$

式中，C_e为电动势常数，与电动机结构有关。

如图 5-28 所示是电枢回路的等效电路，图中 U 是外加电压，R_a是回路直流电阻，I_a是电枢电流，E 是电枢转动时产生的反电动势。由图 5-29 可得电枢回路的电压平衡方程为：

$$U=E+I_aR_a$$

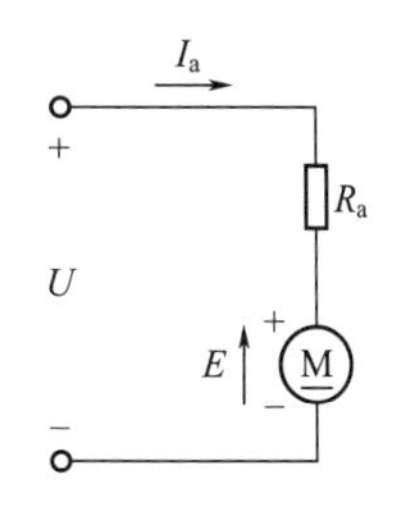

图 5-29　直流电动机电枢回路等效电路

4. 直流电动机的机械特性

由以上三式可得转子转速为：

$$n=\frac{E}{C_e\Phi}=\frac{U-I_aR_a}{C_e\Phi}=\frac{U}{C_e\Phi}-\frac{R_a}{C_e\Phi}I_a=\frac{U}{C_e\Phi}-\frac{R_a}{C_eC_m\Phi^2}T$$

上式反映了直流电动机的转速 n 随电磁转矩 T 的变化关系，称为直流电动机的机械特性方程。

$$n_0=\frac{U}{C_e\Phi}$$

$$\Delta n=\frac{R_a}{C_eC_m\Phi^2}T$$

则上式可简化为

$$n=n_0-\Delta n$$

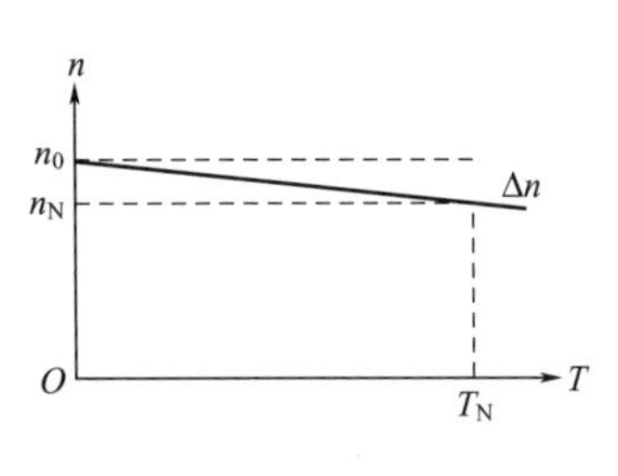

图 5-30　直流电动机的机械特性曲线

式中，n_0是电磁转矩 $T=0$ 时的转速，称为理想空载转速。实际上这种情况是不存在的，因为即使电动机不带任何负载，也还存在摩擦力和空气阻力等形成的阻力转矩。Δn 是转速降，表示负载增加时，电动机的转速会下降。转速降 Δn 是由电枢电阻 R_a引起的，因为负载增加时 I_a随着增大，使电枢电阻 R_a上的电压增大；由于电源电压 U 一定，因而反电动势 E 减小，致使转速 n 降低。

直流电动机的机械特性曲线如图 5-30 所示。由于电枢电阻 R_a很小，负载增加时转速 n 的下降并不大，因此直流电动机具有硬特性。

三、直流电动机主要技术数据

1. Z2系列直流电动机及其技术数据

Z2系列直流电动机有发电机、调压发电机、电动机等，其工作方式为连续工作制。电动机仅适用于正常的使用条件，即非湿热带地区，非多尘及无有害气体场合，非严重过载或无冲击性过载的情况下。在海拔不超过1000m、环境温度不超过40℃工作条件下，能按额定功率正常运行。该系列电动机外壳防护型式为防护式。

Z2系列直流电动机技术数据见表5-11。

表5-11 Z2系列直流电动机技术数据

<table>
<tr><th rowspan="2">型号</th><th rowspan="2">额定功率
/kW</th><th rowspan="2">额定电压
/V</th><th rowspan="2">额定转速
/(r/min)</th><th rowspan="2">最高转速
/(r/min)</th><th colspan="2">额定电流/A</th><th colspan="2">最大励磁功率/W</th><th rowspan="2">质量
/kg</th></tr>
<tr><th>110V</th><th>220V</th><th>110V</th><th>220V</th></tr>
<tr><td>Z2-11</td><td>0.8</td><td rowspan="8">110
220</td><td rowspan="10">3000</td><td rowspan="10">3000</td><td>9.82</td><td>4.85</td><td>52</td><td>52</td><td>32</td></tr>
<tr><td>Z2-12</td><td>1.1</td><td>13</td><td>6.41</td><td>63</td><td>62</td><td>36</td></tr>
<tr><td>Z2-21</td><td>1.5</td><td>17.5</td><td>8.64</td><td>61</td><td>62</td><td>48</td></tr>
<tr><td>Z2-22</td><td>2.2</td><td>24.5</td><td>12.2</td><td>77</td><td>77</td><td>56</td></tr>
<tr><td>Z2-31</td><td>3</td><td>33.2</td><td>16.52</td><td>80</td><td>83</td><td>65</td></tr>
<tr><td>Z2-32</td><td>4</td><td>43.8</td><td>21.65</td><td>98</td><td>94</td><td>76</td></tr>
<tr><td>Z2-41</td><td>5.5</td><td>61</td><td>30.3</td><td>97</td><td>108</td><td>88</td></tr>
<tr><td>Z2-42</td><td>7.5</td><td>81.6</td><td>40.3</td><td>120</td><td>141</td><td>101</td></tr>
<tr><td>Z2-51</td><td>10</td><td rowspan="2">220</td><td rowspan="2">—</td><td>53.4</td><td rowspan="2">—</td><td>222</td><td>126</td></tr>
<tr><td>Z2-52</td><td>13</td><td>68.7</td><td>365</td><td>148</td></tr>
<tr><td>Z2-51</td><td>10</td><td>110</td><td></td><td></td><td>107.5</td><td>—</td><td></td><td>—</td><td>144</td></tr>
<tr><td>Z2-61</td><td>17</td><td rowspan="4">220</td><td rowspan="4">3000</td><td rowspan="4">3000</td><td rowspan="4">—</td><td>88.9</td><td rowspan="4">—</td><td>247</td><td>175</td></tr>
<tr><td>Z2-62</td><td>22</td><td>113.7</td><td>232</td><td>196</td></tr>
<tr><td>Z2-71</td><td>30</td><td>158.5</td><td>410</td><td>280</td></tr>
<tr><td>Z2-72</td><td>40</td><td>205.6</td><td>500</td><td>320</td></tr>
<tr><td>Z2-11</td><td>0.4</td><td rowspan="15">110
220</td><td rowspan="23">1500</td><td rowspan="6">3000</td><td>5.47</td><td>2.71</td><td>39</td><td>43</td><td>32</td></tr>
<tr><td>Z2-12</td><td>0.6</td><td>7.74</td><td>3.84</td><td>60</td><td>62</td><td>36</td></tr>
<tr><td>Z2-21</td><td>0.8</td><td>9.96</td><td>4.94</td><td>65</td><td>68</td><td>48</td></tr>
<tr><td>Z2-22</td><td>1.1</td><td>13.2</td><td>6.53</td><td>88</td><td>101</td><td>56</td></tr>
<tr><td>Z2-31</td><td>1.5</td><td>17.6</td><td>8.68</td><td>103</td><td>94</td><td>65</td></tr>
<tr><td>Z2-32</td><td>2.2</td><td>25</td><td>12.35</td><td>131</td><td>105</td><td>76</td></tr>
<tr><td>Z2-41</td><td>3</td><td rowspan="5">2400</td><td>34.3</td><td>17</td><td>116</td><td>134</td><td>88</td></tr>
<tr><td>Z2-42</td><td>4</td><td>44.8</td><td>22.3</td><td>170</td><td>170</td><td>101</td></tr>
<tr><td>Z2-51</td><td>5.5</td><td>61</td><td>30.3</td><td>154</td><td>165</td><td>126</td></tr>
<tr><td>Z2-52</td><td>7.5</td><td>82.2</td><td>40.8</td><td>242</td><td>260</td><td>148</td></tr>
<tr><td>Z2-61</td><td>10</td><td>108.2</td><td>53.8</td><td>260</td><td>260</td><td>175</td></tr>
<tr><td>Z2-62</td><td>13</td><td rowspan="5">2250</td><td>140</td><td>68.7</td><td>246</td><td>264</td><td>196</td></tr>
<tr><td>Z2-71</td><td>17</td><td>180</td><td>90</td><td>400</td><td>430</td><td>280</td></tr>
<tr><td>Z2-72</td><td>22</td><td>232.6</td><td>115.4</td><td>370</td><td>370</td><td>320</td></tr>
<tr><td>Z2-81</td><td>30</td><td>315.5</td><td>156.9</td><td>450</td><td>540</td><td>393</td></tr>
<tr><td>Z2-82</td><td>40</td><td rowspan="8">220</td><td rowspan="8">—</td><td>208</td><td rowspan="8">—</td><td>770</td><td>443</td></tr>
<tr><td>Z2-91</td><td>55</td><td rowspan="3">2000</td><td>284</td><td>770</td><td>630</td></tr>
<tr><td>Z2-92</td><td>75</td><td>385</td><td>870</td><td>730</td></tr>
<tr><td>Z2-101</td><td>100</td><td>511</td><td>1070</td><td>970</td></tr>
<tr><td>Z2-102</td><td>125</td><td rowspan="2">1800</td><td>635</td><td>940</td><td>1130</td></tr>
<tr><td>Z2-111</td><td>160</td><td>810</td><td>1300</td><td>1350</td></tr>
<tr><td>Z2-112</td><td>200</td><td>1500</td><td>1010</td><td>1620</td><td>1410</td></tr>
</table>

续表

<table>
<tr><th rowspan="2">型号</th><th rowspan="2">额定功率
/kW</th><th rowspan="2">额定电压
/V</th><th rowspan="2">额定转速
/(r/min)</th><th rowspan="2">最高转速
/(r/min)</th><th colspan="2">额定电流/A</th><th colspan="2">最大励磁功率/W</th><th rowspan="2">质量
/kg</th></tr>
<tr><th>110V</th><th>220V</th><th>110V</th><th>220V</th></tr>
<tr><td>Z2-21</td><td>0.4</td><td rowspan="15">110
220</td><td rowspan="15">1000</td><td rowspan="15">2000</td><td>5.59</td><td>2.75</td><td>60</td><td>67</td><td>48</td></tr>
<tr><td>Z2-22</td><td>0.6</td><td>7.69</td><td>3.81</td><td>64</td><td>70</td><td>56</td></tr>
<tr><td>Z2-31</td><td>0.8</td><td>10.02</td><td>4.94</td><td>88</td><td>88</td><td>65</td></tr>
<tr><td>Z2-32</td><td>1.1</td><td>13.32</td><td>6.58</td><td>83</td><td>100</td><td>76</td></tr>
<tr><td>Z2-41</td><td>1.5</td><td>18.05</td><td>8.9</td><td>123</td><td>130</td><td>88</td></tr>
<tr><td>Z2-42</td><td>2.2</td><td>25.3</td><td>12.7</td><td>172</td><td>160</td><td>101</td></tr>
<tr><td>Z2-51</td><td>3</td><td>34.5</td><td>17.2</td><td>125</td><td>165</td><td>126</td></tr>
<tr><td>Z2-52</td><td>4</td><td>45.2</td><td>22.3</td><td>230</td><td>230</td><td>148</td></tr>
<tr><td>Z2-61</td><td>5.5</td><td>60.6</td><td>30.3</td><td>190</td><td>283</td><td>175</td></tr>
<tr><td>Z2-62</td><td>7.5</td><td>82.6</td><td>41.3</td><td>325</td><td>193</td><td>196</td></tr>
<tr><td>Z2-71</td><td>10</td><td>111.5</td><td>54.8</td><td>300</td><td>370</td><td>280</td></tr>
<tr><td>Z2-72</td><td>13</td><td>142.3</td><td>70.7</td><td>430</td><td>420</td><td>320</td></tr>
<tr><td>Z2-81</td><td>17</td><td>185</td><td>92</td><td>460</td><td>510</td><td>393</td></tr>
<tr><td>Z2-82</td><td>22</td><td>238</td><td>118.2</td><td>570</td><td>500</td><td>443</td></tr>
<tr><td>Z2-91</td><td>30</td><td>319</td><td>158.5</td><td>650</td><td>540</td><td>630</td></tr>
<tr><td>Z2-92</td><td>40</td><td>110
220</td><td rowspan="5">1000</td><td>2000</td><td>423</td><td>210</td><td>620</td><td>620</td><td>730</td></tr>
<tr><td>Z2-101</td><td>55</td><td rowspan="4">220</td><td rowspan="4">1500</td><td rowspan="4">—</td><td>285.5</td><td rowspan="4">—</td><td>670</td><td>970</td></tr>
<tr><td>Z2-102</td><td>75</td><td>385</td><td>820</td><td>1130</td></tr>
<tr><td>Z2-111</td><td>100</td><td>511</td><td>1150</td><td>1350</td></tr>
<tr><td>Z2-112</td><td>125</td><td>635</td><td>1380</td><td>1410</td></tr>
<tr><td>Z2-31</td><td>0.6</td><td rowspan="6">110</td><td rowspan="18">750</td><td rowspan="18">1500</td><td>7.9</td><td>3.9</td><td>90</td><td>85</td><td>65</td></tr>
<tr><td>Z2-32</td><td>0.8</td><td>10.0</td><td>4.94</td><td>83</td><td>81</td><td>76</td></tr>
<tr><td>Z2-41</td><td>1.1</td><td>14.2</td><td>6.99</td><td>121</td><td>122</td><td>88</td></tr>
<tr><td>Z2-42</td><td>1.5</td><td>18.2</td><td>9.2</td><td>171</td><td>180</td><td>101</td></tr>
<tr><td>Z2-51</td><td>2.2</td><td>26.15</td><td>13</td><td>148</td><td>162</td><td>126</td></tr>
<tr><td>Z2-52</td><td>3</td><td>35.2</td><td>17.37</td><td>172</td><td>176</td><td>148</td></tr>
<tr><td>Z2-61</td><td>4</td><td rowspan="9">220</td><td>46.6</td><td>23</td><td>176</td><td>190</td><td>175</td></tr>
<tr><td>Z2-62</td><td>5.5</td><td>62.9</td><td>31.3</td><td>197</td><td>293</td><td>196</td></tr>
<tr><td>Z2-71</td><td>7.5</td><td>85.2</td><td>42.1</td><td>310</td><td>350</td><td>280</td></tr>
<tr><td>Z2-72</td><td>10</td><td>112.1</td><td>55.8</td><td>340</td><td>440</td><td>320</td></tr>
<tr><td>Z2-81</td><td>13</td><td>145</td><td>72.1</td><td>460</td><td>480</td><td>393</td></tr>
<tr><td>Z2-82</td><td>17</td><td>187.2</td><td>93.2</td><td>500</td><td>560</td><td>443</td></tr>
<tr><td>Z2-91</td><td>22</td><td>239.5</td><td>119</td><td>580</td><td>590</td><td>630</td></tr>
<tr><td>Z2-92</td><td>30</td><td>323</td><td>160</td><td>620</td><td>770</td><td>730</td></tr>
<tr><td>Z2-101</td><td>40</td><td>425</td><td>212</td><td>820</td><td>900</td><td>970</td></tr>
<tr><td>Z2-102</td><td>55</td><td rowspan="3">220</td><td rowspan="3">—</td><td>289</td><td rowspan="3">—</td><td rowspan="3">920
1000</td><td>1130</td></tr>
<tr><td>Z2-111</td><td>75</td><td>387</td><td>1350</td></tr>
<tr><td>Z2-112</td><td>100</td><td>514</td><td>1510</td></tr>
<tr><td>Z2-91</td><td>17</td><td rowspan="4">110
220</td><td rowspan="5">660</td><td rowspan="5">1200</td><td>193</td><td>95.5</td><td>560</td><td>570</td><td>630</td></tr>
<tr><td>Z2-92</td><td>22</td><td>242.5</td><td>119.7</td><td>610</td><td>650</td><td>730</td></tr>
<tr><td>Z2-101</td><td>30</td><td>324.4</td><td>161.5</td><td>640</td><td>810</td><td>970</td></tr>
<tr><td>Z2-102</td><td>40</td><td>431</td><td>214</td><td>930</td><td>1020</td><td>1130</td></tr>
<tr><td>Z2-111</td><td>55</td><td>—</td><td>—</td><td>289</td><td>—</td><td>980</td><td>1350</td></tr>
<tr><td>Z2-112</td><td>75</td><td>220</td><td>660</td><td>1200</td><td></td><td>—</td><td>387</td><td>—</td><td>1510</td></tr>
</table>

2. Z4系列直流电动机及其技术数据

Z4系列直流电动机是节能型产品，其性能符合IEC和德国国家标准DIN 57530要求，适用于正常的使用条件，即非湿热带地区、非多尘及无有害气体场合。根据用户需要可以制成湿热带地区使用的电动机。

Z4 系列直流电动机比 Z2、Z3 系列具有更大的优越性，它可适用于静止整流电源供电，转动惯量小，有较好的动态性能，并能承受较高的负载变化率，适用于需要平滑调速、效率高、自动稳速、反应灵敏的控制系列。

该系列电动机的工作方式为连续工作制，在海拔不超过 1000m、环境温度不超过 40℃的工作条件下，能按额定功率正常运行。

Z4 系列直流电动机技术数据见表 5-12。

表 5-12 Z4 系列直流电动机技术数据

型号	额定功率/kW	额定电压/V	额定电流/A	额定转速/最高转速/(r/min)	励磁功率/W	电枢回路电阻(20℃)/Ω	电枢电感/mH	磁场电感/H	外接电感/mH	效率/%	转动惯量/kg·m²	质量/kg
Z4-100-1	2.2	160	17.9	1500/3000	215	1.19	11.2	22		67.8	0.044	60
	1.5	160	13.4	1000/2000	315	2.2	21.4	13		58.5		
	4	440	10.7	3000/4000	250	2.85	26	18	10	80.1		
	2.2	440	6.5	1500/3000	250	9.23	86	18	13	70.6		
	1.5	440	4.8	1000/2000	250	16.8	163	18		63.2		
Z4-112/2-1	5.5	440	14.7	3000/4000	280	2.02	17.9	18		81.1	0.072	78
	3	440	8.7	1500/3000	280	6.26	59	17		72.8		
	2.2	440	7.1	1000/2000	335	11.7	110	13		63.5		
	3	160	24	1500/3000	335	0.79	7.1	13	9	69.1		
	2.2	160	19.6	1000/2000	335	1.5	14.1	13	20	62.1		
Z4-112/2-2	7.5	440	19.6	3000/4000	305	1.29	14	19		83.5	0.088	86
	4	440	11.3	1500/3000	260	4.45	48.5	24		76		
	3	440	9.3	1000/2000	275	7.94	83	14		67.3		
	4	160	31.4	1500/3000	375	0.575	6.2	14	9	72.3		
	3	160	24.8	1000/2000	375	0.934	10.3	14	9	66.8		
Z4-112/4-1	5.5	160	42.7	1500/3000	375	0.392	3.85	6.8		73	0.128	84
	4	160	33.7	1000/2000	375	0.741	7.7	6.7		64.9		
	11	440	28.9	3000/4000	450	0.939	9	6.8	6	83.3		
	55	440	15.6	1500/2200	365	3.28	32	9.3	4	75.7		
	4	440	12.3	1000/1400	365	5.95	63	9.1		68.7		
Z4-112/4-2	5.5	160	43.6	1000/2000	590	0.445	5.1	5.8		69.5	0.156	94
	15	440	38.6	3000/4000	590	0.565	6.4	5.8		85.4		
	7.5	440	20.6	1500/2200	480	2.2	24.1	7.8	3	78.4		
	5.5	440	16.1	1000/1500	590	4	42.5	5.8		71.9		
Z4-132-1	18.5	440	47.4	3000/4000	625	0.409	5.3	6.5		85.9	0.32	123
	11	440	29.6	1500/2500	505	1.31	18.9	9		80.9		
	7.5	440	21.4	1000/1600	625	2.56	37.5	6.4		74.5		
Z4-132-2	22	440	55.3	3000/3600	535	0.223	3.65	10		88.3	0.4	142
	15	440	39.3	1500/2500	635	0.806	13.5	7.9		83.4		
	11	440	30.7	1000/1600	635	1.62	27.5	7.8		77.7		
Z4-132-3	30	440	75	3000/3600	780	0.168	2.75	7.2		88.6	0.48	162
	18.5	400	48	1500/3000	780	0.558	9.8	7.1		84.7		
	15	440	41	1000/1600	780	1.02	19.4	7		80.5		
Z4-160-11	37	440	93.4	3000/3500	620	0.183	3.15	10		88.5	0.64	202
	22	440	58.8	1500/3000	740	0.62	10.4	7.7		82.6		

续表

型号	额定功率/kW	额定电压/V	额定电流/A	额定转速/最高转速/(r/min)	励磁功率/W	电枢回路电阻(20℃)/Ω	电枢电感/mH	磁场电感/H	外接电感/mH	效率/%	转动惯量/kg·m²	质量/kg
Z4-160-21	45	440	113	3000/3500	670	0.143	2.7	10		89.1	0.76	224
Z4-160-22	18.5	440	51.1	1000/2000	810	0.915	17.7	7.9		79.4		
Z4-160-31	55	440	137	3000/3500	725	0.0967	2.07	11		90.2	0.88	250
	30	440	77.8	1500/3000	725	0.376	8.3	10		85.7		
	22	440	59.2	1000/2000	870	0.675	15.2	8.2		81.7		
Z4-180-11	37	440	95	1500/3000	975	0.263	4.9	7.67		86.5	1.52	305
	18.5	440	51.2	750/1900	1150	0.912	16.2	6.36		78.1		
	15	440	43.8	600/2000	975	1.41	22.7	7.85		74.1		
Z4-180-22	75	440	185	3000/3400	1210	0.064	1.2	6.67		90.7	1.72	335
Z4-180-21	45	440	115	1500/2800	1230	0.217	4.7	6.3		87		
Z4-180-21	30	440	79	1000/2000	1060	0.423	9.2	7.96		83.7		
Z4-180-21	22	440	60.3	750/1400	1060	0.766	16.3	7.76		79.7		
Z4-180-21	18.5	440	52	600/1600	1210	0.973	19.9	6.96		76.8		
Z4-180-31	37	440	97.5	1000/2000	1350	0.346	6.8	6.34		83.6	1.92	370
	22	440	62.1	600/1250	1350	0.87	18.3	6.18		76.6		
Z4-180-42	90	440	221	3000/3200	1230	0.0504	0.82	8.10		91.3	2.2	395
Z4-180-41	55	440	140	1500/3000	1230	0.159	3.2	8.03		87.1		
Z4-180-41	30	440	80.6	750/2250	1540	0.0495	11.3	5.61		81.1		
Z4-200-12	110	440	270	3000/3000	1260	0.0373	0.77	7.91		91.6	3.68	470
Z4-200-11	45	440	117	1500/2000	1260	0.267	7.9	7.07		85.5		
Z4-200-11	37	440	97.8	750/2000	1260	0.354	9.9	8.12		83.5		
Z4-200-11	22	440	61.6	500/13500	925	0.839	23.3	12		78.6		
Z4-200-21	75	440	188	1500/3000	1170	0.094	2.6	9.84		89.6	4.2	515
	30	440	82.1	600/1000	1190	0.563	15.3	9.3		80.4		
Z4-200-32	132	440	332	3000/3200	1360	0.0318	0.74	7.79		92.4	4.8	565
Z4-200-31	90	440	224	1500/2800		0.0754	2.5	8.2		89.8		
Z4-200-31	55	440	140	1000/2000		0.173	4.5	8.7		87.1		
Z4-200-31	45	440	118	750/14000		0.295	8	8.53		84.1		
Z4-200-31	37	440	99.5	600/1600		0.403	11.4	8.67		82		
Z4-200-31	30	440	82.7	500/750		0.575	16.5	8.44		79.5		
Z4-225-11	110	440	275	1500/3000	1890	0.065	1.9	6.15		89.4	5	680
	75	440	194	1000/2000	1260	0.151	4.6	11.3		86.5		
	55	440	145	750/1600	1890	0.239	8.1	5.9		84		
	45	440	122	600/1800	1890	0.362	11.3	5.93		80.8		
	37	440	102	500/1600	1890	0.472	14.1	6.24		78.8		
Z4-225-21	55	440	147	600/1200	2130	0.262	8.9	5.66		82.4	5.6	735
	45	440	125	500/1400	2130	0.397	12.8	5.49		78.9		
Z4-225-31	135	440	325	1500/2400	1640	0.0562	1.4	9.75		90.5	6.2	810
	90	440	227	1000/2000	2360	0.096	3.2	5.27		88		
	75	440	195	750/2250	2360	0.153	4.8	5.56		85.1		
Z4-250-12	160	440	399	1500/2100	2560	0.0325	0.83	4.97		89.9	8.8	880
Z4-250-11	110	440	280	1000/2000	1790	0.0866	2.3	8.14		88.1		

续表

型号	额定功率/kW	额定电压/V	额定电流/A	额定转速/最高转速/(r/min)	励磁功率/W	电枢回路电阻(20℃)/Ω	电枢电感/mH	磁场电感/H	外接电感/mH	效率/%	转动惯量/kg·m²	质量/kg
Z4-250-21	185	440	459	1500/2200	2400	0.0325	0.86	5.73		90.5	10	960
	90	440	227	750/2250	2400	0.131	3.6	5.63		86.3		
	75	440	197	600/2000	2400	0.171	4	6.13		84.1		
	55	440	147	500/1000	2400	0.256	5.8	6.08		82.2		
Z4-250-31	220	440	492	1500/2400	2200	0.0274	0.82	7.22		91.5	11.2	1060
	132	440	332	1000/2000	2200	0.0608	1.6	7.46		89.1		
	110	440	282	750/1900	2650	0.0957	2.6	5.66		86.9		
Z4-250-41	220	440	540	1500/2400	2470	0.0235	0.69	6.74		91.7	12.8	1170
Z4-250-42	160	440	401	1000/2000	2470	0.0484	1.4	6.93				
Z4-250-41	90	440	234	600/2000	2990	0.138	4.4	4.65		85		
Z4-250-42	75	440	199	500/1900	2470	0.181	4.8	7.13		83.5		
Z4-280-11	250	440	615	1500/2000	2540	0.0214	0.65	6.26		91.6	16.4	1230
Z4-280-22	280	440	684	1500/1800	2880	0.0167	0.56	5.82		92.1	18.4	1350
Z4-280-21	200	440	498	1000/2000	2880	0.0375	1.2	5.87		90.1		
Z4-280-21	132	440	332	750/1600	2880	0.0649	2.2	5.77		88.6		
Z4-280-21	110	440	282	600/1500	2880	0.0968	2.9	6		86.6		
Z4-280-32	315	440	767	1500/1800	2700	0.0149	0.56	6.88		92.6	21.2	1500
Z4-280-31	220	440	544	1000/2000	3210	0.0308	1	5.54		90.6		
Z4-280-32	160	440	401	750/1700	3210	0.052	1.9	5.53		89.1		
Z4-280-31	132	440	338	600/1200	3210	0.0829	2.4	5.81		86.8		
Z4-280-31	90	440	234	500/1800	2700	0.137	5	6.61		85.4		
Z4-280-42	355	440	864	1500/1800	2990	0.0138	0.5	6.48		92.6	24	1650
Z4-280-42	250	440	616	1000/1800	3590	0.0249	0.9	5.21		91.1		
Z4-280-41	185	440	463	750/1900	3590	0.0438	1.6	5.14		89.4		
Z4-280-41	110	440	282	500/1200	2510	0.0976	3.5	9		86.9		
Z4-315-12	280	440	687	1000/1600	3800	0.0224	0.33	5.07		91.6	21.2	1900
Z4-315-12	200	440	501	750/1900	3800	0.0436	0.6	4.97		89.4		
Z4-315-11	160	440	409	600/1900	2990	0.0692	0.96	7.53		87.4		
Z4-315-11	132	440	342	500/1600	2990	0.0971	1.7	7.01		86.3		
Z4-315-11	110	440	292	400/1200	2510	0.137	2.1	9.92		84.3		
Z4-315-22	315	440	773	1000/1600	4110	0.0188	0.25	5.51		91.5	24	2090
Z4-315-22	250	440	636	750/1600	4110	0.0337	0.54	5.11		89.6		
Z4-315-21	185	440	466	600/1600	4110	0.0518	0.83	5.13		88.5		
Z4-315-21	160	440	413	500/1500	4110	0.0758	1.1	5.18		86		
Z4-315-32	355	440	866	1000/1600	3840	0.0149	0.22	6.81		92.3	27.2	2300
Z4-315-32	280	440	700	750/1600	3840	0.0314	0.59	5.86		89.8		
Z4-315-32	220	440	501	600/1500	3840	0.0454	0.68	6.45		89.4		
Z4-315-31	132	440	343	400/1200	3840	0.0985	1.5	6.37		85.3		
Z4-315-42	400	440	972	1000/1600	3590	0.013	0.24	7.88		92.7	30.8	2530
Z4-315-42	315	440	770	750/1600	4590	0.0241	0.48	4.74		90.7		
Z4-315-42	250	440	628	600/1600	4590	0.0369	0.63	4.98		89		
Z4-315-41	185	440	468	500/1500	3590	0.055	0.9	7.58		88.3		
Z4-315-41	160	440	416	400/1200	4590	0.0809	1.3	5.03		85.3		

续表

型号	额定功率/kW	额定电压/V	额定电流/A	额定转速/最高转速/(r/min)	励磁功率/W	电枢回路电阻(20℃)/Ω	电枢电感/mH	磁场电感/H	外接电感/mH	效率/%	转动惯量/kg·m²	质量/kg
Z4-355-12	450	440	1093	1000/1500	3690	0.0122	0.26	7.3		92.8	42	2900
Z4-355-12	355	440	874	750/1500	4490	0.0207	0.43	5.29		91.2		
Z4-355-11	280	440	695	600/1600	4490	0.0291	0.66	5.29		90.2		
Z4-355-11	200	440	507	500/1500	1980	0.0536	1.1	18.6		88.9		
Z4-355-12	185	440	479	400/1200	4490	0.0683	1.1	5.71		85.9		
Z4-355-12	400	440	982	750/1600	4250	0.017	0.32	6.78		91.7	46	3180
Z4-355-22	315	440	782	600/1500	4250	0.0264	0.59	6.41		90.5		
Z4-355-22	250	440	626	500/1600	3460	0.0373	0.91	8.84		89.5		
Z4-355-21	200	440	512	400/1200	3460	0.0586	1.2	9.27		87.5		
Z4-355-32	450	440	1098	750/1500	5840	0.0133	0.28	4.62		92.1	52	3500
Z4-355-32	355	440	875	600/1600	5300	0.0207	0.5	4.84		91		
Z4-355-32	315	440	787	500/1600	5840	0.0289	0.65	4.5		89.5		
Z4-355-31	220	440	556	400/1200	3980	0.0467	0.96	8.26		88.4		
Z4-355-42	400	440	982	600/1600	6470	0.0171	0.37	4.35		91.2	60	3850
Z4-355-42	355	440	890	500/1600	6470	0.0262	0.56	4.23		89.2		
Z4-355-42	250	440	627	400/1200	5460	0.0377	0.85	5.59		88.8		

四、直流电动机的维护与保养

1. 启动

直流电动机有三种启动方式。

① 直接启动。直流电动机直接启动结构简单、操作方便，适用于功率不大于 1kW 的电动机。如果电动机功率大于 1kW，则直接启动电流大，对电源冲击并使电动机换向困难。

② 电枢回路串联启动。电枢回路串联启动可以限制启动电流，广泛应用于各种直流电动机上。缺点是能量消耗较大，因此不适合用于频繁启动的大中型直流电动机。

③ 降压启动。降压启动消耗能量少，启动平滑，适用于励磁方式采用他励的电动机。

2. 调速和制动

直流电动机调速方法、特点及适用范围见表 5-13。

表 5-13　直流电动机调速方法、特点及适用范围

调速方法	调节电枢端电压	调节励磁电流	调节电枢回路电阻
线路图及特性曲线	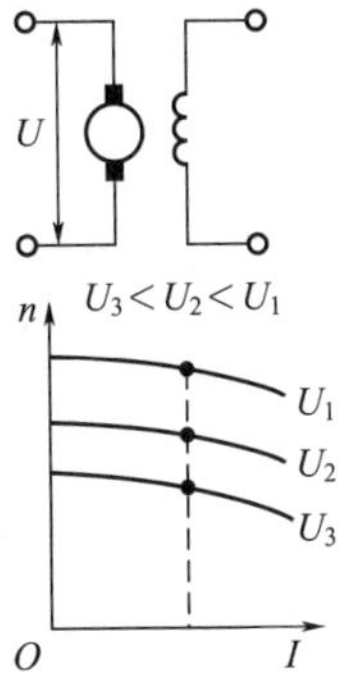 U；$U_3<U_2<U_1$；n；U_1；U_2；U_3；O；I	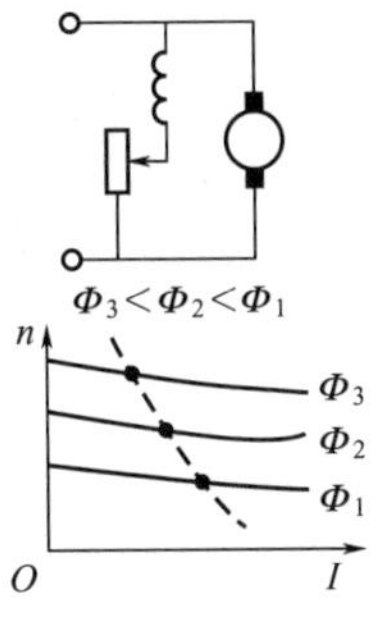 $\Phi_3<\Phi_2<\Phi_1$；n；Φ_3；Φ_2；Φ_1；O；I	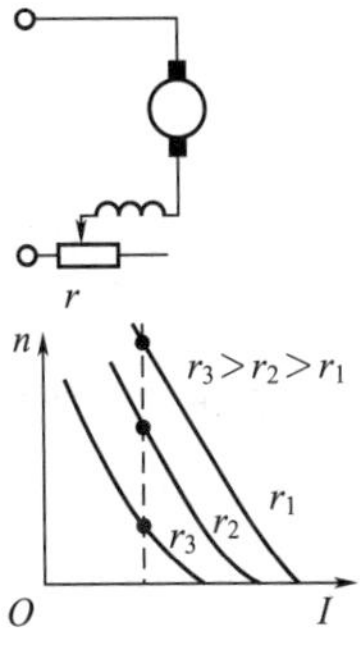 r；n；$r_3>r_2>r_1$；r_1；r_2；r_3；O；I

续表

调速方法	调节电枢端电压	调节励磁电流	调节电枢回路电阻
主要特点	①有较大的调速范围 ②通常保持磁通 Φ 不变 ③有较好的低速稳定性 ④功率随电压的下降而下降	①转速的上升使换向困难，电枢反应去磁作用使电动机运行稳定性差 ②保持端电压 U 不变，在磁场回路中串可变电阻减小磁场电流和 Φ 使转速 n 上升 ③由于电枢电流 I_a 不变，U 不变，故功率 P 不变	①电动机机械特性软 ②保持 U 不变，Φ 不变，转速随 r 增加而降低 ③当电枢直流 I_a 不变时，可作恒转矩调速，但低速时，输出功率随 n 的降低而减小，而输入功率不变，因此效率低，不经济
适用范围	①适用励磁方式为他励的电动机 ②适用于额定转速下的恒转矩调速	①适用于额定转速以上的调速 ②恒功率调速	这种调速方法只适用于额定转速以下、不需要经常调速且机械性要求较软的调速

直流电动机不同制动方式的原理和特点见表 5-14。

表 5-14 直流电动机不同制动方式的原理和特点

制动方式	能耗制动	反接制动	回馈制动
原理图	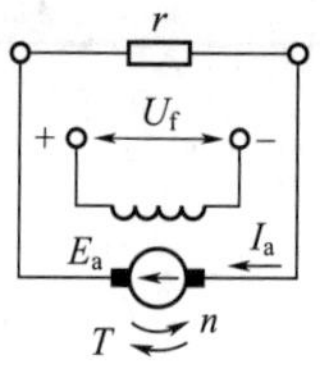 $I_a=\frac{E_a}{R_a+r}$	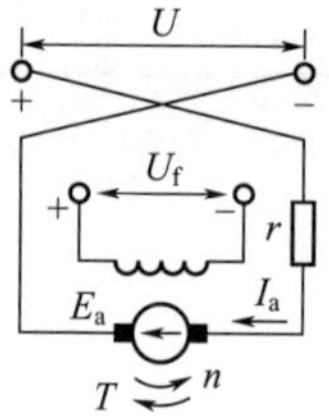 $I_a=\frac{U+E_a}{R_a+r}$	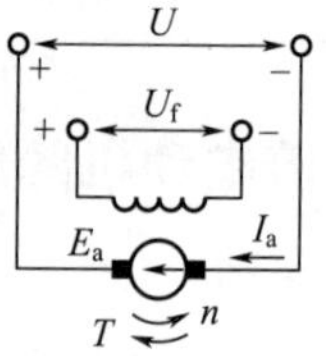 $I_a=\frac{E_a-U}{R_a}$
制动过程与原理	①保持励磁不变，电动机的电枢回路从电网断开，并立即将开关接入制动电阻，电枢电流反向，电磁转矩与电动机的转向相反 ②电动机作发电机运行，向制动电阻供电，能量消耗于电阻 r 中 ③因发电机的电磁转矩总是与转向相反，电动机处于制动状态	①改变电枢电流 I_a 或励磁电流 I_f 的方向，即能产生与电动机转向相反的转矩 M ②不能同时改变电枢电流 I_a 与励磁电流的方向，否则将起不到制动的作用 ③制动时在电枢回路需串联一电阻 r，以限制制动电流 ④采用此法，在机组停转时，应及时切断电源以防止发生反向再启动 ⑤对于复励电动机制动时，并励、串励绕组中电流方向应保持一致	①保持励磁不变，当转速 n 上升到一定程度 $U<E_a$，电枢电流反向，电磁转矩与转向相反 ②制动时，电动机作发电机运行 ③制动过程中，向电网馈电
适用范围	用于使机组停转	用于要求迅速制动停转并反转	只能用于限制转速过分升高

3. 直流电动机的火花等级

直流电动机的火花是指电动机运行时，在电刷和换向器间产生的火花现象。火花在一定程度内并不影响电动机的连续正常工作，但如果火花大到一定程度，则将对电动机产生破坏作用，使电动机无法正常运行。直流电动机火花等级的划分见表 5-15。

表 5-15　直流电动机火花等级的划分

火花等级	电刷下的火花程度	换向器及电刷的状态	允许的运行方式
1	无火花	换向器上没有黑痕，电刷上没有灼痕	允许长期连续运行
1¼	电刷边缘仅小部分（1/5～1/4 刷边长）有断续的几点点状火花		
1½	电刷边缘大部分（大于 1/2 刷边长）有断续的较稀的颗粒状火花	换向器上有黑痕，用汽油擦其表面即能除去，同时在电刷上有轻微灼痕	
2	电刷边缘大部分或全部有连续的较密的颗粒状火花，开始有断续的舌状火花	换向器上有黑痕，用汽油不能擦除，同时电刷上有灼痕。如短时出现这一级火花，换向器上不出现灼痕，电刷不烧焦或损坏	仅在短时过载或短时冲击负载时允许出现
3	电刷整个边缘有强烈的舌状火花，伴着爆裂声音	换向器上黑痕相当严重，用汽油不能擦除，同时电刷上有灼痕。如在这一火花等级下短时运行，则换向器上将出现灼痕，同时电刷将被烧焦或损坏	仅在直接启动或逆转的瞬间允许存在，但不得损坏换向器及电刷

4. 停车

① 如为变速电动机，先将转速降到最低。

② 卸去负载（除串励电动机外）。

③ 切断线路开关，此时启动器的转动臂应立即被弹到断开位置。

5. 维护与保养

（1）拆装

中小型直流电动机的拆卸步骤如下：

① 拆除所有的外部连接线。

② 拆除换向器端盖螺钉和轴承盖螺钉，并取下轴承外盖。

③ 打开端盖的通风窗，从刷握中取出电刷，再拆下接到刷杆上的连接线。

④ 拆卸换向器端的端盖，取出刷架。

⑤ 用厚纸或布将换向器包好，以保持清洁及防止碰伤。

⑥ 拆除轴伸端的端盖螺钉，将连同端盖的电枢从定子内抽出或吊出。

⑦ 拆除轴伸端的轴承盖螺钉，取下轴承外盖及端盖轴承，若轴承无损坏则不必拆卸。

电动机的装配可按与拆卸相反的顺序进行。

直流电动机拆装时应注意如下事项：

① 在拆卸时必须把电刷提起，以避免在取出电枢时把电刷弄断，然后把电枢连同底盖一起取出，取出时要防止碰坏换向器和碰坏绕组。

② 拆风叶时应注意事先要做好记号，装配时按原位置装上。

③ 在拆卸换向极和主极时，要注意磁极与机座之间的垫片数量及规格，也就是电动机修好后仍要把垫片如数垫上；否则将会造成气隙不对称，产生单面磁拉力或造成换向变坏。另外换向极、主极及连接线要按原样安装；否则将会造成反转甚至电动机转动不起来，发电机发不出电及换向恶化等问题。

（2）换向器的维修

换向器表面应保持光洁圆整，不得有机械损伤或火花灼痕。如有轻微的灼痕时，可用 00 号或 N320 细砂布在旋转着的换向器上细细研磨。如果换向器表面出现严重灼痕或粗糙不平，表面不圆或有局部凹凸现象时，应拆下电枢重新加工。通常要求换向器表面的粗糙度 $Ra=0.8\sim1.6\mu m$，越光滑越好。车削时，速度不大于1.5m/s，最后一刀切削深度进刀量不大于0.1mm。车完后，用挖沟工具将片间云母拉槽0.5～1.5mm，见表5-16。换向片的边缘应倒角0.5mm×45°。清除换向器表面的切屑及毛刺等杂物，最后将整个电枢吹净装配。若换向器表面沾有炭粉、油污等杂物，应用干净柔软的白布蘸酒精擦去。

表 5-16　不同直径的换向器拉槽深度

换向器直径/mm	云母拉槽深度 K/mm
50以下	0.5
50～150	0.8
151～300	1.2
300以上	1.5

五、直流电动机常见故障处理

直流电动机常见的故障、可能的原因及处理方法见表5-17。

表 5-17　直流电动机常见的故障、产生原因及处理方法

故障现象	可能原因(处理方法)
发电机没有电压	①并励绕组接反或并励绕组极性不对(调换并励绕组两引线头或在并励绕组中通直流电,用指南针检测,调整极性) ②并励绕组电路不通 ③并励绕组短路 ④并励绕组与换向绕组、串励绕组相短路 ⑤励磁电路中电阻过大 ⑥转子旋转方向错误 ⑦转子转速太慢 ⑧刷架位置不对 ⑨剩磁消失(另用直流电通入并励绕组重新产生剩磁) ⑩输出电路中有两点接地造成短路 ⑪电刷过短,接触不良 ⑫电枢绕组短路或换向片间短路
发电机电压过低	①他励绕组极性接反 ②主磁极原有垫片未垫,气隙过大 ③串励绕组和并励绕组相互接错(在小电动机中可能出现此情况,应拆开重新接线) ④原动机转速低 ⑤传动带过松 ⑥负载过重 ⑦复励电动机中串励绕组接反 ⑧刷架位置不对(调整刷架座位置,应使刷间电压最高)
电动机不能启动	①电源未能真正接通 ②电动机接线板的接线错误 ③电刷接触不良或换向器表面不清洁(重新研磨电刷,检查刷握弹簧是否松弛或整理换向器云母槽) ④启动时负载过大 ⑤磁极螺栓未拧紧或气隙过小 ⑥电路两点接地 ⑦轴承损坏或有杂物卡死 ⑧电刷位置移动 ⑨启动电流太小(启动电阻太大,应更换合适的启动器,或改接启动器内部接线) ⑩线路电压太低 ⑪直流电源容量过小

续表

故障现象	可能原因(处理方法)
电动机转速不正常	①电源电压过高、过低或波动过大 ②电刷接触不良 ③刷架位置不对(调整刷架位置,需正反转的电动机,刷架位置应调在中性线上) ④串励电动机轻载或空载运行 ⑤电枢绕组短路 ⑥复励电动机中串励绕组接反 ⑦电动机中部分并励绕组断线 ⑧并励绕组极性接错
电动机温升过高	①长期过载 ②未按规定运行 ③斜叶风扇的旋转方向与电动机旋转方向不配合 ④风道阻塞 ⑤外通风量不够
磁场绕组过热	①并励绕组局部短路 ②发电机气隙太大(拆开,调整气隙并垫入钢片) ③复励发电机负载时,电压不足,调整电压后励磁电流过大(该电动机串励绕组极性接反,应重新接线) ④发电机转速太低
电枢过热	①电枢绕组或换向器片短路(用压降法测定,排除短路点。如果严重短路,要拆除重新绕制) ②电枢绕组中部分线圈的出线端接反 ③换向极接反(调整换向绕组引线端,消除换向火花) ④定子与转子相擦 ⑤电动机的气隙不均匀,相差过大,造成绕组内电流不均衡 ⑥叠绕组中均压线接错 ⑦发电机负载短路 ⑧电动机端电压过低
轴承过热	①润滑脂变质 ②轴承室中润滑脂加得太少,引起滚珠与滚道干磨发热 ③轴承室中润滑脂加得过多 ④轴承中夹有杂物 ⑤挡油圈有毛刺与轴承盖相擦 ⑥轴承与轴承挡或轴承与端盖轴承室配合过松 ⑦轴承磨损过大或轴承内圈、外圈破裂 ⑧运转时电动机振动 ⑨联轴器安装不当 ⑩传动带太紧 ⑪ 所选用的轴承型号不对 ⑫ 轴承未与轴肩贴合
电刷下火花过大	①电刷磨损过量 ②电刷与换向器接触不良(重新研磨电刷,并使其在半负载下运转 1h) ③电刷上弹簧压力不均匀 ④电刷型号不符合要求 ⑤刷握松动 ⑥刷杆装置不等分(可利用换向片作基准重新调整刷杆间的距离) ⑦刷握离换向器表面距离过大(一般调整到 2～3mm) ⑧电刷与刷握配合不当 ⑨刷杆偏斜(可利用换向器云母槽作为标准,来调整刷杆与换向器的平行度) ⑩换向器表面不光洁

续表

故障现象	可能原因(处理方法)
电刷下火花过大	⑪换向器偏摆 ⑫换向器表面有电刷粉、油污等引起环火 ⑬换向器片间云母凸出或片间云母未拉净 ⑭刷间中心位置不对 ⑮电动机长期超载 ⑯换向极绕组匝数不够 ⑰换向极极性接错(用指南针检查换向极极性,如极性不对,应重新接线) ⑱换向极绕组短路(用电桥测量电阻,如有短路应衬垫绝缘或重新绕制) ⑲电枢绕组断路(换向器云母槽中有严重烧伤现象,应拆开电动机,用毫伏表找出电枢绕组断路处) ⑳电枢绕组或换向器短路(应检查云母槽中有无铜屑,或用毫伏表测量换向片间电压降的方法检查出短路处) ㉑电枢绕组和换向片脱焊 ㉒电枢绕组中有部分线圈接反 ㉓电压过高
电动机振动	①电枢平衡未校好 ②检修时风叶装错位置或平衡块移动 ③转轴变形 ④配套时联轴器未校正 ⑤安装地基不平
电动机漏电	①电刷灰和其他灰尘的堆积 ②引出线碰壳 ③电动机受潮,绝缘电阻下降(进行烘干处理) ④电动机绝缘老化

六、直流电动机的拆装和试验

1. 直流电动机拆装

直流电动机拆卸步骤如下:

① 拆除与电动机连接的电源线及有关附件，如测速机、编码器、外鼓风机等。

② 拧下换向器端轴承盖的螺栓。

③ 拆除换向器端端盖上的防护罩，将所有电刷提起。

④ 用纸包好换向器表面。

⑤ 拧下轴伸端端盖螺栓，此时可将电枢连端盖一块取出；在取出电枢过程中，应注意不要碰伤换向器表面，不要将定子绕组连接线碰断。

⑥ 做好刷架的定位标记，拆除定子绕组与刷架连接线，拧下换向器端端盖螺栓，取下端盖。

⑦ 拧下轴伸端轴承盖螺栓，取下轴承盖和端盖。

⑧ 拆下电枢上的风扇时，要做好定位标记。

在整个拆卸过程中，注意拆卸次序，做好记录。电动机的装配可按拆卸的相反顺序进行。

2. 直流电动机修复后试验

直流电动机经拆装修理后，均需做检查和若干性能指标试验。下列检查是必需的。

(1) 电动机总装配后质量检查

检查电枢转动是否灵活，紧固螺栓是否松动，电刷与换向器表面接触面积是否达 80%

以上，电刷在刷握中能否自由滑动，换向器升高片之间是否相碰等。

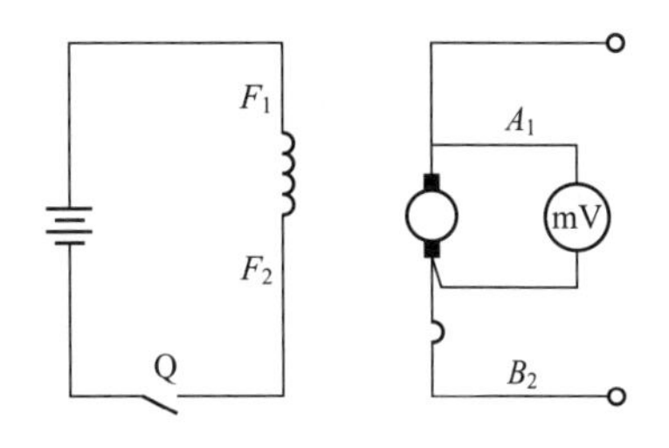

图 5-31　感应法接线图

（2）刷架中性位置的确定

电动机检修后有可能导致刷架中性位置的移动。为保证电动机良好运行，必须确定刷架中性位置。方法有三种：感应法、发电机正反转法、电动机正反转法。

① 感应法。接线方法按图 5-31 所示，试验工具为一只毫伏表，一个 1.5～3V 直流电源，一只开关 Q。直流电源和开关接到励磁绕组回路，毫伏表接到相邻电刷上。在电枢静止状态时，通过开关交替地接通和断开励磁电流，当刷架不在中性位置时，毫伏表指针会摆动，此时应逐步移动刷架，直到毫伏表指针摆动最小，固定刷架螺栓，重复验证刷架中性位置。

② 发电机正反转法。励磁方式接成纯他励，保持电动机转速、励磁电流和负载电流不变，分别测量电动机正转和反转时的输出电压，逐步移动刷架使两个转向的输出电压为最接近，此时说明刷架处在中性位置。

③ 电动机正反转法。励磁方式接成纯他励，保持电动机电枢电压、励磁电流和负载电流不变，分别测量电动机正转和反转的转速，逐步移动刷架使两个转向的转速为最接近，此时说明刷架处在中性位置。

（3）测量各绕组冷态直流电阻

采用双臂电桥或单臂电桥测量。当测量电阻在 1Ω 以下时，应用双臂电桥。

（4）负载试验

负载试验主要检查换向火花、温升、电动机的转速或发电机的电压等性能指标是否满足要求。试验方法一般采用直接负载法。电动机的接线方法见图 5-32，发电机的接线方法见图 5-33。试验前，用兆欧表测量电动机绕组间和绕组与机壳间的绝缘电阻。当绝缘电阻小于 1MΩ 时，应作绝缘干燥处理。

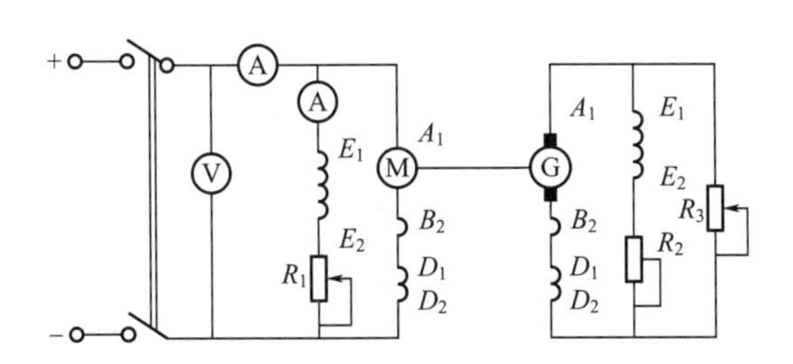

图 5-32　电动机直接负载法接线图

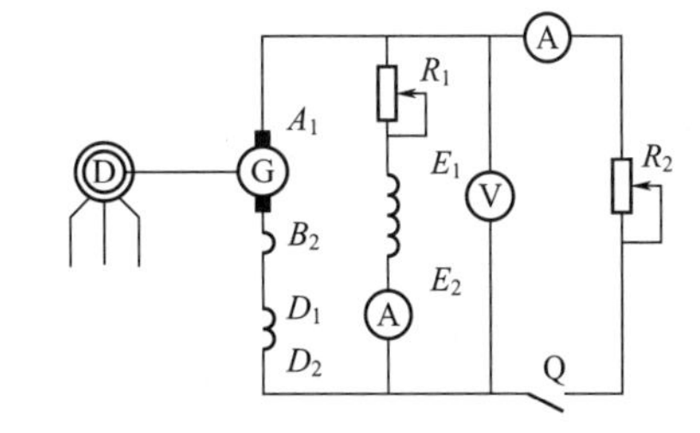

图 5-33　发电机直接负载法接线图

电动机温升试验应在额定电压、额定电流及额定转速下进行，对连续工作制的电动机温升试验持续时间应至热稳定为止，所谓热稳定即电动机发热部件的温升在 1h 内的变化不超过 2K 的状态。测量温升的方法有温度计法、电阻法等，测得的温升不超过表 5-18 规定限值。

表 5-18　电动机允许温度限值（环境最高温度为＋40℃）　　单位：K

绝缘等级	测试方法	电枢绕组	励磁绕组	换向器
B	温度计法	70	70	80
	电阻法	80	80	—
F	温度计法	85	85	90
	电阻法	105	105	—

轴承允许温度为95℃。

用电阻法测量温升（Δt，单位K）的计算公式为：

$$\Delta t=\frac{R_2-R_1}{R_1}(235+t_1)+t_1-t_0$$

式中 R_2——试验结束时的绕组电阻，Ω；

R_1——试验开始时的绕组电阻，Ω；

t_1——试验开始时的绕组温度，℃；

t_0——试验结束时的冷却介质温度，℃。

（5）超速试验

超速试验的目的是检验电动机的机械强度。超速值一般为1.2倍额定转速，时间持续2min。超速后，电动机应无永久性异常变形等缺陷。

（6）短时升高电压试验

短时升高电压试验的目的是检查电动机绝缘强度，升高电压值为1.3倍额定电压，历时3min，试验应在电动机空载时进行。试验后，电动机应无绝缘击穿故障。

（7）耐电压试验

耐电压试验的目的是检查绕组对机壳和绕组相互间绝缘状况。在耐电压试验前，先用兆欧表测定一下热态绝缘电阻，其值应大于1MΩ。耐电压试验的电压为50Hz正弦波，试验电压数值为：

1kW以下，500V+2倍电动机额定电压；

1kW以上，1000V+2倍电动机额定电压。

试验时间为1min。对新制作的绕组电动机，应按上述电压值试验；对于部分更换绕组，则按上述规定电压值的75%进行试验。电动机经耐电压试验，应不发生绝缘击穿故障。

七、直流电动机的正确选用

选用直流电动机时应考虑规格、结构等因素。直流电动机的规格主要指额定功率、额定电压、额定转速和励磁方式、励磁电压。其中额定功率和额定转速两个参数最为重要，因为电动机输出转矩与功率成正比，与转速成反比。电动机的额定转速选择应与工作转速接近。用户在确定转速后，可根据负载大小确定所需功率，再从样本上查阅电动机型号。电动机额定电压的选择与供电方式有关，额定电压220V的电动机由机组（机组中直流发电机为230V）供电。额定电压160V的电动机由单相桥式整流器供电，整流器的进线电压为单相交流220V，由单相整流器供电的电动机容量一般为4kW以下。额定电压400V或440V的电动机由三相桥式整流器供电，整流器的进线电压为三相交流380V。额定电压400V的电动机适用于需作正、反转的场合，额定电压440V的电动机适用于单一转向的场合。励磁方式的选择应结合工况来确定，对需要做正反转的电动机，应选用纯他励电动机；对要求过载能力大的电动机，应选用复励电动机。直流电动机可很方便地调速，最经济的调速方法有恒功率调速和恒转矩调速。所谓恒功率调速就是保持额定电压、额定电流不变，减小励磁电流，转速从额定转速开始往上调至最高转速（最高转速受机械应力限制，一般在技术条件中有规定），在整个调速过程中，电动机输出功率始终保持不变。恒转矩调速方法是保持额定电流、励磁电流不变，降低电枢电压，转速从额定转速开始往下调，在整个调速过程中，电动机输出转矩始终保持不变。对恒转矩调速电动机，其冷却方式应选择强迫外通风冷却，而不能选择自带风扇冷却结构，这是因为在低速时，风扇冷却效果差，从而导致电动机温升升高而烧毁绕组。电动机结构等方面要求，用户可根据安装方式和使用环境来选择。

第四节　专用电动机

一、电动工具用电动机

1. 电动工具用电动机的类型

电动工具用电动机主要有：交直流两用电动机、三相异步电动机、永磁直流电动机。

2. 电动工具用交直流两用电动机常见故障及处理

(1) 检查程序

电动工具用交直流两用电动机常见故障的检查程序可按图 5-34 进行。

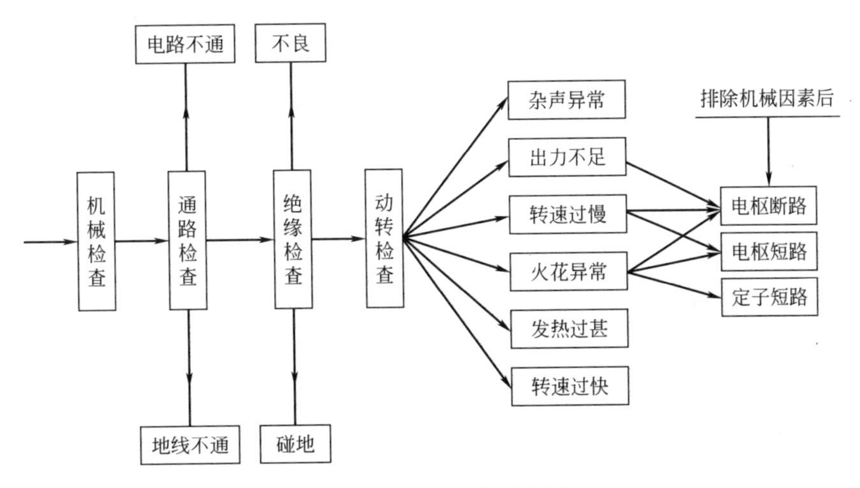

图 5-34　检查程序示意图

(2) 故障处理

电动工具用交直流两用电动机常见故障和处理方法见表 5-19。

表 5-19　交直流两用电动机的常见故障和处理方法

故障现象	可能原因	处理方法
不能启动	①电缆线折断 ②开关损坏 ③开关接线松脱 ④内部布线松脱或断开 ⑤电刷和换向器未接触 ⑥定子线圈断路 ⑦电枢绕组断路	①更换电缆线 ②更换开关 ③紧固开关接线 ④紧固或调换内部接线 ⑤调整电刷与刷盒 ⑥检修定子 ⑦检修电枢
转速太慢	①定转子相擦 ②机壳和机盖轴承挡同轴度差，轴承运转不正常 ③轴承太紧或有脏物 ④电枢局部短路	①修正机械尺寸 ②修正机械尺寸 ③清洗轴承，添加润滑油 ④检修电枢
电刷火花大或换向器上出现环火	①电刷不在中性线上 ②电刷太短 ③电刷弹簧压力不足 ④电刷换向器接触不良 ⑤换向器表面太粗糙 ⑥换向器磨损过大且凹凸不平 ⑦换向器中云母片凸出换向铜片	①调整电刷位置 ②更换电刷 ③更换弹簧 ④去除污物、修磨电刷 ⑤修磨换向器 ⑥更换或修磨换向器 ⑦下刻云母片

续表

故障现象	可能原因	处理方法
电刷火花大或换向器上出现环火	⑧电刷和刷盒之间配合太松或刷盒松动 ⑨换向器换向片间短路 a. 换向片间绝缘击穿 b. 换向片间有导电粉末 ⑩定子绕组局部短路 ⑪电枢绕组局部短路 ⑫电枢绕组局部断路 ⑬电枢绕组反接	⑧修正配合间隙尺寸，紧固刷盒 ⑨排除短路 a. 修理或更换换向器 b. 清除导电粉末 ⑩修复定子绕组 ⑪修复电枢绕组 ⑫修复电枢绕组 ⑬换接电枢绕组
电动机运行声音异常	①轴承磨损或内有杂物 ②定子和电枢相擦 ③风扇变形或损坏 ④风扇松动 ⑤风扇和挡风板距离不正确 ⑥电刷弹簧压力太大 ⑦电刷内有杂质或太硬 ⑧换向器表面凹凸不平 ⑨云母片凸出换向器 ⑩电动机振动很大 ⑪定子局部短路 ⑫电枢局部短路	①更换或清洗轴承 ②修正机械尺寸 ③更换风扇 ④紧固风扇 ⑤调整风扇和挡风板距离 ⑥减小弹簧压力 ⑦更换电刷 ⑧修整换向器 ⑨下刻云母槽 ⑩电枢重校动平衡 ⑪修复定子 ⑫修复电枢
电动机过热	①轴承太紧 ②轴承内有杂质 ③电枢轴弯曲 ④风量很小 ⑤定子线圈受潮 ⑥定子线圈局部短路 ⑦转子线圈受潮 ⑧转子线圈局部短路 ⑨转子线圈局部断路 ⑩电枢绕组反接	①修理轴承室尺寸 ②清洗轴承，添加润滑油 ③校正电枢轴 ④检查风扇和挡风板 ⑤烘干定子线圈 ⑥修复定子线圈 ⑦烘干转子线圈 ⑧修复转子线圈 ⑨修复转子线圈 ⑩改正转子绕组接线
机壳带电	①定子绝缘击穿，金属机壳带电 ②电枢的基本绝缘和附加绝缘击穿 ③换向器对轴绝缘击穿 ④电刷盘簧或接线碰金属机壳 ⑤内接线松脱碰金属机壳	①修复定子 ②修复电枢 ③更换换向器，修复电枢 ④调整盘簧或紧固内接线 ⑤紧固内接线
电动机接通电源后熔断丝烧毁	①电缆线短路 ②内接线松脱短路 ③开关绝缘损坏短路 ④定子线圈局部短路 ⑤电枢线圈局部短路 ⑥换向片间短路 ⑦电枢卡死	①调换电缆线 ②紧固内接线 ③更换开关 ④修复定子 ⑤修复电枢 ⑥更换换向器，修复电枢 ⑦检查电动机的装配

（3）修理方法

① 定子线圈断路的检查与修理。

检查方法：用万用表电阻挡测量线圈两端，若电阻值极大，则表示线圈已断路。

修理方法：把定子从机壳上拆下，将定子放在烘箱里烘，或用调压器在线圈中通入 2 倍的额定电流，使线圈受热变软，把它从铁芯上拆下来。如果线圈的引出线折断，可将折断部位的绝缘清除掉；再将引出线断头拉出，用一根多股的细而软的导线同断头焊接；在焊接处套上绝缘套管，再用黄蜡绸扎牢。如果线圈多根断路，或断路在线圈中间，则须重绕定子线圈。

② 定子线圈短路的修理。

检查方法：用万用表电阻挡测量线圈两端，若电阻值极小或比相同线圈电阻值小得多，则表示线圈已短路。线圈短路一般在绝缘上有烧焦的痕迹并有烧焦的气味。

修理方法：定子线圈发生短路，应重绕。

③ 定子线圈接地的检查与修理。

检查方法：用万用表电阻挡测量定子线圈和铁芯之间的绝缘，若电阻值很小，表示定子线圈已接地。

修理方法：该故障一般发生在铁芯的槽口处。如见有绝缘损坏处，或局部绝缘被烧黑并有破裂现象，这就是线圈接地处。轻微的，可在线圈绝缘损坏处垫隔绝缘，或重新包缠绝缘，涂以绝缘漆后再经过烘干，使其保持足够的机械强度。如果接地处有导线烧毁或导线间绝缘破坏造成匝间短路，则应重绕线圈。

④ 定子线圈的重绕。

定子线圈的参数有：线圈匝数、线规、绝缘等级及接地的方式。重绕定子线圈需要制作一只木制线模，线模尺寸可由下述公式确定

定子绕组线模宽度

$$a_m=(D_{12}+K_m)\sin(90°\alpha)$$

式中 a_m——定子绕组线模宽度，mm；

D_{12}——定子内径，mm；

K_m——ϕ50mm 定子冲片取 3mm，外径大于 50mm 的定子冲片取 5mm；

α——极弧系数，一般为 0.67。

定子绕组线模长度

$$L_m=L+2r-2$$

式中 L_m——定子绕组线模长度，mm；

r——线规小于 0.45 取 3mm，线规 0.45～0.6 取 4mm，线规大于 0.6 取 5mm。

定子绕组线模高度

$$H=H'-1$$

式中 H——定子绕组线模高度，mm；

H'——定子槽口宽度，mm。

在线模上绕线时，导线排列要整齐。绕完规定的匝数以后用绑线将线圈绑住，取下线圈，在两端焊接多股细而软的塑料引出线。焊接处用塑料套管套好，并用聚酯薄膜或黄蜡绸隔开，然后用黄蜡绸带半叠包缠一周。

把绕制完的线圈弯成与磁极一样的弯度，再将线圈套入磁极内，用夹子或绑扎带把线圈的两端牢固地固定在铁芯上。用压缩空气清除掉灰尘和污物，在浸漆前用 110℃的温度预烘 5～6h，驱除定子内潮气。定子浸渍时，漆槽不允许有沙粒、灰尘等污物；应三烘二浸，第一次浸时漆可以薄一些，第二次浸时漆可稠一些，稠薄应按环境温度和用福林杯控制。浸渍时间要等气泡安全停止以后再停留 10min 清除掉残漆。焙烘时升温速度为每小时 50℃左右，烘焙温度为 120℃左右，保温 8h。

定子的正确接线应能保证两个励磁线圈产生的磁道方向一致，并使转子按指定的方向旋转。

把定子两个线圈的首线连接起来，两个尾线分别接在两个电刷上；或者把尾线连接起来，两个首线分别接在两个电刷上。如果发现转向与指定的方向相反，只需把接到电刷上的定子两线对换一下即可。

连接两线圈的首线或尾线，把余下的一个接在电刷上，另一个接在电源的零线上。两个电刷中的一个与另一个定子线圈相连，一个与相线相连。如果发现转向与指定的方向相反，则把接到电刷上的两线对换一下即可。

⑤ 电枢绕组断路的检查与修理。

检查方法：用电枢检查仪根据测得的波形判别，或用一个万用表在换向器相邻两个铜片上依次测量电阻值。如果没有断路，则每次测量的阻值大致相同。如果所测量的两个铜片之间的电阻与其他两片的电阻值大若干倍时，则可断定刚接触到的一片所连接的线圈内必有断路。如果在万用表上发现有不通现象，则有两处以上发生断路，可以依次逐个检查，检查出断路所在处。

修理方法：如果是线圈引线和换向器脱焊，只需重新点焊或冷铆即可；如果是线头断在绕组端部，可拆除锦纶绑扎线，焊接一根导线，套上绝缘套即可；如果是在铁芯内发生断路，一般应重绕。

⑥ 电枢绕组短路的检查与修理。

检查方法：根据用电枢检查仪测得的波形进行判别，或用一个万用表在换向器相邻两个铜片上依次测量电阻值。如果没有短路，则每次测量的电阻值大致相同。如果所测量的两个铜片之间的电阻值变小时，则可断定刚接触到的一个铜片所连接的线圈内必有短路。阻值越小，短路的圈数就越多。但用万用表测量的方法只适用于匝数较多、线规较小的绕组。线圈短路处能在换向器的铜片中找到黑斑点。

修理方法：如果短路是由换向片间炭粉的堆积或车削时铜的毛刺引起的，则可用小锯条伸进换向片间的云母处，将上面的导电物和污物清除干净；如果短路发生在绕组端部的表面上，这往往是由摩擦或跌碰所引起的，可先将绕组烘软，用竹片将相互短路的线圈挑开，再用绝缘纸和黄蜡绸在破坏处隔垫或包扎，然后在损坏处滴涂绝缘漆，烘干后即可使用；如果短路发生在铁芯内部或绕组端部的内部，应重绕。

⑦ 绕组对铁芯短路或换向器对轴短路的检查与修理。

检查方法：用万用表把一根测棒搭在铁芯上，另一根搭在换向器的铜片上，依次检查。若发现电阻值很小，说明已发生短路。对双层绝缘压轴电枢来说，绕组对铁芯没有通路现象，而换向器对轴有通路现象，则说明换向器的加强绝缘已经击穿。

修理方法：如果绕组对铁芯短路发生在铁芯的槽口处，可使用竹片将线圈和铁芯隔开，再在绝缘破坏处插进一些绝缘纸，然后在损坏处滴涂绝缘漆，烘干后即可使用；如果短路处没有找到，可能是铁芯内绝缘损坏而产生短路，则应当重新绕枢；如果换向器的加强绝缘击穿，应切断换向器与绕组的连接线，压出换向器，压入新的换向器，重新点焊。新换向器的位置应尽量接近原来的位置。

⑧ 电枢绕组的重绕。

电枢绕组的参数有：线圈匝数、线规、绝缘等级、绕组接线等。这些数据可参见图5-35～图5-37，也可参见产品说明书，或对损坏绕组自行检测的记录。

拆除绕组，清除铁芯内残留物，把绝缘纸一槽一槽地嵌入槽内，围住整个电枢周围。绝缘纸应长出电枢绝缘片2mm。绕组端部和转轴铁芯之间应有2mm绝缘物。

绕制线圈导线的并绕根数：并绕根数等于换向器中换向片数与电枢片槽数的比值。例如：ϕ56mm、ϕ62mm冲片换向器有27片换向片，电枢片槽数是9，则应三根并绕。ϕ90mm冲片换向器有38片换向片，电枢片槽数是19，则两根并绕。

对绕和叠绕：对绕使绕组两并行支路阻值接近相等，电流均衡，减少电枢的初始不平

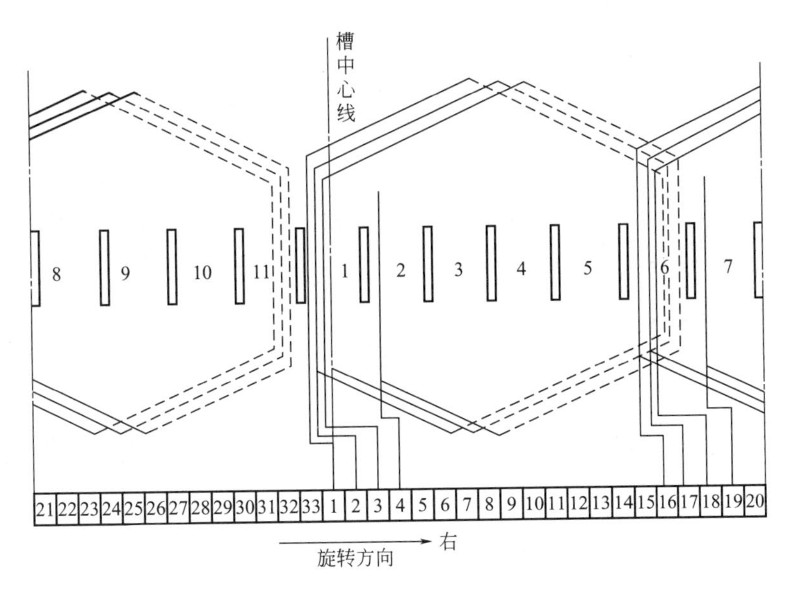

图 5-35　定子外径 ϕ56mm、ϕ62mm 电枢绕组接线图

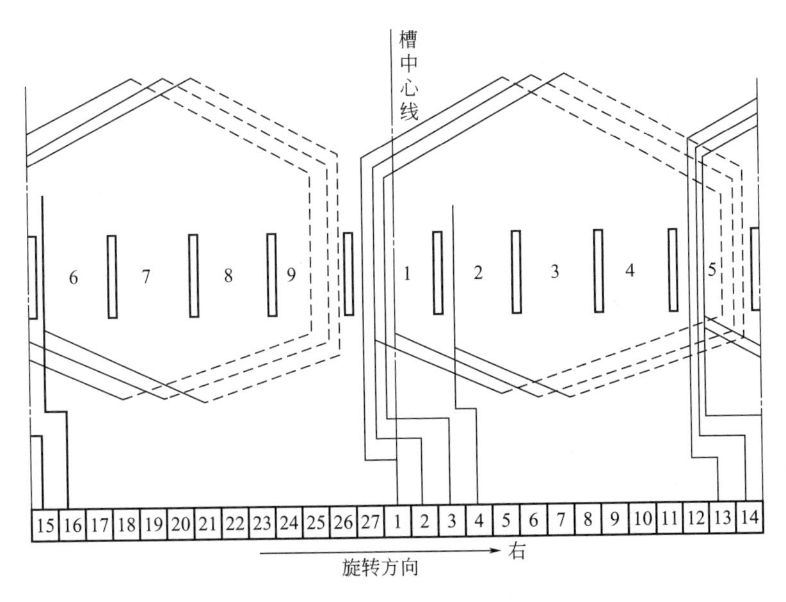

图 5-36　定子外径 ϕ71mm、ϕ80mm 电枢绕组接线图

衡，因此应尽量采用对绕法。但叠绕绕制方便，接线容易。绕制顺序如下：

a. 对绕法：

ϕ56mm、ϕ62mm 冲片，电枢片 9 槽，节距 1～5，绕线次序为：1～5，5～9，9～4，4～8，8～3，3～7，7～2，2～6，6～1。

ϕ71mm、ϕ80mm 冲片，电枢片 11 槽，节距 1～6，绕线次序为：1～6，6～11，11～5，5～10，10～4，4～9，9～3，3～8，8～2，2～7，7～1。

ϕ90mm 冲片，电枢片 19 槽，节距 1～10，绕线次序为：1～10，10～19，19～9，9～18，18～8，8～17，17～7，7～16，16～6，6～15，15～5，5～14，14～4，4～13，13～3，3～12，12～2，2～11，11～1。

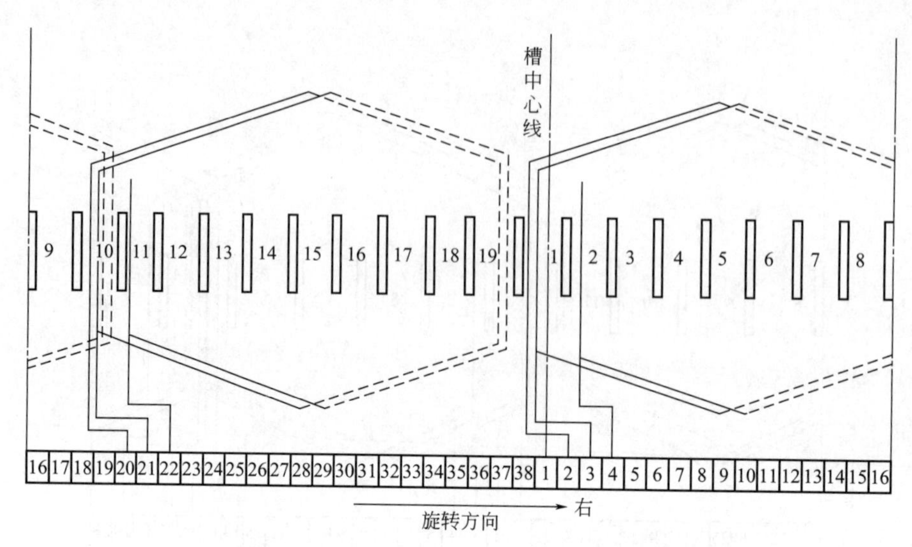

图 5-37　定子外径 ϕ90mm 电枢绕组接线图

b. 叠绕法：

ϕ56mm、ϕ62mm 冲片，绕线次序为：1～5，2～6，3～7，4～8，5～6，6～1，7～2，8～3，9～4。

ϕ71mm、ϕ80mm 冲片，绕线次序为：1～6，2～7，3～8，4～9，5～10，6～11，7～1，8～2，9～3，10～4，11～5。

ϕ90mm 冲片，绕线次序为：1～10，2～11，3～12，4～13，5～14，6～15，7～16，7～17，9～18，10～19，11～1，12～2，13～3，14～4，15～5，16～6，17～7，18～8，19～9。

沿齿轴向剪开绝缘纸，用塞棒把绝缘纸整齐地对叠盖在线圈上，然后把环氧层压板制成的槽楔打进槽内。用万用表两根测笔分别接触底线和面线，依次把底线和面线不通的两根导线扭在一起。

点焊：

竖址嵌线槽尺寸：

嵌线槽宽

$$D=d+(0.02\sim0.05)\quad(\mathrm{mm})$$

嵌线槽深

$$H=3d\geqslant1.0\quad(\mathrm{mm})$$

横卧嵌线槽尺寸：

嵌线槽宽

$$D=2d+(0.02\sim0.05)\quad(\mathrm{mm})$$

嵌线槽深

$$H=2d\geqslant0.6\quad(\mathrm{mm})$$

式中　d——绕组导线直径（不包括漆膜），mm。

焊接时，首先要确定线头的焊接位置。线头偏斜方向应与电枢的旋转方向一致。一般绕组中心对换向片偏斜 1～2 片。

电枢绕组引线应全部压入嵌线槽底。对于小规格导线，采用圆形或椭圆形主电极，锥度较小；对于大规格导线，采用方形或长方形电极，锥度较大。焊接时，主电极应有 2～5mm

发红，焊点处有烟雾挥发，嵌线槽口前端导线槽膜应有 2～3mm 变成暗黑色。

如果没有点焊机，一般可用冷铆方法。在嵌线槽两边，用冲头轻轻敲击铜片，直到铆牢为止。铆入的引线必须清除掉绝缘物。

点焊完毕后，用锦纶丝带或蜡线将其颈部扎牢。

最后，用电枢检查仪把电枢检查一次。也可以用万用表检查绕组是否有脱焊、短路、断路或对铁芯穿通现象。

绝缘处理：把电枢放在滴漆机上进行滴漆绝缘处理。若无滴漆机，也可进行浸渍处理，工艺过程与子线圈一样。

动平衡：压入风扇，在换向器有效工作面上精磨一次。然后放在闪频型动平衡机上去重校正，使剩余转子重心偏移值小于 8μm。如果无动平衡机，可平放两把刀口尺，把轴颈放在上面做静平衡。

3. 电动工具用三相异步电动机常见故障及处理

电动工具用三相异步电动机都为笼型，有工频（50Hz）和中频（150Hz、200Hz、300Hz、400Hz）两种。三相工频异步笼型电动机结构简单、制造维修方便、转速稳定、运行可靠；一般较大规格的电动工具或要求机械特性硬的电动工具都采用这种电动机。三相工频异步笼型电动机，兼有三相工频异步电动机和交直流两用电动机的优点，但需配备中频电源，目前还未在电动工具中广泛使用。

三相异步电动机主要由定子、转子和轴承组成。

定子：定子铁芯由 0.35～0.5mm 厚的 D_{22} 或 D_{23} 热轧硅钢片或冷轧无趋向硅钢片冲制叠装而成。定子槽内嵌装三相交流绕组，绕组使用 1032 三聚氰胺醇酸漆（二甲苯溶剂）或 8504 无溶剂漆（苯乙烯溶剂）进行浸渍绝缘处理。浸渍处理后的定子应具有良好的绝缘性能。绕组对铁芯的绝缘应承受 50Hz 正弦波电压 1250V 或 500V（对Ⅲ类工具），1min 不击穿。冷态绝缘电阻一般在 50MΩ 以上。

转子：转子铁芯由与定子对应的硅钢片冲制叠装而成。叠装时，转子槽沿轴线方向扭转一定角度（一般为一个槽距），以避免异常转矩的产生。转子槽中可以插入铜棒，或铸铜，或铸铝，同时在端面焊成或铸成短路圆环，呈鼠笼状结构，固定在转轴上，轴上装有风扇。

轴承：三相异步电动机的定转子间隙很小，一般在 0.2～0.4mm。对轴承有一定要求，多数采用滚珠轴承，精度为 E 级或 D 级。

(1) 检查程序

电动工具用三相异步电动机的常见故障检查程序可按图 5-38 进行。

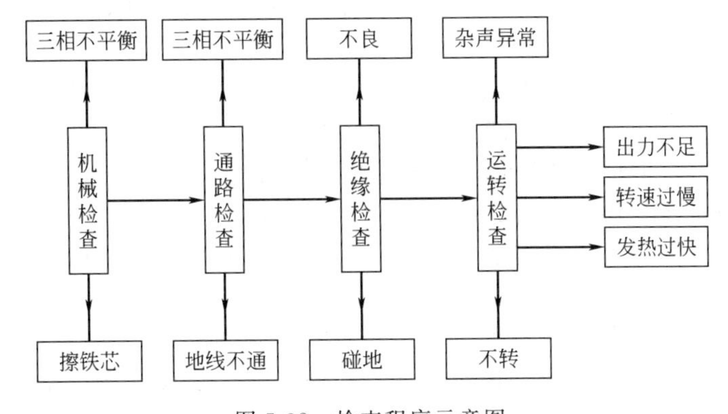

图 5-38　检查程序示意图

(2) 故障处理

电动机常见故障多为不能启动、短路（熔断丝烧断）、出力不足、运转时有杂声、机壳发热、机壳带电等，这些故障产生的可能原因见表5-20。

表5-20 三相异步电动机的常见故障和处理方法

故障现象	可能原因	处理方法
不能启动	①电缆线折断 ②开关线脱落 ③开关损坏 ④内部布线松脱或断开 ⑤定子线圈断路 ⑥轴承损坏	①更换电缆线 ②连接好开关接线 ③更换开关 ④紧固或更换内接线 ⑤检修定子线圈 ⑥更换轴承
功率大，电动机过热	①轴承太紧或有杂质 ②定转子相擦 ③风量很小 ④定子绕组受潮 ⑤定子绕组局部短路 ⑥二相运行	①修正轴承室尺寸或清洗轴承 ②检查轴承是否完好、转子轴是否弯曲，更换轴承或校正转子轴 ③校正或更换风扇 ④烘干定子绕组 ⑤修复或重绕线圈 ⑥接好相线
电动机运行声音异常或出力不足	①轴承磨损或内有杂质 ②风扇变形或损坏 ③风扇松动 ④二相运行 ⑤转子导条松动或断条	①更换或清洗轴承 ②更换风扇 ③紧固风扇 ④接好相线 ⑤更换转子
机壳带电	①定子绝缘击穿 ②内部连接线松脱碰壳	①修复定子 ②紧固复原内接线
电动机接通电源后熔丝烧断	①电缆线短路 ②内接线松脱短路 ③开关绝缘损坏短路 ④定子绕组相间短路 ⑤电动机转子卡死	①更换电缆线 ②紧固复原内接线 ③更换开关 ④修复定子 ⑤检查电动机装配

(3) 修理方法

① 定子的检查与修理。

检查方法：用万用表电阻挡分别测量电动机引出的三相线端中任意两相的电阻，若发现某两相电阻明显偏小，则说明其中一相线圈有局部短路。此时，用短路侦察仪可检查短路线圈的具体位置。若发现某两相的电阻极大，则说明其中一相线圈已断路。对并绕根数较多的线圈，两相电阻偏大，可能是引出线部位折断几根所致。用万用表电阻挡测量电动机引出线任一线端与定子铁芯之间的绝缘电阻，若电阻值很小，表示定子线圈已接地。

修理方法：电动工具用电动机的尺寸一般很小，而且工作多是手持式的，使用中常会受到强力振动和碰撞。为保证使用安全，除引线部位的故障可以检修原处，一般都需要重新绕嵌线圈。绕嵌的方法如下：

a. 确定绕组参数。根据产品说明书，或根据对损坏线圈自行检测的记录，确定定子槽数、线圈个数、每个线圈的匝数、接线方式、线圈尺寸、线圈节距、导线规格、绝缘材料等，这些数据也可参见表5-21。

表 5-21 电动工具用三相异步电动机的技术参数

工具名称	工具型号	电动机额定参数				转子参数		轴承规格	
		电源频率/Hz	电压/V	电流/A	输出功率/kW	外径/mm	槽数	前轴承	后轴承
电钻	J3Z-32	50	380	2.4	1.1	64.4	16	60208	202
	J3Z-38	50	380	2.4	1.32	64.4	16	60208	202
	J3Z-49	50	380	3.35	1.54	64.4	16	60208	202
型材切割机	J3G-400	50	380	4.7	2.2	80	30	180205	180205
手提砂轮机	S3S-100	50	380	0.50	0.18	45.45	12	202	203
	S3S-125,150	50	380	0.68	0.25	45.45	12	202	203
	$S3S_2$-150	50	380	1.28	0.50	52.80	12	60203	60202
软轴砂轮机	S3SR-100	50	380	1.30	0.50	51.4	12	202	202
	S3SR-150	50	380	2.23	1	69.4	18	205	205
	S3SR-200	50	380	3.24	1.50	74.4	16	205	205
中频角向磨光机	S2MJ-100	300	42	7.2	0.31	26	16		
电动磨管机	S3M-38,57,76	50	380	0.86	0.27	44	16	60103	含油轴承 16×16
电动胀管机	P3Z-13,19,25	50	380	0.86	0.27	44	16	60202	60200
	P3Z-38	50	380	1.90	0.60	53.4	16	60204	60201
	P3Z-51,76	50	380	2.60	1	53.4	16	60204	60201
平板振动器	B11	50	380	2.34	1.1	67	16	204	204
软轴振动器	ZX35,50	50	380	2.52	1.1	71.4	16	204	204
	ZX-50	50	380	2.50	1.1	67	22	205	204
	ZX70	50	380	3.45	1.5	71.4	16	204	204
中频振动器	Z2D-100	200	42	3	1.5		16	36303	202
电链锯	$M3L_2$-950	50	330	2.52	1	46.25	16	60202	60202
中频电链锯	$M2L_2$-950	200	220	7.50	1.5	43.8	17	60202	60202

工具名称	工具型号	定子参数								
		外径/mm	槽数	极数	线规/mm	每槽线数	每线圈圈数	节距(以槽计)	绕线形式	接法
电钻	J3Z-32	120	18	2	0.72	95	95	1～9	同芯绕组	Y
	J3Z-38	120	18	2	0.72	95	95	1～9	同芯绕组	Y
	J3Z-49	120	18	2	0.77	84	84	1～9	同芯绕组	Y
型材切割机	J3G-400	145	24	2	0.95	46	46	1～12,2～11	单层同芯	Y
手提砂轮机	S3S-100	88	18	2	0.35	235	235	2(1～9),1～8	单层一二分装	Y
	S3S-125,150	88	18	2	0.38	190	190	2(1～9),1～8	单层一二分装	Y
	$S3S_2$-150	98	18	2	0.47	138	138	1～9,1～8	单层链式	Y
软轴砂轮机	S3SR-100	102	18	2	0.57	130	130	2(1～9),1～8	单层一二分装	Y
	S3SR-150	130	24	2	0.67	74	74	1～12,2～11	同芯绕组	Y
	S3SR-200	145	24	2	0.83	58	58	1～12,2～11	同芯绕组	Y
中频角向磨光机	S2MJ-100	48	18	2	0.55×2	8	8	1～9	穿绕链式单层	Y
电动磨管机	S3M-38,57,76	88	18	3	0.38	176	176	1～10,2～9,11～18	同芯绕组	Y
电动胀管机	P3Z-13,19,25	88	18	2	0.38	176	176	1～10,2～9,11～18	同芯绕组	Y
	P3Z-38	102	18	2	0.38	216	216		同芯绕组	Y
	P3Z-51,76	102	18	2	0.44	156	156		同芯绕组	Y

续表

工具名称	工具型号	定子参数								
		外径/mm	槽数	极数	线规/mm	每槽线数	每线圈圈数	节距（以槽计）	绕线形式	接法
平板振动器	B11	120	18	2	0.67	96	96	1～9,2～8,3～7	单双层混合	Y
软轴振动器	ZX35,50	130	18	2	0.77	82	82	1～12,2～11	同芯绕组	Y
	ZX-50	120	24	2						Y
	ZX70	130	18	2						Y
中频振动器	Z2D-100	90	18	2	0.69	9	9	1～8	单层链式	Y
电链锯	$M3L_2$-950	102.5	18	2	0.64	102	51	1～9	双层叠绕	Y
中频电链锯	$M2L_2$-950	97	12	2	0.64	200	25	1～6	双层叠绕	Y

b. 拆除绕组。电动工具用的三相异步电动机的定子槽一般均为半闭口槽，为了加强机械强度，有的定子线圈还用环氧树脂固封。拆除这种电动机的绕组一般非常困难，唯一的方法只有把定子从机壳中拆出来用火烧，然后将线圈的一端切断，从另一端将导线拉出。如果没有原始的参考数据，那么在拆除绕组前必须分别量出线圈伸出定子铁芯的长度（两端）。绕制整形新线圈时，其伸出部分应不长于原来的尺寸，否则会影响装配。此外，在拆除绕组时必须搞清楚接线方式并保存一只完整的线圈，以便查清线圈的节距、每只线圈的匝数、线圈的尺寸、导线的规格等。

c. 绕制线圈。电动工具用三相异步电动机多为两极电动机，而且电动机尺寸都比较小，所以定子槽数一般也不很多。线圈绕制时，一般都将每一极每一相绕组串联绕制，以便于接线。例如某一定子槽数为18槽，为两极电动机、双层绕组结构，那么其每一极每一相串联绕组的个数为：

$$\frac{18(\text{槽数})}{2(\text{极数})\times 3(\text{相数})}=3(\text{每一极每一相串联绕组个数})$$

其总的线圈数等于定子槽数，则需要18个线圈分为6组绕制。

如果上例为单层线圈结构，那么上例的每一极每一相串联绕组个数便改为每两极每一相的串联绕组个数。其总的绕组个数等于定子槽数的一半，则只需要9个线圈分为3组绕制。

对于单双层绕组的绕制，必须有一个线模。线模的尺寸应按嵌线的形式而定。同芯式绕组的线模，每一组线圈中的每个线圈尺寸都不一样；两面反绕组和单双层绕组的线模，应有两种尺寸；而链形绕组的线模尺寸则全部一样。

在Ⅲ类低压中频电动工具用三相异步电动机中，有的体积太小，为了保证电动机性能、提高材料利用率，定子槽采用闭口槽或近似闭口槽。绕制这种电动机线圈时，不用绕线模，而采用穿线工艺。即先得出或量出每一个线圈的总长度，再加上两个引线头长度，将其剪断；然后按一定的节距一圈一圈地穿绕而成。

清理定子并放定子绝缘物。已拆除线圈的定子必须清理干净，每一槽应用圆形毛刷把槽内的杂物清刷干净，如果刷不掉可用细锉刀轻轻挫下杂物后再清刷，然后放入绝缘物。绝缘物一般采用聚酯薄膜青壳纸，厚度一般为0.2mm（对于Ⅲ类低压工具用0.15mm）。放入槽内的绝缘物长度应大于定子的长度，一般伸出定子两端，每端不小于5mm。

根据原来电动机线圈分布的方式和结构，逐个将绕制好的线圈嵌入槽内。

根据原电动机的接线方式连接线圈。

d. 绕组试验。接好线并整形到原电动机端部尺寸要求，包扎牢固后，进行绕组试验。试验内容有：对地绝缘电阻试验、开路试验、短路试验、反接试验和耐电压试验。其中对地绝缘电阻试验、开路试验、短路试验和反接试验与一般异步电动机的试验方法一样，但耐电压试验（即绕组与定子铁芯之间的耐电压强度）有所不同。对于电源电压小于 50V 的电动机耐压试验应能承受 500V 交流正弦电压 1min，以不击穿为合格；对于大于 50V 的电动机耐电压试验，应能承受 1250V 交流正弦电压 1min，以不击穿为合格。

② 转子的检查与修理。

三相异步电动机的转子损坏较少。如遇损坏（例如断条），一般只能更换新转子，修理是得不偿失的。

二、电扇用电动机

电扇主要有台扇、落地扇和吊扇等。电扇用电动机通常使用的为罩极式和电容运转式交流电动机。

罩极式电动机的转子为笼型，小功率的电动机定子为凸极式。

电容运转式电动机有主副两个绕组。在副绕组中接有电容器，使两绕组中的电流和磁场在相位上相差一个角度，组成一只二相电动机。

国产常用电扇电动机的主要技术参数如表 5-22 所示。

表 5-22 国产常用电扇电动机的主要技术参数

类别	序号	规格/mm	极数	输入功率/W	转速/(r/min)	定子				定子转间气隙/mm
						外径/mm	内径/mm	长度/mm	槽数	
台扇	1	200	2	28	2300	ϕ60	ϕ30	25	4	0.35
	2	200	2	28	2350	ϕ59	ϕ28	32	4	
	3	230	2	30	2400	ϕ70	ϕ32	32	4	
	4	300	4	55	1200	ϕ88	ϕ44.7	32	8	
	5	400	4	75	1150	ϕ95.7/ϕ108	ϕ51	32	8	
	6	250	4	25	1300	ϕ88	ϕ44.7	20	8	
	7	250	4	24	1320	ϕ88	ϕ44.7	22	8	
	8	300	4	40	1300	ϕ88	ϕ44.7	26	8	
	9	300	4	44	1280	ϕ78	ϕ44.5	24	16	
	10	350	4	54	1285	ϕ88	ϕ44.7	26	8	
	11	350	4	52	1280	ϕ88	ϕ48.3	20	16	
	12	400	4	60	1250	ϕ88.4	ϕ49	32	16	
	13	400	4	65	1230	ϕ88	ϕ44.7	32	8	
落地扇	1	350	4	52	1280	ϕ88	ϕ44.7	30	16	0.35
	2	350	4	55	1300	ϕ88.4	ϕ49	28	8	
	3	400	4	60	1250	ϕ88.5	ϕ49	35	16	
	4	400	4	62	1200	ϕ88	ϕ44.7	35	8	
壁扇	1	300	4	44	1280	ϕ86	ϕ44.5	26.5	16	0.35
	2	350	4	55	1300	ϕ86	ϕ44.5	28	16	
	3	400	4	60	1230	ϕ92	ϕ50	28	8	
座扇或座地扇	1	300	4	48	1320	ϕ88	ϕ49	26	16	0.35
	2	350	4	54	1300	ϕ88	ϕ49	25	16	
	3	400	4	60	1250	ϕ88	ϕ49	34	16	
	4	400	4	65	1290	ϕ88.5	ϕ46.7	32	16	
吊扇	1	900	14	45	380	ϕ118	ϕ20	23	28	0.25
	2	900	14	50	370	ϕ122.25	ϕ44	25	28	
	3	1050	14	58	360	ϕ118	ϕ20	23	28	
	4	1050	16	56	370	ϕ132	ϕ22	24	32	
	5	1200	18	70	300	ϕ134.75	ϕ70.5	26	36	
	6	1200	16	72	320	ϕ132	ϕ22	24	32	0.30
	7	1400	18	80	280	ϕ134.75	ϕ70.5	25	36	0.25
	8	1400	18	85	290	ϕ137	ϕ63.5	28	36	0.25

续表

类别	序号	转子				主绕组	副绕组
		外径/mm	内径/mm	槽数	线规/mm	线圈匝数×线圈只数	线规/mm
台扇	1	ϕ29.3	ϕ10	13	ϕ0.17	1270×2	1×5
	2	ϕ27.3	ϕ9	15	ϕ0.19	(800+500)×2	1×5
	3	ϕ31.3	ϕ9	13	ϕ0.21	1100+(850+200)	1×5
	4	ϕ44	—	17	ϕ0.27	510×4	1.5×7
	5	ϕ95/ϕ107.3	—	22	ϕ0.47	450×4	1.5×7
	6	ϕ44	ϕ12	17	ϕ0.17	935×4	ϕ0.16
	7	ϕ44	ϕ12	17	ϕ0.17	850×4	ϕ0.15
	8	ϕ44	ϕ12	17	ϕ0.17	630×4	ϕ0.19
	9	ϕ43.8	ϕ12	22	ϕ0.17	800×4	ϕ0.15
	10	ϕ44	ϕ12	17	ϕ0.21	566×4	ϕ0.17
	11	ϕ47.6	ϕ13	22	ϕ0.21	720×4	ϕ0.17
	12	ϕ48.3	ϕ14	22	ϕ0.21	550×4	ϕ0.19
	13	ϕ44	ϕ12	17	ϕ0.23	570×4	ϕ0.17
落地扇	1	ϕ44	ϕ13	22	ϕ0.23	600×4	ϕ0.17
	2	ϕ48.3	ϕ12	17	ϕ0.21	700×4	ϕ0.19
	3	ϕ48.3	ϕ13.5	22	ϕ0.23	570×4	ϕ0.19
	4	ϕ41	ϕ13	17	ϕ0.23	520×4	ϕ0.17
壁扇	1	ϕ43.8	ϕ11	22	ϕ0.17	800×4	ϕ0.19
	2	ϕ43.8	ϕ14	22	ϕ0.19	760×4	ϕ0.19
	3	ϕ49.3	ϕ14	26	ϕ0.23	775×4	ϕ0.20
座扇或座地扇	1	ϕ48.3	ϕ12	22	ϕ0.19	760×3+(750+110)	ϕ0.19
	2	ϕ48.3	ϕ12	22	ϕ0.21	720×4	ϕ0.17
	3	ϕ48.3	ϕ12	22	ϕ0.23	570×4	ϕ0.19
	4	ϕ46	ϕ13	22	ϕ0.21	600×4	ϕ0.17
吊扇	1	ϕ145	ϕ118.5	45	ϕ0.23	382×14	ϕ0.19
	2	ϕ148	ϕ122.7	47	ϕ0.19	600×7	ϕ0.17
	3	ϕ145	ϕ118.5	47	ϕ0.21	650×7	ϕ0.19
	4	ϕ160	ϕ132.5	57	ϕ0.25	620×8	ϕ0.23
	5	ϕ162	ϕ135.2	48	ϕ0.27	280×18	ϕ0.25
	6	ϕ160	ϕ132.5	57	ϕ0.28	530×8	ϕ0.23
	7	ϕ162	ϕ135.2	48	ϕ0.27	253×18	ϕ0.25
	8	ϕ164.5	ϕ137.5	52	ϕ0.29	236×18	ϕ0.25

类别	序号	副绕组	电容器		调速方法	线模尺寸(长×宽×厚)/mm	线圈跨距	绕组形式
		线圈匝数×线圈只数	容量/μF	耐压/V				
台扇	1	1×2	—	—	—	40×30×5	—	—
	2	1×2	—	—	抽头	42×32×5	—	—
	3	1×2	—	—	抽头	42×32×6	—	—
	4	1×4	—	—	电抗器	40×27×6	—	—
	5	1×4	—	—	电抗器	40×31×10	—	—
	6	1020×4	1	500	电抗器	34×35×4.5	1～3	双层链式
	7	1020×2+(500+300)×2	1	500	抽头	36×35×4.5	1～3	双层链式L形
	8	620×4	1.5	400	电抗器	34×41×4.5	1～3	双层链式
	9	(500+500)×4	1	400	抽头	34×35×7	1～4	单层链式
	10	663×4	1.5	400	电抗器	34×38×4.5	1～3	双层链式
	11	(480+480)×4	1.2	400	抽头	34×32×7	1～4	单层链式
	12	(350+350)×4	1.2	400	抽头	35×40×7	1～4	单层链式LⅡ形
	13	890×4	1.2	400	电抗器	35×40×4.5	1～3	双层链式

续表

类别	序号	副绕组	电容器		调速方法	线模尺寸（长×宽×厚）/mm	线圈跨距	绕组形式
		线圈匝数×线圈只数	容量/μF	耐压/V				
落地扇	1	(420+420)×4	1	400	抽头	40×35×7	1～4	单层链式
	2	(550+300)×4	1	400	抽头	34×40×8	1～3	双层链式
	3	720×4	1.2	400	电抗器	39×44×8	1～4	单层链式
	4	1000×2+560×2	1.5	400	抽头	34×35×4.5	1～3	双层链式
壁扇	1	650×2+(420+200)×2	1	400	抽头	34×36×7	1～4	单层链式
	2	(480+480)×4	1.2	400	抽头	39×37×8	1～4	单层链式
	3	(320+480)×4	1.5	400	抽头	34×40×7	1～3	双层链式
座扇或座地扇	1	(480+480)×4	1.2	400	抽头	35×40×7	1～4	单层链式
	2	930×4	1.2	400	电抗器	36×44×8	1～4	单层链式
	3	720×4	1	400	电抗器	42×44×8	1～4	单层链式
	4	850×2+(700+160)×2	1.2	400	抽头	41×42×8	1～4	单层链式
吊扇	1	430×14	1	400	电抗器	40×24×8	1～3	双层链式
	2	660×7	1.2	400	电抗器	38×26×6	1～3	单层链式
	3	870×7	1.2	400	电抗器	37×25.5×7	1～3	单层链式
	4	715×8	1	400	电抗器	42×26×8	1～3	单层链式
	5	328×18	2	400	电抗器	43×21.5×11	1～3	双层链式
	6	780×8	2	400	电抗器	42×21×7	1～3	单层链式
	7	335×18	2	400	电抗器	40×21.5×11	1～3	双层链式
	8	323×18	2.4	400	电抗器	26×21.5×9	1～3	双层链式

三、电冰箱用电动机

1. 电冰箱压缩机组电动机的种类及性能要求

用于拖动压缩机的电动机为具有较大启动转矩的单相异步电动机，结构上只由定子和定子绕组以及铸铝转子组成，并与压缩机部分部件组装在同一机壳以内。常用的为以下三种类型的单相异步电动机：

（1）电阻（分相）启动型（RSIR）

因结构简单，大部分电冰箱（输出功率 150W 以下）的压缩机组均采用此形式，如图 5-39所示。

（2）电容启动型（CSIR）

由于启动绕组上串联大容量电容器（45～100μF，视不同功率配用不同大小电容），使分相相位角差增大，启动转矩提高，因而启动性能好，适于较大输出功率（10W 以上）的电动机，如图 5-40 所示。

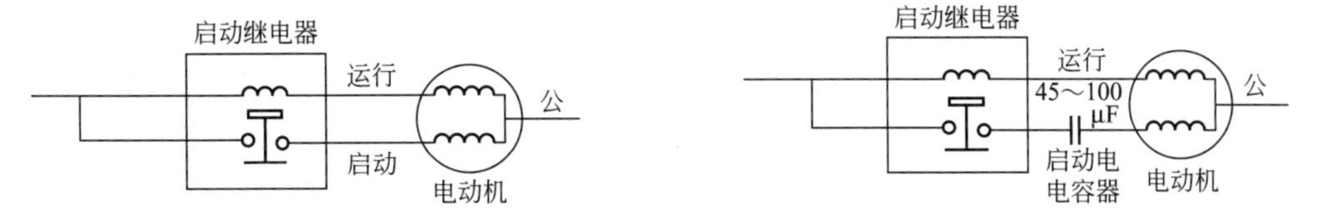

图 5-39 电阻（分相）启动型（RSIR）电动机的简化电路　图 5-40 电容启动型（CSIR）电动机的简化电路

（3）电容启动、电容运转型（CSR）

定子上有运行Ⅰ及运行Ⅱ的两相绕组，当启动时其中Ⅰ相与大容量电容器串联呈电容启动型；当运转时启动继电器作用使大容量电容器断开，只剩下小容量（2～4μF）电容器与之串联并参与运行，如图 5-41 所示。此形式不仅能使启动性能变好，而且提高了电动机的效率，节省了电能。但成本增大，带来电容器的故障多，故一般的电冰箱上很少使用。表 5-23 列出电冰箱的性能数据范围供参考。

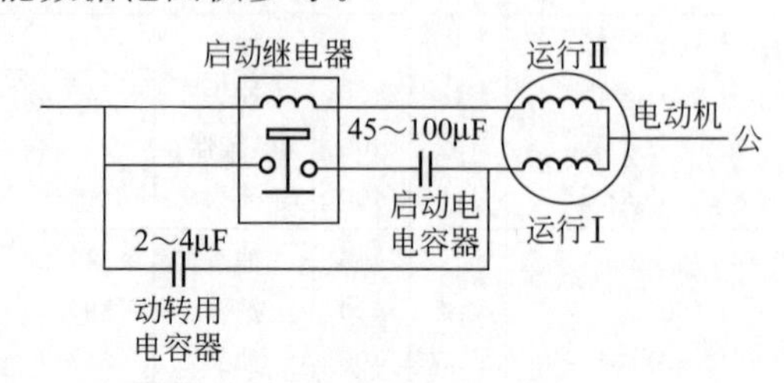

图 5-41　电容启动、电容运转型（CSR）电动机的简化电路

表 5-23　冰箱电动机性能常用数据

功率/W	最大转矩/N・m	启动转矩/N・m	启动电流/A
60～65	5.4～6.4	3.9～5.9	7～7.5
90～100	7.85～8.83	4.9～7.85	9～10
120～130	9.81～11.77	5.9～9.81	10～12
180～200	15.7～17.66	9.81～15.7	11～15

2. 部分国产压缩机组的电动机技术数据

部分国产压缩机组的电动机技术数据见表 5-24。

表 5-24　国产压缩机组的电动机技术数据

生产厂	北京电冰箱厂					
压缩机组(冰箱)型号	LD-5801		QF-21-75		QF-21-93	
额定电压/V 额定电流/A 输出功率/W 额定转速/(r/min)	220 1.4 93 1450		220 0.9 75 2850		220 1.2 93 2850	
定子绕组(采用 QF 漆包线)	运行	启动	运行	启动	运行	启动
导线直径/mm	0.64	0.35	0.59	0.31	0.64	0.35
压缩机组(冰箱)型号	LD-5801		QF-21-75		QF-21-93	
匝数：最小圈 小圈 中圈 大圈 最大圈	71 96 125 65	 30 40 50	45 87 101 117 120	 40 60 70 $200\begin{cases}+140\\-60\end{cases}$	43 62 80 93 101	 33 41 45 $101\begin{cases}+76\\-25\end{cases}$
绕组总匝数	4×375	4×123	2×470	2×370	2×379	2×220
绕组电阻值/Ω	17.32	20.8	16.3	45.36		
绕组槽节距：最小圈 小圈 中圈 大圈 最大圈	3 5 7 9	5 7 9	3 5 7 9 11	 5 7 9 11	3 5 7 9 11	 5 7 9 11

续表

生产厂	北京电冰箱厂		
定子铁芯槽数 定子铁芯叠厚/mm	32 28	24 25	24 36

生产厂	天津医疗器械厂					
压缩机组(冰箱)型号	LD-1-6		5608-Ⅰ		5608-Ⅱ	
额定电压/V 额定电流/A 输出功率/W 额定转速/(r/min)	220 1.1 93 2850		220 1.6 125 1450		220 1.6 125 1450	
定子绕组(采用 QF 漆包线)	运行	启动	运行	启动	运行	启动
导线直径/mm	0.64	0.35	0.7	0.37	0.72	0.35
压缩机组(冰箱)型号	LD-1-6		5608-Ⅰ		5608-Ⅱ	
匝数:最小圈			62	33	59	
小圈	65	41	91	54	61	34
中圈	85	50	110	65	81	46
大圈	113	120{+95, −25}			46	50
最大圈	113	117{−20, +97}				
绕组总匝数	2×376	2×328	4×368	4×157	4×247	1×130
绕组电阻值/Ω	12	33	14	27.2	10.44	23.25
绕组槽节距:最小圈					3	
小圈	5	5	3	3	5	5
中圈	7	7	5	5	7	7
大圈	9	9	7	7	9	9
最大圈	11	11				
定子铁芯槽数 定子铁芯叠厚/mm	24 35		32		32	

生产厂	沈阳医疗器械厂							
压缩机组(冰箱)型号	FB-515		FB-516 517(Ⅰ)		FB-505		FB-517(Ⅱ)	
额定电压/V 额定电流/A 输出功率/W 额定转速/(r/min)	220 1.2～1.5 93 1450		220 1.3～1.7 93 1450		220 0.7 65 2860		220 1.1 93 2860	
压缩机组(冰箱)型号	FB-515		FB-516 517(Ⅰ)		FB-505		FB-517(Ⅱ)	
定子绕组(采用 QF 漆包线)	运行	启动	运行	启动	运行	启动	运行	启动
导线直径/mm	0.60	0.38	0.64	0.38	0.51	0.31	0.64	0.38
匝数:最小圈					88	53	41	
小圈	90		90	18	88	53	78	46
中圈	118	41	110	35	131	79	88	64
大圈	122	102	137	95	131	79	103	68
最大圈					175	104	105	78
绕组总匝数	4×330	4×143	4×337	4×148	2×618	2×368	2×415	2×248
绕组电阻值/Ω	19～20	24～25	14～16	21				

续表

生产厂	沈阳医疗器械厂							
绕组槽节距:最小圈					3	3	3	
小圈	3		3	3	5	5	5	5
中圈	5	5	5	5	7	7	7	7
大圈	7	7	7	7	9	9	9	9
最大圈					11	11	11	11
定子铁芯槽数	32		32		24			
定子铁芯叠厚/mm	28		28		30			

生产厂	北京电冰箱压缩机厂(北京第二轻工机械厂)				常熟机械总厂	
压缩机组(冰箱)型号	QF-21-65		QF-21-100		QZD-3.4	
额定电压/V	220		220		220	
额定电流/A	0.7		0.8		0.6	
输出功率/W	65		100		75(输入)	
额定转速/(r/min)	2850		2850		2850	
压缩机组(冰箱)型号	QF-21-65		QF-21-100		QZD-3.4	
定子绕组(采用QF漆包线)	运行	启动	运行	启动	运行	启动
导线直径/mm	0.60	0.29(0.33)	0.6	0.32	0.45	0.31
匝数:最小圈	59(64)		53			
小圈	79(84)	57(39)	72	45	88	36
中圈	95(101)	64(45)	88	55	112	48
大圈	105(113)	74(50)	114	59	137	188^{+124}_{-64}
最大圈	105(113)	87(152^{+107}_{-54})	114	195^{+127}_{-68}	137	141^{+100}_{-41}
绕组总匝数	2×441 (445)	2×242 (283)	2×441	2×354	2×474	2×413
绕组电阻值/Ω					30.13	53.9
绕组槽节距:最小圈	3		3			
小圈	5	5	5	5	5	5
中圈	7	7	7	7	7	7
大圈	9	9	9	9	9	9
最大圈	11	11	11	11	11	11
定子铁芯槽数	24		24		24	
定子铁芯叠厚/mm	30±0.5		30±0.5		35	

注:1. 电动机均为电阻(分相)启动型。

2. 括号中数据为改进后的数据。表中数据,仅供维修参考。

3. 部分进口压缩机组的电动机技术数据

部分进口压缩机组的电动机技术数据见表5-25。

表5-25 部分进口(电冰箱用)压缩机组的电动机技术数据

生产厂	日本日立公司	
压缩机组(冰箱)型号	HQ-651-BR	V1001R
额定电压/V	220~242	220
额定电流/A	1.0	0.91
输出功率/W	62	93
额定转速/(r/min)	2850	2850

续表

生产厂	日本日立公司			
定子绕组(采用耐氟漆包线 QF)	运行	启动	运行	启动
导线直径/mm	0.62	0.31	0.62	0.38
匝数:最小圈			71	
小圈	58		81	43
中圈	76	64	99	52
大圈	102	72	116	60
最大圈	108	82	104	66
绕组总匝数	2×344	2×218	2×471	2×221
绕组电阻值/Ω	15	37	19.15	24
定子槽数	24		24	
绕组槽节距:最小圈			3	
小圈	5		5	5
中圈	7	7	7	7
大圈	9	9	9	9
最大圈	11	11	11	11
备注	RSIR 电阻(分相)启动		RSIR 电阻(分相)启动	

生产厂	日本东芝公司		苏联"波留沙-10"	
压缩机组(冰箱)型号	KL-12M		IXK-240	
额定电压/V	220		220	
额定电流/A	0.95			
输出功率/W	80		135	
额定转速/(r/min)	2850		2850	
定子绕组(采用耐氟漆包线 QF)	运行	启动	运行	启动
导线直径/mm	0.57	0.41	0.61	0.33
匝数:最小圈				
小圈	80		64	34
中圈	106		92	43
大圈	110	128	108	$139\begin{cases}+98\\-41\end{cases}$
最大圈	118	130	120	$120\begin{cases}+98\\-42\end{cases}$
绕组总匝数	2×414	2×258	2×384	2×356
绕组电阻值/Ω	8.5+8.5	20.5	15	44
定子槽数	24		24	
绕组槽节距:最小圈				
小圈	5		5	5
中圈	7		7	7
大圈	9	9	9	9
最大圈	11	11	11	11
备注	电容启动			

四、空调器用电动机

空调器用的电动机主要有压缩机用电动机和风扇用电动机。

1. 全封闭压缩机用电动机

由于空调器大多采用单相220V电源，也有用三相380V的，故其压缩机相应地使用单相异步电动机或三相异步电动机。由于它与泵合在一起工作，工作环境特殊，因而对电动机的结构及制造工艺相应有所特殊要求。

① 耐侵蚀性好。能耐制冷剂和润滑油。例如窗式空调器中泵压缩的是氟利昂类的制冷剂（R22和R12材料），所含氟元素对电磁线的绝缘有较大的侵蚀性，在含润滑油的情况下更为严重。因此电动机用的绝缘纸、引出线、绑扎线以及电磁线均应采用耐氟利昂和耐润滑油的材料。

② 耐热好。因电动机与压缩机封闭在同一机壳内，发热量主要依靠制冷剂的蒸气来吸收，故散热条件较差。为此常采用耐热等级的绝缘材料，例如旋转式压缩机要采用耐热140℃的F级绝缘。

③ 耐振动和冲击性能好。压缩机用电动机经常受到启动电流所产生的电磁力作用，以及在启动、停止时的机械冲击，极易造成绝缘破坏，此外还有制冷剂液体的冲击和急剧蒸发时的热冲击，也易引起绝缘膜产生龟裂。为此应将电动机线圈加强固定，铁芯两端线圈应作浸漆处理（但铁芯上不得沾漆，以免运转中脱落而造成系统堵塞，或影响排气阀片的密封性能）。

④ 启动转矩大，启动性能好。由于制冷系统的冷凝压力随外界气温变化，工况也变化，为此要求电动机能在较高负荷下启动。

⑤ 效率高，功率因数大。要求电动机出力大、重量轻，尽可能提高效率，一般要求达到80%；功率因数接近100%。为此在结构上应采用闭口直槽以及定转子近槽配合（转子槽数接近定子槽数）等措施。

⑥ 对电源波动的适应性好。电源波动对压缩机负荷变化有良好的适应性。当U_N在±10%范围内波动时要求电动机能启动，并能在过负荷条件下运转。

国产空调器用电动机品种规格见表5-26。

引进国外的空调压缩机型号及泵电动机参数见表5-27。

表5-26 国产空调器用电动机品种规格

型号	额定电压/V	频率/Hz	输出功率/W	额定转速/(r/min)	输入功率/W	效率/%	功率因数	噪声/dB	外形尺寸(外径×长度)/mm	生产厂
KBD-1	220	50	750			68				
KBD-2	220	50	1100			70				
KBD-3	220	50	560	3000①		68				
KBD-4	220	50	1500			70				
KBD-5	220	50	280			52				西安微电机厂
KBD-11	380	50	750	1500①		83				
KBD-12	380	50	1100			76.5				
KBD-15	380	50	2200			83				
AYR-11-2B	220	50	1100	3000①		71				
AYR-550-2	220	50	550			71				
AYR-750-2	220	50	750			72				

续表

型号	额定电压/V	频率/Hz	输出功率/W	额定转速/(r/min)	输入功率/W	效率/%	功率因数	噪声/dB	外形尺寸(外径×长度)/mm	生产厂
130YY001	220	50		1100 800 500	95 58 38			42		常州电机电器总厂
130YY002	220	50		850 700 500	55 30 20			35		
130YY003A	220	50		800 600 400	40 22 14			35		
KD35-4	220	50	35	1400					ϕ123×81	
KD90-4	220	50	90	1400					ϕ119×145	
13YY003B	220	50		900 700 600	42 33 23			35		
13YY004	220	50		950 850 750	35 20 15			35		
YYD-160	380	50	160	1250 1000		53	0.9	47	ϕ132×269	青峰机械厂
YYD-55	220	50	55	1300 1000		60	0.9	47	ϕ132×460	
YYD-35	220	50	35	1360 1320 1240		50	0.99	47	ϕ132×295	
YYD-90	220	50	90	1250		53	0.9	50		
YYD-60	220	50	60	1270 1000 850		50	0.9	45		

① 是同步转速。

表 5-27 引进国外的空调压缩机型号及泵电动机参数

压缩机型号	电动机形式	输出功率/W	电压范围/V	运行电流/A	启动电流/A	频率/Hz	电容	配用的工厂和机型
日立 ND7505BX	P. S. C	750	198～264		20	60	20μF/350V	上海长风电机厂 2000kcal/h 空调器
日立 RH-113AX (W113X)	P. S. C	1125	220～240	6.4	34	50	35μF/400V	泰州冷气设备厂 SCKT-3 空调器
日立 RH-153AX (W153X)	P. S. C	1500	220～240	10.1	53	50	35μF/400V	上海空调机厂 SCKT-4 空调器
2FM4	三相异步感应电动机	1500	380	4.5		50		上海空调机厂 CKT-3 空调器

续表

压缩机型号	电动机形式	输出功率/W	电压范围/V	运行电流/A	启动电流/A	频率/Hz	电容	配用的工厂和机型
2FM4G	三相异步感应电动机	3000	380	10		50		上海空调机厂
3FM4	三相异步感应电动机	4000	380	15		50		上海空调机厂
2FB4Q	三相异步感应电动机	2200	380	8		50		泰州冷气设备厂 6000kcal/h 柜式空调器
2FQ-5	JLD-0.8	3000	380	10		50		6000kcal/h 雪花牌空调器

压缩机用电动机不运转的原因及检查方法见表 5-28。

表 5-28　压缩机用电动机不运转的原因及检查方法

原因	检查部位和检查方法
电压过低	运转开关接通后，测定电源电压（启动时电压不得低于 15%）
运转开关不良	检测运转开关的 0～4 点间是否都导通
温控器不良	将温控器旋到最大数值的标记号，接点导通；再逐渐朝最小标记号退回，接点能断开时为正常
启动继电器不良 ①采用直流继电器时检查整流器 ②继电器线圈断线 ③触点不良	①整流器短路烧毁、劣化。测定整流器输入和输出电压值 ②测定线圈的直流电阻值 ③用起子压触点时能导通；触点被烧蚀或弹簧失去弹力等
启动电容器不良	检查是否短路、断路或容量减小
运转电容器不良	检查是否短路、断路或容量减小
过负载继电器不良	测定 1-2、2-3 间的端子是否导通
高压力开关不良	测定端子间导通
压缩机组中电动机线圈断路或短路	测定线间直流电阻和绝缘电阻值

2. 空调器风扇用电动机

空调器风扇用电动机可为各类窗式空调器、立柜式空调器、分体式空调器及风机盘管式空调器配套，用作制冷、采暖、通风等风扇类负载的驱动电动机，也可用于类似场合或一般场合的驱动，其型号意义如下：

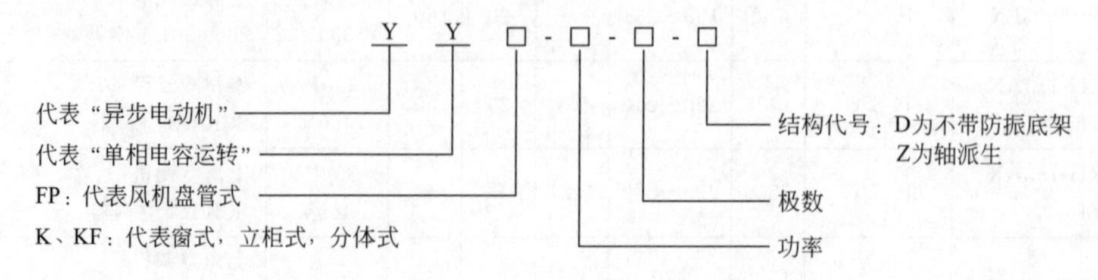

空调器风扇电动机结构特点：

① 电动机为全封闭结构，双轴伸，卧式安装。

② 机壳采用优质钢板卷制而成；端盖采用优质钢板冲制而成，具有较高的强度。

③ 电动机采用低噪声滚动轴承（NSK，202）。

④ 电动机不带防振底架的，两端均有橡胶避振圈；电动机带防振底架的，安装部位也装有橡胶避振圈。

⑤ 电动机均采用B级绝缘，电动机接线图如图5-42和图5-43所示。

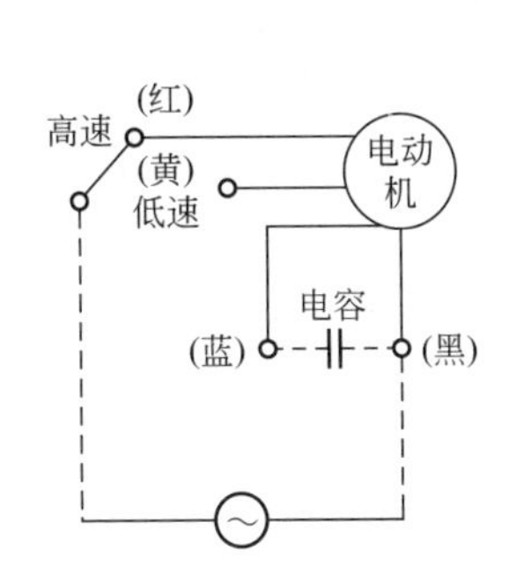

图5-42 两速电动机接线图

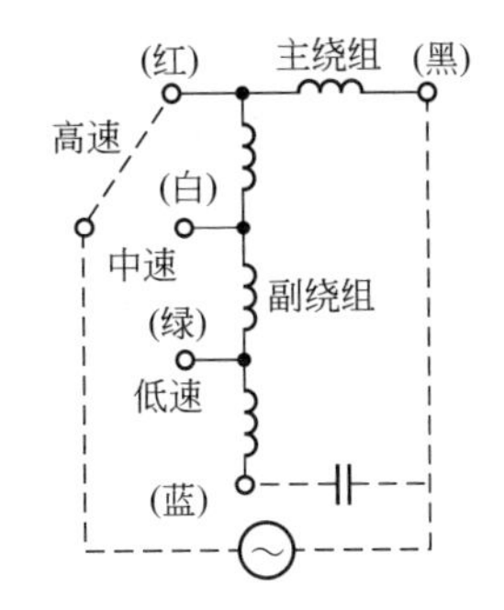

图5-43 三速电动机接线图

空调器用风扇电动机的技术数据如表5-29所示，其安装及外形尺寸见表5-30。

表5-29 YYEP、YYK、YYKF型空调器用风扇电动机技术数据

型号	输出功率/W	频率/Hz	效率/%	电压/V	转速/(r/min)		启动转矩/N·m	振动/(mm/s)	噪声/dB	电容	配套空调器制冷(热)量/(kJ/h)
					高速	低速					
YYFP-10-6D	10	50	25	220	750	500	0.08	0.7	35	2μF/450V	10450(2500)
YYFP-15-6D	15	50	28	220	820	580	0.11	0.7	35	2μF/450V	12540(3000)
YYFP-25-6D	25	50	30	220	920	750	0.15	0.7	35	3μF/450V	14635(3500)
YYK2-60-6Z	30	50	38	220	950	880	0.18	0.7	45	2.5μF/450V	8360(2000)
YYFP-40-4D	40	50	50	220	1250	1100	0.16	0.7	45	2.5μF/450V	12540(3000)
YYK-60-4D	60	50	52	220	1350	1150	0.24	1.2	50	2.5μF/450V	12540(3000)
YYK-80-4	80	50	52	220	1330	1230	0.27	1.2	50	4μF/400V	风兼
YYK-100-4D	100	50	62	220	1050	850	0.31	1.2	50	6μF/400V	16728(4000)
YYK-100-6D	100	50	50	220	950	800	0.46	0.7	48	4.8μF/450V	14638～16728(3500～4000)
YYK-100-6GD	100	50	50	220	950	800	0.46	0.7	48	4.8μF/450V	14638～16728(3500～4000)
YYK-120-4	120	50	62	220	1350	1230	0.55	1.2	52	6μF/400V	风兼
YYKF-120-4	120	50	55	220	1200	1000	0.36	1.2	52	6μF/450V	16728(4000)
				380						3μF/550V	12540、14638(3000、3500)
YYK-250-4	250	50	60	380	1300	1100	0.63	1.2	52	3μF/550V	20900(5000)

注：括号中数据单位为kcal/h。

表 5-30　YYEP、YYK、YYKF 型空调用风扇电动机安装及外形尺寸

型号	地脚螺钉距离/mm		轴径（双向）	外形尺寸/mm		
	轴向	径向		长	宽(外径)	高
10 YYEP-15-6D 25			14	470	ϕ145	
YYK-30-6Z	80	100	12	210	134	138
YYK-40-4D			12	488	ϕ135	
YYK-60-4D			11	202	ϕ135	
YYK-80-4	70	180	12	238	210	165
YYK-100-4D			15	275	ϕ135	
YYK-100-6D			12	302	ϕ130	
YYK-100-6Gb			12	270	ϕ188	
YYK-120-4	80	100	14	201	132	140
YYKF-120-4	70	180	12	265	210	180
YYK-250-4	70	180	12	330	210	180

YYKF-120-4 型空调器用风扇电动机铁芯及绕组数据见表 5-31、表 5-32。

表 5-31　YYKF-120-4 型空调风扇电动机铁芯数据

项目	外径/mm	叠厚	槽数	气隙
定子铁芯	ϕ139.8	40±1	36	0.3
转子铁芯	ϕ182		44	

表 5-32　YYKF-120-4 型空调风扇电动机绕组数据

额定电压	绕组类型	跨距	L/mm	Y/mm	R/mm	线径/mm	匝数
220V	主绕组	1～9	68	76	8	ϕ0.42	139
		2～8	58	56	5		123
		3～7	50	38	3		88
	副绕组Ⅰ	3～8	50	42	3	ϕ0.31	88
		2～9	58	58	5		220
		1～10	68	76	8		280
	副绕组Ⅱ	2～9	58	58	5	ϕ0.31	220
		3～8	50	42	3		88
	调速绕组	1～9	68	76	8	ϕ0.42	35
		2～8	58	56	5		31
		3～7	50	38	3		24
380V	主绕组	1～9	68	76	8	ϕ0.33	227
		2～8	58	56	5		198
		3～7	50	38	3		143
	副绕组Ⅰ	3～8	50	42	3	ϕ0.29	175
		2～9	58	58	5		207
		1～10	68	76	8		216
	副绕组Ⅱ	2～9	58	58	5	ϕ0.29	207
		3～8	50	42	3		175
	调速绕组	1～9	68	76	8	ϕ0.29	58
		2～8	58	56	5		50
		3～7	50	38	3		36

注：220V 及 380V 绕组所用电磁线均为 QZ-2 聚酯漆包线，绝缘等级为 E 级。

风扇用电动机不运转的原因及检查方法见表 5-33。

表 5-33　风扇用电动机不运转的原因及检查方法

原因	检查部位和检查方法
转换开关故障	运转开关的机械结构不良或不能转动。用直流电阻表测量转换开关 0-1、0-2、0-3、0-4 的端子间是否导通
电扇电动机的线圈断路	测电扇电动机的引线间是否导通
电容器不良	转动开关使电容器不接入回路，用手拨动风叶后电动机能旋转（电容器接入后不运转时）为电容器不良
风扇叶不平衡	用手拨动电扇叶轮，检查动平衡性
轴承内缺润滑油	拨动风叶后，即将开关接通，从声音上判断：缺油时声音较大；严重缺油时引起轴套磨损，有异音
电动机线圈烧毁或短路	电流过大，引线发热

五、洗衣机用电动机

1. 洗衣机用电动机技术数据

洗衣机用电动机技术数据见表 5-34。

表 5-34　洗衣机用电动机技术数据

电动机型号	额定电压/V	额定输出功率/W	额定电流/A	额定转速/(r/min)	外形尺寸(长×宽×高)/mm	质量/kg	电容/μF	用途
XDC-X-2	220	85	1.1	1350	200×120×179	3.65	8.5	洗涤
XDC-T-2		20	0.6		192×160×137	2.25	8	脱水
JXX-90B		90	1.1	1400	190×126×155	3.6	8	洗涤
XD-90		90	0.9	1400	190×130×170	4.3	8	洗涤
XD-120		120	1.0		190×130×180	4.9	10	
XD-180		180	1.5		190×130×190	6.3	12	
XD-250		250	1.8		190×130×210	7.7	16	

注：电容器的额定电压为交流 450V。

2. 洗衣机用电动机铁芯及绕组数据

洗衣机用电动机铁芯及绕组数据见表 5-35。

表 5-35　洗衣机用电动机的铁芯及绕组数据

电动机型号	额定输出功率/W	定子铁芯/mm			槽数		气隙/mm	主绕组				副绕组			
		外径	内径	长度	定子	转子		线径	槽节距	匝数	电阻值(20℃)/Ω	线径	槽节距	匝数	电阻值(20℃)/Ω
XDC-X-2	85	方形 101×101	68	39	24	34	0.35	0.38	1～6	170	33.7	0.35	4～9	170	38.8
									2～5	80			5～8	80	
XDC-T-2	20			19				0.25	1～6	310	109.2	0.19	4～9	455	276
									2～5	150			5～8	225	

电动机型号	额定输出功率/W	定子铁芯/mm			槽数		气隙/mm	主绕组				副绕组			
		外径	内径	长度	定子	转子		线径	槽节距	匝数	电阻值(20℃)/Ω	线径	槽节距	匝数	电阻值(20℃)/Ω
JXX-90B	90	方形 124×124	80	25	24	34	0.20	0.41	1～7	107	37	0.41	4～10	107	37
									2～6	214			5～9	214	
XD-90	90	方形 120×120	70	30	24	22	0.30	0.42	1～6	220	32	0.42	4～9	220	32
									2～5	110			5～8	110	
XD-120	12			35				0.45	1～6	161	24.8	0.45	4～9	161	24.8
									2～5	118			5～8	118	
XD-180	180			45				0.53	1～6	160	18.5	0.53	4～9	160	18.5
									2～5	80			5～8	80	
XD-250	250			60				0.56	1～6	96	12.5	0.56	4～9	96	12.5
									2～5	69			5～8	69	
XD-90	90	方形 107×107	65	35	24	30	0.30	0.38	1～6	200	38.4	0.38	4～9	200	38.4
									2～5	100			5～8	100	
XD-120	120			40				0.46	1～6	176	27	0.41	4～9	176	27
									2～5	88			5～8	88	

注：1. 相同型号的电动机铁芯及绕组数据，会因制造厂不同或制造时间不同而有差异，表中所列数据仅供维修参考。

2. XDC-X-2、XDC-T-2 型电动机绕组展开图见图 5-44，JXX-90B 型电动机绕组展开图见图 5-45。

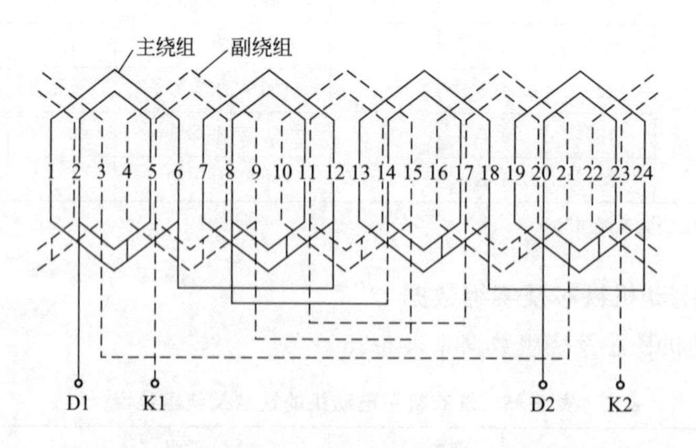

图 5-44　XDC-X-2、XDC-T-2 电动机绕组展开图

注：1. 主绕组：节距 1～6 位于大槽在底层，节距 2～5 位于中槽；副绕组：节距 4～9 位于小槽在面层，节距 5～8 位于中槽。

2. 洗衣电动机“D1”与“K1”连接后作为“0”端，脱水电动机“D2”与“K2”连接后作为“0”端。

3. XDL、XDS 型洗衣机用电动机技术数据

XDL、XDS 型洗衣机用电动机技术数据见表 5-36。

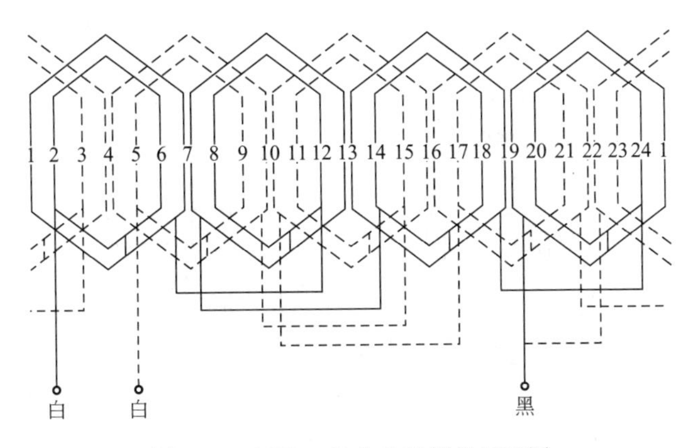

图 5-45　JXX-90B 电动机绕组展开图

表 5-36　XDL、XDS 型洗衣机用电动机技术数据

型号		XDL-90 XDS-90	XDL-120 XDS-120	XDL-180 XDS-180	XDL-250 XDS-250
额定功率/W		90	120	180	250
额定电压/V		220	220	220	220
额定频率/Hz		50	50	50	50
满载时	电流/A	0.88	1.1	1.54	2.0
	转速/(r/min)	1370	1370	1370	1370
	效率/%	49	52	56	59
	功率因数	0.95	0.95	0.95	0.95
定子铁芯/mm	外径	107	107	107	107
	内径	68	68	68	68
	长度	34	40	50	52
气隙长度/mm		0.35	0.35	0.35	0.35
槽数	定子	24	24	24	24
	转子	34	34	34	34
每套定子绕组	线径/mm	0.35	0.38	0.45	0.50
	每极匝数	296	253	195	156
	半匝平均长/mm	108.5	114.5	124.5	136.5
	绕组节距	1～7,2～6	1～7,2～6	1～7,2～6	1～7,2～6
堵转电流/A		2.0	2.5	4.0	5.5
堵转转矩/额定转矩		0.95	0.9	0.8	0.7
最大转矩/额定转矩		1.7	1.7	1.7	1.7
电容器容量/μF		8	9	12	16

注：定子有两套绕组，其线径、匝数、节距完全相同。电动机采用 E 级绝缘。

4. XDL、XDS 型洗衣机用电动机的外形和安装尺寸

XDL、XDS 型洗衣机用电动机的外形和安装尺寸见图 5-46 和表 5-37。

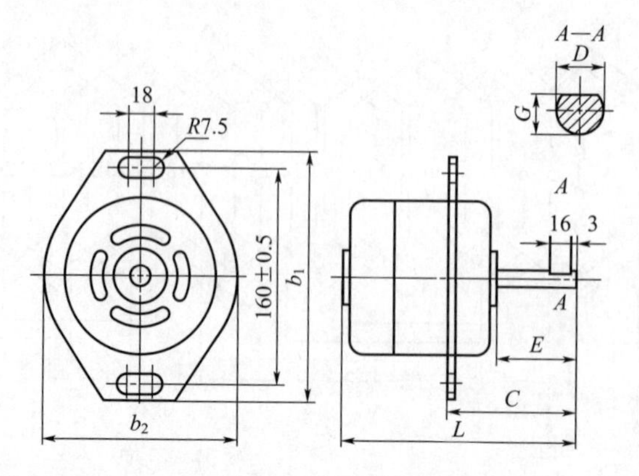

图 5-46　XDL、XDS 型洗衣机用电动机的外形和安装图

表 5-37　XDL、XDS 型洗衣机用电动机安装及外形尺寸　　单位：mm

型号	安装尺寸				外形尺寸		
	D	E	C	G	b_1	b_2	L
XDL-90	10	≥40	94±2	8	200	150	170
XDL-120	12			10.5			180
XDL-180	12						190
XDL-250							210
XDS-90	10	≥40	85±2	8	200	150	170
XDS-120	12			10.5			180
XDS-180	12						190
XDS-250							210

六、吸尘器用电动机

吸尘器用驱动电动机，要求其转速高（13000～25000r/min）、转矩大、体积小。一般选用单相串励电动机，电动机与风机组合成一体，称电动风机，是真空吸尘器的关键部件。

1. 吸尘器用单相串励电动机及电动风机数据

吸尘器用单相串励电动机及电动风机数据见表 5-38。

表 5-38　吸尘器用单相串励电动机及电动风机数据

电动机额定数据				电动风机性能						电动风机外形尺寸（外径×长）/mm
输入功率/W	电压/V	频率/Hz	转速/(r/min)	效率/%	功率因数	最大真空度/Pa	最大风量/(m³/min)	噪声声压级/dB(A)	换向火花等级	
500	220	50	22000	34	0.95	14710	2.2	95	≤1½	φ134×122
620			22500	32.3		15690	2.23	95		φ134×122
800			23000	31.5		17652	2.4	95		φ146×125
1000			21500	35		18730	3.1	98		φ146×132

2. 吸尘器用电动机的绕组数据

快乐牌吸尘器用电动机的绕组数据见表 5-39，400W 和 800W 电动机的电枢绕组展开图见图 5-47 和图 5-48。

表 5-39 吸尘器用电动机绕组数据（220V，50Hz）

功率/W		200	400	600	800
电枢磁极	电枢槽数	10	12	12	12
	换向器片数	20	36	24	24
	每槽导体数	50×4	22×6	23×4	17×4
	每只线圈匝数	50	22	23	17
	线圈跨距(槽)	1～5	1～6	1～6	1～6
	线径/mm	0.21	0.38	0.38	0.47
	线径/mm	0.31	0.53	0.53	0.67
	线圈只数	2	2	2	2
	每只线圈匝数	330	190	160	136
	线模尺寸/mm		43×51	44×34	45×40

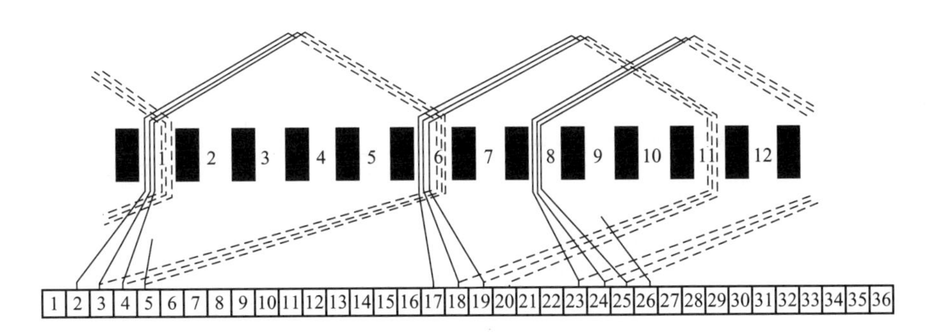

图 5-47 400W 电动机电枢绕组展开图

注：图中虚线为下层线圈，实线为上层线圈，以下同

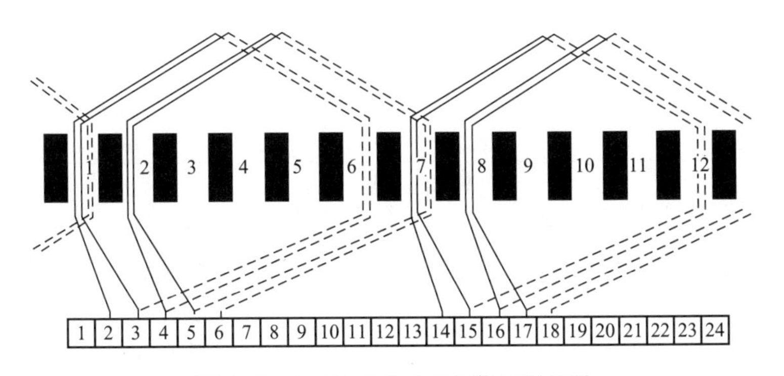

图 5-48 800W 电动机电枢绕组展开图

3. 电动机绕组的重绕

(1) 磁场绕组的重绕

磁场绕组是根据电源电压、转速、电动机功率大小来设计的。磁场绕组如损坏应按照原有匝数、线径重绕。磁场绕组在绕线机上绕好，取下后用黄蜡绸四周包扎，然后嵌入铁芯内。磁场绕组接线后应进行 1000V 耐压试验，然后浸漆烘干。

(2) 电枢绕组的重绕

在拆除电枢绕组时，先把电枢烘热到 180℃以上，待线圈软化后立即拆除。在拆除绕组时，应记录绕组节距、线径、线圈匝数以及与线圈引出线相连接的换向片位置等数据。

电枢绕组根据铁芯槽数与换向器片数的比例，每槽可有 1 个、2 个或 3 个线圈。在每绕完一个线圈时，要将导线做成一个引线圈作为绕组引出线，然后再绕下一个线圈。如果每槽有 2 个或 3 个线圈，相应地每槽引线圈也有 2 个或 3 个，并以长短加以区分，这样可便于辨别每槽中线圈的次序，以免在与换向片连接时搞错位置。

电枢在浸漆前应进行耐压及有无短路等试验，然后浸漆烘干。

换向器表面的粗糙度 $Ra<1.25\mu m$。云母应下刻低于铜片 0.5mm。

在电动机总装之前，电枢应做超速试验并在动平衡机上校验动平衡。

七、电吹风机用电动机

常用的电吹风机用电动机有罩极式、交流串励式和直流永磁式三种。国内目前品牌繁多的电吹风机，其所用电动机技术数据列于表 5-40。若干国产可用于电吹风机的电动机如表 5-41 所示。电吹风机（电动机）常见的故障与维修方法见表 5-42。

表 5-40　各种品牌电吹风机用电动机的性能规格

产地	广州	广州	广州	上海	上海					
吹风机牌号	三角牌 HD-450A	三角牌 HD-450	幸福牌	万里牌		638 型	642 型	636 型	604 型	782 型
电动机形式	罩极式	串励式	永磁式	罩极式	串励式	二极罩极电动机	二极罩极电动机	串励式	串励	直流串励
规格/W	450	450	350	450	550	550	450	450	450	550
电动机输入功率/W	24	22.5	10.8	25	29	24	25	29	28	6
电动机电流/mA	150	110	600	160	150	260	160	150	150	300
电压/V 频率/Hz						220 50	220 50	220 50	220 50	直流
转速/(r/min)	2800	14500	8800	2500	3500	2500	2500	3500	3500	5000
轴承						5804	5804	5804	5804	
轴径×轴伸长/mm	4×18	3.2×6	2×50	4×20	4×14	4×20	4×20	4×14	4×14	2.5×10
气隙/mm	0.25	0.25	0.25	0.30	0.30	0.30	0.30	0.30	0.30	0.35
绝缘等级	E	E	E	E	E	A	E	E	E	E
定子线径/mm	0.14	0.10		0.15	0.11	0.21	0.15	0.11	0.12	
定子绕组匝数×线圈线	1700×2	1800×2		1600×2	1300×2	2300×1	1600×2	1300×2	1200×2	永磁 (700～800T)
罩极铜棒/mm	2			2.34		ϕ2.3×53.5	ϕ2.34 (两根)			
铁芯长度/mm	20.5	16	13	19	24	18	19	24	20	14
转子线径/mm	2.8	0.08	0.12	2.64	0.09	ϕ2.34	2.64	0.09	0.09	0.13
转子绕组匝数×线圈线		450×8 (1～4)	210×3 (1～2)		300×8 (1～4)			300×8 (1～4)	250×8 (1～4)	510×3
转子端环/mm	0.75×2					0.75×2	0.75×2			
转子斜槽数	1			1		1	1			
碳刷规格		DS4.3×4.3×8	DS2.5×2.5×6		DS2.5×2.5×5			DS8.3×4.5	DS8.3×4.5	2.5×2×2.5
电热丝径/mm	0.27	0.25	0.27	0.27	0.27					
电热丝电阻/Ω	115	120	140	105	105					

表 5-41 可用于电吹风机的电动机性能规格

型号	电压/V		空载		额定负载				
	使用范围	额定值	转速 /(r/min)	电流/A	转速 /(r/min)	电流/A	转矩 /mN·m	输出功率 /W	效率/%
28ZY0201	6～18	12	13000	0.25	10000	0.85	4.91	5.14	51.6
28ZY0202	6～18	18	20000	0.28	15800	1.05	6.57	10.88	57.6
28ZY0301	12～26	18	8500	0.09	6500	0.23	2.94	2.0	48.3
28ZY0302	12～26	24	11500	0.10	8700	0.28	3.73	3.4	3.4
ZYT D24-130	1.5～3	1.5	5000	0.19	3000 2200	0.6 0.75	0.98 1.47	0.31 0.339	
		3	11000	0.23	8500 7500	0.65 0.82	0.98 1.47	0.88 1.15	
ZYT 24-01	3～4.5	3	5000	0.28	4000 3500	0.55 0.65	0.98 1.47	0.41 0.54	
		4.5	7000	0.38	6500 6000	0.9 1.0	1.96 2.94	1.33 1.85	
ZYT 24-02	3～4.5	3	8500	0.36	8300 8000	0.75 0.9	0.98 1.47	0.85 1.23	
		4.5	14000	0.42	11000 10000	0.7 0.85	1.96 2.94	2.26 3.08	
ZYT 28-5C	12～28	15	15000	0.27	10000 8000	0.75 0.95	4.91 6.87	5.13 5.75	
		18	18000	0.3	12000 10000	0.86 1.0	4.91 6.87	6.16 7.18	
ZYT 28-A1	6～9	6	9000	0.27	7000	0.75	2.94	2.15	
		9	13000	0.29	11000 10000	0.8 0.95	2.94 3.92	3.39 4.1	
ZYT 28-A2	6～9	6	11000	0.35	7000	0.65	2.94	2.15	
		9	17000	0.4	13000	1.2 1.4	2.94 3.92	4.0 4.92	
28-B1	4.5～6	6	8000	0.3	6000	0.9	2.94	1.85	

表 5-42 电吹风机（电动机）常见故障及维修

型式	故障情况	产生原因	维修方法
交流串励式	无冷热风	按钮开关弹簧片不灵或烧蚀	用镊子调整弹簧片弹压力的位置，并用少量酒精、汽油或丙酮等清洗触点；如弹簧片烧蚀过量，则需更换
	有冷风而无热风	热元件开关弹簧片组接触不良，或发热线断路	用上述办法处理弹簧片组，或更换发热丝；检查发热支架上的接触铜套是否接触不良
	发热元件正常但无冷热风	电枢不转，炭刷接触不良；换向器沾满炭粉拉弧，电容短路	检查串励回路有无断路或短路；电刷是否严重磨损，如炭刷太短应更换；用金相砂纸轻轻打磨换向器，使它保持光亮，或用酒精、汽油清洗抹净，更换电容器
	发热元件正常，但吹风量不足，电枢转速不正常	电枢绕组短路或部分断路	测量电枢各绕组电阻值是否相等，如过小则属于短路；如过大则为断路，需要换电枢
		含油轴承磨损或失油	如轴与轴承有明显间隙，应更换同类型轴承，并注入适量优质机油

续表

型式	故障情况	产生原因	维修方法
交流感应式	无冷热风	与串励式相同	维修方法与串励式基本相同
		电动机卡住	重新装配电动机，并调整紧固螺钉，确保电动机定子内孔与转子间的气隙均匀
		含油轴承磨损或失油	用手轻摇轴与轴承，如有明显的响声或空隙，应更换同类型轴承，并注入适量的优质机油
		罩极线圈接口松脱	用电烙铁把接口重新焊牢
		转子短路环与导条铆接不牢固	用冲头把铆钉加固
永磁式	无冷热风	开关弹簧片接触不良或烧蚀	与串励式电吹风方法相同
		过载弹簧片失灵	经调整多次仍失灵者，可将其直接短路或拆除；或重新装配新弹簧片
	发热元件正常但没有热风	整流元件断路	用欧姆电表测量整流元件的正反向电阻是否正常（如果是全波整流元件，应将元件拆开分别测量），若是元件损坏，可用 2CP 二极管更换，但要选用体积较小的，并注意它的极性，以防反接
	发热元件正常但没有热风	绕线转子损坏	用 6V 直流电源或用 4 节 5 号干电池接在电动机引线两端（注意极性不要接错）测试电动机是否工作，如电动机能转动，但转速不正常，可能是磁场失磁；如电动机完全不转，表明绕线转子有断路，应拆下重绕
		永磁铁失磁	更换磁铁或重新充磁

第六章

变压器

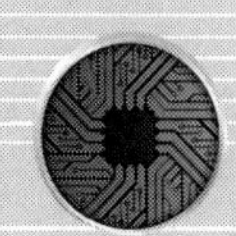

第一节 概 述

变压器是一种常见的电气设备，在电力系统和电子线路中应用广泛。

在输电方面，当输送功率 $P=UI\cos\varphi$ 及负载功率因数 $\cos\varphi$ 为一定时，电压 U 愈高，则线路电流 I 愈小。这不仅可以减小输电线的截面积，节省材料，同时还可减小线路的功率损耗。因此在输电时必须利用变压器将电压升高。在用电方面，为了保证用电的安全和合乎用电设备的电压要求，还要利用变压器将电压降低。

在电子线路中，除电源变压器外，变压器还用来耦合电路，传递信号，并实现阻抗匹配。

此外，尚有自耦变压器、互感器及各种专用变压器（用于电焊、电炉及整流等）。变压器的种类很多，但是它们的基本构造和工作原理是相同的。

一、变压器分类及型号

1. 变压器的分类

① 按用途分类，有电力变压器、电炉变压器、整流变压器、电焊变压器、试验变压器、调压变压器、电抗器和互感器等。

② 按电源输出相数分类，有单相变压器、三相变压器。

③ 按冷却介质分类，有干式变压器、油浸式变压器及充气式变压器。

④ 按冷却方式分类，有油浸自冷式变压器、油浸风冷式变压器、油浸强迫油循环风冷却变压器、油浸强迫油循环水冷却变压器及干式变压器。

⑤ 按绕组数量分类，有双绕组变压器、三绕组变压器及自耦变压器。

⑥ 按调压方式分类，有无励磁调压变压器、有载调压变压器。

⑦ 按铁芯结构分类，有芯式变压器、壳式变压器。

⑧ 按中性点绝缘水平分类，有全绝缘变压器、分级绝缘变压器。

⑨ 按导线材料分类，有铜导线变压器、铝导线变压器。

2. 变压器的型号

变压器哪种分类也包含不了变压器的全部特征，在产品型号中往往要把所有主要的特征表达出来，因此变压器产品型号表示方法如下：

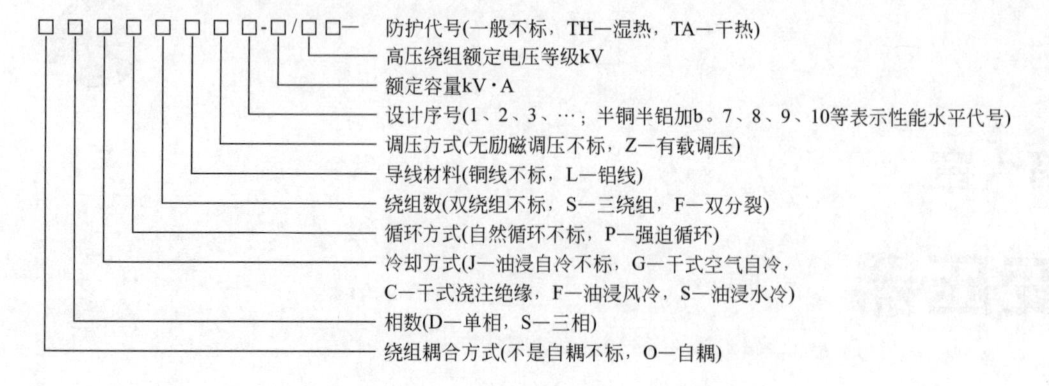

电力变压器产品型号字母排列顺序及含义见表6-1。

表6-1 电力变压器产品型号字母排列顺序及含义

序号	分类	含义	代表的字母	序号	分类	含义	代表的字母
1	绕组耦合方式	独立 自耦	— O	5	油循环方式	自然循环 强迫油循环 强油导向	— P D
2	相数	单相 三相	D S	6	绕组数	双绕组 三绕组 双分裂绕组	— S F
3	绕组外绝缘介质	变压器油 空气(干式) 气体 成形固体	— G Q C	7	调压方式	无励磁调压 有载调压	— Z
4	冷却装置种类	自冷式 风冷式 水冷式	— F S	8	绕组导线材料	铜 铝	— L

在特殊环境使用的新产品应在产品的基本形式后面加上防护类型代号，见表6-2。

表6-2 特殊环境使用的产品型号代号

特殊环境使用	代表的字母	特殊环境使用	代表的字母
船舶用 高原地区用 污秽地区保护用	CY GY WB	干热带地区用 湿热带地区用	TA TH

电力变压器产品型号举例：

S9-10000/35表示三相油浸自冷双绕组铜导线、第9系列设计、额定容量10000kV·A、高压额定电压等级为35kV的电力变压器。

OSFPSZ-150000/220表示自耦三相强迫油循环风冷三绕组铜导线有载调压、额定容量为150000kV·A、高压额定电压等级为220kV的电力变压器。

二、变压器主要技术参数

1. 额定容量S_N

额定容量是指在额定工作条件下所能传输的视在功率，以额定电压和额定电流的乘积表示，单位为千伏安（kV·A）。对三相变压器而言，其额定容量为三相容量之和。

2. 额定电压 V_N

原边额定电压指原边正常时所外加的电源电压；而副边额定电压是指原边施加额定电压时，副边绕组开路时副边的端电压。对三相变压器而言，额定电压是指线电压。

3. 额定电流 I_N

在额定容量及额定电压（原、副边）条件下的原、副边电流，对三相变压器而言，指的是线电流。

表 6-3 为额定容量、额定电压、额定电流之间关系的数据。

表 6-3　三相变压器额定容量、额定电压和额定电流

电压/V 电流/A 容量/kV·A	400 231	3000 1732	3150 1819	3300 1905	6000 3464	6300 3637	6600 3811	10000 5774
20	28.9 16.7	3.85 2.22	3.67 2.12	3.5 2.02	1.92 1.11	1.83 1.06	1.75 1.01	1.16 0.67
30	43.3 25	5.77 3.33	5.5 3.17	5.25 3.03	2.89 1.67	2.75 1.59	2.63 1.32	1.73 1
40	57.7 33.3	7.7 4.44	7.33 4.23	7 4.04	3.85 2.22	3.67 2.12	3.5 2.02	2.31 1.33
50	72.2 41.7	9.62 5.56	9.17 5.29	8.75 5.05	4.81 2.78	4.58 2.65	4.37 2.53	2.89 1.67
63	90.9 52.5	12.1 7	11.6 6.67	11 6.36	6.06 3.5	5.77 3.33	5.51 3.18	3.64 2.1
80	115.5 66.7	15.4 8.89	14.7 8.47	14 8.08	7.7 4.44	7.33 4.23	7 4.04	4.62 2.67
100	144.3 83.3	19.2 11.1	18.3 10.6	17.5 10.1	9.62 5.55	9.17 5.29	8.75 5.05	5.77 3.33
125	180.4 104.2	24.1 13.9	22.9 13.2	21.9 12.6	12 6.94	11.5 6.62	10.9 6.31	7.22 4.17
160	230.9 133.4	30.8 17.8	29.3 16.9	28 16.2	15.4 8.89	14.7 8.47	14 8.08	9.24 5.33
200	288.7 166.8	38.5 22.2	36.7 21.2	35 20.2	19.2 11.1	18.3 10.6	17.5 10.1	11.6 6.67
250	360.8 208.4	48.1 27.8	45.8 26.5	43.7 25.3	24.1 13.9	22.9 13.2	21.9 12.6	14.4 8.33
315	454.7 262.5	60.6 35	57.7 33.3	55.1 31.8	30.3 17.5	28.9 16.7	27.6 15.9	18.2 10.5
400	577.4 333.3	77 44.4	73.3 42.3	70 40.4	38.5 22.2	36.7 21.2	35 20.2	23.1 13.3
500	721.6 416.7	96.2 55.6	91.7 52.9	87.6 50.5	98.1 27.8	45.8 26.5	43.7 25.3	28.9 16.7
630	909.3 525	121.3 70	115.5 66.7	110.2 63.6	60.6 35	57.7 33.3	55.1 31.8	36.4 21

续表

容量/kV·A \ 电流/A \ 电压/V	400 231	3000 1732	3150 1819	3300 1905	6000 3464	6300 3637	6600 3811	10000 5774
800	1154.7 677.2	154 88.9	146.6 84.7	140 80.8	77 44.4	73.3 42.3	70 40.4	46.2 26.7
1000	1443 8334	192.4 111.1	183.3 105.8	175 101	96.2 55.5	91.7 52.9	87.5 50.5	57.7 35.3
1250	1804 1042	240.6 138.9	229.1 132.3	218.7 126.3	120.3 69.4	144.6 66.2	109.4 63.1	72.2 41.7
1600	2310 1334	301.9 177.8	293.3 169.3	280 161.6	154 88.9	146.6 84.7	140 80.8	92.4 53.3

容量/kV·A \ 电流/A \ 电压/V	10500 6062	11000 6351	35000 60290	38500 22230	44000 25404	60000 34640	63000 36370	66000 38110	69000 39838
20	1.1 0.64	1.05 0.61							
30	1.65 0.95	1.58 0.91							
40	2.2 1.27	2.1 1.21							
50	2.75 1.59	2.62 1.52	0.83 0.48	0.75 0.43					
63	3.47 2	3.31 1.91	1.04 0.6	0.95 0.55					
80	4.4 2.54	4.2 2.92	1.32 0.76	1.2 0.69					
100	5.5 3.18	5.25 3.03	1.65 0.95	15 0.87	1.31 0.76				
125	6.87 3.97	6.56 3.79	2.06 1.19	1.88 1.08	1.64 0.95				
160	8.8 5.08	8.4 4.85	2.64 1.52	2.4 1.39	2.1 1.21				
200	11 6.35	10.5 6.06	3.3 1.91	3 1.73	2.63 1.52				
315	17.3 10	16.5 9.55	5.2 3	4.73 2.73	4.14 2.39				
400	22 12.7	21 12.1	6.6 3.81	6 3.46	5.25 3.03				
500	27.5 15.9	26.2 15.2	8.25 4.76	7.5 4.33	6.56 3.79				
630	36.7 20	33.1 19.1	10.4 6	9.45 5.47	8.27 4.78	6.06 3.5	5.77 3.33	5.51 3.18	5.27 3.04
800	44 25.4	42 24.2	13.2 7.62	12 6.93	10.5 6.06	7.7 4.44	7.33 4.23	7 4.04	6.69 3.86

续表

电压/V 电流/A 容量/kV·A	10500	11000	35000	38500	44000	60000	63000	66000	69000
	6062	6351	60290	22230	25404	34640	36370	38110	39838
1000	55 31.8	52.5 30.3	16.5 9.53	15 8.66	13.1 7.57	9.62 5.55	9.17 5.29	8.75 5.05	8.37 4.83
1250	68.7 39.7	65.6 37.9	20.6 11.9	18.8 10.8	16.4 9.47	12 6.94	11.5 6.62	10.9 6.31	10.5 6.04
1600	88 50.8	84 48.5	26.4 15.2	24 13.9	21 12.1	15.4 8.89	14.7 8.47	14 8.1	13.4 7.73

电压/V 电流/A 容量/kV·A	3000	3150	3300	6000	6300	6600	10000	10500	11000	35000
	1732	1819	1905	3464	3637	3811	5774	6062	6351	20210
2000	384.9 222.2	366.6 211.7	350 202	192.4 111.1	183.3 105.8	175 101	115.5 66.7	110 63.5	105 60.6	33 191
2500	481.2 277.8	458.2 264.6	437.4 252.5	240.6 138.9	229.1 132.3	218.7 126.3	144.4 83.3	137.5 79.4	131.2 75.8	41.2 23.8
3150	606.2 350	577.4 333.3	551.1 318.2	303.1 175	288.7 166.7	275.6 159.1	181.9 105	173.3 100	165.3 95.5	52 30
4000	769.8 444.4	733.2 423.4	700 404.1	384.9 222.2	366.6 211.7	350 202	231 133.4	220 127	210 121.2	66 38.1
5000	962.3 555.5	916.5 529.2	874.8 505.1	481.2 277.8	458.2 264.6	437.4 252.5	288.7 166.7	275 157.9	262.4 151.5	82.5 47.6
6300	1212.5 700	1155 666.6	1102 636.4	606.2 350	577.4 333.3	551.1 318.2	363.8 210	346.4 200	330.7 191	104 60
8000	1539.7 888.8	1466 846.8	1400 808.2	769.8 444.4	733.2 423.4	700 404.1	461.9 268.7	440 254	420 242.1	132 76.2
10000	1924 1111	1833 1058	1750 1010	962 555	916.5 529	875 505	577.4 333.3	550 317.5	525 303	165 95.3
12500	2406 1389	2291 1323	2187 1263	1203 694	1146 662	1094 631	722 416.7	687 397	656 378.8	206.2 119
16000	3019 1778	2933 1693	2800 1616	1540 889	1466 847	1400 808	924 553.3	880 485	840 508	264 152.4
20000				1924 1111	1833 1058	1750 1010	1155 666.7	1100 635	1050 606	330 190.5
25000				2406 1389	2291 1323	2187 1263	1444 833.3	1375 794	2312 757.5	412.4 238
31500				3031 1750	2887 1667	2756 1591	1819 1050	1733 1000	1653 965	520 300
40000							2310 1334	2200 1270	2100 1212	660 381
50000							2887 1667	2750 1589	2624 1515	825 476
63000										1040 600

续表

电压/V 电流/A 容量/kV·A	38500 22230	44000 25404	60000 34640	63000 36370	66000 38110	69000 39838	110000 63510	121000 69860	154000 88910	169000 97575	22000 127020	242000 139720
2000	30 17.3	26.3 15.2	19.2 11.1	18.3 10.6	17.6 10.1	16.7 9.66	10.5	9.54				
2500	37.5 21.7	32.8 18.9	24.1 13.9	22.9 13.2	21.9 12.6	20.9 12.1	13.1	11.9				
3150	47.3 27.3	41.4 23.9	30.3 17.5	28.9 16.7	27.6 15.9	26.4 15.2	16.5	15				
4000	60 34.6	52.5 30.3	38.5 22.2	36.7 21.2	35 20.2	33.4 19.3	21	19.1				
5000	75 43.3	65.6 37.9	48.1 27.8	45.8 26.5	43.7 25.3	41.8 24.2	26.2	23.9				
6300	94.5 54.6	82.7 47.8	60.6 35	57.7 33.3	55.1 31.8	52.7 30.4	33.1	30.1	23.6	21.5		
8000	120 69.3	105 60.6	77 44.4	73.3 42.3	70 40.4	66.9 38.6	42	38.2	30	27.3		
10000	150 86.6	131.2 75.7	96.2 55.5	91.7 52.9	87.5 50.5	83.6 48.3	52.5	47.7	37.5	34.2		
12500	137.5 108.2	164 94.7	120.3 69.4	114.6 66.2	109.4 63.1	104.6 60.4	65.6	59.7	46.9	42.7		
16000	240 138.6	210 121.2	154 88.9	146.6 84.7	140 80.8	133.9 77.3	84	76.4	60	54.7		
20000	300 173.2	262.5 151.5	192.4 111.1	183.3 105.8	17.5 101	167.2 96.6	105	95.4	75	68.3	52.5	47.7
25000	375 216.5	328 189.4	241 138.9	229.1 132.3	218.7 126.3	209.1 120.8	131.2	119.3	93.7	85.4	65.6	59.7
31500	472.5 272.8	413.5 238.8	303.1 175	288.7 166.7	275.6 159.1	263.5 152.2	165.3	150.3	118.1	107.6	82.7	75.2
40000	600 346.4	525 303	384.9 222.2	366.6 211.7	350 202	334.4 193.1	210	190.9	150	136.7	105	95.4
50000	750 433	656 379	481.2 277.8	458.2 264.6	437.4 252.5	418.2 241.5	262.4	238.7	187.5	170.8	131.2	119.3
63000	945 545.6	827 477.5	606.2 350	577.4 333.3	551.1 318.2	527 304.3	330.7	300.6	236.2	215.2	165.3	150.3

4. 额定频率 f_N

变压器在设计时所规定的运行频率叫额定频率 f_N，单位为赫兹 Hz 或周/秒（r/s）。

5. 阻抗电压 V_D

阻抗电压又称短路电压。对双绕组变压器来说，当一个绕组接成短路时，在另一个绕组中为产生其额定电流所需要施加的电压，称为阻抗电压，或称短路电压。阻抗电压常以额定电压的百分数来表示。阻抗电压值的大小，在变压器运行中有着重要的意义，是通常用来考虑短路电流和继电保护的依据。

6. 空载损耗 P_0

当以额定频率的额定电压施加于一个绕组的端子上时，而其余各绕组的端子均开路时所吸收的有功功率，叫作变压器的空载损耗 P_0，以 W 或 kW 表示。

7. 空载电流 I_0

当变压器的一绕组施加额定频率的额定电压而其余各绕组开路时流经该绕组线路端子的电流叫作空载电流 I_0。空载电流常用额定电流的百分数来表示。

8. 短路损耗 P_k

对双绕组变压器来说，当额定电流流经一个绕组的线路端子而另一个绕组端子接成短路时，在额定频率下所吸取的有功功率，叫作短路损耗 P_k（或称负载损耗），以 W 或 kW 表示。

9. 变压器的其他特性

(1) 温升

变压器的温升一般是指变压器的上层变压器油温。温度表测得的上层变压器油温，减掉环境温度，就是变压器的温度温升大小，直接反映变压器负荷电流、电压等的变化情况和变压器内部状态。所以对温升的额定值规定，是保证变压器正常运行和使用寿命的一个重要特性。

我国规定标准环境为＋40℃，则油浸式变压器 A 级绝缘绕组的最高允许温度为

$$40+65=105(℃)$$

变压器顶层油最高允许温度为

$$40+55=95(℃)$$

(2) 绝缘水平

变压器的绝缘水平，决定了变压器的最高施加电压。变压器最高相间电压有效值就是绕组的最高电压。变压器绕组的绝缘水平就是按这一电压的绝缘强度来设计的。

(3) 过载能力

正常运行中，变压器应该可以在高峰负荷期间超过额定容量的能力，称为变压器的过载能力。

如果能够掌握变压器的昼夜负荷曲线，则可根据昼夜负荷曲线的负荷率和最大负荷持续时间 h（小时），来确定其允许负荷倍数。

第二节　变压器的结构原理及绕组连接

一、变压器基本原理

图 6-1 所示是变压器的原理图。为了便于分析，我们将高压绕组和低压绕组分别画在两边。与电源相连的称为原绕组（或称初级绕组、一次绕组），与负载相连的称为副绕组（或称次级绕组、二次绕组）。原、副绕组的匝数分别为 N_1 和 N_2。

当原绕组接上交流电压 u_1 时，原绕组中便有电流 i_1 通过。原绕组的磁通势 N_1i_1 产生的磁通绝大部分通过铁芯而闭合，从而在副绕组中感应出电动势。如果副绕组接有负载，那么副绕组中就有电流 i_2 通过。副绕组的磁通势 N_2i_2 也产生磁通，其绝大部分也通过铁芯而闭合。因此，铁芯中的磁通是一个由原、副绕组的磁通势共同产生的合成磁通，它称为主磁通，用 Φ 表示。主磁通穿过原绕组和副绕组而在其中感应出的电动势分别为 e_1 和 e_2。此处，原、副绕组的磁通势还分别产生漏磁通 $\Phi_{\sigma1}$ 和 $\Phi_{\sigma2}$（仅与本绕组相连），从而在各自的绕组中分别产生漏磁电动势 $e_{\sigma1}$ 和 $e_{\sigma2}$。

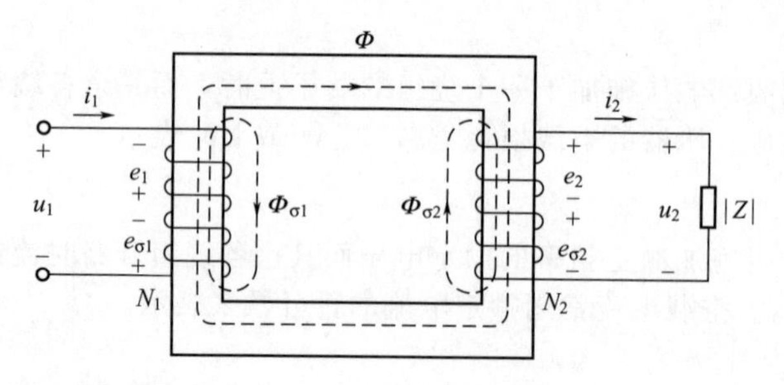

图 6-1　变压器的原理图

上述的电磁关系可表示如下：

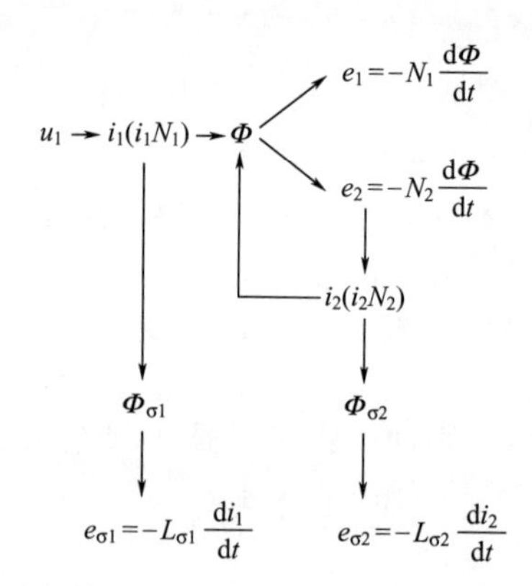

下面分别讨论变压器的电压变换、电流变换及阻抗变换。

1. 电压变换

根据基尔霍夫电压定律，对原绕组电路可列出电压方程，即

$$u_1+e_1+e_{\sigma1}=R_1i_1$$

或

$$u_1=R_1i_1+(-e_{\sigma1})+(-e_1)=R_1i_1+L_{\sigma1}\frac{di_1}{dt}+(-e_1)$$

通常原绕组上所加的是正弦电压 u_1。在正弦电压作用的情况下，上式可用向量表示：

$$\dot{U}_1=R_1\dot{I}_1+(-\dot{E}_{\sigma1})+(-\dot{E}_1)=R_1\dot{I}_1+jX_1\dot{I}_1+(-\dot{E}_1)$$

式中，R_1 和 $X_1=\omega L_{\sigma1}$ 分别为原绕组的电阻和感抗（漏磁感抗，则漏磁通产生）。

由于原绕组的电阻 R_1 和感抗 X_1（或漏磁通 $\Phi_{\sigma1}$）较少，因而它们两端的电压降也较小，与主磁电动势 E_1 比较起来，可以忽略不计，于是

$$\dot{U}_1\approx-\dot{E}_1$$

e_1 的有效值为

$$E_1=4.44fN_1\Phi_m\approx U_1$$

同理，对副绕组电路可列出

$$e_2+e_{\sigma2}=R_2i_2+u_2$$

或

$$e_2=R_2i_2+(-e_{\sigma2})+u_2=R_2i_2+L_{\sigma2}\frac{di_2}{dt}+u_2$$

如用向量表示，则为

$$\dot{E}_2=R_2\dot{I}_2+(-\dot{E}_{\sigma 2})+\dot{U}_2=R_2\dot{I}_2+jX_2\dot{I}_2+\dot{U}_2$$

式中，R_2 和 $X_2=\omega L_{\sigma 2}$ 分别为副绕组的电阻和感抗；$\dot{U}_2$ 为副绕组的端电压。

感应电动势 e_2 的有效值为

$$E_2=4.44fN_2\Phi_m$$

在变压器空载时

$$I_2=0, E_2=U_{20}$$

式中，U_{20} 是空载时副绕组的端电压。

由于原、副绕组的匝数 N_1 和 N_2 不相等，故 E_1 和 E_2 的大小是不等的，因而输入电压 U_1（电源电压）和输出电压 U_2（负载电压）的大小也是不等的。

原、副绕组的电压之比为

$$\frac{U_1}{U_{20}}\approx\frac{E_1}{E_2}=\frac{N_1}{N_2}=K$$

式中，K 称为变压器的变比，亦即原、副绕组的匝数比。可见，当电源电压 U_1 一定时，只要改变匝数比，就可得出不同的输出电压 U_2。

变比在变压器的铭牌上注明，它表示原、副绕组的额定电压之比，例如“6000V/400V”（$K=15$）。这表示原绕组的额定电压（即原绕组上应加的电源电压）$U_{1N}=6000V$，副绕组的额定电压 $U_{2N}=400V$。所谓副绕组的额定电压是指原绕组加上额定电压时副绕组的空载电压（对负载是固定的电源变压器，副绕组的额定电压有时是指额定负载下的输出电压）。由于变压器有内阻抗压降，所以副绕组的空载电压一般应较满载时的高压高 5%～10%。

要变换三相电压可采用三相变压器（图 6-2）。图中，各相高压绕组的始端和末端分别用 A、B、C 和 X、Y、Z 表示；低压绕组则用 a、b、c 和 x、y、z 表示。

图 6-3 所举的是三相变压器连接的两例，并示出了电压的变换关系。Y/Y_0 连接的三相变压器是供动力负载和照明负载共用的，低压一般是 400V，高压不超过 35kV；Y/△连接的变压器，低压一般是 10kV，高压不超过 60kV。

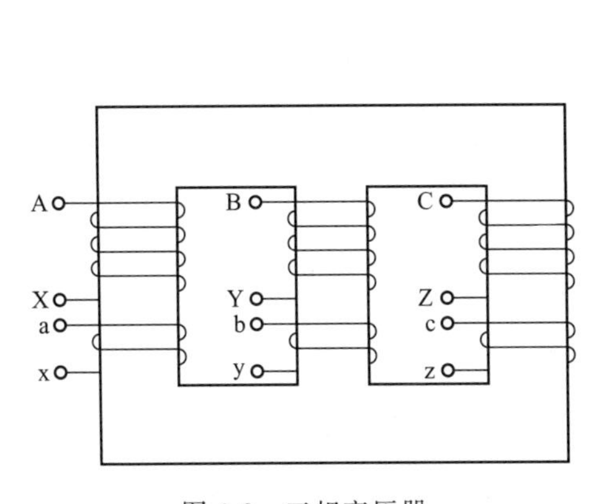

图 6-2　三相变压器

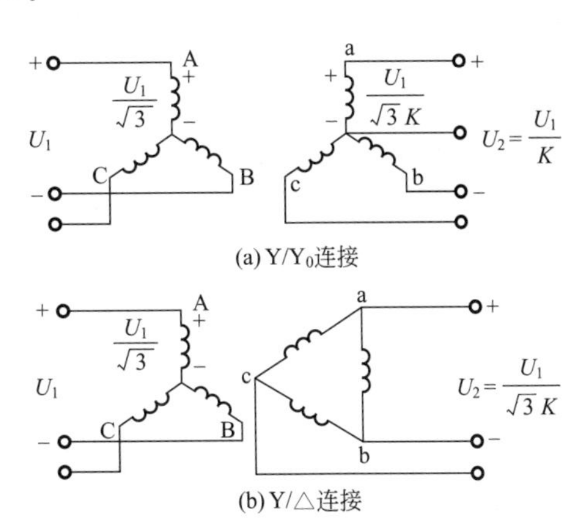

图 6-3　三相变压器的连接法举例

高压侧连接成 Y 形，相电压只有线电压的 $1/\sqrt{3}$，可以降低每相绕组的绝缘要求；低压侧连接成△形，相电流只有线电流的 $1/\sqrt{3}$，可以减小每相绕组的导线截面。

SL_7-500/10 是三相变压器型号的一例，其中，S——三相，L——铝线，7——设计序号，500——500kV·A，10——高压侧电压 10kV。

2. 电流变换

由 $U_1 \approx E_1 = 4.44 f N_1 \Phi_m$ 可见，当电源电压 U_1 和频率 f 不变时，E_1 和 Φ_m 也都近于常数。就是说，铁芯中主磁通的最大值在变压器空载或有负载时是差不多恒定的。因此，有负载时产生主磁通的原、副绕组的合成磁通势（$N_1 i_1 + N_2 i_2$）应该和空载时产生主磁通的原绕组的磁通势 $N_1 i_0$ 差不多相等，即

$$N_1 i_1 + N_2 i_2 \approx N_1 i_0$$

如用向量表示，则为

$$N_1 \dot{I}_1 + N_2 \dot{I}_2 \approx N_1 \dot{I}_0$$

变压器的空载电流 i_0 是励磁用的。由于铁芯的磁导率高，空载电流是很小的。它的有效值 I_0 在原绕组额定电流 I_{1N} 的 10%以内。因此 $N_1 i_0$ 与 $N_1 I_1$ 相比，常可忽略。

$$N_1 \dot{I}_1 \approx -N_2 \dot{I}_2$$

由上式可知，原、副绕组的电流关系为

$$\frac{I_1}{I_2} \approx \frac{N_2}{N_1} = \frac{1}{K}$$

上式表明变压器原、副绕组的电流之比近似等于它们匝数比的倒数。可见，变压器中的电流虽然由负载的大小确定，但是原、副绕组中电流的比值是差不多不变的；因为负载增加，I_2 和 $N_2 I_2$ 随着增大，而 I_1 和 $N_1 I_1$ 也必须相应增大，以抵偿副绕组的电流和磁通势对主磁通的影响，从而维持主磁通的最大值近于不变。

变压器的额定电流 I_{1N} 和 I_{2N} 是指按规定工作方式（长时连续工作或短时工作或间歇工作）运行时原、副绕组允许通过的最大电流，它们是根据绝缘材料允许的温度确定的。

副绕组的额定电压与额定电流的乘积称为变压器的额定容量，即

$$S_N = U_{2N} I_{2N} \approx U_{1N} I_{1N} \text{（单相）}$$

它是视在功率（单位是 V·A），与输出功率（单位是 W）不同。

3. 阻抗变换

上面讲过变压器能起变换电压和变换电流的作用。此处，它还有变换负载阻抗的作用，以实现“匹配”。

在图 6-4(a) 中，负载阻抗模 $|Z|$ 接在变压器副边，而图中的虚线框部分可以用一个阻抗模 $|Z'|$ 来等效代替。所谓等效，就是输入电路的电压、电流和功率不变。就是说，直接接在电源上的阻抗模 $|Z'|$ 和接在变压器副边的负载阻抗模 $|Z|$ 是等效的，两者的关系可通过下面计算得出。

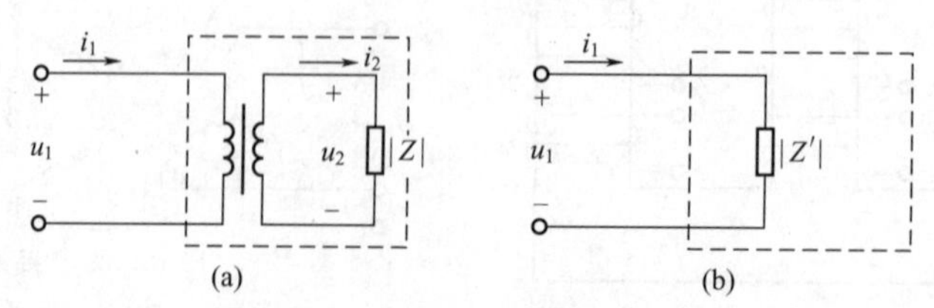

图 6-4 负载阻抗的等效变换

$$\frac{U_1}{I_1} = \frac{\frac{N_1}{N_2} U_2}{\frac{N_2}{N_1} I_2} = \left(\frac{N_1}{N_2}\right)^2 \frac{U_2}{I_2}$$

由图 6-4 可知

$$\frac{U_1}{I_1}=|Z'|, \quad \frac{U_2}{I_2}=|Z|$$

代入则得

$$|Z'|=\left(\frac{N_1}{N_2}\right)^2|Z|$$

匝数比不同，负载阻抗模$|Z|$折算到（反映到）原边的等效阻抗模$|Z'|$也不同。我们可以采用不同的匝数比，把负载阻抗模变换为所需要的、比较合适的数值。这种做法通常称为阻抗匹配。

二、变压器基本结构

变压器的一般结构如图 6-5 所示，它一般由闭合铁芯和高压、低压绕组等几个主要部分组成。

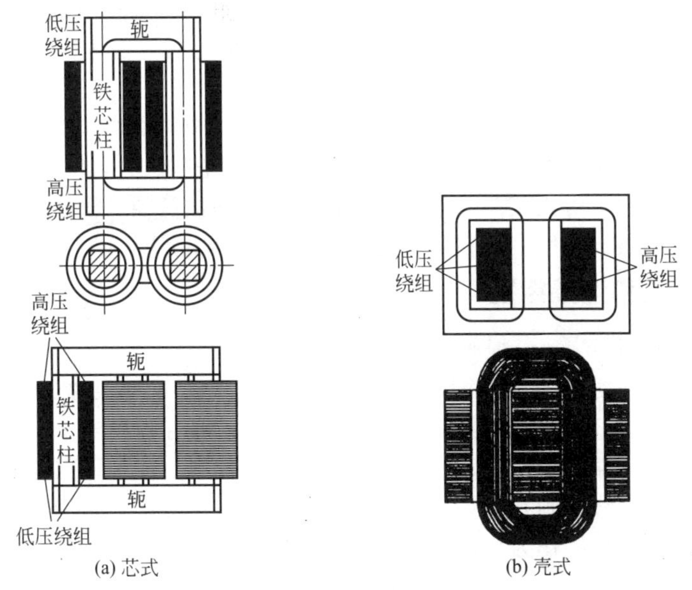

(a) 芯式　　(b) 壳式

图 6-5　变压器的结构

1. 铁芯结构

铁芯由铁柱和铁轭两部分组成。绕组套装在铁柱上，而铁轭则用来使整个磁路闭合。为了减少铁芯磁滞及涡流损耗起见，一般都采用 D41、D42、D43-0.35～0.5 热轧硅钢片及 D310、D320、D330 等冷轧硅钢片叠成，冷轧硅钢片在导磁性能与减少损耗方面都比热轧硅钢片好得多。

变压器铁芯一般采用交叠方式进行叠装，应使上层和下层叠片的接缝互相错开。

在微型变压器中，为了简化工艺，常采用叠片形状。互感器和单相小变压器（＜500W）还有采用长条冷轧硅钢片卷成的卷片式铁芯。

铁柱的断面形状必须从简化工艺和提高利用率两方面考虑。小型变压器可以采用正方形或长方形铁柱的断面。较大容量的变压器，为了充分利用绕组内圆的空间，铁柱断面常采用多级阶梯形。当铁柱直径大于 350mm 时，为了改善铁芯冷却，铁柱中放置油道。

铁轭的断面一般约比铁柱大 5%～10%，以便减少励磁安匝和铁损耗。断面形状有正方形、十字形、T 形和倒 T 形、多级阶梯形的同级阶梯形等。

2. 绕组结构

有同芯式和交叠式两种。多数电力变压器（1800kW 以下）都采用同芯式绕组，即一次侧与二次侧绕组套装在同一个铁柱上。为便于绝缘起见，一般低压侧的绕组放在里面，高压侧的绕组套在外面。但容量较大而电流也很大的变压器，由于低压绕组引出线的工艺困难，亦往往把低压侧放在高压侧的外面。交叠式绕组的高、低绕组是互相交叠放置的，为便于绝缘，一般最上和最下的二组绕组都是低压绕组。交叠式的主要优点是漏坑小，机械强度好，引线方便。大于 400kW 的电炉变压器绕组就是采用这样的布置。

同芯式绕组的结构简单，制造方便。按其绕组的绕制方式不同，同芯式绕组又分成圆筒式、螺旋式、分段式和连续式四种。不同的结构具有不同的电气、机械及热的特性。

圆筒式绕组的线匝沿高度（轴向）绕制，如螺旋形状。它制造工艺简单，但机械强度、轴向承受短路能力都较差，所以大多用在电压低于 500V、容量为 10～750kW 的变压器中。而多层圆筒式绕组，用在容量为 10～560kW，电压为 10kV 及以下的变压器中。

螺旋式绕组由若干并联导线沿径向平绕，轴向线匝间有油道，并具有较大的支撑面和冷却面，所以可应用在较大电流（300A 以上）的低压绕组中。为使并联导体电流均匀分配，在绕制过程中需进行换位。螺旋式绕组一般用在大于 1000kW，而不宜采用双层圆筒式绕组的变压器中。

分段式绕组是由若干个单独线段串成的。每个线段与圆筒式绕组相同，但比圆筒式机械强度好。因制造工艺复杂，一般用在每柱容量为 350kW 变压器的高压绕组中。

连续式绕组绕制中无焊接接头，端部支撑面大，冷却油道径、横通畅，所以机械强度较好，只是制造工艺复杂。一般宜用在容量为 750kW、电压为 6kV 以上的大、中型变压器中。

三、变压器的极性和连接组别

1. 变压绕组的极性

变压器铁芯中交变磁通在原、副绕组中产生的感应电动势是交变的，并没有固定的极性。这里所说的极性，是指原、副绕组的相对极性，也就是在原绕组的某一端瞬时电位为正时，副绕组也同时有一端为正。这两个对应端就是同极性端，或称同名端。

将变压器的原、副绕组画在同一铁芯柱上。其极性表示方法是，用 * 号表示两个绕组为同极性端。两个绕组的上端作为绕组的始端，分别用 A 和 a 表示；而下端作为绕组的末端，分别用 X 和 x 表示。绕组的绕向确定了，绕组的同极性端也就确定了。

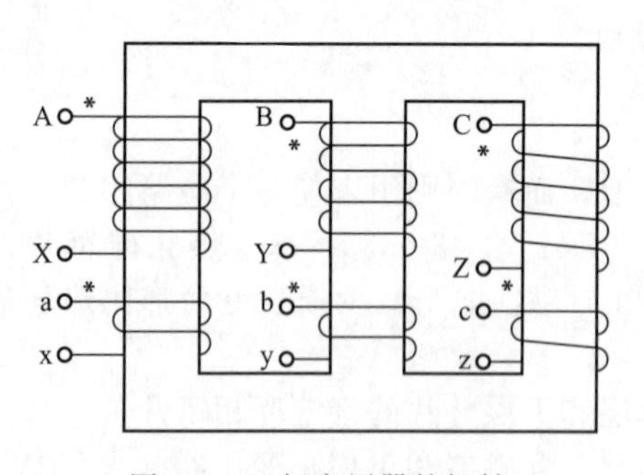

图 6-6　三相变压器的极性

三相双绕组变压器共用六个绕组。其中属于同一相的原、副绕组的相同极性，可按上述方法确定，并用 * 号标明。同时还要标明三相变压器三个原绕组和三个副绕组的始末端，如图 6-6 所示。

将两绕组的同名端相接，感应电动势的和是相减的，这种标法称为减极性。我国变压器极性标准规定为减极性。

2. 变压器绕组的连接组标号

指出变压器高压、中压（如果有）和低压绕组的连接方法和以钟时序表示的相对位移的通用标号，即为变压器绕组的连接标号。

单相变压器的绕组连接用罗马字“Ⅰ”表示，按书写的先后次序分别表示高、中（如果有)、低压绕组。三相变压器和由单相变压器组连接成星形、三角形和曲折形时，对于高压绕组分别用字母 Y、D 或 Z 表示。如果星形连接或曲折形连接的中性点是引出的，则分别以字母 y、d 或 z 表示，对中压或低压绕组分别以字母 YN 或 ZN 及 yn 或 zn 表示。在两个绕组具有公共部分的自耦变压器中，两个绕组中额定电压较低的一个用字母 a 表示。

变压器不同侧绕组间有相位移，用钟时序数来表示。高压绕组的电压矢量取作原始位置即指定为 O 点位置，中、低压绕组电压矢量所指的小时数就是变压器的连接组别。双绕组变压器常用连接见表 6-4。新旧标准的绕组连接组标号对照见表 6-5。

表 6-4　双绕组变压器常用的连接组

连接组	矢量图和接线图	应用及特性
单相 Ⅰ,10	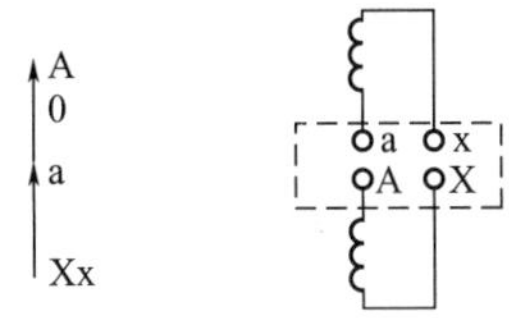	不能接成 Y、y 连接的三相变压器组，因为此时三次谐波磁通完全在铁芯中流通，三次谐波电压较大，对绕组绝缘不利。能接成其他连接的三相变压器组，它用于单相变压器时没有单独特性
三相 Y,yn0	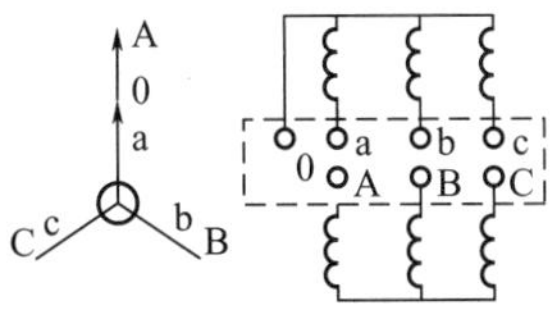	常用于小容量三相三柱式的铁芯配电变压器上。可以实现三相四线制供电，有三次谐波，在金属结构件中会引起涡流损耗
三相 Y,znll	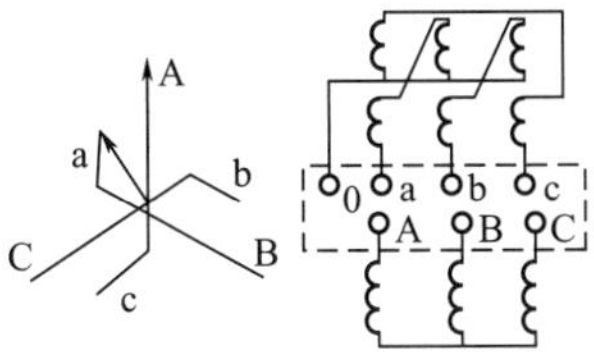	在二次或一次侧遭受冲击过电压时，同一芯柱上的两个半绕组磁势互相抵消，一次侧不会感应过电压或逆变过电压。适合于防雷性能高的配电变压器，但二次绕组要增加 15.5%的材料用量
三相 Ydll	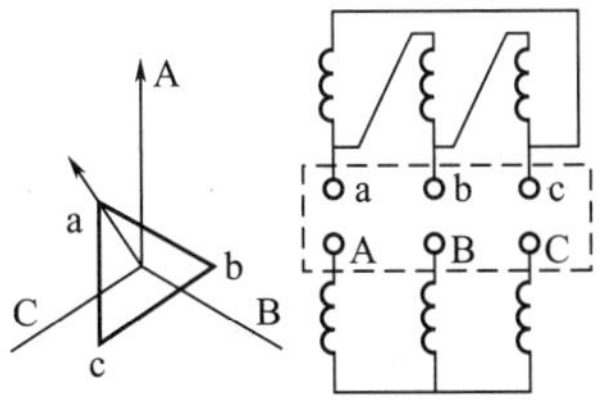	二次侧采用三角形接线，三次谐波电流可以循环流动，消除了三次谐波电压。常用于中性点非有效接地的大、中型变压器上
三相 YN,dll	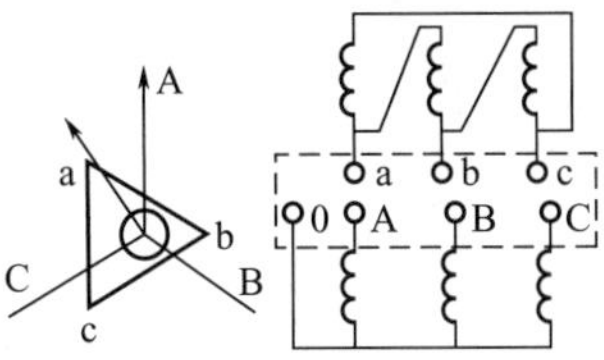	中性点引出，一次侧中性点是稳定的，其特性同上，用于中性点有效接地的大型高压变压器上

表 6-5　新旧标准的绕组连接组标号对照

名称	GB 1094.1—2013			GB 1094.1—85		
	高压	中压	低压	高压	中压	低压
星形连接并有中性点引出	Y Y_0	Y Y_0	Y Y_0	Y YN	y yn	y yn
三角形连接	△	△	△	D	d	d
曲折形连接并有中性点引出	Z Z_0	Z Z_0	Z Z_0	Z ZN	z zn	z zn

续表

名称	GB 1094.1—2013	GB 1094.1—85
自耦变压器	连接组代号前加 0	有公共部分两绕组额定电压较低的用 a
组别数	用 1～12 且前加横线	用 0～11
连接符号	连接符号间用斜线	连接符号间用逗号
举例	Y_0/△-11 0-Y_0/Y-12-11	YN,dll YN,a0dll

第三节　变压器的安装及故障检修

一、变压器开箱检查

变压器经过长途运输和装卸，到达施工现场后，应进行开箱检查，以便及时发现质量缺陷和由于运输造成的损坏和丢失。检查时，应由运行单位（建设单位）、制造厂和施工单位共同参加。

变压器零部件开箱检查的主要内容有：

① 变压器的型号规格是否与设计相符。

② 变压器的外壳是否有机械损伤及渗漏情况。

③ 各人孔、套管孔、散热器蝶阀等处的密封是否严密，螺钉是否紧固等。带油运输的变压器储油柜是否正常。充氮运输的应检查箱内，应为正压，其压力为 0.01～0.03MPa。

④ 变压器出厂资料齐全，如设备图纸、安装使用说明书、出厂试验报告、出厂合格证以及装箱清单等资料均应具备。

⑤ 绝缘油应储藏在密封清洁的专用油罐或容器内。

⑥ 按装箱清单检查附件应齐全。

⑦ 装有冲击记录仪的设备，变压器到达现场后，应立即检查并记录设备在运输和装卸中的受冲击情况。

⑧ 通过检查判断变压器有无受潮的可能，如发现问题应及时处理，并做好记录。

二、变压器的安装

各种电力变压器的结构虽然相似，但因变压器的运输状态和各电压等级的变压器在绝缘处理上的要求不同，所以安装程序并不完全一样。下面将着重介绍电压为 110kV 及以下变压器的安装。

1. 变压器就位及注油保护

(1) 变压器就位

在变压器吊装就位时，必须先找到变压器的安装方向，使高低压套管出线符合设计要求，确定好变压器的就位尺寸。变压器就位后，核对中心位置和进出线方向符合设计要求后，用止轮器将变压器固定牢固，以防滑移倾倒。规程规定变压器安装气体继电器侧应有 1%～1.5%的升高度，其目的是使油箱内产生的气体易于流入继电器。因此，在变压器就位前，应先问厂家变压器壳体是否已考虑倾斜度，若没有，则在预埋钢轨时考虑这一点。若土建预埋没有考虑，也可在轮子下面加垫铁达到升高（1%～1.5%）N 的要求，如图 6-7 所示。

(2) 注油保护

变压器就位后，如果三个月内不能安装，为防止变压器受潮，应将变压器注入合格的变压器油，油漫过铁芯即可，空余部分仍注入氮气，氮气压力应为0.01～0.03MPa。

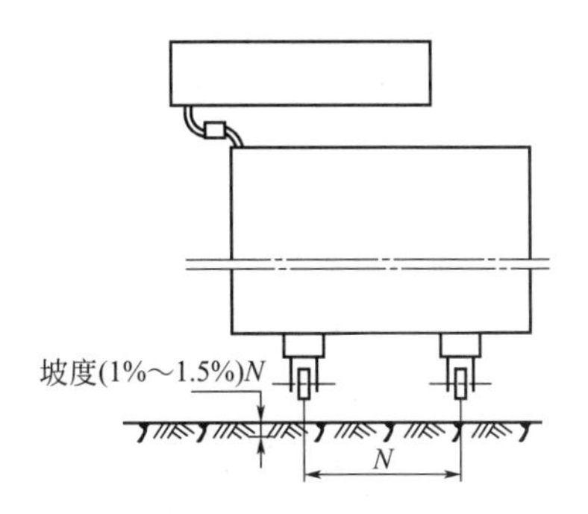

图6-7　变压器安装倾斜坡度示意图

N—两轮之间的距离

2. 变压器附件清扫和检查

(1) 套管的清扫和检查

对于纯瓷套绝缘套管，开箱后检查套管有无损坏，并清点零配件是否齐全，然后将套管清扫干净。对于充油式或电容式套管，开箱后检查套管完整性，将瓷套擦洗干净。检查油位是否正常，若油位过低，要查明原因进行处理，现场处理不了，则要运回制造厂处理。检查完后，要做电气试验，测量主套管及小套管的电阻，测量介质损失角。若介质损失角正切值 $\tan\delta$ 大于标准时，说明已经受潮，这时应先检查绝缘油的性能，如油质不好，通过更换合格的绝缘油会使套管的介质好转。如果还不行，需对套管进行干燥处理。

(2) 冷却装置的清扫和检查

冷却装置有多种，前面已讲过，清扫和检查的目的是清除焊渣和铁锈，检查密封是否良好，有无渗油现象。用气压或油压进行密封试验，并应符合要求：

① 散热器强迫油循环风冷却器，持续30min应无渗漏。

② 漏气检查除观察气压表指示值是否下降外，还应用手仔细触摸，或涂肥皂水观察，无论用哪种方法，所加压力不能超过制造厂的规定值。若发现渗漏点，应做好标记，放完油后由熟练的气焊工修补，焊完后重做密封试验。

(3) 风扇检查

风扇叶片安装应牢固，并应转动灵活，无卡阻，叶片无扭曲变形和损伤。检查电动机绝缘并试转，试转时应无振动和过热。

(4) 储油柜、安全气道、净油器和吸湿器等附件的清扫及检查

储油柜可注入变压器清洗，同时检查焊缝是否渗油。胶囊式储油柜胶囊应完整无损，并用不大于200Pa的压缩空气检漏。胶囊长方向与柜体保持平行，与法兰口的连接处不允许有扭转皱叠现象。另外，要检查油位计是否完好。

安全气道及连通管内部清理干净，安全气道隔膜如果损坏要换上备品。若没有备品，可用相应的玻璃裁制，其材料和规格应符合产品的技术规定，不得任意代用，并划上“十”字痕迹。

净油器内部应清洗干净。检查滤网是否完好，硅胶或活性氧化铝是否干燥，若已受潮，要放在烘干箱内干燥。

吸湿器要检查内部硅胶是否受潮。吸湿器内部应装变色硅胶，受潮后蓝色变为粉红色。普通硅胶受潮后由乳白色变为透明。无论哪种硅胶，受潮后都要放入烘箱内干燥后方可使用。

(5) 气体继电器和温度计的检查

气体继电器应送电气试验室做试验，合格后才能使用。试验项目有：

① 密封试验。

② 轻瓦斯动作容积试验。

③ 重瓦斯动作流速校验，并进行整定。

④ 温度计应送热工试验室校验，并进行整定。

(6) 电流互感器的检查

对于套管式电流互感器，应由电气试验人员做试验，合格后方可使用；对于在本体上的

电流互感器也可以后再做。试验的项目有：

① 检查铭牌与设计是否相符。

② 变比测量。

③ 极性检查。

④ 绝缘电阻测量。

⑤ 伏安特性测量。

⑥ 二次耐压试验。

（7）变压器配件的检查

变压器零配件如橡皮圈、防爆玻璃、螺钉、压圈等要认真清点，并应妥善保管。使用时应清洗干净，不能有锈蚀和污垢。

3. 变压器器身检查

变压器经长途运输和装卸，芯部常因振动和冲击使得螺钉松动或掉落，螺栓也常有折断情况，穿芯螺栓也常因绝缘损坏而接地。还容易有铁芯移位，或其他零件脱落等。故常常需要芯部检查。另外，通过芯部检查还可以发现制造上的缺陷和疏忽、有无水分沉积和受潮现象等。

（1）变压器可不进行芯部检查的条件

根据施工经验及规范规定，当满足下列条件之一时，可以不进行芯部检查。

① 制造厂的特殊规定，不必做芯部检查的变压器。

② 容量在1000kV·A及以下，运输中无异常的变压器。

③ 就地生产作短途运输的变压器，安装单位及运行（建设）单位事先派人到制造厂参加芯部检查和总装配，出厂检验符合规范要求，在运输过程中进行了有效的监督，无紧急制动，无剧烈振动、冲撞等异常情况。

已经决定吊罩的变压器，应认真做好准备工作，以保证吊罩工作顺利进行。

（2）吊罩前的准备工作

① 编制吊罩技术措施，并进行安全技术交底和人员分工。

② 注意和气象部门联系，要有计划地选择晴天、无大风天气，雨雪天不宜进行，雾天要等雾散尽。周围空气温度不宜低于0℃，空气湿度不高于75%。

③ 吊罩时，变压器芯部温度不宜低于周围空气温度。低于周围空气温度时要加热变压器，使其比周围空气温度高10℃，以防止结露降低绝缘。

④ 滤油系统已准备好，能随时开动，补充油已合格。

⑤ 根据钟罩的质量选择起吊机械，起吊机械应有足够的起吊高度，而且制动装置良好，升降速度慢且稳，钢丝绳等工具要检查合格、合适。

⑥ 准备好检查时需用的工具：一般电工常用工具、小撬棍、塞尺等，并一一登记数量。扳手应系白布带，全部工具要有专人管理。

⑦ 变压器四周根据需要搭好脚手架，并铺上木板，绑置扶梯，供检查人员上下行走。

⑧ 备好吊罩用的材料，如塑料布、白布、白布带、塑料带、玻璃丝带等。备好有关劳保用品，如工作服、耐油鞋等。准备好试验仪器，随时配合做实验，并准备好温度计和湿度计。

⑨ 对全体参加吊罩人员做好组织分工，统一指挥，各负其责。

⑩ 做好消防保卫工作，现场配置消防器材，吊罩时变压器四周应设置警戒线，非工作人员一般不准入内。

⑪ 发现变压器有缺陷，要做好标记，并拍照。

(3) 变压器吊罩检查的步骤和方法

① 清晨观察天气，并再一次与气象台取得联系，确保当地无雨、雪及大风时，可通知进行。检查空气相对湿度，当小于75%时可开始工作。

② 排氮（放油）。对于国内变压器一般均要吊罩检查。对于充氮变压器，在起吊钟罩前应通过专用的压力释放压力时，不可将法兰螺钉卸下，仅松开一定间隙能放出气体即可，要防止堵板飞出伤人。钟罩吊开后，必须让器身在空气中暴露15min以上，使氮气充分扩散后再进行芯部工作。对于充油变压器，应将油全部放光，为减少芯部在空气中暴露时间，放油速度应尽量快。为此，可用油泵或潜油泵直接接在放油泵上放油。当油放到铁芯顶部以下时，即可进行下述工作：拆去盖板观察内部情况；记下分接开关位置并刻上标记；拆下无载分接开关的转动部分；拆下铁芯接地套管及其他有相连的部件。有载调压装置应根据说明书来拆卸。油放完后，应立即过滤处理。

③ 吊罩检查。氮气排完或油放完后，即可拆卸钟罩下部四周的螺栓。拆螺栓时，四周螺栓开始间隔松动，以后再将其他螺栓慢慢松动，直到不吃力为止，将全部螺栓拆下后，清点数目并妥善保管起来。在拆螺栓的同时，起重人员可以系钢丝绳，为了防止偏心，还要在一边加葫芦调整，同时，再检查起吊设备控制和制动情况是否良好。螺栓拆完后，即可起吊。对于钟罩式油箱要特别注意以下两点。

a. 起吊时应设专人指挥，由专业起重工进行，电气安装工配合；油箱四角要有人监视和传递信号；要仔细小心地拉好溜绳，吊索与铅锤线的夹角不宜大于30°，严格防止油箱在吊起过程中与芯部碰撞。

b. 由于钟罩式油箱的结构不对称，找准油箱重心是很困难的，所以，在试吊时，为防止重心掌握不好，在四角的螺栓孔内，由上向下穿圆钢临时定位棒。当吊起50～100mm后暂停，检查起吊中心、重心，用葫芦调整，直到定位棒不吃力，一切正常后，再慢慢吊起。当超过器身以上时，放到准备好的干净枕木上。

④ 器身检查的内容。到器身上检查人员要穿专用工作服和耐走鞋，所用工具要用白布带系在手腕上。主要检查以下内容：

a. 运输支撑和器身各部位应无移动现象，运输用的临时防护装置及临时支撑应予拆除，并经过清点做好记录以备查。

b. 所有螺栓应坚固，并有防松措施，绝缘螺栓应无损坏，防松绑扎完好。

c. 铁芯检查：

- 铁芯应无变形，铁轭与夹件间的绝缘应良好。
- 铁芯应无多点接地。
- 铁芯外引接地的变压器，拆开接地线后，铁芯对地绝缘应良好。
- 打开夹件与铁轭接地后，铁轭螺杆与铁芯、铁轭与夹件、螺杆与夹件间的绝缘应良好。
- 当铁轭采用钢带绑扎时，钢带对铁轭的绝缘应良好。
- 打开铁芯屏蔽接地引线，屏蔽绝缘应良好；打开夹件与线圈压板的连线，压钉绝缘应良好。
- 铁芯拉板机铁轭拉带应坚固，绝缘良好。

d. 绕组检查：

- 绕组绝缘层应完整，无损伤、变位现象。
- 各绕组应排列整齐、间隙均匀，油路无阻塞。
- 绕组的压钉应坚固，防松螺母应锁紧。

e. 绝缘围屏绑扎牢固，围屏上所有线圈引出处的封闭应良好。

f. 引出线的绝缘包扎牢固，无破损、拧弯现象；引出线绝缘距离合格，固定牢固，其固定支架应坚固；引出线的裸露部分应无毛刺或尖角，其焊接应良好；引出线与套管的连接应牢固，接线正确。

g. 无励磁调压切换装置各分接头与线圈的连接应坚固正确；各分接头应清洁，且接触紧密、弹力良好；所有接触到的部分用0.05mm×10mm塞尺检查，应塞不进去；转动接点应正确地停留在各个位置上，且与指示器所指位置一致；切换装置的拉杆、分接头凸轮、小轴、销子等应完整无损；转动盘应动作灵活，密封良好。

h. 有载调压切换装置的选择开关、范围开关接触良好，分接引线应连接正确、牢固，切换开关部分密封良好。

i. 绝缘屏障应完好，且固定牢固，无松动现象。

j. 检查强油循环管路与下轭绝缘接口部位的密封情况。

k. 检查油箱底部有无油垢、杂物和水。

检修人员检查完后，交电气试验人员做电气试验，试验内容主要有：

- 配合安装人员做铁芯绝缘测量。
- 测量绕组高、低压侧及对地绝缘电阻，应符合要求。
- 测量绕组直流电阻，应与出厂值一致。
- 测量变压器的变化，其误差应小于±0.5%。吊罩时间规定，整个吊罩时间应从开始放油起到注油止，当空气相对湿度小于75%时，器身暴露在空气中的时间不得超过16h。

⑤ 扣罩和注油。电气试验做完后，如变压器没有问题，即可清理器身下油箱，确认器身上油箱内无异物，工具、器具清点完整，即可回扣钟罩。回扣钟罩的注意事项与吊罩时相同。当上、下节油箱接近合拢时，可在连接上、下节油箱的螺栓孔内插入定位棒引导，以确保穿装螺钉的工作顺利进行。钟罩扣到底后，即可穿连接螺栓（此时绳索还不能脱钩）。螺栓上完后，对角同时拧紧，用力要均匀，防止两边紧度不一样将橡皮垫挤出，最好用力矩扳手收紧。此时，可将分接开关复原装好。

钟罩扣完后，若还有时间，就可开始装附件。但对大型变压器来说，一般应在第二天装附件，所以扣完钟罩后，便开始注油。应采用真空方式注油，油应从下部注油阀注入，至没过铁芯为止。空隙部分仍保持真空，待变压器所有附件安装完，最后把油注满。

4. 变压器的附件安装

（1）变压器套管的安装

① 低压套管安装。卸开低压套管盖板及旁边的人孔盖，在套管上放好橡皮圈及压圈，将套管徐徐放入，再把低压绕组引出线连接在套管的桩头上。调整引出线的位置，使其离箱壁远一些，再把套管压件装上，将套管紧固在箱盖上。注意拧紧螺钉时，四周均匀旋紧，防止套管因受力不均匀而损坏。

② 高压套管安装。高压套管常用电容式穿缆套管。先拆去油箱上高压套管孔的临时盖板，用白布将法兰表面擦干净。对于有升高座者，应先安装套管式电流互感器和升高座，同时应安装绝缘筒并注意开口方向。电流互感器铭牌向外，放气塞位置应在升高座最高处，电流互感器和升高座的中心一致。在吊套管前，先拧下顶部的接线头和均压罩、压盖板，拆去为运输而装设的密封垫和密封螺母；下部均压球先拧下，擦净里面的脏污，用合格的变压器油冲洗干净后重新拧上。

套管吊装应由专业起重工指挥，电气安装工配合。高压套管吊装图如图6-8所示。当吊至变压器上方时，将橡皮圈安装好，把事先穿入套管的ϕ10mm的尼龙绳绑住接线头，将引线慢慢拉入套管内，同时慢慢放下套管，直到线头拉出套管为止。当套管落至引线根部应力锥时，应有专人保护应力锥完好地进入套管均压球内，应力锥不得受力。套管就位后，即可穿上引线接头的固定销，高压套管与引出线接口的密封波纹盘结构的安装应严格按制造厂的规定进行。同时要注意，在拉引线的同时，要理顺引线，不得扭曲。充满套管的油标应面向外侧，套管末屏应接地良好。

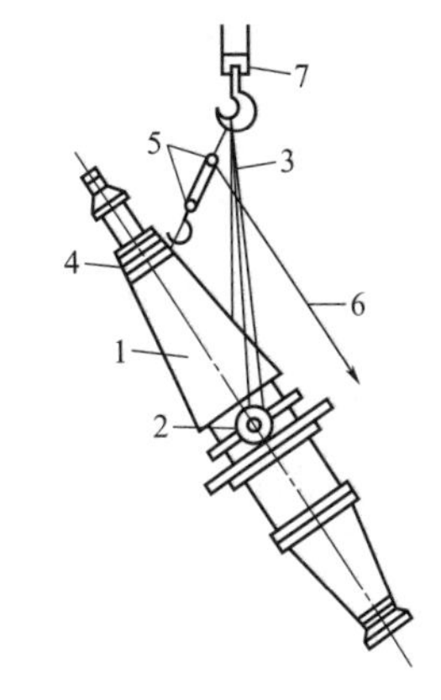

图 6-8 高压套管起吊图

1—套管；2—吊环；3—固定吊绳；4—绳扣；5—滑轮组；6—调节吊绳；7—起吊机械的吊钩

(2) 冷却装置安装

安装强迫油循环风冷却器时，先将本体上的螺阀全部关闭，然后将连接法兰临时封闭板除去，由起重机将风冷却器吊起，分别将上、下联管法兰拨正。误差太大时要处理法兰。

强迫风冷却器还要装上潜油泵、净油器及控制箱，可接临时电源空转以下。但开动时间不得超过 10min，转动方向要正确，转动时应无异常噪声、振动或过热现象，其密封应良好，无渗漏或进气现象。

流速继电器是冷却器的保护装置，安装前应检验合格，装于潜油泵出口联管上，轴向应保持水平。此时要求密封一定要严密，接线要正确。

将检查好的风扇一一装上，连接电缆应用具有耐油性能的绝缘导线。电缆用卡子固定在焊接于油箱上的小支架上。风扇的风向要正确，强迫油循环冷却的风扇风向是吹向冷却器的。

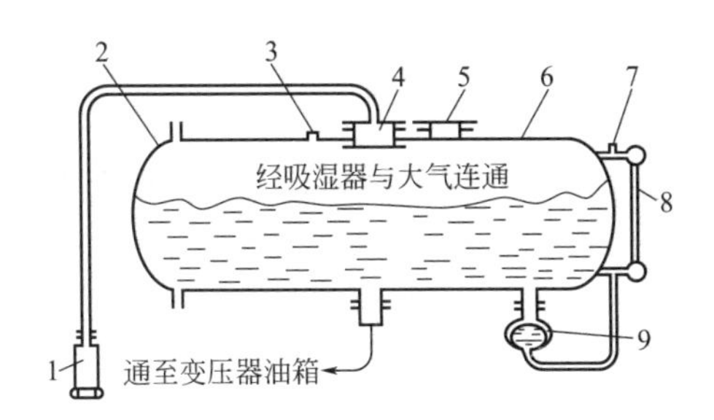

图 6-9 胶囊式储油柜结构原理图

1—呼吸器；2—胶囊；3—放气塞；4—胶囊压板；5—安装手孔；6—储油柜本体；7—油表注油及呼吸塞；8—油表；9—压油袋

(3) 储油柜安装

大型变压器多采用胶囊式储油柜，结构原理图如图 6-9 所示。为了达到理想的使用效果，防止假油位，必须按照制造厂的规定进行。

① 胶囊安装。首先缓缓向胶囊内充 0.002 MPa/cm^{2}压力的干燥气体，做漏气检查。合格后，将胶囊安装在清理过的储油柜内，胶囊沿长度方向要与储油柜长轴保持平行，不应扭偏，胶囊口的密封应良好，呼吸畅通。

② 油位计胶囊注油。用手压扁油位计胶囊，排净内部空气，然后从油位计上座呼吸塞用漏斗慢慢地向油位计胶囊内注油；直至油位计胶囊注满油，且油位升至玻璃内为止，将油位计下座放气塞打开，调整油位至最低位置。

③ 储油柜就位。吊装储油柜就位，安装好储油柜至变压器油箱的管道。

④ 储油柜注油。先将胶囊内充满气，打开储油柜的放气塞，然后在变压器下部放油阀加压注油。注油的速度与储油柜排气的速度、胶囊排气的速度相适应；当油注到快要接近储油柜上端时应减慢注油，直到油从放气塞溢出为止。旋紧放气塞，待静止 2～3h 后，打开变压器下部放油阀，将油面放至要求的油位，最后装上呼吸器。

(4) 安全气道、气体继电器及净油器的安装

安全气道安装前，其内壁应清洗干净，玻璃隔膜应完整，其材料和规格应符合插片的技术规定，不得任意代替。安装时，各处密封应良好；压紧隔膜时，必须用力均匀，使隔膜与法兰紧密结合。

气体继电器应经试验合格后方可安装，安装时要水平，其顶盖上标志的箭头应指向储油柜，与连通管的连接应密封良好。值得注意的是，气体继电器壳体是生铁所造，紧螺钉时用力要均匀，以免产生裂纹。

净油器安装前应打开净油灌的上、下盖板，将内部擦洗干净，并用合格的变压器油冲洗。罐内装入干燥的吸附剂硅胶或活性氧化铝。滤网安装正确，并在出口侧，安装好后打开连接蝶阀将油放入；同时旋开上部放气塞排放空气，至油溢出即空气排尽，便旋紧放气塞，将连接阀关闭。

（5）温度计安装

温度计安装前应进行校验，信号接点应动作正确，导通良好。绕组温度计应根据制造厂的规定进行整定。插入式水银温度计座内应清理干净，注入变压器油，密封应良好。信号温度计的表头装于变压器侧面人们容易看到的地方。信号温度计的细金属软管不得有压扁或急剧扭曲，其弯曲半径不得小于50mm。电阻温度计的铜电阻部分安装方法和普通温度计相同，温度指示表及切换开关一般装于主控制室屏上。

（6）补充油

变压器所有附件安装完后，即可加合格的补充油，加补充油时，应通过储油柜上专用的漆油阀，并经滤油机注入，注油至储油柜额定油位。注油完毕，应将除胶囊式储油顶部气塞外其他所有放气阀打开放气，还应开启潜油泵、风扇，直到变压器内部放净气体为止。

三、变压器常见故障分析处理

1. 变压器跳闸故障

（1）变压器配置的主要保护

① 气体保护。依靠故障时变压器油箱内部所产生的气体或油流而动作，因此启动气体保护动作的继电器是气体和油流继电器。当变压器内部故障放电或拉弧时，高温致使变压器油分解，产生气体，带动油流变化，冲击气体继电器发信号或跳闸，它是变压器的主保护。

② 差动保护。其作用是防御变压器内部小电流接地系统绕组、引出线相间短路、大接地电流系统侧绕组和引出线单相接地短路及绕组相间短路。差动保护是按差电流原理设计的，也是变压器的主保护。

③ 过流保护。分为过流、复合电压过流、负序过流多种形式，主要反映变压器外部短路，作为气体、差动保护的后备保护。

④ 零序电流保护、间隙过压过流保护。此类保护是反映大接地电流系统变压器外部接地短路的保护。

⑤ 过符合保护。此保护反映变压器的对称过符合。

⑥ 过激磁保护。此保护反映变压器过励磁。

⑦ 非全相保护。此保护反映变压器非全相运行。

（2）变压器故障跳闸的现象

① 警铃响、喇叭叫，变压器各侧断路器位置红灯灭、绿灯闪光，相应电流表、有功功率表、无功功率表指示为零。

② 主控盘发出“差动保护动作”“主变事故跳闸”“冷控电源消失”“掉牌未复归”等异常光字牌。

③ 变压器保护屏对应保护信号灯或保护信号牌，微机保护则打印详细的动作报告。

④ 备自投装置正常，则应自动投入备用设备，装有远切装置或按频率减符合装置的变电站，远切装置或按频率减负荷装置应正常动作。

（3）变压器的异常及事故处理的原则

变压器故障跳闸的原因多样，总体来讲，处理时应按以下原则进行：

① 值班人员在变压器的运行中发现有任何不正常现象时，应及时汇报有关部门并将情况记入运行日志和缺陷记录簿内。

② 运行中的主变压器发生下列情况时，应及时断开主变压器的各侧断路器，如果有备用主变压器，应自动或手动将其投入运行，尽快恢复站用电。

a. 主变压器内部响声很大并有爆裂声。

b. 套管严重破裂或放电。

c. 油枕喷油或防爆隔膜，释压器动作喷油。

d. 变压器顶部着火。

③ 变压器发生下列情况时，应立即汇报调度，请求减负荷或退出运行，依据调度指令进行处理。

a. 正常冷却条件下，变压器油温不正常且不断上升。

b. 主变压器严重漏油使油面下降，低于有位计的指示限度。

c. 主变压器声音异常。

d. 套管接头发热或油位突然下降到看不见的位置。

e. 变压器任一侧电流超过其额定值。

④ 现场检查主变压器设备外观，查明变压器有无漏油、着火、喷油现象，检查相应设备是否完好，检查有无明显故障点。

⑤ 根据故障现象和保护动作情况判断变压器故障跳闸的原因及故障点的可能范围，并迅速汇报调度。

⑥ 确认故障点在主变压器及其引线以外（如过负荷、外部短路、越级跳闸、保护误动等）后，可申请调度将变压器重新投入运行。

⑦ 若确认故障点在主变内或变压器引线上，如气体、差动保护动作，在未查明原因和消除故障之前，不得送电运行，应根据调度令停电检修。

（4）变压器跳闸的处理

① 气体保护动作的处理。正常运行时，变压器重瓦斯保护作用于跳闸，而轻瓦斯保护一般作用于发信号告警。但当变压器检修，如补焊、冷却器潜油泵更换等工作时，应先将重瓦斯保护改接为信号告警。

a. 若重瓦斯保护动作，变压器断路器跳闸，运行人员应记录表计、信号、保护动作情况，同时复归跳闸断路器控制把手，复归音响及保护信号并立即汇报调度。

b. 检查站用备自投装置是否启动、备用变压器是否投入，若未动作，应手动投入。

c. 现场对保护动作情况及本体进行详细的检查，停止冷却器潜油泵运行，同时查看变压器有无喷油、着火、冒烟及漏油现象，检查气体继电器中的气体量。

d. 拉开变压器跳闸断路器两侧隔离开关，隔离故障，做好安全措施。

e. 若故障前两台变压器并列运行，应按要求投入中性点及相应保护，加强对正常运行变压器的监视，防止过负荷、变压器温度大幅上升等情况。

f. 汇报调度及上级有关部门，申请检修处理。

g. 进一步检查气体继电器二次接线是否正确，查明气体继电器有无误动的现象，取气测试，判明故障性质。变压器在未经全面测试合格前，不允许再投入运行。

② 差动保护动作的处理。

a. 记录主控盘、保护盘光字信号，同时复归跳闸断路器 KK 把手，复归保护动作信号，将情况立即汇报调度。

b. 检查站用备自投装置是否启动、备用变压器是否投入，若未动作，应手动投入。

c. 现场检查变压器，停止冷却器潜油泵运行，同时查看变压器有无喷油、着火、冒烟及漏油现象。

d. 若故障前两台变压器并列运行，应按要求投入中性点及相应保护，加强对正常运行变压器的监视，防止过负荷、变压器温度大幅上升等情况。

e. 检查差动保护范围内套管、引线及接头等有无异常。

f. 检查直流系统有无接地现象。

g. 经上述检查后若无异常，应对差动保护回路进行全面检查，排除保护误动的可能。

h. 若检查为变压器或出现套管、引上线的故障，应汇报调度，申请停电检修；若经检查为保护或二次回路误动，应对回路进行检查。处理完毕后，对变压器进行绝缘测试，若合格可申请调度重新将变压器投入运行。

③ 过流保护动作的处理。

a. 记录主控盘、保护盘光字信号，同时复归跳闸断路器 KK 把手，复归保护动作信号，将情况立即汇报调度。

b. 检查站用备自投装置是否启动、备用变压器是否投入，若未动作，应手动投入。

c. 检查站内差动保护范围内设备有无明显异常，变压器本体外观有无明显异常。当发现是因线路故障而引起线路断路器拒动时，可在断开该线路断路器后，立即恢复主变压器的运行。

d. 当未发现站内设备故障或不能确定线路越级跳闸时，则可在调度指令下断开所有下一级断路器，试送主变跳闸断路，成功后再逐台试送各断路器。当试送至某断路器再次跳闸，则说明该断路器单元有故障，应汇报调度停用检查。如果试送主变压器断路器再次跳闸，则说明母线有故障，未排除故障前严禁送电。

e. 及时隔离故障点，恢复变压器运行。

2. 变压器异常及轻瓦斯报警

(1) 变压器异常运行

变压器异常运行是指变压器仍保持运行，断路器未动作跳闸，但变压器出现异常情况，这是将要发生事故的先兆。

(2) 变压器异常运行的现象

① 变压器运行声音。正常运行的变压器发生持续均匀的“嗡嗡”声；如果声音不均或有其他异常声音出现，均属不正常运行声。声音的变化可以在一定程度上反映变压器内部或外部的不同异常情况。

a. 变压器发生均匀持续较沉重的“嗡嗡”声，可能是变压器负荷增加、铁芯振动增大引起，应结合变压器负荷变化加以判定。

b. 变压器发出的“哇哇”声，时间短、很快恢复，可能是变压器受短路电流冲击，如系统故障、大动力设备启动、负荷突变引起，应结合系统参数变化（如电压表、电流表数据）来判定。

c. 变压器发出持续尖细的“哼哼”声，声音可能忽强忽弱，则可能是系统中铁磁谐振造成的，可结合系统有无故障、电压表有无谐振变化加以判定。

d. 变压器发出“吱吱”尖锐声或“叭叭”声，可能内部有拉弧放电，如主变分接头接触不良、绝缘对地放电等，应注意声音变化的发展及变化。

e. 变压器发出金属碰撞的“叮当”声或钢片振动的声音，表明变压器内部机械异常，有可能发展为严重的内部故障。

f. 变压器发出不均匀且响声很大的放电爆炸声或拉弧声，表明内部严重故障，处理不及时可能导致变压器的损坏。

② 变压器油温、油位异常，主要包括以下现象：

a. 变压器油温异常升高。

b. 外壳出现漏油现象。

c. 油色、油位异常。

d. 套管有闪络放电现象。

e. 油枕、呼吸器、防爆安全门喷油。

f. 变压器着火。

g. 发出轻瓦斯报警信号。

（3）变压器轻瓦斯报警的原因

① 变压器异常运行时导致内部油位变化或有轻微气体产生。

② 空气进入变压器内部，在变压器新安装或大修时空气排放不净或密封不严时易发生。

③ 穿越性短路故障而产生少量气体。

④ 油位降低导致轻瓦斯动作。

⑤ 由直流两点接地、二次回路短路等造成。

⑥ 强烈振动或轻瓦斯继电器损坏误发。

（4）变压器异常运行的处理

① 变压器运行声音异常，应结合系统参数、变压器负荷变化进行判断，区分出异常是由变压器内部异常还是外部冲击导致。若是外部冲击，短时应恢复正常；若不能恢复，则有可能是变压器内部有异常情况，应严密监视，必要时汇报调度，将变压器减负荷运行，观察其声音的变化。

② 凡属变压器有较严重的拉弧、放电，严重漏油、喷油，着火现象，运行人员应立即投入备用或转移负荷，将故障变压器停电，以防止变压器受到损坏。

③ 若仅有轻瓦斯动作信号，运行人员应纪录信号、保护动作情况、复归信号并汇报调度。同时检查现场主变压器的气体继电器有无气体，如有气体要检查气体量的多少及气体颜色，分析故障原因。

若因空气进入造成气体继电器动作，则变压器可以继续运行，但要放掉气体并严密监视主变压器的运行情况。若因主变压器内部轻微故障引起气体继电器动作，应申请调度马上将变压器停运检查，未经试验合格不得投入运行。若查明二次回路故障，则应检查排出故障，若故障点在气体继电器内部，则先申请将重瓦斯出口压板改投信号运行后再处理。

④ 发出“释压器动作”信号时，应首先对主变压器及释压器外观进行检查，察看是否有喷油现象。若释压器完好且主变压器无异常，则可能是误发信号，应对二次回路进行检查；若释压器喷油，则可能为主变压器内部故障，应及时汇报调度，并进行处理。

⑤ 运行人员无法判明故障性质和程度的，应记录好异常现象，及时汇报调度和上级有关部门，由检修人员处理。

（5）变压器轻瓦斯报警的处理流程

变压器轻瓦斯报警处理流程如图 6-10 所示。

3. 变压器冷却器异常

（1）变压器冷却方式

变压器冷却方式有油浸风冷、油浸自冷、强迫油循环风冷却、强迫循环水冷却等多种形

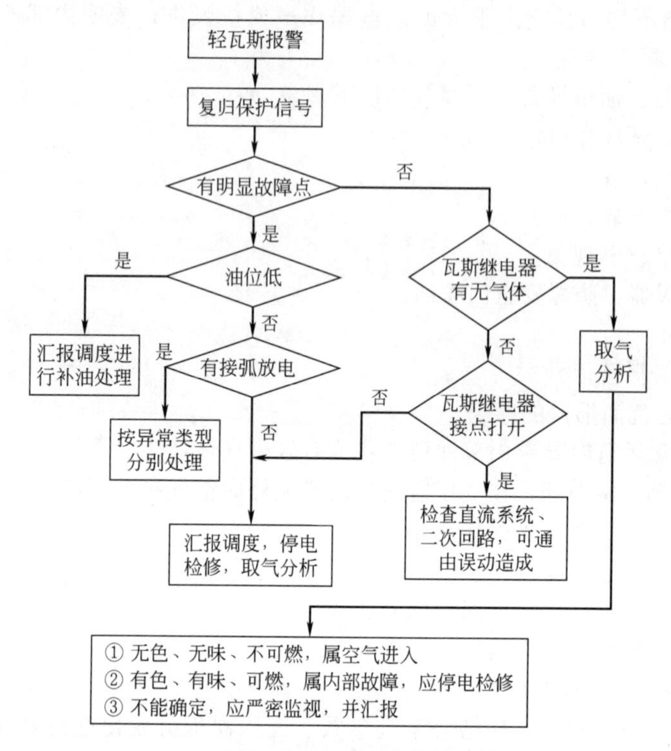

图 6-10　变压器轻瓦斯报警处理流程

式，较常见的有油浸风冷和强迫油循环风冷却。油浸风冷靠热油自循环，通过散热器散热；而强油循环风冷却则是采用潜油泵使油循环，再通过散热器散热进行冷却。

（2）变压器强迫油循环风冷却系统的主要故障形式

① 风冷交流电源故障。

② 风扇电动机热耦烧坏。

③ 风扇电动机烧损、轴承破损、风扇刮叶。

④ 油泵故障。

（3）冷却器异常的现象及处理

① 冷却器动力电源消失。

a. 现象。警铃响，主控盘发出“主变冷却器电源故障”等信号。由于故障时的具体原因不同，所发出的信号有所不同。

b. 处理。

• 主变压器两组动力电源消失将造成冷却器全停，变压器温度将逐步升高。

• 如果站用变压器故障引起冷却器全停，应先恢复站用变压器的供电，再逐步进行处理。

• 如果站用电屏电源熔断器熔断引起冷却器全停，应先检查冷却器控制箱内电源进线部分是否存在故障，及时排除故障。故障排除后，将各冷却器选择开关置于“停止”位置，再强送动力电源，若成功后再逐路恢复各组冷却器的运行；若不成功，应仔细检查所用电电源是否正常及所用电至冷却器控制箱的电缆是否完好。

• 如果由于冷却器控制箱电源自动切换回路造成全停，应及时手动投入备用电源，尽快恢复冷却器的运行。

• 若工作、备用电源均故障，短时难以处理，应立即汇报调度，申请调度转移负荷或做其他处理。

• 故障发生后运行人员应加强对变压器油温的监视，防止油温过高烧损变压器或缩短使用寿命。

② 分组冷却器故障。

a. 现象。警铃响，主控盘发出“冷却器故障”或“备用冷却器投入”等信号，现场检查冷却器有热耦动作，主动机异常运行声音等异常情况。

b. 处理。

• 首先检查有备用冷却器投入的现象，然后将故障冷却器控制开关置于“停止”位置，再根据负荷、温度等情况调整各组冷却器的运行。

• 如果现场未发现有“工作”位置的冷却器停运，则检查各组冷却器的油流继电器动作情况。如果发现有未动作的，则将该组冷却器控制开关置于“停止”位置，备用冷却器返回停运，然后将该组冷却器停运，汇报有关部门进行处理。

• 如果备用冷却器启动后，现场检查未发现其他异常现象，可采取逐台停运“工作”冷却器的方法来检查。当某台冷却器停运时，备用冷却器返回，即可判断为该组冷却器故障，然后将该组冷却器停运，汇报有关部门进行处理。

4. 变压器油流故障

(1) 变压器油流故障的现象

警铃响，主控盘发出“冷却器故障”或“备用冷却器投入”等信号，现场检查油流指示器处于停止位置。

(2) 变压器油流故障的可能原因

① 油流管道阻塞。

② 油闸门未开。

③ 油泵故障或未运转。

④ 油流指示器故障。

(3) 变压器油流故障的处理

① 到现场检查油路阀门位置是否在正常位置。

② 检查冷却器回路是否正常、油泵是否运转正常。

③ 检查油流指示器是否完好、是否无异常。

④ 加强对变压器监视。

⑤ 将异常情况汇报，通知专业人员检查处理。

5. 变压器油温升高

(1) 变压器油温

由于变电站主变压器一般采用 A 级绝缘，其不快速老化的最高运行温度为 105℃。因此，一般主变压器运行时规定的上层油温不允许超过 95℃，而采用强油循环风冷却装置的主变压器上层油温一般规定不超过 85℃。

运行中变压器油温不正常升高，上层油温达 75℃及以上时，应及时处理，以防止温度过高，损坏变压器。

(2) 变压器油温升高的可能原因

① 变压器过负荷。

② 冷却设备运行不正常。

③ 油位过低。

④ 变压器内部故障。

（3）变压器油温升高的处理

当发现主变压器油温异常升高时，运行人员应立即判明原因并设法降低油温，具体内容如下。

① 检查各个温度计的工作情况，判明温度是否确实升高。

② 检查各组冷却器工作是否正常。

③ 检查变压器的负荷情况和环境温度，并与以往同等温度情况相比较。

④ 检查冷却器各部位阀门开、闭是否正确。

⑤ 当判明温度升高的原因后，应立即采取措施降低温度或申请减负荷运行；如果未查出原因则怀疑是内部故障，应马上汇报调度，申请将变压器退出运行，进行检查。

6. 变压器有载调压装置故障

（1）变压器有载调压装置的组成

大型变压器有载调压装置一般采用 Z 型或 M 型有载分接开关，它均由切换开关快速机构、选择器、电动操动机构几部分组成。有载调压装置可通过电动机构进行操作，也可通过手摇机构进行操作。

（2）有载调压装置故障的常见形式

① 有载调压切换开关拒动。

② 电动操动机构失灵，造成电动机构上调或下调失控。

③ 分接开关油室泄漏。

④ 滑挡。

（3）有载调压装置故障的处理

① 调压过程中发现下列情况时，应立即停止调压操作并断开动力电源。

a. 挡位级进一次，中低压侧电压电流不变化、指示盘未进入绿色区或挡位显示不正确。

b. 连续滑挡。

c. 自动空气开关跳闸，强送一次不成功。

d. 调压过程中主变压器轻瓦斯保护动作。

e. 装置的切换或选择开关部位有异常音响。

② 切换开关拒动，运行人员应检查动力电源是否正常，有载调压控制电源、控制回路有无异常，操作回路机构装置有无故障等。在处理好拒动问题后，才能开始进行调压操作。如果在切换中拒动，将造成调压选择器与切换开关不对应，从而造成动触点未经过渡电阻限流而离开动触点，产生电弧，严重时可能将触点烧毁，使变压器瞬时断电，引发零序保护和调压气体保护动作。出现这种情况，应立即切断变压器电源，汇报调度及上级部门申请检修。

③ 电动操动机构失灵，造成连续滑挡，可能造成电动机构从一个分接头到上调或下调极限位置。此时若两台变压器并列运行，两台变压器变化相差大，致使两台变压器负荷分配严重不平衡，环流增大，变压器发热增加，温度快速上升，影响变压器的安全运行。此时运行人员应立即按下紧急停止按钮，切断动力电源，用手摇机构将分接头调压至适当位置，进一步检查电动操动机构、接触器等有无异常，若无法处理，通知检修处理。

④ 分接开关油泄漏，将使分接开关绝缘能力降低；同时分接开关的油进入变压器本体油箱，会影响变压器本体的油质和绝缘强度。出现这种故障，运行人员应汇报调度、联系检修处理，在未做处理前不得进行有载调压操作。

7. 充油设备油位异常

变电站中常见的充油设备较多，如油断路器、变压电缆等，它们有一些共同的特点，本节所述的内容适于所有充油设备。

(1) 绝缘油的作用

① 隔离作用。将设备与空气隔离，防止空气中水分或其他气体侵蚀设备绝缘。

② 绝缘作用。作为设备的绝缘介质。

③ 散热作用。作为热传导的媒介，起到散热作用。

④ 在油开关中作为灭弧介质使用。

(2) 油位变化对设备运行的影响

① 设备的油位过高或过低都会对设备产生影响，不利于设备安全运行。若油位过低，设备暴露在空气中，会造成绝缘受潮和老化，设备不能散热或不能快速灭弧而烧毁；油位过高则可能造成设备运行中绝缘油外溢或因内部缓冲空间过小，油体发热时内压过大，甚至在故障时造成喷油、爆炸。

② 为了防止油位过高或过低造成对设备的损坏，在电气设备上，如变压器、油断路器、消弧线圈及互感器上均设有油标，便于运行人员监视。

(3) 油位异常的处理

① 巡视中发现充油设备油位异常时应及时处理。油位过高的要放油，油位过低的则要进行补油。

② 补油时应使用合格的同号绝缘油。变压器、互感器、消弧线圈的补油应从上部进行，防止将底部杂质冲起来影响整个设备的绝缘强度；油断路器在底部油门防水测试后可在底部带电补油。

③ 运行中由于油的热胀冷缩会造成油位的变化，其变化应与油温变化一致。若油位过低，看不到油位，运行人员应检查有无漏油情况。同时根据油温、漏油等情况判断油位的可能位置。

④ 若油位低且未发现漏油现象，运行人员应汇报调度及上级有关部门，尽快安排补油。若油位低且有漏油现象，应立即处理。变压器设备发现漏油情况，应汇报调度，申请转移负荷，将变压器停电退出运行并进行检修；消弧线圈漏油时，可先将其停运，再汇报调度；互感器漏油时，应汇报调度，转移负荷后停电补油；油断路器漏油时，则应立即取下操作保险，汇报调度，申请停电后进行处理。

⑤ 当发现变压器油位比当时温度所对应的油位显著降低时，应立即汇报调度。如果大量漏油而使油位迅速下降时，禁止将重瓦斯保护改投信号运行，必须采取制止漏油的措施。

第四节　电力变压器的运行及维护

一、电力变压器结构组成

三相油浸电力变压器，由三相一、二次绕组，铁芯，油箱，底座，高低压套管，引线，散热器（或冷却器），净油器，储油柜，气体继电器，安全气管，分接形状，温度计等组件和附件构成。其各部分结构特点分述如下：

1. 铁芯及夹件

铁芯是变压器中耦合磁通的主磁路。

电力变压器铁芯是由硅钢片（带）经剪切成为一定尺寸的铁芯片，按一定叠压系数叠压而成的。对于老式变压器（如 SJ 系列等），铁芯要经穿芯螺杆紧固，外加铁或木制夹件夹紧；对于 S7～S9 系列中小型及其他大型低损耗变压器，其铁芯为全斜接缝铁芯，铁芯片叠成芯柱后，不用穿芯螺杆紧固，而采用无玮玻璃丝带绑扎，再经金属夹夹紧。

2. 变压器绕组

绕组是变压器传递交流电能的电路部分。

三相电力变压器绕组是由一次绕组，二次绕组，对地绝缘层（主绝缘），一、二次绕组之间绝缘及由燕尾垫块、撑条构成的油道（油浸式变压器）或气道（干式变压器）与高压和低压引线构成的。

不同容量及电压等级的电力变压器，其绕组形式结构不一样，一般分类见图 6-11。对于层式绕组类的箔式绕组，目前仅在 S8 及 S9 系列低损耗电力变压器中采用；而饼式绕组类的内屏蔽式绕组也只有 110kV 及以上高电压大型、特大型变压器中采用。一般电力变压器常采用圆筒式、连续式、纠结式、螺旋式及交错式五种绕组。

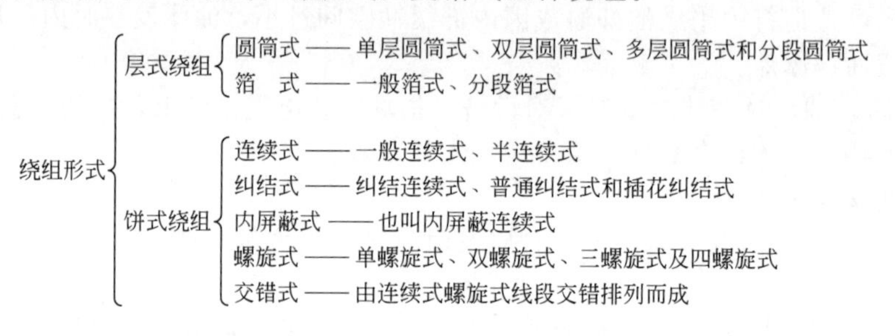

图 6-11　电力变压器绕组形式

关于高、低压绕组安装位置，因高压绕组都是用较细的导线绕成匝数较多的绕组。为便于抽头和引出，通常将高压绕组放在外侧，作为一次绕组；低压绕组则放在靠近铁芯的里侧。当然，大型三相电力变压器则大多相反，即低压绕组在外侧，高压绕组在里侧。

（1）圆筒式绕组

圆筒式绕组有单层、双层及多层绕制成形的结构。单只线圈的层数由按轴向紧密排列的线匝组成，而线匝通常由一根或几根并联导线齐绕；层间连线用过渡线，不用焊接。圆筒式绕组多用在 3～35kV 电压级、250～630kV·A 电力变压器高压绕组中，而低压绕组很少采用。大容量的也有用圆筒式绕组结构的，并且绕组外形截面缠绕成梯形。圆筒式绕组层间绝缘较厚，机械强度差，冷却效果也差。

（2）连续式绕组

连续式绕组是由若干带段间油道的线段组成的，沿轴向分布；线段之间不用焊接，线段的线匝按螺旋方向逐一平绕而成。这种绕组一般用在高压绕组中。

（3）纠结式绕组

纠结式绕组是最好的绕组结构形式，一般 500kV·A 以上的三相电力变压器高压绕组都采用此种形式，它抗冲击绝缘强度高。此类绕组线匝和线段导线做成纠结式，从而增大它们之间的纵向电容，以此平衡绕组的电力冲击作用，降低相邻线段之间的电压，故各线段可不用屏蔽线和附加绝缘。

纠结式绕组由纠结线饼组成，全部用纠结线饼的，称全纠结式绕组，一般用于 220kV 及以上电压等级的变压器；一部分用纠结线饼和一部分用连续线饼组成的绕组，称为纠结连续绕组，用于 60～220kV 电压等级的变压器上，它的外形与连续式绕组类似。

纠结式绕组与连续式绕组的不同之处，只在于绕组线匝排列顺序不同。它的线匝不以自然数序排列，而是在相邻数序线匝间插入不相邻数序的线匝。这样原连续式绕组段间线匝须借助于纠结换位，进行交错纤连形成纠结线段，从而组成纠结式绕组。

（4）螺旋式绕组

螺旋式绕组分单、双列两种，它是按螺旋线绕制成匝间带油道的若干线匝构成的。每匝并联的几根扁导线按辐向平放，而并联导线又按同芯式布置，且采取换位做法。该类绕组实质上是多根绕组导线叠、并绕的单层圆筒式绕组，但由于匝间有辐向油道而形成了线饼，如一匝为一个线饼的称为单螺旋式绕组，一匝为两个或四个线饼的称为双螺旋式和四螺旋式绕组。

螺旋式绕组的主要特点是并联导线根数多，线饼成螺旋状。该类绕组的换位，不论是单螺旋式，还是双螺旋式或四螺旋式绕组，均有多种换位形式。

（5）交错式绕组

交错式绕组又叫交叠式绕组。所谓交错式绕组是指在同一铁芯柱上，一次绕组及二次绕组成交替排列，绕组均做成饼式结构。

这种绕组的排列方式中，一次绕组做成双饼式或连续式，二次绕组为螺旋式；因交错排列，所以绕制中不需进行换位，因此绕制难度比前几种换位绕法的绕组操作略简单些。

交错式绕组一般用在一次电压为 35kV 及以下的大、中型电炉变压器中。这种排列使一次分接头和二次大电流出头的引出及铜排焊接方便，绕组的短路稳定性较好。

3. 油箱及底座

油箱和底座是油浸变压器的支撑部件，它们支撑着器身和所有附件。油箱里装有为绝缘和冷却用的变压器油。油箱是用钢板加工制成的容器，要求机械强度高、变形小、焊接处不渗漏。

油箱底部用槽钢等钢铁材料做成底座，底座下面装有滚轮，以便安装和短距离推运变压器用，大型电力变压器还可采用可扭转 90°的底座结构。

4. 套管和引线

套管和引线是变压器一、二次绕组与外部线路的连接部件。引线通过套管引到油箱外顶部，套管既可固定引线，又起引线对地的绝缘作用。用在变压器上的套管要有足够的电气绝缘强度和机械强度，并具有良好的热稳定性。

变压器用的套管种类有瓷绝缘式套管、充油式套管和电容式套管。瓷绝缘式套管用于 40kV 及以下电压等级变压器上，以绝缘筒和绝缘油作为套管主绝缘；电容式套管以多层紧密配合的绝缘纸和铝箔交错卷制成的电容芯子作为主绝缘。

5. 散热器和冷却器

散热器和冷却器是油浸式变压器的冷却装置。中小型电力变压器的散热器，一般用钢管摵制成形后焊接在油箱两侧孔内。该种散热器要求刚度好，常在垂直排列的管子上焊几道钢带，把散热管连接成整体。大容量的变压器采用油浸风冷或强迫油循环风冷，也采用油浸水冷或油浸强迫水冷方式。这些冷却方式是由冷却器来完成的。

6. 保护和测量装置

（1）储油柜（曾称油枕）

储油柜是用来减轻和防止变压器油氧化和受潮的装置。它是用钢板经剪切摵制成形后，焊接制成的，并通过管子和油箱内绝缘油沟通。

（2）吸湿器

吸湿器是防止变压器油受潮的部件之一。它是一个圆形容器，上端通过联管接到储油柜上，下端有孔与大气相通。在变压器运行中油温变化时，它起吸气和排气作用。吸湿器内装有吸湿剂，能吸取潮气及水分。分子筛、硅胶或氧化钙之类吸湿剂吸入潮气或水分饱和时，会使自己变质失去吸湿能力，所以要定期检查和更换。吸湿器硅胶的潮解不应超过 1/2。

（3）净油器

净油器曾叫温差滤油器，是用钢板焊成圆桶形的小油罐，罐内也装有硅胶之类吸湿剂。

当油温变化而上下流动时，经过净油器达到吸取油中水分、渣滓、酸、氧化物的作用。

（4）气体继电器

继电器安装在油箱与储油柜连接管之间，是变压器内部故障的保护装置（通常又叫瓦斯继电器或浮子继电器）。当内部发生故障时，给运行人员发出信号或自动切断电源，保护变压器。

（5）防爆管

防爆管又叫安全气道。其主体是一个长的钢质圆筒，顶端装有防爆膜。当变压器内部发生故障，气体骤增能使油及气体冲破防爆膜喷出，防止油箱破裂或爆炸。

（6）温度计

温度计是用来测量变压器上层油温的，中小型电力变压器用酒精温度计为多；大型变压器则用信号温度计；另外变压器上还采用电阻温度计、压力式温度计等。

7. 分接开关

分接开关是用来连接和切断变压器绕组分接头，实现调压的装置。它分无励磁分接开关及有载分接开关两大类，每一大类又有若干结构形式，两种开关结构及特点如下：

（1）无励磁分接开关

无励磁分接开关是在切断变压器电源后进行调压的开关。无励磁分接开关有星形连接中性点调压开关及夹片式两类。如 SWX-82-10/60 型无励磁分接开关是三相中性点调压开关的一种。

（2）有载分接开关

有载分接开关是在不切断电源，变压器带负载运行下调压的开关。该类开关调压级数较多，它既能稳定电网在各负载中心的电压，又可提高供电质量。所以，重要供电场所的变压器应该选用有载调压开关以实现调压任务。

有载分接开关的结构一般由切换开关、快速机构、分接选择器、转换选择器及电压调整器几部分组成，而每一部分又由若干个机械、电气元件构成。

如上所述，电力变压器组件、附件较多，但不是所有容量级别的电力变压器均具有上述几种组、附件，即对于不同容量的变压器，组、附件有多有少。

二、变压器允许运行方式

变压器的允许运行方式，是指按国家标准所规定的条件及《变压器运行规程》所规定的内容和要求而允许的运行方式，如额定运行方式、允许过负荷、机械冷却的变压器的允许运行方式、允许的短路电流和不平衡电流等。在这些条件和要求下，可保证变压器的正常运行，并具有正常的使用寿命。

1. 额定运行方式

变压器在规定的冷却条件下可按铭牌上所规定的有关技术数据运行，如油温限值、变压器冷却介质的额定条件等。

对于空气冷却的变压器，其环境温度（周围气温自然变化值）：最高气温为 40℃，最高日平均气温为 30℃，最高年平均气温为 20℃，最低气温为－40℃。

对于水冷变压器，其冷却水温度（自然变化值）：最高冷却水温度为 30℃，平均水温度为 25℃。

在额定条件下，变压器各部分高于冷却介质温度不得超过表 6-6 的数值。

当环境气温为最高气温（40℃）时，变压器的顶层油温为 95℃；为防止变压器油劣化过速，顶层油温不宜经常超过 85℃。

表 6-6　变压器各部分的允许温升

变压器的部分		温升限值/℃	测量方法
线圈	自然油循环	65	电阻法
	强迫油循环		
	油导向强油循环	70	
铁芯及变压器油接触(非层电部分)结构件		80	温度计法
油顶层		55	温度计法

2. 允许的电压变动

变压器在运行中，由于昼夜负荷的变化，电网电压有一定变动，因而变压器外加一次侧电压也有一定变动。当加于变压器的一次侧电压等于或低于变压器一次侧高压线圈的额定电压时，不会发生任何影响。若大于额定电压时，则不应超过允许数值。因此，国家标准和运行规程中都规定在额定容量下，电压最大值不超过相应分接电压的5%时可连续运行。

3. 允许的过负荷

变压器的额定容量是指在使用期限内所能不断输出的容量。但变压器在实际运行中，由于负荷是经常变化的，最大最小负荷相差较大，会经常过负荷运行。为使过负荷运行不致降低变压器的正常使用寿命和在事故负荷时不致发生危险，就必须了解变压器的负荷能力问题。

变压器的负荷能力是指变压器在某一相当短的时间内，在不损害其正常使用和增加绝缘自然损坏情况下所能输出的最大容量。过负荷的倍数和过负荷下运行的时间均应保持在一定限度之内。

如果变压器的昼夜运行负荷率小于1，则在高峰负荷期间变压器的允许过负荷倍数和允许持续时间的曲线如图6-12所示。

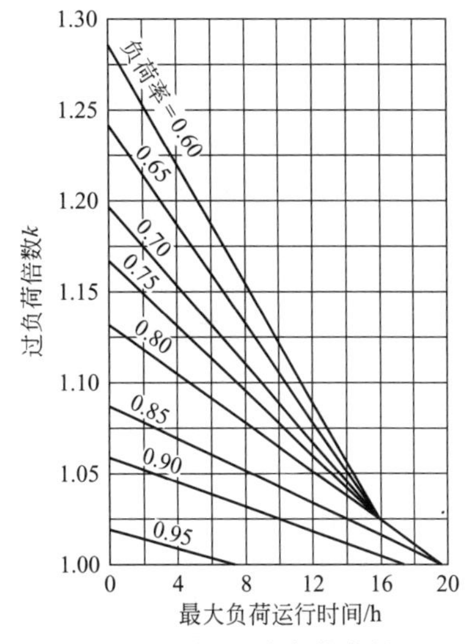

图6-12　变压器在负荷率低于1时允许的过负荷曲线

如果事先不知道负荷率，按《变压器运行规程》规定可从表6-7确定过负荷时间。

表 6-7　过负荷前上层油不同温升时的允许过负荷和过负荷持续时间

过负荷倍数	过负荷前上层油的温升为下列数值时的允许过负荷持续时间						
	18℃	24℃	30℃	35℃	42℃	43℃	51℃
1.0	连续运行						
1.05	5h50min	5h25min	4h50min	4h	3h	1h	—
1.10	3h50min	3h25min	2h50min	2h10min	1h25min	10min	—
1.15	2h50min	2h25min	1h50min	1h20min	35min	—	—
1.20	2h5min	1h40min	1h15min	45min	—	—	—
1.25	1h35min	1h15min	30min	25min	—	—	—
1.30	1h10min	50min	20min	—	—	—	—
1.35	55min	35min	15min	—	—	—	—
1.40	40min	25min	—	—	—	—	—
1.45	25min	10min	—	—	—	—	—
1.50	15min	—	—	—	—	—	—

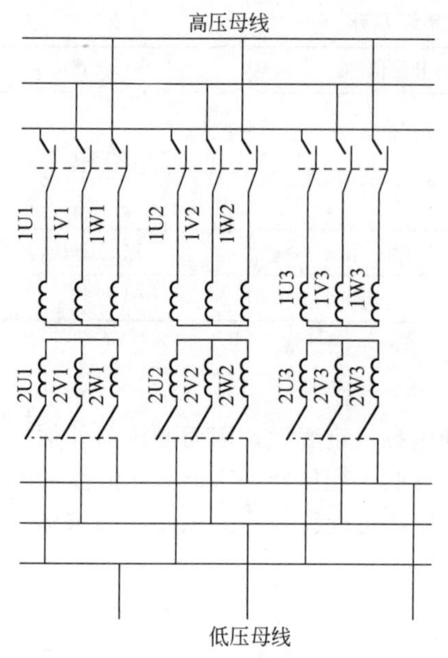

图 6-13　变压器并联运行连接

4. 变压器的并联运行

变压器的并联运行为工矿企业提供了许多方便和经济效益，但并联运行时出现的主要问题是如何保证负荷在并联后的变压器之间的均衡分配。

变压器要实现并联运行时，必须符合下列条件：

① 所有变压器的高压侧和低压侧电压必须相等，实际上就是要求变压器的变压比相等，即 $K_1=K_2=\cdots=K_n$；

② 所有变压器的短路电压相等，即 $U_{d1}=U_{d2}=\cdots=U_{dn}$；

③ 三相变压器并联运行时，它们的线圈组连接组标号必须相同，如都是 Y，yn0（Y/Y_0-12）或 Y，dll（Y/△-11）等，变压器并联运行连接如图 6-13 所示。

三、常用电力变压器主要技术数据

常用电力变压器的主要技术数据见表 6-8～表 6-18。

表 6-8　10kV 级 S7 系列电力变压器技术数据

型号	额定容量/kV·A	额定电压/kV		阻抗电压/%	连接组标号	损耗/W		空载电流/%	质量/kg			外形尺寸（长×宽×高）/mm
		高压	低压			空载	负载		油	器身	总体	
S7-30/10	30	11 10.5 10 6.3 6	0.4	4	Y,yn0	150	800	2.8	80	135	295	955×610×980
S7-50/10	50					190	1150	2.6	15	201	400	1125×725×1138
S7-63/10	63					220	1400	2.5	125	240	480	1060×770×1150
S7-80/10	80					270	1650	2.4	135	294	560	1245×795×1150
S7-100/10	100					320	2000	2.3	165	330	645	1120×760×1227
S7-125/10	125					370	2450	2.2	170	360	695	1350×820×1360
S7-160/10	160					460	2850	2.1	185	440	820	1280×785×1350
S7-200/10	200					540	3400	2.1	235	548	1010	1390×803×1410
S7-250/10	250					640	4000	2.0	265	590	1110	1410×974×1480
S7-315/10	315					760	4800	2.0	295	705	1310	1630×990×1570
S7-400/10	400					920	5800	1.9	365	852	1585	1530×995×1595
S7-500/10	500			4.5		1080	6900	1.9	395	1000	1820	1708×1038×1676
S7-630/10	630					1300	8100	1.8	545	1280	2385	1700×1015×1735
S7-800/10	800					1540	9900	1.5	655	1635	2950	2170×1130×2200
S7-1000/10	1000					1800	11600	1.2	850	1960	3685	2190×1250×2325
S7-1250/10	1250					2200	13800	1.2	1000	2348	4340	2360×1445×2430
S7-1600/10	1600					2650	16500	1.1	1100	2780	5070	2410×1490×2698
S7-630/10	630		3.15 6.3		Y,dll	1300	8100	1.8	545	1280	2385	1860×1160×2010
S7-800/10	800					1540	9900	1.5	630	1675	3060	2250×1150×2112
S7-1000/10	1000			5.5		1800	11600	1.2	770	1900	3530	2305×1181×2142
S7-1250/10	1250					2200	13800	1.2	745	2055	3795	2450×1365×2152
S7-1600/10	1600					2650	16500	1.1	960	2675	4800	2607×1377×2462
S7-2000/10	2000					3100	19800	1.0	1135	2875	5395	2650×1371×2525
S7-2500/10	2500					3650	23000	1.0	1335	3370	6340	2680×1540×2690
S7-3150/10	3150					4400	27000	0.9	1735	3975	7775	2500×2780×2800
S7-4000/10	4000					5300	32000	0.8	1905	4820	9210	3500×2780×2800
S7-5000/10	5000					6400	36700	0.8	2335	5805	10765	3600×2950×2875
S7-6300/10	6300					7500	41000	0.7	2640	7235	13045	3250×3040×3220

表 6-9　10kV 级 SL7 系列电力变压器技术数据

型号	额定容量/kV·A	额定电压/kV		阻抗电压/%	连接组标号	损耗/W		空载电流/%	质量/kg			外形尺寸(长×宽×高)/mm
		高压	低压			空载	负载		油	器身	总体	
SL7-30/10	30	11	0.4	4	Y,yn0	150	800	2.8	87	185	317	1077×620×1152
SL7-50/10	50	10.5				190	1150	2.6	125	275	480	1194×685×1272
SL7-63/10	63	10				220	1400	2.5	135	300	525	1231×690×1323
SL7-80/10	80	6.3				270	1650	2.4	150	335	590	1253×785×1455
SL7-100/10	100	6				320	2000	2.3	170	390	685	1285×795×1495
SL7-125/10	125	11	0.4			370	2450	2.2	205	420	790	1353×800×1507
SL7-160/10	160	10.5				460	2850	2.1	245	520	945	1403×816×1597
SL7-200/10	200	10				540	3400	2.1	270	595	1070	1433×820×1637
SL7-250/10	250	6.3				640	4000	2.0	305	690	1235	1442×844×1707
SL7-315/10	315	6				740	4800	2.0	360	830	1470	1696×918×1807
SL7-400/10	400	11 10.5 10 6.3 6	0.4	4	Y,yn0	920	5800	1.9	450	985	1790	1694×894×2000
SL7-500/10	500					1080	6900	1.9	495	1140	2050	1540×1052×2040
SL7-630/10	630		0.4 3.15 6.3		Y,yn0 Y,dll	1300	8100	1.8	713	1580	2760	1912×1126×2192
SL7-800/10	800			4.5 5.5		1540	9900	1.5	815	1830	3200	2377×1136×2636
SL7-1000/10	1000					1800	11600	1.2	1048	2250	3980	2430×1929×2920
SL7-1250/10	1250					2200	13800	1.2	1147	2620	4650	2260×1313×2938
SL7-1600/10	1600					2650	16500	1.1	1332	3120	5620	2295×1355×3100
SL7-2000/10	2000		3.15 6.3	5.5	Y,dll	3100	19800	1.0	1220	3190	5430	2758×1582×2668
SL7-2500/10	2500					3650	23000	1.0	1450	3770	6330	2236×2636×2816
SL7-3150/10	3150					4400	27000	0.9	1670	4200	7560	2659×2750×2896
SL7-4000/10	4000					5300	32000	0.8	1885	4840	8775	2722×2980×2963
SL7-5000/10	5000					6400	36700	0.8	2120	5930	10270	2785×3010×4104
SL7-6300/10	6000					7500	41000	0.7	2410	7220	12130	3565×2750×3500

表 6-10　10kV 级 SZ7 系列电力变压器技术数据

型号	额定容量/kV·A	额定电压/kV		阻抗电压/%	连接组标号	损耗/W		空载电流/%	质量/kg			外形尺寸(长×宽×高)/mm
		高压	低压			空载	负载		油	器身	总体	
SZ7-200/10	200	11 10.5 10 6.3 6	0.4	4	Y,yn0	540	3400	2.1	265	500	1100	1360×910×1560
SZ7-250/10	250					640	4000	2.0	340	710	1290	1520×910×1650
SZ7-315/10	315					760	4800	2.0	380	700	1430	1570×1070×1765
SZ7-400/10	400					920	5800	1.9	390	840	1700	1620×1075×1810
SZ7-500/10	500					1080	6900	1.9	440	1005	1995	1645×1100×1875
SZ7-630/10	630			4.5		1400	8500	1.8	510	1175	2420	2070×1395×1785
SZ7-800/10	800					1660	10400	1.8	778	1663	3255	2130×1230×2535
SZ7-1000/10	1000					1930	12180	1.7	850	2025	3795	2465×1250×2565
SZ7-1250/10	1250					2350	14490	1.6	1170	2130	4520	2520×1380×2780
SZ7-1600/10	1600					3000	17300	1.5	1435	2700	5540	2720×1700×2760

表 6-11　10kV 级 SZL7 系列有载调压电力变压器技术数据

型号	额定容量/kV·A	额定电压/kV		阻抗电压/%	连接组标号	损耗/W		空载电流/%	质量/kg			外形尺寸(长×宽×高)/mm	轨距/mm
		高压	低压			空载	负载		油	器身	总体		
SZL7-200/10	200	11 10.5 10 6.3 6	0.4	4	Y,yn0	540	3400	2.1	360	555	1265	1780×910×1690	550
SZL7-250/10	250					640	4000	2.0	390	660	1450	1820×1010×1805	660
SZL7-315/10	315					760	4800	2.0	465	780	1695	1870×930×1915	660
SZL7-400/10	400					920	5800	1.9	520	935	1975	1970×1000×1985	660
SZL7-500/10	500					1080	6900	1.9	565	1080	2220	2005×1250×2050	660
SZL7-630/10	630					1400	8500	1.8	840	1510	3140	2085×1530×2340	820
SZL7-800/10	800			4.5		1660	10400	1.8	935	1760	3605	2420×1740×2680	820
SZL7-1000/10	1000					1930	12100	1.7	1240	2165	4550	2475×1315×2860	820
SZL7-1250/10	1250					2350	14490	1.6	1420	2510	5215	2530×1755×2995	820
SZL7-1600/10	1600					3000	17300	1.5	1600	3055	6100	2560×1975×3120	820

表 6-12　10kV 级 S8 系列电力变压器技术数据

型号	额定容量/kV·A	额定电压/kV		阻抗电压/%	连接组标号	损耗/W		空载电流/%	质量/kg			外形尺寸(长×宽×高)/mm	轨距/mm
		高压	低压			空载	负载		油	器身	总体		
S8-250/10	250	11 10.5 10 6.3 6	0.4	4	Y,yn0	560	3050	1.2	270	925	1440	1590×800×1340	550
S8-315/10	315					670	3650	1.1	280	1015	1550	1600×800×1385	660
S8-400/10	400					800	4300	1.0	325	1120	1780	1620×800×1490	660
S8-500/10	500					960	5100	1.0	378	1280	2000	1565×835×1510	660
S8-630/10	630			4.5		1200	6200	0.9	520	1550	2500	1720×1000×1920	660
S8-800/10	800			4.5 5.5		1400	7500	0.8	550	1760	2800	1800×1000×1960	660
S8-1000/10	1000					1700	10300	0.7	605	2120	3200	1920×1010×1990	820
S8-1250/10	1250					1950	12000	0.6	630	2650	3650	1980×1200×2040	820
S8-1600/10	1600					2400	14500	0.6	690	3500	4450	2020×1200×2100	820

表 6-13　10kV 级 S9 系列电力变压器技术数据

型号	额定容量/kV·A	额定电压/kV		阻抗电压/%	连接组标号	损耗/W		空载电流/%	质量/kg			外形尺寸(长×宽×高)/mm
		高压	低压			空载	负载		油	器身	总体	
S9-30/10	30	11 10.5 10 6.3 6	0.4	4	Y,yn0	130	600	2.1	90		340	990×650×1055
S9-50/10	50					170	870	2.0	100		455	1070×690×1100
S9-63/10	63					200	1040	1.9	115		505	1090×710×1155
S9-80/10	80					240	1250	1.8	130		509	1120×770×1225
S9-100/10	100					290	1500	1.6	140		550	1220×808×1335
S9-125/10	125					340	1800	1.5	175	210	790	1385×850×1328
S9-160/10	160					400	2200	1.4	195	300	930	1415×870×1328
S9-200/10	200					480	2600	1.3	207	320	958	1390×980×1420
S9-250/10	250					560	3050	1.2	255	390	1245	1410×860×1400
S9-315/10	315					670	3650	1.1	265	430	1390	1540×1010×1510
S9-400/10	400					800	4300	1.0	320	480	1645	1440×1230×1580
S9-500/10	500					960	5100	1.0	360	580	1890	1570×1250×1610
S9-630/10	630			4.5		1200	6200	0.9	605	660	2825	1870×1526×1920
S9-800/10	800					1400	7500	0.8	680	790	3215	2225×1550×2320
S9-1000/10	1000		3.15 6.3		Y,dll	1700	10300	0.7	870	940	3945	2300×1560×2480
S9-1250/10	1250					1950	12000	0.6	980	1070	4650	2310×1215×2662
S9-1600/10	1600					2400	14500	0.6	1115	1230	5205	2370×1892×2719
S9-630/10	630					1200	6200	1.5	660	1820	2770	1793×1210×1972
S9-800/10	800					1400	7500	1.4	714	2100	3165	2140×1240×2345
S9-1000/10	1000					1700	9200	1.4	825	2350	3675	2205×1995×2395
S9-1250/10	1250			5.5		1950	12000	1.3	937	2785	4190	2270×1930×2450
S9-1600/10	1600					2400	14500	1.3	1137	3160	4910	1950×2360×2630
S9-2000/10	2000					3000	18000	1.2	1100		5190	2600×1950×2555
S9-2500/10	2500					3500	19000	1.2	1310		6320	2630×1984×2755
S9-3150/10	3150					4100	23000	1.0	1566		7690	2638×2018×2910
S9-4000/10	4000					5000	26000	1.0	2050		8520	3290×2300×2940
S9-5000/10	5000					6000	30000	0.9	2085		10735	3850×2200×3122
S9-6300/10	6300					7000	35000	0.9	2428		13100	2880×3190×3370

表 6-14　10kV 级 SZ9 系列有载调压电力变压器技术数据

型号	额定容量/kV·A	额定电压/kV		阻抗电压/%	连接组标号	损耗/W		空载电流/%	质量/kg			外形尺寸(长×宽×高)/mm	轨距/mm
		高压	低压			空载	负载		油	器身	总体		
S9-200/10	200	11 10.5 10 6.3 6	0.4	4	Y,yn0	520	2600	1.6	270	660	1180	1380×1000×1510	550
S9-250/10	250					610	3090	1.5	310	780	1370	1410×1100×1560	660
S9-315/10	315					730	3600	1.4	330	905	1555	1460×1120×1600	660
S9-400/10	400					870	4400	1.3	370	1060	1780	1500×1340×1650	660
S9-500/10	500					1040	5250	1.2	410	1210	2030	1570×1360×1690	660
S9-630/10	630			4.5		1270	6300	1.1	660	1770	2960	1880×1640×2000	820
S9-800/10	800					1510	7560	1.0	740	2020	3360	2200×1550×2420	820
S9-1000/10	1000					1780	10500	0.9	930	2240	4090	2282×1560×2580	820
S9-1250/10	1250					2080	12000	0.8	1040	2670	4800	2310×1910×2730	1070
S9-1600/10	1600					2540	14700	0.7	1180	3010	5350	2350×1950×2840	1070

表 6-15　35kV 级 S7 系列电力变压器技术数据

型号	额定容量/kV·A	额定电压/kV		阻抗电压/%	连接组标号	损耗/W		空载电流/%	质量/kg			外形尺寸(长×宽×高)/mm
		高压	低压			空载	负载		油	器身	总体	
S7-50/35	50	35	0.4	6.5	Y,yn0	265	1350	2.8	350	380	800	1145×935×1800
S7-100/35	100					370	2250	2.6	445	490	1240	1190×980×1900
S7-125/35	125					420	2650	2.5	520	540	1410	1310×995×2050
S7-160/35	160					470	3150	2.4	575	595	1650	1420×995×2100
S7-200/35	200					550	3700	2.2	650	690	1720	1750×1000×2180
S7-250/35	250					640	4400	2.0	710	880	1960	1800×1060×2250
S7-315/35	315					760	5300	2.0	770	945	2250	1920×1150×2310
S7-400/35	400					920	6400	1.9	860	1100	2600	1960×1180×2360
S7-500/35	500					1080	7700	1.9	900	1270	2900	1980×1200×2400
S7-630/35	630					1300	9200	1.8	945	1485	3320	1980×1210×2420
S7-800/35	800	35	0.4	6.5		1540	11000	1.5	1040	1960	4150	2200×1250×2500
S7-1000/35	1000					1800	13500	1.4	1150	2110	4410	2230×1260×2600
S7-1250/35	1250					2200	16300	1.2	1310	2220	4780	2475×1275×2650
S7-1600/35	1600					2650	19500	1.1	1440	2840	6005	2560×1470×2730
S7-800/35	800	35	10.5 6.3 3.15	6.5	Y,dll	1540	11000	1.5	1040	1960	4150	2560×1275×2520
S7-1000/35	1000					1800	13500	1.4	1150	2110	4410	2595×1400×2550
S7-1250/35	1250					2200	16300	1.3	1310	2220	4780	2600×1410×2590
S7-1600/35	1600					2650	19500	1.2	1440	2840	6005	2650×1120×2625
S7-2000/35	2000					3400	19800	1.1	1700	3000	6120	2780×1600×2740
S7-2500/35	2500					4000	23000	1.1	1810	3520	7540	2870×1523×2785
S7-3150/35	3150	38.5 35	10.5 6.3 3.15	7		4750	27000	1.0	1940	4435	8780	3055×2820×2840
S7-4000/35	4000			7		5650	32000	1.0	2570	4920	10540	3020×3050×2897
S7-5000/35	5000			7		6750	36700	0.9	2400	6050	11010	3650×3070×3127
S7-6300/35	6300			7.5		8200	41000	0.9	2860	7450	13990	3800×3120×3227

表 6-16　35kV 级 SL7 系列电力变压器技术数据

型号	额定容量/kV·A	额定电压/kV		阻抗电压/%	连接组标号	损耗/W		空载电流/%	质量/kg			外形尺寸（长×宽×高）/mm
		高压	低压			空载	负载		油	器身	总体	
SL7-50/35	50	35	0.4	6.5	Y,yn0	265	1350	2.8	330	385	830	1145×935×1790
SL7-100/35	100					370	2250	2.6	390	540	1090	1185×995×1905
SL7-125/35	125					420	2650	2.5	505	590	1300	1200×980×2165
SL7-160/35	160					470	3150	2.4	570	680	1465	1310×982×2205
SL7-200/35	200					550	3700	2.2	635	810	1695	1770×1200×2240
SL7-250/35	250					640	4400	2.0	692	910	1890	1815×1020×2310
SL7-315/35	315					760	5300	2.0	760	1055	2185	1960×1020×2460
SL7-400/35	400					920	6400	1.9	855	1270	2510	2080×1100×2620
SL7-500/35	500					1080	7700	1.9	925	1445	2810	2100×1340×2680
SL7-630/35	630					1300	9200	1.8	1030	1680	3225	2080×1360×2770
SL7-800/35	800					1540	11000	1.5	1280	2165	4200	2320×1410×2975
SL7-1000/35	1000					1800	13500	1.4	1435	2300	4595	2375×1900×3095
SL7-1250/35	1250					2200	16300	1.2	1590	2720	5470	2410×1710×3170
SL7-1600/35	1600					2650	19500	1.1	1715	3150	6060	2450×1910×3240
SL7-800/35	800	35	10.5 6.3 3.15	6.5	Y,d11	1540	11000	1.5	1400	1950	4350	2605×1490×2875
SL7-1000/35	1000					1800	13500	1.4	1435	2095	4740	2380×1300×2900
SL7-1250/35	1250					2200	16300	1.3	1650	2440	5350	2420×1705×3025
SL7-1600/35	1600					2650	19500	1.2	1835	2870	5965	2500×2070×3020
SL7-2000/35	2000					3400	19800	1.1	1630	3050	6240	2750×1870×3135
SL7-2500/35	2500					4000	23000	1.1	1770	3530	6980	2620×1890×3170
SL7-3150/35	3150	38.5 35	10.5 6.3 3.15	7		4750	27000	1.0	2040	4180	8280	2800×2210×3260
SL7-4000/35	4000			7		5650	32000	1.0	2310	5020	9590	2920×2220×3590
SL7-5000/35	5000			7		6750	36700	0.9	2590	5900	11000	2880×2370×3690
SL7-6300/35	6300			7.5		8200	41000	0.9	2970	7230	13340	3350×2520×3760

表 6-17　35kV 级 S9 系列电力变压器技术数据

型号	额定容量/kV·A	额定电压/kV		阻抗电压/%	连接组标号	损耗/W		空载电流/%	质量/kg			外形尺寸（长×宽×高）/mm	轨距/mm
		高压	低压			空载	负载		油	器身	总体		
S9-50/35	50	35	0.4	6.5	Y,yn0	250	1180	2.0	330	290	840	1145×935×1790	660
S9-100/35	100					350	2100	1.9	350	570	1170	1185×995×1800	660
S9-125/35	125					400	1950	2.0	455	725	1335	1210×980×2035	660
S9-160/35	160					450	2800	1.8	450	590	1340	1310×980×2100	660
S9-200/35	200					530	3300	1.7	510	610	1440	1700×1200×2100	660
S9-250/35	250					610	3900	1.6	570	730	1660	1815×1020×2100	660
S9-315/35	315					720	4700	1.5	620	830	1850	1960×1020×2200	660
S9-400/35	400					880	5700	1.4	680	950	2150	2080×1100×2400	820
S9-500/35	500					1030	6900	1.3	760	1190	2480	2100×1340×2430	820
S9-630/35	630					1250	8200	1.2	920	1620	3220	2080×1360×2530	820
S9-800/35	800					1480	9500	1.1	1150	1820	3870	2320×1410×2750	820
S9-1000/35	1000					1750	12000	1.0	1300	2300	4600	2375×1600×2895	820
S9-1250/35	1250					2100	14500	0.9	1460	2440	4960	2375×1600×3090	820
S9-1600/35	1600					2500	17500	0.8	1500	3000	5900	2450×1910×3000	1070

续表

型号	额定容量/kV·A	额定电压/kV		阻抗电压/%	连接组标号	损耗/W		空载电流/%	质量/kg			外形尺寸(长×宽×高)/mm	轨距/mm
		高压	低压			空载	负载		油	器身	总体		
S9-800/35	800	35	10.5 6.3 3.15	6.5	Y,dll	1480	8800	1.1	1150	1820	3870	2320×1410×2750	820
S9-1000/35	1000					1750	11000	1.0	1300	2300	4600	2375×1600×2895	820
S9-1250/35	1250					2100	14500	0.9	1460	2440	4960	2370×1600×3095	1070
S9-1600/35	1600					2500	16500	0.8	1500	3000	5900	2450×1910×3000	1070
S9-2000/35	2000					3200	16800	0.8	1460	3300	6260	2750×1870×2900	1070
S9-2500/35	2500					3800	19500	0.8	1590	3800	6990	2810×1800×3000	1070
S9-3150/35	3150	38.5 35	10.5 6.3 3.15	7		4500	22500	0.8	1800	4400	8900	2810×2110×3100	1070
S9-4000/35	4000			7		5400	27000	0.8	2000	5400	9600	2820×2120×3450	1070
S9-5000/35	5000			7		6500	31000	0.7	2300	6400	11150	2840×2300×3500	1070
S9-6300/35	6300			7.5		7900	34500	0.7	2600	7700	13100	3100×2420×3600	1070

表 6-18　35kV 级 SZ9 系列电力变压器技术数据

型号	额定容量/kV·A	额定电压/kV		阻抗电压/%	连接组标号	损耗/W		空载电流/%	质量/kg			外形尺寸(长×宽×高)/mm	轨距/mm
		高压	低压			空载	负载		油	器身	总体		
SZ9-1000/35	1000	35 38.5	6.3 10.5	6.5	Y,dll	1790	11550	1.1	1400	2420	4850	2575×1600×2875	820
SZ9-1250/35	1250					2140	14800	1.0	1460	2540	5110	2575×1600×3075	1070
SZ9-1600/35	1600					2550	17300	0.9	1600	3100	6150	2650×1910×3000	1070
SZ9-2000/35	2000					3260	17600	0.9	1560	3400	6500	3950×1870×2900	1070
SZ9-2500/35	2500			7		3870	20500	0.9	1690	3900	7290	3010×1800×3000	1070
SZ9-3150/35	3150					4500	23000	1.5	2380		8540	3745×2110×2865	1070
SZ9-4000/35	4000					5400	26000	1.2	2960		11175	4120×2320×3200	1070
SZ9-5000/35	5000			7.5		6630	32600	0.8	2400	6500	11450	3040×2300×3500	1070
SZ9-6300/35	6300					8060	36300	0.8	2700	7800	13400	3300×2420×3600	1070

四、电力变压器的选择

1. 配电变压器容量的选择

变压器容量可按下式选择：

$$\text{变压器容量}=\frac{\text{用电设备总容量}\times\text{同时率}}{\text{用电设备功率因数}\times\text{用电设备效率}}$$

式中　　同时率——同一时间投入运行的设备实际容量与用电设备总容量的比值，一般约为 0.7；

用电设备功率因数——一般为 0.8～0.9；

用电设备效率——一般为 0.85～0.9。

在选择变压器容量时，还应注意以下事项：

① 一般电动机的启动电流是额定电流的 4～7 倍，变压器应能承受此冲击。

② 直接启动的电动机中最大的一台容量，不宜超过变压器容量的 30%。

2. 配电变压器安装位置的选择

配电变压器应尽量安装于负荷中心，其供电半径最大不宜超过 500m，负荷中心即为配电变压器的安装位置。

3. 配电变压器熔丝及低压侧引线的选择

(1) 高低压侧熔丝的选择

高压侧一般用跌落式熔断器作为保护和操作设备。低压侧用低压熔断器作为保护设备。跌落式熔断器熔丝的额定电流可按下式计算：

$$I_{RN}=(2.0\sim2.5)I_N$$

式中 I_{RN}——熔丝的额定电流，A；

I_N——变压器高压侧的额定电流，A。

各种容量配电变压器熔丝的选择见表 6-19。

表 6-19 6～10kV 三相配电变压器熔丝选择表

变压器容量/kV·A	6kV		10kV		380V	
	高压侧额定电流/A	高压侧熔丝额定电流/A	高压侧额定电流/A	高压侧熔丝额定电流/A	高压侧额定电流/A	高压侧熔丝额定电流/A
10①	0.96	3	0.58	2	15.22	15
20	1.92	5	1.15	3	30.44	30
30	2.89	7.5	1.73	5	45.66	50
40	3.84	10	2.30	5	60.88	60
50	4.81	10	2.89	7.5	76.10	75
60	5.78	15	3.46	7.5	91.32	100
75①	7.22	15	4.33	10	114.15	125
80	7.68	15	4.60	10	121.76	125
100	9.62	20	5.77	15	152.2	150
125	12.03	25	7.22	15	190.25	200
160	15.36	30	9.20	20	243.52	250
180①	17.38	40	10.39	20	273.96	300
200	19.24	40	11.54	25	304.40	300
240①	23.08	50	13.84	30	334.84	350
320①	30.78	75	18.46	40	486.82	500

① 代表老牌号变压器。

注：采用本表时，高压侧对小于 5A 的熔丝还应当考虑其他机械强度，因此一般不低于 5A。

低压侧熔丝的额定电流一般按变压器低压侧的额定电流选择，若选用大一级的熔丝时，最大不要超过低压侧额定电流的 30%。

(2) 低压侧引线的选择

低压侧引线用铝芯或铜芯绝缘线，按绝缘导线的允许载流量及配电变压器低压侧额定电流选择，见表 6-20。

表 6-20 配电变压器低压侧引线选择表

配电变压器容量/kV·A	引线型号	配电变压器容量/kV·A	引线型号
10、20	BLV-25 或 BV-16	160	BLV-95 或 BV-70
30、40、50、63	BLV-25 或 BV-25	(180)、200	BLV-120 或 BV-95
(75)、80	BLV-35 或 BV-25	250	BLV-150 或 BV-120
100	BLV-50 或 BV-35	315	BLV-240 或 BV-185
125	BLV-70 或 BV-50		

注：1. BLV——铝芯绝缘线；BV——铜芯绝缘线。

2. 引线型号横线后的数字为导线截面面积（mm^2）。

3. 变压器容量加括号的数字是老型号容量系列变压器。

五、电力变压器常见故障及处理方法

配电变压器常见故障及处理方法见表 6-21。

表 6-21　配电变压器常见故障及处理方法

故障部位	故障种类	故障现象	故障可能原因	判断及处理
绕组	匝间短路	①变压器异常发热 ②油温升高 ③油发出特殊的“吡吡”声 ④电源侧电流增大 ⑤三相直流电阻不同，但差值小 ⑥高压熔断器熔断，跌落保险脱落 ⑦油枕盖有黑烟 ⑧气体继电器动作	①变压器进水，水浸入绕组 ②绕制时导线及焊接处的毛刺使匝间绝缘破坏 ③油道内掉入杂物 ④变压器运行过久，或长期过载造成绝缘老化，在过电流引起的电磁力作用下，造成绝缘开裂脱落	在绕组上加 10%～20%的电压，绕组上冒烟处即为匝间短路点 一般需重绕线圈
绕组	层间短路	现象同匝间短路，但更严重，三相间的直流电阻的差值较明显	与匝间短路原因③、④相同	可通过直流电阻测量来判定层间短路所在相，需重绕线圈
绕组	对地短路（绕组对油箱、夹件间击穿）和相间短路	①高压熔丝熔断 ②安全气道膜片破裂、喷油 ③气体继电器动作 ④无安全气道及气体继电器的小型变压器油箱变形破坏	①主绝缘老化或有破损等重大缺陷 ②绝缘油受潮严重 ③由于漏油，油面严重下降，使引线等露出油面，绝缘距离不足而击穿 ④其他短路造成绕组变形，引起对地短路 ⑤绕组内有杂物落入 ⑥由大气过电压或操作过电压引起 ⑦引线随导电杆转动造成接地	故障现象十分明显，后果严重，应立即停电，重绕线圈
绕组	线圈断线	①断线处有电弧使变压器内有放电声 ②断线的相没有电流	①导线焊接不良 ②匝间、层间、相间短路造成断线 ③雷击造成断线 ④搬动时强烈振动或安装套管时使引线扭曲断线	吊芯处理，若因短路造成，应重绕线圈，若引线断线则重新接线
铁芯	铁芯片间绝缘损坏	①空载损耗大 ②油温升高 ③油色变深 ④吊芯检查可见漆膜脱落，部分硅钢片裸露、变脆、起泡并因绝缘碳化而变色（变深为黑色）	①受剧烈振动片间发生位移、摩擦引起 ②片间绝缘老化或有局部损坏	吊芯检查 恢复绝缘：用 1611 号或 1030 号漆涂铁芯叠片两侧漆膜干后 0.01～0.015mm
铁芯	铁芯片间局部熔毁	①高压熔丝熔断 ②油色变黑，并有特殊气味，温度升高 ③吊芯可看到硅钢片的热点，绝缘损坏变热	①夹紧铁芯的穿芯螺杆与铁芯间绝缘老化，使螺杆与芯片接触造成芯片短路、发热引起局部熔毁 ②铁芯两点接地形成涡流通路，造成发热点	吊芯后消除熔接点，恢复穿芯螺杆绝缘或消除多余接地点

续表

故障部位	故障种类	故障现象	故障可能原因	判断及处理
铁芯	钢片有不正常响声	有各种不同于正常“嗡嗡”的异常响声	①铁芯叠片错误(如缺片) ②钢片在接缝处两边弯曲 ③钢片厚度不均匀 ④油道或夹件下没有固定好的钢片 ⑤铁芯中叠有弯曲的钢片 ⑥铁芯片间有杂物 ⑦铁芯紧固件松动	夹紧夹件或进行重新叠片，消除发响的原因
变压器油	油质变坏	变压器油色变暗	①变压器故障引起放电，造成油分解 ②变压器油长期受热氧化严重，油质恶化	定期试验、检查，决定进行过滤或换油
分接开关	触点表面熔化与灼伤	①油温增高 ②高压熔丝熔断 ③触点表面产生放电声	①开关装配不当，造成接触不良 ②弹簧压力不够	定期(每年一两次)在停电后将分接开关转动几周使其接触良好
	相间触点放电或各分接头放电	①高压熔丝熔断 ②油枕盖冒烟 ③变压器发出“咕嘟”声	①过电压引起 ②变压器油内有水 ③螺钉松动，触点接触不良，产生爬电烧伤绝缘	
套管	对地击穿	高压熔丝熔断	①套管有隐蔽的裂纹或有碰伤 ②套管表面污秽严重 ③变压器油面下降过多	平时巡视时注意及时发现裂纹等隐患，清除污秽；故障后必须更换套管
	套管间放电	高压熔丝熔断	①套管间有杂物 ②套管间有小动物	更换套管

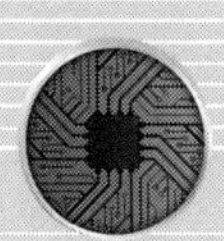

第七章

低压电器

第一节 概 述

一、低压电器的分类及用途

低压电器通常是指用于额定电压交流 1200V 或直流 1500V 及以下的电器，它对电能的产生、输送、分配及应用起着通断、控制、保护及调节等作用。在农村，低压电器在对小型水电站、农副产品加工机械、电力排灌设备、农机制造设备等的控制中以及在人们的日常生活中均得到了极为广泛的应用。

根据低压电器在电气线路中所处的地位和作用，可以分为低压配电电器和低压控制电器两大类。低压配电电器用于低压配电系统中，主要有刀开关、转换开关、熔断器和断路器等。低压控制电器用于电力拖动装置中，主要有接触器、控制继电器、启动器和主令电器等。低压电器主要产品的分类及用途见表 7-1。

表 7-1 低压电器的分类及用途

电器名称		主要品种	用途
配电电器	刀开关	大电流刀开关 熔断器式刀开关 开关板用刀开关 负荷开关	主要用于电路隔离，也能接通和分断额定电流
	转换开关	组合开关 换向开关	用于两种以上电源或负载的转换和通断电路
	断路器	框架式断路器 塑料外壳式断路器 限流式断路器 漏电保护断路器	用于线路过载、短路或欠压保护，也可用作不频繁接通和分断电路
	熔断器	有填料熔断器 无填料熔断器 快速熔断器 自复熔断器	用于线路或电气设备的短路和过载保护
控制电器	接触器	交流接触器 直流接触器	主要用于远距离频繁启动或控制电动机，以及接通和分断正常工作的电路
	控制继电器	直流继电器 电压继电器 时间继电器 中间继电器 热继电器	主要用于控制系统中，控制其他电器或作主电路的保护

续表

电器名称		主要品种	用途
控制电器	启动器	磁力启动器 减压启动器	主要用于电动机的启动和正反向控制
	控制器	凸轮控制器 平面控制器	主要用于电气控制设备中转换主回路或励磁回路的接法，以达到电动机启动、换向和调速的目的
	主令电器	按钮 限位开关 微动开关 万能转换开关	主要用于接通和分断控制电路
	电阻器	铁基合金电阻	用于改变电路的电压、电流等参数或变电能为热能
	变阻器	励磁变阻器 启动变阻器 频敏变阻器	主要用于发电机调压以及电动机的减压启动和调速
	电磁铁	起重电磁铁 牵引电磁铁 制动电磁铁	用于起重、操纵或牵引机械装置

二、低压电器的产品型号

产品型号代表一种类型的系统产品，亦可包括该系列产品的若干派生系列。低压电器产品型号的组成及其含义如下：

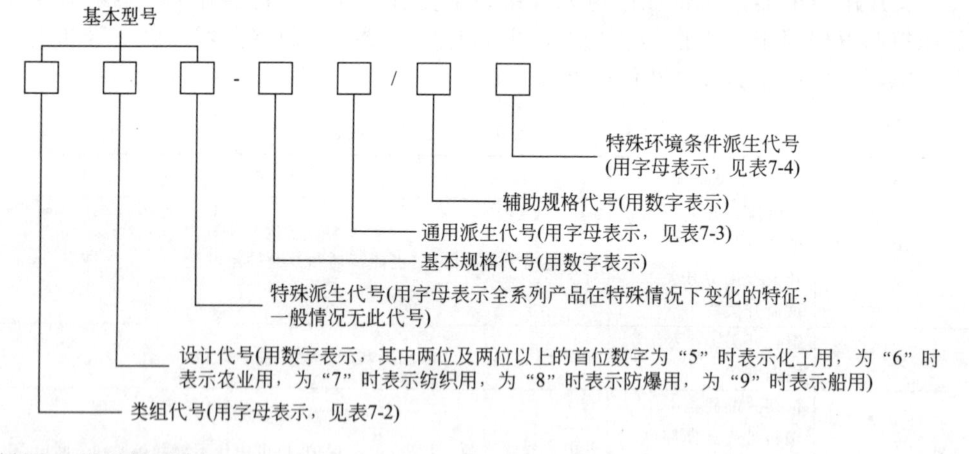

低压电器型号示例：

HK2-15/3 表示三极开启式负荷开关（胶盖瓷底刀开关），设计序号为 2，额定电流为 15A。

HZ15-10/101 表示三极组合开关（转换开关），设计序号为 15，额定电流为 10A，转换电路数为 1。

RC1A-30 表示瓷插式熔断器，第一次设计的改进型，额定电流为 30A。

DZ5-20/3 表示三极塑料外壳式小型断路器，设计序号为 5，额定电流为 20A。

CJ20-40 表示交流接触器，设计序号为 20，额定电流为 40A。

JR16-20/3 表示三极热继电器，设计序号为 16，额定电流为 20A。

QX3-13/K 表示开启式星-三角启动器，设计序号为 3，380V 时可控制电动机的最大功率为 13kW。

LA20-11 表示控制按钮，设计序号为 20，具有一对常开触点和一对常闭触点。

表 7-2　低压电器型号的类组代号

代号	名称	A	B	C	D	G	H	J	K	L	M	P	Q	R	S	T	U	W	X	Y	Z
H	刀开关和转换开关				刀开关		封闭式负荷开关		开启式负荷开关					熔断器式刀开关	刀形转换开关					其他	组合开关
R	熔断器			插入式			汇流排式			螺旋式	封闭管式				快速	有填料管式				其他	
D	断路器									照明	灭磁				快速			框架式		其他	塑料外壳式
K	控制器					鼓形						平面				凸轮				其他	
C	接触器					高压		交流				中频			时间	通用				其他	直流
Q	启动器	按钮式		磁力				减压							手动		油浸		星-三角	其他	综合
J	控制继电器									电流				热	时间	通用		温度		其他	中间
L	主令电器	按钮						接近开关	主令控制器						主令开关	足踏开关	旋钮	万能转换开关	行程开关	其他	
Z	电阻器		板形元件	冲片元件	铁铬铝带型元件	管形元件									烧结元件	铸铁元件			电阻器	其他	
B	变阻器			旋臂式						励磁		频敏	启动		石墨	启动调速	油浸启动	液体启动	滑线式	其他	
T	调整器				电压																
M	电磁铁				单相								牵引		三相			起重		液压	制动
A	其他		触电保护器	插销	信号灯		接线盒			电铃											

表 7-3　低压电器型号的通用派生代号

派生字母	代表意义
A、B、C、D、…	结构设计稍有改进或变化
J	交流、防溅式
Z	直流、自动复位、防振、重任务
W	无灭弧装置
N	可逆
S	有锁住机构、手动复位、防水式、三相、三个电源、双线圈
P	电磁复位、防滴式、单相、两个电源、电压的
K	开启式
H	保护式、带缓冲装置
M	密封式、灭磁
Q	防尘式、手车式
L	电流的、刀板式、漏电保护
F	高返回、带分励脱扣
X	限流

表 7-4　低压电器型号的特殊环境条件派生代号

派生字母	代表意义	派生字母	代表意义
T	按临时措施制造	G	高原
TH	湿热带	H	船用
TA	干热带	F	化工防腐用

第二节　常用低压电器

一、刀开关

刀开关原称闸刀开关，农村常用的低压刀开关有胶盖瓷底刀开关、开关板用刀开关、熔断器式刀开关和铁壳开关。

1. 胶盖瓷底刀开关

胶盖瓷底刀开关又称开启式负荷开关，它具有结构简单、价格低廉、使用维修方便等优点，主要用作分支路的配电开关和电阻、照明回路的控制开关，也可用于控制小容量电动机的非频繁启动和停止。

胶盖瓷底刀开关的结构如图 7-1 所示，由胶盖、瓷底座、夹座（静触点）、闸刀（动触点）及熔丝等组成。由于开关内部装设了熔丝，所以当它控制的电路发生短路故障时，可以通过熔丝的熔断而迅速切断故障电路。

这种开关没有专门的灭弧装置，拉闸、合闸时操作人员应站在开关的一侧，动作必须迅速，以免电弧烧坏触点和灼伤操作人员。

胶盖瓷底刀开关应垂直安装在控制屏和开关板上，进线座应在上方。接线时不要将进线座和出线座接反，以免更换熔丝时发生触电事故。更换熔丝必须在闸刀拉开的情况下进行，而且应选用与原熔丝规格相同的新熔丝。

胶盖瓷底刀开关用于照明电路时，可选用小容量电动机的直接启动时，可选用额定电压为 380V 或 500V，额定电流等于或大于电动机 3 倍额定电流的三极开关。胶盖瓷底刀开关的技术数据见表 7-5。

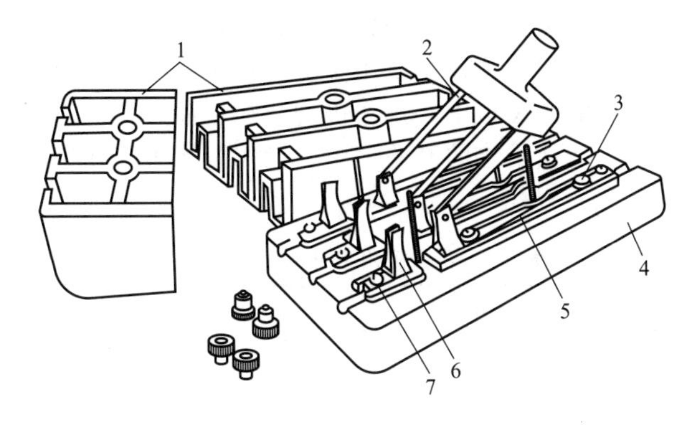

图 7-1 胶盖瓷底刀开关

1—胶盖；2—闸刀；3—出线座；4—瓷底座；5—熔丝；6—夹座；7—进线座

表 7-5 胶盖瓷底刀开关的技术数据

型号	额定电流/A	极数	额定电压/V	电动机容量/kW	熔丝规格
					熔体线径/mm
HK1	15	2	220	1.5	1.45～1.59
	30	2	220	3.0	2.3～2.52
	60	2	220	4.5	3.36～4.00
	15	3	380	2.2	1.45～1.59
	30	3	380	4.0	2.3～2.52
	60	3	380	5.5	3.36～4.00
HK2	10	2	250	1.1	0.25
	15	2	250	1.5	0.41
	30	2	250	3.0	0.56
	10	3	380	2.2	0.46
	15	3	380	4.0	0.71
	30	3	380	5.5	1.12

2. 开关板用刀开关

开关板用刀开关主要用于低压配电装置的开关板式开关柜或动力箱中。带有灭弧室的刀开关可用于不频繁地手动接通和分断交、直流电路；不带灭弧室的刀开关不可切断带有电流的电路，仅作隔离开关之用。

开关板用刀开关型号的表示方法：

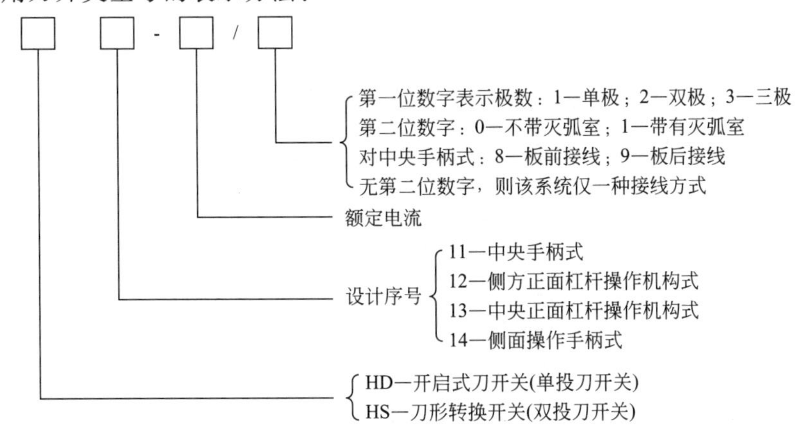

开关板用刀开关的适用范围：中央手柄式单投和双投刀开关，仅作隔离开关之用，主要用于磁力站；侧面操作手柄式刀开关，主要用于动力箱中；中央正面杠杆操作机构刀开关主要用于正面操作、后面维修的开关柜中，操作机构装在正前方；侧方正面杠杆操作机构刀开关主要用于正面两侧操作、前面维修的开关柜中，操作机构可以在柜的两侧安装。开关板用刀开关的技术数据见表 7-6。

表 7-6　开关板用刀开关的技术数据

型号	额定电压/V	额定电流/A	操作方式	极数	接线方式	灭弧室
HD11-100 HD11-200 HD11-300 HD11-400 HD11-600 HD11-1000 HD11-1500	交流:380 直流:440	100 200 300 400 600 1000 1500	中央手柄式	1、2、3	板前平接线 板后平接线	无
HD11B-200 HD11B-400	交流:380 直流:440	200 400	中央手柄式	1、2、3	板后平接线	无
HD12-100 HD12-200 HD12-400 HD12-600 HD12-1000 HD12-1500	交流:380 直流:440	100 200 400 600 1000 1500	侧方正面杠杆操作机构式	1、2、3	板前平接线	无
HD13-100 HD13-200 HD13-400 HD13-600 HD13-1000 HD13-1500	交流:380 直流:440	100 200 400 600 1000 1500	中面正面杠杆操作机构式	1、2、3	板前平接线	无
HD13B-200 HD13B-400 HD13B-600 HD13B-1000 HD13B-1500	交流:380 直流:440	200 400 600 1000 1500	中面正面杠杆操作机构式	1、2、3	板前平接线	无
HD14-100 HD14-200 HD14-400 HD14-600	交流:380 直流:440	100 200 400 600	侧面手柄式	1、2、3	板前平接线	有或无
HD14B-200 HD14B-400	交流:380 直流:440	200 400	侧面手柄式	1、2、3	板前平接线	有或无
HS11-100 HS11-200 HS11-400 HS11-600 HS11-1000 HS11-1500	交流:380 直流:440	100 200 400 600 1000 1500	中央手柄式	1、2、3	板后平接线	无

续表

型号	额定电压/V	额定电流/A	操作方式	极数	接线方式	灭弧室
HS12-100 HS12-200 HS12-400 HS12-600 HS12-1000	交流:380 直流:440	100 200 400 600 1000	侧方正面杠杆操作机构式	1、2、3	板前平接线	有
HS13-100 HS13-200 HS13-400 HS13-600 HS13-1000		100 200 400 600 1000	中央正面杠杆操作机构式			
HS13B-200 HS13B-400 HS13B-600		200 400 600				

3. 熔断器式刀开关

熔断器式刀开关又称刀熔开关，由刀开关和熔断器组合而成，具有刀开关和熔断器的基本性能，即有一定的接通分断能力和短路分断能力，可以用于电气设备和线路的过负荷和短路保护，以及正常供电的情况下不频繁地接通和切断电路。

常用的熔断器式刀开关的型号为 HR5，该系列取代老产品 HR3 系列。HR5 系列产品型号的表示方法如下：

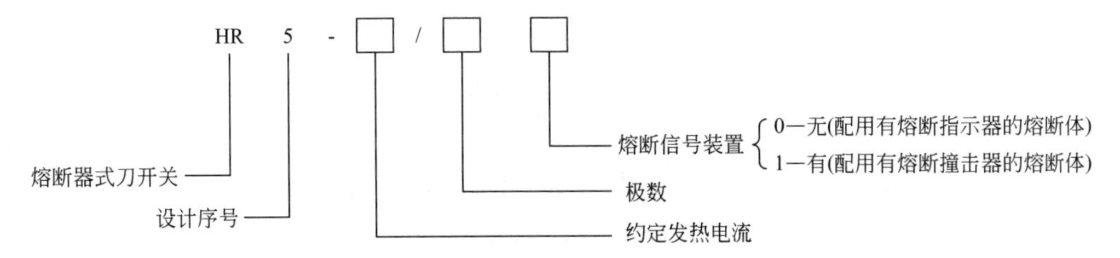

HR5 系列产品在额定电压 660V，约定发热电流 630A，短路电流大的配电电路和电动机电路中，用作电源开关、隔离开关和应急开关，同时起到电路保护作用。该产品一般不适合用于直接接通和断开单台电动机。熔断器式刀开关的技术数据见表 7-7。

4. 铁壳开关

铁壳开关又称封闭式负荷开关，它具有通断性较好、操作方便和使用安全等优点，适用于乡镇企业、农村电力排灌和照明线路的配电设备中，作为不频繁的启动与分断负载 15kW 以下电动机以及线路末端的短路保护之用。

铁壳开关的结构如图 7-2 所示。当闸刀断开电路时，闸刀与夹座之间产生很大的电弧，如不将电弧迅速熄灭，将会烧坏刀刃。因此，在铁壳开关的手柄转轴与底座之间装有一个速断弹簧。当扳动手柄分闸或合闸时，开始阶段只拉伸了弹簧，闸刀并不移动。当转轴转到一定角度时，弹簧就使闸刀快速从夹座拉开或快速嵌入夹座，很快熄灭电弧。铁壳开关内装有熔断器，作短路保护用。为了保证用电安全，铁壳上装有机械联锁装置，当箱盖打开时，不能合闸；合闸后，箱盖不能打开。

表 7-7　熔断器式刀开关的技术数据

<table>
<tr><th rowspan="2">型号</th><th rowspan="2">额定电压/V</th><th rowspan="2">约定发热电流/A</th><th rowspan="2">配熔断器电流/A
［型号：RT□(NT)］</th><th colspan="2">接通能力/A</th><th colspan="2">分断能力/A</th><th rowspan="2">额定熔断短路电流/kA</th><th rowspan="2">机械寿命/次</th><th rowspan="2">电寿命/次</th></tr>
<tr><th>AC-23
AC-22</th><th>380V
660V</th><th>AC-23
AC-22</th><th>380V
660V</th></tr>
<tr><td>HR5-100/20
HR5-100/21
HR5-100/30
HR5-100/31</td><td rowspan="4">380
660</td><td>100</td><td>4～160
NT100</td><td>1000</td><td>800</td><td colspan="2">300</td><td>50</td><td rowspan="2">600
（不换熔体）
3000
（更换熔体）</td><td rowspan="2">300
（不换熔体）
600
（更换熔体）</td></tr>
<tr><td>HR5-200/20
HR5-200/21
HR5-200/30
HR5-200/31</td><td>200</td><td>80～250
NT1</td><td>1600</td><td>1200</td><td colspan="2">600</td><td>50</td></tr>
<tr><td>HR5-400/20
HR5-400/21
HR5-400/30
HR5-400/31</td><td>400</td><td>125～400
NT2</td><td>3200</td><td>2400</td><td colspan="2">1200</td><td>50</td><td rowspan="2">200
（不换熔体）
1000
（更换熔体）</td><td rowspan="2">100
（不换熔体）
200
（更换熔体）</td></tr>
<tr><td>HR5-630/20
HR5-630/21
HR5-630/30
HR5-630/31</td><td>630</td><td>315～630
NT3</td><td>5040</td><td>3780</td><td colspan="2">1890</td><td>50</td></tr>
</table>

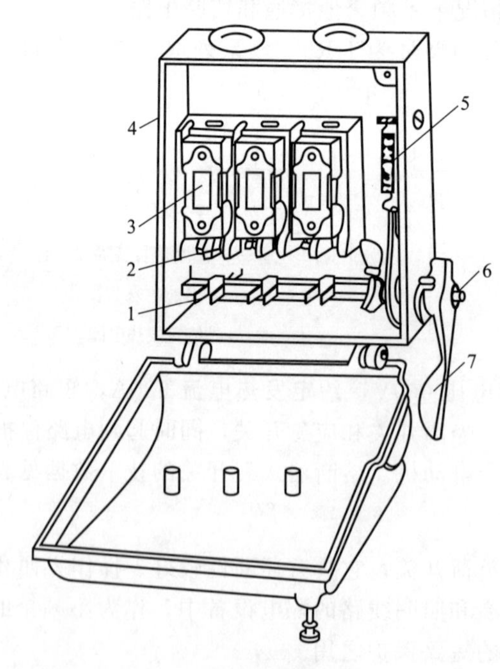

图 7-2　铁壳开关

1—闸刀；2—夹座；3—熔断器；4—铁壳；5—速断弹簧；6—转轴；7—手柄

铁壳开关有 HH3 系列和 HH4 系列两种，其主要技术数据见表 7-8 和表 7-9，接通与分断能力见表 7-10。当采用铁壳开关控制电动机的直接启动时，可按表 7-11 选择铁壳开关。

表 7-8 HH3 系列铁壳开关的技术数据

型号	额定电压/V	额定电流/A	极数	熔体额定电流/A	熔体		外壳材料
					熔体材料	熔体直径/mm	
HH3-15/2	252	15	2	6 10 15	紫铜丝	0.26 0.35 0.46	钢板
HH3-15/3	440	15	3	6 10 5	紫铜丝	0.26 0.35 0.46	
HH3-30/2	250	30	2	20 25 30	紫铜丝	0.65 0.71 0.81	钢板
HH3-30/3	440	30	3	20 25 30	紫铜丝	0.65 0.71 0.81	
HH3-60/2	250	60	2	40 50 60	紫铜丝	1.02 1.22 1.32	
HH3-60/3	440	60	3	40 50 60	紫铜丝	1.02 1.22 1.32	
HH3-100/2	250	100	2	80 100	紫铜丝	1.62 1.81	
HH3-100/3	440	100	3	80 100	紫铜丝	1.62 1.81	
HH3-200/2	250	200	2	200	紫铜片		
HH3-200/3	440	200	3	200	紫铜片		

表 7-9 HH4 系列铁壳开关的技术数据

型号	额定电压/V	额定电流/A	极数	熔体额定电流/A	熔体		外壳材料
					熔体材料	熔体直径/mm	
HH4-15/2	380	15	2	6 10 15	软铅丝	1.08 1.25 1.98	钢板
HH4-15/3		15	3	6 10 5	软铅丝	1.08 1.25 1.98	
HH4-30/2		30	2	20 25 30	紫铜丝	0.61 0.71 0.80	
HH4-30/3		30	3	20 25 30	紫铜丝	0.61 0.71 0.80	

续表

<table>
<tr><th rowspan="2">型号</th><th rowspan="2">额定电压
/V</th><th rowspan="2">额定电流
/A</th><th rowspan="2">极数</th><th rowspan="2">熔体额定
电流/A</th><th colspan="2">熔体</th><th rowspan="2">外壳材料</th></tr>
<tr><th>熔体材料</th><th>熔体直径
/mm</th></tr>
<tr><td>HH4-60/2</td><td rowspan="2">380</td><td>60</td><td>2</td><td>40
50
60</td><td>紫铜丝</td><td>0.92
1.07
1.20</td><td rowspan="4">钢板</td></tr>
<tr><td>HH4-60/3</td><td>60</td><td>3</td><td>40
50
60</td><td>紫铜丝</td><td>0.92
1.07
1.20</td></tr>
<tr><td>HH4-100/2</td><td rowspan="2">440</td><td>100</td><td>3</td><td>60
80
100</td><td>RT10 系列
熔断器</td><td>熔管额定电流与
开关额定电流同</td></tr>
<tr><td>HH4-100/3</td><td>200</td><td>3</td><td>100
150
200</td><td>RT10 系列
熔断器</td><td>熔管额定电流与
开关额定电流同</td></tr>
</table>

注：HH4 型铁壳开关在型号后加“Z”时表示有中性接线柱。

表 7-10　HH3 系列、HH4 系列铁壳开关的接通与分断能力

额定电流/A	触点极限接通与分断能力(交流 440V 时)		熔断器极限分断能力(交流 440V 时)	
	电流/A	$\cos\varphi$	电流/A	$\cos\varphi$
15	60	0.4	1000	0.8
30	120	0.4	2000	0.8
60	240	0.4	4000	0.8
100	250	0.8	5000	0.4
200	300	0.8	5000	0.4

表 7-11　铁壳开关与电动机容量的配合

铁壳开关额定电流/A	所控制电动机的最大容量/kW	
	220V	380V
10	1.5	2.7
15	2	3
20	3.5	5
30	4.5	7
60	9.5	15

二、转换开关

转换开关又称组合开关，主要用于接通和分断电路、换接电源和 5.5kW 以下电动机的直接启动、停止、正反转和变速的控制开关，是不频繁操作的手动开关。它具有体积小、寿命长、使用可靠、结构简单等优点，应用比较广泛。

转换开关的外形和结构如图 7-3 所示。手柄每转过一定角度，就带动与转轴固定的动触点分别与对应的静触点接通和断开。转换开关转轴上装有扭簧储能机构，可使开关快速接通与断开，其通断速度与手柄旋转速度无关。

采用转换开关控制电动机正反转时，必须使电动机完全停止转动后，才能接通反转的电路。

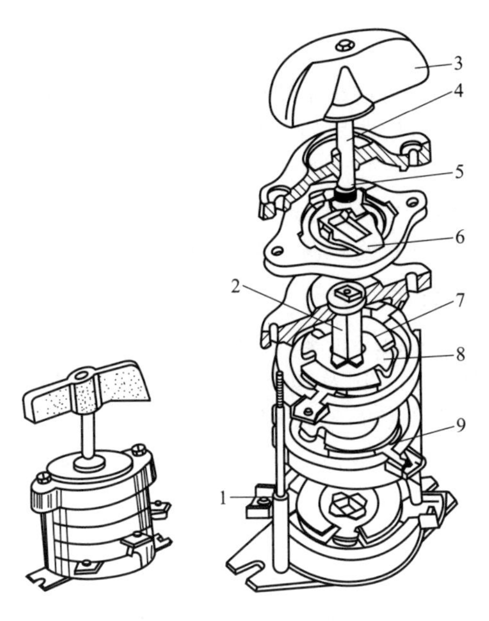

图 7-3　转换开关

1—接线柱；2—绝缘杆；3—手柄；4—转轴；5—弹簧；6—凸轮；7—绝缘垫板；8—动触点；9—静触点

转换开关应根据用电设备的电压等级、容量和所需触点数进行选用。开关的额定电流一般取电动机额定电流的 1.5～2.5 倍。此外，在使用时应注意，转换开关每小时的转换次数一般不超过 15～20 次。转换开关本身不带过载和短路保护，因此必须另设其他保护电器。转换开关的技术数据见表 7-12。

表 7-12　转换开关的技术数据

<table>
<tr><th rowspan="3">型号</th><th rowspan="3">额定电流/A</th><th rowspan="3">操作力矩/N·m</th><th colspan="3">交流接通分断能力/kA</th><th rowspan="3">直流通断能力/kA</th><th rowspan="3">1s 额定短时耐受电流/A</th><th rowspan="3">机械寿命/10⁴次</th><th rowspan="3">电寿命/10⁴次</th></tr>
<tr><th rowspan="2">配电用</th><th colspan="2">控制电动机</th></tr>
<tr><th>接通</th><th>分断</th></tr>
<tr><td>HZ15-10/101
HZ15-10/112
HZ15-10/201</td><td>10</td><td>≤0.7</td><td>30</td><td>30</td><td>24</td><td>15</td><td>200</td><td>3</td><td>交流配电用:1</td></tr>
<tr><td>HZ15-10/301
HZ15-10/312
HZ15-10/401
HZ15-10/412</td><td>10</td><td>≤0.7</td><td>30</td><td>30</td><td>24</td><td>15</td><td>200</td><td rowspan="3">3</td><td rowspan="3">交流配电用:1
交流控制电动机用:0.5
直流用:1</td></tr>
<tr><td>HZ15-25/101
HZ15-25/112
HZ15-25/301
HZ15-25/312
HZ15-25/401
HZ15-25/412</td><td>25</td><td>≤1.58</td><td>75</td><td>55</td><td>44</td><td>38</td><td>500</td></tr>
<tr><td>HZ15-63/101
HZ15-63/112
HZ15-63/201
HZ15-63/212
HZ15-63/301
HZ15-63/312
HZ15-63/401
HZ15-63/412</td><td>63</td><td>≤4.5</td><td>190</td><td></td><td></td><td>95</td><td>1260</td></tr>
</table>

注：表中额定电压交流 380V，直流 220V。

三、熔断器

熔断器是低压配电系统和电力拖动系统中起过载和短路保护作用的电器。使用时，熔体串接于被保护的电路中，当流过熔断器的电流大于规定值时，以其自身产生的热量使熔体熔断，从而自动切断电路，实现过载和短路保护。

熔断器具有结构简单、体积小、重量轻、使用维护方便、价格低廉、分断能力较强、限流能力良好等优点，因此在强电系统和弱电系统中得到广泛应用。

1. 熔断器的结构原理及分类

熔断器由熔体和安装熔体的绝缘底座（或称熔管）组成。熔体由易熔金属材料铅、锌、锡、铜、银及其合金制成，形状常为丝状或网状。由铅锡合金和锌等低熔点金属制成的熔体，因不易灭弧，多用于小电流电路；由铜、银等高熔点金属制成的熔体，易于灭弧，多用于大电流电路。

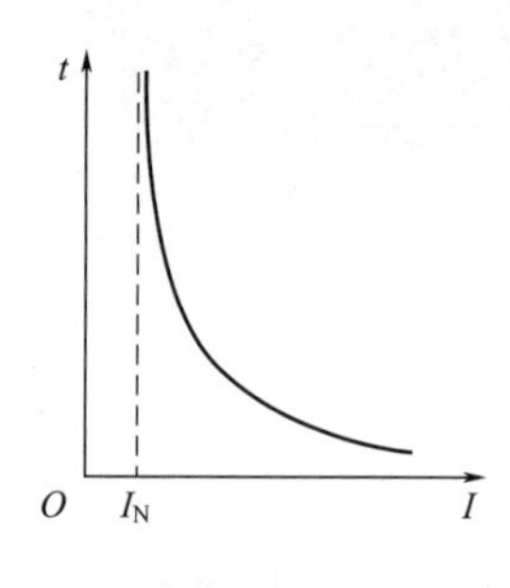

图 7-4　熔断器的保护特性曲线

熔断器串接于被保护电路中，电流通过熔体时产生的热量与电流的平方和电流通过的时间成正比，电流越大，则熔体熔断时间越短，这种特性称为熔断器的保护特性或安-秒特性。如图 7-4 所示，可见熔断时间与电流成反时限特性。图中 I_N 为熔断器额定电流，熔体允许长期通过额定电流而不熔断。通过熔体的电流与熔断时间的数值关系如表 7-13 所示。

表 7-13　通过熔体的电流与熔断时间的数值关系

熔断电流	$(1.25\sim1.30)I_N$	$1.6I_N$	$2I_N$	$2.5I_N$	$3I_N$	$4I_N$	$8I_N$
熔断时间	∞	1h	40s	8s	4.5s	2.5s	1s

熔断器种类很多，按结构分为开启式、半封闭式和封闭式；按有无填料分为有填料式、无填料式；按用途分为工业用熔断器、保护半导体器件熔断器及自复式熔断器等。

2. 熔断器的主要技术参数

熔断器的主要技术参数包括额定电压、熔体额定电流、熔断器额定电流、极限分断能力等，其值一般等于或大于电气设备的额定电压。

① 额定电压。额定电压指保证熔断器能长期正常工作的电压。

② 熔体额定电流。熔体额定电流指熔体长期通过而不会熔断的电流。

③ 熔断器额定电流。熔断器额定电流指保证熔断器（指绝缘底座）能长期正常工作的电流。

实际应用中，厂家为了减少熔断器额定电流的规格，额定电流等级比较少，而熔体的额定电流等级较多。应该注意的是使用过程中，熔断器的额定电流应大于或等于所装熔体的额定电流。

④ 极限分断能力。极限分断能力指熔断器在额定电压下所能开断的最大短路电流。在电路中出现最大电流一般是指短路电流值。所以，极限分断能力也反映了熔断器分断短路电流的能力。

3. 常用的熔断器

(1) 插入式熔断器

插入式熔断器如图 7-5 所示，常用产品有 RC1A 系列，主要用于低压分支电路的短路保护。因其分断能力较小，多用于照明电路中。

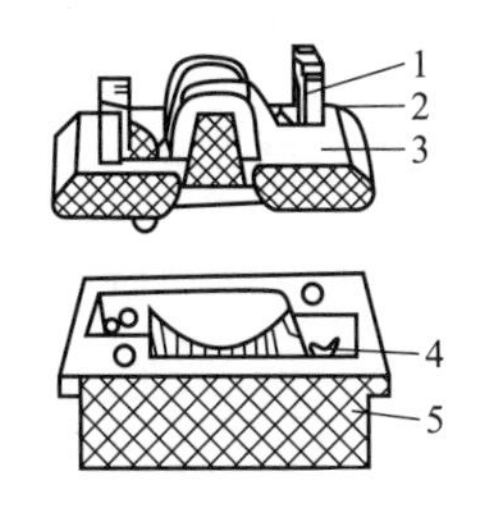

图 7-5　插入式熔断器

1—动触点；2—熔体；3—瓷插件；
4—静触点；5—瓷座

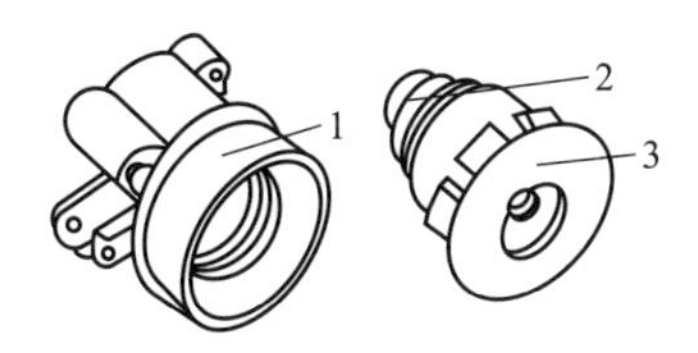

图 7-6　螺旋式熔断器

1—底座；2—熔体；3—瓷帽

(2) 螺旋式熔断器

螺旋式熔断器如图 7-6 所示，常用产品有 RL6、RL7、RLS2 等系列。RL 系列产品的熔管内装有石英砂，用于熄灭电弧，分断能力强。熔体上的上端盖有一熔断指示器，一旦熔体熔断，指示器马上弹出，可透过瓷帽上的玻璃孔观察到。其中 RL6、RL7 多用于机床配电电路中；RLS2 为快速熔断器，主要用于保护半导体元件。

(3) 封闭管式熔断器

封闭管式熔断器分为无填料管式（图 7-7)、有填料管式（图 7-8）和快速熔断器三种。常用产品有 RM10、RT12、RT14、RT15、RS3 等系列，其中 RM10 系列为无填料的，常用于低压电力网或成套配电设备中。RT12、RT13、RT14 系列为填料的熔断器，填料为石英砂，用于冷却和熄灭电弧，常用于大容量电力网或配电设备中。RS2 系列为快速熔断器，主要用于保护半导体元件。

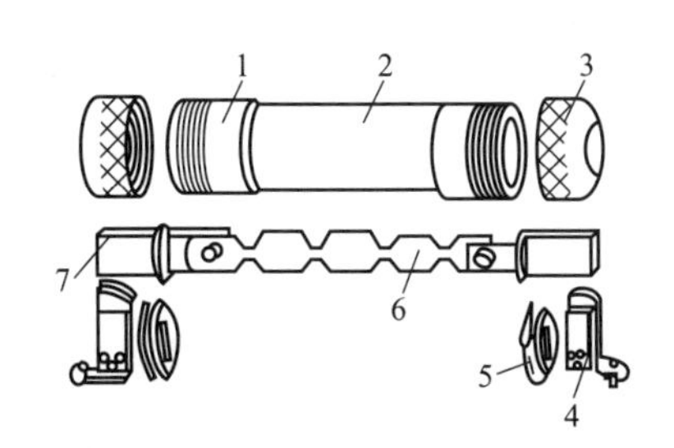

图 7-7　无填料管式熔断器

1—铜圈；2—熔断管；3—管帽；4—插座；
5—特殊垫圈；6—熔体；7—熔片

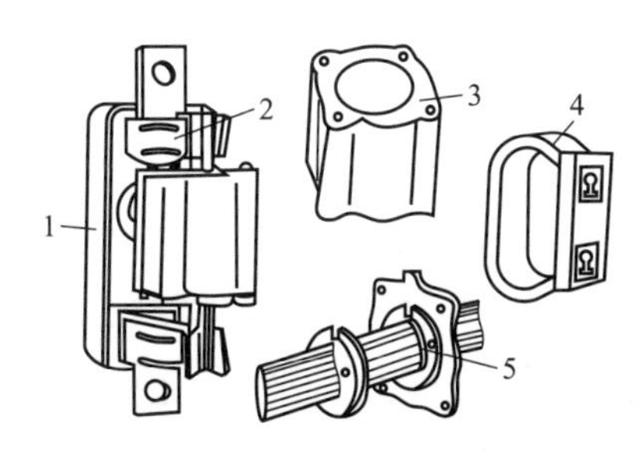

图 7-8　有填料管式熔断器

1—瓷底座；2—弹簧片；3—管体；
4—绝缘手柄；5—熔体

(4) 新型熔断器

① 自复式熔断器。它是一种新型熔断器，利用金属钠作熔体，在常温下具有高电导率，允许通过正常工作电流。当电路发生短路故障时，短路电流产生高温使金属钠迅速气化；气态钠呈现高阻态，从而限制了短路电流。当故障消除后，温度下降，金属钠重新固化，金属钠恢复其良好的导电性。其优点是不必更换熔体，能重复使用，但由于只能限流而不能切断故障电路，故一般不单独使用，均与断路器配合使用。常用产品有 RZ1 系列。

② 高分断能力熔断器。随着电网供电容量的不断增加，要求熔断器的性能更好。根据德国 AGC 公司制造技术标准生产的 NT 型系列产品为低压高分断能力熔断器，额定电压为 660V，额定电流为 1000A，分断能力可达 120kA，适用于工业电气设备、配电装置的过载和短路保护。NT 型熔断器规格齐全，具有功率损耗小、性能稳定、限流性能好、体积小等特点。它也可以作为导线的过载和短路保护。另外从该公司引进生产的 NGT 型熔断器为快

速熔断器，可作为半导体器件保护。

熔断器的主要技术数据如表 7-14 所示。

表 7-14　熔断器的主要技术数据

型号	熔断器额定电流/A	额定电压/V		熔体额定电流/A	额定分断电流/kA	
RC1A-5	5	380		1、2、3、5	300(cosφ=0.4)	
RC1A-10	10	380		2、4、6、8、10	500(cosφ=0.4)	
RC1A-15	15	380		6、10、12、15	500(cosφ=0.4)	
RC1A-30	30	380		15、20、25、30	1500(cosφ=0.4)	
RC1A-60	60	380		30、40、50、60	3000(cosφ=0.4)	
RC1A-100	100	380		60、80、100	3000(cosφ=0.4)	
RC1A-200	200	380		100、120、150、200	3000(cosφ=0.4)	
RL1-15	15	380		2、4、5、10、15	25(cosφ=0.35)	
RL1-60	60	380		20、25、30、35、40、50、60	25(cosφ=0.35)	
RL1-100	100	380		60、80、100	50(cosφ=0.35)	
RL1-200	200	380		100、125、150、200	50(cosφ=0.35)	
RT0-50	50	(AC) 380	(DC) 440	5、10、15、20、30、40、50	(AC) 50	(DC) 25
RT0-100	100	(AC) 380	(DC) 440	30、40、50、60、80、100	(AC) 50	(DC) 25
RT0-200	200	(AC) 380	(DC) 440	80、100、120、150、200	(AC) 50	(DC) 25
RT0-400	400	(AC) 380	(DC) 440	150、200、250、300、350、400	(AC) 50	(DC) 25
RT0-50	50	(AC) 380	(DC) 440	5、10、15、20、30、40、50	(AC) 50	(DC) 25
RT0-100	100	(AC) 380	(DC) 440	30、40、50、60、80、100	(AC) 50	(DC) 25
RT0-200	200	(AC) 380	(DC) 440	80、100、120、150、200	(AC) 50	(DC) 25
RM10-15	15	220		6、10、15	1.2	
RM10-60	60	220		15、20、25、36、45、60	3.5	
RM10-100	100	220		60、80、100	10	
RS3-50	50	500		10、15、30、50	50(cosφ=0.3)	
RS3-100	100	500		80、100	50(cosφ=0.5)	
RS3-100	200	500		150、200	50(cosφ=0.5)	
NT0	160	500		6、10、20、50、100、160	120	
NT1	250	500		80、100、200、250	120	
NT2	400	500		125、160、200、300、400	120	
NT3	630	500		315、400、500、630	120	
NGT00	125	380		25、32、80、100、125	100	
NGT1	250	380		100、160、250	100	
NGT2	400	380		200、250、355、400	100	

注：NT 系列和 NGT 系列熔断器为引进德国 AGC 公司的产品。

（5）熔断器型号及电气符号

① 熔断器型号及含义。

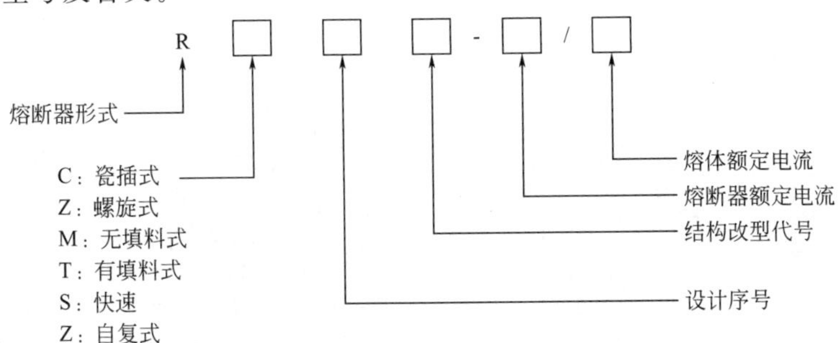

② 熔断器电气符号。熔断器的图形符号和文字符号分别用 ⏛、FU 表示。

4. 熔断器的选择原则

熔断器的选择主要是选择熔断器类型、额定电压、熔断器额定电流及熔体的额定电流等。

（1）熔断器类型的选择

根据负载的保护特性、短路电流大小、使用场合、安装条件和各类熔断器的适用范围来选择熔断器类型。

（2）额定电压的选择

熔断器额定电压应大于或等于线路的工作电压。

（3）熔体与熔断器额定电流的确定

① 熔体额定电流的确定。

a. 对于电阻性负载，熔体的额定电流等于或略大于电路的工作电流。

b. 对于电容器设备的容性负载，熔体的额定电流应大于电容器额定电流的 1.6 倍。

c. 对于电动机负载，要考虑启动电流冲击的影响，计算方法如下：

对于单台电动机：$I_{NF} \geqslant (1.5 \sim 2.5) I_{NM}$

式中 I_{NF}——熔体额定电流，A；

I_{NM}——电动机额定电流，A。

对于多台电动机：$I_{NF} \geqslant (1.5 \sim 2.5) I_{NMmax} + \sum I_{NM}$

式中 I_{NMmax}——容量最大一台电动机额定电流，A；

$\sum I_{NM}$——其余各台电动机额定电流之和，A。

② 熔断器额定电流的确定。熔断器的额定电流应大于或等于熔体的额定电流。

（4）额定分断能力的选择

额定分断能力必须大于电路中可能出现的最大短路电流。

（5）熔断器上下级配合

为满足选择保护的要求，应注意熔断器上下级之间的配合，为此要求两级熔体额定电流的比值不小于 1.6∶1。

四、断路器

断路器（原称自动开关），是一种可以自动切断线路故障的保护开关。当电路中发生过载、短路和失压等故障时，能自动切断电路。在正常情况下也可以用来不频繁地接通和断开电路以及控制电动机的启动和停止。

断路器具有动作值可调整、兼具过载和保护两种功能、安装方便、分断能力强以及动作后不需要更换元件等优点，因此应用非常广泛。

断路器的形式各种各样，但它的基本结构和动作原理大体相同。它主要由触点系统、操作机构、各种脱扣器和灭弧装置等组成。断路器的外形如图 7-9 所示，其动作原理如图 7-10 所示。

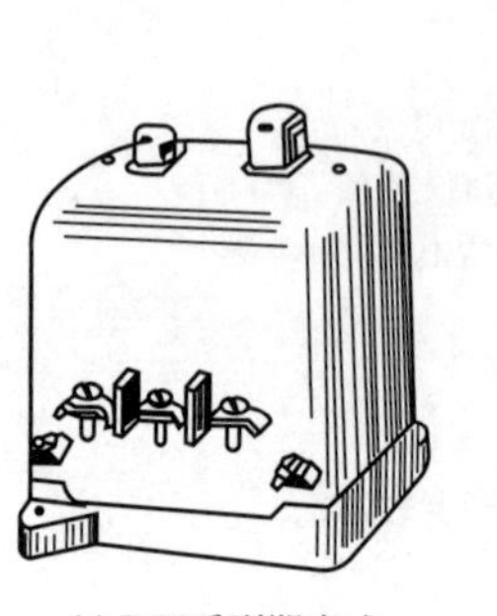

(a) DZ5系列塑壳式

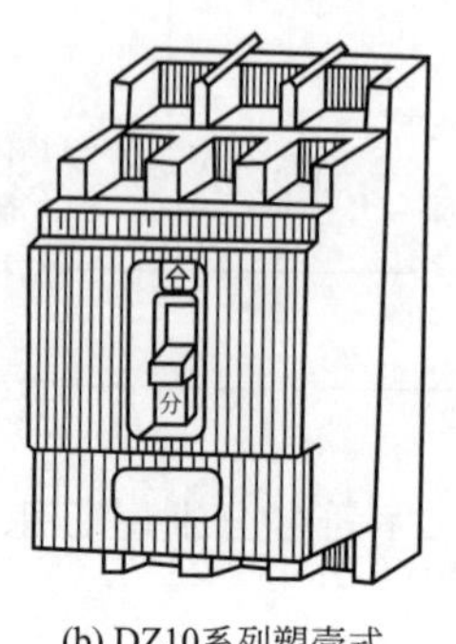

(b) DZ10系列塑壳式

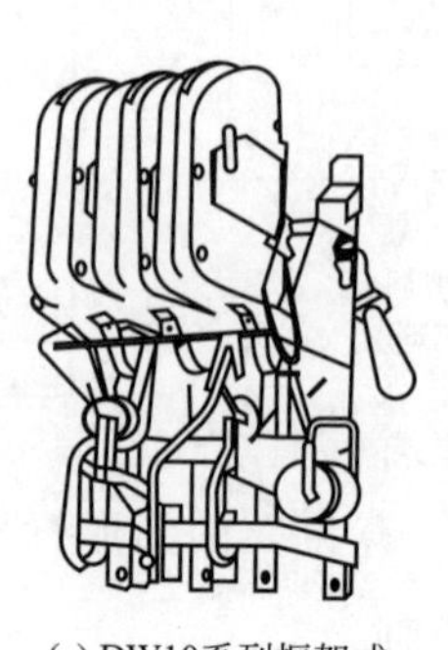

(c) DW10系列框架式

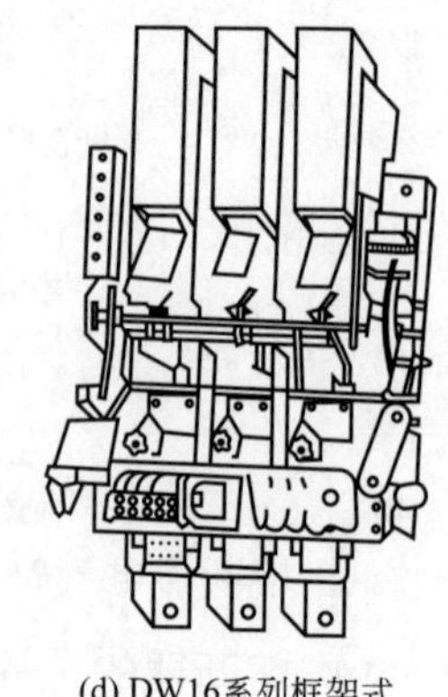

(d) DW16系列框架式

图 7-9　断路器外形

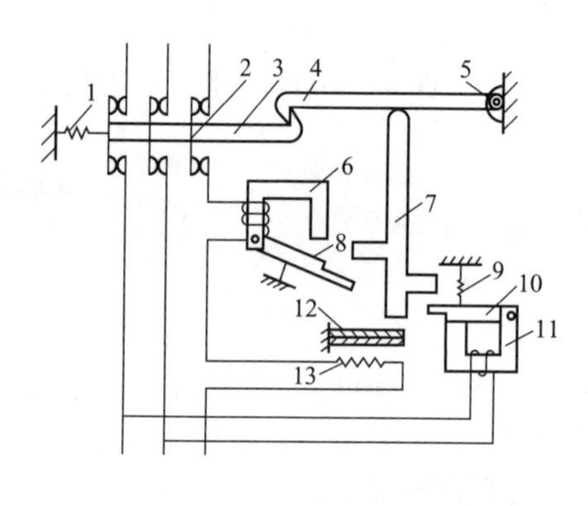

图 7-10　断路器的动作原理

1,9—弹簧；2—主触点；3—锁键；4—钩子；5—轴；6—电磁脱扣器；7—杠杆；8,10—衔铁；11—欠电压脱扣器；12—热脱扣器双金属片；13—热脱扣器的热元件

图 7-10 中有三对主触点，当断路器合闸后，三对主触点由锁键钩住钩子，克服弹簧的拉力，保持闭合状态。当发生电磁脱扣器吸合、热脱扣器的双金属片受热弯曲或欠电压脱扣器释放这三者中的任何一个动作时，就可将杠杆顶起，使钩子与锁键脱开，于是主触点就断开电路。当电路正常工作时，电磁脱扣器的线圈产生的吸力不能将衔铁吸合。而当电路发生短路或有关故障时，致使线圈流过较大电流，产生的吸力足以将衔铁吸合，使主触点断开，并切断电路。若电路发生过载，但又达不到电磁脱扣器动作的电流时，流过发热元件的过载电流却能使金属片受热弯曲顶起杠杆，导致触点分开而切断电路，起到了过载保护作用。若电源电压降到某一值时，欠电压脱扣器的吸力减小，使衔铁释放导致触点分开而切断电路，起到了欠压或失压保护作用。

1. 塑料外壳式断路器

塑料外壳式断路器的全部零件都装在一个塑料外壳内，仅操作手柄置于其外，主要用作配电网络的保护开关和电动机、照明电路的控制开关。

(1) DZ 系列塑料外壳式断路器

DZ 系列塑料外壳式断路器主要在电力系统中作配电及保护电动机之用，也可作为线路的不频繁转换及电动机不频繁启动用。该系列断路器主要技术数据见表 7-15～表 7-17。

表 7-15　DZ5 系列小型断路器的技术数据

型号	额定电压/V	主触点额定电流/A	极数	热脱扣器额定电流/A	最大分断能力(cosφ=0.7)		脱扣器形式
					电压/V	电流/A	
DZ5-10	交流 220 直流 110	10	1	0.5	220	1000	复式
				1、1.5、2、3、4、6		500	
				10		1000	

续表

型号	额定电压/V	主触点额定电流/A	极数	热脱扣器额定电流/A	最大分断能力(cosφ=0.7)		脱扣器形式
					电压/V	电流/A	
DZ5-20	交流 380 直流 220	20	2、3	0.15、0.2、0.3、0.45、0.65、1、1.5、2、3、4、5、6.5、10、15、20	380	1200	复式
						1200	电磁式
DZ5-20	交流 380 直流 220	20	2、3	0.15、0.2、0.3、0.45、0.65、1、1.5、2、3、4、5、6.5、10、15、20	380	13 倍脱扣器额定电流	热脱扣器式
						200	无脱扣器式
DZ5-25	交流 380 直流 220	25	1	0.5、1、1.6、2.5、4、6、10、15、20、25	220	2000	复式
DZ5-50	交流 500 直流 380	50	3	10、15、20、25、30、40、50	380	2500	液压式

表 7-16　DZ10 系列断路器的技术数据

型号	额定电压/V	极数	复式脱扣器			电磁脱扣器			极限分断电流/A			允许切断次数
			额定电流/A	瞬时动作整定电流/A		额定电流/A	瞬时动作整定电流/A		直流 220V	交流 380V	交流 500V	
DZ10-100	直流:220 交流:500	2,3	15	$10I_{N}$	150	15	$10I_{N}$	150	7000	7000	6000	2
			20		200	20		200				
			25		250	25		250	9000	9000	7000	
			30		300	30		300				
			40		400	40		400				
			50		500	50		500	12000	12000	10000	
			60		600	100	$(6\sim10)I_{N}$	600～1000				
			80		800							
			100		1000							
DZ10-250			100	$5\sim10I_{N}$	500～1000	250	$(2\sim6)I_{N}$	500～1500	20000	30000	25000	2
			120	$4\sim10I_{N}$	480～1200							
			140	$3\sim10I_{N}$	420～1400		$(2.5\sim8)I_{N}$	625～2000				
			170	$3\sim10I_{N}$	510～1700							
			200	$3\sim10I_{N}$	600～2000		$(3\sim10)I_{N}$	750～2500				
			250	$3\sim10I_{N}$	750～2500							
DZ10-600			200	$3\sim10I_{N}$	600～2000	400	$(2\sim7)I_{N}$	800～2800	25000	50000	40000	2
			250		750～2500							
			300		900～3000			800～2800				
			350		1050～3500	600	$(2.5\sim8)I_{N}$	1500～4800				
			400		1200～4000		$(3\sim10)I_{N}$	1800～6000				
			500		1500～5000							
			600		1800～6000							

注：1. 极限分断电流指峰值，直流以 2 极切断，交流以 2 极或 3 极切断。交流 cos$\varphi \geqslant 0.5$，直流 $T=0.01$s。
2. 表中 I_{N} 指脱扣器的额定电流。

表 7-17　**DZ20** 系列断路器的技术数据

型号	通断能力			壳架等级电流/A	极数	瞬时脱扣器整定电流倍数		脱扣器额定电流/A
	级别	有效值/kA				配电保护用	电动机保护用	
		交流	直流					
DZ20-100	Y	18	10	100	2、3	$10I_N$	$12I_N$	16、20、32、40、50、63、80、100
	J	35	15					
	G	100	20					
DZ20-200	Y	25	20	200	2、3	$5I_N$或$10I_N$	$8I_N$或$12I_N$	100、125、160、180、200、225
	J	42	20					
	G	100	25					
DZ20-400	Y	30	25	400		$10I_N$	$12I_N$	200、250、315、350、400
	J	42	25	630		$5I_N$或$10I_N$		
	G	100	30					
DZ20-630	Y	30	25					250、315、350、400、500、630
	J	42	25					

注：额定绝缘电压：500V；额定工作电压：交流 380V，直流 220V。

(2) T 系列塑料外壳式断路器

T 系列塑料外壳式断路器主要作配电线路不频繁的接通与分断之用，对线路过载、短路以及欠电压起保护作用。该系列断路器的主要技术数据见表 7-18。

表 7-18　**T** 系列断路器的技术数据

型号	壳架等级额定电流/A	脱扣器额定电流/A	额定工作电压/V		极数
			50Hz	60Hz	
TG-30	30	15,20,30	380	440	2,3
TO-100BA TG-100B TL-100C	100	15,20,30,40,50,60,75,100	380	440	2,3
TO-225BA TG-225B TL-225B	225	125,150,175,220,225	380	440	2,3
TO-400BA TG-400B	400	250,300,350,400	380	440	2,3
TO-600BA TG-600B	600	450,500,600	380	440	2,3
TH-5DB TH-5SB	50	6,10,15,20,30,40,50,63	220 380	240 440	5DB:2 5SB:1,2,3
TS-100	100	15,25,50,75,100	380	440	3
TS-250	250	125,150,175,200,225,250	380	440	3
TS-400	400	300,350,400	380	440	3

(3) C45 小型断路器

该系列小型断路器具有限流特性和高分断能力，主要用于照明配电系统和电动机动力配电系统，起过载和短路保护作用。C45 断路器的主要技术数据见表 7-19。

表 7-19 C45 小型断路器的技术数据

型号	额定电压/V	额定电流/A	极数	额定分断能力/A	短路通断能力/A	瞬时动作电流倍数	电寿命/次	机械寿命/次
C45	220,240	5,10,15,20,25,32	2,3	6000	3000	$(4\sim7)I_N$	6000	20000
	380,415			5000				
C45N	220,240	1	2,3,4	20000	6000			
	380,415			10000				
	220,240	3,5		20000				
	380,415			8000				
	220,240	10,15,20,25,32,40		16000				
	380,415			8000				
C45N	220,240	50	2,3,4	10000	4000	$(4\sim7)I_N$	6000	20000
	380,415			6000				
	220,240	60		10000				
	380,415			5000				
C45AD	220,240 380,415	1,3,5,10,15,20,25,32,40	1	6000	4000	$(10\sim14)I_N$		

注：I_N为额定电流。

2. 万能断路器

万能断路器又称框架式断路器。这种开关的接通、分断能力和热稳定性均较好，所以常用于要求高分断能力和选择性保护的场合。

(1) DW15 系列断路器

该系列断路器在配电网络中用来分配电能、保护线路及电源设备的过载、欠电压和短路，作为线路不频繁转换及电动机不频繁启动之用。它具有三段式保护特性，可以对电网作选择性保护。DW15 系列断路器可以代替老产品 DW10 系列，该系列断路器的主要技术数据见表 7-20。

表 7-20 DW15 系列断路器的技术数据

型号	额定电压/V	壳架电流/A	极数	断路器额定电流/A		380V 极限通断能力/kA	机械寿命/次	电寿命/次	瞬时分断时间/ms
				热磁型	电子型				
DW15-1000	380	1000	3	630,800,1000	630,800,1000	40	5000	500	40
DW15-1600		1600		630,800,1000,1600	630,800,1000,1600	40			
DW15-2500		2500		1600,2000,2500	1600,2000,2500	60			
DW15-4000		4000		2500,3000,4000	2500,3000,4000	80	4000		
DW15C-1000	380	1000	3	630,800,1000	630,800,1000	40	5000	500	40
DW15C-1600		1600		800,1000,1600	800,1000,1600	40			
DW15C-2500		2500		1600,2000,2500	1600,2000,2500	60			
DW15C-4000		4000		2500,3000,4000	2500,3000,4000	80	4000		

（2）DWX15系列断路器

该系列断路器具有限流作用及快速分断动作的特点，特别适用于可能发生特大短路电流的线路中，作配电和保护电动机用。该产品具有过载、欠电压和短路保护功能，其主要技术数据见表7-21。

表7-21　DWX15系列断路器的技术数据

型号	额定电流/A	短路通断能力(有效值)/kA cosφ=0.25	机械寿命/次	电寿命/次	抽屉式机械寿命/次	快速脱扣器整定电流/A	
						配电用(Ⅰ)	保护电动机用(Ⅱ)
DWX15-200	100,160,200	50	20000	2000	200	2000	2400
DWX15-400	315,400	50	10000	1000	200	4000	4800
DWX15-630	315,400,630	70	10000	1000	200	6300	7560

注：额定电压为380V。

3. 漏电保护断路器

DZ15L系列漏电保护断路器用于电源中性点接地的电路中，当人身触电或电网漏电时能迅速分断故障电路，作为漏电保护之用，同时还可用于线路和电动机的过载和短路保护。该系列漏电保护断路器的主要技术数据见表7-22。

表7-22　DZ15L系列漏电保护断路器的技术数据

型号	壳加等级额定电流/A	可选定额定电流/A	额定通断能力/kA	额定漏电动作电流/mA	额定漏电不动作电流/mA
DZ15L-40	40	6,10,16,20,25,32,40	2.5	30,50,75	15,25,40
DZ15L-60	60	10,16,20,25,32,40,50	5.0	30,75,100	25,40,50
DZ15L-32	32	10,16,20,25,32	3.0	15,30,50	8,15,25
DZ18L-20	20	6,10,16,20		30	15
DZ25L-63	63	25,32,40,50,63	5.0	30,50,100	15,25,50
DZ25L-100	100	40,50,63,80,100	6.0	50,100,200	25,50,100
DZ25L-200	200	100,25,160,180,200	10.0	50,100,200 100,200,500	25,50,100 50,100,200

注：额定电压为380V。

4. 断路器的选择

① 根据用途选择断路器的形式和极数。万能断路器的短路通断能力较强，又有短延时脱扣能力，所以常作主开关用；塑料壳式断路器的短路通断能力较低，大都无短延时脱扣能力，所以常作支路开关用。根据额定工作电压、脱扣器的类型和整定电流等选择断路器的型号。

② 采用断路器作为电动机的短路保护时，对于笼型异步电动机，瞬时整定电流为8～10倍电动机额定电流；对于绕线转子电动机，瞬时整定电流为3～6倍电动机额定电流。

③ 采用断路器作为配电变压器低压侧总开关时，其分断能力应大于变压器低压侧的短路电流值。脱扣器的额定电流不应小于变压器的额定电流。短路保护的整定电流一般为变压器额定电流的6～10倍；过载保护的整定电流等于变压器额定电流。

④ 初步选定断路器的类型和等级后，还要和上下级开关的保护特性进行配合，以免越

级跳闸、扩大事故范围。

五、接触器

接触器是用于远距离频繁地接通与断开交直流主电路及大容量控制电路的一种自动切换电器。其主要控制对象是电动机，也可以用于控制其他电力负载、电热器、电照明、电焊机与电容器组等。接触器具有操作频率高、使用寿命长、工作可靠、性能稳定、维护方便等优点，同时还具有低压释放保护功能，在电力拖动自动控制系统中被广泛应用。

按控制电流性质不同，接触器分为交流接触器和直流接触器两大类。

1. 交流接触器

交流接触器常用于远距离、频繁地接通和分断额定电压至1140V、电流至630A的交流电路。如图7-11所示为交流接触器结构示意图，它分别由电磁系统、触点系统、灭弧装置和其他部件组成。

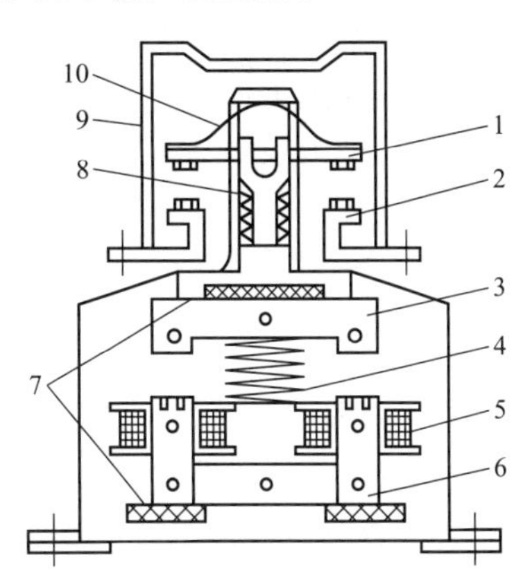

图7-11 交流接触器结构示意图

1—动触点；2—静触点；3—衔铁；4—缓冲弹簧；5—电磁线圈；6—铁芯；7—垫毡；8—触点弹簧；9—灭弧罩；10—触点压力簧片

① 电磁系统。电磁系统由吸引线圈、动铁芯（衔铁）、静铁芯组成，主要完成电能向机械能的转换。

② 触点系统。交流接触器触点系统包括主触点和辅助触点。主触点用于通断主电路，辅助触点用于控制辅助电路。主触点容量大，有三对或四对常开触点；辅助触点容量小，通常有两对常开、常闭触点，且分布在主触点两侧。

③ 灭弧装置。容量在10A以上的接触器都有灭弧装置，对于小容量的接触器，常采用双断口桥形触点以利灭弧，其上有陶土灭弧罩。对于大容量的接触器常采用纵缝灭弧罩及栅片灭弧结构。

④ 其他部件。其他部件包括反作用弹簧、缓冲弹簧、触点压力弹簧、传动机构及接线端子、外壳等。

2. 直流接触器

直流接触器主要用来远距离接通与分断额定电压440V、额定电流630A的直流电路或频繁地操作和控制直流电动机启动、停止、反转及反接制动。

直流接触器的结构和工作原理与交流接触器类似。在结构上也是由电磁系统、触点系统、灭弧装置等部分组成。只不过铁芯的结构、线圈形状、触点形状和数量、灭弧方式以及吸力特性、故障形式等方面有所不同而已。

3. 接触器的主要技术参数

接触器的主要技术参数有额定电压、额定电流、寿命、操作频率等。

① 额定电压。它是指接触器主触点的额定电压。一般情况下，交流有220V、380V、660V，在特殊场合额定电压可高达1140V；直流主要有110V、220V、440V等。

② 额定电流。它是指接触器主触点的额定工作电流。它是在一定的条件（额定电压、使用类别和操作频率等）下规定的，目前常用的电流等级为10～800A。

③ 吸引线圈的额定电压。交流有36V、127V、220V和380V；直流有24V、48V、220V和440V。

④ 机械寿命和电气寿命。接触器的机械寿命一般可达数百万次至一千万次；电气寿命一般是机械寿命的5%～50%。

⑤ 线圈消耗功率。线圈消耗功率可分为启动功率和吸持功率。对于直流接触器，两者相等，对于交流接触器，一般启动功率约为吸持功率的5～8倍。

⑥ 额定操作频率。接触器的额定操作频率是每小时允许的操作次数，一般为300次/h、600次/h、1200次/h。

⑦ 动作值。动作值是指接触器的吸合电压和释放电压。规定接触器的吸合电压大于线圈额定电压的85%时应可行吸合，释放电压不高于线圈额定电压的70%。

4. 接触器的常用型号及电气符号

(1) 常用型号

常用的交流接触器有CJ10、CJ12、CJ10X、CJ20、CJX2、CJX1、3TB、3TD、LC1-D、LC2-D等系列。

CJ10、CJ12系列为早期全国统一设计系列产品，目前仍在广泛地使用。

CJ10X系列为消弧接触器，是近年发展起来的新产品，适用于条件差、频繁启动和反接制动电路中。

CJ20系列为全国统一设计的新产品。表7-23为CJ20系列交流接触器主要技术数据。

常用的直流接触器有CZ0系列、CZ18系列、CZ21系列、CZ22系列等。

CZ18系列直流接触器是取代CZ0系列的新产品，表7-24列出了CZ18系列直流接触器的主要技术参数。

表7-23 CJ20系列交流接触器的主要技术数据

型号	额定电压/V	额定电流/A	可控制电动机最大功率/kW	$1.1U_N$及$\cos\varphi=0.35\pm0.05$时的接通能力/A	$1.1U_N$，$f\pm10\%$和$\gamma\pm0.05$时的分断能力/A	操作频率/(次/h)	
						AC-3	AC-4
CJ20-40	380	40	22	40×12	40×10	1200	300
CJ20-40	660	25	22	25×12	25×10	600	120
CJ20-63	380	63	30	63×12	63×10	1200	300
CJ20-63	660	40	35	40×12	40×10	600	120
CJ20-160	380	160	85	160×12	160×10	1200	300
CJ20-160	660	100	85	100×12	100×10	600	120
CJ20-160/11	1140	80	85	80×12	80×10	300	60
CJ20-250	380	250	132	250×10	250×8	600	120
CJ20-250/06	660	200	190	200×10	200×8	300	60
CJ20-630	380	630	300	630×10	630×8	600	120
CJ20-630/11	660	400	350	400×10	400×8	300	60
CJ20-630/11	1140	400	400	400×10	400×8	120	30

型号	电寿命/万次		机械寿命/万次	吸引线圈				
	AC-3	AC-4		额定电压/V	吸合电压	释放电压	启动功率/(V·A/W)	吸持功率/(V·A/W)
CJ20-40 CJ20-40	100	4	1000	36,127,220,380	$(0.85\sim1.1)U_N$	$0.75U_N$	175/82.3	19/5.7
CJ20-63 CJ20-63	200(120)	8	1000(600)		$(0.8\sim1.1)U_N$	$0.7U_N$	480/153	57/16.5
CJ20-160 CJ20-160 CJ20-160/11		1.5					855/325	85.5/34

续表

型号	电寿命/万次		机械寿命/万次	吸引线圈				
	AC-3	AC-4		额定电压/V	吸合电压	释放电压	启动功率/(V·A/W)	吸持功率/(V·A/W)
CJ20-250 CJ20-250/06	120(60)	1	600(300)	127,220,380	$(0.85\sim1.1)U_N$	$0.75U_N$	1710/565	152/65
CJ20-630 CJ20-630/11 CJ20-630/11		0.5					3578/790	250/118

表 7-24　CZ18 系列直流接触器的主要技术数据

额定工作电压/V		440				
额定工作电流/A		40(20、10、5)①	80	16	315	630
主触点通断能力		$1.1U_N$、$4I_N$、$T=15$ms				
额定操作频率/(次/h)		1200		600		
电气寿命(DC-2)/万次		50				30
机械寿命/万次		500				300
辅助触点	组合情况	二常闭二常开				
	额定发热电流/A	6		10		
	电气寿命/万次	50				30
吸合电压		$(85\%\sim110\%)U_N$				
释放电压		$(10\%\sim75\%)U_N$				

① 5A、10A、20A 为吹弧线圈的额定工作电流。

近年来从国外引进的产品有德国的 B 系列、3TB 系列接触器，法国的 LC1-D 系列、LC2-D 系列接触器，它们符合国际标准，具有许多特点。如 B 系列具有通用部件多和附件多的特点，这种接触器除触点系统外，其余零部件均可通用。临时装配的附件有辅助触点(高达 8 对)、气囊延时器、机械联锁、自锁继电器以及对主触点进行串并联改接用的接线板等，其安装方式有螺钉固定式与卡轨式两种。此外，采用“倒装”式结构，即主触点系统在后面，磁系统在前面；其优点是安装方便、更换线圈容易，并缩短主触点的连接导线。国产的 CJX1 系列和 CJX2 系列交流接触器也具有这些特点。

(2) 型号含义

① 交流接触器。

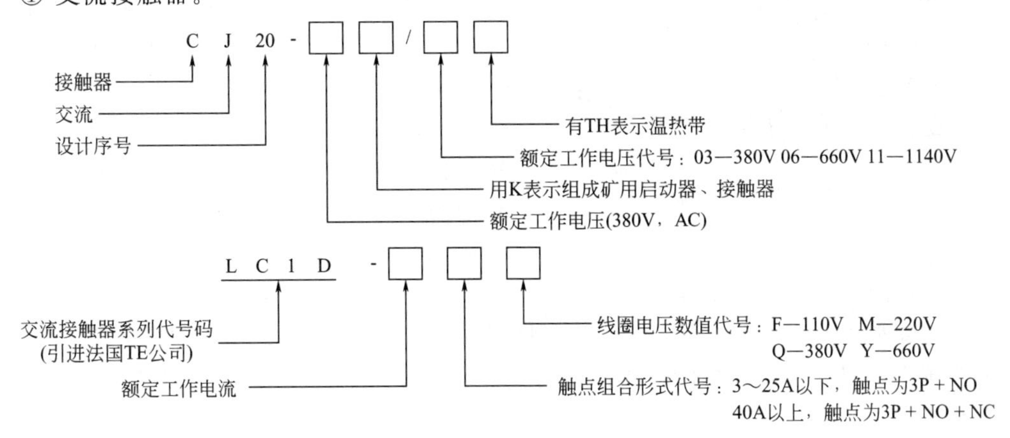

② 直接接触器。

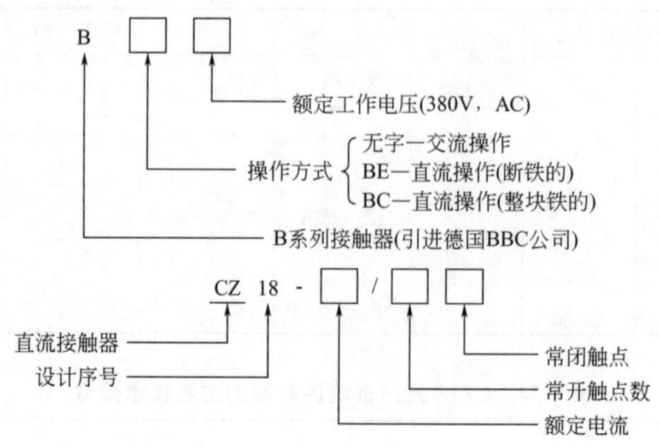

注：3P—3 对主触点；NO、NC—1 对常开、常闭触点。

5. 接触器的选择

接触器是控制功能较强、应用广泛的自动切换电器，其额定工作电流或额定功率是随使用条件及控制对象的不同而变化的。为尽可能经济地、正确地使用接触器，必须对控制对象的工作情况及接触器的性能有较全面的了解，选用时应根据具体使用条件正确选择。主要考虑以下几方面：

① 根据负载性质选择接触器类型。

② 额定电压应不小于主电路工作电压。

③ 额定电流应不小于被控电路额定电流。对于电动机负载还应根据其运行方式适当增减。

④ 吸引线圈的额定电压和频率与所控制电路的选用电压及频率相一致。

六、启动器

启动器是一种用于启动电动机的控制电器。除少数手动启动器外，大多由接触器、热继电器和控制按钮等电路按一定方式组合而成，并具有过载、失电压保护功能。常用的启动器有电磁启动器、星-三角启动器、自耦减压启动器等。

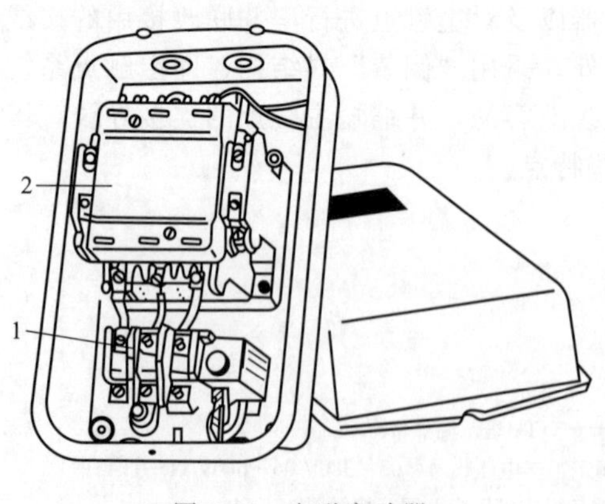

图 7-12　电磁启动器

1—热继电器；2—接触器

1. 电磁启动器

电磁启动器又称磁力启动器，可用来直接启动电动机。电磁启动器主要由接触器和热继电器两部分组成，如图 7-12 所示。接触器用于闭合与切断电路，当电源电压太低或突然停电时，能自动切断电路。热继电器用作过载保护，当电动机过载时能自动切断电源。

(1) QC10 系列电磁启动器

QC10 系列电磁启动器主要用于交流 50Hz、电压 380V 的三相笼型异步电动机，可远距离直接控制其启动、停止和反向运转，具有失压和过载保护。该系列电磁启动器的主要技术数据见表 7-25。

表 7-25　QC10 系列电磁启动器的技术数据

启动器型号	额定电流/A	所配接触器额定电流/A		所配热继电器技术参数		可控制电动机的最大功率/kW		
		主触点	辅助触点	电流等级/A	触点额定电流/A	220V	380V	500V
QC10-1	5	5	5	20	3	1.2	2.2	2.2 4 10 26
QC10-2	10	10	5	20	3	2.2	4	
QC10-3	20	20	5	40	3	5.5	10	
QC10-4	40	40	5	40	3	11	20	
QC10-5	60	60	5	100	3	17	30	
QC10-6	100	100	5	100	3	29	50	
QC10-7	150	150	5	150	3	47	75	

(2) MSB 系列电磁启动器

MSB 系列电磁启动器主要用于交流 50Hz、额定工作电压 660V 的三相异步电动机的直接启动、停止、反向运转，具有过载保护功能。该系列电磁启动器的主要技术数据见表 7-26。

表 7-26　MSB 系列电磁启动器的技术数据

型号	额定电流/A		热继电器型号	控制电压/V	额定控制容量/kW		线圈功耗		额定操作频率/(次/h)	
	380V	660V			380V	660V	启动/V·A	吸持/W	AC-3	AC-4
MSBB9	8.5	3.5	T16	24,48	4	3	60	2.2		
MSBB12 MSBB16	11.5 15.5	4.9 6.7	T16	110,220 380,500	5.5 7.5	4 5.5	60	2.2	600	300

注：最高工作电压为 660V。

2. 星-三角启动器

凡在正常运行时定子绕组作三角形连接的电动机，均可采用星-三角启动器进行降压启动，来达到减小启动电流的目的。启动时，定子绕组接成星形，使加在每相绕组上的电压由 380V 降为 220V；当电动机达到一定转速时，再将定子绕组改接成三角形，使电动机在额定电压 380V 运行。星-三角启动器降压启动时，启动转矩只有全电压启动时的 1/3，故只适用于空载或轻载启动。星-三角启动器有手动式和自动式两类。

(1) 手动星-三角启动器

手动星-三角启动器有 QX1 系列、QX2 系列产品，如图 7-13 所示。手动星-三角启动器不带任何保护，所以要与断路器、熔断器等配合使用。当电动机因失压停转后，应立即将手柄扳到停止位置上，以免电压恢复时电动机自行全电压启动。QX1 系列星-三角启动器的技术数据见表 7-27。

表 7-27　QX1 系列星-三角启动器的技术数据

型号	控制电动机的最大功率/kW		额定电流/A	正常操作闭合能力		正常操作断开能力	
	220V	380V		电压/V	电流/A	电压/V	电流/A
QX1-13	7.5	13	16	380	4×16	380×0.25	16
QX1-30	17	30	40	380	4×60	380×0.25	40

(2)自动星-三角启动器

自动星-三角启动器主要由接触器、热继电器、时间继电器组成，能自动控制电动机定子绕组的星-三角换接，并具有过载和失压保护。此类星-三角启动器有 QX3 系列、QX4 系列产品，如图 7-14 所示。它们的主要技术数据见表 7-28 和表 7-29。

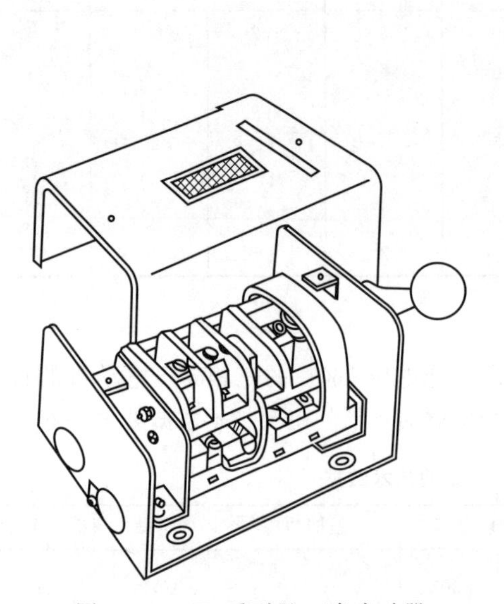

图 7-13　QX1 系列星-三角启动器

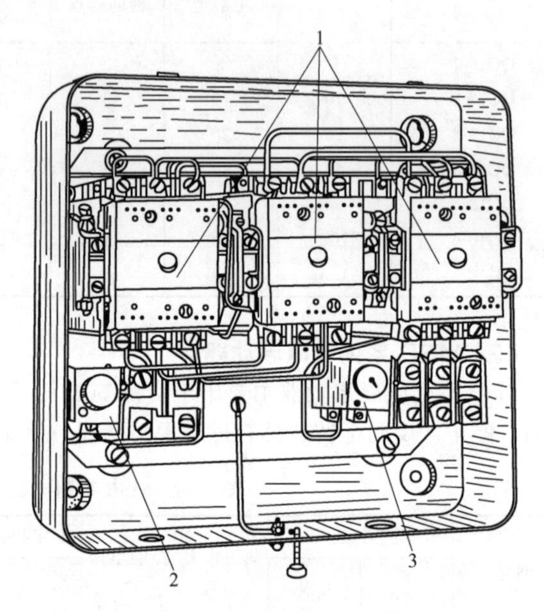

图 7-14　QX3-13 型星-三角启动器

1—接触器；2—时间继电器；3—热继电器

表 7-28　QX3 系列自动星-三角启动器的技术数据

<table>
<tr><th rowspan="2">型号</th><th colspan="3">在下列电压下可控
电动机最大功率/kW</th><th rowspan="2">热元件额定
电流/A</th><th rowspan="2">热继电器整
电流调节
范围/A</th><th colspan="2">吸引线圈电压/V</th><th rowspan="2">延时时间
调整范围
/s</th></tr>
<tr><th>220V</th><th>380V</th><th>500V</th><th>50Hz</th><th>60Hz</th></tr>
<tr><td>QX3-13/K</td><td rowspan="2">7.5</td><td rowspan="2">13</td><td rowspan="2">13</td><td rowspan="2">11
16
20</td><td rowspan="2">6.8～11
11～16
14～22</td><td rowspan="4">220
380
500</td><td rowspan="4">200
380
440</td><td rowspan="4">4～16</td></tr>
<tr><td>QX3-13/H</td></tr>
<tr><td>QX3-30/K</td><td rowspan="2">17</td><td rowspan="2">30</td><td rowspan="2">30</td><td rowspan="2">32
40</td><td rowspan="2">20～32
28～45</td></tr>
<tr><td>QX3-30/H</td></tr>
</table>

表 7-29　QX4 系列自动星-三角启动器的技术数据

<table>
<tr><th>型号</th><th>电动机最大功率
/kW</th><th>额定电流
/A</th><th>热元件整定电流近似值
/A</th><th>时间继电器整定近似值
/s</th></tr>
<tr><td rowspan="2">QX4-17</td><td>13</td><td>26</td><td>15</td><td>11</td></tr>
<tr><td>17</td><td>33</td><td>19</td><td>13</td></tr>
<tr><td rowspan="2">QX4-30</td><td>22</td><td>42.5</td><td>25</td><td>15</td></tr>
<tr><td>30</td><td>58</td><td>34</td><td>17</td></tr>
<tr><td rowspan="2">QX4-55</td><td>40</td><td>77</td><td>45</td><td>20</td></tr>
<tr><td>55</td><td>105</td><td>61</td><td>24</td></tr>
<tr><td>QX4-75</td><td>75</td><td>142</td><td>85</td><td>30</td></tr>
<tr><td>QX4-125</td><td>125</td><td>260</td><td>100～160</td><td>14～60</td></tr>
</table>

3. 自耦减压启动器

自耦减压启动器又称补偿启动器，是一种利用自耦变压器降低电动机启动电压的控制电器。对容量较大或者启动转矩要求较高的三相异步电动机可采用自耦减压启动。

自耦减压启动器由自耦变压器、接触器、操作机构、保护装置和箱体等部分组成。自耦变压器的抽头电压有三种，分别是电源电压的 40%、60%和 80%，可以根据电动机启动时的负载大小选择不同的启动电压。启动时，利用自耦变压器降低定子绕组的端电压；当转速接近额定转速时，切除自耦变压器，将电动机直接接入电源全电压正常运行。

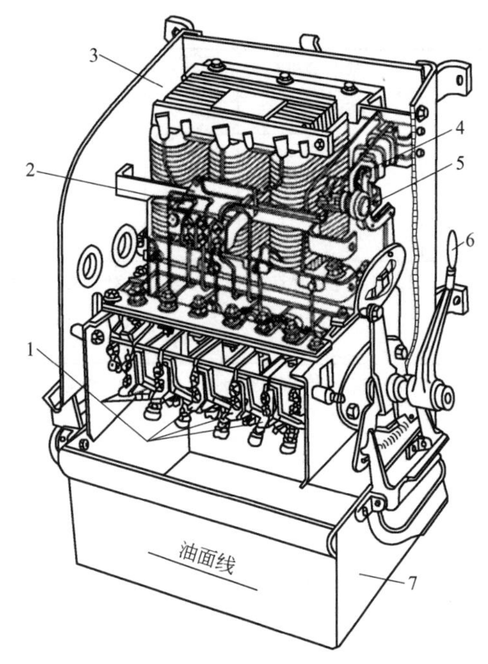

图 7-15　QJ3 系列自耦减压启动器
1—启动静触点；2—热继电器；3—自耦变压器；4—失压保护装置；5—停止按钮；6—操纵手柄；7—油箱

自耦减压启动器有 QJ3 系列充油式手动自耦减压启动器（图 7-15）、QJ10 系列空气式手动自耦减压启动器和 XJ01 系列自动式自耦减压启动箱等产品。自耦减压启动器的主要技术数据见表 7-30 和表 7-31。

表 7-30　QJ3、QJ10 系列自耦减压启动器技术数据

型号	可控制电动机最大功率/kW			额定电流①/A			热继电器整定电流/A			最大启动时间/s
	220V	380V	440V	220V	380V	440V	220V	380V	440V	
QJ3-10		10	10		22	19		25	25	30
QJ3-14	8	14	14	29	30	26	40	40	40	
QJ3-17	10	17	17	37	38	33	40	40	40	40
QJ3-20	11	20	20	40	43	36	45	45	45	
QJ3-22	14	22	22	51	48	42	63	63	63	
QJ3-28	15	28	28	54	59	51	63	63	63	
QJ3-30		30	30		63	56		63	63	
QJ3-40	20	40	40	72	85	74	85	85	85	60
QJ3-45	25	45	45	91	100	86	120	120	120	
QJ3-55	30	55	55	108	120	104	160	160	160	
QJ3-75	40	75	75	145	145	125	160	160	160	
QJ10-10		10			20.7			20.7		30
QJ10-13		13			25.7			25.7		
QJ10-17		17			34			34		40
QJ10-20		20			43			43		
QJ10-30		30			58			58		

续表

型号	可控制电动机最大功率/kW			额定电流①/A			热继电器整定电流/A			最大启动时间/s
	220V	380V	440V	220V	380V	440V	220V	380V	440V	
QJ10-40		40			77			77		
QJ10-55		55			105			105		60
QJ10-75		75			142			142		

① 对于 QJ3 型，是指触点额定工作电流；对于 QJ10 型，是指电动机额定电流。

表 7-31　XJ01 系列自耦减压启动箱的技术数据

型号	控制的电动机功率/kW	最大工作电流/A	自耦变压器功率/kW	电流互感器电流比	热继电器整定电流参考值/A
XJ01-14	14	28	14		28
XJ01-20	20	40	20		40
XJ01-28	28	56	28		56
XJ01-40	40	80	40		80
XJ01-55	55	110	55		110
XJ01-75	75	142	75		142
XJ01-100	100	200	100	300/5	3.2
XJ01-115	115	230	115	300/5	3.8
XJ01-135	135	270	135	600/5	2.2
XJ01-190	190	370	190	600/5	3.1
XJ01-225	225	410	225	800/5	2.5
XJ01-260	260	475	260	800/5	3
XJ01-300	300	535	300	800/5	3.5

七、继电器

1. 继电器的分类及用途

继电器的分类及用途见表 7-32。

表 7-32　控制继电器的分类及用途

类型	动作特点	主要用途
电压继电器	当与电源回路并联的励磁线圈电压达到规定值时动作	电动机失(欠)压保护和制动以及反转控制等，有时也作过压保护
电流继电器	当与电源回路串联的励磁线圈中通过的电流达到规定值时动作	电动机的过载及短路保护，直流电动机磁场控制及失磁保护
中间继电器	实质上是电压继电器，但触点数量较多、容量较大	通过它中间转换，增加控制回路数或放大控制讯号
时间继电器	得到动作信号后，其触点动作有一定延时	用于交直流电动机以时间原则启动或制动时的控制及各种生产工艺程序的控制等
热继电器	由于电流通过热元件热弯曲推动机构动作	用于交流电动机的过载、断相运转及电流不平衡的保护等

续表

类型		动作特点	主要用途
湿度继电器		当温度达到规定值时动作	用于电动机的过热保护或温度控制装置等
速度继电器和制动继电器			用于感应电动机的反接制动及能耗制动中
特种继电器	舌簧继电器	当舌簧片被磁化到规定值时动作	用于生产过程的自动控制和自动检测等
	极化继电器	当励磁线圈中通过的电流值和方向符合规定时动作	用于自动控制与调节系统中，作高灵敏的继电控制、放大和变流控制等
	脉冲继电器	当励磁线圈通过规定大小和方向的电流脉冲时即动作	用于要求功耗特别小的自动控制及检测通信系统中

2. 常用继电器的主要技术数据

① JFZ0 系列反接制动继电器（表 7-33）用于 50Hz 或 60Hz、交流 380V 以下的电路中。

表 7-33　JFZ0 系列反接制动继电器的技术数据

交流					额定工作转速/(r/min)		触点数量	
额定电压	额定电流	接通电流	分断电流	$\cos\varphi$	JFZ0-1	JFZ0-2	动合	动断
380V	2A	3A	0.3A	≥0.4	300～1000	1000～3600	2	2

② JL12 系列过电流延时继电器（表 7-34）用于 50Hz、交流 380V（直流 440V）以下、电流 5～300A 电路中，作为起重机上交流绕线电动机或直流电动机的启动、过载、过流保护。

表 7-34　JL12 系列过电流延时继电器的技术数据

型号	线圈额定电流/A	电压/V		触点额定电流/A	反时限保护特性(电流为额定电流的倍数)			
		交流	直流		1 倍	1.5 倍	2.5 倍	6 倍
JL12-5	5	380	440	5	不动作①	<3min（热态）	10±6s（热态）	<1～3s②
JL12-10	10	380	440	5				
JL12-15	15	380	440	5				
JL12-20	20	380	440	5				
JL12-30	30	380	440	5				
JL12-40	40	380	440	5				
JL12-60	60	380	440	5				
JL12-75	75	380	440	5				
JL12-100	100	380	440	5				
JL12-150	150	380	440	5				
JL12-200	200	380	440	5				
JL12-300	300	380	440	5				

① 持续通电 1h 不动作，为合格。

② 当环境温度大于 0℃时，动作时间<1s；当环境温度小于 0℃时，动作时间<3s。

注：JL12 系列过电流继电器为新设计产品，代替 JL4 系列过电流继电器。

③ JAG 系列干簧继电器技术数据如表 7-35 所示。

表 7-35　JAG 系列干簧继电器的技术数据

型号规格	接触电阻/Ω		绕径数据			额定电压或电流	吸合电流/mA	释放电流/mA
	H	Z	线径/mm	直流电阻/Ω	匝数			
JAG-2-1 $^{H}_{Z}$A	0.07	0.15	0.10	93±5%	2200	6V	≤44	≥9
JAG-2-1 $^{H}_{Z}$B			0.07	370±5%	4200	12V	≤22	≥4.5
JAG-2-1 $^{H}_{Z}$C			0.05	1200±5%	7000	24V	≤13.5	≥3
JAG-2-2 $^{H}_{Z}$A			0.14	140±5%	3300	6V	≤28	≥7
JAG-2-2 $^{H}_{Z}$B			0.10	430±5%	5200	12V	≤18	≥4
JAG-2-2 $^{H}_{Z}$C			0.07	1700±5%	10000	24V	≤9	≥2.2
JAG-2-3 $^{H}_{Z}$A			0.17	87±5%	2500	6V	≤48	≥8
JAG-2-3 $^{H}_{Z}$B			0.12	320±5%	4500	12V	≤25	≥4.5
JAG-2-3 $^{H}_{Z}$C			0.09	1080±5%	8500	24V	≤15	≥2.5
JAG-2-4 $^{H}_{Z}$A			0.17	87±5%	2500	6V	≤48	≥8
JAG-2-4 $^{H}_{Z}$B			0.12	320±5%	4500	12V	≤25	≥4.5
JAG-2-4 $^{H}_{Z}$C			0.09	1080±5%	8500	24V	≤15	≥2.5
JAG-4-1HA	0.15		0.07	370±10%	4200	18mA	≤9	≥1.8
JAG-4-1HB			0.05	1250±10%	7000	10mA	≤5	≥1.1
JAG-4-1HC			0.04	2900±10%	11000	7mA	≤3.5	≥0.7
JAG-4-2HA			0.09	200±10%	2600	32mA	≤16	≥3
JAG-4-2HB			0.07	520±10%	4300	20mA	≤10	≥1.8
JAG-4-2HC			0.05	2000±10%	7300	12mA	≤6	≥10
JAG-4-3HA	0.15	0.15	0.11	130±10%	2100	46mA	≤23	≥3.5
JAG-4-3HB			0.08	460±10%	3600	26mA	≤13	≥2
JAG-4-3HC			0.05	2180±10%	7200	13mA	≤6.5	≥1
JAG-4-4HA	0.15	0.15	0.13	90±10%	1600	60mA	≤30	≥4.5
JAG-4-4HB			0.10	270±10%	2800	40mA	≤20	≥2.8
JAG-4-4HC			0.06	1180±10%	4800	20mA	≤10	≥1.6
JAG-5-2H-12V JAG-5-2Z-12V	0.5		0.27	50±10%	2500	12V	≤130	35
JAG-5-2H-12V JAG-5-2Z-27V			0.17	310±10%	6000	27V	≤55	≥14

型号规格	吸合时间/ms		释放时间/ms		环境温度/℃	触点负荷(阻性)		寿命/次		装干簧管
	H	Z	H	Z		H	Z	H	Z	
JAG-2-1 $^{H}_{Z}$A	≤1.7	≤2.5	≤0.1	≤1.0	−10～+55	24V 0.2A (直流)	24V 0.1A (直流)	10^7	10^6	1
JAG-2-1 $^{H}_{Z}$B	≤1.7	≤2.5	≤0.1							
JAG-2-1 $^{H}_{Z}$C	≤1.7	≤2.5	≤0.1							
JAG-2-2 $^{H}_{Z}$A	≤2.5	≤3.5	≤0.2	≤1.0						2
JAG-2-2 $^{H}_{Z}$B	≤2.5	≤3.5	≤0.2							
JAG-2-2 $^{H}_{Z}$C	≤2.5	≤3.5	≤0.2							
JAG-2-3 $^{H}_{Z}$A	≤3.5	≤4.5	≤0.5	≤1.0						3
JAG-2-3 $^{H}_{Z}$B	≤3.5	≤4.5	≤0.5							
JAG-2-3 $^{H}_{Z}$C	≤3.5	≤4.5	≤0.5							
JAG-2-4 $^{H}_{Z}$A	≤4.5	≤5	≤0.8	≤1.0						4
JAG-2-4 $^{H}_{Z}$B	≤4.5	≤5	≤0.8							
JAG-2-4 $^{H}_{Z}$C	≤4.5	≤5	≤0.8							

续表

型号规格	吸合时间/ms		释放时间/ms		环境温度/℃	触点负荷(阻性)		寿命/次		装干簧管
	H	Z	H	Z		H	Z	H	Z	
JAG-4-1HA JAG-4-1HB JAG-4-1HC	≤0.9		<1.0		−10～+55	12V 0.05A (直流)	12V 0.05A (直流)	10^6		1
JAG-4-2HA JAG-4-2HB JAG-4-2HC	≤1.0									2
JAG-4-3HA JAG-4-3HB JAG-4-3HC	≤1.1		<1.0		−10～+55	12V 0.05A (直流)	12V 0.05A (直流)	10^6		3
JAG-4-4HA JAG-4-4HB JAG-4-4HC	≤1.2		<1.0							4
JAG-5-2H-12V JAG-5-2Z-12V	≤5.0		<1.0	<1.0	−10～+55	最大电压:300V (直流) 最大电流:2A 最大功率:200W		5×10^4		2
JAG-5-2H-12V JAG-5-2Z-27V										

注：1. H表示常开，Z表示转换。

2. 吸合时间包括抖动在内。

3. 工作位置可以任意。

④ JR16系列热继电器（表7-36）用于50Hz、交流500V、160A以下长期工作或间断长期工作的一般交流电动机的过载及断相保护，并能在三相电流严重不平衡时起保护作用。

表7-36 JR16系列热继电器的技术数据

型号	额定电流/A	热元件等级		连接导线规格
		额定电流/A	刻度电流调节范围/A	
JR16-20/3 JR16-20/3D	20	0.35 0.50 0.72 1.1 1.6 2.4 3.5 5 7.2 11 16 22	0.25～0.35 0.32～0.50 0.45～0.72 0.68～1.1 1.0～1.6 1.5～2.4 2.2～3.5 3.2～5 4.5～7.2 6.8～11 10～16 14～22	$4mm^2$单股 塑料铜线
JR16-60/3 JR16-60/3D	60	22 32 45 63	14～22 20～32 28～45 40～63	$16mm^2$多股 铜芯橡皮软线
JR16-150/3 JR16-150/3D	150	63 85 120 160	40～63 53～85 75～120 100～160	$35mm^2$多股 铜芯橡皮软线

⑤ JS11 系列时间继电器（表 7-37）用于 50Hz、交流 500V 以下的电气自动控制电路中，用来由一个电路向另一个需要延时的被控电路发送信号。

表 7-37　JS11 系列时间继电器的技术数据

电源电压/V	延时整定范围	触头容量				延时触点数量				不延时触点数量	
		电压/V	持续电流/A	接通电流/A	分断电流/A	线圈通电后延时		线圈断电后延时			
						常开	常闭	常开	常闭	常开	常闭
110、127、220、380	0～8s 0～40s 0～4min 0～20min 0～2h 0～12h 0～72h	380	5	3	0.3	3	2	3	2	1	1

⑥ JS14 晶体管时间继电器（表 7-38）用于 50Hz、交流 380V 以下控制电路中，作为控制时间元件，以延时接通或断开电路。

表 7-38　JS14 系列晶体管时间继电器的技术数据

型号	延时范围/s	电源电压/V	输出触点	延时重复误差	周围介质温度/℃	消耗功率
JS14-1	0.2～1	交流 50Hz 24、36、127、220、380	2 常开 2 常闭或 1 常开 1 常闭	±5%	−10～40	约 1W
JS14-5	0.5～5					
JS14-10	1～10					
JS14-30	1～30					
JS14-60	2～60	交流 50Hz 24、36、127、220、380	2 常开 2 常闭或 1 常开 1 常闭	±5%	−10～40	约 1W
JS14-120	6～120					
JS14-180	10～180					
JS14-240	10～240					
JS14-300	30～300					
JS14-600	60～600					

⑦ JT3 系列直流电磁继电器（表 7-39、表 7-40）用于拖动线路中，作为时间（仅在吸引线圈断电或短接时延时）、电压、中间继电器用。

表 7-39　JT3 系列直流电磁继电器触点的技术数据

电流种类	电压/V	额定电流/A	负载电流/A		
			接通	断开电感负载	断开电阻负载
交流	380～500	10	40	8	8
交流	380 及以下		50	10	10
直流	110		10	2	4
直流	220		5	0.8	2

表 7-40　JT3 系列直流电磁继电器的技术数据

型号	动作电压或动作电流	延时/s		动作误差	触点数目	吸引线圈电压/V	消耗功率/W	固有动作时间/s
		线圈断电	线圈短接					
JT3-□□ 电压(或中间)继电器	吸引电压在额定电压的 30%～50%或释放时电压在额定电压的7%～20%			±10%	2 常开 2 常闭或 1 常开 1 常闭	直流 12、24、48、110、220、440	约 16	约 0.2
JT3-□□/1 电时间继电器	大于额定电压的 75%时保证延时	0.3～0.9	0.3～1.5					
JT3-□□/3 电时间继电器	大于额定电压的 75%时保证延时	0.8～3	1～3.5					
JT3-□□/5 电时间继电器	大于额定电压的 75%时保证延时	2.5～5	3～5.5					

注：1. 时间继电器充电时间约为 0.8s。为了确保延时，继电器吸引线圈通电时间不能少于充电时间。

2. 如有需要，电压（或中间）继电器和时间继电器可装 3 只或 4 只触点（触点的常开常闭可任意组合）。

⑧ JT4 系列交流电磁继电器（表 7-41、表 7-42）用于 50Hz 交流自动控制电路中，作为零电压、过电流、过电压及中间继电器用。

表 7-41　JT4 系列交流电磁继电器触点的技术数据

电流种类	额定电流/A	额定电流/A	负载电流/A		
			接通	断开电感负载	断开电阻负载
交流	10	380 及以下	50	10	10
交流		大于 380～500	40	8	8
直流		110	10	2	4
直流		220	5	0.8	2

表 7-42　JT4 系列交流电磁继电器的技术数据

型号	动作电压或动作电流	返回系数	触点数目	吸引线圈规格	消耗功率	复位方式		出线方式	
						自动	手动	板前	板后
JT4-□□P 零电压(或中间)继电器	吸引电压在线圈额定电压的 60%～85%范围内调节或释放电压在线圈额定电压的 10%～35%	0.2～0.4	2 常开 2 常闭或 1 常开 1 常闭	110V、127V、220V、380V	75V・A	+		+	+
JT4-□□L 过电流继电器	吸引电流在线圈额定电流的 110%～350%范围调节	0.1～0.3		5A、10A、15A、20A、40A、80A、150A、300A 及 600A	5W	+		+	+
JT4-□□S(手动)过电流继电器							+		
JT4-22A 过电压继电器	吸引电压在线圈额定电压的 105%～120%范围调节	0.1～0.3	2 常开 2 常闭	110V、220V、380V	75V・A	+		+	+

注：JT4-L、S 过电流继电器已由 JL14-J、JS 代替。

⑨ JXT 系列小型通用继电器（表 7-43、表 7-44）由直流或交流控制，适用于一般的自动装置、继电器保护装置、信号装置和通信设备中作为信号指示和启闭电路的元件。

表 7-43　JTX 系列小型通用继电器触点的技术数据

电压/V		电流/A			
		JTX-1、JTX-2		JTX-3	
		阻性 cosφ=1	感性 cosφ=0.4	阻性 cosφ=1	感性 cosφ=0.4
交流	220	7.5	3	5	2
	380	3	1.5	2	1
直流	6	7.5	7	5	4.6
	12	7	6.5	4.6	4.3
	24	4.5	4	3	2.4
	220	1	0.5	1	

表 7-44　JTX 系列小型通用继电器的技术数据

规格	线圈数据			吸动值不大于	释放值不小于	工作电流/mA	备注
	线径/mm	电阻/Ω	匝数				
交流　6V	0.31	5.5	505	5.1V			交流线圈的匝数误差为±5%
12V	0.21	24	1010	10.2V		415	
24V	0.15	92	2020	20.4V		208	
36V	0.13	190	3030	30.6V		102	
110V	0.08	1600	9260	93.5V		69	
127V	0.08	2000	10700	108V		24.2	
220V	0.05	7500	18500	187V		19	
直流　6V	0.21	40	1535	51V	2.7V	11.5	直流线圈的电阻在 20℃时，测得电阻最大波动＜±10%
12V	0.15	150	2875	10.2V	5.4V	150	
24V	0.11	570	5475	20.4V	10.8V	80	
48V	0.08	2230	10700	40.8V	21.6V	42	
110V	0.05	10000	22000	93.5V	49.5V	21.5	
220V	0.04	20000		187V	99V	11	
直流　20mA	0.07	3000	13000	18mA	8.1mA		
直流　40mA	0.11	500	5400	36mA	6.2mA		

注：继电器的释放值为额定值的 45%。

⑩ JZ7 系列中间继电器（表 7-45）用于 50Hz 或 60Hz、交流 500V、电流 5A 以下的控制电路中，可以用来控制各种电磁线圈，以使信号放大，或将信号同时传给数个有关的控制元件。

表 7-45　JZ7 系列中间继电器的技术数据

型号	触点额定电压/V	触点额定电流/A	触点数量		吸引线圈电压/V
			常开	常闭	
JZ7-44	500	5	4	4	12、24、36、110、127、220、380、420、440、500
JZ7-62	500	5	6	2	
JZ7-80	500	5	8	0	

八、主令电器

主令电器是用来接触和分断控制电路以发号施令的电器。主令电器应用广泛、种类繁多，常见的有按钮、行程开关、万能转换开关、主令控制器等。

1. 按钮

按钮是一种手动且可以自动复位的主令电器，其结构简单、控制方便，在低压控制电路中得到广泛应用。

(1) 按钮的结构、种类及常用型号

按钮由按钮帽、复位弹簧、桥式触点和外壳等组成，其结构如图 7-16 所示。触点采用桥式触点，触点额定电流在 5A 以下，分常开触点（动断触点）和常闭触点（动合触点）两种。在外力作用下，常闭触点先断开，常开触点后闭合；复位时，常开触点先断开，常闭触点后闭合。

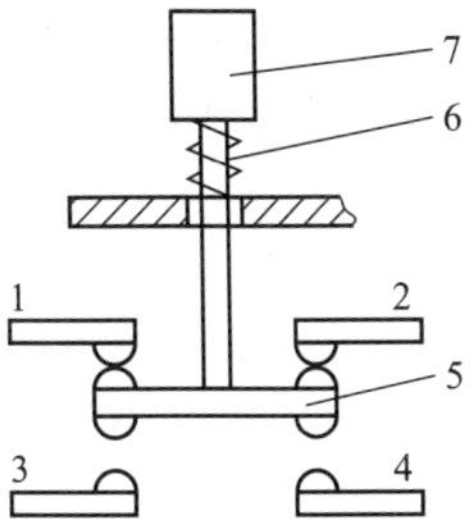

图 7-16　按钮结构示意图
1,2—常闭触点；3,4—常开触点；5—桥式触点；6—复位弹簧；7—按钮帽

按用途和结构的不同，按钮分为启动按钮、停止按钮和复合按钮等。

按使用场合、作用不同，通常将按钮帽做成红、绿、黑、黄、蓝、白、灰等颜色。国标 GB/T 5226.1—2019 对按钮颜色做如下规定：

①“停止”和“急停”按钮必须是红色。

②“启动”按钮的颜色为绿色。

③“启动”与“停止”交替动作的按钮必须是黑白、白色或灰色。

④“点动”按钮必须是黑色。

⑤“复位”按钮必须是蓝色（如保护继电器的复位按钮）。

按钮常见型号有 LA18、LA19、LA20、LA25 和 LAY_3 系列。

其中 LA25 系列为通用型按钮的更新换代产品，采用组合式结构，可根据需要任意组合其触点数目，最多可组成 6 个单元，其技术数据如表 7-46 所示。LAY_3 系列是按德国西门子公司技术标准生产的产品，规格品种齐全，其结构形式有按钮式、紧急式、钥匙式和旋转式等，有的带有指示灯。

表 7-46　LA25 系列按钮的技术数据

型号	触点组合	按钮颜色	型号	触点组合	按钮颜色
LA25-10	一常开	白、绿、黄、蓝、橙、黑、红	LA25-33	三常开、三常闭	白、绿、黄、蓝、橙、黑、红
LA25-01	一常闭		LA25-40	四常开	
LA25-11	一常开、一常闭		LA25-04	四常闭	
LA25-20	二常开	白、绿、黄、蓝、橙、黑、红	LA25-41	四常开、一常闭	白、绿、黄、蓝、橙、黑、红
LA25-02	二常闭		LA25-14	一常开、四常闭	
LA25-21	二常开、一常闭		LA25-42	四常开、二常闭	
LA25-12	一常开、二常闭		LA25-24	二常开、四常闭	
LA25-22	二常开、二常闭		LA25-50	五常开	
LA25-30	三常开		LA25-05	五常闭	
LA25-03	三常闭		LA25-51	五常开、一常闭	
LA25-31	三常开、一常闭		LA25-15	一常开、五常闭	
LA25-13	一常开、三常闭		LA25-60	六常开	
LA25-32	三常开、二常闭		LA25-06	六常闭	
LA25-23	二常开、三常闭				

(2) 型号含义和电气符号

① 型号意义。

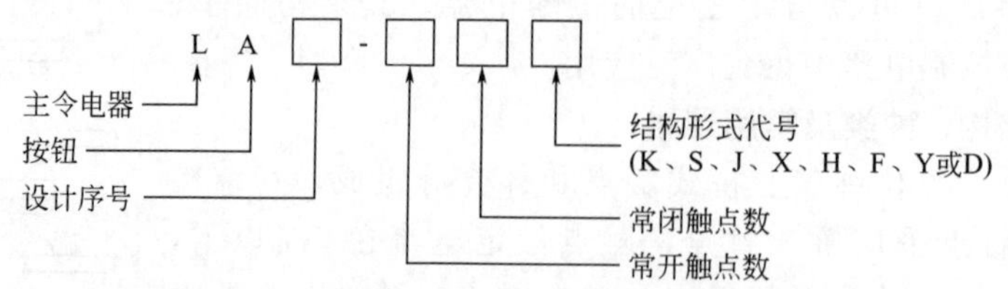

K—开启式；S—防水式；J—紧急式（有红色大蘑菇头突出在外）；X—旋钮式；H—保护式；F—防腐式；Y—钥匙式；D—带灯式。

② 电气符号。按钮的符号表示如图 7-17 所示。

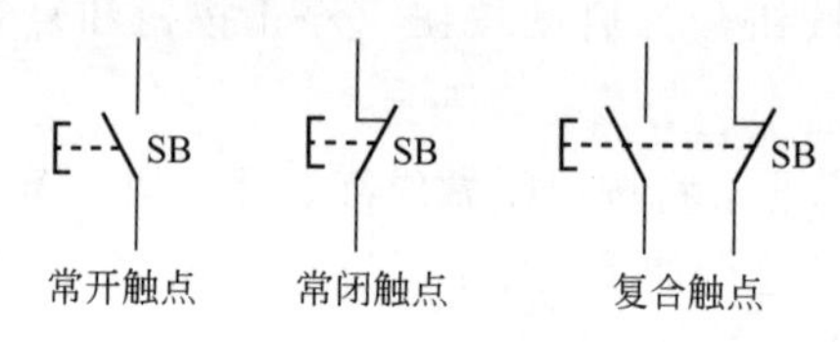

图 7-17 按钮符号

(3) 按钮的选择原则

① 根据使用场合，选择控制按钮的种类，如开启式、防水式、防腐式等。

② 根据用途，选用合适的形式，如钥匙式、紧急式、带灯式等。

③ 按控制回路的需要，确定不同的按钮数，如单钮、双钮、三钮、多钮等。

④ 按工作状态指示和工作情况的要求，选择按钮及指示灯的颜色。

2. 位置开关

位置开关又名限位开关或行程开关，它的种类很多，按运动形式可分为直动式、转动式、微动式；按触点的性质分为有触点式和无触点式。

(1) 行程开关

行程开关主要用于检测工作机械的位置，发出命令以控制其运动方向或行程。如图7-18所示为行程开关的结构示意图，主要由操作机构、触点系统和外壳等组成。

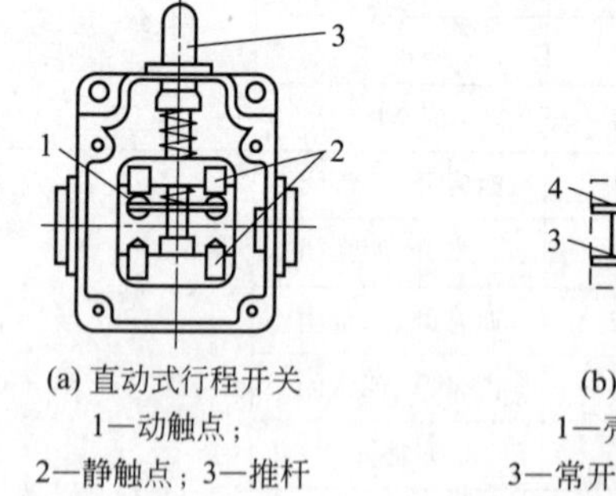

(a) 直动式行程开关
1—动触点；
2—静触点；3—推杆

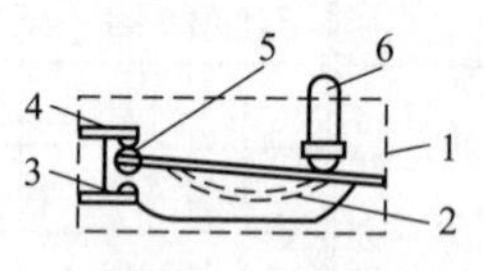

(b) 微动式行程开关
1—壳体；2—弓簧片；
3—常开触点；4—常闭触点；
5—动触点；6—推杆

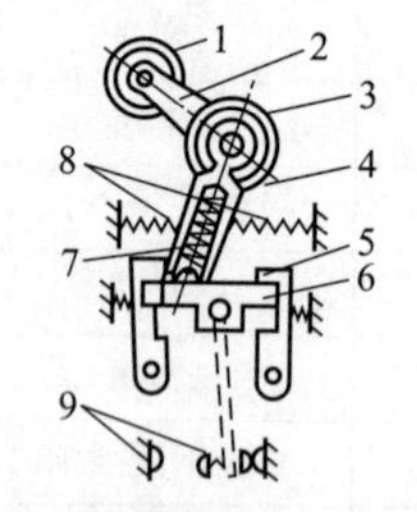

(c) 滚轮旋转式行程开关
1—滚轮；2—上转臂；3—弓形弹簧；
4—推杆；5—小滚轮；6—擒纵件；
7，8—弹簧；9—动、静触点

图 7-18 行程开关结构示意图

行程开关的工作原理和按钮相同，区别在于它不靠手的按压，而是利用生产机械运动部件的挡铁碰压使触点动作。

常用的行程开关有 LX19、LXW5、LXK3、LX32、LX33 等系列。新型 $3SE_3$ 系列行程开关额定工作电压为 500V，额定电流为 10A，其机械、电气寿命比常见行程开关更长。

表 7-47 列出了 LX32 系列行程开关的主要技术参数。

表 7-47　LX32 系列行程开关的主要技术参数

额定工作电压/V		额定发热电流/A	额定工作电压/V		额定操作频率/(次/h)
直流	交流		直流	交流	
220、110、24	380、220	6	0.046(220V 时)	0.79(380V 时)	1200

(2)接近开关

接近开关又称无触点行程开关，是当运动的金属片与开关接近到一定距离时发出接近信号，以不直接接触方式进行控制的。接近开关不仅用于行程控制、限位保护等，还可用于高速计数、测速、检测零件尺寸、液面控制、检测金属体的存在等。

按工作原理分，接近开关有高频振荡型、电容型、电磁感应型、永磁型与磁敏元件型等，其中以高频振荡型最为常用。图 7-19 所示是 LJ_2 系列电子式接近开关原理图，主要由振荡器、放大器和输出三部分组成。其基本原理是当有金属物体接近高频振荡器的线圈时，使振荡回路参数变化，振荡减弱直至终止而产生输出信号。

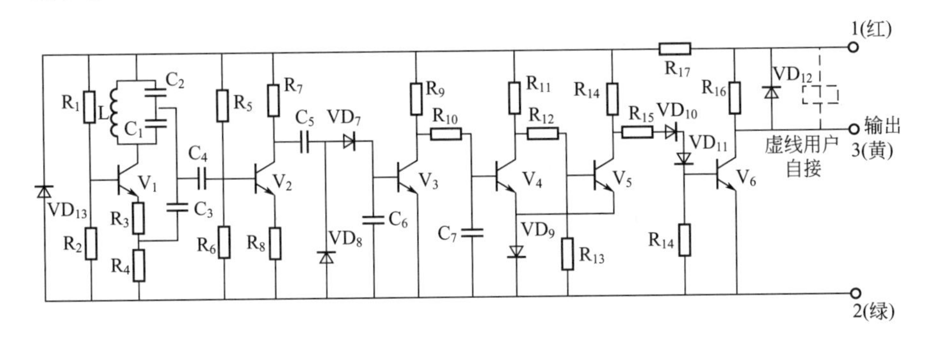

图 7-19　LJ_2 系列电子式接近开关原理图

图 7-19 中三极管 V_1、振荡线圈 L 及电容器 C_1、C_2、C_3 组成电容三点式高频振荡器，其输出由三极管 V_2 放大，经二极管 VD_7、VD_8 整流成直流信号，加至三极管 V_3 基极，使 V_3 导通，三极管 V_4 截止，从而使三极管 V_5 导通，三极管 V_6 截止，无输出信号。

当金属物体靠近开关感应头时，振荡器振荡减弱直至终止。此时 VD_7、VD_8 构成整流电路输出信号，则 V_3 截止、V_4 导通，V_5 截止、V_6 导通，有信号输出。

接近开关特点是工作稳定可靠、寿命长、重复定位精度高等，其主要技术参数有工作电压、输出电流、动作距离、重复精度及工作响应频率等，主要系列型号有 LJ2、LJ6、LXJ6、LXJ18 和 3SG、LXT3 等。表 7-48 列出了 LXJ6 系列接近开关的主要技术数据。

表 7-48　LXJ6 系列接近开关的技术数据

型号	作用距离/mm	复位行程差/mm	额定交流工作电压/V	输出能力		重复定位精度	开关交流压降/V
				长期	瞬时		
LXJ6-4/22	4±1	≤2	100～250	30～200mA	1A (t<20ms)	≤±0.15	≤9
LXJ6-6/22	6±1	≤2					

(3)行程开关的型号含义及电气符号

① 型号含义。

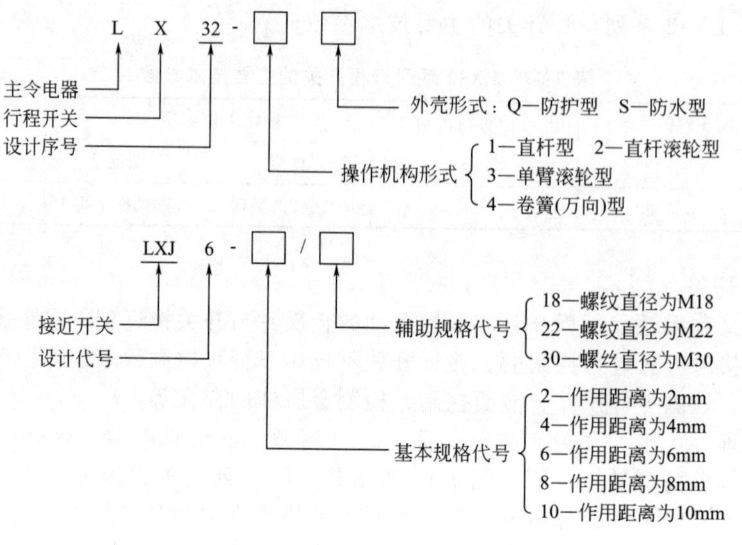

② 电气符号。行程开关及接近开关的符号表示如图 7-20、图 7-21 所示。

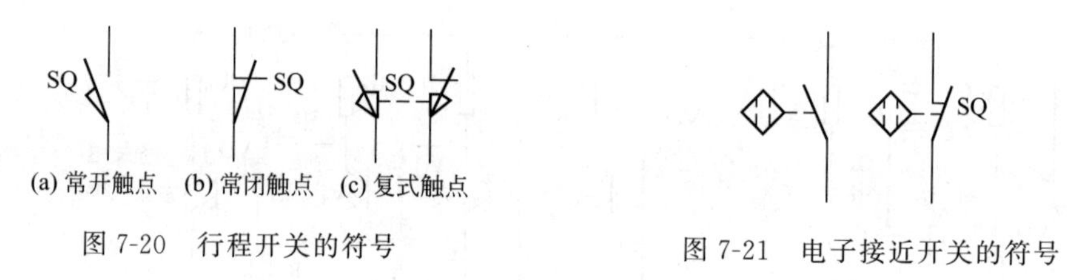

图 7-20 行程开关的符号

图 7-21 电子接近开关的符号

(4) 行程开关的选择

实际应用中，行程开关的选择主要从以下几方面考虑：

① 根据应用场合及控制对象选择。

② 根据安装环境选择防护形式，如开启式或保护式。

③ 根据控制回路的电压和电流选择行程开关系列。

④ 根据机械与行程开关的传力与位移关系选择合适的头部形式。

(5) 接近开关的选用

接近开关的正确选用主要从以下几方面考虑：

① 因价格高，仅用于工作频率高、可靠性及精度要求均较高的场合。

② 按应答距离要求选择型号、规格。

③ 按输出要求的触点形式（有触点、无触点）及触点数量，选择合适的输出形式。

3. 万能转换开关

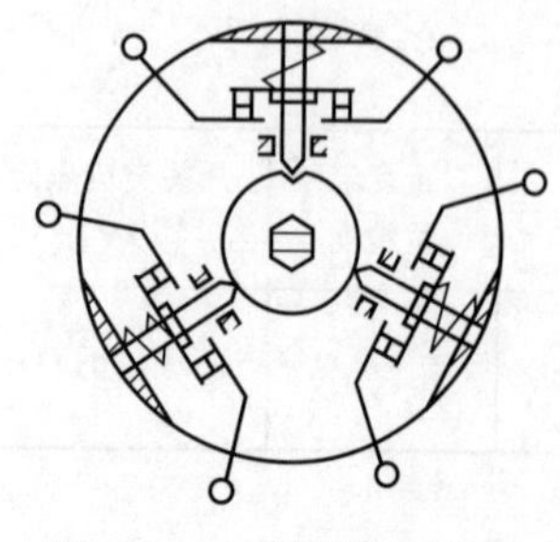

图 7-22 万能转换开关的单层结构示意图

万能转换开关是一种多挡位、多触点、能够控制多回路的主令电器，可用于控制高压油断路器、空气断路器等操作机构的分合闸，各种配电设备中线路的换接、遥控和电流表、电压表的换相测量等，也可用于控制小容量电动机的启动、换向、调速。因其控制线路多、用途广泛，故称为万能转换开关。

(1) 万能转换开关结构原理

如图 7-22 所示为 LW6 系列转换开关中某一层的结构原理示意图。LW6 系列万能转换开关由担任机构、面板、手柄及触点底座等主要部件组成，操作位置有 2～12 个，触点底座有

1～10 层，每层底座均可装三对触点，每层凸轮均可做成不同形状。当手柄转动到不同位置时，通过凸轮的作用，可使各对触点按所需要的规律接通和分断。这种开关可以组成数百种线路方案，以适应各种复杂要求。

(2) 常用型号

万能转换开关常用型号有 LW2、LW5、LW6 系列，其中 LW2 系列用于高压断路器操作回路的控制，LW5、LW6 系列多用于电力拖动系统中对线路或电动机实行控制。LW6 系列还可装成双列形式，列与列之间齿轮啮合，并由同一手柄操作，此种开关最多可装 60 对触点。

LW6 系列万能转换开关型号和触点的排列特征如表 7-49 所示。

表 7-49　LW6 系列万能转换开关型号和触点的排列特征

型号	触点座数	触点座排列形式	触点对数	型号	触点座数	触点座排列形式	触点对数
LW6-1	1	单列式	3	LW6-8	8	单列式	24
LW6-2	2		6	LW6-10	10		30
LW6-3	3		9	LW6-12	12	双列式	36
LW6-4	4		12	LW6-16	16		48
LW6-6	5		15	LW6-20	20		60
LW6-7	6		18				

(3) 万能转换开关型号含义及电气符号

① 万能转换开关型号含义。

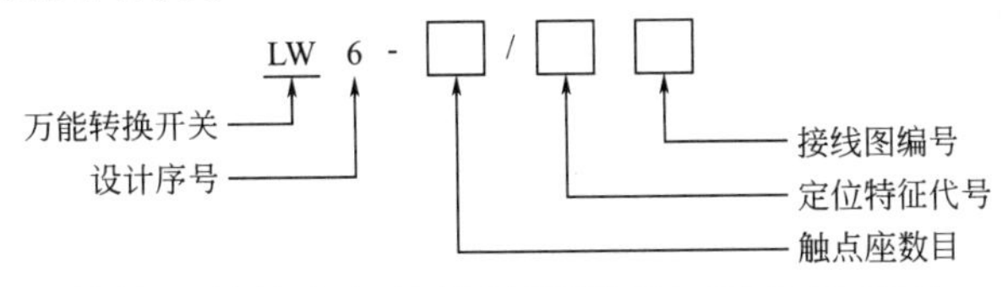

② 电气符号。万能转换开关的电气符号及通断表如图 7-23 所示。

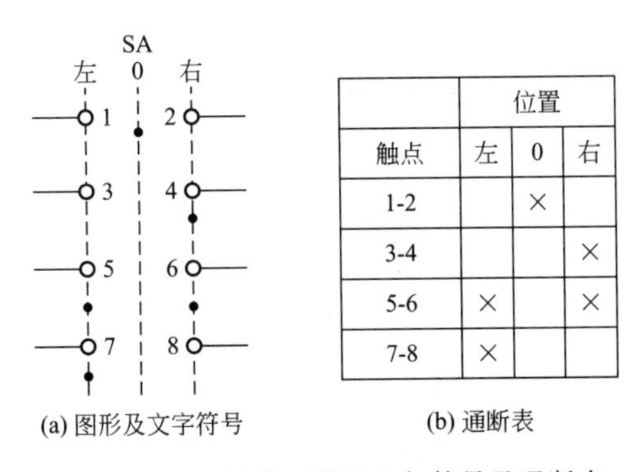

(a) 图形及文字符号　　(b) 通断表

图 7-23　万能转换开关的电气符号及通断表

(4) 万能转换开关的选择

万能转换开关的选择主要按下列要求进行：

① 按额定电压和工作电流选用合适的万能转移开关系列。

② 按操作需要选定手柄形式和定位特征。

③ 按控制要求参照转换开关样本确定触点数量和接线图编号。

④ 选择面板形式及标志。

4. 凸轮控制器与主令控制器

凸轮控制器与主令控制器也属于主令电器，它们在起重机的控制中应用广泛。

(1) 凸轮控制器

凸轮控制器是一种大型手动控制器，用来直接操作与控制电动机的正反转、调速、启动与停止。应用凸轮控制器控制的电动机控制电路简单、维修方便，广泛用于中小型起重机的平移机构和小型起重机的提升机构控制中。

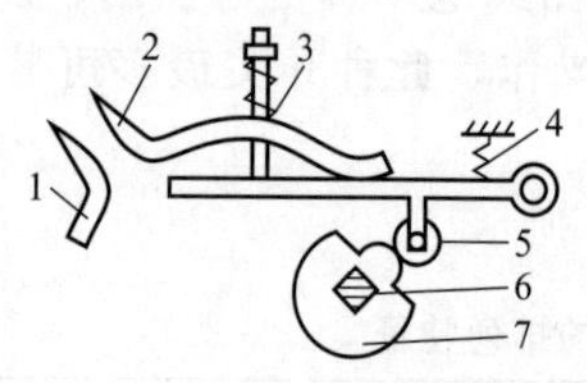

图 7-24　凸轮控制器的结构原理图

1—静触点；2—动触点；3—触点弹簧；4—复位弹簧；5—滚子；6—绝缘方轴；7—凸轮

凸轮控制器主要由触点、转轴、凸轮、杠杆、手柄、灭弧罩及定位机构组成，如图7-24所示。

转动手柄时，转轴带动凸轮一起转动，转到某一位置时，凸轮顶动滚子，克服弹簧压力，使动触点顺时针方向转动，脱离静触点而分断。在转轴上叠装不同形状的凸轮，可以使若干个触点组按规定的顺序接通或分断。将这些触点接到电动机电路中，便可实现控制电动机的目的。

① 凸轮控制器技术数据。目前我国生产凸轮控制器主要有 KT10 系列、KT14 系列，凸轮控制器的技术数据如表 7-50 所示。

表 7-50　凸轮控制器的主要技术数据

型号	额定电流 I/A	工作位置数		触点数	在 JC%＝25%时控制电动机功率 P/kW		使用场合
		向前（上升）	向后（下降）		制造厂样本数值	设计手册推荐数值	
KT10-25J/1	25	5	5	12	11	7.5	控制一台绕线型电动机
KT10-25J/2	25	5	5	13		2×7.5	同时控制两台绕线型电动机，定子回路由接触器控制
KT10-25J/3	25	1	1	9	5	3.5	控制一台笼型电动机
KT10-25J/5	25	5	5	17	2×5	2×3.5	同时控制两台绕线型电动机
KT10-25J/7	25	1	1	7	5	3.5	控制一台转子串频敏变阻器的绕线型电动机

② 凸轮控制器型号含义。

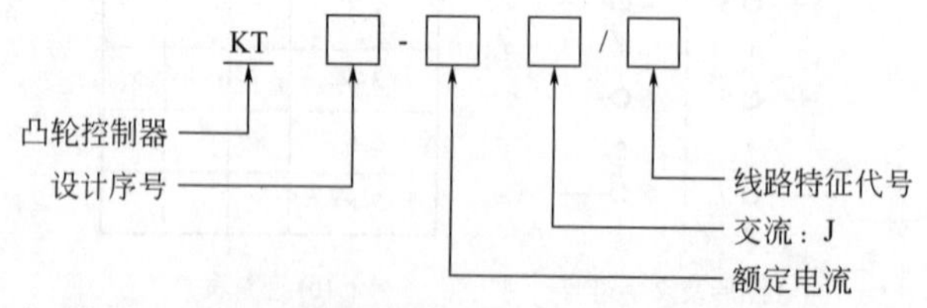

③ 凸轮控制器电气符号。凸轮控制器的图形、文字符号如图 7-25 所示。

(2) 主令控制器

当电动机容量较大、工作繁重、操作频率、调速性能要求较高时，通常采用主令控制器来控制。用主令控制器的触点来控制接触器，再由接触器来控制电动机，从而，触点容量可大大减小，操作更为轻便。

主令控制器是用来频繁切换复杂的多回路控制电路的主令电器，主要用作起重机、轧钢机及其他生产机械磁力控制盘的主令控制。

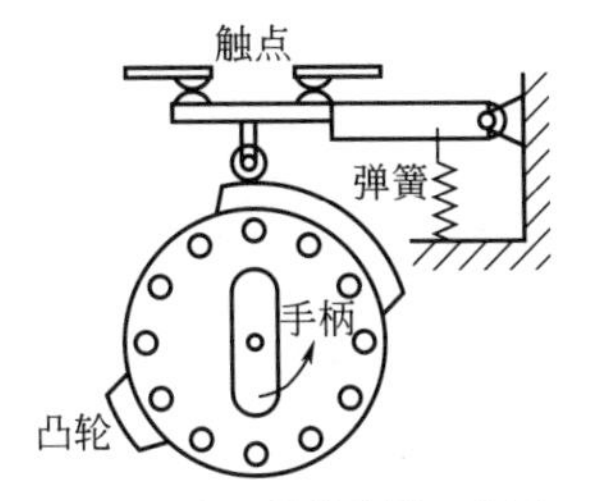

(a) 1极12位凸轮控制器示意图

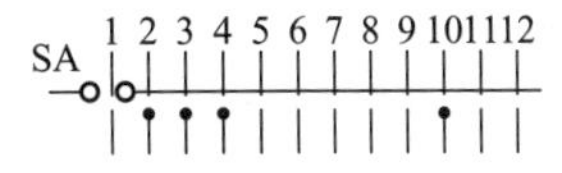

(b) 1极12位凸轮控制器文字符号

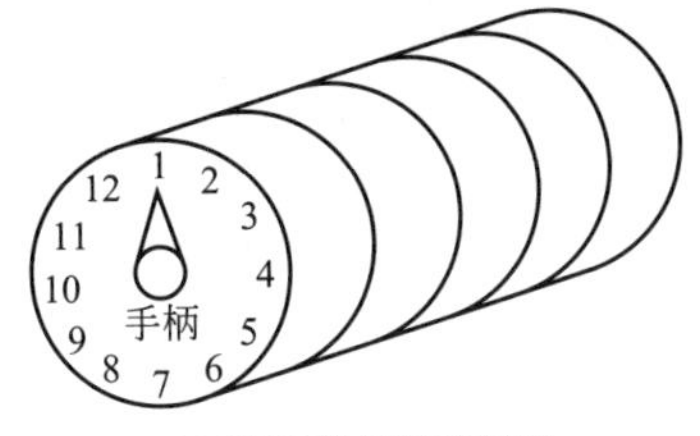

(c) 5极12位凸轮控制器

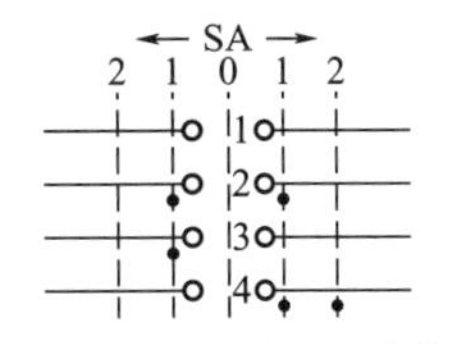

(d) 4极5位凸轮控制器文字符号

图 7-25　凸轮控制器的图形、文字符号

主令控制器结构与工作原理与凸轮控制器相似，只是触点的额定电流较小。

目前生产和使用的主令控制器主要有 LK14 型、LK15 型、LK16 型，其主要技术性能为额定电压交流 50Hz、380V 以下，直流 220V 以下，额定操作频率 1200 次/h。如表 7-51 所示为主令控制器的主要技术数据。

表 7-51　LK14 型主令控制器的主要技术数据

型号	额定电压 U/V	额定电流 I/A	控制电路数	外形尺寸/mm
LK14-12/90 LK14-12/96 LK14-12/97	380	15	12	227×220×300

主令控制器的选择：主要根据所需操作位置数、控制电路数、触点闭合顺序以及长期允许电流大小来选择。在起重机控制中，往往根据磁力控制盘型号来选择主令控制器，因为主令控制器是与磁力控制盘相配合实现控制的。

第三节　低压电器的安装及故障检修

一、低压电器的安装

1. 低压电器安装的有关规定

低压电器安装的有关规定见《电气装置安装工程 电力变压器、油浸电抗器、互感器施工及验收规范》(GB 50148—2010)，其要点是：

① 低压电器安装前主要是检查土建工程是否具备安装条件，低压电器元件、配件和零部件是否完好、齐全。

② 低压电器及操作机构的固定方式和安装高度，应符合下列要求：

a. 宜用支架或垫板（木板或绝缘板）固定在墙上或柱上；

b. 落地安装的电器设备，其底面一般应高出地面 50～100mm；

c. 操作手柄中心距离地面为 1200～1500mm，侧面操作的手柄距离建筑物或其他设备不宜小于 200mm。

③ 成排或集中安装的低压电器应排列整齐，便于操作和维护。

④ 室外安装的低压电器应有防止雨、雪、风沙侵入的措施。

⑤ 固定低压电器应符合下列要求：

a. 紧固螺栓规格应选配适当，电器的固定应牢固、平整；

b. 电器内部不应受到额外应力；

c. 有防振要求的电器应加装减振装置，紧固螺栓应有防松措施，如加装锁紧螺母、销钉等；

d. 采用膨胀螺栓时，可参照表 7-52 选择螺栓规格、钻孔直径和埋设深度。

表 7-52　膨胀螺栓及钻孔规格

螺栓规格	螺栓			钻孔		允许拉力/N	容许剪力/N
	直径 d/mm	大头直径 D/mm	长度/mm	直径/mm	埋设深度/mm		
M6	6	10	65	10.5	40	2400	1600
M8	8	12	85	12.5	50	4400	3000
M10	10	14	105	14.5	60	7000	4700
M12	12	18	125	19	70	10300	6900
M16	16	22	180	23	100	19400	13000

注：本表为钢胀管螺栓，长度按需要选择，适用于 150 号以上混凝土构件及相当于 150 号的砖墙上，不适宜在空心砖建筑物上使用。

⑥ 电器的外部接线应符合下列要求：

a. 按电器的接线端头标志接线；

b. 一般情况下，电源侧导线应连接在进线端（固定触点接线端），负荷侧的导线应接在出线端（可动触点接线端）；

c. 电器的接线螺栓及螺钉应有防锈镀层，连接时螺钉应拧紧；

d. 母线与电器连接时，接触面的安装应符合“母线装置”的有关规定，连接处不同相母线之间的最小净距应不小于表 7-53 的规定。

表 7-53　不同相母线的最小净距

额定电压 U/V	最小净距/mm
$U \leqslant 500$	10
$500 < U \leqslant 1200$	14

⑦ 电器的金属外壳及框架的接零或接地应符合“接地装置”的有关规定。

⑧ 低压电器绝缘电阻的测量应符合下列规定：

a. 测量的部位：触点在断开位置时，同极的进线与出线端之间；触点在闭合位置时，不同极的带电部位之间，各带电部分与金属外壳之间。

b. 测量绝缘电阻使用 500V 的兆欧表，低压电器的绝缘电阻值一般不得小于 0.5MΩ。

2. 刀开关及熔断器的安装

刀开关的检查安装应符合下列要求：

① 刀开关应垂直安装。仅在不切断电源的情况下，允许水平安装。

② 刀片与固定触点的接触应良好，大电流的触点或刀片可适量加润滑油（脂）。

③ 有消弧触点的刀开关，各相的分闸动作应迅速一致。

④ 双投刀开关在分闸位置时，刀片应能可靠固定，不得使刀片有自行合闸的可能。

直流母线隔离开关的安装应符合下列要求：

① 开关无论垂直或水平安装，刀片均应位于垂直面上。在混凝土基础上安装时，刀片底部与基础间应有不小于50mm的距离。

② 开关动触点与两侧压板的距离应调整均匀。合闸后，接触面应充分压紧，刀片不得摆动。

③ 刀片与母线直接连接时，母线固定端必须牢固。

熔断器的安装应符合下列要求：

① 熔断器及熔体的额定值应符合设计要求。

② 安装位置及相互间距离应便于更换熔体。

③ 有熔断指示的熔体，其指示器的方向应装在便于观察侧。

④ 瓷质熔断器在金属底板上安装时，其底座应垫软绝缘衬垫。

3. 低压断路器的安装

低压断路器的安装应符合下列要求：

① 一般应垂直安装。

② 裸露在箱体外部且容易触及的导线端子应加绝缘保护。

低压断路器操作机构的安装、调整应符合下列要求：

① 操作手柄或传动杠杆的合、分位置应正确，操作力不应大于产品允许的规定值。

② 电动操作机构的接线应正确。

③ 触点在闭合和断开过程中，可动部分与灭弧室的零件不应有卡阻现象。

④ 触点接触面应平装，合闸后接触应紧密。

⑤ 有半导体脱扣装置的低压断路器，其接线应符合相序要求，脱扣装置动作应可靠。

直流快速断路器的安装、调装和试验应符合下列要求：

① 断路器的极间中心距离及断路器与相邻设备或建筑物的距离均应不小于500mm。小于500mm时，应加装隔弧板，隔弧板高度不小于单极断路器的总高度。

② 灭弧室内绝缘衬件应完好，电弧通道应畅通。

③ 有极性快速断路器的触点及线圈，其接线端应标出正、负极性，接线时应与主回路极性一致。

④ 触点的压力、开距及分断时间等应进行检查，并符合出厂技术条件。

⑤ 断路器应按产品技术文件进行交流工频耐压试验，不得有击穿、闪络现象。

⑥ 脱扣装置必须按设计整定值校验，动作应准确、可靠。在短路（或模拟短路）情况下合闸时，脱扣装置应能立即自动脱扣。

⑦ 试验后，触点表面如有灼痕，可进行修整。

4. 接触器及启动器的安装

吸引电磁铁的铁芯表面应无锈斑及油垢；触点的接触面应平整、清洁。

接触器、启动器的活动部件动作应灵活、无卡阻；衔铁吸合后应无异常响声，触点接触应紧密，断电后应能迅速脱开。

电磁启动器热元件的规格应按电动机的保护特性选配；热继电器的电流调节指示位置，应调整在电动机的额定电流值上。如设计有要求时，应按整定值进行校验。

可逆电磁启动器中防止同时吸合的联锁装置动作应正确、可靠。

星-三角启动器的检查、调整应符合下列要求：

① 启动器应接线正确，电动机定子绕组正常工作应为三角形接法。

② 手动操作的星-三角启动器，应在电动机转速接近运行转速时进行切换；自动转换的应按电动机负荷要求正确调节延时装置。

自耦减压启动器的安装、调整应符合下列要求：

① 启动器应垂直安装。

② 油浸式启动器的油面不得低于规定的油面线。

③ 减压抽头（65%～80%额定电压）应按负荷进行调整，但启动时间不得超过自耦减压启动器的最大允许启动时间。

④ 连续启动累计时间或一次启动时间接近最大允许启动时间的场合，应待其充分冷却后方能再次启动。

5. 按钮、行程开关及转换开关的安装

按钮的安装应符合下列要求：

① 按钮及按钮箱安装时，间距为 50～100mm；倾斜安装时，与水平面的倾角不宜小于 30°。

② 按钮操作应灵活、可靠，无卡阻。

③ 集中在一处安装的按钮应有编号或不同的识别标志。“紧急”按钮应有鲜明的标记。

行程开关的安装、调试应符合下列要求：

① 安装位置应能使开关正确动作，且不应阻碍机械部件的运动。

② 碰块或撞杆应安装在开关滚轮或推杆的动作轴线上。

③ 碰块或撞杆对开关的作用力及开关的动作行程均不应大于开关的允许值。

④ 限位用的行程开关，应与机械装置配合调整，确认动作可靠后方可接入电路使用。

转换开关安装后，其手柄位置指示应与相应的接线片位置对应，定位机构应可靠，所有触点在任何接通位置应接触良好。

二、低压电器的维护与保养

① 低压电器的安装、使用场所应符合低压电器产品的正常工作条件。如果环境条件比较恶劣，应采取必要的补救措施，如温度偏大，可采用除温机降低空气中的湿度、改善通风条件、加快电器产品散热等措施。

② 电气元件如装在密闭的开关柜或箱内，要留有适当的散热空间，必要时上下部开孔，装上铜丝或塑料通风窗，以加强空气对流。按技术标准要求，保证有足够的电气间隙、爬电距离、飞弧距离（即灭弧室与导电部分和接地部分的距离）。

③ 安装前应用 500V 摇表检查电器产品的绝缘电阻。如果产品标准没有规定绝缘电阻值，其额定绝缘电压 $U_i \leqslant 60V$ 的，绝缘电阻值不得小于 1MΩ；$60V < U_i \leqslant 660V$ 的，不得小于 1.5 MΩ。

④ 安装前应检查零部件是否完好；元件的额定电压、额定电流是否符合使用要求；断路器的分励脱扣器、失压脱扣器动作是否正常；过电流脱扣器的整定位置是否符合要求；断路器等在闭合和断开过程中，其可动部分与灭弧室的零件应无卡住和碰撞现象；断路器安装完毕后应用手柄或其他操作装置检查开关动作是否正常；对于电磁机构产品，应把极面的防锈油抹净。

⑤ 在安装时，对导电部分的铜、铝连接，特别是大电流的导电连接，要有相应的措施，如涂抹导电膏，以降低使用中的接触电阻；连接处的螺钉要紧且牢靠。

⑥ 使用过程中，应定期、全面地检查电器的各部件，并用毛刷、压缩空气清除电器产品内部、外部的灰尘、金属粒子，及时修换损坏的零件。断路器分断短路电流后，必须清理灭弧壁、触点上的烟痕，如灭弧栅片被烧严重，灭弧罩损坏，即予更换；主触点烧损严重或有凹坑时，应进行修理或更换。

⑦ 电气产品在运行中，切忌超过温升极限值；否则有可能影响触点压力，加速绝缘老化。绝缘老化现象是按所谓“八度规律”变化的，即在极限允许温度的基础上，每升高 8～

12℃时，其绝缘材料的使用寿命将减少一半。

⑧ 电气产品的转动部分应定期加润滑油，以保持转动灵活。

三、低压电器常见故障的检修

低压电器在现代工农业生产中起着重要的作用，但由于长期使用或维护保养不当、制造质量问题、使用条件恶劣等因素造成的故障会直接影响正常供电，因此必须及时做好修理工作。

1. 触点的修理

触点是用来接通和分断负载电路的，是断路器、接触器、继电器、按钮、转换开关等有触点电器的重要组成部分。触点工作的好坏会直接影响到开关电器的质量和特性，触点在工作中会由于热、电、磁以及金属变形等各种效应的作用而遭到破坏，如振动、电磨损和熔焊的损坏。因此要求触点有较高的耐热性、耐电弧性和耐磨损性。另一方面要掌握各种触点的使用参数，即触点的终压力、初压力、超行程及开距，这些数据一般在产品使用说明书或技术条件中可以查到。

(1) 触点的终压力

触点的终压力是触点处于闭合位置时的触点压力，它保证触点正常工作条件下温升不超过允许值。

(2) 触点的初压力

触点的初压力主要作用是减少触点的振动和电磨损。

触点的终压力和初压力一般依据经验数据并通过试验最后决定，如果一时查不到这些数据，则可由下面给出的经验公式或数值范围得出。

当触点为线接触，额定电流 $I_e \geqslant 40$A 时：

$$P_z = 2.25 I_e / 10$$

$$P_c = 0.5 P_z$$

当触点为指形触点，额定电流 $I_e = 40 \sim 80$A 时：

$$P_z = 0.78 I_e / 10$$

$$P_c = 0.65 P_z$$

当触点为桥式触点时：

$$P_z = (0.6 \sim 1) I_e / 10$$

$$P_c = (0.67 \sim 0.72) P_z$$

式中 I_e——触点额定电流，A；

P_z——触点终压力，N；

P_c——触点初压力，N。

触点压力可以用弹簧秤或砝码进行测量，图 7-26 所示是用弹簧秤测量触点压力的方法。测量初压力时把纸片放在触点和支持件之间，测量终压力时把纸片放在触点间，拉动弹簧

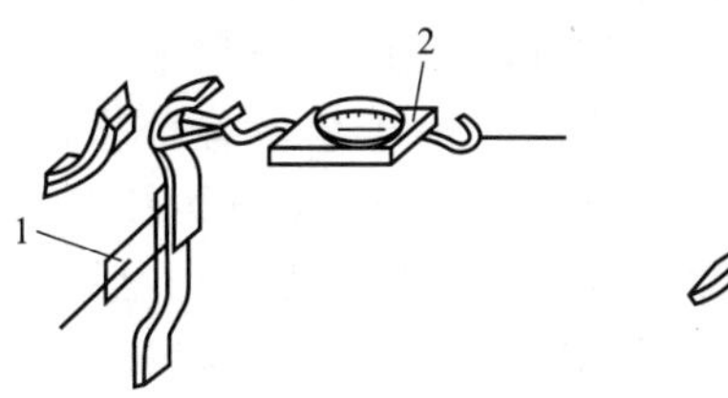

(a) 初压力测量法

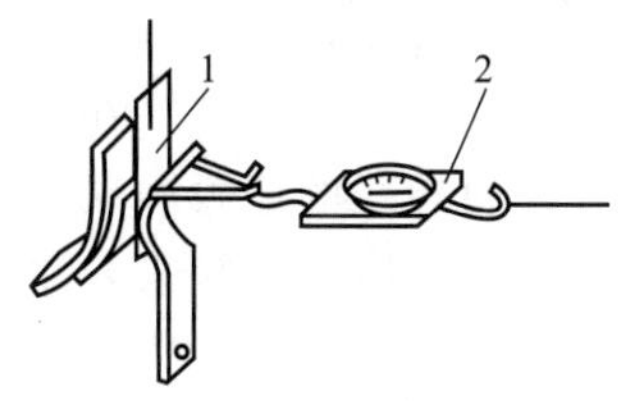

(b) 终压力测量法

图 7-26 触点压力的测量法

1—纸片；2—弹簧秤

秤，当纸片刚可拉出时弹簧秤的读数即为所测触点压力。如果没有专用测量器具，可用手直接拉动纸条，凭经验或与新的电器产品作对比，判断压力是否符合要求。一般对小容量电器产品，稍使劲纸条即可拉出而纸不撕裂；大容量电器，纸条拉出后会撕裂，这样可判断触点压力基本符合要求。

(3) 触点的超行程

触点的超行程指从触头开始接触起到动触点再向前移动的一段距离。触点的超行程保证触点在磨损一定程度以内仍能正常工作。由于触点接通和分断有载电路对触点的磨损是很严重的，因此一般当触点磨损了 1/3～1/2 厚度时就必须更换新触点。

(4) 触点的开距

触点的开距指触点之间的最短距离。触点的开距希望尽量小些，这样衔铁行程便可小些，这将减小电磁铁的尺寸，减少触点的振动。但开距太小，不利于电弧的熄灭。

测量触点的超行程和开距，一般可用卡尺和塞规，采用专用测量器具可使测量更准确、快捷。

因此，在触点的修理时，上述参数必须符合产品的技术条件或使用说明书的要求。触点材料要用同样的材料进行修补或更换，但目前普遍使用银基合金触点，修补较困难。如果触点受电弧轻微烧灼或修补后触点表面稍有毛糙，可不必修锉，以免减低触点寿命。如果触点被电弧烧成堆积状的熔滴时，可用细锉刀清除其四周溅珠。

如果触点弹簧失效，应采用碳素弹簧钢丝绕制。为使接触平稳，弹簧的两端应有将近一圈整平（如采用较粗的弹簧钢丝，可用砂轮磨平的方法），然后进行回火处理；回火温度为 250～300℃，保持 20～40min。一般，弹簧需镀锌处理，为了消除镀锌后的氢脆，还要进行去氢处理，将弹簧放入 200℃的烘箱保持 2h 即可。

总之，电气产品对触点的材料、几何尺寸要求较高，自制零件在时间、质量、成本上都存在一定问题，有的使用单位无法自已加工，为了保证修理的质量，减少停电损失，最好向制造厂采购一些易损件作备件，以保证电器产品正常运行。

2. 线圈的修理

低压电器的电磁系统包括线圈和铁芯。线圈在运行过程中如果内部发生断线、短路、烧毁损坏等，必须更换。一般可采购一些线圈的备品，如果一时买不到或线圈电压与实际不符就得重绕。

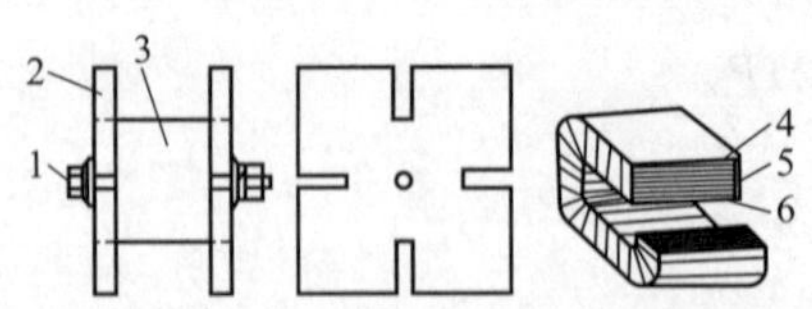

图 7-27　绕制线圈用的木框和线圈结构

1—螺栓；2—夹板；3—轴芯；4—层间绝缘纸（0.03mm）；5—绝缘纸板（0.2～0.3mm）；6—外部绝缘

重绕线圈得有原有线圈的参数，如导线型号、线径（或截面尺寸）、线圈匝数等。如果是无骨架的线圈，应先自制一个木框，木框的轴芯应比铁芯截面大些，以便线圈绕好，用黄蜡绸或白布带外包绝缘后能够放入铁芯内。绕制线圈用的木框和线圈的结构见图 7-27。

绕制时，导线的拉紧程度要适当。拉力太小，在线圈工作时由于承受各种作用力，导线之间的松动会产生互相摩擦，易使导线的漆膜磨损，造成短路。采用高强度漆包线的绕组，可以不用层间绝缘。如果线径较细，应先将端头去漆，绕于多股软线上，用电铬铁焊牢后引到接线端头。然后将绕好的线圈放入 110～120℃的烘箱中保温 2～3h，取出冷却至 60～80℃后浸入 1010 沥青漆或其他相应的清漆中。待漆渗透到线圈内部后取出线圈，滴去余漆再放入 70～80℃烘箱内 1～3h，再升至 100℃烘到干透。烘干后经冷却至常温即可使用。

如果线圈的电压或通电持续率与实际情况不符，或线圈的参数无法查到时，则需要进行线圈重绕的计算。

(1)交直流电压线圈改变电压的计算

新线圈的匝数：

$$N_2=\frac{U_2}{U_1}N_1$$

新线圈的线径：

$$d_2=\sqrt{\frac{U_1}{U_2}}d_1$$

新线圈的电阻：

$$R_2=\frac{N_2}{N_1}\left(\frac{d_1}{d_2}\right)^2R_1$$

式中 U_1——原有线圈的电压，V；
U_2——新线圈的电压，V；
N_1——原有线圈的匝数；
N_2——新线圈的匝数；
d_1——原有线圈的线径，mm；
d_2——新线圈的线径，mm；
R_1——原有线圈的电阻，Ω；
R_2——新线圈电阻，Ω。

(2)直流线圈改变通电持续率的计算

当线圈的发热条件和电压不变时，改变通电持续率。

新线圈的线径：

$$d_2=\sqrt[4]{\frac{\mathrm{JC_2}}{\mathrm{JC_1}}}d_1$$

式中 $\mathrm{JC_1}$——原有线圈的通电持续率；
$\mathrm{JC_2}$——新线圈的通电持续率。

(3)交流电压线圈在原有参数不清楚时的计算

如果原有线圈的导线直径可从旧线圈取得，那么匝数 N 可由下式确定：

$$N=45\frac{U}{BS}$$

式中 N——线圈的匝数；
U——线圈的电压，V；
B——铁芯磁通密度，一般取1.4～1.6T；
S——铁芯截面积，cm^2。

如果原有线圈的线径无法查到，可先利用图7-28查出线圈每伏电压需要的匝数 N'，然后根据线圈电压 U 求出线圈的匝数：

$$N=UN'$$

再查图7-29求填充系数 K 的曲线，查出窗口面积的填充系数 K，根据窗口面积 Q_1 求出导线的总截面积 Q_2：

$$Q_2=KQ_1$$

这样每根导线的截面积 S_1、直径 d 即可近似求得：

$$S_1=\frac{Q_1}{N}$$

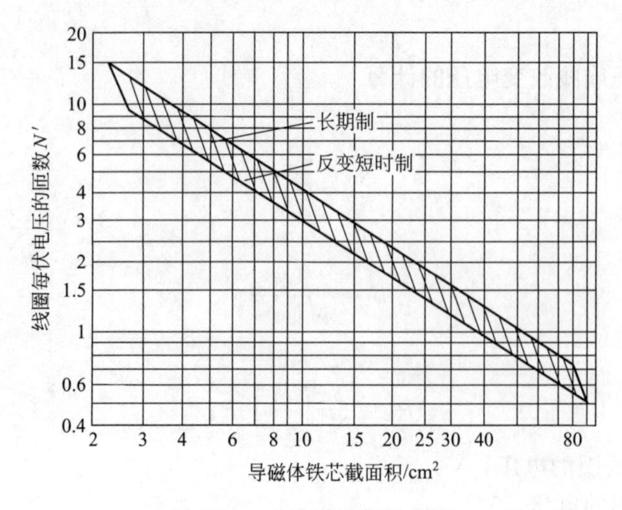

图 7-28　求线圈匝数的曲线

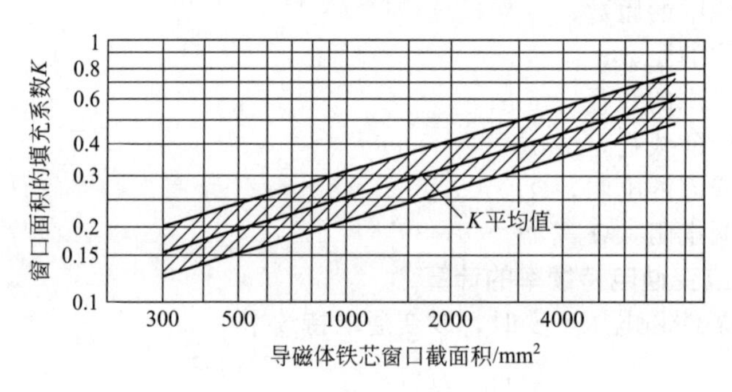

图 7-29　求填充系数 K 的曲线

$$d=2\sqrt{\frac{S_1}{\pi}}$$

式中　S_1——导线的截面积，mm^2；

d——导线的直径，mm。

进而确定导线的标称直径和牌号。

填充系数 K 与有无骨架、导线绝缘漆厚度、线圈所用绝缘物厚度有很大的关系，因此选取时要充分考虑。

(4) 交直流电流线圈改变电流时的计算

为了保持电磁吸力不变，新线圈的匝数应作相应改变。

新线圈的匝数：

$$N_2=\frac{I_1}{I_2}N_1$$

新线圈的线径：

$$d_2=\sqrt{\frac{I_2}{I_1}}d_1$$

式中　I_1——原有线圈的电流，A；

I_2——新线圈的电流，A。

四、低压电器的常见故障的检修

低压电器的常见故障及处理方法见表 7-54～表 7-57。

表 7-54　断路器常见故障及其排除方法

常见故障	可能原因	排除方法
手动操作的断路器不能合闸	①欠电压脱扣器无电压或线圈损坏 ②贮能弹簧变形，闭合力减小 ③释放弹簧的反作用力太大 ④机构不能复位再扣	①检查线路后加上电压或更换线圈 ②更换贮能弹簧 ③调整弹力或更换弹簧 ④调整脱扣面至规定值
电动操作的断路器不能合闸	①操作电源电压不符 ②操作电源容量不够 ③电磁铁或电动机损坏 ④电磁铁拉杆行程不够 ⑤电动机操作定位开关失灵 ⑥控制器中整流管或电容器损坏	①更换电源或升高电压 ②增大电源容量 ③检修电磁铁或电动机 ④重新调整或更换拉杆 ⑤重新调整或更换开关 ⑥更换整流管或电容器
有一相触点不能闭合	①该相连杆损坏 ②限流开关斥开机构可拆连杆之间的角度变大	①更换连杆 ②调整至规定要求
分励脱扣器不能使断路器分闸	①线圈损坏 ②电源电压太低 ③脱扣面太大 ④螺钉松动	①更换线圈 ②更换电源或升高电压 ③调整脱扣面 ④拧紧螺钉
欠压脱扣器不能使断路器分闸	①反力弹簧的反作用力太小 ②贮能弹簧力太小 ③机构卡死	①调整或更换反力弹簧 ②调整或更换储能弹簧 ③检修机构
断路器在启动电动机时自动分闸	①电磁式过流脱扣器瞬时整定电流太小 ②空气式脱扣器的阀门失灵或橡皮膜破裂	①调整瞬动整定电流 ②更换
断路器在工作一段时间后自动分闸	①过电流脱扣器长延时整定值不符要求 ②热元件或半导体元件损坏 ③外部电磁场干扰	①重新调整 ②更换元件 ③进行隔离
欠压脱扣器有噪声或振动	①铁芯工作面有污垢 ②短路环断裂 ③反力弹簧的反作用力太大	①清除污垢 ②更换衔铁或铁芯 ③调整或更换弹簧
断路器温升过高	①触点接触压力太小 ②触点表面过分磨损或接触不良 ③导电零件的连接螺钉松动	①调整或更换触点弹簧 ②修整触点表面或更换触点 ③拧紧螺钉
辅助触点不能闭合	①动触桥卡死或脱落 ②传动杆断裂或滚轮脱落	①调整或重装动触桥 ②更换损坏的零件

表 7-55　接触器、电磁式继电器、电磁启动器的常见故障及其排除方法

常见故障	可能原因	排除方法
通电后不能合闸	①线圈断线或烧毁 ②衔铁或机械部分卡住 ③转轴生锈或歪斜 ④操作回路电源容量不足 ⑤弹簧反作用力过大	①修理或更换线圈 ②调整零件位置，消除卡住现象 ③除锈上润滑油，或更换零件 ④增加电源容量 ⑤调整弹簧压力
通电后衔铁不能完全吸合	①电源电压过低 ②触点弹簧和释放弹簧压力过大 ③触点超程过大	①调整电源电压 ②调整弹簧压力或更换弹簧 ③调整触点超程

续表

常见故障	可能原因	排除方法
电磁铁噪声过大或发生振动	①电源电压过低 ②弹簧反作用力过大 ③铁芯极面有污垢或磨损过度而不平 ④短路环断裂 ⑤铁芯夹紧螺栓松动,铁芯歪斜或机械卡住	①调整电源电压 ②调整弹簧压力 ③清除污垢、修整极面或更换铁芯 ④更换短路环 ⑤拧紧螺栓,排除机械故障
接触器动作缓慢	①动、静铁芯间的间隙过大 ②弹簧的作用力过大 ③线圈电压不足 ④安装位置不正确	①调整机械部分,减小间隙 ②调整弹簧压力 ③调整线圈电压 ④重新安装
断电后接触器不释放	①触点弹簧压力过小 ②衔铁或机械部分被卡住 ③铁芯剩磁过大 ④触点熔焊在一起 ⑤铁芯极面有油污粘着	①调整弹簧压力或更换弹簧 ②调整零件位置,消除卡住现象 ③退磁或更换铁芯 ④修理或更换触点 ⑤清理铁芯极面
线圈过热或烧毁	①弹簧的反作用力过大 ②线圈额定电压、频率或通电持续率与使用条件不符 ③操作频率过高 ④线圈匝间短路 ⑤运动部分卡住 ⑥环境温度过高 ⑦空气潮湿或含腐蚀性气体	①调整弹簧压力 ②更换线圈 ③更换接触圈 ④更换线圈 ⑤排除卡住现象 ⑥改变安装位置或采取降温措施 ⑦采取防潮、防腐蚀措施
触点过热或灼伤	①触点弹簧压力过小 ②触点表面有油污或表面高低不平 ③触点的超行程过小 ④触点的分断能力不够 ⑤环境温度过高或散热不好	①调整弹簧压力 ②清理触点表面 ③调整超行程或更换触点 ④更换接触器 ⑤接触器降低容量使用
触点熔焊在一起	①触点弹簧压力过小 ②触点分断能力不够 ③触点开断次数过多 ④触点表面有金属颗粒凸起或异物 ⑤负载侧短路	①调整弹簧压力 ②更换接触器 ③更换触点 ④清理触点表面 ⑤排除短路故障,更换触点
相间短路	①可逆转的接触器联锁不可靠,致使两个接触器同时投入运行而造成相间短路 ②接触器动作过快,发生电弧短路 ③尘埃或油污使绝缘变坏 ④零件损坏	①加装电气联锁与机械联锁 ②更换动作时间较长的接触器 ③经常清理保持清洁 ④更换损坏零件

表 7-56　热继电器的常见故障及其排除方法

常见故障	可能原因	排除方法
热继电器误动作	①电流整定值偏小 ②电动机启动时间过长 ③操作频率过高 ④连接导线太细	①调整整定值 ②按电动机启动时间的要求选择合适的继电器 ③减少操作频率,或更换热继电器 ④选用合适的标准导线

续表

常见故障	可能原因	排除方法
热继电器不动作	①电流整定值偏大 ②热元件烧断或脱焊 ③动作机构卡住 ④进出线脱头 ⑤连接导线太粗	①调整电流值 ②更换热元件 ③检修动作机构 ④重新焊好 ⑤按规定选用标准导线
热元件烧断	①负载侧短路 ②操作频率过高	①排除故障，更换热元件 ②减少操作频率，更换热元件或热继电器
热继电器的主电路不通	①热元件烧断 ②热继电器的接线螺钉未拧紧	①更换热元件或热继电器 ②拧紧螺钉
热继电器的控制电路不通	①调整旋钮或调整螺钉转到不合适位置，以致触点被顶开 ②触点烧坏或动触点杆的弹性消失	①重新调整到合适位置 ②修理或更换新的触点或动触点杆

表 7-57　手控电器的常见故障及其排除方法

常见故障	可能原因	排除方法
触点过热或烧毁	①电路电流过大 ②触点压力不足 ③触点表面不干净 ④触点超行程过大	①改用较大容量电器 ②调整触点弹簧 ③清除污物 ④更换电器
开关手把转动失灵	①定位机构损坏 ②静触点的固定螺钉松脱 ③电器内部有异物	①修理或更换 ②拧紧固定螺钉 ③清除异物
按钮按不下或按下弹不起来	机械部位卡死或有异物	清除异物、检修机械部分
按钮接不通操作电路	①桥形触点松脱 ②操作电压不足 ③接线断路	①重新安装桥形触点 ②检查操作电压 ③重新接线

第八章

常用控制电路

第一节　常用电动机控制电路

一、三相异步电动机的运行与控制

三相异步电动机的基本运行过程和控制方法包括启动、正反转、调速和制动等。

1. 三相异步电动机的启动

三相异步电动机接上三相电源后，如果电磁转矩 T 大于负载转矩 T_2，电动机就可以从静止状态过渡到稳定运转状态，这个过程叫作启动。

通常对电动机的启动要求是：启动电流小，启动转矩大，启动时间短。

电动机启动时由于旋转磁场对静止的转子相对运动速度很大，转子导体切割磁力线的速度也很快，转子绕组中产生的感应电动势和感应电流都很大，和变压器的原理一样，定子电流必须相应增大。一般中小型笼型三相异步电动机的定子启动电流（指线电流）为额定电流的 5～7 倍。由于启动后转子的速度不断增加，所以电流将迅速下降。若电动机启动不频繁，则短时间的启动过程对电动机本身的影响并不大。但当电网的容量较小时，太大的启动电流会使电网电压显著降低，从而影响电网上其他设备的正常工作。另外，在启动瞬间，由于转差率 $s=1$，所以转子电路的功率因数 $\left[\cos\varphi_2=\dfrac{R_2}{\sqrt{R_2^2+(SX_{20})^2}}\right]$ 较低，以至启动转矩较小。电动机可能会因启动转矩太小而需要较长的启动时间，甚至不能带动负载启动，故应设法提高启动转矩。但在某些情况下，例如机械系统中，启动转矩过大会使传动机构（如齿轮）受到冲击而损坏，又需设法减小启动转矩。

由上述可知，三相异步电动机启动时的主要缺点是启动电流较大，为了减小启动电流，有时也为了提高或减小启动转矩，必须根据具体情况选择不同的启动方法。

笼式电动机的启动方式有直接启动和降压启动两种。

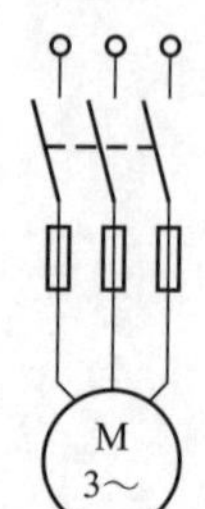

图 8-1　直接启动

（1）直接启动

直接启动是利用闸刀开关或接触器将电动机直接接到额定电压上的启动方式，又叫全压启动，如图 8-1 所示。这种启动方法简单，但启动电流较大，将使线路电压下降，影响负载正常工作。一般电动机容量在 10kW 以下，并且小于供电变压器容量的 20%时，可采用这种启动方式。

（2）降压启动

如果电动机直接启动时电流太大，必须采用降压启动。由于降压启动同时也减小了电动机的启动转矩，所以这种方法只适用于对启动转矩要求不高的生产机械。笼型电动机常用的降压启动方式有星形-三角形（Y-△）换接启动和自耦降压启动。

Y-△换接启动是在启动时将定子绕组连接成星形，通电后电动机运转，当转速升高到接近额定转速时再换接成三角形，如图 8-2 所示。这种启动方式只适用于正常运行时定子绕组是三角形连接，且每相绕组都有两个引出端子的电动机。根据三相交流电路的理论，用 Y-△换接启动便可以使电动机的启动电流降低到全压启动时的 1/3。但要注意的是，由于电动机的启动转矩与电压的平方成正比，所以，用 Y-△换接启动时，电动机的启动转矩也是直接启动时的 1/3。这种启动方法使启动转矩减小很多，故只适用于空载或轻载启动。

Y-△换接启动可采用 Y-△启动器来实现，接线图如图 8-3 所示。为了使笼型电动机在启动时具有较高的启动转矩，应该考虑采用高启动转矩的电动机，这种电动机的启动转矩值为其额定转矩的 1.6～1.8 倍。

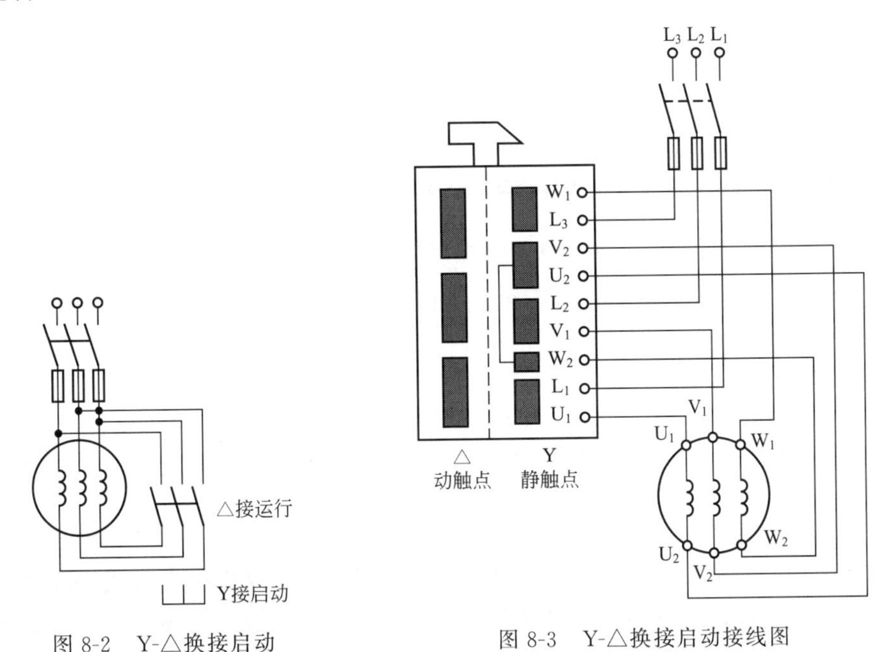

图 8-2　Y-△换接启动

图 8-3　Y-△换接启动接线图

自耦降压启动利用三相自耦变压器将电动机启动过程中的端电压降低，以达到减小启动电流的目的，如图 8-4 所示。对于有些三相异步电动机，正常运转时要求其转子绕组必须接成星形，这样一来就不能采用 Y-△换接启动方式，而只能采用自耦降压启动方式。自耦变压器备有 40%、60%、80%等多种抽头，使用时应根据电动机启动转矩的具体要求进行选择。

可以证明，若自耦变压器原、副绕组的匝数比为 k，则采用自耦降压启动时电动机的启动电流为直接启动时的$\frac{1}{k^2}$。由于电动机的启动转矩与电压的平方成正比，所以采用自耦降压启动时电动机的启动转矩也是直接启动时的$\frac{1}{k^2}$。

对于既要求限制启动电流又要求有较高启动转矩的生产场合，可采用绕线式异步电动机拖动。绕线式异步电动机转子绕组串入适当的附加电阻后，既可以降低启动电流，又可以增大启动转矩，接线图如图 8-5 所示。绕线式电动机多用于启动较频繁而且要求有较高启动转矩的机械设备上，如卷扬机、起重机、锻压机等。

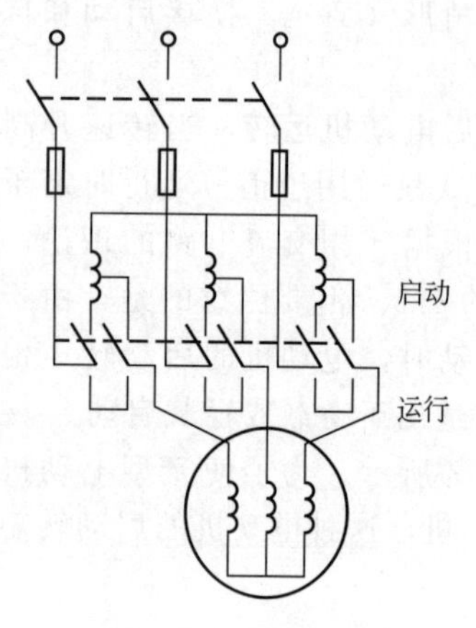

图 8-4　自耦降压启动

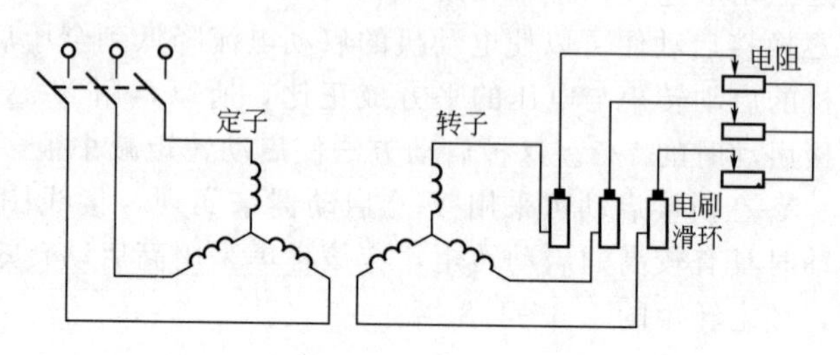

图 8-5　绕线式异步电动机启动时的接线图

2. 三相异步电动机的调速

电动机的调速是在保持电动机电磁转矩（即负载转矩）一定的前提下，改变电动机的转动速度，以满足生产过程的需要。从转差率公式得三相异步电动机的转速为：

$$n=(1-s)n_0=(1-s)\frac{60f_1}{p}$$

可见三相异步电动机的调速可以从 3 个方面进行：改变电源频率 f_1、改变磁极对数 p 以及改变转差率 s。

（1）变极调速

若电源频率 f_1 一定，改变电动机定子绕组所形成的磁极对数 p，可以达到调速的目的。但因为磁极对数只能按 1、2、3…的规律变化，所以用这种方法不能连续、平滑地调节电动机的转速。

能够改变磁极对数的电动机称为多速电动机。这种电动机的定子有多套绕组或绕组有多个抽头引至电动机的接线盒，可以在外部改变绕组接线来改变电动机的磁极对数。多速电动机可以做到二速、三速、四速等，它普遍应用在机床上。采用多速电动机可以简化机床的传动机构。

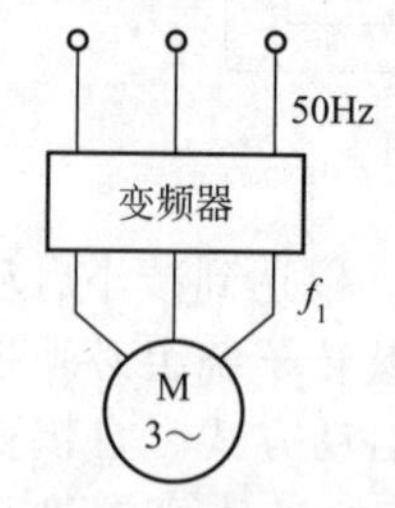

图 8-6　笼型三相异步电动机的变频调速原理图

（2）变频调速

变频调速是目前生产过程中使用最广泛的一种调速方式。如图 8-6 所示为笼型三相异步电动机变频调速的原理图。变频调速主要是通过晶闸管整流器和晶闸管逆变器组成的变频器，把频率为 50Hz 的三相交流电源变换成频率和电压均可调节的三相交流电源，然后供给三相异步电动机，从而使电动机的转速得到调节。

变频调速属于无级调速，具有机械特性曲线较硬的特点。目前，市场上有各种型号的变频器产品，选择使用时应注意按三相异步电动机的容量来选择变频器，以免出现因变频器容量不够而烧毁的现象。

（3）变转差率调速

这种方法只适用于绕线式异步电动机，通过改变转子绕组中串接调速电阻的大小来调整转差率，从而实现平滑调速。当在转子绕组中串入附加电阻后，电动机的机械特性发生了变化，在负载转矩一定的情况下，改变转子电阻的阻值大小，电动机的转速也随之发生变化，从而达到调速的目的。调速电阻的接法与启动电阻相同，如图 8-5 所示。

变转差率调速使用的设备简单，但能量损耗较大，一般用于起重设备。

3. 三相异步电动机的反转

某些生产机械在工作中经常要改变运动方向，例如，车床的主轴需要正反转、吊车需要上下运动等。虽可用机械方法改变机器的旋转方向，但在某些场合，机械方法有一定困难。这时可通过电气方法改变电动机的旋转方向，从而达到改变机器运动方向的目的。

根据三相异步电动机的转动原理可知，三相异步电动机的转动方向是由旋转磁场的方向决定的，而旋转磁场的转向取决于定子绕组中通入三相电流的相序。因此，要改变三相异步电动机的转动方向非常容易，只要将电动机三相供电电源中的任意两相对调，接到电动机定子绕组的电流相序就会被改变，旋转磁场的方向也被改变，电动机就实现了反转。三相异步电动机的正反转控制接线图如图 8-7 所示。

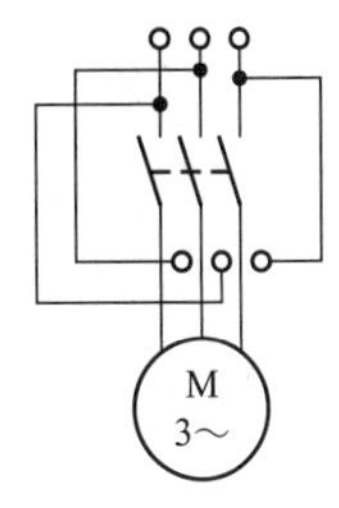

图 8-7　三相异步电动机的正反转控制接线图

4. 三相异步电动机的制动

当生产机械结束工作或改变状态时，一般都需要将电动机停稳。由于惯性，断电后电动机并不会立即停止，而需要继续运行一段时间，这不利于安全用电和提高生产效率。因此，应该采取一些特殊的方法使电动机尽快停稳。

电动机的制动是指电动机受到与转子运动方向相反的转矩作用，从而迅速降低转速，最后停止转动的过程。制动的关键是使电动机产生一个与实际转动方向相反的电磁转矩，这时的电磁转矩称为制动转矩。常用的制动方法有能耗制动、反接制动和发电反馈制动。

(1) 能耗制动

这种制动方法是在电动机切断定子三相电源后，迅速在定子绕组中接通直流电源，如图 8-8 所示。直流电产生的磁场是不随时间变化的固定磁场，而电动机的转子却在惯性的作用下继续转动。根据右手定则和左手定则可以确定，这时转子中感应电流与固定磁场相互作用而产生的电磁转矩方向与电动机转子的转动方向相反，因而起到制动作用。制动转矩的大小同直流电流的大小有关，直流电流的大小一般为电动机额定电流的 0.5～1 倍。由于该制动方法是将转子的动能转换成电能消耗在转子绕组的电阻上，故称为能耗制动。能耗制动的特点是制动准确、平稳，但需要额外的直流电源。

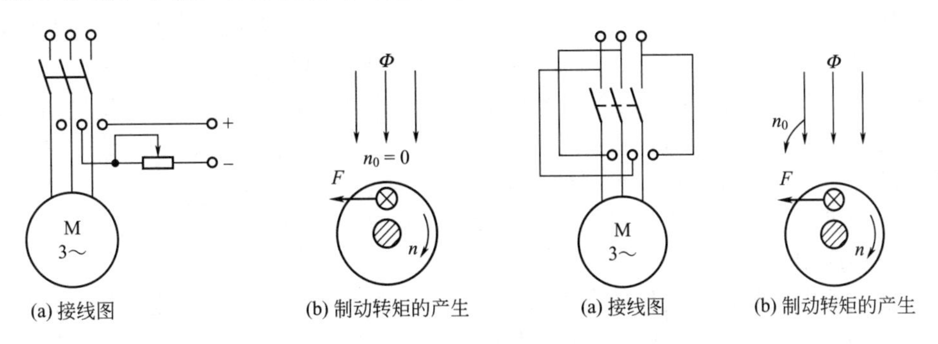

图 8-8　能耗制动　　图 8-9　反接制动

(2) 反接制动

这种制动方式是在电动机停车时，将电动机与电源相边的三相电源中任意两相对调，从而使电动机产生的旋转磁场改变方向，电磁转矩方向也随之改变。这样，作用在转子上的电磁转矩与电动机转子的运动方向相反，成为制动转矩，起到制动作用，如图 8-9 所示。当电动机转速接近零时，要及时断开电源防止电动机反转。反接制动比较简单，制动效果好，但

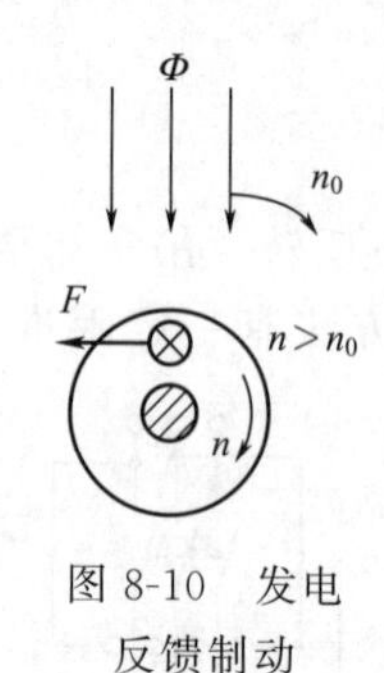

图 8-10 发电反馈制动

由于反接时旋转磁场与转子间的相对运动加快，因而电流较大。对于功率较大的电动机制动时，必须在定子电路（笼型）或转子电路（绕线型）中接入电阻，用以限制电流。

（3）发电反馈制动

当电动机转子轴上受上力作用，使转子的转速超过旋转磁场的转速时，如起重机吊着重物下降，电磁转矩的作用就不再是驱动转矩了。此时，电磁转矩的方向与转子的运动方向相反，从而限制转子的转速，起到制动作用。当转子转速大于旋转磁场的转速时，有电能从电动机的定子返回给电源，这时电动机已经转为发电机运行，所以这种制动称为发电反馈制动，如图 8-10 所示。

另外，在将多速电动机从高速调到低速的过程中，自然发生发电反馈制动。因为刚将磁极对数 ρ 加倍时，磁场转速立即减半，而转子转速由于惯性只能逐渐下降，因此就出现了转子转速大于磁场转速的情况。

二、直流电动机的运行与控制

1. 直流电动机的启动

直流电动机由原始静止的状态，接通电源，加速至稳定的工作转速，称为启动。

对启动过程，一般提出以下几点要求：

① 启动转矩大，启动快，以提高生产率。

② 启动时的电流冲击不要太大，以免对电源及电动机本身产生有害的影响。

③ 启动过程中消耗的能量要少。

④ 启动设备简单，便于控制。直流电动机很容易满足这些要求，它的启动性能比交流电动机的要好。

整个启动过程是过渡过程，其电路及运动方程为：

$$U=E_a+i_a\Sigma R_a+L_a\frac{di_a}{dt}$$

$$T=T_L+J\frac{d\Omega}{dt}$$

式中，ΣR_a 为电枢回路总电阻；L_a 为电枢电感；J 为机组的转动惯量。通常电路的过渡过程比机械过渡过程要快得多，因而在式中常忽略带 L_a 项的影响。

启动时，E_a 为零或较小。如 ΣR_a 也很小，会导致启动电流过大。这会使换向困难，产生强烈的火花或环火，或使电流保护装置动作跳闸。如 ΣR_a 过大，则又会使 T 减小，延长了启动时间。必须结合电动机及负载的要求，统一考虑。

直流电动机启动可采用直接启动、电枢串电阻启动、降压启动三种方法。

（1）直接启动

直接把电动机接到额定电压的电源，进行启动。这种方法最初启动电流很大，可达额定电流 I_N 的几十倍。这样大的电流，对电动机的换向、温升以及机械方面都很不利，所以一般都不采用。只有很小容量的直流电动机，由于其电枢回路电阻的标示值较大，且转动惯量很小，再加上其他方面的余度，才可以用直接启动。

如果是并励电动机，由于励磁回路电感较大，在直接启动时，必须先把励磁绕组接入电源，然后才接通电枢回路。

（2）电枢串电阻启动

如图 8-11 所示，在他励电动机的电枢回路里串入启动电阻 R_s，就能限制最初启动电流

的大小。即

$$I_a=\frac{U}{R_a+R_s}$$

一般直流电动机，最初启动电流 I 限制在两倍或两倍半额定电流的范围内。

当电动机转起来后，随着转速 n 的上升，电枢电流 I_a 要减小，产生的电磁转矩跟着减小，转子加速缓慢下来。这样势必延长了启动时间。如果要求启动过程短，可以分几级切除启动电阻。当电动机的转速上升到某一转速时，利用接触器使 C_1 触点闭合，切除电阻 R_{s1}，于是电枢电流又增大，启动加速。之后，陆续闭合 C_2、C_3 触点，使电动机的转速 n 最终达到预定的稳定数值。

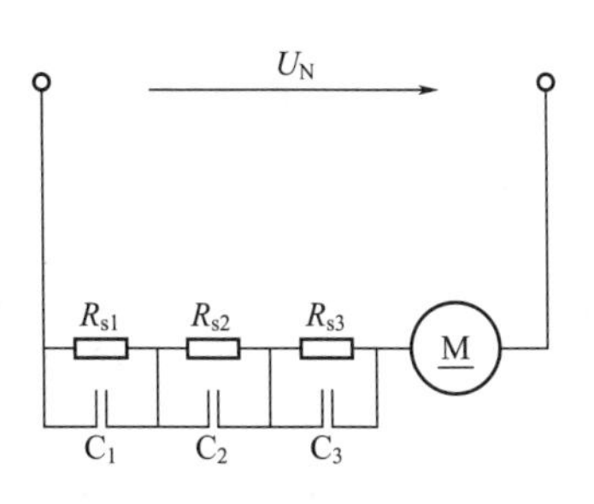

图 8-11　他励直流电动机电枢串电阻启动

（3）降压启动

当电动机容量较大而启动又比较频繁时，电枢串电阻启动所消耗的能量就很不经济了。这时可以采用降低电源电压的办法启动。例如，用专用发电机或可控整流器作为电源，来减小启动电流。通常用这种方法启动的电动机，与降压调速一起考虑。并励电动机，如用降压启动，励磁绕组的电压不能降低，否则启动转矩减小，对启动不利。

在多电动机拖动同一负载时，可以把运行时并联的几台电动机，在启动时改为串联，从而达到降压启动的目的。这种方法在电子牵引中常用。

2. 直流电动机的调速

有些生产机械，要求工作转速变化，例如刨床刨削时，行程要慢；退刀时，行程要快。又如电车进站时，速度要慢；行驶时，速度要快等，这就要求电动机能调速。直流电动机作为原动机，比交流电动机的调速性能要好得多。

对原动机调速方法的要求可综合为以下几方面：

① 调速范围。调速范围通常以最大转速 n_{max} 对最小转速 n_{min} 的比值来表示，叫调速比。如 2∶1、10∶1 等。

② 是否平滑调节，即在调速范围内，是否能在任意转速下稳定运行。

③ 经济性。需考虑设备投资和运行费用两方面。

④ 调速方法简便，工作可靠等。

分析直流电动机的调速性能，实际上是较深入地研究其机械特性。当掌握了各种情况下电动机的机械特性后，才能运用它们，去满足生产机械的需要，达到调速的目的。

（1）他励直流电动机的调速

图 8-12 中的曲线 1 是他励直流电动机的固有机械特性。

① 改变电枢回路里的串联电阻。在电压 U 和磁通 Φ 不变的条件下，增大电枢回路的电阻为 R_a+R_s。这时，理想空载转速 n_0' 不受影响，仍为 $n_0'=U/C_e\Phi$，而机械特性的斜率增大。当 $R_{s4}>R_{s3}>R_{s2}>R_{s1}$（$R_{s1}=0$）时，对应的机械特性曲线分别为图 8-12 中的曲线 4、3、2、1。

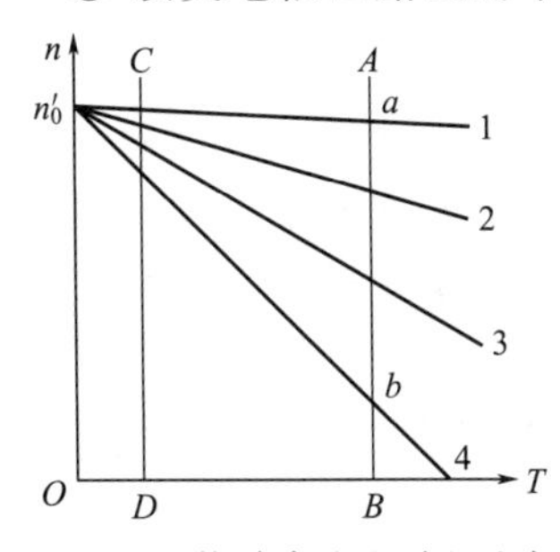

图 8-12　他励直流电动机电枢回路串电阻调速

如果电动机带的是恒转矩负载，如图 8-12 中的 AB 线，若希望工作转速由高速的 a 点变为低速的 b 点，只要在电枢回路里串入电阻 R_{s4} 就能做到。

这种调速方法，只能使转速往下调。如果所串电阻 R_s 能连续变化，电动机调速也能平滑。至于调速范围，从图 8-12

中看出，当负载转矩较小时（例如 CD 线），调速范围变小。可见，在同样串联电阻的条件下，它的调速范围是随负载转矩而变化的。这种调速方法最主要的缺点是调速后的效率大大降低了。例如，在负载特性为 AB 线时，调速前后电枢电流 I_a不变，电磁转矩 T 不变，从电源输入的电功率 $P_1=UI_a$也不变。由于转速降低，电磁功率 $P_M=T\Omega$ 成正比地降低，因此交流降低了，能量多消耗在电阻 R_s中。而且，要求电阻箱能长时间运行，其体积是笨重的，也不可能做到连续调节，在大容量直流电动机中，一般不用这个方法调速。

② 减小气隙磁通 Φ。当电枢端电压 U、电枢回路电阻 R_a都保持不变，仅改变气隙磁通 Φ 时，也能改变他励电动机的机械特性。由于电动机在额定励磁电流时，磁路已经有点饱和，再增大气隙磁通 Φ 就比较困难，一般都是减少气隙磁通。气隙磁通 Φ 减小时，首先使理想空载转速 n_0'增大，其次使机械特性的斜率变大。图 8-13 画出了减弱气隙磁通 Φ 时的机械特性，图中曲线 1 是固有机械特性，曲线 2、3、4 的磁通逐一减小。

仍以恒转矩负载机械特性来分析此种调速，如图 8-13 中的 AB、CD、EF 线。一般情况下，减小磁通，转速升高。除非电枢回路里串了很大的电阻，或者负载转矩非常大，减小磁通 Φ，才可能把转速调低，如图 8-13 中的 C 点。这在实际运行中是很难遇到的。

这种调速方法是在励磁回路串联电阻来实现的。因此用的控制功率较少，设备也简易，比电枢回路串电阻调速要方便得多。调速后，因 I_a增加得多，I_f减少得不多，电源输入功率 $P_1=U_N(I_a+I_f)$ 还是增加了。电磁功率及输出机械功率因转速增高也增加了。所以效率并不降低，这是它的优点。调速时，受换向及机械强度的限制，调速比不能太大，约为 2∶1或 3∶1。

③ 改变电枢端电压 U。当励磁电流、电枢回路总电阻都不变，仅改变电枢端电压 U 时，机械特性曲线是一组与固有机械特性相平行的直线，如图 8-14 所示。

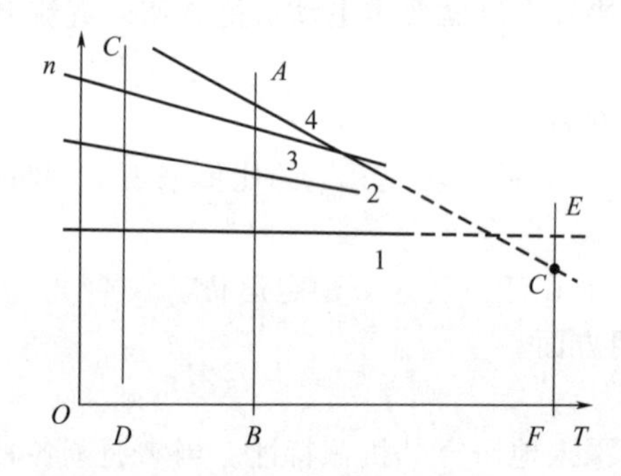

图 8-13 他励直流电动机改变磁通调速

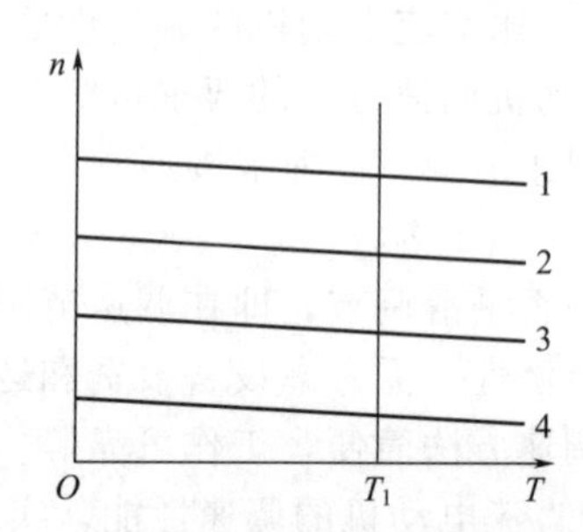

图 8-14 他励直流电动机改变电枢端电压调速

改变电枢端电压 U 调速时，输入功率为 $P_1=UI$，与电压 U 成正比。电磁功率与转速成正比。而电枢感应电动势 E_a 差不多等于端电压 U，并且正比于 n。所以调速时效率基本不变。

$$P_1=E_aI_a=T\Omega$$

改变电枢端电压目前主要有两种办法：一种是可控整流供电；另一种是直流斩波器供电。

图 8-15(a) 是可控整流器降压的直流电动机调速系统。如果要求电动机能正反转，可用反并联整流电路，如图 8-15(b) 所示。图 8-16(a) 是用直流斩波器降压调速的直流电动机调速系统，它利用电力半导体元件的开关作用控制加在电动机两端的通电时间，从而控制电动机的输入电压。图 8-16(b) 表示电动机电压随时间的变化。电动机输入电压的平均值 U_{av} 可表示为：

$$U_{av}=\frac{t_{on}}{T}U=\alpha U$$

式中，t_{on}是斩波器开通时间；T 是斩波器的通电周期；α 是斩波器的占空比。

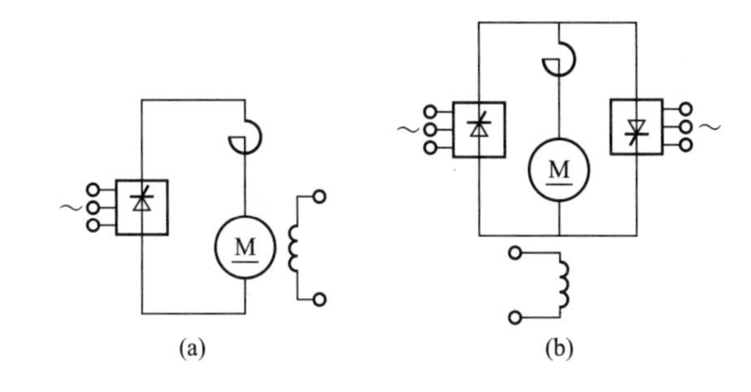

图 8-15　可控整流器降压调速

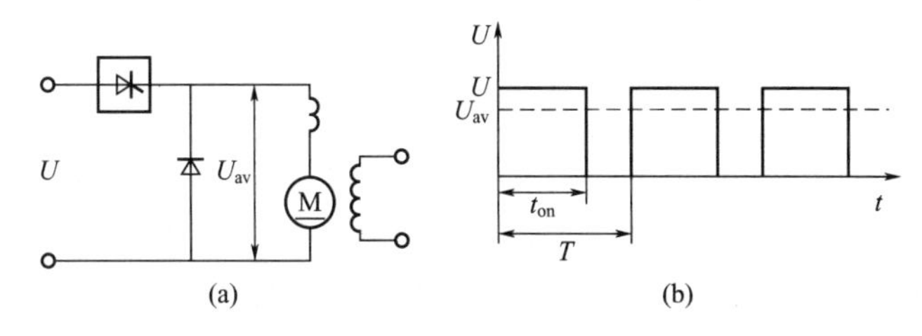

图 8-16　直流斩波器降压调速

(2) 串励直流电动机的调速

为了调速，在串励直流电动机里，让励磁电流 I_f与电枢电流 I_a不相等，它们之间的关系为

$$I_f = \beta I_a$$

式中，β 是比例常数。这样，串励直流电动机的机械特性曲线为

$$n = \frac{\sqrt{C_t}}{C_e \sqrt{k\beta}} = \frac{U}{\sqrt{T}} = -\frac{R_a}{C_e k\beta}$$

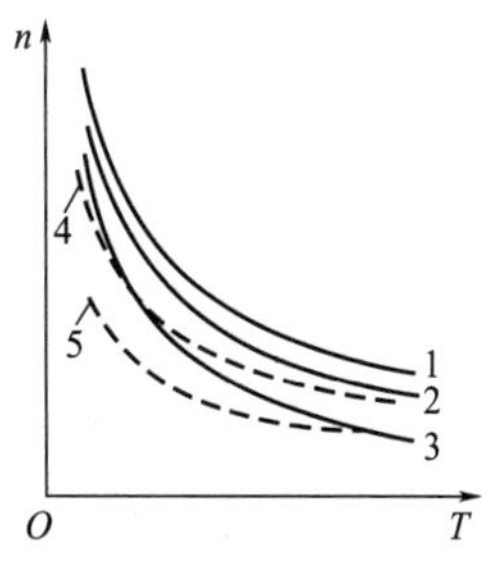

图 8-17　串励直流电动机电枢回路串电阻及降电压调速

可见，串励直流电动机的调速方法有三种：

① 电枢回路串联电阻 R_s。

② 改变端电压 U。

③ 改变 I_f与 I_a的比值 β。

图 8-17 中的曲线 1 是额定电压时的固有机械特性，曲线 2、3 是电枢回路串电阻 R_s时的机械特性，曲线 4、5 是改变端电压 U 时的机械特性。这两种调速方法的措施和利弊都与他励直流电动机中的相同，不再赘述。

至于改变比值 β，有两种方法：

① 电枢分流。此时在电枢绕组两端并联电阻 R_{ash}，如图 8-18 中 K_1 闭合、K_2 打开时的情况。由于励磁电流 I_f中只有一部分电流经过电枢绕组，即 $\beta>1$，所以其机械特性如图8-19 中的曲线 2、3 所示，图中曲线 1 为固有机械特性。这种调速方法，R_{ash}中有功率损耗，使效率大为降低；同时电阻 R_{ash}的体积也较笨重，很少应用，它的调速比可达 5∶1以上。

② 串励绕组分流。按图 8-18，合上 K_2，打开 K_1，在串励绕组并上分流电阻 R_{fsh}，此时 $\beta<1$。机械特性如图 8-19 中的曲线 4、5 所示，即转速可以提高。这种调速方法，因 R_{fsh} 的值不大，功率损耗小，效率只稍有降低。

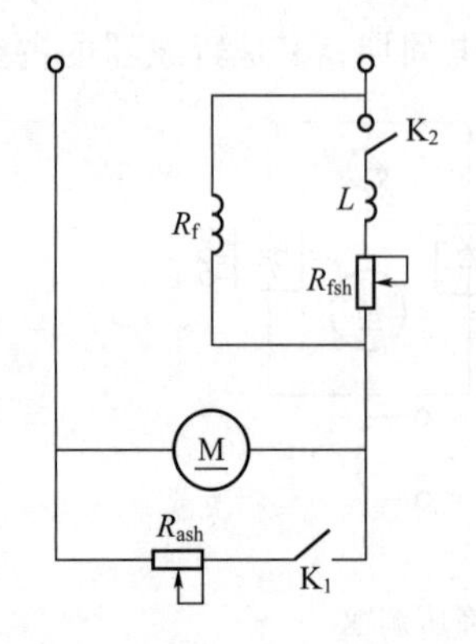

图 8-18　串励直流电动机电枢或励磁绕组分流调速线路

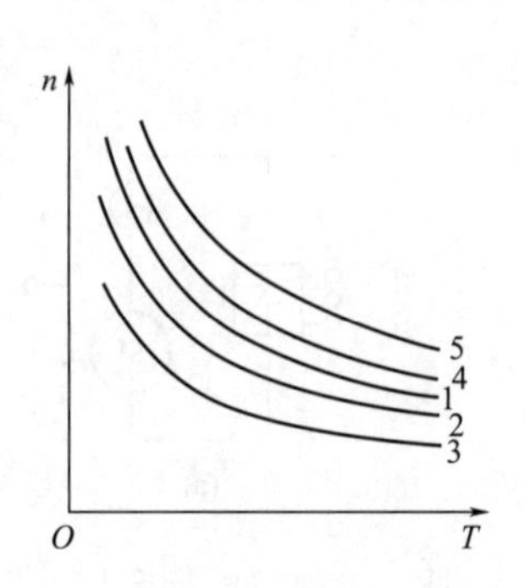

图 8-19　串励直流电动机电枢或励磁绕组分流调速

无轨电车用串励电动机牵引，电功率由顶弓与架空裸线滑动接触引入，行驶时，有时会因振动而弹开并重新接通。当采用串励绕组分流调速时，由于串励绕组具有较大的电感，因此在刚开始重新接通的短时间内，串励绕组具有较大的电感；串励绕组中无电流或电流很小，使电枢电动势很小，从而在 R_{fsh} 中引起很大的冲击电流。因此在 R_{fsh} 中通常串入适当的电感 L，以限制电流。

3. 直流电动机的电磁制动

电动机带负载运行的过程中，有时需要机组快速停车，例如电车进站或紧急刹车；或是在有机械功率输入时，使机组限制在一定的转速，例如起重机下放重物、电气火车下长坡，这时就需要制动。制动是加上一个与机组旋转方向相反的转矩来实现的。所加的转矩可以是电动机的电磁转矩，也可以是制动闸的机械摩擦转矩。前者叫电磁制动；后者叫机械制动。电磁制动的制动转矩大，操作方便，没有机械磨损，使用寿命长，有时还可以回收机组的动能，通常与机械制动配合使用。

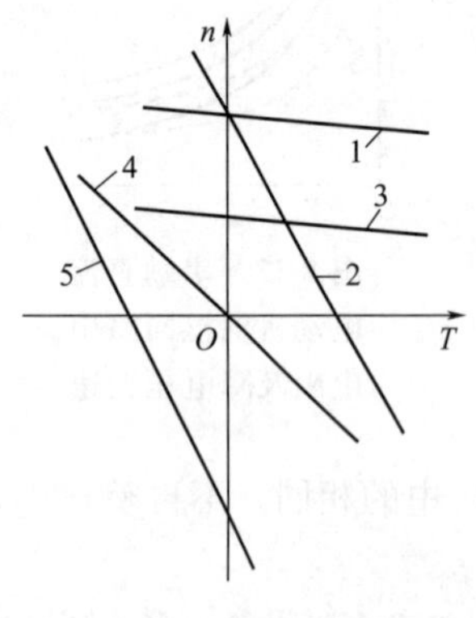

图 8-20　他励直流电动机的机械特性

直流电动机的电磁制动有三种方式：发电机回馈制动、能耗制动、反接制动。

在分析直流电动机制动运行之前，先再研究一下它的机械特性。以他励直流电动机为例，图 8-20 仅画出其中的一部分机械特性。图中曲线 1 是加了正的端电压和正的励磁电流时的固有机械特性；曲线 2 是仅在电枢回路串了电阻时的特性；曲线 3 是仅降低了端电压时的特性；曲线 4 是电枢回路串了电阻，但端电压等于零（电枢两端经串联电阻短路）时的特性；曲线 5 是电枢回路串了电阻，但加了负的端电压时的特性。

下面详细分析直流电动机的制动运行状态。分析时，都保持直流电动机的励磁为额定励磁，也不考虑电枢反应的影响。

(1) 回馈制动

在直流电动机调压调速运行且负载为恒转矩时，如果突然降低电动机的电枢端电压 U，由于转速不能突变，就会发生 $E_a>U$ 的现象。这时电动机变成了发电机向电源发电，同时产生制动作用，称为回馈制动，也叫再生制动。例如在图8-21 中，端电压由 U_N 降到 U_1，机械特性也由曲线 1 变为曲线 2，在转速由 n_1 降到 n'_{01} 的整个期间，都有 $E_a>U$，产生了发电机回馈制动；以后转速再降，$E_a<U$，又回到电动机状态，如要继续保持制动作用，必须再降低电压到 U_2、U_3 等。可见，回馈制动只是在 $n>n'_0$（和

新电压对应的 n_0'）期间起作用。最后电动机的转速稳定在 n_2，仍运行在电动机状态。

在回馈过程中，整个系统的动能都送回电源，比较经济。

回馈制动还可用来限制机组转速的升高，如电气火车下长坡时的情况。设拖动电气火车的是他励直流电动机（实际上牵引电动机为串励电动机，制动时才工作于他励情况），原来工作在图 8-21 曲线 1 上的 n_1 点。当下坡时，车速由于重力加速度而增大，使联在车轴上的电动机的转速 n 也增大。当 $n>n_{0N}'$ 时，运行发电机状态。当转速达 n_3 时，制动的电磁转矩 T 和空载转矩 T_0 之和能与输入的机械加速转矩相平衡，转速不再增长。最后稳定运行在图 8-21 中的 n_3 点。

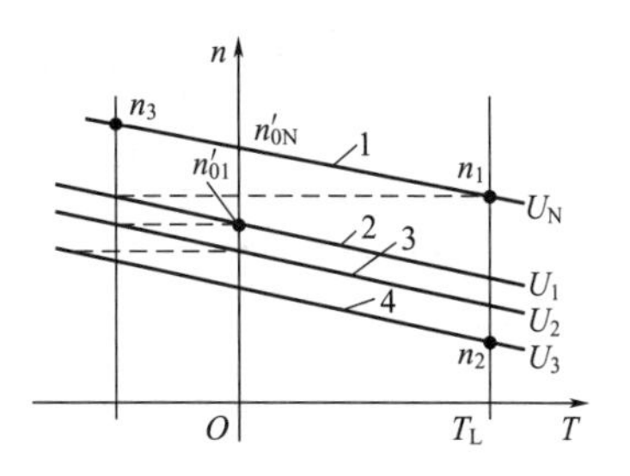

图 8-21　他励直流电动机的回馈制动

从串励直流电动机的机械特性看出，无论转速多高，都不会变成发电机。因此，串励直流发电机必须改接为他励、并励或复励发电机运行，才能用再生制动。

（2）能耗制动

要使一台在运行中的他励直流电动机急速停车，可用能耗制动。如图 8-22(a) 所示，制动时，励磁回路不断电，仅仅是接触器 C 断电。它的常开触点打开，常闭触点闭合，电枢两端通过限流电阻 R_L 闭合。由于机组有惯量，转速不为零，电枢绕组有感应电动势 E_a，电枢电流 I_a 为

$$I_a=\frac{E_a}{R_a+R_L}=-\frac{C_e n\Phi}{R_a+R_L}$$

式中，负号表示电枢电流 I_a 与规定的正方向相反，产生的电磁转矩为：

$$T=C_t\Phi I_a=-\frac{C_e C_t\Phi^2}{R_a+R_L}n$$

式中，负号表示 T 已是制动转矩的性质。从机械特性来看，$n=\frac{U}{C_e\Phi}-\frac{R_a+R_L}{C_e C_t\Phi^2}T=-\frac{R_a+R_L}{C_e C_t\Phi^2}T$ 是一条过坐标原点的直线，如图 8-22(b) 里的曲线 2。制动前，电动机的转速是 n_1。开始制动时，n_1 不能突变，工作点移到动能制动的机械特性曲线 2 上来。由于 M 为负，机组转速下降。随着转速的降低，电磁转矩 T 也在减小，直到等于零为止。

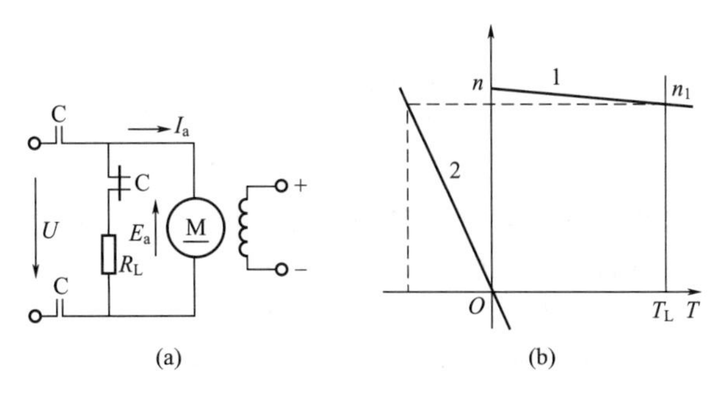

图 8-22　直流电动机能耗制动

制动转矩做的功来源于机组转动部分的动能，所以叫能耗制动。

串励直流电动机在能耗制动时，工作点如图 8-23 所示。图中曲线 1、2、3 分别为转速 n_1、n_2、n_3 时串励发电机的外特性。直线 4 是能耗制动时接限流电阻 R_L 的特性。从图中看

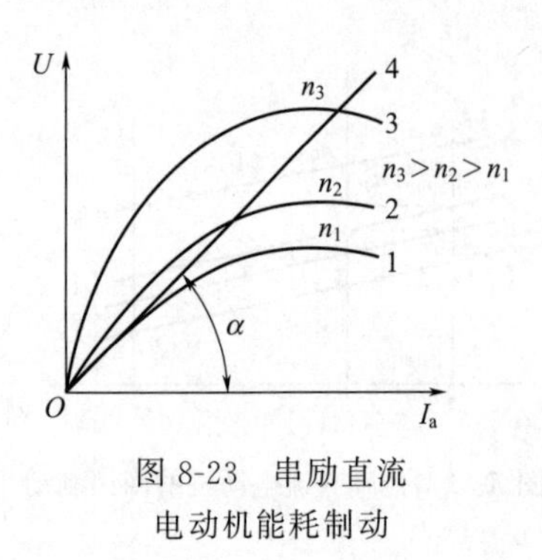

图 8-23　串励直流电动机能耗制动

出，转速越高，制动转矩越大，当转速低于 n_1 时，即失去制能耗力。因此，能耗制动必须与机械制动配合使用。

(3) 反接制动

反接制动用于使电动机快速停车或限速反转，分述于下。

① 减速。如图 8-24(a) 所示，制动时，突然让接触器 C_1 断电，接通接触器 C_2，于是把电枢的电源反接。刚开始时，由于电动机的转速不能突变，电枢感应电动势 E_a 的方向、大小都不变。电动机电枢回路电压方程为

$$U=E_a+I_a(R_a+R_L)$$

即

$$I_a=\frac{U-E_a}{R_a+R_L}$$

式中，R_L 为限流电阻，这时，$U<0$，$I_a<0$。

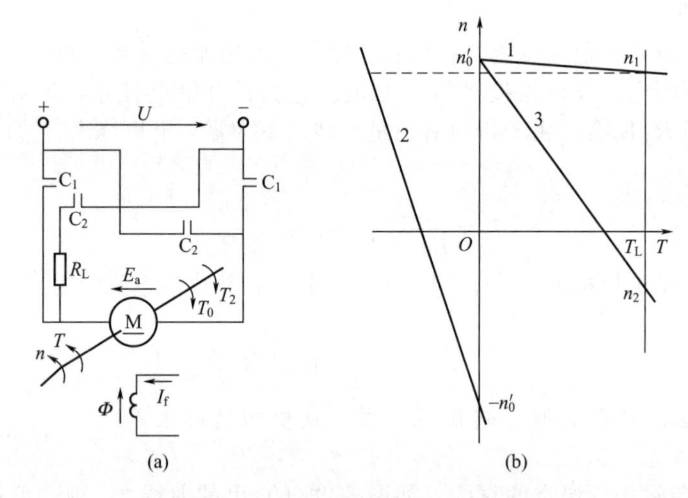

图 8-24　他励直流电动机的反接制动

制动时的电磁转矩

$$T=C_t I_a \Phi<0$$

机械特性为

$$n=\frac{U}{C_e\Phi}-\frac{R_a+R_L}{C_eC_t\Phi^2}T=-n'_0-\alpha T$$

如图 8-24(b) 中的直线 2 即表示此反接制动机械特性，假定反接前电动机运行于图 8-24(b) 的 n_1 点，反接后的瞬间，n_1 仍保持不变，此时 $T<0$，使电动机很快减速。当减速至 $n=0$ 时，仍有 $T<0$，所以它比动能制动更为有效。

从图 8-24 中还看出，当转速降至零以后，如没有机械转矩的作用，应及时把电动机从电源上断开，否则电动机将向反方向启动。以下分析反接制动时的功率关系：

$$I_a^2(R_a+R_L)=UI_a-E_aI_a$$

考虑到反接制动时，电压 U 是负值，电枢电流 I_a 是负值，$P_1=UI_a>0$，这时从电源吸收功率。另外，电磁功率 $P_M=E_aI_a<0$，表示电枢吸收了机械功率，这是由数个机组转动部分的动能转化而来的功率。可见，反接制动时，从电源吸收的电功率以及机组动能对应的机械功率转化成的电磁功率都以损耗的形式消耗在电枢回路的电阻中。

② 限速反转。由图 8-24(b) 他励直流电动机电枢串电阻的机械特性 3 可以看出，当负载转矩 T_L不变时，增大电枢串联电阻 R_s至足够大时，甚至可以反转。这种方法常用在起重吊车上，当提升重物时，R_s较小，电动机正转。当所吊重物下放时，可以加大 R_s，此时电动机反转，慢慢把重物下放。这时电磁转矩方向未变，仅仅转速方向改变了，因此也是制动状态。图 8-24 的曲线 3 表示这时的机械特性位于第四象限。另外曲线 3 所表示的制动情况因有不变的负载转矩 T_L，可以稳定运行于 n_2 点。

从机械特性分析

$$n=\frac{U}{C_e\Phi}-\frac{R_a+R_s}{C_eC_t\Phi^2}T=n_0'-\alpha T$$

当串联电阻 R_s很大时，α 较大，在一定的负载转矩 T 下，可使 $n<0$ 运行。这种情况，电源电功率 $P_1=UI_a>0$，是从电源吸收的电功率。电磁功率 $P_M=T\Omega<0$ 是发出的电功率。可见，两者又都消耗在电枢回路的电阻里。

从功率流动关系来看，与前述的电源电压反接制动的情况完全一样，所以也属于反接制动。

串励直流电动机的反接制动分析情况与上面所述完全相同。

第二节　常用电气控制电路

一、启动控制电路

1. 单向直接启动控制电路

图 8-25 是单向直接启动控制电路图。合上开关 QS 后，按启动按钮 SB_2，控制电路通过停止按钮 SB_1、启动按钮 SB_2、接触器 KM_1 线圈、热继电器 FR、常闭触点接通电源。接触器 KM_1 线圈得电动作，使它接在电动机 M 电源电路中的常开触点闭合，电动机 M 通电而启动，同时它的另一常开辅助触点闭合，短接启动按钮 SB_2。这样，松开按钮 SB_2 后，接触器 KM_1 线圈仍通过这一常开辅助触点的闭合接通电源，电动机继续运行。这通常称为自锁（又称自保持）。

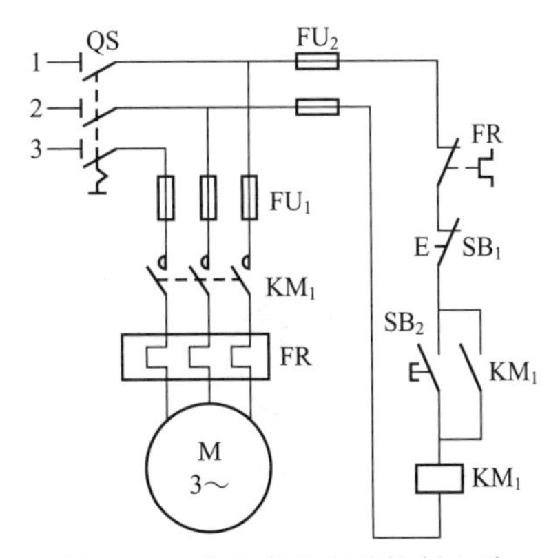

图 8-25　单向直接启动控制电路

停车只需按停止按钮 SB_1，接触器 KM_1 线圈的电源回路就被切断而断电，其常开主触点恢复常开状态，断开电源，电动机 M 停下来。同时，自锁的常开辅助触点也断开。此后，松开停止按钮 SB_1，它恢复到常闭状态，接触器 KM_1 线圈仍旧断电，恢复到原来状态，并为下一次按 SB_2 启动做好准备。

图 8-25 中的 FR 是热继电器的发热元件。当电动机过载时，经过一段时间，发热元件 FR 在过电流作用下温度大大升高，引起热继电器常闭触点断开，切断控制电路电源，使电动机停止运转。

2. 正反向直接启电动机

由于生产机械的要求，经常要能正转、反转。反映在生产实际上，就是要前进、后退、向上、向下或向左、向右。

电动机的正转、反转，实质上就是在三相供电的电源中任意交换二相的接线，改变定子回路旋转磁场方向（在直流电动机中，是改变电枢供电电源的极性）。常用两只接触器来交换电源回路导线的接法。

图 8-26 是正、反向直接启动控制电路图。在电动机回路中接入正反向接触器 KM_1、KM_2。在电路中，为防止正、反向接触器同时接通形成电源短路，将反向接触器 KM_2 的常闭辅助触点接入正向接触器 KM_1 的线圈回路中，保证仅当反向接触器 KM_2 失电的情况下，其常闭辅助触点闭合时，正向接触器 KM_1 才能接通。同理，在反向接触器 KM_2 的线圈中接入正向接触器 KM_1 常闭辅助触点，亦即采用电气联锁的方法。此外，把按钮 SB_2 的常闭触点接入反向接触器 KM_2 的线圈回路中，保证在正向启动时，由按钮 SB_3 的常闭触点切断反向接触器 KM_2 的回路。同样，在反转时也采用这种机械联锁接法。

3. 电动机定子回路接入电阻器（或电抗器）的降压启动控制电路

图 8-27 是电动机定子回路接入电阻器降压启动的控制电路。按按钮 SB_2，接触器 KM_1、时间继电器 KT_1 相继得电动作；KM_1 的常开主触点闭合，使电动机接入电阻器降压启动；时间继电器 KT_1 按预先整定的时间延时闭合，使接触器 KM_2 得电动作；KM_2 的常开主触点闭合，电动机接入电源电压再次启动。由于接触器 KM_2 的常闭触点断开接触器 KM_1 的线圈回路，使接触器 KM_1 和时间继电器 KT_1 相继断电，控制电路进入正常运行工作状态。

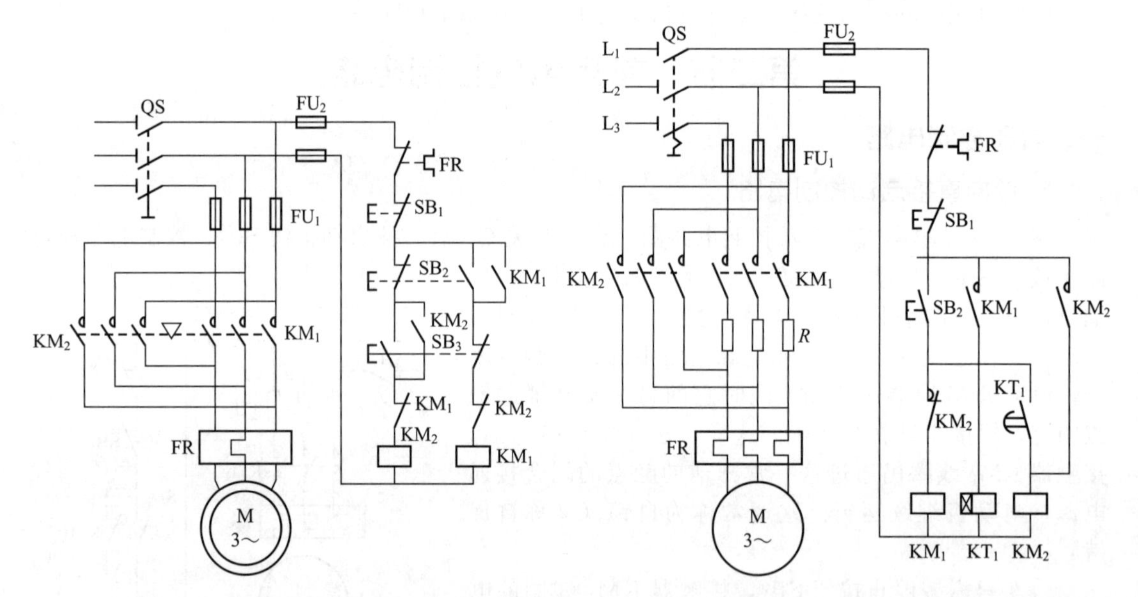

图 8-26　正、反向直接启动控制电路　　图 8-27　定子回路接入电阻器降压启动的控制电路

4. 电动机转子接入电阻器的启动控制电路

图 8-28 是绕线型感应电动机转子接入电阻器启动的控制电路。它是在电动机转子回路接入电阻，电阻器分成 n 级，按一定的时间间隔自动（或手动）相继切除启动电阻，逐级升速到额定状态的。按按钮 SB_2，接触器得电动作，电动机从电网得到额定电压启动。同时，由于控制回路中接触器 KM_1 的常开触点闭合，经过时间继电器 KT_1～KT_3 的延时，相继接通接触器 KM_2～KM_4。这样，电动机转子回路的电阻被一级一级地切除，直到转子回路启动电阻全部切除为止，电动机进入稳定运行状态。

二、步进、步退控制电路

步进、步退控制电路又称正、反向点动控制电路。

图 8-29 就是步进、步退控制电路，启动按钮上没有自锁触点，一松开按钮，电动机就停车。

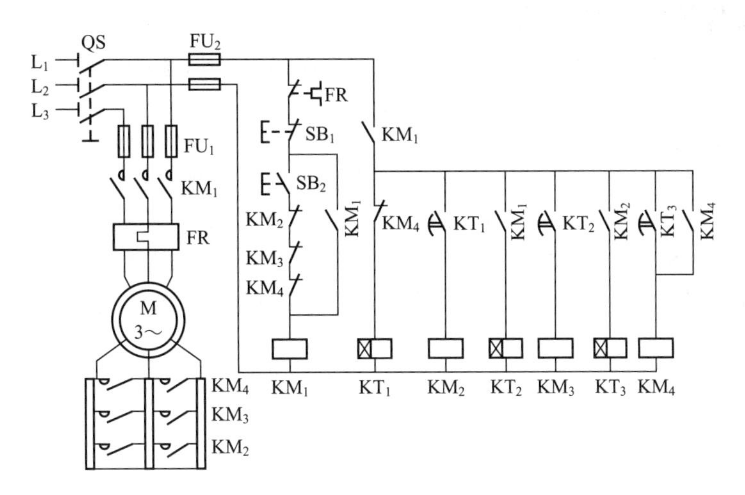

图 8-28　绕线型感应电动机转子接入电阻器启动的控制电路

三、自动往返控制电路

在生产中，有些机械需要不断往复循环地运行。就电气而言，满足这种要求，常设计自动往返控制电路。有的按时间控制，有的按行程控制。

图 8-30 所示的自动循环控制电路，就是按行程开关切换电路换向的。行程开关安装在要换向的位置，利用运动部件的碰块来转换行程开关触点的开闭状态。

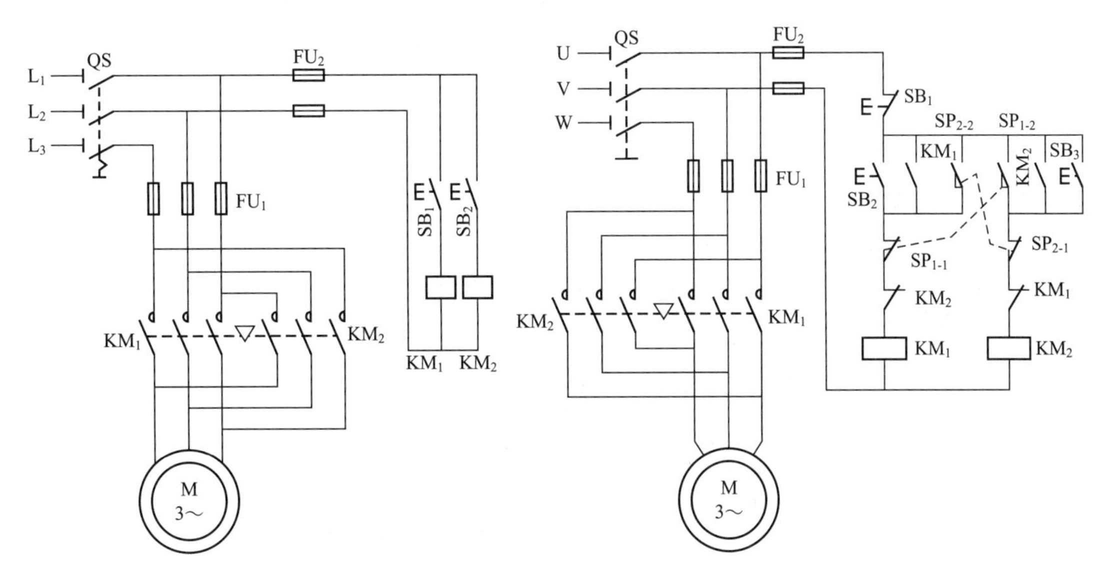

图 8-29　步进、步退控制电路

图 8-30　自动循环控制电路

当电动机正向运动，运动部件带着碰块到达行程开关 SP_1 位置时，碰块撞及 SP_1，它的常闭触点 SP_{1-1} 切断接触器 KM_1 的线圈回路，使电动机 M 正向转动停止。它的常开触点 SP_{1-2} 闭合，而 SP_2 和 KM_1 都处在常闭位置。所以 KM_2 得电动作，电动机 M 开始反向转动，运动部件开始反向运动。当运动部件带着碰块位移到 SP_2 开关位置时，相似于上述过程，电动机 M 又转入到正向转动。

利用两只带有常闭、常开触点各一对的不自动复位的限位开关，就能完成自动往返的作用。

四、具有联锁作用的控制电路

在生产中，往往要求某些机构的运动要在符合某些条件时才能运行。尤其在流水线加工中，往往要求当上一道工序加工完毕，才能进行下道工序的加工。有的设备需要先鼓风冷却、先开油泵使油路循环，或者先启动水泵保证冷却用水等之后，才能启动。此时，都可采用联锁电路来达到目的。一般常用的联锁控制有继电式、圆盘式、顺序控制器等形式。

图 8-31 是简单的联锁电路图。电动机 M_2 仅在电动机 M_1 启动后才能启动。按按钮 SB_3 则接触器 KM_1 得电动作，电动机 M_1 启动。在接触器 KM_2 线圈电路中的接触器 KM_1 常开触点闭合后，此时按 SB_4 接触器 KM_2 得电动作，电动机 M_2 就启动。停止按钮 SB_1、SB_2 使电动机 M_1、M_2 停车。

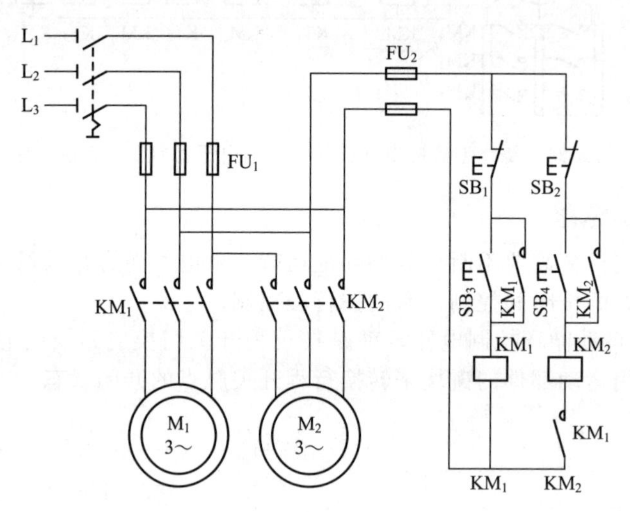

图 8-31 具有联锁作用的控制电路

五、点动控制电路

具有点动的正、反向控制电路，是正、反向直接启动控制电路和步进、步退控制电路的综合，电路如图 8-32 所示。图中正、反向直接启动由按钮 SB_2 和 SB_3 来实现，而正、反向的点动是由按钮 SB_4 和 SB_5 来完成的。按按钮 SB_2，接触器 KM_1 得电而使电动机 M_1 正转。

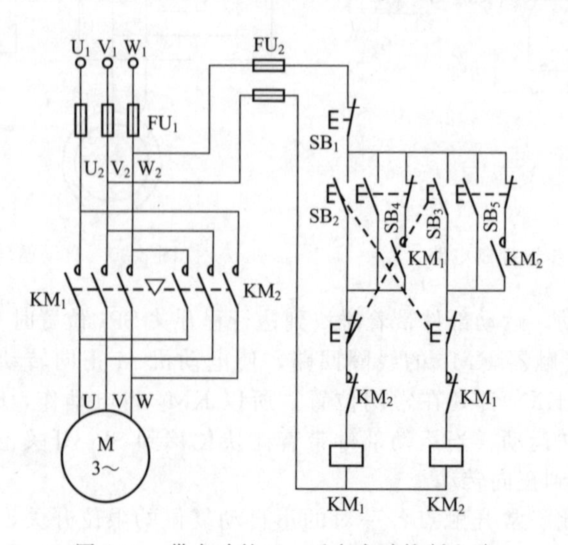

图 8-32 带点动的正、反向启动控制电路

松开按钮 SB_2，接触器 KM_1 的线圈电压由按钮 SB_3 的常闭触点、KM_1 接触器的自保持触点来提供。而按按钮 SB_4，KM_1 拉触器线圈得电吸合，电动机正转。此时按钮 SB_4 的常闭触点将接触器 KM_1 的自保持触点电路断开，因而一松开按钮 SB_4，接触器 KM_1 就失电，电动机停止转动。

六、过流保护控制电路

电动机的长期过电流，会损害电动机。所以，在电动机的电路中，常设置过电流保护，如行车过流保护等。当电动机定子绕组电流超过整定值时，接在主电路上的过电流继电器立即动作，其控制触点切断控制电路。

在一些夹紧机构中，常利用过电流来检测电动机夹紧过程中松紧程度。当夹紧到一定的程度，自动停下电动机。图 8-33 就是夹紧机构的控制电路图。

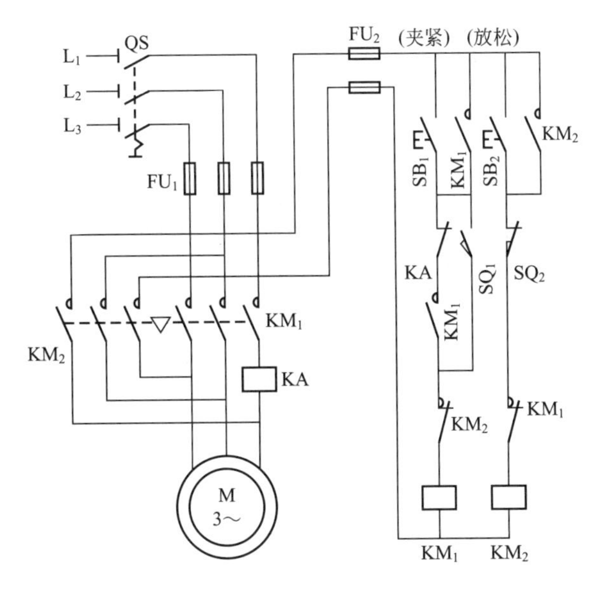

图 8-33　具有过流保护的控制电路

按按钮 SB_1 时，因为 SQ_1 是被其他零件压合的，接触器 KM_1 动作，电动机启动，开始夹紧过程。此时，虽然电动机的启动电流会断开电流继电器 KA 的触点，但是，由于 SQ_1 变压是有一个过程的，压的零件松开有一定的行程，故不影响夹紧过程的进行。当电动机启动后，其电流降下来，KA 电流继电器闭合。此时，即使 SQ_1 在过一段时间后松开，电动机 M 仍进行夹紧，自 SQ_1 松开后开路，当夹紧机构夹紧到一定程度，电动机的电流再次上升到过电流继电器动作的电流时，电流继电器 KA 的触点断开接触器 KM_1 线圈的电源，电动机停止运行。

按钮 SB_2 是放松用的。电动机夹紧后，SQ_2 是闭合的，按 SB_2 时，接触器 KM_2 动作，电动机反转到一定的位置，SQ_2 被压合，接触器 KM_2 线圈断电，电动机 M 停车。

利用过电流保护的电动机，要求电流值定值准确，以防电动机过热。

当流过过电流继电器线圈的电流超过某一限定值时，它就动作。因而过电流断电器常用作短路保护和过载保护，并能自动复位。

七、制动控制电路

1. 感应电动机反接制动的控制电路

为使电动机快速停车，在感应电动机停车时，常采用反接制动。

感应电动机的反接制动，就是对按某一方向转动的电动机采用定子回路交换两相电源的办法，使电动机产生反向力矩，加快停车。在反接制动时，为了限制制动电流，常接入限流电阻。

图 8-34 是感应电动机带反接制动的控制电路。电动机正、反向启动，与一般的启动相同。设电动机在正向转动，正向接触器 KM_1 已得电动作。按按钮 SB_5，接触器 KM_3 动作，其常闭触点断开 KM_2 线圈的电源，电动机失电，KM_3 的常开触点闭合，使反向接触器 KM_2 通过速度继电器 KS_2 得电动作，电动机反向转动。同时 KM_3 在主电路的常闭触点断开，电动机就在接入电阻器的情况下进行反接制动，一直到电动机的转速降到低于某一数值后，速度继电器 KS 的 KS_2 触点分开，切除 KM_2 的电源，电动机就在断开电源的情况下停下来。同时，KM_2 的常开触点断开 KM_3 线圈的电源，电动机电路中的电阻 R 重新被短接。

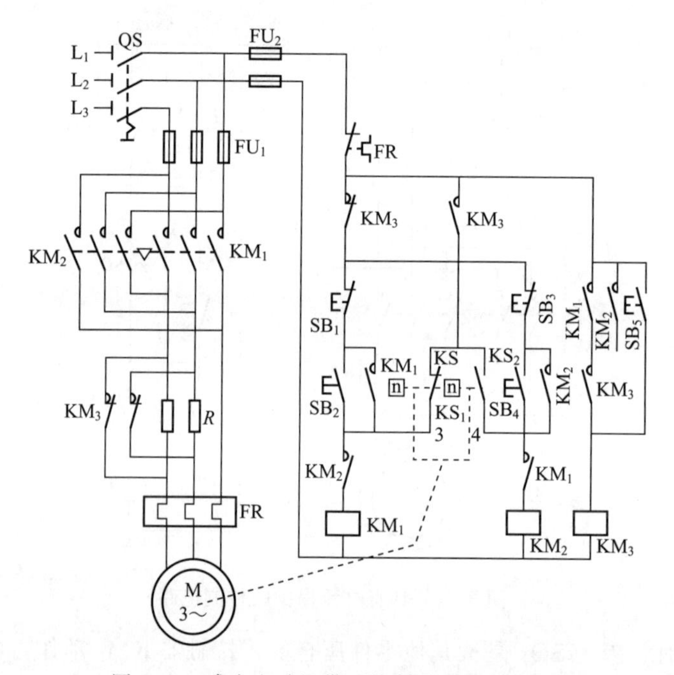

图 8-34　感应电动机带反接制动的控制电路

速度继电器相似于感应电动机转动的原理，转子永久磁铁转动所产生的旋转磁场，与定子回路感应电势相作用，使定子以一定的滑差随转子转动。定子的转动带动杠杆去断开触点。速度继电器控制的反接制动电动机制动时间约为 1～3s。4.5kW 以上的电动机实现反接制动，常接入限流电阻。一般地说，速度继电器的调整值在 1200～200r/min 时分断触点。借改变拉力的作用力，可以改变分断触点的转速值。

反接制动常有较大的发热现象，频繁操作时要慎重。在制动时，若所接速度继电器失灵，会引起反向启动。

2. 感应电动机的动力制动控制电路

为了使电动机准确停车，常采用动力制动。

感应电动机的动力制动，就是在电动机从电网切除电源后，向定子绕组内通入直流电，直流电形成的磁场与它在转子里产生的感应电流作用形成制动力矩。

图 8-35 是感应电动机的动力制动控制电路。电动机需停车时，按按钮 SB_1，接触器 KM_1 线圈断电，电动机失电。同时相继接通接触器 KM_2 和时间继电器 KT。接触器 KM_2

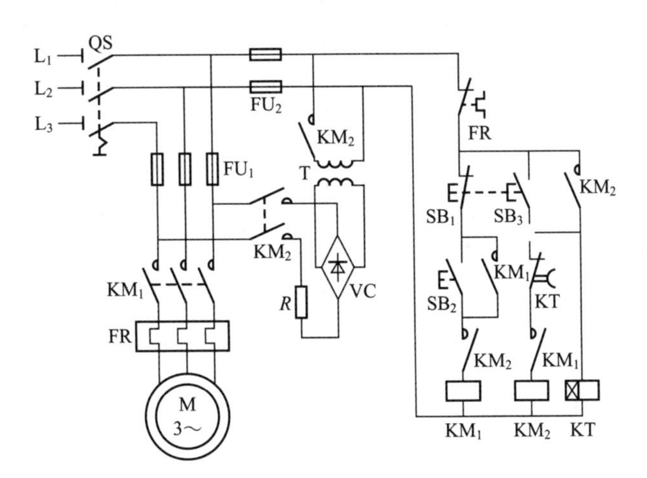

图 8-35 感应电动机动力制动控制电路

得电，其常开触点接通直流电源，将直流电源通入电动机定子回路时进行制动。经过一定的时间（由 KT 的整定值决定），KT 的常闭触点断开 KM_2 线圈电源，切除向定子回路供给的直流电源，制动结束，同时 KT 也断电。

感应电动机的动力制动所采用的直流电源可由整流得到，它通入定子回路常为二相，其电流值约为电动机额定电流的 1.5 倍。

电动机动力制动可以用于频繁制动的场合。

第三节 常用机械控制线路

一、C620-1 普通车床控制线路

C620-1 普通车床控制线路（图 8-36）是带有热继电器保护的单向启动控制线路。主轴正反向运转是由机械结构来达到的。

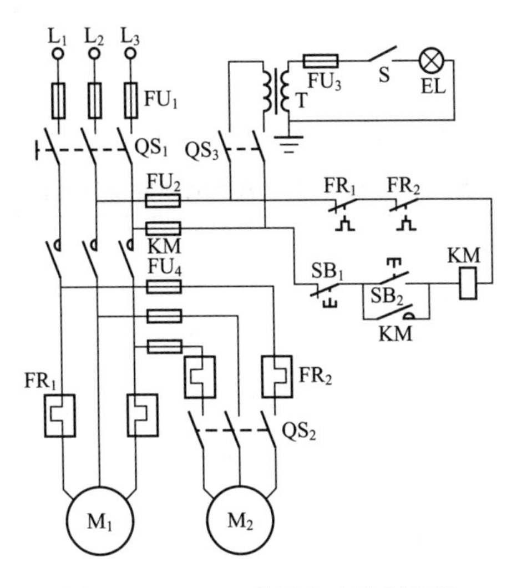

图 8-36 C620-1 普通车床控制线路

C620-1 普通车床的控制线路电气元件如表 8-1 所示。

表 8-1　C620-1 普通车床控制线路电器元件

代号	名称	型号规格	代号	名称	型号规格
M_1	主轴电动机	J52-4	FU_1	熔断器	RM3-25
M_2	冷却电动机	JCB-22	FU_2	熔断器	RM3-25
KM	交流接触器	CJO-20	FU_3	熔断器	RM3-25
FR_1	热继电器	JR2-1　14.5A	T	照明变压器	BK-50 380V/36V
FR_2	热继电器	JR2-1　0.43A	EL	照明灯具	JC6-1
SQ_1	三相转换开关	HZ2-25/3	SB_1、SB_2	双挡按钮	LA4-22K
SQ_2	三相转换开关	HZ2-10/3	S	照明灯开关	
SQ_3	三相转换开关	HZ2-10/2			

二、Y3150 滚齿机控制线路

Y3150 滚齿机控制线路（图 8-37）由正反向点动、单向启动及限位装置三个环节组成。极限开关触点 SQ_1 断开，机床即无法再工作，这时需用机械手柄把滚刀架摇到使极限开关与撞块离开然后才能正常工作。SQ_2 为终点开关，工件加工完成后即自动停车。

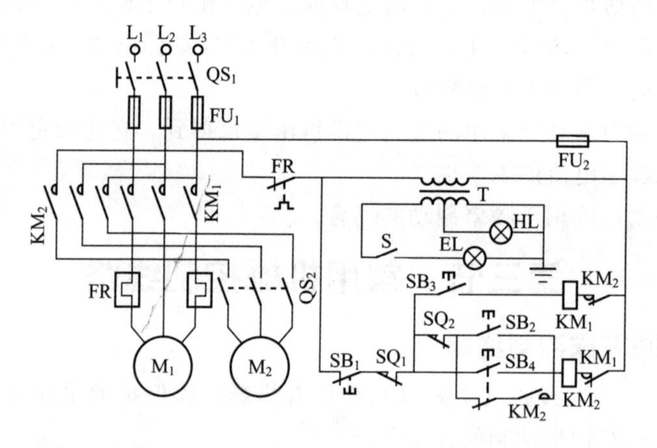

图 8-37　Y3150 滚齿机控制线路

刀架移动可由点动按钮 SB_3 或 SB_4 操作。冷却泵只有在主轴启动后才能用转换开关 QS_2 操作。

Y3150 滚齿机的控制线路电气元件如表 8-2 所示。

表 8-2　Y3150 滚齿机控制线路电气元件

代号	名称	型号规格	代号	名称	型号规格
QS_1	总电源开关	HZ1-25/3	SB_2	启动按钮	LA2
QS_2	冷却泵开关	HZ1-10/3	SB_3	刀架向上按钮	LA2
S	照明灯开关		SB_4	刀架向下按钮	LA2
KM_1	交流接触器	CJO-10	QS_1	极限开关	LX5-11
KM_2	交流接触器	CJO-10	QS_2	终点开关	LX5-11
FR	热继电器	JR2-1	HL	指示灯	
FU_1	熔断器	RL1-60/20	EL	工作照明灯	JC2
FU_2	熔断器	RL1-15/15	M_1	电动机	JC2-32-4
T	变压器	BK-50 380V/36V/6.3V	M_2	冷却泵电动机	JCB-22
SB_1	停止按钮	LA_2			

三、M7130 卧轴矩台平面磨床控制线路

M7130 卧轴矩台平面磨床控制线路如图 8-38 所示。砂轮电动机 M_1 必须在电磁盘 YH 工作状态时才能工作，即转换开关 QS_2 置接通位置。YH 工作时，欠电流继电器 KA 动作，常开触点 KA 闭合，从而保证在加工工件被吸住的情况下砂轮进行磨削。

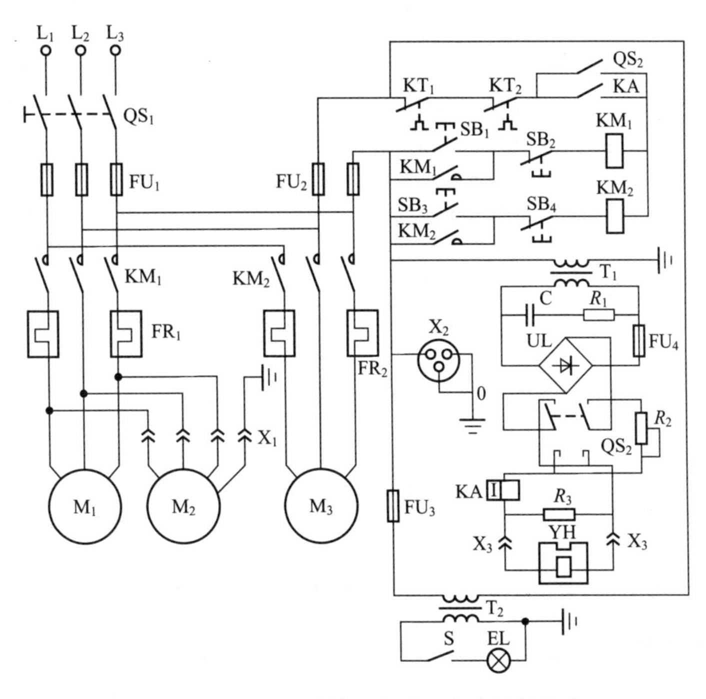

图 8-38 M7130 卧轴矩台平面磨床控制线路

工件加工完毕后，工件上还留有剩磁，所以需要退磁。退磁过程是：将转换开关 QS_2 放在向上位置，使直流电源经过退磁限流电阻 R_2 反接到电磁吸盘 YH 上，以使极性打乱，达到退磁的目的。如果还不能退去剩磁（往往与工件的材料质量有关），需用 TCTTH/H 型退磁器插入插座 X_2 中后，再在工件上往返数次，来完成退磁要求。

电阻 R_3 用作释放工作台在切断电源瞬间所产生的反电动势的通路。

M7130 卧轴矩台平面磨床控制线路中的电气元件如表 8-3 所示。

表 8-3 M7130 卧轴矩台平面磨床控制线路电气元件

代号	名称	规格
QS_1	转换开关	HZ1-25/3
QS_2	转换开关	HZ1-10P/3
FU_1	熔断器	RL1-60/30
FU_2	熔断器	RL1-15/5
FU_3	熔断器	小型管式 1A
FU_4	熔断器	RL1-15/2
KM_1	接触器(砂轮电机用)	CJO-10
KM_2	接触器(液压泵用)	CJO-10
FR_1	热继电器	JR10-10 9.5A
FR_2	热继电器	JR10-10 6.1A
M_1	砂轮电动机	4.5kW4 极装入式电动机
M_2	冷却泵电动机	JCB-22
M_3	液压泵电动机	JO42-4

续表

代号	名称	规格
T_1	整流变压器	BK-400 220V/145V
T_2	照明变压器	BK-50 380V/36V
KA	欠电流继电器	JT3-11L 1.5A
SB_1	按钮(砂轮启动)	LA2
SB_2	按钮(砂轮停止)	LA2
SB_3	按钮(液压泵启动)	LA2
SB_4	按钮(液压泵停止)	LA2
X_1	插销(冷却泵)	CYO-36
X_2	插销(退磁器)	三足插座 5A
X_3	插销(吸铁盘)	CYO-35
YH	平面吸铁盘	110V/1.45A
VC	硅整流器	GZH1/200
R_1	电阻器	GF50W/500Ω
R_2	电阻器	6W/125Ω
R_3	电阻器	GF50W/1000Ω
C	电容器	5μF/600V
EL	工作台照明灯	
S	工作台照明灯开关	
附件	退磁器	TCTTH/H

四、X53T 立式铣床控制线路

X53T 立式铣床控制线路（图 8-39）是由较多的环节构成的。在这个控制线路中起决定作用的是主轴运转及工作台与台面进给两个部分。

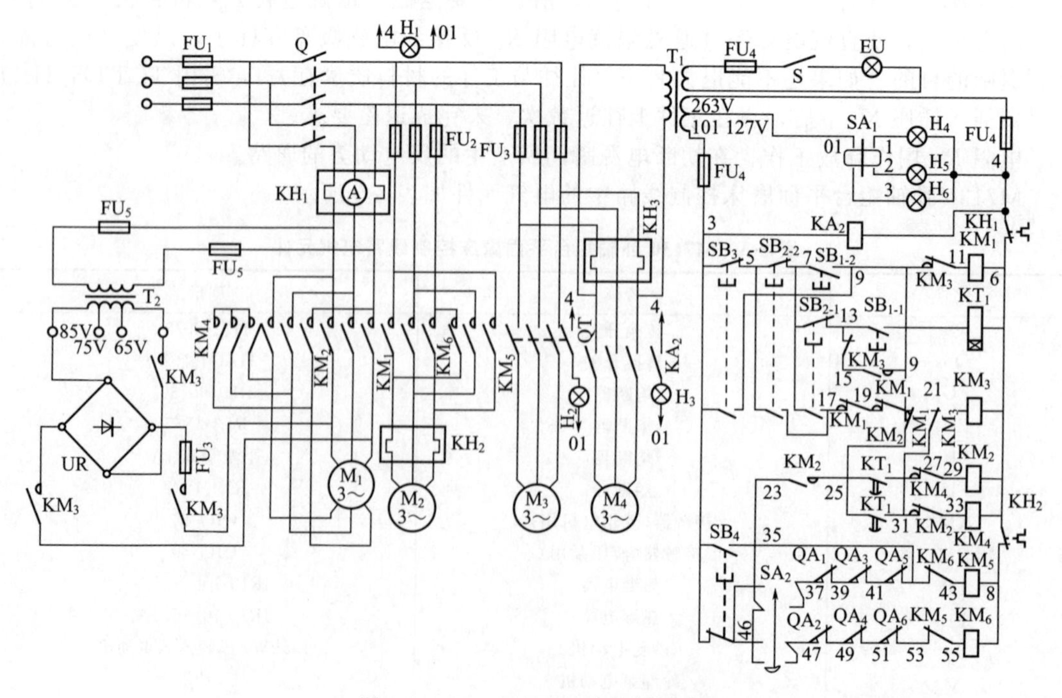

图 8-39 X53T 立式铣床控制线路

1. 主轴启动

主轴电动机 M_1 是以接触器 KM_1、KM_2、KM_3 和时间继电器 KT_1 组成星-三角启动、运转的。当按下主轴启动按钮 SB_{1-1} 或 SB_{1-2}（它们是并联的）时，接触器 KM_1、KM_4、时间继电器 KT_1 同时吸合，主轴电动机即以星形接法启动。由于时间继电器在预定时间内动作，它的触点延时闭合与打开，于是 25、27 接通，25、31 断开，使 KM_4 释放与 KM_2 吸合，主轴电动机即由星形改变为三角形接法而正常运转。

2. 主轴停止与制动

按下主轴停止按钮 SB_{2-1} 或 SB_{2-2}，接触器 KM_1 及 KM_2 立即释放，电动机 M_1 停止运转。如将按钮继续往下按，5 与 17 之间或 7 与 17 之间接通，接触器 KM_3 和 KM_4 吸合，电动机定子绕组便接通直流电源，使电动机能耗制动。

3. 主轴冲动

主轴冲动是为了变速时齿轮易于啮合，采用点动按钮 SB_3 做主轴变速时使电动机瞬时做星形启动，但不能使转速升得太高，故要求将按钮 SB_3 很快松开。

4. 工作台与台面进给（移动）

工作台及台面进给共有六个方向，均是由进给电动机 M_2 传动机械结构，由机械操作手柄来控制，操作手柄再带动选向开关 SA_1 和控制开关 SA_2 来完成的。常速进给必须在主轴正常运转后才能进行，快速进给则不受此限制。

① 台面向左进给　扳动控制开关 SA_2 使 SA_2 闭合，进给电动机 M_2 即由接触器 KM_6 吸合而运转，其控制电路路径为：3→SB_{2-2}→7→SB_{2-1}→13→KM_3→15→KM_1→9→KM_1→25→KM_2→23→SA_{2-3}→47→QA_2→49→QA_4→51→QA_6→53→KM_5→55→KM_6→8→KH_2→6→KH_1→4。于是工作台即向左进。

② 台面向右进给　扳动控制开关 SA_2 使 SA_{2-2} 闭合，接触器 KM_5 吸合，进给电动机 M_2 传动台面便向右方向运转。这时的控制电路与向左的相似。

③ 快速进给　将控制开关 SA_2 扳到底（左向或右向），使 SA_{2-4} 或 SA_{2-1} 闭合，接触器 KM_6 或 KM_5 吸合，台面即快速进给，如果是向左，则接触器 KM_6 或 KM_5 吸合，台面即快速进给；如果是向左，则接触器 KM_6 吸合而运转，其控制电路路径为：3→SB_4→46→SA_{2-4}→47→QA_2→49→QA_4→51→QA_6→53→KM_5→55→KM_6→8→KH_2→6→KH_1→4。于是台面即向左快速进给。向右则 KM_5 吸合与向左相似。

④ 进给电动机冲动　它是在选速时进行的，其原理与主轴冲动相同。将按钮 SB_4 按下，3、35 接通，接触器 KM_5 吸合，电动机即运转；松开按钮 SB_4，电动机停止。

⑤ 工作台升、降、前、后移动　工作台升、降、前、后的移动仍旧是利用进给电动机 M_2 的正、反转来进行的，仅是机械结构由操作手柄分别控制的位置不同而已，在电气控制线路中的控制与台面的移动完全一样。选向指示灯则由选向开关 SA_1 给予信号指示移动方向。

将电源总开关 Q 与冷却泵开关 QT 合上，润滑电动机 M_4 与冷却电动机 M_3 就都能运转。

表 8-4 与表 8-5 分别为 SB_2 进给控制开关与 SB_1 进给选向开关的位置。

X53T 立式铣床控制线路中电气元件如表 8-6 所示。

表 8-4　SB_2 进给控制开关

触点代号	左快	左慢	停	右慢	右快
4	+	−	−	−	−
3	−	+	−	−	−
2	−	−	−	+	−
1	−	−	−	−	+

表 8-5　SB_1 进给选向开关

触点代号	横向 → ←	纵向 ↓ ↑	停 0	升降 ↑ ↓
3	+	−	−	−
2	−	+	−	−
1	−	−	−	+

表 8-6　X53T 立式铣床控制线路中电气元件

代号	名称	型号
M_1	主轴电动机	10kW/1445r/min
M_2	进给电动机	3kW/1430r/min
M_3	冷却泵电动机	DB-25B　0.15kW
M_4	润滑泵电动机	JWYB081-4P　0.025kW
KM_1	主轴启动接触器	CJO-40
KM_2	三角形启动接触器	CJO-40
KM_3	主轴电动机制动接触器	CJO-40
KM_4	星形启动接触器	CJO-40
KM_5	进给电动机正转接触器	CJO-20
KM_6	进给电动机反转接触器	CJO-20
KH_1	主轴电动机热继电器	JRO-20　20A
KH_2	进给电动机热继电器	JR10-10　6.8A
KH_3	润滑油电动机热继电器	JR10-10　0.8A
SB_{1-1}、SB_{2-1}	开停按钮①	LA1
SB_{1-2}、SB_{2-2}	开停按钮②	LA1
SB_3	主轴变速冲动按钮	LA1
SB_4	进给变速冲动按钮	LA1
Q	电源总开关	HZ-161
QT	冷却泵开关	HZ10-10/3
UR	硒整流器	硒整流片 100×100
T_1	控制变压器	BK-150　380V/36V/127V/6.3V
T_2	整流变压器	BK-500　380V/85V/75V/65V
FU_1	总熔断器	RL1-60　35A
FU_2	进给熔断器	RL1-15　15A
FU_3	冷却泵熔断器	RL1-15　5A
FU_4	控制线路熔断器	RL1-15　5A
FU_5	硒整流变压器熔断器	RL1-15　15A
FU_6	硒整流熔断器	RL1-15　15A
KA_1	时间继电器	JS7-1
KA_2	中间继电器	JZ7-44
H_1	电源指示灯	6V
H_2	冷却电泵指示灯	6V
G_3	润滑油泵指示灯	6V
H_4～H_6	工作台方向指示灯	6V
SA_1	进给选向开关③	
SA_2	进给控制开关④	LX3-11H
EL	照明灯	JC6-1
QA_1～QA_6	行程开关	LX3-11H

① 装在中拖板上。
② 装在床身上。
③ 水银开关。
④ 用凸轮来控制。

第四节　常用机床电气控制线路检修

一、常用电气控制线路检修

1. 电气故障检修的步骤

(1) 故障调查

① 问。机床发生故障后，首先应向操作者了解故障发生的前后情况，有利于根据电气设备的工作情况来分析发生故障的原因。一般询问的内容有：故障发生在开车前、开车后，还是发生在运行中自行停车，还是发现异常情况后由操作者停下来的；发生故障时，机床工作在什么工作顺序，按动了哪个按钮，扳动了哪个开关；故障发生前后，设备有无异常现象(如响声、气味、冒烟或冒火等)；以前是否发生过类似的故障，是怎样处理的等。

② 看。熔断器内熔丝是否熔断，其他电气元件有无烧坏、发热、断线，导线连接螺钉是否松动，电动机的转速是否正常。

③ 听。电动机、变压器和电气元件在运行中声音是否正常，可以帮助寻找故障的部位。

④ 摸。电动机、变压器和电气元件的线圈发生故障时，温度显著上升，可切断电源后用手去触摸。

(2) 电路分析

根据调查结果，参考该电气设备的电气原理图进行分析，初步判断出故障产生的部位，然后逐步缩小故障范围，直至找到故障点并加以消除。分析故障时应有针对性，如断路和短路故障，应先考虑动作频繁的元件，后考虑其他元件。

① 断电检查。检查前先断开机床总电源，然后根据故障可能产生的部位，逐步找出故障点。检查时应先检查电源线进线处有无碰伤而引起的电源接地、短路等现象。螺旋式熔断器的熔断指示器是否跳出，热继电器是否动作。然后检查电器外部有无损坏，连接导线有无断路、松动，绝缘有否过热或烧焦。

② 通电检查。作断电检查仍未找到故障时，可对电气设备作通电检查。

通电检查时尽量使电动机和其所传动的机械部分脱开，控制器和转换开关置于零位，行程开关还原到正常位置，看有否缺相和严重不平衡。再进行通电检查，检查的顺序为：先检查控制电路，后检查主电路；先检查交流系统，后检查直流系统；先检查开关电路，后检查调整系统。或断开所有开关，取下所有熔断器，然后按顺序逐一插入欲要检查部位的熔断器，合上开关，观察各电气元件是否按要求动作，有无着火、冒烟、熔断器熔断的现象，直至查到发生故障的部位。

2. 电气故障检修的方法

(1) 断路故障的检修

① 验电笔检修法。验电笔检修断路故障的方法如图 8-40 所示。

检修时，用验电笔依次测试 1～6 各点，并按 SB_2，测量到某一点验电笔不亮，即为断路处。

验电笔检修注意事项：

a. 在有一端接地的 220V 电路中测量时，应从电源侧开始，依次测量，并注意观察验电笔的亮度，防止由于外部电场、电流泄漏造成氖管发亮，而误认为电路没有断路。

b. 当检查 380V 且有变压器的控制电路中的熔断器是否熔断时，防止由于电源通过另一相熔断器和变压器的一次侧绕组回到已熔断的熔断器的出线端，造成熔断器没有熔断器的假象。

② 校灯检修法。校灯检修断路故障的方法如图 8-41 所示。

检修时将校灯一端接在 0 点上，另一端依 1～6 点次序逐点测试，并按下 SB_2，如接在 2 号线上校灯亮，而接在 3 号线上校灯不亮，则说明 SB_1（2—3）断路。

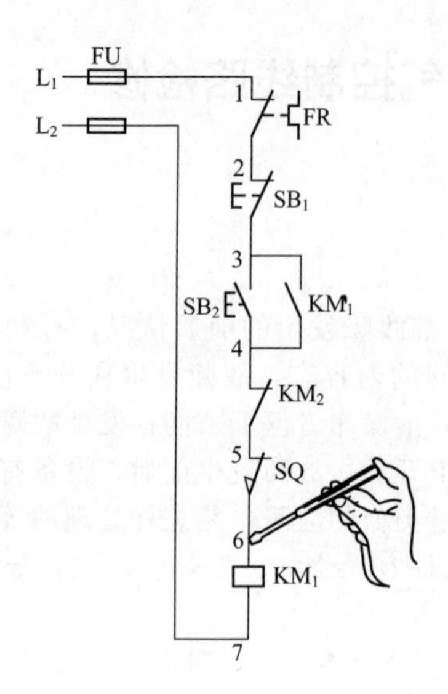

图 8-40　验电笔检修断路故障

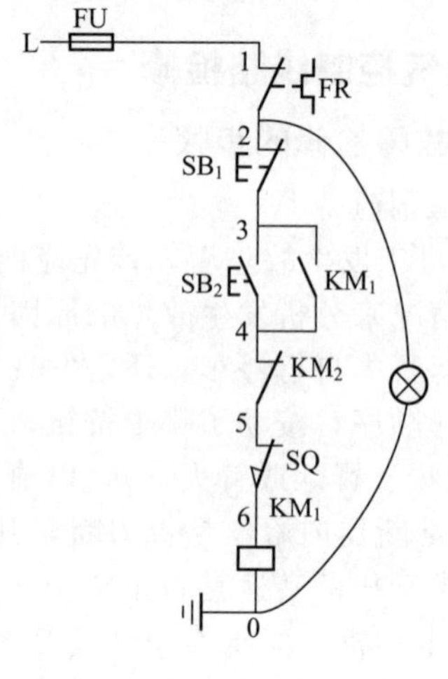

图 8-41　校灯检修断路故障

校灯检修注意事项：

a. 用校灯检修断路故障时，要注意灯泡的额定电压与被测电压相配合，被测电压太高，灯泡易烧坏；电压太低，灯泡不亮。一般检查 220V 电路时，用一只 220V 的灯泡；检查 380V 的电路时，可用两只 220V 的灯泡串联。

b. 用校灯检查故障时，还应注意灯泡的容量，一般查找断路故障时使用小容量（10～60W）的灯泡；而查找接触不良引起的故障时，应用较大容量（150～200W）的灯泡。

③ 万用表检修法

a. 电压测量法。检查时把万用表旋到交流电压 500V 挡。电压测量法分为分阶测量法和分段测量法。

电压的分阶测量法如图 8-42 所示。检查时，首先用万用表测量 1、7 两点间的电压，电路正常应为 380V，然后按住启动按钮 SB_2 不放，同时将黑表笔接到 7 点上。红表笔按 2～6 点依次测量，分别测量 7—2、7—3、7—4 的电压。

电压的分段测量法如图 8-43 所示。检查时先用万用表测试 1—7 两点，电压值为 380V，说明电源电压正常。然后将红、黑两根表笔逐段测量相邻两标点 1—2、2—3、3—4、4—5、5—6、6—7 间的电压。

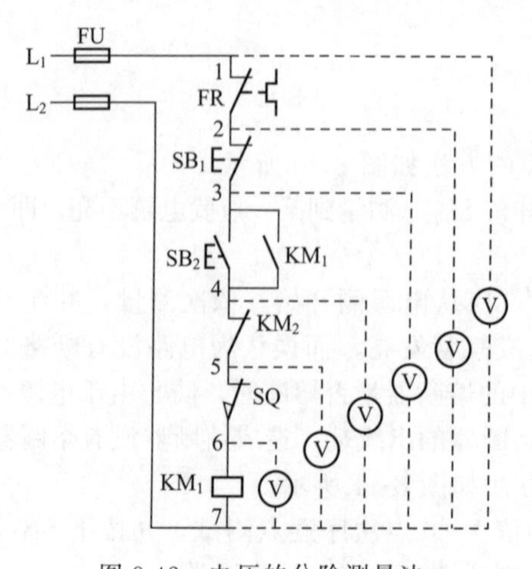

图 8-42　电压的分阶测量法

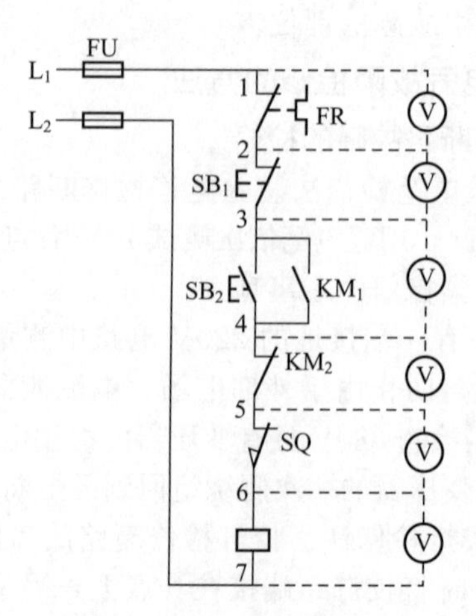

图 8-43　电压的分段测量法

如电路正常，按下启动按钮 SB_2 后，除 6—7 两点间的电压为 380V 外，其他任何相邻两点间的电压值均为零。

如按下启动按钮 SB_2，接触器 KM_1 不吸合，说明发生断路故障，此时可用电压表逐段测试各相邻两点间的电压。如测量到某相邻两点间的电压为 380V 时，说明这两点间有断路故障。根据各段电压值来检查故障的方法可见表 8-7。

表 8-7　用分段测量法判别故障

故障现象	测试状态	1—2	2—3	3—4	4—5	5—6	6—7	故障原因
按下 SB_2 KM_1 不吸合	按下 SB_2 不放	380V	0	0	0	0	0	FR 动断(常闭)触头接触不良
		0	380V	0	0	0	0	SB_1 动断(常闭)触头接触不良
		0	0	380V	0	0	0	SB_2 动合(常开)触头接触不良
		0	0	0	380V	0	0	KM_2 动断(常闭)触头接触不良
		0	0	0	0	380V	0	SQ 动断(常闭)触头接触不良
		0	0	0	0	0	380V	KM_1 线圈断路

b. 电阻测量法。电阻测量法也分为分阶测量法和分段测量法。

电阻的分阶测量法如图 8-44 所示。按下启动按钮 SB_2，接触器 KM_1 不吸合，该电气回路有断路故障。用万用表的电阻挡检测前应先断开电源，然后按下 SB_2 不放。先测量 1—7 两点间的电阻，如电阻值为无穷大，则说明 1—7 之间的电路断路；然后分阶测量 1—2、1—3、1—4、1—5、1—6 各点间电阻值，若电路正常，则该两点间的电阻值为 0。当测量到某标号间的电阻值为无穷大时，说明表笔刚跨过的触点或连接导线断路。

电阻的分段测量法如图 8-45 所示。检查时，先切断电源，按下启动按钮 SB_2，然后依次逐段测量相邻两标号点 1—2、2—3、3—4、4—5、5—6 间的电阻。若测得某两点的电阻为无穷大，说明这两点间的触头或连接导线断路。例如，当测得 2—3 两点间电阻为无穷大时，说明停止按钮 SB_1 或连接 SB_1 的导线断路。

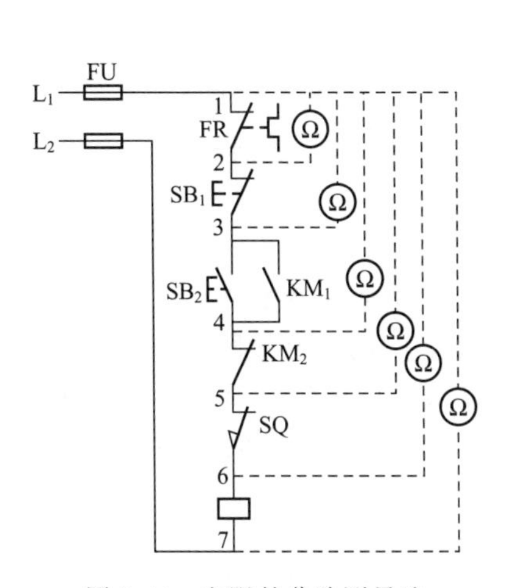

图 8-44　电阻的分阶测量法

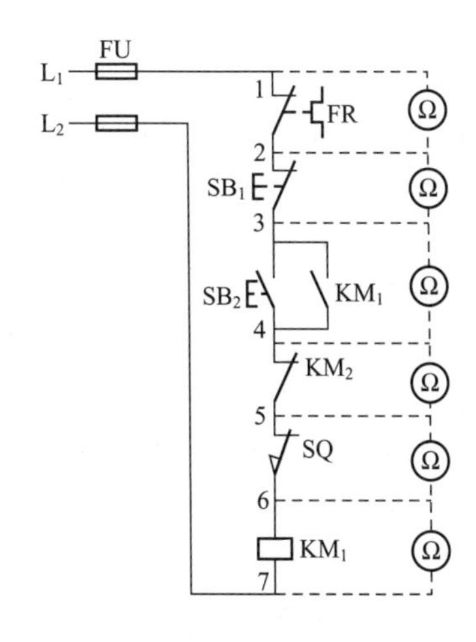

图 8-45　电阻的分段测量法

电阻测量法的优点是安全，缺点是测得的电阻值不准确时，容易造成判断错误。

电阻测量法注意事项：

a. 用电阻测量法检查故障时一定要断开电源。

b. 当被测的电路与其他电路并联时，必须将该电路与其他电路断开，否则所测得的电阻值不准确。

c. 测量高电阻值的电气元件时，把万用表的选择开关旋转至适合电阻挡。

④ 短接法检修。短挤法是用一根绝缘良好的导线，把所怀疑的断路部位短接；如果在短接过程中，电路被接通，就说明该处断路。

a. 局部短接法。局部短接法检查断路故障如图 8-46 所示。

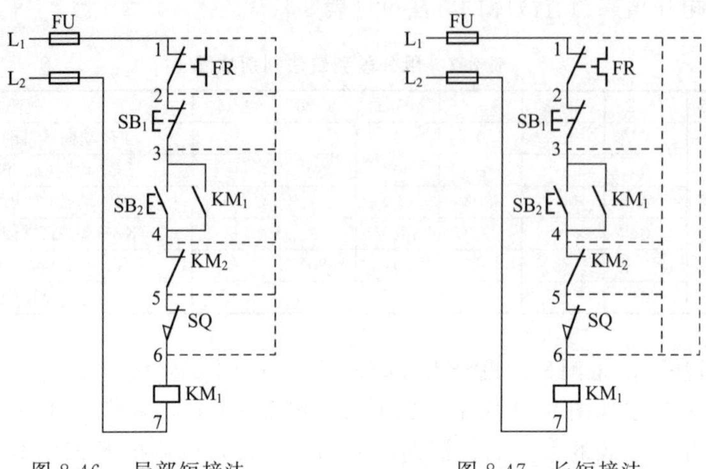

图 8-46　局部短接法

图 8-47　长短接法

按下启动按钮 SB_2 时，接触器 KM_1 不吸合，说明该电路有断路故障。检查时先用万用表电压挡测量 1—7 两点间电压值，若电压正常，可按下启动按钮 SB_2 不放，然后用一根绝缘良好的导线，分别短接 1—2、2—3、3—4、4—5、5—6 各点。当短接到某两点时，接触器 KM_1 吸合，说明断路故障就在这两点之间。

b. 长短接法。长短接法检修断路故障如图 8-47 所示。

长短接法是指一次短接两个或多个触点来检查断路故障的方法。

当 FR 的动断触头和 SB_1 的动断触点同时接触不良时，如用上述局部短接法短接 1—2 点，按下启动按钮 SB_2，KM_1 仍然不会吸合，故则可能会造成判断错误。而采用长短接法将 1—6 短接，如 KM_1 吸合，说明 1—6 段电路中有断路故障，然后再短接 1—3 和 3—6；若短接 1—3 时，按下 SB_2 后 KM_1 吸合，说明故障在 1—3 段范围内，再用局部短路接 1—2 和 2—3，很快能将断路故障排除。

短接法注意事项：

a. 短接法是用手拿绝缘导线带电操作的，所以一定要注意安全，避免触电事故发生。

b. 短接法只适用于检查压降极小的导线和触头之间的断路故障。对于压降较大的电器，如电阻、接触器和继电器的线圈等断路故障，不能采用短接法，否则会出现短路故障。

c. 对于机床的某些要害部位，必须在保障电气设备或机械部位不会出现事故的情况下才能使用短接法。

（2）短路故障的检修

① 电源间短路故障的检修。这种故障一般是通过电器的触头或连接导线将电源短路的，如图 8-48 所示。

图 8-48 中行程开关 SQ 中的 2 点与 0 点因某种原因连接将电源短路，合上电源，按下 SB_2 后，熔断器 FU 就熔断。现采用电池灯进行检修：

a. 取下熔断器 FU 的熔芯，将电池灯的两根线分别接到 1 点和 0 点线上，灯亮，说明电源间短路。

b. 将行程开关 SQ 动合触点上的 0 点线拆下，灯暗，说明电源短路在这个环节。

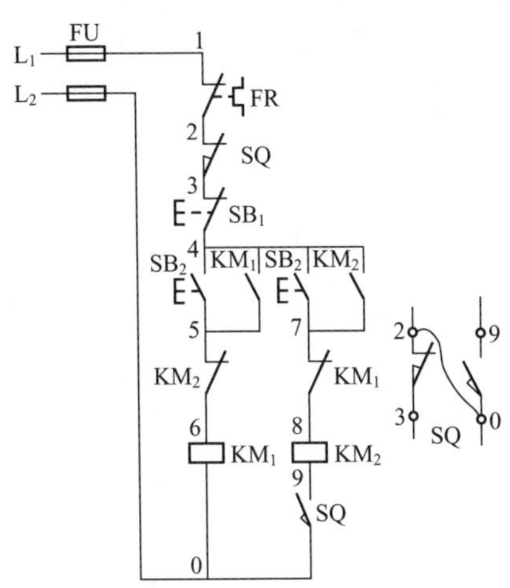

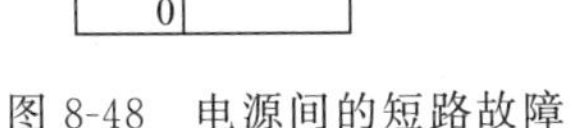
图 8-48　电源间的短路故障

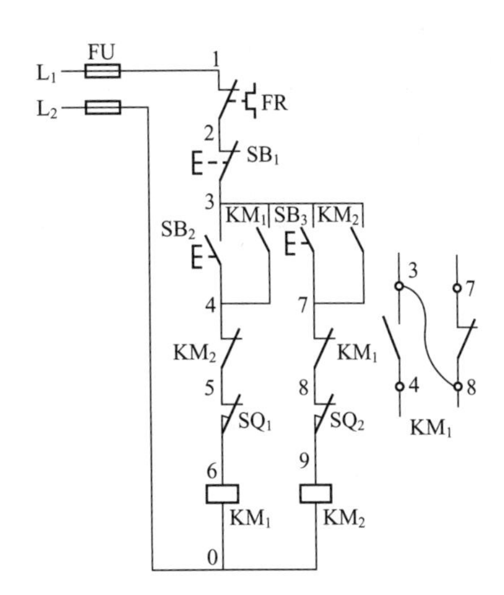

图 8-49　电气触头之间的短路故障

c. 再将电池灯的一根线从 0 点移到 9 点上，如灯灭，说明短路在 0 点上。

当然，上述故障亦可用万用表的电阻挡检修。

② 电气触头本身短路故障的检修。如图 8-48 中停止按钮 SB_1 的动断触点短路，则接触器 KM_1 和 KM_2 工作后就不能释放。又如接触器 KM_1 的自锁触头短路，这时一合上电源，KM_2 就吸合。这类故障较明显，只要通过分析即可确定故障点。

③ 电气触头之间短路故障的检修。如图 8-49 中接触器 KM_1 的两副辅助触头 3 点和 8 点之间的导线因某种原因而短路，这样当合上电源时，接触器 KM_2 即吸合。

a. 通电检修。通电检修时可按下 SB_1，如接触器 KM_2 释放，则可确定一端短路故障在 3 号；然后将 SQ_2 断开，KM_2 也释放，则说明短路故障可能在 3～8 点之间。若拆下 7 号线，KM_2 仍吸合，则可确定 3 点和 8 点为短路故障点。

b. 断电检修。将熔断器 FU 拨下，用万用表的电阻挡（或电池灯）测 2—9 两点，若电阻为“0”（或电池灯亮），则表示 2—9 之间有短路故障。然后按 SB_1，若电阻为“∞”（或电池灯不亮），则说明短路不在 2 点；再将 SQ_2 断开，若电阻为“∞”（或电池灯不亮），则说明短路也不在 9 点。然后断开 7 点；电阻为 0（或电池灯亮），则可确定短路故障点在 3 点和 8 点。

二、常用机床电气控制线路故障检修

1. CA6140 型车床电气控制线路（图 8-50）

（1）线路分析

主电路有三台控制电动机。M_1 完成主轴主运动和刀具纵横向进给运动的驱动，该电动机为不调速的笼型异步电动机。M_2 是冷却泵电动机，加工时提供冷却液，以防止刀具和工件的温升过高。M_3 是刀架快速移动电动机，可根据使用需要，随时手动控制启动或停止。

① 主轴电动机 M_1 的控制。合上开关 QS，按下启动按钮 SB_2，接触器 KM_1 线圈通电吸合，KM_1 主触头闭合，电动机 M_1 通电转动；同时 KM_1 辅助常开触头闭合，为接触器 KM_2 接通做准备。按下停止按钮 SB_1，电动机 M_1 断电停止转动。

② 冷却泵电动机 M_2 的控制。在 KM_1 吸合的前提下，按下按钮 SA，接触器 KM_2 线圈通电吸合，KM_2 主触头闭合，电动机 M_2 通电转动。

③ 刀架快速移动电动机 M_3 的控制。按下启动按钮 SB_3，接触器 KM_3 线圈通电吸合，KM_3 主触头闭合电动机 M_3 通电转动。松开 SB_3，KM_3 断电释放，电动机 M_3 停转。

④ 照明和信号电路。控制变压器 TC 的二次侧分别输出 24V 和 6V 电压，作为机床照

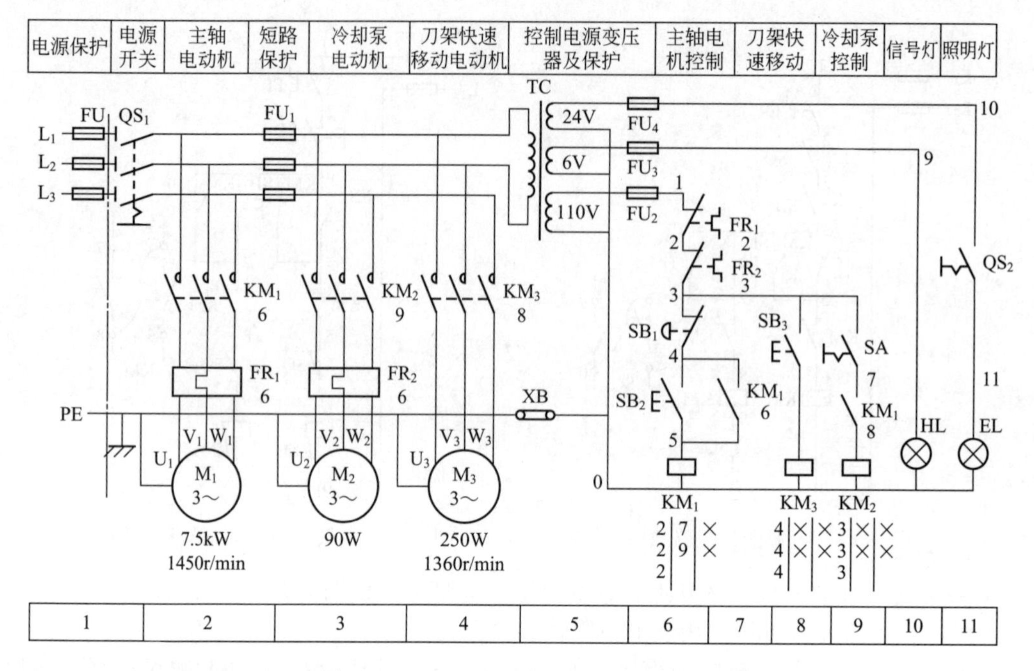

图 8-50　CA6140 型车床电气控制线路

明灯和信号灯的电源。EL 为照明灯，HL 为电源信号灯。

(2) 电气控制线路故障检修

CA6140 型普通车床电气控制线路故障检修见表 8-8。

表 8-8　CA6140 型普通车床电气控制线路故障检修表

故障现象	可能原因	检修对象
电动机 M_1、M_2、M_3 全部不能启动	FU 断路，QS_1 接触不良，变压器 TC 损坏；FU_1 断路；FU_1 断路；FR_1、FR_2 接触不良；0 号线断路	TC；FU_2；FU_1；FR_1、FR_2
主轴电动机 M_1 不能启动	KM_1 主触点接触不好；FR_1 主触点断路；主轴电动机 M_1 烧毁，控制电路中 SB_1 接触不良；SB_2 接触不好；KM_1 线圈损坏	SB_1；SB_2；KM_1 主触点；主轴电动机 M_1
主轴电动机 M_1 启动后，冷却泵电动机 M_2 不启动	主电路中 KA_1 触点接触不好；FR_2 主触点断路；冷却泵电动机 M_2 烧毁，QS_2 接触不良；8 号线、9 号线间的 KM_1 接触不良；KA_1 线圈损坏	主电路中 KA_1 触点；冷却泵电动机 M_2；8 号线、9 号线间 KM_1 触点
工作台不能快速移动（M_3 不能启动运转）	主电路中 KA_2 触点接触不良；工作台快速移动电动机 M_3 烧毁；SB_3 接触不良，KA_2 线圈损坏	主电路中 KA_2 触点；SB_3
机床无工作照明	FU_4 断；SA 接触不良；EL 坏；TC 损坏	FU_4；EL；SA

2. M7120 型平面磨床电气控制电路（图 8-51）

(1) 线路分析

① 液压泵电动机 M_1 的控制。合上开关 QS_1，欠压继电器 KA 加正常电压吸合，KA 的常开触头闭合。按下启动按钮 SB_3，接触器 KM_1 线圈通电吸合，KM_1 主触头闭合，电动机 M_1 转动。按下停止按钮 SB_2，KM_1 断电释放，电动机 M_1 停止转动。

② 砂轮电动机 M_2 及冷却泵电动机 M_3 的控制。按下启动按钮 SB_5，接触器 KM_2 线圈通电吸合，KM_2 主触头闭合，电动机 M_2 和 M_3 同时通电转动。按下 SB_4，电动机 M_2 和 M_3 断电停转。

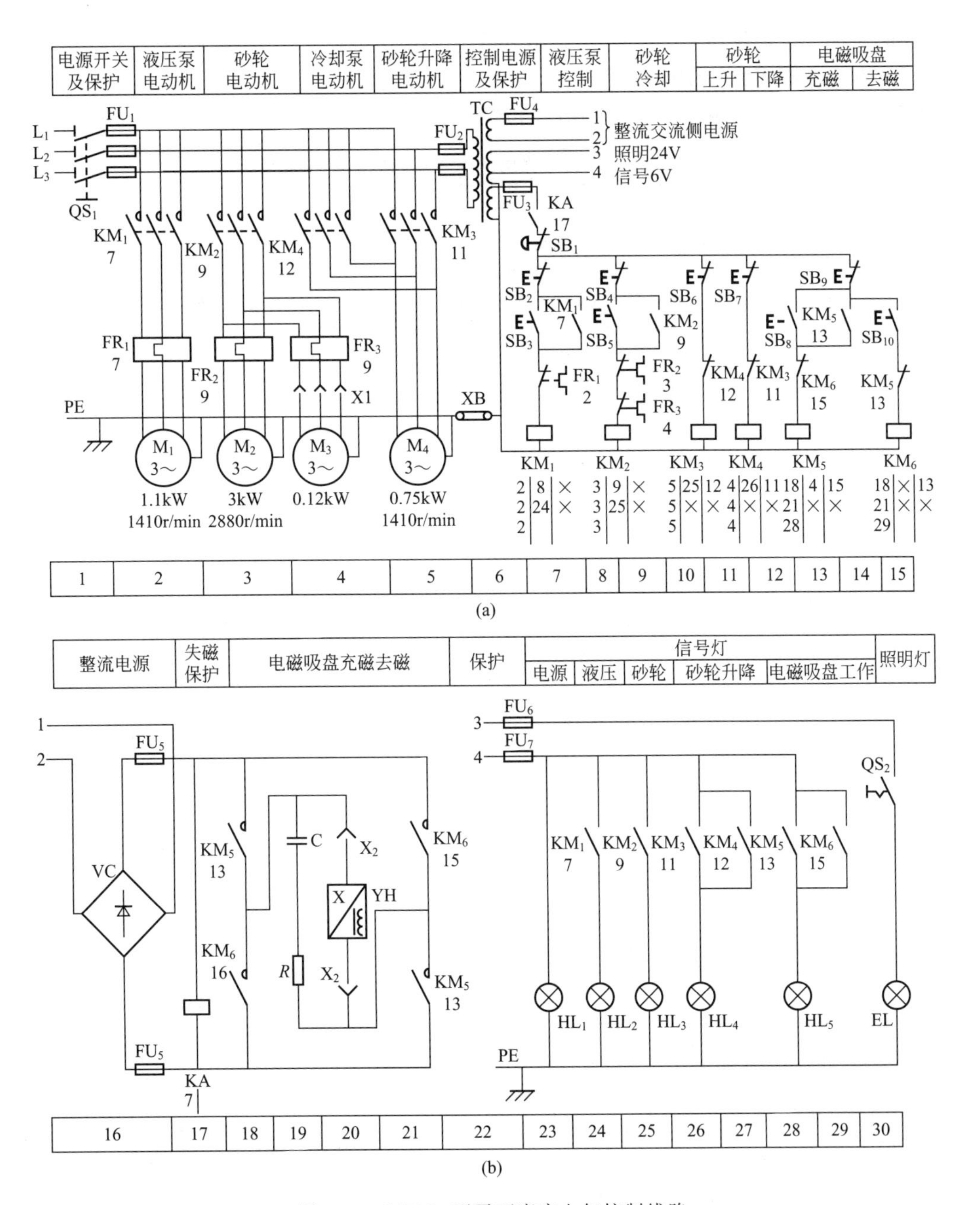

图 8-51　M7120 型平面磨床电气控制线路

③ 砂轮升降电动机 M_4 的控制。电动机 M_4 的控制为正、反向点动控制。按下启动按钮 SB_6，接触器 KM_3 线圈通电吸合，KM_3 主触头闭合，电动机 M_4 正向转动，砂轮上升。按下启动按钮 SB_7，接触器 M_4 线圈通电吸合，控制电动机 M_4 反向转动，砂轮下降。

④ 电磁吸盘控制。按下 SB_8，接触器 KM_5 线圈通电吸合，KM_5 常开触头闭合，电磁吸盘通电充磁，吸住工件。按下 SB_9，断开充磁电路，KM_5 断电释放。按下 SB_{10}，接触器 KM_6、线圈通电吸合，KM_6 常开触头闭合，电磁吸盘通反向流去磁。因为去磁时间较短，所以采用点动控制。

⑤ 照明和指示灯控制。照明灯 EL 电压为 24V，由隔离开关 QS_2 控制。

HL_1 是电源指示灯；HL_2 是电动机 M_1 工作指示灯；HL_3 是电动机 M_2 工作指示灯；

HL_4 是电动机 M_4 工作指示灯；HL_5 是电磁吸盘工作指示灯。

(2) 电气控制线路故障检修

M7120 型平面磨床电气控制线路故障检修见表 8-9。

表 8-9　M7120 型平面磨床电气控制线路故障检修表

故障现象	可能原因	检修对象
电动机 M_1、M_2、M_3、M_4 全部不能启动	无电源电压；电源总开关 QS_1 接触不良，熔断器 FU_1 断路；熔断器 FU_2 断路；熔断器 FU_4 断路，整流器 VC 某一臂断路，熔断器 FU_8 断路；电压继电器 KV 线圈断路，熔断器 FU_3 断路；2 号线至 3 号线 KV 触点接触不良；总停止按钮 SB_1 接触不好；4 号线和 0 号线有断点	TC；FU_2；FU_1；FR_1、FR_2
液压泵电动机 M_1 不能启动或只能点动	停止按钮 SB_2 接触不好；启动按钮 SB_3 接触不良；热继电器 FR_1 有断点，KM_1 线圈断路，4 号线接至停止按钮 SB_2 导线断路，0 号线接至接触器 KM_1 线圈导线断路，KM_1 主触点接触不良，热继电器 FR_1 主电路断路，液压泵电动机 M_1 有问题；接触器 KM_1 自锁触点有问题	停止按钮 SB_2；接触器 KM_1 主触点；液压泵电动机 M_1；接触器 KM_1 自锁触点
砂轮电动机 M_2、冷却泵电动机 M_3 不能启动	停止按钮 SB_4 接触器不好；启动按钮 SB_5 接触不好；热继电器 FR_2、FR_3 常用触点断路，接触器 KM_2 线圈断路，4 号线至 SB_4 的导线断路；0 号线至接触器 KM_2 线圈的导线断路；KM_2 主触点接触不良	接触器 KM_2 主触点；SB_4 常闭触点；热继电器 FR_2、FR_3
M_2、M_3 只能点动	8 号线至 9 号线接触器 KM_2 自锁触点接触不良	接触器 KM_2 自锁触点
砂轮不能上升	砂轮上升按钮 SB_6 接触不良；12 号线至 13 号线 KM_4 常闭触点接触不良，接触器 KM_3 线圈断路；4 号线至 SB_6 导线断路；0 号线至接触器 KM_3 线圈导线断路；KM_3 主触点接触不良	砂轮上升按钮 SB_6；12 号线至 13 号线 KM_4 常闭触点
砂轮不能下降	砂轮下降按钮 SB_7 接触不良；14 号线至 15 号线 KM_3 常闭触点接触不良；接触器 KM_4 线圈断路；4 号线至 SB_7 导线断路；0 号线至接触器 KM_4 线圈导线断路；KM_4 主触点接触不良	砂轮下降按钮 SB_7；14 号线至 15 号线 KM_3 常闭触点
电磁吸盘无吸力	无电源电压，变压器 TC 损坏；熔断器 FU_4 断路；整流器 VC 损坏；熔断器 FU_5 断路；FU_8 断路；25 号线至 26 号线及 28 号线至 29 号线 KM_5 常开触点闭合不良；接插件 X_2 接触不良；电磁吸盘 YH 线圈断路	变压器 TC；熔断器 FU_4、FU_5、FU_8；电磁吸盘 YH
电磁吸盘吸力不足	电源电压低，整流器 VC 某一臂二极管断路；电磁吸盘 YH 线圈有短路故障	整流器 VC；电磁吸盘 YH 线圈
电磁吸盘线圈容易造成对地击穿	电阻 R 损坏；电容器 C 损坏	电阻 R；电容器 C
整流二极管容易击穿损坏	电阻 R 损坏；电容器 C 损坏	电阻 R；电容器 C

3. T68 型卧式镗床电气控制线路（图 8-52）

(1) 线路分析

T68 型卧式镗床有 2 台电动机，一台是主轴电动机 M_1，另一台是进给电动机 M_2。

① 主轴电动机 M_1 的控制。

a. 主轴电动机 M_1 的正、反转控制。按下启动按钮 SB_2，中间继电器 KA_1 线圈获电吸合，KA_1 常开触头闭合，接触器 KM_3 线圈获电吸合（此时，行程开关 SQ_3 和 SQ_4 已被操纵手柄压合）；KM_3 主触头闭合，将制动电阻 R 短接，KM_3 常开触头闭合，使接触器 KM_1 线圈获电吸合；KM_1 主触头闭合，为电动机 M_1 通电做准备，同时，KM_1 常开触头闭合，

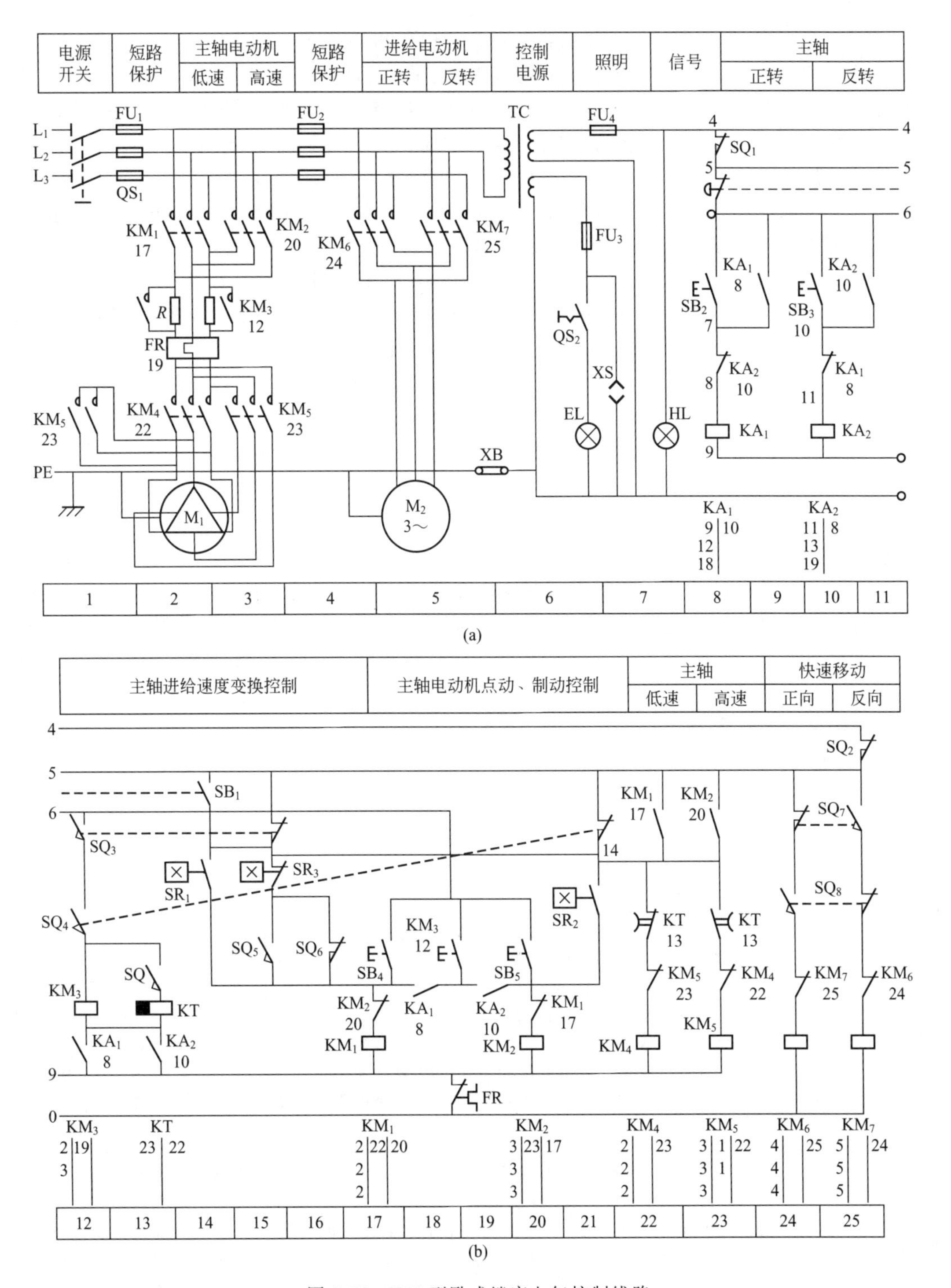

图 8-52　T68 型卧式镗床电气控制线路

使接触器 KM_4 线圈获电吸合；KM_4 主触头闭合，电动机 M_1 接△形正向启动。

反向运转请读者自行分析。

b. 主轴电动机 M_1 的点动控制。正向点动时，按下 SB_4，接触器 KM_1 线圈获电吸合；KM_1 常开触头闭合，使接触器 KM_4 获电吸合；KM_4 主触头闭合，电动机 M_1 接△形并且串入电阻 R 点动。

按下 SB_5，使 KM_1 和 KM_5 分别获电吸合，电动机 M_1 反向点动。

c. 主轴电动机 M_1 的制动。主轴电动机 M_1 正向运行时，当转速达到 120r/min 以上时，速度继电器 SR_2 常开触头闭合，为停车制动做好准备。停车时，按下 SB_1，中间继电器 KA_1 和接触器 KM_3 线圈断电释放，KM_3 常开触头断开，接触器 KM_1 断电释放，主轴电动机 M_1 断电做惯性转动；同时，接触器 KM_2 和接触器 KM_4 线圈获电吸合，KM_2、KM_4 主触头闭合，主轴电动机 M_1 串入电阻 R 反接制动。当 M_1 转速下降到 120r/min 时，速度继电器 SR_2 常开触头断开，接触器 KM_2 和 KM_4 断电释放，停车制动结束。

d. 主轴电动机 M_1 的高、低速转换控制。如果要求主轴电动机在低速（△）运行时，通过变速手柄将变速行程开关 SQ 的常开触头处于断开状态，时间继电器 KT 线圈断电，接触器 KM_5 线圈也断电，主轴电动机 M_1 由接触器 KM_4 接成△形运行。

如果要求主轴电动机 M_1 在高速运行时，通过变速手柄将变速行程开关 SQ 的常开触头压合，然后再按下 SB_2，中间继电器 KA_1，时间继电器 KM_3、KM_1、KM_4 的线圈先后获电吸合，电动机接成△形低速启动；KT 的常闭触头延时断开，接触器 KM_4 线圈断电释放，由于 KT 的常开触头延时闭合，接触器 KM_5 线圈获电吸合；KM_5 常开触头闭合，将主轴电动机 M_1 接成 YY 高速运行。

② 快速移动电动机 M_2 的控制。主轴的轴向进给、主轴箱（包括尾架）的垂直进给、工作台的纵向和横向进给等快速移动，是由电动机 M_2 通过齿轮、齿条等来完成的。将快速移动手柄向里推时，压合行程开关 SQ_8，接触器 KM_6 线圈获电吸合，电动机 M_2 正向启动，实现快速正向移动。将快速移动手柄向外拉，压合行程开关 SQ_7，接触器 KM_7 线圈获电吸合，电动机 M_2 反向启动，实现反向快速移动。

（2）电气控制线路故障检修

T68 型卧式镗床电气控制线路故障检修见表 8-10。

表 8-10　T68 型卧式镗床电气控制线路故障检修表

故障现象	故障出现的范围或故障点	重点检测对象或检测点
所有电动机都不能启动	无电源电压；熔断器 FU_1 断路；熔断器，FU_2 断路；变压器 TC 坏；熔断器 FU_4 断路	熔断器 FU_1；熔断器 FU_2；熔断器 FU_4；变压器 TC
主轴电动机 M_1 不能启动	热继电器 FR 主通路有断点；主轴电动机 M_1 绕组有问题；接触器 KM_4 主触点接触不良，8 区行程开关 SQ_1 常闭触点接触不良，停止按钮 SB_1 常闭触点接触不良；12 区行程开关 SQ_3、SQ_4 常开触点压合接触不良；接触器 KM_3 线圈损坏；19 区接触器 KM_3 常开触点闭合接触不良；热继电器 FR 辅助常闭触点接触不良；22 区时间继电器 KT 瞬时闭合延时断开常闭触点接触不良，接触器 KM_5 常闭触点接触不良	主轴电动机 M_1 绕组；8 区行程开关 SQ_1 常闭触点，停止按钮 SB_1 常闭触点；12 区行程开关 SQ_3 常开触点；SQ_4 常开触点；19 区接触器 KM_3 常开触点
主轴电动机 M_1 不能正转启动	接触器 KM_1 主触点闭合接触不良；8 区正转启动按钮 SB_2 常开触点压合接触不良；中间继电器 KA_2 常闭触点接触不良；中间继电器 KA_1 线圈损坏；12 区中间继电器 KA_1 常开触点闭合接触不良；18 区中间继电器 KA_1 常开触点闭合接触不良；17 区接触器 KM_2 常闭触点接触不良；接触器 KM_1 线圈损坏	接触器 KM_1 主触点；8 区中间继电器 KA_2 常闭触点；12 区中间继电器 KA_1 常开触点；17 区接触器 KM_2 常闭触点；18 区中间继电器 KA_1 常开触点
主轴电动机 M_1 不能反转启动	接触器 KM_2 主触点闭合接触不良；10 区正转启动按钮 SB_3 压合接触不良；中间继电器 KA_1 常闭触点接触不良；中间继电器 KA_2 线圈损坏；13 区中间继电器 KA_2 常开触点闭合接触不良；19 区中间继电器 KA_2 常开触点闭合接触不良；20 区接触器 KM_1 常闭触点接触不良；接触器 KM_2 线圈损坏	接触器 KM_2 主触点；10 区中间继电器 KA_1 常闭触点；13 区中间继电器 KA_2 常开触点；20 区接触器 KM_1 常闭触点；19 区中间继电器 KA_2 常开触点

故障现象	故障出现的范围或故障点	重点检测对象或检测点
主轴电动机 M_1 不能高速运转	接触器 KM_5 主触点闭合接触不良；13 区行程开关 SQ_9 常开触点压合接触不良；时间继电器 KT 线圈损坏；23 区时间继电器 KT 瞬时断开延时闭合常开触点闭合接触不良；接触器 KM_4 常闭触点接触不良；接触器 KM_5 线圈损坏	接触器 KM_5 主触点；13 区行程开关 SQ_9 常开触点；23 区时间继电器 KI 瞬时断开延时闭合触点；接触器 KM_4 常闭触点
主轴电动机 M_1 不能点动	17 区主轴电动机 M_1 正转点动按钮 SB_4 常开触点压合接触不良；20 区主轴电动机 M_1 反转点动按钮 SB_5 压合接触不良	正转点动按钮 SB_4；反转点动按钮 SB_5
主轴电动机 M_1 不能制动	17 区速度继电器反转闭合触点 SR_1 闭合接触不良；21 区速度继电器正转闭合触点 SR_2 闭合接触不良	17 区反转闭合触点 SR_1；21 区正转闭合触点 SR_2
主轴及进给变速无冲动	15 区 SQ_3 常闭触点接触不良；速度继电器 SR_2 常闭触点接触不良；16 区行程开关 SQ_6 常开触点压合接触不良；15 区行程开关 SQ_5 常开触点压合接触不良	15 区 SQ_3 常闭触点；速度继电器 SR_2 常闭触点；16 区行程开关 SQ_6 常开触点
进给电动机 M_2 不能正转启动	接触器 KM_6 主触点闭合接触不良；24 区行程开关 SQ_7 常闭触点接触不良；行程开关 SQ_8 常开触点压合接触不良；接触器 KM_7 常闭触点接触不良；接触器 KM_6 线圈损坏	接触器 KM_6 主触点；24 区行程开关 SQ_7 常闭触点；接触器 KM_7 常闭触点
进给电动机 M_2 不能反转启动	接触器 KM_7 主触点闭合接触不良；25 区行程开关 SQ_7 常开触点压合接触不良；行程开关 SQ_8 常闭触点接触不良；接触器 KM_6 常闭触点接触不良；接触器 KM_7 线圈损坏	接触器 KM_7 主触点；25 区行程开关 SQ_8 常闭触点；接触器 KM_6 常闭触点

4. X52K 型立式升降台铣床电气控制线路（图 8-53）

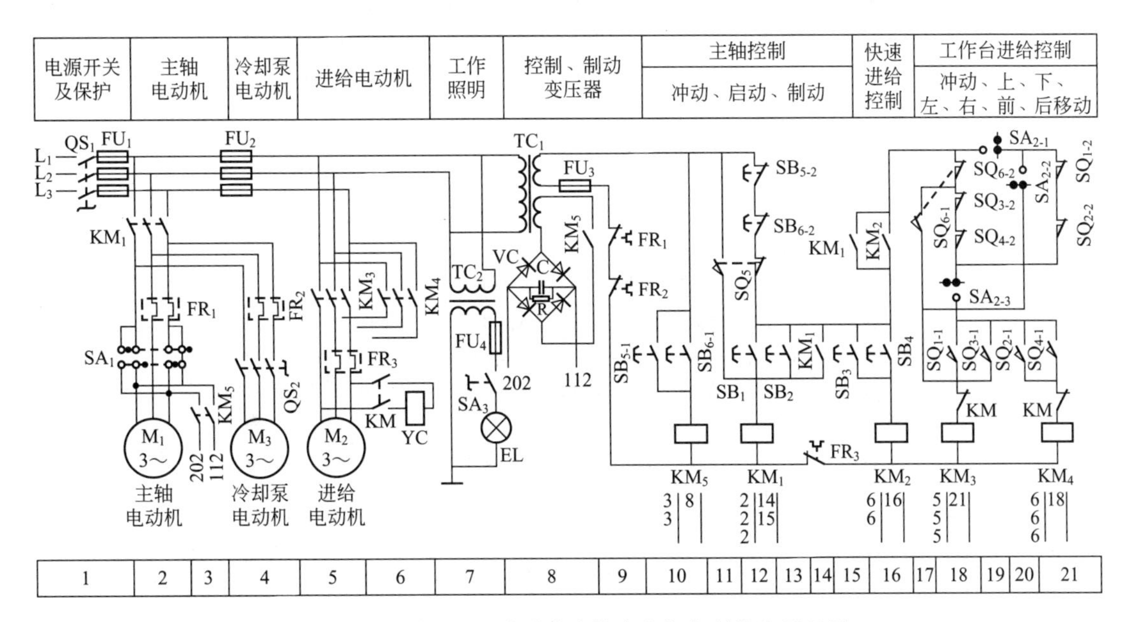

图 8-53　X52K 型立式升降台铣床电气控制线路原理图

（1）线路分析

主电路有 3 台电动机：主轴电动机 M_1、冷却泵电动机 M_2 和工作台进给电动机 M_3。

a. 主轴电动机 M_1 的控制。按下启动按钮 SB_1 或 SB_2（X52K 设置了两套按钮装置，用以实现两地控制），接触器 KM_2 线圈通电吸合，KM_2 的主触头闭合，主轴电动机 M_1 通电转动，M_1 的转动方向由转换开关 SA_5 控制；同时，KM_2 的常开触头闭合，接通工作台控制电路的电源。

按下停止按钮 SB_3 或 SB_4，接触器 KM_2 断电释放；同时，接触器 KM_1 线圈通电吸合，将直流电加到电动机 M_1 的定子绕组，进行能耗制动，松开 SB_3 或 SB_4，KM_1 断电释放，主轴电动机 M_1 制动结束。

行程开关 SQ_7 与主轴调速机构联动，在切换主轴转速时，使主轴电动机 M_1 短时冲动，易于齿轮啮合。

b. 冷却泵电动机 M_2 的控制。冷却泵电动机 M_2 由转换开关 SA_3 控制，合上 SA_3，冷却泵电动机 M_2 与主轴电动机 M_1 同时启动。

c. 工作台进给电动机 M_3 的控制。工作台进给电动机 M_3 可正反向运转，正向由接触器 KM_4 控制，工作台可向右、向前、向下进给。反向由接触器 KM_5 控制，工作台可向左、向后、向上进给。另外，工作台还可以快速进给，快速进给由接触器 KM_3 和电磁铁 YA 接制。

（2）电气控制线路故障检修

X52K 型立式升降台铣床电气控制线路故障检修见表 8-11。

表 8-11　X52K 型立式升降台铣床电气控制线路故障检修表

故障现象	故障出现的范围或故障点	重点检测对象或检测点
所有电动机都不能启动	无电源电压，总开关 QS_1 损坏，熔断器 FU_1 断路；熔断器 FU_2 断路；变压器 TC 损坏；熔断器 FU_3 断路；9 区热继电器 FR_1、FR_2 常闭触点接触不良；12 区停止按钮 SB_{5-2}、SB_{6-2} 常闭触点接触不良；行程开关 SQ_5 常闭触点接触不良	熔断器 FU_1、FU_2、FU_3；热继电器 FR_1、FR_2；12 区停止按钮 SB_{5-2}、SB_{6-2} 常闭触点；行程开关 SQ_5 常闭触点
主轴电动机 M_1 不能启动	接触器 KM_1 主触点闭合接触不良（此时冷却泵电动机 M_2 不能启动）；热继电器 FR_1 主通路有断点；正、反转转换开关 SA_1 损坏；主轴电动机 M_1 本身有故障；接触器 KM_1 线圈损坏（其他原因与“所有电动机都不能启动相同”）	接触器 KM_1 主触点；主轴电动机 M_1 绕组（其他同上）
冷却泵电动 M_3 不能启动	热继电器 FR_2 主通路有断点，转换开关 QS_2 损坏；冷却泵电动机 M_3 绕组有故障	冷却泵电动机 M_3 绕组
主轴不制动	3 区中接触器 KM_5 常开触点闭合接触不良；8 区中接触器 KM_5 常开触点闭合接触不良；整流器 VC 损坏，接触器 KM_5 线圈损坏；停止按钮 SB_5、SB_6 常开触点压合接触不良	3 区接触器 KM_5 常开触点；8 区接触器 KM_5 常开触点；整流器 VC
进给电动机 M_2 不能启动	热继电器 FR_3 主通路有断点；接触器 KM_3、KM_4 主触点闭合接触不良；进给电动机 M_2 绕组损坏；13 区热继电器 FR_3 常闭触点接触不良，15 区接触器 KM_1 常开触点接触不良；圆工作台转换开关 SA_{2-3} 触点接触不良	接触器 KM_3 主触点；接触器 KM_4 主触点；进给电动机 M_2 绕组；15 区接触器 KM_1 常开触点；圆工作台转换开关 SA_{2-3} 触点
工作台不能左、右进给	行程开关 SQ_{6-2}、SQ_{3-2}、SQ_{4-2} 常闭触点接触不良；行程开关 SQ_{1-1} 触点压合接触不良；行程开关 SQ_{2-1} 压合接触不良	行程开关 SQ_{6-2}、SQ_{3-2}、SQ_{4-2} 常闭触点
工作台不能前后、上下进给	行程开关 SQ_{1-2}、SQ_{2-2} 常闭触点接触不良；圆工作台转换开关 SA_{2-1} 触点接触不良；行程开关 SQ_{3-1}、行程开关 SQ_{4-1} 压合接触不良	行程开关 SQ_{1-2}、SQ_{2-2} 常闭触点；圆工作台转换开关 SA_{2-1}
工作台不能快速移动	快速进给启动按钮 SB_3 或 SB_4 常开触点压合接触不良；接触器 KM_2 线圈损坏，16 区接触器 KM_2 常开触点闭合接触不良；6 区接触器 KM_2 主常开触点接触不良；电磁铁 YC 线圈损坏	接触器 KM_2 线圈；16 区接触器 KM_2 常开触点；16 区接触器 KM_2 常开触点；电磁铁 YC 线圈
其他	主轴变速不能冲动：行程开关 SO_5 常开触点压合接触不良；进给变速无冲动：行程开关 SQ_{6-1} 常开触点压合接触不良；工作台不能向相应的方向移动：相应方向的行程开关压合接触不良或机械啮合有问题；工作台无圆工作：转换开关 SA_{2-2} 触点闭合接触不良	

5. X62W 型铣床电气控制线路（图 8-54）

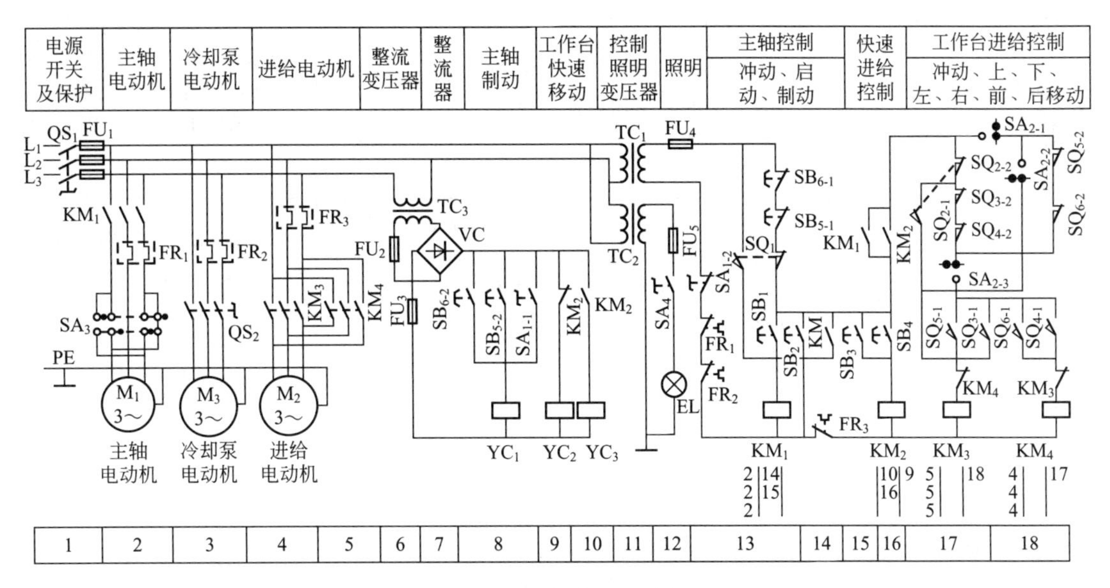

图 8-54　X62W 型万能铣床电气控制线路原理图

（1）线路分析

主电路有 3 台电动机，其中 M_1 是主轴电动机，M_2 是工作台进给电动机，M_3 是冷却泵电动机。

① 主轴电动机 M_1 的控制。合上源开关 QS_1（将主轴转向转换开关 SA_4 扳到所需位置），按下启动按钮 SB_3 或 SB_4，接触器 KM_1 线圈获电吸合；KM_1 常开主触头闭合，主轴电动机 M_1 启动。

当主轴电动机 M_1 的转速高于 100r/min 时，速度继电器 SR 的常开触头 SR_1 或 SR_2 闭合，为主轴电动机 M_1 的停车制动作好准备。

按下停止按钮 SB_1 或 SB_2，接触器 KM_1 断电释放，同时，接触器 KM_2 线圈获电吸合；KM_2 主触头闭合，使主轴电动机 M_1 的电源相序改变，进行反接制动。当主轴电动机 M_1 的转速低于 100r/min 时，速度继电器 SR 的常开触头自动断开，使电动机 M_1 的反向电源切断，制动过程结束，主轴电动机 M_1 停转。

行程开关 SQ_7 与主轴调速机构联动，在切换主轴转速时，使主轴电动机 M_1 短时冲动，易于齿轮啮合。

② 工作台进给电动机 M_2 的控制。转换开关 SA_1 是控制圆工作台运动的，在不需要圆工作台运动时；转换开关 SA_1 的触头 SA_{1-1} 闭合，SA_{1-2} 断开，SA_{1-3} 闭合。

工作台作进给运动时，转换开关 SA_{2-1} 断开，SA_{2-2} 闭合。工作台的运动由手柄控制，有上、下、左、右、前、后 6 个方向。

③ 冷却泵电动机 M_3 的控制。在主轴电动机 M_1 启动后，将转换开关 SA_3 闭合，接触器 KM_6 线圈获电吸合，冷却泵电动机 M_3 启动。

（2）电气控制线路故障检修

X62W 型万能铣床电气控制线路故障检修见表 8-12。

表 8-12　X62W 型万能铣床电气控制线路故障检修表

故障现象	故障出现的范围或故障点	重点检测对象或检测点
所有电动机都不能启动	无电源电压；电源总开关 QS_1 损坏，熔断器 FU_1 断路；熔断器 FU_4 断路；13 区主轴电动机 M_1 停止按钮 SB_{5-1}、SB_{6-1} 常闭触点接触不良，行程开关 SQ_1 常闭触点接触不良；上刀制动开关 SA_{1-2} 触点接触不良；热继电器 FR_1、FR_2 辅助常闭触点接触不良；控制变压器 TC_1 损坏	熔断器 FU_1、FU_2 行程开关 SQ_1 常闭触点；热继电器 FR_1、FR_2 辅助常闭触点；上刀制动开关 SA_{1-2} 常闭触点
主轴电动机 M_1 不能启动	接触器 KM_1 主触点闭合接触不好（此时冷却泵电动机 M_3 不能启动），热继电器 FR_1 主通路有断点；主轴电动机 M_1 正、反转转换开关 SA_3 有故障；主轴电动机 M_1 绕组有问题。其他原因与“所有电动机都不能启动”相同	接触器 KM_1 主触点；正、反转转换开关 SA_3；主轴电动机 M_1 绕组
冷却泵电动机 M_3 不能启动	热继电器 FR_2 主通路有断点；转换开关 QS_2 有故障，冷却泵电动机 M_3 绕组有故障	冷却泵电动机 M_3 绕组
主轴不制动	主轴电动机停止按钮常开触点 SB_{5-2}、常开触点 SB_{6-2} 压合接触不良；电磁铁 YC_1 线圈损坏	电磁铁 YC 线圈
进给电动机 M_2 不能启动	热继电器 FR_3 主通路有断点；接触器 KM_3 主触点闭合接触不良；接触器 KM_4 主触点闭合接触不良；进给电动机 M_2 绕组损坏；14 区热继电器 FR_3 常闭触点接触不良；15 区接触器 KM_1 常开触点闭合接触不良；圆工作台转换开关 SA_{2-3} 触点接触不良	接触器 KM_3 主触点；接触器 KM_4 主触点；进给电动机 M_2 绕组，15 区接触器 KM_1 常开触点；圆工作台转换开关 SA_{2-3} 触点
工作台不能左、右进给	行程开关 SQ_{2-2}、SQ_{3-2}、SQ_{4-2} 常闭触点接触不良；行程开关 SQ_{5-1} 常开触点闭合接触不良；行程开关 SQ_{6-1} 常开触点闭合接触不良	行程开关 SQ_{2-2}、SQ_{3-2}、SQ_{4-2} 常闭触点
工作台不能前、后、上、下进给	行程开关 SQ_{5-2}、SQ_{3-2}、SQ_{4-2} 常闭触点闭合接触不好；行程开关 SQ_{6-1} 常开触点闭合接触不良	行程开关 SQ_{2-2}、SQ_{3-2}、SQ_{4-2} 常闭触点
工作台不能快速移动	快速进给启动按钮 SB_3 或 SB_4 常开触点压合接触不良；接触器 KM_2 线圈损坏；10 区接触器 KM_2 常开触点闭合接触不好；电磁铁 YC_3 线圈损坏	接触器 KM_2 线圈；10 区接触器 KM_2 常开触点；电磁铁 YC_3 线圈
主轴不能制动；且工作台不能快速移动	变压器 TC_3 损坏；熔断器 FU_2 断路；整流器 VC 损坏或有一桥臂断路，熔断器 FU_3 断路	变压器 TC_3；熔断器 FU_2；熔断器 FU_3；整流器 VC
其他	主触变速不能冲动：行程开关 SQ_1 常开触点压合接触不良；进给变速无冲动：行程开关 SQ_{2-1} 常开触点压合接触不良；工作台不能向相应的方向移动进给：相应方向的行程开关压合接触不良或机械啮合有问题；工作台无圆工作：圆工作台转换开关 SQ_{2-2} 触点接触闭合不良	

6. Z3040 型摇臂钻床电气控制线路（图 8-55）

（1）线路分析

主电路有 4 台电动机，M_1 为主轴电动机，M_2 为摇臂升降电动机，M_3 是液压泵电动机，M_4 是冷却泵电动机。

① 主轴电动机 M_1 的控制。按下 SB_2，接触器 KM_1 线圈获电吸合；KM_1 主触头闭合，主轴电动机 M_1 获电单向启动，通过离合器带动主轴转动。主轴需要停车时，利用操作机构，将主轴与电动机 M_1 分离，实现主轴停车，而此时，M_1 电动机仍在运转。

② 摇臂升降电动机 M_2 和液压泵电动机 M_3 的控制。按下 SB_3（上升按钮）或 SB_4（下降按钮），继电器 KT 获电吸合，KT 的瞬时闭合以及延时断开常开触头闭合，液压泵电动

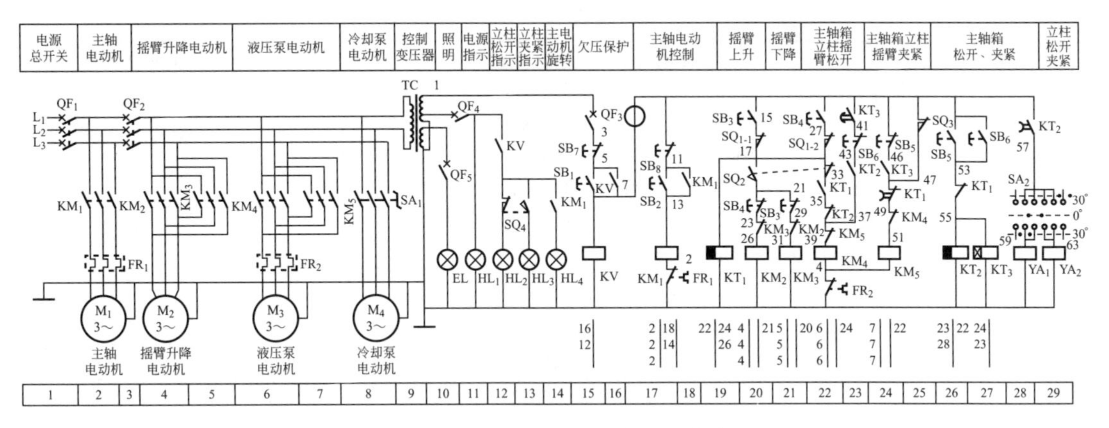

图 8-55　Z3040 型摇臂钻床电气控制线路原理图

机 M_3 获电启动，提供液压油，推动液压装置使摇臂松开；同时，活塞使限位开关 SQ_2 的常闭触头断开，接触器 KM_4 线圈断电释放，电动机 M_3 停转，而 SQ_2 的常开触头闭合，接触器 KM_2 获电吸合，摇臂升降电动机 M_2 启动，带动摇臂升降。

按下 SB_3 或 SB_4，接触器 KM_2 和时间继电器 KT 断电释放，电动机 M_2 停转，摇臂停止升降，K、T 的常闭触头延时闭合，使接触器 KM_5 获电吸合；KM_5 主触头闭合，电动机 M_3 反向启动，液压油推动活塞使行程开关 SQ_3 的常闭触头断开，接触器 KM_5 断电释放。同时，KT 的常开触头延时断开，电磁铁 YA 断电释放，电动机 M_3 断电停转。

SQ_1 是摇臂升降到极限位置时，使电动机 M_2 停转的限位开关。

③ 冷却泵电动机 M_4 的控制。冷却泵电动机 M_4 由转换开关 SQ_2 直接控制。

(2) 电气控制线路故障检修

Z3040 型摇臂钻床电气控制线路故障检修见表 8-13。

表 8-13　Z3040 型摇臂钻床电气控制线路故障检修表

故障现象	故障出现的范围或故障点	重点检测对象或检测点
所有电动机都不能启动	无电源电压；电源总开关 QF_1 损坏；自动空气开关 QF_2 损坏；控制变压器 TC 损坏；自动空气开关 QF_3 损坏；15 区停止按钮 SB_7 常闭触点接触不良；启动按钮 SB_1 常开触点压合接触不良；欠电压继电器 KV 线圈损坏；16 区 KV 常开触点不能自锁	电源开关 QF_1；自动空气开关 QF_2；15 区停止按钮 SB_7 常闭触点
主轴电动机 M_1 不能启动	接触器 KM_1 主触点闭合接触不良；热继电器 FR_1 主通路有断点；主轴电动机 M_1 绕组有问题；主轴电动机 M_1 启动按钮 SB_2 常开触点压合接触不良；停止按钮 SB_8 常闭触点接触不良；接触器 KM_1 线圈损坏，热继电器 FR_1 辅助触点接触不良	主轴电动机 M_1 绕组；接触器 KM_1 主触点；停止按钮 SB_8 常闭触点，热继电器 FR_1 辅助触点
摇臂不能上升	接触器 KM_2 触点闭合不好；摇臂升降电动机 M_2 绕组有问题（此时摇臂不能下降）；20 区按钮 SB_2 常开触点压合接触不良；行程开关 SQ_{1-1} 常闭触点接触不良；行程开关 SQ_2 常开触点压合接触不良（此时摇臂不能下降）；20 区按钮 SB_4 常闭触点接触不良；接触器 KM_3 常闭触点接触不良，接触器 KM_3 线圈损坏（其他原因同液压泵电动机 M_3 不能正转启动）	接触器 KM_2 主触点，摇臂升降电动机 M_2 绕组，行程开关 SQ_{1-1} 常闭触点；按钮 SB_4 常闭触点；20 区接触器 KM_3 常闭触点；行程开关 SQ_2 常开触点
摇臂不能下降	接触器 KM_3 主触点闭合接触不良；摇臂下降启动按钮 SB_3 压合接触不良，行程开关 SQ_{1-2} 接触不良，按钮 SB_3 常闭触点接触不良；接触器 KM_2 常闭触点接触不良，接触器 KM_3 线圈损坏（其他见液压泵电动机 M_3 不能定转启动）	接触器 KM_3 主触点，行程开关 SQ_{1-2} 常闭触点；按钮 SB_3 常闭触点；接触器 KM_2 常闭触点

续表

故障现象	故障出现的范围或故障点	重点检测对象或检测点
液压泵电动机 M_3 不能正转启动(或摇臂不能放松)	热继电器 FR_2 主通路有断点;接触器 KM_4 主触点闭合接触不良;液压泵电动机 M_3 绕组有故障,22 区位置开关 SQ_2 常闭触点接触不良;时间继电器 KT_1 瞬时常开触点闭合接触不良;时间继电器 KT_2 瞬时常闭触点接触不良;接触器 KM_4 线圈损坏,热继电器 FR_2 辅助常闭触点接触不良	接触器 KM_1 主触点,液压泵电动机 M_3 绕组;22 区位置开关 SQ_2 常闭触点;时间继电器 KT_1 瞬时常开触点;时间继电器 KT_2 瞬时常闭触点;热继电器 FR_2 辅助常闭触点
液压泵电动机 M_3 不能反转(或摇臂不能夹紧)	接触器 KM_5 主触点接触不良;25 区位置开关 SQ_3 闭合接触不良;24 区时向继电器 KT_1 瞬时断开延时闭合常用触点接触不良;接触器 KM_4 常闭触点接触不良;接触器 KM_5 线圈损坏	接触器 KM_5 主触点;25 区位置开关 SQ_3 常闭触点;24 区时间继电器 KT_1 瞬时断开延时闭合常闭触点;接触器 KM_4 常闭触点
主轴箱不能松开或夹紧	转换开关 SA_2 接触不良,电磁铁 YA_1 线圈损坏;26 区时间继电器 KT_1 瞬时常闭触点接触不良;启动按钮 SB_5、SB_6 压合接触不良;时间继电器 KT_2、KT_3 线圈损坏	电磁铁 YA_1 线圈;转换开关 SA_2
冷却泵电动机 M_4 不能启动	转换开关 SA_1 闭合接触不良;冷却泵电动机 M_4 绕组有问题	冷却泵电动机 M_4 绕组

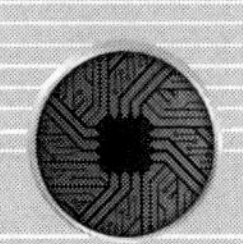

第九章

安全用电

第一节　电气安全基础知识

一、绝缘

我们把能传导电流的物体称为导体，把不善于传导电流的物体称为绝缘体。绝缘体的主要作用是用它来将电位不等的导体分隔开，例如将带电体与其他带电体、导电体或人分开，达到防止发生短路、触电事故的目的。所以绝缘体是电气设备结构的重要组成部分。

绝缘可分为气体绝缘、液体绝缘和固体绝缘。这三类绝缘及其不同组合广泛地应用在电力系统中，设备绝缘性能的好坏是衡量电气设备健康水平的重要指标。

在运行过程中，由于通电导体发热等因素影响，绝缘会慢慢老化，使绝缘性能逐渐下降，最后甚至丧失绝缘性能，或者由于过电压、外力破坏等影响，造成设备绝缘击穿，发生事故。因此，要经常监视和检测电气设备绝缘性能，以保证电气设备安全运行。检测电气设备绝缘性能常用电气试验方法，本节将对绝缘性能指标和常用的电气试验作简要介绍。

1. 绝缘性能指标

绝缘性能包括电气性能、热性能（耐热、耐寒等）、吸潮性能、化学稳定性能等，其主要性能是电气性能和耐热性能。

(1) 电气性能

绝缘的电气性能常用绝缘电阻、耐压强度、泄漏电流、介质损耗等指标来衡量，可以通过电气试验来检测。常用电气设备的绝缘预防性试验项目、周期及标准见表 9-1。

表 9-1　常用电气设备的绝缘预防性试验项目、周期及标准

设备名称	额定电压/kV	绝缘电阻/MΩ		泄漏电流/μA		tanδ/%		直流耐压值/kV		交流耐压值/kV	
		周期	标准①	周期	标准①	周期	标准①	周期	标准①	周期	标准①
电力变压器	6	1. 交接时	300	1. 交接时	33	1. 交接时	3.5(4.5)②				21(25)③
	10	2. 大修后	300	2. 大修后	33	2. 大修后	3.5(4.5)			1. 交接时	30(35)
	35	3. 运行中	400	3. 运行中	50	3. 运行中	3.4(4.5)			2. 大修后	72(85)
	60	1～2 年一次	800	1～2 年一次	50	1～2 年一次	2.5(3.5)				120(140)
电压互感器	6	1. 交接时	400			1. 交接时	3.5(5.0)			1. 交接时	28(32)
	10	2. 大修后	450			2. 大修后	3.5(5.0)			2. 大修后	38(42)
	35	3. 运行中	600			3. 运行中	3.5(5.0)			1～3 年一次	85(95)
	60	1～2 年一次	1000			1～2 年一次	2.5(3.5)				125(140)

续表

设备名称	额定电压/kV	绝缘电阻/MΩ		泄漏电流/μA		tanδ/%		直流耐压值/kV		交流耐压值/kV	
		周期	标准①	周期	标准①	周期	标准①	周期	标准①	周期	标准①
电流互感器	6 10 35 60	1. 交接时 2. 大修后 3. 运行中 1～2年一次	500 500 1000 1000			1. 交接时 2. 大修后 3. 运行中 1～2年一次	3.0(6.0) 3.0(6.0) 3.0(6.0) 2.0(3.0)			1. 交接时 2. 大修后 1～3年一次	28(32) 38(42) 85(95) 140(155)
少(多)油断路器	6 10 35 60	1. 交接时 2. 大修后 3. 运行中 1～2年一次	500 500 1000 1000	1. 交接时 2. 大修后 3. 运行中 1～2年一次	10 10	1. 交接时 2. 大修后 3. 运行中 1～2年一次	3.0(6.0) 3.0(6.0) 3.0(6.0) 2.0(3.0)			1. 交接时 2. 大修后 1～3年一次	28(32) 38(42) 85(95) 140(155)
隔离开关	6 10 35 60	1. 交接时 2. 大修后 3. 运行中 1～2年一次	500 500 1000 1000							1. 交接时 2. 大修后	32 42 95 155
套管	6 10 35 60	1. 交接时 2. 大修后 3. 运行中 1～2年一次	500 500 1000 1000							1. 交接时 2. 大修后	32 42 100 165
支柱绝缘子	6 10 35 60	1～2年一次	500 500 1000 1000							交接时 2～3年一次	32 42 100 165
电力电缆	2～10 35 60	交接时 1～2年一次	400～1000 600～1500 1000	交接时 1～3年一次	20～50 85			交接时 1～3年一次	6(5)U_N④ 5(4)U_N $3U_N$		
电力电容器	<1 3 6 10	交接时	自行规定			交接时 1～2年一次	1.0			交接时	2.1(2.5) 15(18) 21(25) 30(35)
交流电动机	0.4 3 6 10	1. 交接时 2. 大修时 3. 小修时	0.5 140 300 450	1. 大修时 2. 更换绕组后 3. 小修时	自行规定(>500kW)			1. 交接时 2. 大修后 更换绕组后	1.0 7.5 15 25	1. 交接时 2. 大修后 更换绕组后	1 5 1.0 16

① 绝缘电阻、泄漏电流、介质损失角正切值均指温度为20℃时的数值。

② 括号外的数字适用于交接及大修后，括号内的数字适用于运行中。

③ 括号外的数字适用于交接及大修后，括号内的数字适用于出厂试验。

④ U_N 为设备额定电压，括号外数字适用于交接试验，括号内数字适用于运行中。

（2）耐热性能

耐热性能是指绝缘材料及其制品承受高温而不损坏的能力。绝缘材料的耐热等级见表9-2。绝缘材料如果超过极限工作温度运行，会加速绝缘材料电气性能老化，使绝缘能力降低，最终导致绝缘击穿，造成事故。

表 9-2 绝缘材料的耐热等级

耐热等级代号	极限工作温度/℃	绝缘材料及其制品举例
Y	90	棉纱、布带、纸
A	105	黄(黑)蜡布(绸)
E	120	玻璃布、聚酯薄膜
B	130	黑玻璃漆布、聚酯漆包线
F	155	云母带、玻璃漆布
H	180	有机硅云母制品、硅有机玻璃漆布
C	180 以上	纯云母、陶瓷聚四氟乙烯

二、屏护、间距与安全标志

1. 屏护

屏护就是用防护装置将带电部位、带电场所或带电设备与周围隔离开来。这样可防止人触及或接近带电体而发生触电，也可防止设备之间、线路之间由于绝缘强度不够发生短路事故，还可保护电气设备不受机械损伤。因此，屏护是安全工作的重要措施。常用的屏护装置有以下几种：

(1) 遮栏

遮栏常用于室内高压配电装置，做成网状形，网孔尺寸在（20mm×20mm）～(40mm×40mm）之间，遮栏高度应不低于 0.70m，遮栏底部距地面不应大于 100mm。运行中的金属遮栏应接地并加锁。

《国家电网公司电力安全工作规程（变电站和发电厂电气部分）(试行)》(2005 年)(以下简称《安规》）中规定：部分停电的工作，安全距离小于表 9-3 规定距离以内的未停电设备，应装设临时遮栏，临时遮栏与带电部分的距离，不得小于表 9-4 规定的数值。临时遮栏可用干燥木材、橡胶或其他坚韧绝缘材料制成，装设应牢固，并悬挂“止步，高压危险!”标示牌。35kV 及以下的临时遮栏，如因工作特殊需要，可用绝缘挡板与带电部分直接接触，但这种挡板应具有高度的绝缘性能，并符合“绝缘安全工器具试验项目、周期和要求”的规定。

《安规》又规定：在室外高压设备上工作，应在工作地点四周装设围栏，其出入口要围到临近道路旁边，并设有“从此进出!”标示牌（标示牌应朝向围栏里面)，若室外配电装置的大部分设备停电，只有个别地点保留有带电设备而其他设备无触及带电体可能时，可以在带电设备四周装设全封闭围栏，围栏上悬挂适当数量的“止步，高压危险!”标示牌，严禁越过围栏。

(2) 栅栏

栅栏常用于室外高压配电装置，其高度不应低于 1.5m。装设在户内时，栅栏高度不应低于 1.2m，栅条间距离和最低栏杆至地面距离都不应大于 200mm。金属制作的栅栏应接地。

(3) 围墙

室外落地式安装的变配电设备有时设置围墙，墙体高度应在 2.5m 以上；10kV 及以下落地式变压器四周设置遮栏，遮栏与变压器外壳距离不小于 0.8m。

(4) 保护网

保护网有铁丝网和铁板网。其作用是防止人触碰带电体，防止高处坠落物造成事故，还有防止小动物进入高压配电室等。高压配电室窗户要用钢板护网，网孔直径不能大于10mm。

设置屏护装置应严格按安全间距要求并符合有关规定，还应根据需要和规定配有明显、醒目的安全标志。对要求较高的屏护装置，还应装设信号指示和联锁装置。当人跨越或移开屏护时，能报警或自动切断电源。屏护装置应符合防火要求，需有足够的机械强度，安装应牢固。

2. 间距

间距又称安全距离，它是指为了防止触电事故或短路事故而规定的带电体之间、带电体与地及其他设施之间必须保持的最小空间距离。间距的大小主要是根据带电体电压的高低、带电体设备的状况及安装方式确定，在技术规程中作出了明确规定。凡从事电气设计、电气安装、电气运行维护及检修等工作的电气工作人员，都必须严格遵守。

按 DL 408-91《电业安全工作规程（发电厂和变电所电气部分)》和《安规》中规定，设备不停电时的安全距离见表 9-3。

表 9-3　设备不停电时的安全距离

电压等级/kV	安全距离/m	电压等级/kV	安全距离/m
10 及以下(13.8)	0.70	220	3.00
20～35	1.00	330	4.00
60～110	1.50	500	5.00

DL708-91《电业安全工作规程（发电厂和变电所电气部分)》和《安规》中规定检修工作时，工作人员工作中正常活动范围与带电设备的安全距离见表 9-4。

表 9-4　工作人员工作中正常活动范围与带电设备的安全距离

电压等级/kV	10 及以下(13.8)	20.35	63(66)110	220	330	500
安全距离/m	0.35	0.60	1.50	3.00	4.00	5.00

如果设备与检修工作人员在工作中正常活动范围的距离小于表 9-4 的规定，则检修工作中该设备必须停电。

如果设备与检修工作人员在工作中正常活动范围的距离虽大于表 9-4 的规定，但小于表 9-3 的规定，则检修工作中应采用绝缘挡板、安全遮栏措施，否则该设备也必须停电。

《安规》中规定，车辆（包括装载物）外廓至无遮拦带电部分之间的安全距离见表 9-5。

表 9-5　车辆（包括装载物）外廓至无遮拦带电部分之间的安全距离

电压等级/kV	35	63(66)	110	220	330	500
安全距离/m	1.15	1.40	1.65(1.75)	2.55	3.25	4.55

注：括号内数字为 110kV 中性点不接地系统所使用。

《安规》中还规定使用携带型火炉或喷灯时，火焰与带电部分的距离：电压在 10kV 及以下者，不得小于 1.5m；电压在 10kV 以上者，不得小于 3.0m。不得在带电导线、带电设备、变压器、油断路器（开关）附近以及在电缆夹层、隧道、沟洞内对火炉或喷灯加油及点火等。工作中必须严格遵守。

3. 安全标志

安全标志是指为了防止人们触及或过分接近带电体而触电，防止工作人员在工作中发生误判断、误操作而发生事故，在有触电危险的场所及容易产生误判断、误操作的地方和存在不安全因素的现场设置的文字或图形标志，是保证安全的重要技术措施之一。

常用的安全标志如下：

（1）安全色标

我国安全色标的含义基本上与国际安全色标标准相同。安全色标的含义见表 9-6。

表 9-6　安全色标含义

色标	含义	举例
红色	禁止、停止、消防	停止按钮、灭火器、仪表运行极限
黄色	注意、警告	“当心触电”“注意安全”
绿色	安全、通过、允许、工作	如“在此工作”“已接地”
黑色	警告	多用于文字、图形、符号
蓝色	强制执行	“必须戴安全帽”

（2）导体色标

裸母线及电缆芯线的相色或极性标志见表 9-7。

表 9-7　导体色标

类别	导体名称	旧	新
交流电路	L_1	黄	黄
	L_2	绿	绿
	L_3	红	红
	N	黑	淡蓝
直流电路	正极	赭	棕
	负极	蓝	蓝
安全用接地线		黑	绿/黄双色线①

① 按国际标准和我国标准，在任何情况下，绿/黄双色线只能用作保护接地或保护接零线。但在日本及西欧一些国家采用单一绿色线作为保护接地（零）线，我国出口这些国家的产品也是如此。使用这类产品时，必须注意仔细查阅使用说明书或用万用表判别，以免接错线造成触电。

（3）安全标示牌

根据用途，安全标示牌分警告、提示、允许、禁止等类型，悬挂在规定的场所。

常用的标示牌规格及悬挂场所见表 9-8。

表 9-8　标示牌悬挂场所及式样

名称	悬挂处	式样		
		尺寸/mm	颜色	字样
禁止合闸，有人工作！	一经合闸即可送电到施工设备的断路器（开关）和隔离开关（刀闸）操作把手上	200×160 和 80×65	白底，红色圆形斜框，黑色禁止标志符号	黑字

续表

名称	悬挂处	式样		
		尺寸/mm	颜色	字样
禁止合闸，线路有人工作！	线路断路器（开关）和隔离开关（刀闸）把手上	200×160和80×65	白底，红色圆形斜杠，黑色禁止标志符号	黑字
禁止分闸！	接地刀闸与检修设备之间的断路器（开关）操作把手上	200×160和80×65	白底，红色圆形斜杠，黑色禁止标志符号	黑字
在此工作！	工作地点或检修设备上	250×250和80×80	衬底为绿色，中有直径为200mm和65mm的白圆圈	黑字，写于白圆圈中
止步，高压危险！	施工地点临近带电设备的遮栏上；室外工作地点的围栏上；禁止通行的过道上；高压试验地点；室外构架上；工作地点临近带电设备的横梁上	300×240和200×160	白底，黑色正三角形及标志符号，衬底为黄色	黑字
从此上下！	工作人员可以上下的铁架、爬梯上	250×250	衬底为绿色，中有直径为200mm的白圆圈	黑字，写于白圆圈中
从此进出！	室外工作地点围栏的出入口处	250×250	衬底为绿色，中有直径为200mm的白圆圈	黑字，写于白圆圈中
禁止攀登，高压危险！	高压配电装置构架的爬梯上，变压器、电抗器等设备的爬梯上	500×400和200×160	白底，红色圆形斜框，黑色禁止标志符号	黑字

注：在计算机操作系统图上，断路器（开关）和隔离开关（刀闸）操作处设置的“禁止合闸，有人工作!”“禁止合闸，线路有人工作!”和“禁止分闸!”标记可参照表中有关标示牌的式样。

三、安全用电知识

① 无论是集体或个人需要安装电气设备和电灯等用电器具时，应向当地电业部门或管电组织提出用电申请，并由电工进行安装。在使用中，电气设备出现故障时，应由电工进行修理。

② 电灯线不宜过长，灯头离地面不应小于2m。灯头固定在一个地方，不要拉来拉去，以免损坏电线或灯头，造成触电事故。

③ 室内布线不能使用裸线和绝缘不符合要求的电线，电线的截面积必须有足够的容量。若采用暗线敷设电线时，要按规定施工，把塑料导线敷设在粉刷层内或者橡胶电缆直接埋砌在砖墙或水泥层内的做法都是错误的，正确的做法应将塑料导线穿入预埋在墙内的铁管或塑料管内，铁管必须接地线。

④ 熔丝要合乎规格，要根据用电设备的容量（瓦数）来选择，不能用其他金属随意作为熔丝使用。安装熔丝时，先要拉闸，切断电源，然后再装上合乎要求的熔丝。如果熔丝经常熔断，应由电工查明原因，排除故障。

⑤ 各种插座不要安装得过低，平时应注意防潮。照明等控制开关应接在相线（火线）上。

⑥ 广播线、电话线要与电力线分杆架设。广播线、电话线若从电力线下面穿过时，与电力线的垂直距离不应小于1.25m。如果广播线与电力线相撞，广播线喇叭将会发出怪叫声，甚至会冒烟起火。此时，应立即关掉广播线上的开关或用木把斧头、铁锹等迅速砍断广

播线，不要触及带电的线头，更不得用手去拔地线，要请电工及时处理故障。

⑦ 晒衣服的铁丝不要靠近电线，以防铁丝与电线相碰。更不要在电线上晒衣服、挂东西。此外，还要防止藤蔓、瓜秧、树木等接触电线。

⑧ 无论是集体或个人，需要拉接临时电线时，都必须经当地管电组织同意后，由电工负责安装，禁止私拉、乱接临时电线。临时电线要采用橡胶绝缘线，临时电线悬挂要牢固，不得随地乱拖。拆除临时电线时，应先切断电源，从电源一端拆向负载一端。

⑨ 禁止使用“一线一地”的办法安装电灯、杀虫灯等。

⑩ 不要玩弄电线、灯头、开关、电动机等电气设备。教育儿童不要到电动机或变压器附近玩；不要爬电杆或摇晃电杆拉线；不要在电线附近放风筝，一旦风筝落在电线上，要由电工来处理，不能自己猛拉硬扯，以免电线互相碰撞引起停电和触电事故；严禁用石块或弹弓打电线、瓷瓶上的鸟，以防打断电线或打坏瓷瓶。

⑪ 发现落地的电线，要离开 10m 以外。若电线断落在潮湿的水泥处，不要用手去拾；同时要设法看护落地电线，并请电工来处理，以防他人走近而发生触电。

⑫ 移动电气设备时，一定要先拉闸停电，后移动设备，绝不要带电移动。把电动机等带有金属外壳的电气设备移到新的地点后，要先安装好接地线，并对设备进行检查，确认设备无问题后，才能开始使用。

⑬ 不要在电杆和拉线附近挖土，更不能在电杆和拉线附近放炮崩土，以防崩断电线。不要把牲畜拴在电杆或拉线上，以防电杆倾斜、电线相碰，甚至发生倒杆断线事故。

⑭ 电线下方不要立井架。修理房屋或砍伐树木时，对可能碰到的电线，要先拉闸停电。砍伐树木时，应先砍树枝，后锯树干，并使树干倒向没有电线的一侧。

⑮ 在雷雨时，不可走近高压电杆、铁塔、避雷针的接地线和接地体周围，以防雷电入地时周围存在跨步电压而造成触电。遇到雷雨大风时，如发现架空电线断落，所有人员应远离落地点 8～10m，并派专人看守，直到停电抢修完毕。

⑯ 在潮湿、高温、井下或封闭的工作场所应采用安全电压工作，安全电压应由变压器二次线圈获得，不能采用电阻降压法或用自耦变压器等方法获得低压电。

⑰ 万一发生火灾，要迅速拉闸救火。如果不能停电，应盖土、盖沙或用四氯化碳灭火器扑灭，切勿用水或酸碱泡沫灭火器灭电气火灾，以防触电。

⑱ 发现人触电时，切勿用手直接去拉触电的人，而应迅速切断电源后再去救。如果不能立即切断电源，可用木板塞在他的身下，或用干燥衣服垫上数层后拉触电的人，使其脱离电源。

第二节　触电预防及急救

一、电流对人体的作用

触电事故分为电击和电伤两类。电击是由于人体直接接触带电体，电流通过人体使肌肉发生抽筋的现象。若触电者不能立即脱离电源，电流将使人体的神经中枢受到伤害，最后将因心脏麻痹、呼吸困难、大脑缺氧而迅速死亡。电伤是由于电流通过人体外表或人体与带电体之间产生电弧而造成的体表创伤。由于电弧温度很高，将使肢体表面灼伤，甚至会大面积烧伤 ，情况严重的也会导致死亡。

根据研究，影响触电伤亡的因素有通过人体电流的大小和频率、电流通过人体的时间和途径、触电者本身的身体健康状况等。

人体电流的大小取决于人体的外部电阻、内部电阻和人体所承受电压的大小。而人体外部电阻又与人体表面的干燥情况、皮肤角质层的厚薄、触电的部位、接触导电体的面积有关，所以外部电阻的阻值是不恒定的。一般在皮肤表面干燥、皮肤角质层厚、接触部位汗腺及血管少、接触面积小时电阻值较高，能耐受较高的电压（数十伏）。人体内部电阻与外加电压关系不大，一般人的内部电阻阻值约为 1000Ω。

人体所能耐受的电流大小因人而异，但男性对电流的耐受能力较女性高 30%。一般有几毫安工频电流通过人体时，即已使人感到有明显的麻电感觉，并感到呼吸困难。

根据研究及统计，工频交流电流对人体的危害最大，人体对于直流电流的忍受量大约是工频电流的 1 倍，但电流频率大于 1kHz 后，又将使触电危险性减小，其主要原因是高频电流对细胞的机能破坏较小。但高频电流的热效应要在机体内部引起灼烧，所以高频电流过大，也会引起触电死亡。

由于人体电阻是变动的，无法确定一个合适的最高安全电压。根据研究，在人的双手潮湿时，若两手之间的电压为 40V，已经十分危险。所以在比较干燥且没有尘埃的环境中，规定安全电压为 36V；而在环境潮湿、有导电尘埃或是高温环境，特别是在金属容器内，规定的安全电压为 12V。

二、触电方式

1. 人体与带电体直接接触

人体与带电体直接接触，是种很危险的触电事故，此时通过人体的电流与电力系统的中性点是否接地以及人体的触电方式有关。

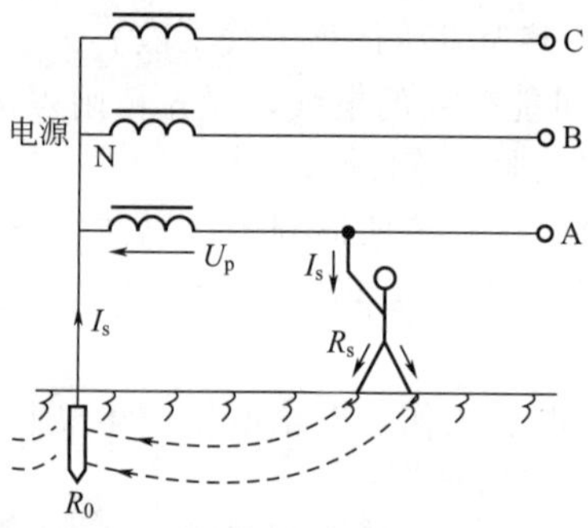

图 9-1　中性点接地系统的单相触电

(1) 中性点接地三相电网中的单相触电

图 9-1 表示在中性点接地电网中，单相触电时人体电流的分布情况，此时通过人体的电流为：

$$I_r = \frac{U_p}{R_r + R_0}$$

式中，U_p 为电网相电压；R_0 为中性点接地电阻；R_r 为人体电阻。

由于 R_0 一般只有几欧，比人体电阻小得多，若人体电阻为 1kΩ，则有 60V 左右的相电压，就能产生致死的触电电流。所以在 110V、220V 相电压的三相电网中发生单相触电，必然会危及生命安全。实际上触电者如穿着干燥的鞋袜，站在干燥的地面上，特别是穿着胶鞋或塑料底鞋时，增加了人体的绝缘电阻，减少了触电的危险性，但是亦不能因此而麻痹大意。为了减小触电的危险，绝对禁止湿手及赤脚站在地面上去接触电气设备。

(2) 中性点不接地三相电网中的单相触电

在中性点对地绝缘的系统中，各相导线对地有绝缘电阻 R_D 和对地电容 C_D。一般 380V 供电线路，因距离较短，$R_D \leqslant X_c$（$X_c = 1/2\pi f C_D$）。高压供电线路及电缆线路，$R_D \geqslant X_D$，所以在低压线路中仅考虑 R_D 的影响，而高压线路中只要考虑 C_D 的影响。

图 9-2 表示在中性点不接地电网中，单相触电时的人体电流分布情况。设原来各相对地绝缘电阻相同，电源中性点与地之间没有电压存在。当人体触及一相导体时，使该相对地绝缘电阻减小，破坏了三相电网的平衡，并使电源中性点对地电位发生偏移，使触电的一相对地电压减小，其余二相对地电压升高。用节点电压法可以求得中性点位移电压 U_N 及流经人体的电流 I_r 为

$$\dot{U}_N = \frac{\dot{U}_A R_D}{3R_r + R_D}$$

$$\dot{I}_r=\frac{\dot{U}_A-\dot{U}_N}{R_r}=\frac{3\dot{U}_A}{3R_r+R_D}$$

式中，$\dot{U}_A$ 为触电一相的相电压；R_r为人体电阻；R_D为各相对地绝缘电阻。

从上式可见，当线路对地绝缘良好，即绝缘电阻 R_D很大时，通过人体的电流 I_r很小。但是，只在电网电压低、导线距离短、导线对地电容量不大、电网对地绝缘电阻很高的情况下，中性点绝缘对防止单线触电事故才有一定的优越性。若线路很长，电网对地电容量较大，则因容抗的减小使触电电流 I_r增大，此时，中性点绝缘对防止触电不能起到限制触电电流的作用。

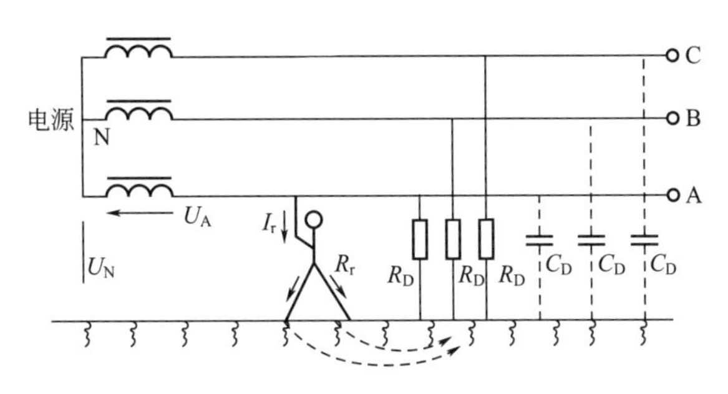

图 9-2　中性点不接地系统的单相触电

（3）单相供电线路中的单线触电

单相供电线路包括安全照明或交流电焊变压器线路，通常是指三相电网通过单相变压器输出的不同电压的单相供电线路。根据该变压器副方绕组是否接地，可分成两种情况讨论。

① 在低压单相电源一端接地的情况下（图 9-3），若人体触及接地端导线，则作用于人体的电压为负荷电流在线路上的压降，该电压降一般不超过电源电压 U 的 5%。若人体触及电源端导线，则作用于人体的电压接近电源电压 U；若 U 的数值超过安全电压值，将产生生命危险。

如果线路中某两点处发生短路，则线路上各点的对地电压将按线路电阻的比例分配，如图 9-4 所示。若导线截面相同，则短路点对地电压为电源电压 U 的一半。所以在电源电压较高的情况下，即使触及接地端的输电导线，也有可能对人体造成危险，而且距短路点越近时，危险性越大。

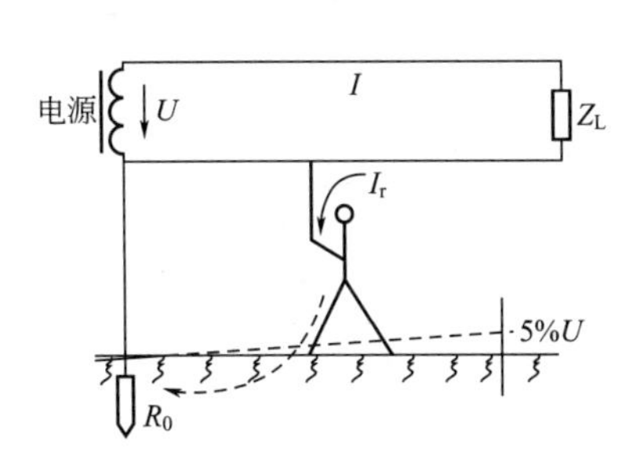

图 9-3　一线接地的单相线路带负荷正常运行时的触电

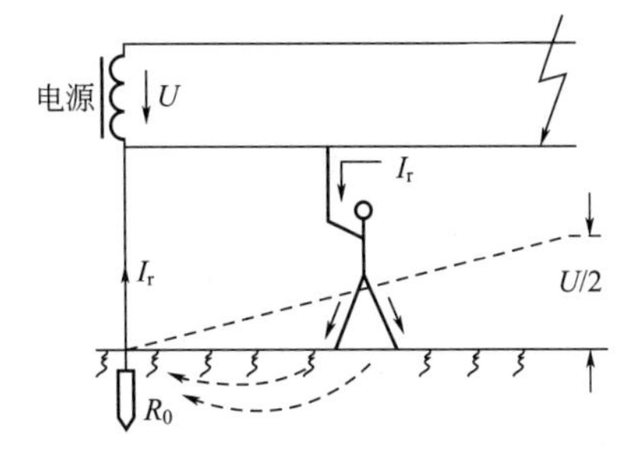

图 9-4　一线接地的单相线路发生短路时的触电

② 在低压单相电源对地绝缘的情况下，由于人体触及一根电源线，使二根导线对地等效电阻发生变化（图 9-5）。设导线本身对地绝缘电阻 R_D相同，则可以求得通过人体的电流 I_r。

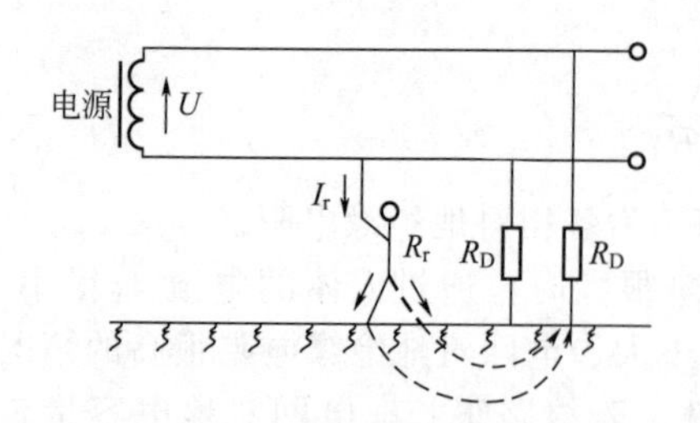

图 9-5　不接地的单相线路中的单线触电

$$I_r=\frac{U}{2R_r+R_D}$$

从上式可见，绝缘电阻 R_D起了限制人体电流的主要作用。若略去 R_r，并限制 $I_r\leqslant 10\text{mA}$，则在 $U=220\text{V}$ 时，$R_D\geqslant 22\text{k}\Omega$；$U=400\text{V}$ 时，$R_D\geqslant 40\text{k}\Omega$。此外，若触电者穿着绝缘鞋，站立在干燥绝缘地面上亦将大大地减少通过人体的电流，减弱触电的危险。

（4）二相触电

当人体同时接触三相供电系统中任意二相的相线时，由于电网线电压全部加在人体上，触电的危险性较单相触电更大，通过人体的电流远远超过人体所能耐受的数值，在 0.1s 左右的时间内就可以致死。所以，一般发生二相触电，且触电电流通过人体要害部位时，往往造成死亡。

（5）与绝缘损坏的电气设备接触

在正常情况下，电气设备的金属外壳是不带电的。但在电气设备的接地装置不好，甚至没有接地时，一旦发生绝缘损坏而漏电，电气设备的外壳、机座以及所带动的机械设备等都会带电，人体接触这些设备的外壳就相当于接触带电导体，造成触电事故。

（6）人体接近高压设备

当人体与高压带电体间的空气间隙小于最小安全距离时，在人体与带电体间会产生弧光放电，人体将被电弧电流烧伤而造成触电事故。此种事故多数是误入高压带电间隔或误登高压带电设备所致。

2. 对地电压、接触电压和跨步电压

在正常情况下，电气设备用保护接地装置与接地体连接，接地处没有或只有极小的接地电流，但在线路发生接地故障时，就有很大的故障电流 I_d通过接地点流入大地，此时电流向大地做半球形流散，如图 9-6 所示。由于距接地点越远的地方球面越大，则相应的电阻越小，所以当接地电流流入大地时，大地表面的电位分布是按双曲线规律分布的，如图 9-7 所示。在离开接地体 20m 处，可以认为已无接地电流压降，即此处电位为大地零电位。此时，接地体对大地零电位之间的电位差，称为该处的对地电压 U_d。对地电压的大小与接地处土壤的导电能力有关。

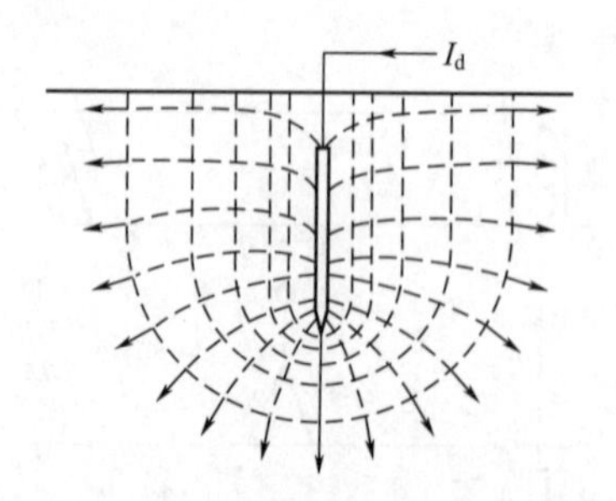

图 9-6　故障接地电流向大地的流散

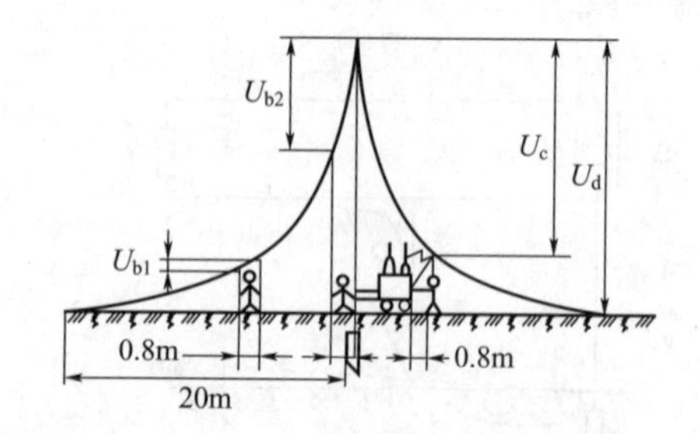

图 9-7　对地电压、接触电压与跨步电压

当故障设备有故障接地电流从设备外壳通过接地体入地时，设备外壳本身带有对地电压，在地面上距该设备为 0.8m 处的地面电位与设备外壳之间的电位差，称为接触电压 U_c。接触电压的大小与故障设备离接地体的距离有关，若故障设备离接地体 20m，则接触电压 U_c接近对地电压 U_d，人体触及设备外壳时的危险也最大。

在接地体中有接地电流通过，并在大地表面形成双曲线形的分布电位时，在地面上水平

距离为 0.8m 的两点之间的电位差，称为跨步电压 U_b；离接地点越近，则跨步电压越大。

人体走近接地体时，两腿之间受到跨步电压作用亦会造成触电事故，若跨步电压较高就会使双脚抽筋而跌倒在地，此时就会使作用于人体上的电压增加，而且电流流经人体重要器官造成致命的后果。为此，凡发生故障接地或断线接地时，在户外不能走进距接地点 8m 以内的区域，在户内不能走进距接地点 4～5m 以内的区域，若必须接近时，应穿绝缘靴。

三、触电急救

触电者的生命能否获救，取决于能否迅速脱离电源和进行正确的紧急救护。在触电者受伤后 1min 内就开始急救，生还的可能性为 90%；经过 6min 才进行急救的，生还的可能仅有 10%；超过 6min 再急救的，生还的可能就极小了。

1. 迅速脱离电源

使触电者脱离电源，首先是切断电源开关，或者用带绝缘手柄的电工钳、干燥的木柄斧将电源线截断，也可以用干燥的不导电的木棍、竹竿、衣服等物，拨开触电者身上的电线或把触电者拉开。

抢救时必须注意：触电者身体已经带电，抢救人员绝对不能触及触电者身体上未盖衣服的部分和附近的金属构件，不可用手直接拉触电人的手或脚。如必须这样做时，救护人应戴绝缘手套，或是用衣帽、围巾等物将自己的手包起来，并在触电者的身上披以橡胶布、塑料薄膜或其他干燥的布料。救护人员应站在干燥的木板上或不导电的垫子、衣堆上。如触电者紧握电线，难以解脱时，应立即设法使触电者与地面脱离。可以在触电者的脚下插入干燥的木板，或用干燥的绳索、衣服等将触电者的双脚提起。同时再断开电源，设法松开触电者紧握电线的手。救护人员在截断电源线时应注意戴绝缘手套、穿绝缘靴，使用绝缘工具，且不可直接接触导线。注意截断后的电源线，不可落在自己或触电者的身上，亦不可再落到其他金属构件或地面上。在拉开电源开关时，应注意普通的电灯开关只能切断一根电源线，有可能电灯开关是装接在中线上，这时断开电灯开关就无法切断电源的相线（火线）。

如事故发生在高压设备上，应立即通知有关部门停电，或戴上绝缘手套、穿绝缘靴，用相应等级的绝缘工具拉开或截断电线。

2. 紧急救护方法

触电者脱离电源后，不能强烈摇动或大声呼叫，或口喷冷水使其恢复意识，切忌使用强心针及其他强心刺激的急救药品，应按伤害程度采取不同的救治方法。

如触电者伤害不严重，尚未失去知觉，只是四肢发麻，全身无力，应就地静卧 1～2h，并作严密的观察，并请医生诊治。

如触电者已失去知觉，但尚有呼吸，应使其舒适、安静地平卧在空气流通的地方，解开触电者的衣服，以利呼吸及血液循环，并迅速请医生诊治。

如触电者呼吸困难或呼吸稀少，并不时发生痉挛现象，应立即进行人工呼吸。如发现心脏停止跳动，应立即采用人工体外心脏挤压法。人工呼吸法必须连续，不能有暂时中断，需要持续进行几个小时。在替换救护人员时，也要保持一定的呼吸节奏，不能忽快忽慢，即使在救护车上以及到在医院后，亦应不断地进行。不同电压等级带电体的安全距离见表 9-9。

表 9-9　不同电压等级带电体的安全距离

带电体电压等级/kV	安全距离/m	
	无遮拦	有遮拦
≤0.4	0.3	—
6～10	0.7	0.35
35	1.0	0.6

第三节 接地接零与防雷保护

一、接地接零

1. 接地系统

低压供电系统的接地，根据国际电工委员会（IEC）的规定，分为三类，即 TT 系统、IT 系统、TN 系统。这些符号的含义如下。

① 第一个字母表示电源侧接地状态：

T——电源中性点直接接地；I——电源中性点不接地，或经高阻接地。

② 第二个字母表示负荷侧接地状态：

T——负荷侧设备的外露可导电部分接地，与电源侧的接地相互独立；N——负荷侧设备的外露可导电部分，与电源侧的接地直接作电气连接，即接在系统中性线上。

采用保护接地或保护接零的措施，要根据低压供电系统的接地情况来定。

（1）TT 系统

电力系统中性点直接接地，电气设备的外露可导电部分也接地，但两个接地相互独立，如图 9-8 所示。

（2）IT 系统

电力系统的带电部分与大地间无直接连接（或有一点经高阻抗接地），电气设备的外露可导电部分接地。IT 系统一般不引出中性线，即前面说的三相三线制供电，如图 9-9 所示。

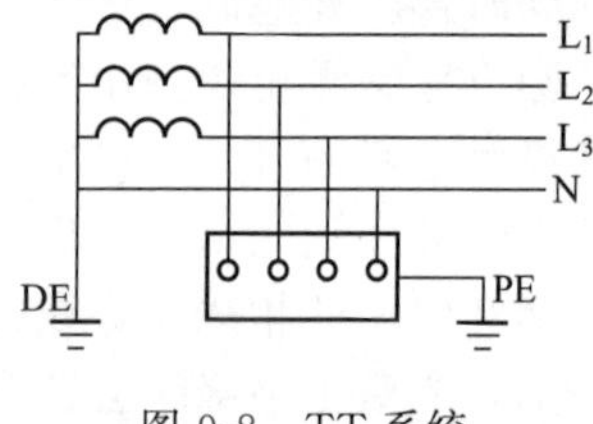

图 9-8 TT 系统

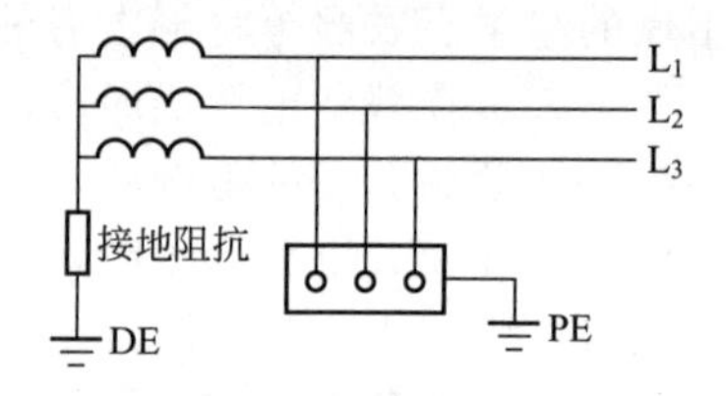

图 9-9 IT 系统

以上两种系统中的电力系统中性点直接接地，叫作工作接地，接地电阻要求小于 4Ω。电气设备的外露可导电部分接地，叫作保护接地，接地电阻要求小于 4Ω。

保护接地的作用是在设备出现漏电故障，外露的金属部分带电时，人无意碰到带电部分，由于人体电阻比接地体的电阻大得多，几乎没有电流流过人体，从而保证了人身安全。如果设备外露金属部分没有接地，故障电流几乎全部流经人体形成通路，这是相当危险的。

（3）TN 系统

TN 系统的电源中性点直接接地，为常用的三相四线制供电，设备的外露可导电部分与电源中性线相连接，即保护接零。

注意：一般我们以大地电位为零，中性点直接接地后，电源中性线的电位即为零，这时我们就将中性线叫作零线，保护接零也称为保护接零线。

保护接零的作用是在设备出现漏电故障时，电源相线与设备金属外露部分相接，就相当于直接接在电源中性线上，会造成“相-零”短路，形成较大的短路电流，使线路中的保护电器（如熔断器）迅速动作，将故障设备上的电源断开，人则不会再触及带电的设备外露金属部分，不会发生触电。

TN 系统是用得最广泛的一种供电系统，根据中性线和保护导线的布置，TN 系统又分 TN-C 系统、TN-S 系统、TN-C-S 系统。

① TN-C 系统。在该系统中，保护导线（PE 线）和中性线（N 线）合一为 PEN 线。

这种供电系统就是平常用的三相四线制，如图 9-10 所示。

② TN-S 系统。在整个系统中，保护导线与中性线分开，保护导线称为保护零线，中性线称为工作零线，如图 9-11 所示。习惯称工作零线为零线，而称保护零线为地线，称相线为火线。所有外露可导电部分均与保护零线（PE 线）相接，工作时 PE 线中没有电流，中线电流从工作零线中流通，这样就保证了 PE 线的可靠性。这种系统的安全可靠性高。

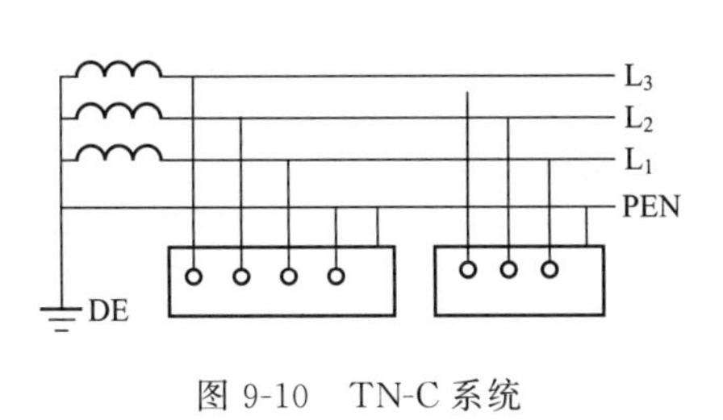

图 9-10　TN-C 系统

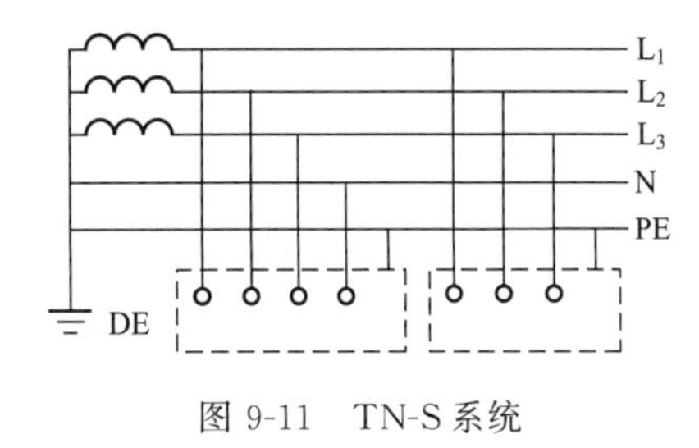

图 9-11　TN-S 系统

③ TN-C-S 系统。在整个系统中，保护导线和中性线开始是合一的，从某一位置开始分开，如图 9-12 所示。在实际供电中，从变压器引出的往往是 TN-C 系统，三相四线制。进入建筑物后，从建筑物总配电箱开始变为 TN-S 系统，加强建筑物内的用电安全性，这种做法也可以称为局部三相五线制。

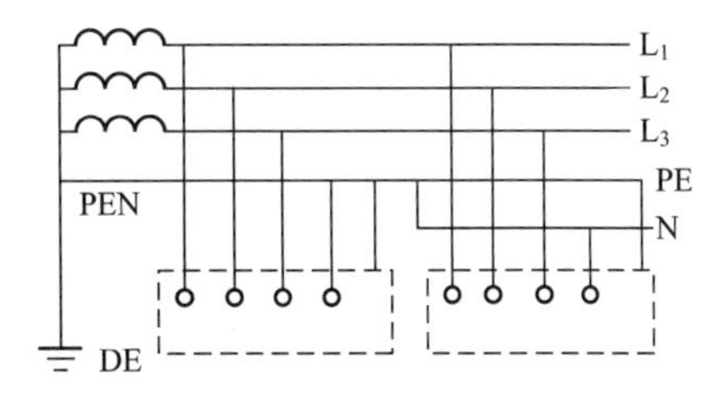

图 9-12　TN-C-S 系统

在 TN 系统中，做保护用的导线，不论是 PE 线还是 PEN 线都绝不能断开，否则设备发生漏电故障时，线路保护电器不会动作，设备外露可导电部分就会带电而发生触电事故。

另外，在 TN 系统中的设备不准再做保护接地。否则，保护接地设备发生漏电故障时，会引起保护接零的设备外壳上不同程度地带电，从而引起触电事故。

为了确保中性线安全可靠，在中性点直接接地的三相四线制低压供电系统中，中性线还要重复接地，将中性线上的一点或多点与大地再次做电气连接，重复接地的接地电阻值一般小于 10Ω。三相五线制（TN-S）中的 PE 线也要做重复接地。

一般规定，架空线路的干线和分支线的终端及沿线每 1km 处，电源引入车间或大型建筑物处都要做重复接地。

2. 接地技术

(1) 接地的种类

接地的种类有五种。

① 工作接地。电力系统中为了运行的需要而设置的接地为工作接地，如变压器中性点的接地。变压器、发电机中性点除接地外，与中性连接的引线为工作零线，将工作零线上的一点或多点再次与地可靠地进行电气连接为重复接地，如图 9-13 所示，工作零线为单相设备提供回路。从中性点引出的专供保护接零的 PE 线为保护零线，低压供电系统中工作零线与保护零线应严格分开。

② 保护接地。电气设备的金属外壳、钢筋混凝土电杆和金属杆塔、构件由于绝缘损坏可能带电，为了防止这种电压危及人身安全而设置的接地为保护接地，如图 9-14 所示。电气设备金属外壳等与零线连接为保护接零，接零是接地的一种特殊方式。

③ 过电压保护接地。过电压保护接地是为了消除雷击和过电压的危险影响而设置的接地。

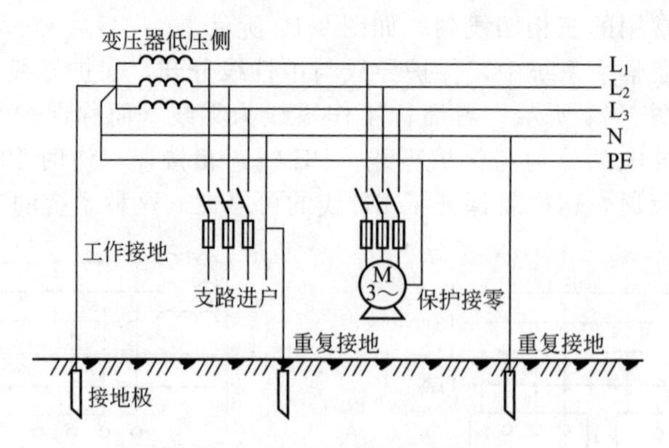

图 9-13 工作接地和重复接地

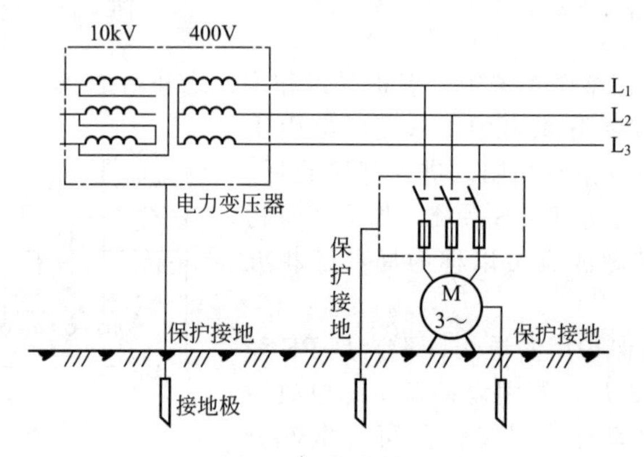

图 9-14 保护接地

④ 防静电接地。防静电接地是为了消除生产过程中产生的静电及其危险影响而设置的接地。

⑤ 屏蔽接地。屏蔽接地是为了防止电磁感应而对电气设备的金属外壳、屏蔽罩、屏蔽线的金属外皮及建筑物金属屏蔽体等进行的接地。

(2) 电气设备接地的要求

① 电气设备一般应接地或接零，以保护人身和设备的安全。一般三相四线制供电的系统应采用保护接零，重复接地。但是由于三相负载不易平衡，零线会有电流，导致触电，因此推荐三相五线制，工作零线和保护零线（有时人们往往称其为地线）都应重复接地。三相三线制供电系统的电气设备应采用保护接地。

三线制直流回路的中性线宜直接接地。

② 不同用途、不同电压的电气设备，除另有规定外，应使用一个总的接地体，接地电阻应符合其中最小值的要求。

③ 如因条件限制，接地有困难时，允许设置操作和维护电气设备用的绝缘台。其周围应尽量使操作人员没有偶然触及外物的可能。

④ 低压电网的中性点可直接接地或不接地。380V/220V 低压电网的中性点应直接接地。中性点直接接地的低压电网，应装设能迅速自动切除接地短路故障的保护装置。

⑤ 中性点直接接地的低压电网中，电气设备的外壳应采用接零保护，中性点不接地的电网，电气设备的外壳应采用保护接地。由同一发电机、同一变压器或同一段母线供电的低压线路，不应同时采用接零和接地两种保护。在低压电网中，全部采用接零保护确有困难

时，也可同时采用接零和接地两种保护方式，但不接零的电气设备或线段，应装设能自动切除接地故障的装置，一般为漏电保护装置。在城防、人防等潮湿场所或条件特别恶劣场所的电网，电气设备的外壳应采用保护接零。

⑥ 在中性点直接接地的低压电网中，除另有规定和移动式电气设备外，零线应在电源进户处重复接地。在架空线路的干线和分支线的终端及沿线每 1km 处，零线应重复接地。电缆和架空线在引入车间或大型建筑物入口处，零线应重复接地，或在屋内将零线与配电屏、控制屏的接地装置相连。高低压线路同杆架设时，在终端杆上，低压线路的零线应重复接地。中性点直接接地的低压电网中以及高低压同杆的电网中，钢筋混凝土杆的铁横担和金属杆应与零线连接，钢筋混凝土杆的钢筋应与零线连接。

（3）接地保护的应用范围

① 在中性点不接地电网中，电气设备及其装置，除特殊规定要求外，均应采取接地保护，以防其漏电时对人体及设备构成危害。采用接地保护的电气设备及装置主要有：

a. 电动机、变压器、电器、开关、携带式或移动式用电设备的金属底座及外壳。

b. 电气设备的传动装置。

c. 互感器的二次绕组。

d. 配电屏、控制柜（台）、保护屏及配电箱（柜）等的金属外壳或构架。

e. 配电装置的金属构架、钢筋混凝土构架以及靠近带电部位的金属遮栏或围栏。

f. 电缆接头盒、终端盒的金属外壳、电缆保护钢管以及电缆的金属护套、屏蔽层、金属支架等。

g. 装避雷线的电力线路的杆塔。

h. 非沥青地面的居民区内，无避雷线的小电流接地架空电力线路的金属杆塔或钢筋混凝土杆塔。

② 电气设备的下列金属部分，除特殊规定要求外，可不接地。

a. 在木质、沥青等不良导电地面的干燥房间内，交流额定电压 380V 及以下、直流额定电压 440V 及以下的电气设备外壳，但当维护人员可能同时触及电气设备外壳和接地物体时以及爆炸危险场所除外。

b. 在干燥场所，交流额定电压 127V 及以下、直流额定电压 440V 及以下电气设备外壳，但爆炸危险场所除外。

c. 安装在屏、柜、箱上的电气测量仪表、继电器和其他低压电器的外壳以及当其发生绝缘损坏时，在支持物上不会引起危险电压的绝缘子金属底座。

d. 安装在已接地的金属构架上的设备，如穿墙套管，但应保证其底座与构架接触良好。爆炸危险场所除外。

e. 额定电压 220V 及以下的蓄电池室内的金属支架。

f. 与已接地的机床机座、底座之间有可靠电气接触的电动机和电器的金属外壳，但爆炸危险场所除外。

g. 由工业企业区域内引出的铁路导轨。

h. 木杆塔、木构架上绝缘子的金属横担。

如果电气设备在高处，作业人员必须登上木梯才能接近作业时，由于人体触及故障带电体的危险性较小，而人体同时触及带电体和电气设备外壳的可能性和危险性较大，一般不应采取保护接地措施。

（4）接地装置的设置和具体要求

接地装置包括接地体和接地引线。接地体又分自然接地体与人工接地体两种，而接地引线则是与接地体可靠连接的导线，也称接地线。

① 自然接地体包括直接与大地可靠接触的各种金属构件、金属井管、钢筋混凝土建筑物的基础、金属管道和设备（通过或储存易燃易爆介质的除外）、水工构筑物和类似构筑物的金属桩。

交流电气设备应充分利用人工接地体，既可节约钢材和人工费用，又可降低绝缘电阻，但应注意以下几点：

a. 利用自然接地体并外引接地装置时，应用不少于两根导体在不同地点与人工接地体可靠连接，但电力线路除外。

b. 直流电力回路中，不应利用自然接地体接地。直流电力回路中专用的中性线、接地体和接地引线不应与自然接地体相连接。

c. 自然接地体的接地电阻符合要求时，一般不再设人工接地体，但发电厂和变电所及危险场所除外。当自然接地体在运行时连接不可靠或阻值较大不能满足要求时，应采用人工接地体。

d. 当利用自然、人工两种接地体时，应设置将自然接地与人工接地体分开的测量点。

② 人工接地体一般为垂直敷设，通常用40～50mm直径的镀锌钢管或（40mm×40mm×4mm)～(50mm×50mm×5mm）的镀锌角钢或直径25～30mm的镀锌圆钢，长度一般为2500～3000mm，垂直打入深约0.8m的沟内，如图9-15所示；其根数的多少及排列布置由接地电阻值决定，常用的垂直排列布置见图9-16(b)。人工接地装置工频接地电阻值的估算见表9-10。

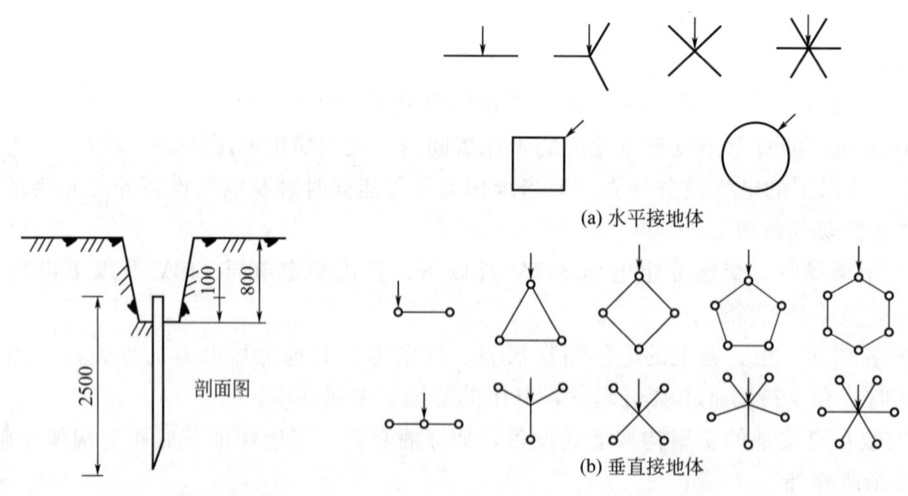

图9-15　垂直接地体的设置　　图9-16　接地体的布置

在多岩石地区，接地体可水平敷设，一般采用（40mm×4mm)～(50mm×5mm）的镀锌扁钢或直径16～20mm的镀锌圆钢，埋设在深0.8m的沟内，其布置排列图形及长度则由接地电阻值决定，常用的水平排列布置如图9-16(a）所示。

③ 钢接地体的最小规格见表9-11。电力线路杆塔接地引出线的截面不应小于50mm²并应热镀锌。敷设在腐蚀性较强的场所或土壤电阻率小于100Ω·m的潮湿土壤中的接地装置，应加大截面并热镀锌。为减小相邻接地体的屏蔽作用，垂直接地体的间距不宜小于其长度的2倍，水平接地体的相互间距一般不小于5m。

表 9-10　人工接地装置工频接地电阻值

形式	简图	材料用量/m				土壤电阻率/Ω·m		
		圆钢 ϕ20mm	钢管 ϕ50mm	角钢 50mm× 50mm× 5mm	扁钢 40mm× 4mm	100	250	500
						工频接地电阻/Ω		
单根	0.8m 2.5m BT6-1A	 2.5	2.5	 2.5		30.2 37.2 32.4	75.4 92.9 81.1	151 186 162
2 根	5m BT6-1B		5.0	 5.0	2.5 2.5	10.0 10.5	25.1 26.2	50.2 52.5
3 根	5m 5m BT6-1C		7.5	 7.5	5.0 5.0	6.65 6.92	16.6 17.3	33.2 34.6
4 根	5m 5m 5m BT6-1D		10.0	 10.0	7.5 7.5	5.08 5.29	12.7 13.2	25.4 26.5
5 根	5m 5m BT6-1E		12.5	 12.5	20.0 20.0	4.18 4.35	10.5 10.9	20.9 21.8
6 根			15.0	 15.0	25.0 25.0	3.58 3.73	8.95 9.32	17.9 18.6
8 根			20.0	 20.0	35.0 35.0	2.81 2.93	7.03 7.32	14.1 14.6
10 根			25.0	 25.0	45.0 45.0	2.35 2.45	5.87 6.12	11.7 12.2
15 根			37.5	 37.5	70.0 70.0	1.75 1.82	4.36 4.56	8.73 9.11
20 根			50.0	 50.0	95.0 95.0	1.45 1.52	3.62 3.79	7.24 7.58

表 9-11　接地体和接地线的最小规格

类别	地上		地下	
	屋内	屋外	屋内	屋外
圆钢直径/mm	5	6	8	8
扁钢截面/mm²	24	48	48	48
扁钢厚度/mm	3	4	4	4
角钢厚度/mm	2	2.5	4	4
作接地体的钢管壁厚/mm	2.5	2.5	3.5	3.5
作接地线的钢管壁厚/mm	1.6	2.5	1.6①	

① 表中屋内地下敷设的钢管，指敷设于室内地坪内。

④ 接地引线应利用自然导体，如建筑物或构筑物的钢结构梁、柱、架，钢筋混凝土结构内部的主钢筋（连接时必须双面搭接焊），生产用的金属结构中的起重机轨道，配电装置的外壳、走廊、平台、电梯竖井，配线用的钢管、电缆金属构架、铜铝外皮等。这里需要说明一点，电缆的铜铝外皮只适合电缆自身的接地引线，而不宜作公共的接地线。利用金属管道（易燃易爆介质除外）作接地引线，必须在接头、法兰处焊接跨接线，检修后必须重新焊好，否则不能作为接地引线。

工业车间或其他场所如电气设备较多时，应设置接地干线。车间接地干线一般为沿车间四周墙体明设，距地300mm，与墙有15mm距离，材料一般为（15mm×4mm）～(40mm×4mm）的镀锌扁钢。

人工接地线的材料一般为镀锌扁钢（30mm×4mm）～(50mm×5mm）或直径8～12mm的镀锌圆钢，沿深0.8m的沟敷设，与接地体可靠焊接并涂沥青漆。

⑤ 接地线的设置应注意以下几点：

a. 接地线与接地体的连接、接地线与接地线的连接一般为焊接。采用搭接焊时，搭接长度必须为扁钢宽度的2倍以上或圆钢直径的6倍以上；潮湿或有腐蚀性气体的场所，也可用螺栓连接，但必须有可靠的防锈及防松装置。埋入地下的连接点应在焊接后涂沥青漆防腐。

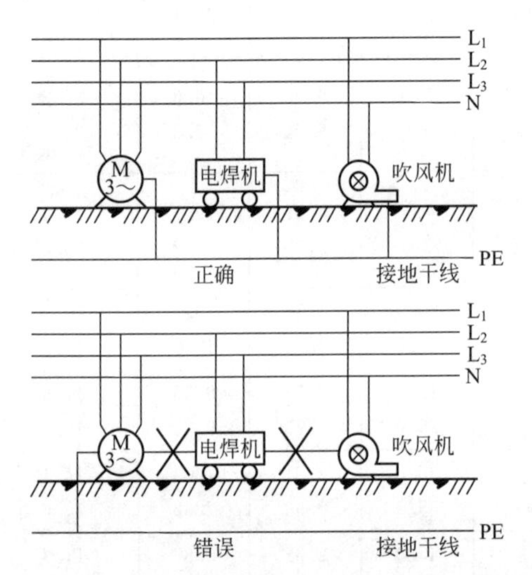

图 9-17　电气设备与接地保护线的正确连接

b. 利用钢管作接地线，钢管连接处必须保证可靠的电气连接。暗设钢管和中性点直接接地的明设钢管，应在管接丝头两端焊跨接线，跨接线一般为直径6～8mm的镀锌圆钢。利用穿设导线的钢管作接地线时，引向电气设备的钢管与设备应有可靠的电气连接。

c. 接地线与电气设备可焊接或螺栓连接，螺栓连接应有防松螺母或防松垫片。每台设备应用单独的接地线与干线相连，禁止在一条接地线上串联电气设备，如图9-17所示。

d. 危险爆炸场所内的电气设备的外壳应可靠接地。

e. 接地线一般为钢质的。移动式电气设备的接地线、三相四线或三相五线照明设备的接地线以及采用钢线有困难的除外，接地线的截面积应符合载流量、短路时切除故障及热稳定的要求，一般不应小于表9-11的规定。裸铝导线不得直埋于地下作为接地线或接地体。低压电气设备铜铝接地线的截面面积不应小于表9-12的规定。

表 9-12　低压电气设备地面上外露的接地线的最小截面面积　　单位：mm^2

名称	铜	铝	钢
明敷的裸导体	4	6	12
绝缘导体	1.5	2.5	
电缆的接地芯或与相线包在同一保护外壳内的多芯导线的接地芯	1	1.5	

f. 中性点直接接地的低压系统电气设备的专用接地线可与相线一起敷设，其截面面积一般不大于下列数值：钢，$80mm^2$；铜，$50mm^2$；铝，$70mm^2$。钢、铝、铜接地线的等效截面面积见表9-13。

表 9-13　钢、铝、铜接地线的等效截面面积　　单位：mm^2

钢	铝	铜	钢	铝	铜
15×2	—	1.3～2	40×4	25	12.5
15×3	6	3	60×5	35	17.5～25
20×4	8	5	80×8	50	35
30×4 或 40×3	16	6	100×8	70	42.5～50

g. 不得使用蛇皮管、保温管的金属网或外皮及低压照明导线或电缆的铅护套作接地线。在电气设备需要接地的房间里，这些金属外皮应接地，并应保证其全长为完好的电气通路，接地线应与金属外皮低温焊接。

h. 携带式用电设备应用电缆中的专用线芯接地，此线芯严禁同时用来通过工作电流、严禁利用设备的零线接地。单独使用接地线时，应用多股软铜线，其截面面积不应小于 1.5mm^2。

⑥ 接地电阻值的大小是根据电气设备接地要求不同、电网运行方式不同、土质电阻率不同等条件决定的，电气系统接地电阻允许最大值见表 9-14。

表 9-14　各种电气装置要求的接地电阻值

序号	电气装置名称	接地的电气装置用途	接地电阻要求/Ω
1	1kV 以上大接地电流系统	仅用于该系统的接地装置	$R\leqslant\frac{2000}{I}$ 当 $I>4000$A 时 $R\leqslant0.5$①
2	1kV 以上小接地电流系统	仅用于该系统共用的接地装置	$R\leqslant\frac{250}{I}$②
3		与 1kV 以下系统的接地装置	$R\leqslant\frac{120}{I}$②
4	1kV 以下中性点直接接地和不接地的系统	与总容量在 100kV·A 以上的发电机或变压器相连接的接地装置	$R\leqslant4$
5		上述(序号 4)装置的重复接地	$R\leqslant10$
6		与总容量在 100kV·A 以下的发电机或变压器相连接的接地装置	$R\leqslant10$
7		上述(序号 6)装置的重复接地	$R\leqslant30$
8	引入线上装有 25A 以下的熔断器的小容量线路电气设备	任何供电系统	$R\leqslant10$
9		高低压电气设备联合接地	$R\leqslant4$
10		电流、电压互感器二次线圈接地	$R\leqslant10$
11		电弧炉的接地	$R\leqslant4$
12		工业电子设备的接地	$R\leqslant10$
13	土壤电阻率大于 500Ω·m 的高土壤电阻率地区	1kV 以下小接地短路电流系统的电气设备接地	$R\leqslant20$
14		发电厂和变电所接地装置	$R\leqslant10$
15		大接地短路电流系统发电厂和变电所装置	$R\leqslant5$
16	无避雷线的架空线	小接地短路电流系统中水泥杆、金属杆	$R\leqslant30$
17		低压线路水泥杆、金属杆	$R\leqslant30$

续表

序号	电气装置名称	接地的电气装置用途	接地电阻要求/Ω
18	建筑物	零线重复接地	$R \leqslant 10$
19		低压进户线绝缘子铁脚	$R \leqslant 30$
20	防雷设备	第一类防雷建筑物(防止直击雷)	$R \leqslant 10$
21		同上(序号20)(防止感应雷)	$R \leqslant 5$
22		第二类防雷建筑物(防止直击雷)	$R \leqslant 10$
23		第三类防雷建筑物(防止直击雷)	$R \leqslant 30$
24		烟囱接地	$R \leqslant 30$
25	防雷设备	保护变电所的户外独立避雷针	$R \leqslant 25$
26		装设在变电所架空进线上的避雷针	$R \leqslant 25$
27		装设在变电所与母线连接的架空进线上的管形避雷器(在电气上与旋转电动机无联系者)	$R \leqslant 10$
28		同上(序号27)(但与旋转电动机有电气联系者)	$R \leqslant 5$

① I——流经接地装置的入地短路电流，A。

② I——单相接地电容电流 I_C，A。

$$I_C=\frac{U(l_k+35l_1)}{350}$$

式中 U——线路电压，V；

l_k——架空线总长度，m；

l_1——电缆总长度，m。

(5)接地装置的运行

① 对接地装置的安全要求。无论是保护接零，还是保护接地，接地装置都是头等重要的，它是电气系统保护装置的根本保证，安装和运行中都必须符合接地装置的安全要求。

a. 接地装置的连接应采用焊接，焊接必须牢固可靠，无虚焊假焊。接至设备上的接地线，应用镀锌螺栓连接；有色金属接地线不能采用焊接时，可用螺栓连接。螺栓连接处的接触面应平整并镀锡处理；凡用螺栓连接的部位，应有防松装置，以保持良好接触的长久性。

b. 接地装置的焊接应采用搭接焊，其搭接长度必须符合规定。

扁钢为其宽度的2倍，且至少有3个棱边焊接。

圆钢为其直径的6倍，且应在圆钢的接触部位双面焊接。

圆钢与扁钢连接时，其长度为圆钢直径的6倍，且应在圆钢接触部位的两面焊接。

扁钢或圆钢与钢管、扁钢或圆钢与角钢焊接时，为了连接可靠，除应在其接触部位两侧进行焊接外，还应将扁钢或圆钢弯成弧形或直角与钢管或角钢焊接。

c. 利用建筑物的金属结构、混凝土结构的钢筋、生产用的钢结构架梁及配线用的钢管、金属管道等作为接地线时，应保证其全长为良好的电气通路。在其伸缩缝、接头及串接部位焊接金属跨接线时，金属跨接线的截面积应符合要求。

d. 必须保证接地装置全线畅通并具有良好的导电性，不得有断裂、接触不良或接触电阻超标的现象。接地装置使用的材料必须有足够的机械强度，以免折断或裂开，其导体截面应符合热稳定和机械强度的要求，见表9-10～表9-12。大中型发电厂、110kV及以上的变电所，其接地装置应适当加大截面。保护接零和保护地线的导电能力不得低于相线的1/2。接地干线应在不同的两点及以上与接地网连接，自然接地体应在不同的两点及以上与接地干线或接地网连接，以保证导电的连续性及可靠性。大接地短路电流电网的接地装置，应校验其发生单相接地短路时的热稳定性，能否随短路接地电流转换出来的热量而保证稳定、畅通。

e. 必须保证接地装置不受机械损伤，特别是明设的接地装置要有保护措施。与公路、铁路或管道等交叉及其他可能使装置遭受损伤处，均应用钢管或角钢等加以保护。接地线在穿过墙壁、楼板或引出地坪沿墙、沿杆、沿架敷设处，均应加装钢管或角钢保护，并涂以15～100mm宽度相等的绿色和黄色相间的条纹，以示醒目，注意保护。在跨越建筑物伸缩缝、沉降缝处时，应设置补偿装置，补偿装置可用接地线本身弯成弧状代替。

f. 必须保证装置不受有害物的侵蚀，一般均采用镀锌铁件，凡焊接处均涂以沥青漆防腐，回填土不得有较强的腐蚀性。对腐蚀性较强的土壤，除应将接地线镀锌或镀铜外，还应当增大地线的截面积。因高电阻率土壤的影响而采取化学处理后的土壤，在埋设接地装置时，必须考虑化学物品是否对接地装置有腐蚀作用。

g. 必须保证地下埋设的接地装置与其他物体的允许最小距离。接地体与建筑物的距离不应小于1.5m；避雷针的接地装置与道路或建筑物的出入口及与墙的距离应大于3m；接地线沿建筑物墙壁水平敷设时，离地面一般为250～300mm，接地线与墙壁的间隙为10～15mm。垂直接地体的间距一般为其长度的5倍，水平敷设时的间距一般为5m。接地装置的敷设应远离易燃易爆介质的管道；低压接地装置与高压侧的接地装置应有足够大的距离；否则，中间应加沥青隔离层。

h. 接地线不串联使用，必须并联使用，如图9-17所示。

i. 接地装置的埋深一般应大于0.6m，且位于冻土层以下。

j. 接地电阻必须符合要求。

② 接地装置运行时的注意事项。无论是保护接零，还是保护接地，运行中人们往往只注重线路的维护检修，而对接地装置，特别是埋设于地下的装置注重不够。这样当接地装置出现故障时，供电系统也会同时出现故障，这样是很危险的。

因此，接地装置的运行是一个很重要的内容，必须像供电用电系统那样引起人们的重视，以保证系统的安全运行。

接地装置的运行应注意以下内容：

a. 凡是埋于地下的接地体、接地线以及利用自然接地体等隐蔽工程的内容，应按GB 50169—2016标准进行隐蔽工程验收，并做好中间检查及填写验收记录。其中选材、安装工艺过程、焊接、接地电阻测试及防腐处理等应符合标准的要求。

b. 对于明设的接地装置，包括与电气设备外壳的接线点、焊接点、补偿装置、跨接线等易松动的部位应定期检查并紧固一次，发现总是要及时解决；设置的防止机械操作的装置是否损坏或残缺，防腐是否完好，应及时采取措施。发现明显的电流烧灼现象，如镀锌变色、绝缘损坏要及时更换，并有验收合格签证。对于锌皮脱落、油漆爆皮以及接地线的跌落、碰弯等有碍运行的地方要及时补救。

c. 对于暗设及埋入地下的接地装置应定期检查相零回路的阻抗、接地电阻及通断情况，发现不妥要找出原因，对于难以修复的要重新敷设并验收合格。

一般情况下，应挖开接地引线的土层，检查地面以下500mm以上部分接地线的腐蚀程度；对于酸、盐、碱等严重腐蚀的区域，每五年左右应挖开局部地面进行检查，观察接地体的腐蚀情况。

接地装置接地电阻的测试周期：变电站每年一次；架空线路每两年一次；10kV及以下线路上的变压器或开关设备每两年一次，10kV以上的每年一次；避雷针每五年一次；车间每年一次；住宅每年一次。时间一般为每年三四月份或在土壤最干燥时进行。

d. 接地装置的检修周期在一般情况下，一个月一小修，半年一中修，一年一大修，并做好检修记录及签证。特别是雷雨季节和大电流短路后应加强监视和检查，以免发生意外。每年春季和秋季宜作为检修阶段，并配合系统的检修和测试，做好接地装置的运行和检修工作。

3. 保护接零及其要求

（1）保护接零的条件

中性点直接接地的电网中，采用保护接零时，必须保证以下条件：

① 中性点直接可靠接地，接地电阻应不大于 4Ω。

② 工作零线、保护零线应可靠重复接地，重复接地的接地电阻应不大于 10Ω，重复接地的次数应不小于 3 次。

③ 保护零线和工作零线不得装设熔断器或开关，必须具有足够的机械强度和热稳定性。

④ 三相四线或五线供电线路的工作零线和保护零线的截面不得小于相应线路相线截面的 1/2。

⑤ 线路阻抗不宜太大，以便漏电时产生足够大的单相短路电流，使保护装置动作。因此，要求单相短路电流不得小于线路熔断器熔丝额定电流的 4 倍，或者不得小于线路中自动开关瞬时或短延时动作电流的 1.25 倍。

⑥ 接零保护系统中，不允许电气设备采用接地保护。

（2）重复接地及其要求

采用保护接零后的零线负担很重，一方面要作为单相负荷电流的一个通路，另一方面又要保护电器，并要通过故障电流。因此要求零线的设置必须安全可靠，力学性能和电气性能必须良好。这样零线必须设置保护，这个保护就是设置重复接地。重复接地有哪些作用呢？

在保护接零电网中，重复接地起着降低漏电电气设备对地电压，减弱零线断线触电的危险，缩小切除故障时间和改善防雷性能等方面的作用。

重复接地的设置与接地保护的设置基本相同，由接地体和接地线组成，具体要求见保护接地的内容。

重复接地可以从零线上重复接地，也可以从接零设备的金属外壳上接地。重复接地的接地电阻值一般不得大于 4Ω，在电力变压器低压侧工作接地的接地电阻值不大于 10Ω 的条件下，每一重复接地的接地电阻值不得大于 30Ω，但不得少于 3 处。

架空线路的干线和分支终端及其沿线的工作零线应在每隔 1km 处重复接地；电缆或架空线在引入车间或大型建筑物处，如距接地点超过 50m，应将零线重复接地，或在室内将零线与配电屏、控制屏的接地装置可靠连接；高低压同杆架设时，在其终端杆上应将低压的工作零线重复接地；采用三相五线制的线路，工作零线和保护零线均应重复接地；低压电源进户处应将工作零线和保护零线重复接地。

用金属外皮作零线的低压电缆应重复接地；车间内部宜采用环路式重复接地，零线与接地装置至少有两处连接，进线点一处，对角处最远点一处。当周边超过 400m 时，应每 200m 有一处。

（3）接零保护的范围

接零保护的应用范围与接地保护的应用范围基本相同，见前述内容。

保护接零与保护接地的区别和相同之处见表 9-15。

表 9-15 保护接零和保护接地的比较

类别	保护接零	保护接地
原理不同	借零线使漏电形成单相短路电流，进而使保护装置动作	限制漏电设备对地电压，高压系统的保护接地也可促使保护装置动作

续表

类别	保护接零	保护接地
重复接地	限制漏电设备对地电压	无重复接地
适用范围不同	适用于中性点接地的低压配电系统	适用于中性点不接地的高低压配电系统
线路结构不同	系统有相线、工作零线、保护零线、接地线和接地体	系统只有相线、接地线和接地体
保护方式	防止间接触电	防止间接触电
接线部位	相同	相同
接地装置	相同，接地电阻不大于4Ω	相同，接地电阻不大于4Ω

二、防雷保护

1. 雷电的形成

雷电是雷云之间或雷云对地面放电的一种自然现象。在雷雨季节里，地面上的水分受热变成水蒸气，并随热空气上升，在空气中与冷空气相遇，使上升气流中的水蒸气凝成水滴或冰晶，形成积云。云中的水滴受强烈气流的摩擦产生电荷，而且微小的水滴带负电，小水滴容易被气流带走形成带负电的云；较大的水滴留下来形成带正电的云。由于静电感应，带电的云层在大地表面会感应出与云块异性的电荷，当电场强度达到一定值时，即发生雷云与大地之间放电；在两块异性电荷的雷云之间，当电场强度达到一定值时，便发生云层之间放电。放电时伴随着强烈的电光和声音，这就是雷电现象。

雷电会破坏建筑物，破坏电气设备和造成人畜雷击伤亡，所以必须采取有效措施进行防护。

2. 雷电破坏的基本形式

雷电破坏有三种基本形式：

① 直击雷。雷电直接击中建筑物或其他物体，对其放电，强大的雷电流通过这些物体入地，产生破坏性很大的热效应和机械效应，造成建筑物、电气设备及其他被击中的物体损坏。当击中人、畜时，造成人、畜死亡。这就是我们常说的直击雷。

② 感应雷。雷电放电时能量很强，电压可达上百万伏，电流可达数万安培。强大的雷电流由于静电感应和电磁感应会使周围的物体产生危险的过电压，造成设备损坏，人畜伤亡。

③ 雷电波。输电线路上遭受直击雷或发生感应雷，雷电波便沿着输电线侵入变配电所或用户。强大的高电位雷电波如不采取防范措施就会造成变配电所及用户电气设备损坏，甚至造成人员伤亡事故。

3. 雷电的危害

雷电有很大的破坏力，有多方面的破坏作用。高层建筑、楼房、烟囱、水塔等建筑物尤其易遭雷击。就其破坏因素来讲，雷电主要有以下几方面破坏作用：

① 热效应。雷电放电通道温度很高，一般在6000～200000℃，甚至高达数万摄氏度。这么高的温度虽然只维持几十微秒，但它碰到可燃物时，能迅速燃烧起火。强大雷电流通过电气设备会引起设备燃烧、绝缘材料起火。

② 机械效应。雷电流温度很高，当它通过树木或墙壁时，其内部水分受热急剧汽化或分解出气体剧烈膨胀，产生强大的机械力，使树木或建筑物遭受破坏。强大的雷电流通过电气设备会产生强大的电动力使电气设备变形损坏。

③ 雷电反击。接闪器、引入线和接地体等防雷保护装置在遭受雷击时，都会产生很高

的电位，当防雷保护装置与建筑物内部的电气设备、线路或其他金属管线的绝缘距离太小时，它们之间就会发生放电现象，即出现雷电反击。发生雷电反击时，可能引起电气设备的绝缘被破坏，金属管被烧穿，甚至可能引发火灾和人身伤亡事故。

④ 雷电流的电磁感应。由于雷电流的迅速变化，在它的周围就会产生强大且变化的磁场，处于这电磁场中间的导体就会感应出很高的电动势。这种强大的感应电动势可以使闭合回路的金属导体产生很大的感应电流，这很大的感应电流的热效应（尤其是导体接触不良部位局部发热更厉害）会使设备损坏，甚至引发火灾。对于存放可燃物品，尤其是存放易燃易爆物品的建筑物将更危险。

⑤ 雷电流引起跨步电压。当雷电流入地时，在地面上就会引起跨步电压。当人在落地点周围 20m 范围内行走时，两只脚之间就会有跨步电压，造成人身触电事故。如果地面泥水很多人脚潮湿，就更危险。

由上面的分析可以看到，雷电的破坏性很大，必须采取有效措施予以防范。在防雷措施上，要根据雷暴日的多少因地制宜地选用。

雷暴日是表示雷电活动频繁程度的一个指标，在一天内只要听到雷声就算一个雷暴日。年平均雷暴日不超过 15 天的地区称为少雷区；年平均雷暴日超过 40 天的地区称为多雷区；年平均雷暴日超过 90 天的地区以及雷害特别严重的地区称为雷电活动特殊强烈地区。

4. 防雷设备

(1) 接闪器

在防雷装置中用以接受雷云放电的金属导体叫接闪器。接闪器有避雷针、避雷线、避雷带、避雷网等。所有接闪器都经过接地引下线与接地体相连，可靠接地。工频接地电阻要求不超过 10Ω。

① 避雷针。避雷针通常采用镀锌圆钢或镀锌钢管制成（一般采用圆钢），上部制成针尖形状。所采用的圆钢或钢管的直径不应小于下列数值。

针长 1m 以下：圆钢为 12mm；
　　　　　　　钢管为 20mm。
针长 1～2m：圆钢为 16mm；
　　　　　　钢管为 25mm。
烟囱顶上的针：圆钢为 20mm。

避雷针较长时，针体可由针尖和不同管径的钢管段焊接而成。

避雷针一般安装在支柱（电杆）上或其他构架、建筑物上。避雷针必须经引下线与接地体可靠连接。

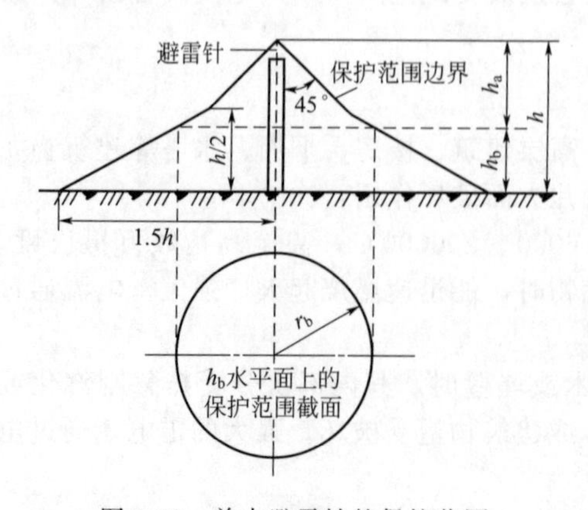

图 9-18　单支避雷针的保护范围

避雷针的作用原理是它能对雷电场产生一个附加电场（这附加电场是雷云对避雷针产生静电感应引起的），使雷电场发生畸变，将雷云放电的通路由原来可能从被保护物通过的方向吸引到避雷针本身，使雷云间避雷针放电，由避雷针经引下线和接地体把雷电流泄放在大地中去。这样使被保护物免受直击雷击，所以避雷针实质上是引雷针。

避雷针有一定的保护范围，其保护范围是以它对直击雷保护的空间来表示的。单支避雷针的保护范围可以用一个以避雷针为轴的圆锥形来表示，如图 9-18 所示。

避雷针在地面上的保护半径按下式计算：

$$r=1.5h$$

式中　r——避雷针在地面上的保护半径，m；

h——避雷针总高度，m。

避雷针在被保护物高度 h_b 水平面上的保护半径 r_b 按下式计算：

a. 当 $h_b \geqslant 0.5h$ 时

$$r_b=(h-h_b)P=h_aP$$

式中　r_b——避雷针在被保护物高度 h_a 水平面上的保护半径，m；

h_a——避雷针的有效高度，m；

P——高度影响系数，$h<30$m 时，$P=1$，$30\text{m}<h<120$m 时，$P=5.5/\sqrt{h}$。

b. 当 $h_b<0.5h$ 时

$$r_b=(1.5h-2h_b)P$$

【例 9-1】 某厂一座 30m 高的水塔旁，建有一个车间变电所，避雷针装于水塔顶上，车间变电所及距水塔距离尺寸如图 9-19 所示。试问水塔上的避雷针能否保护这一变电所？

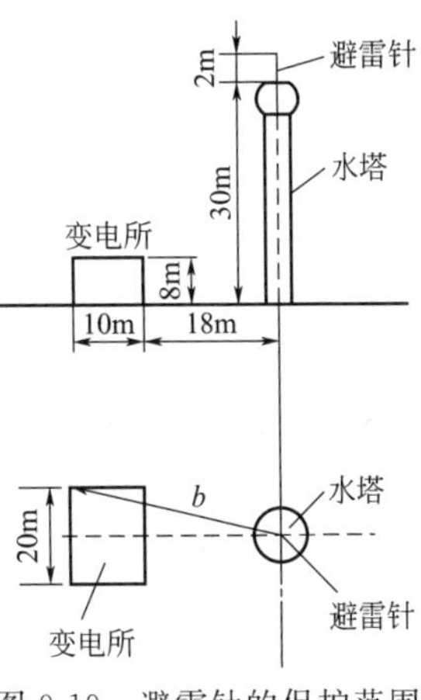

图 9-19　避雷针的保护范围

【解】 已知 $h_b=8(\text{m})$，$h=30+2=32(\text{m})$

$$h_b/h=8/32=0.25<0.5$$

故可由上式求得被保护变电所高度水平面上的保护半径为：

$$\begin{aligned} r_b &= (1.5h-2h_b)P \\ &= (1.5\times 32-2\times 8)\times 5.5/\sqrt{32} \\ &= 31(\text{m}) \end{aligned}$$

变电所一角离避雷针最远的水平距离为：$r=\sqrt{(10+18)^2+10^2}=29.7(\text{m})<r_b$。所以变电所在避雷针保护范围之内。

关于两支或两支以上等高和不等高避雷针的保护范围可参见 DL/T 620—1997《交流电气装置的过电压保护和绝缘配合》、GB 51348—2019《民用建筑电气设计标准》计算。

在山地和坡地，应考虑地形、地质、气象及雷电活动的复杂性对避雷针降低保护范围的作用，因此避雷针的保护范围应适当缩小。

② 避雷线。避雷线一般用截面不小于 35mm^2 的镀锌钢绞线，架设在架空线路上，以保护架空电力线路免受直击雷击。由于避雷线是架空敷设而且接地，所以避雷线又叫架空地线。

③ 避雷带和避雷网。避雷带是沿建筑物易受雷击的部件（如屋脊、屋檐、屋角等处）装设的带形导体。

避雷网是将屋面上纵横敷设的避雷带组成的网络。网格大小按有关规程确定，对于防雷等级不同的建筑物，其要求不同。

避雷带和避雷网采用镀锌圆钢或镀锌扁钢（一般采用圆钢），其尺寸规格不应小于下列数值：圆钢直径为 8mm；扁钢截面积为 48mm^2；扁钢厚度为 4mm。

烟囱顶上的避雷环采用镀锌圆钢或镀锌扁钢（一般采和圆钢），其尺寸规格不应小于下列数值：圆钢直径为 12mm；扁钢截面为 100mm^2；扁钢厚度为 4mm。

避雷带（网）距屋面为 100～150mm，支持卡间距离一般为 1～1.5m。

④ 接闪器引下线。

a. 接闪器的引下线材料采用圆钢或扁钢（一般采用圆钢），其规格尺寸不应小于下列数值；圆钢直径为8mm；扁钢截面积为$48mm^2$。装设在烟囱上的引下线，其规格尺寸不应小于下列数值：圆钢直径为12mm；扁钢截面积为$100mm^2$；厚度为4mm。

b. 引下线应镀锌，焊接处应涂防腐漆（利用混凝土中钢筋作引下线的除外）。在腐蚀性较强的场所还应适当加大截面或采取其他防腐措施，保证引下线能可靠地泄漏雷电流。

c. 引下线应有建筑物外墙敷设，并经最短路径接地。建筑艺术要求较高的建筑也可暗敷，但截面应加大一级。

d. 建筑物的金属构件（如消防梯等），金属烟囱、烟囱的金属爬梯等可作为引下线，但其所有部件之间均应连成电气通路。

e. 采用多根专用引下线时，为了便于测量接地电阻以及检查引下线、接地线的连接情况，宜在各引下线距地面1.8m以下处设置断接卡。

f. 利用建构筑物钢筋混凝土中的钢筋作为防雷引下线时，其上部（屋顶上）应与接闪器可靠焊接，下部在室外地坪下0.8～1.0m处应焊出一根直径为12mm或40mm×4mm的镀锌导体。此导体伸向室外距外墙皮的距离宜不小于1m，并应符合下列要求：

- 当钢筋直径为16mm及以上时，应利用两根钢筋（绑扎或焊接）作为一组引下线。
- 当钢筋直径为10mm及以上时，应利用四根钢筋（绑扎或焊接）作为一组引下线。
- 当建构筑物钢筋混凝土内的钢筋具有贯通性连接（绑扎或焊接）并符合上述要求时，竖向钢筋可作为引下线；横向钢筋若与引下线有可靠连接（绑扎或焊接）时可作为均压环。

g. 在易受机械损坏的地方，地面上约1.7m至地面下0.3m的这一段引下线应加保护设施。

引下线是防雷装置极重要的组成部分，必须极其可靠地按规定装设好，以保证防雷效果。

⑤ 接闪器接地要求。避雷针（线、带）的接地除必须符合接地的一般要求外，还应遵守下列规定：

a. 避雷针（带）与引下线之间的连接应采用焊接；

b. 装有避雷针的金属筒体（如烟囱），当其厚度大于4mm时，可作为避雷针的引下线，但筒底部应有对称两处与接地体相连；

c. 独立避雷针及其接地装置与道路或建筑物的出入口等的距离应大于3m；

d. 独立避雷针（线）应设立独立的接地装置，在土壤电阻率不大于100Ω·m的地区，其接地电阻不宜超过10Ω；

e. 其他接地体与独立避雷针的接地体之间的地中距离不应小于3m；

f. 不得在避雷针构架或电杆上架设低压电力线或通信线。

(2) 避雷器

避雷器用来防护高电压雷电波侵入变配电所或其他建筑物内损坏被保护设备。它与被保护设备并联，如图9-20所示。

当线路上出现危及设备绝缘的过电压时，避雷器就对地放电，从而保护了设备的绝缘，避免设备遭高电压雷电波损坏。

避雷器可分为阀型避雷器、管型避雷器、氧化锌避雷器和保护间隙等。

① 阀型避雷器。高压阀型避雷器或低压阀型避雷器都由火花间隙和阀电阻片组成，装在密封的瓷套管内。火花间隙用铜片冲制而成，每对间隙用0.5～1.0mm厚的云母垫圈隔开，如图9-21(a) 所示。

阀电阻片是由用陶料粘固起来的电工用金刚砂（碳化硅）颗粒组成，如图9-21(b) 所示。阀电阻片具有非线性特征，正常电压时阀片电阻很大；过电压时阀片的电阻变得很小，电压越高电阻越小。

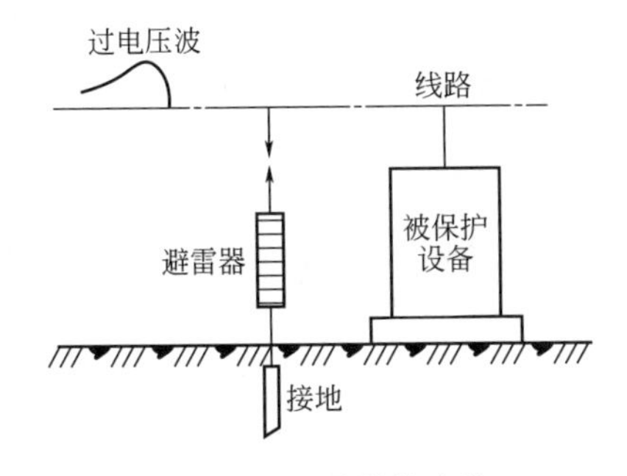

图 9-20 避雷器的连接

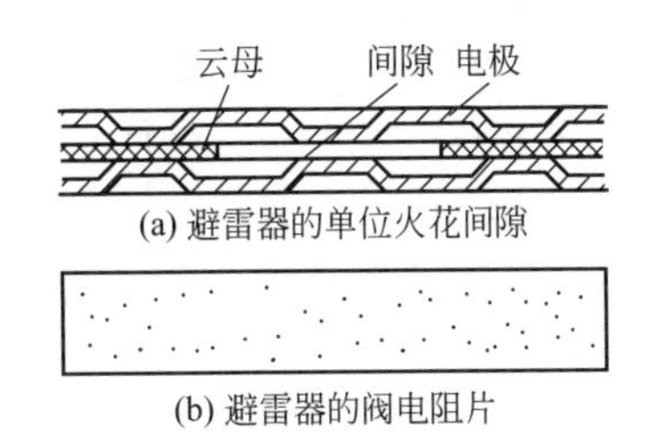

图 9-21 阀型避雷器

正常工作电压情况下，阀型避雷器的火花间隙阻止线路工频电流通过，但在线路上出现高电压波时，火花间隙就被击穿，很高的高电压波就加到阀电阻片上，阀片电阻便立即减小，使高压雷电流畅地通向大地泄放。过电压一消失，线路上恢复工频电压时，阀片又呈现很大的电阻，火花间隙的绝缘也迅速恢复，线路便恢复正常运行。这就是阀型避雷器工作原理。

低压阀型避雷器中串联的火花间隙和阀片少；高压阀型避雷器中串联的火花间隙和阀片多，而且随电压的升高数量增多。

② 管型避雷器。管型避雷器由产气管、内部间隙和外部间隙三部分组成，如图 9-22 所示。

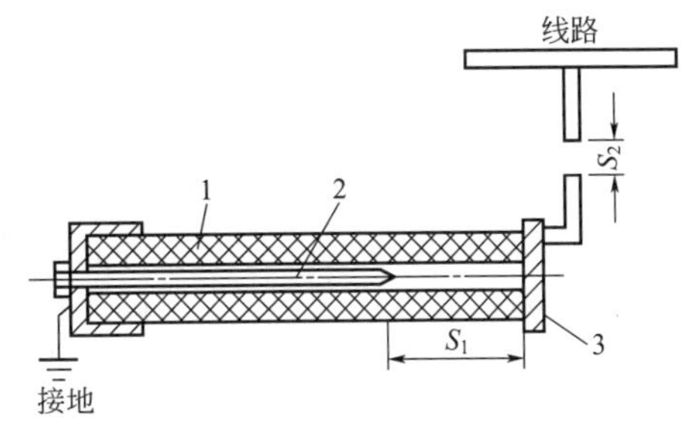

图 9-22 管型避雷器

1—产气管；2—内部电极；3—外部电极；

S_1—内部间隙；S_2—外部间隙

产气管由纤维、有机玻璃或塑料制成。内部间隙装在产气管内，一个电极为棒形，另一个电极为环形。图 9-22 中 S_1 为管型避雷器的内部间隙，S_2 为装在管型避雷器与运行带电的线路之间的外部间隙。

正常动作情况时，S_1 与 S_2 均断开，管型避雷器不工作。当线路上遭到雷周或发生感应雷时，大气过电压使管型避雷器的外部间隙击穿，(此时无电弧) 接着管型避雷器的内部间隙击穿，强大的雷电流便通过管型避雷器的接地装置入地。这强大的雷电流和很大的工频续流会在管子内部间隙发生强烈电弧，在电弧高温下，管壁产生大量弧气体，由于管子容积很小，所以管子内形成很高压力，将气体从管口喷出，强烈吹弧，在电流经过零值时，电弧熄灭。这时外部间隙的空气恢复绝缘，使管型避雷器与运行线路隔离，恢复正常运行。

为了保证管型避雷器可靠工作，在选择管型避雷器时开断续流的上限应不小于安装处短路电流最大有效值（考虑非周期分量）；开断续流的下限，应不大于安装处短路电流的可能最小值（不考虑非周期分量）。

管型避雷器外部间隙的最小值，3kV：8mm；6kV：10mm；10kV：15mm。管型避雷器一般装于线路上，变配电所内一般都用阀型避雷器。

③ 氧化锌避雷器。氧化锌避雷器是 20 世纪 70 年代初期出现的压敏避雷器，它是以氧化锌微粒为基体与精选过的能够产生非线性特性的金属氧化物（如氧化铋等）添加剂高温烧结而成的非线性电阻。其工作原理是：在正常工作电压下具有极高的电阻，呈绝缘状态；当电压超过其启动值时（如雷电过电压等），氧化锌阀片电阻变为极小，呈“导通”状态，将雷电流流畅地通向大地泄放。待过电压消失后，氧化锌阀片电阻又呈现高阻状态，使“导通”终止，恢复原始状态。氧化锌避雷器动作迅速、通流量大、伏安特性好、残压低、无续

流，因此它一诞生就受到广泛的欢迎，并很快在电力系统中得到应用。

④ 保护间隙。保护间隙是最简单最经济的防雷设备，它结构十分简单，维护也方便，但保护性能差、灭弧能力小，容易造成接地或短路故障。所以在装有保护间隙的线路上，一般都装有自动重合闸装置，以提高供电可靠性。图 9-23 所示是常见的羊角形间隙结构，其中一个电极接线路，另一个电极接地。为了防止间隙被外物（如鼠、鸟、树枝等）短接而发生接地故障，故在其接地引下线中还串联一个辅助间隙，如图 9-24 所示。间隙的电极应镀锌。

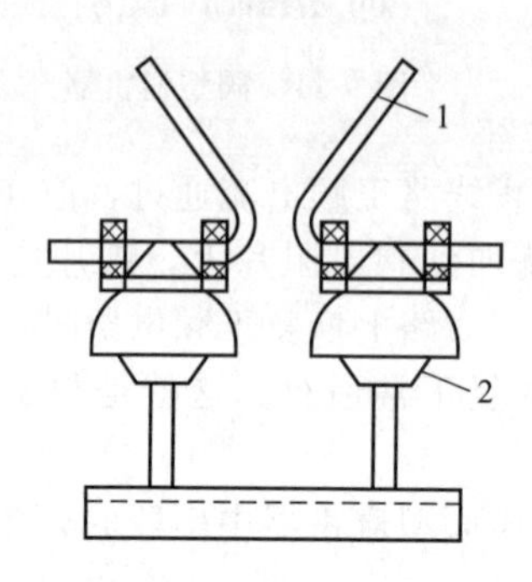

图 9-23　羊角形间隙（装于水泥杆的铁横担上）
1—羊角形电极；2—支持绝缘子

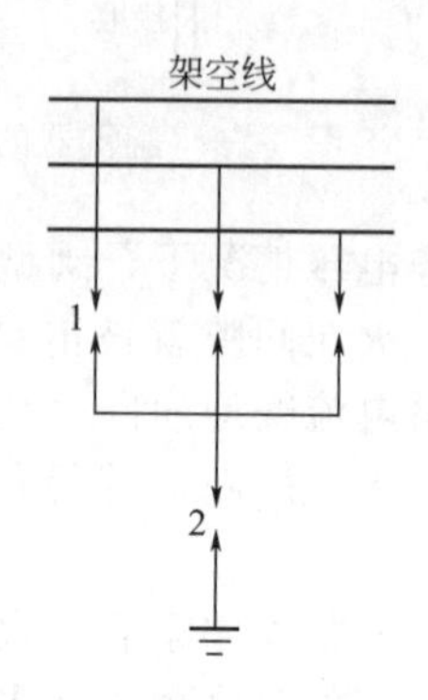

图 9-24　三相角形间隙和辅助间隙的连接
1—主间隙；2—辅助间隙

保护电力变压器的羊角形间隙，要求装在高压熔断器的内侧，即靠近变压器的一侧。这样在间隙放电后，熔断器能迅速熔断以减少变电所线路断路器的跳闸次数，并缩小停电范围。

保护间隙在运行中要加强维护检查，特别要注意间隙是否烧毁，间隙距离有无变动，接地是否完好。

(3) 消雷器

消雷器是利用金属针状电极的尖端放电原理，使雷云电荷被中和，从而不致发生雷击现象的，如图 9-25 所示。

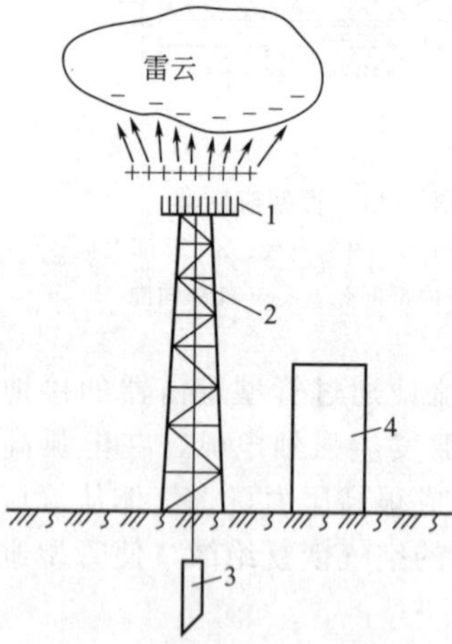

图 9-25　消雷器的防雷原理说明
1—离子化装置；2—连接线；
3—接地装置；4—被保护物

当雷云出现在消雷器及其保护设备（或建筑）上方时，消雷器及其附近大地都要感应出与雷云电荷极性相反的电荷。绝大多数靠近地面的雷云是带负电荷的，因此大地上感应的是正电荷，由于消雷器浅埋地下的接地装置（称为“地电收集装置”）通过连接线（引下线）与消雷器顶端许多金属针状电极的“离子化装置”相连，使大地的大量正电荷（阳离子）在雷电场作用下，由针状电极发射出去，向雷云方向运动，使雷云被中和，雷电场减弱，从而防止雷击的发生。

5. 防雷措施

(1) 建筑物的防雷分级

① 一级防雷的建筑。

a. 具有特别重要用途的建筑物，如国家级的会堂、办公建筑、档案馆、大型博展建筑、大型铁路旅客站；国际型航空港、通信枢纽；国宾馆、大型旅游建筑、国际港口客运站等。

b. 国家重点文物保护的建筑物和构筑物。

c. 高度超过 100m 的建筑物。

② 二级防雷的建筑。

a. 重要的或人员密集的大型建筑物，如部省级办公楼、省级会堂、博展建筑、体育、交通、通信、广播等建筑，以及大型商店、影剧院等。

b. 省级重点文物保护的建筑和构筑物。

c. 19 层及以上的住宅建筑和高度超过 50m 的其他民用建筑物。

d. 省级及以上大型计算中心和装有重要电子设备的建筑物。

③ 三级防雷的建筑物。

a. 当“年计算雷击次数”大于或等于 0.05 时或通过调查确认需要防雷的建筑物。“年计算雷击次数”的计算方法见 JGJ 16—2008《民用建筑电气设计规范（附条文说明［另册］）》。

b. 建筑群中最高或位于建筑群边缘高度超过 20m 的建筑物。

c. 高度为 15m 及以上的烟囱、水塔等孤立的建筑物或构筑物。在雷电活动较弱地区（年平均雷暴日不超过 15 天），其高度可为 20m 及以上。

d. 历史上雷害事故严重地区或雷害事故较多地区的较重要建筑物。

在确定建筑物防雷分级时，除按上述规定外，在雷电活动频繁地区或强雷区可适当提高建筑物的防雷等级。

(2) 建筑物的防雷措施

① 一级防雷建筑物的防雷措施及要求。

a. 防直击雷。应在屋角、屋脊、女儿墙或屋檐上装设避雷带，并在屋面上装设不大于 10m×10m 的网格。突出屋面的物体应沿其顶部四周装设避雷带，在屋面接闪器保护范围之外的物体应装接闪器，并和屋面防雷装置相连。

防直击雷装置引下线的数量和间距规定如下：专设引下线时，其根数不应少于两根，间距不应大于 18m。利用建筑物钢筋混凝土中的钢筋作为防雷装置的引下线时，其根数不作规定，但间距不应大于 18m，建筑外廓各个角上的柱筋应被利用。

b. 防雷电波侵入。进入建筑物的各种线路及金属管道宜采用全线埋地引入，并在入户端将电缆的金属外皮、钢管及金属管道与接地装置连接。当全线埋地电缆确有困难而无法实现时，可采用一段长度不小于 $2\sqrt{\rho}$(m) 的铠装电缆或穿钢管的全塑电缆直接埋地引入，但电缆埋地长度不应小于 15m，其入户端电缆的金属外皮或钢管应与接地装置连接，ρ 为埋电缆处的土壤电阻率（Ω·m）。在电缆与架空线连接处，还应装设避雷器，并与电缆的金属外皮或钢管及绝缘子铁脚连在一起接地，其冲击接地电阻不应大于 10Ω。

c. 进出建筑物的各种金属管道及电气设备的接地装置应在进出处与防雷接地装置连接。

d. 防雷接地装置应符合接地要求。应优先利用建筑物钢筋混凝土基础内的钢筋作为接地体。当采用人工接地体时，接地体应围绕建筑物敷设成一个闭合环路，其冲击接地电阻应小于 10Ω。

e. 当建筑物高度超过 30m 时，30m 及以上部分应采取下列防侧击雷和等电位的保护措施：建筑物内钢构架和钢筋混凝土的钢筋应予以连接；应利用钢柱或钢筋混凝土柱子内钢筋作为防雷装置引下线；应将 30m 及以上部分外墙上的栏杆、金属门窗等较大金属物直接或通过埋铁与防雷装置相连；垂直金属管道及类似金属物底部应与防雷装置连接。

② 二级防雷建筑物的防雷措施及要求。

a. 防直击雷。宜在屋角、屋脊、女儿墙或屋檐上装设避雷带，并在屋面上装设不大于 15m×15m 的网格；突出屋面的物体，应沿其顶部四周装设避雷带。

防直击雷也可采用装设在建筑物上的避雷带（网）和避雷针两种混合组成的接闪器，并将所有避雷针用避雷带相互连接起来。

防直击雷装置的引下线数量和间距规定如下：专设引下线时，其引下线的数量不应少于两根，间距不应大于20m；利用建筑物钢筋混凝土中的钢筋作为防雷装置的引下线时，其引下线的数量不作具体规定，但间距不应大于20m，建筑物外廓各个角上的钢筋应被利用。

b. 防雷电波侵入措施。当低压线路全长采埋的电缆或在架空金属线槽内的电缆引入时，在入户端应将电缆金属外皮、金属线槽接地，并应与防雷接地装置相连。

低压架空线应采用一段埋地长度不小于$2\sqrt{\rho}$（m）的金属铠装电缆或护套电缆穿钢管直接埋地引入，电缆埋地长度不应小于15m，ρ是电缆埋设处土壤电阻率（Ω·m）。电缆与架空线连接处应装设避雷器。避雷器、电缆金属外皮、钢管和绝缘子铁脚等应连在一起接地，其冲击接地电阻不应大于10Ω。

年平均雷暴日在30天及以下地区的建筑物，可采用低压架空线直接引入，但应符合下列要求：入户端应装设避雷器，并与绝缘子铁脚连在一起接到防雷接地装置上，冲击接地电阻应小于5Ω；入户端的三基电杆绝缘子铁脚应接地，其冲击接地电阻均不应大于20Ω。

c. 进出建筑物的各种金属管道及电气设备的接地装置，应在进出处与防雷接地装置连接。

③ 三级防雷建筑物的防雷措施及要求。

a. 防直击雷。宜在建筑物屋角、屋檐、女儿墙或屋脊上装设避雷带或避雷针，当采用避雷带保护时，应在屋面上装设不大于20m×20m的网格。当采用避雷针保护时，被保护的建筑物及突出屋面的物体均应处于避雷针的保护范围内。

防直击雷装置引下线的数量和间距规定如下：专设引下线时，其引下线的数量不宜少于两根，间距不应大于25m。当利用建筑物钢筋混凝土中的钢筋作为防雷装置引下线时，其引下线的数量不做具体规定，但间距不应大于25m。建筑物外廓易受雷击的几个角上的柱子钢筋宜被利用。

构筑物的防直击雷装置引下线一般可为一根，但其高度超过40m时，应在相对称的位置上装设两根。

防直击雷装置每根引下线的冲击接地电阻不宜大于30Ω，其接地装置宜和电气设备等接地装置共用。防雷接地装置宜与埋地金属管道及不共用的电气设备接地装置相连。

b. 防雷电波侵入。对电缆进出应在进出端将电缆的金属外皮、钢管等与电气设备接地相连。在电缆与架空线连接处应装设避雷器。避雷器、电缆金属外皮和绝缘子铁脚应连在一起接地，其冲击接地电阻不应大于30Ω。

④ 微波站、电视台、地面卫星站、广播发射台等通信枢纽建筑物质防雷要求。

a. 天线塔设在机房顶上时，塔的金属结构应与机房屋面上的防雷装置连在一起，其连接点不应少于两处。波导管或同轴电缆的金属外皮和航空障碍灯用的穿线金属管道，均应与防雷装置连接在一起。

b. 天线塔远离机房时进出机房的各种金属管埋道和电缆的金属外皮或穿全塑电缆的金属管道应埋地敷设，其埋地长度不应小于50m，两端应与塔体接地网和电气设备接地装置相连接。

c. 机房建筑的防雷装置，当建筑物不是钢筋混凝土结构时，应围绕机房敷设闭合环形接地体，引下线不得少于四组。钢筋混凝土楼板的地面，应在地面构造内敷设不大于1.5m×1.5m的均压网，与闭合环形接地连成一体。专用接地或直流接地宜采用一点接地，在室内不应与其他接地相连，此时距其他接地装置的地下距离不应小于20m。当不能满足上述要求时，应与防雷接地和保护接地连在一起，其冲击接地电阻不应大于1Ω。

d. 固定在建筑物上的节日彩灯、航空障碍标志灯及其他用电设备的线路，应根据建筑物的重要性采取相应的防止雷电波侵入的措施。无金属外壳或保护网罩的用电设备应处在接闪器的保护范围内；从配电盘引出的线路应穿钢管，钢管的一端与配电盘外壳相连，另一端与用电设备外壳及保护罩相连，并就近与屋顶防雷装置相连，钢管因连接设备而在中间断开时应设跨接线；在配电盘内，应在开关的电源侧与金属外壳之间装设过电压保护器。

e. 不装防雷装置的所有建筑物和构筑物，为防止雷电波沿架空线侵入室内，应在进户处将绝缘子铁脚连同铁横担一起接到电气设备的接地装置上。

f. 为防止雷电波侵入，严禁在独立避雷针、避雷网、引下线和避雷线支柱上悬挂电话线、广播线和低压架空线等。

⑤ 防感应雷措施。由于雷电的静电感应或电磁感应引起的危险过电压，我们称之为感应雷。这危险的过电压会引起建筑物、构筑物内设备爆炸和火灾事故。对于第一类、第二类防雷建筑必须考虑防感应雷的措施，对于第三类防雷建筑物一般不考虑感应雷防护，但电气设备金属外壳应接地。

为了防止静电感应产生的高压，应将建筑物内的金属敷埋设备、金属管道、结构钢筋予以接地。接地装置可以和其他接地装置共用。

根据建筑物的不同屋顶，应采取相应的防止静电的措施；对于金属屋顶，应将屋顶妥善接地；对于钢筋混凝土屋顶，应将屋面钢筋焊成 6～12m 的网格，连成通路，并予以接地；对于非金属屋顶，应在屋顶上加装边长 6～12m 的金属网格，并予以接地。屋顶或屋顶上金属网格的接地不得少于两处，其间距不得超过 18～30m。

为了防止电磁感应，平行管道相距不到 100mm 时，每 20～30m 应用金属线跨接；交叉管道相距不到 100mm 时，也应用金属线跨接；管道与金属设备或金属结构之间距离小于 100mm 时，也应用金属线跨接。此外，管道接头、弯头等连接地方，也应用金属线跨接，其接地装置可与其他接地装置共用。

（3）架空电力线路防雷措施

① 架设避雷线。根据我国情况，110kV 及以上的架空线路架设避雷线（年平均雷暴日不超过 15 天的少雷地区除外）。运行统计证明，这是很有效的防雷措施，但是它的造价高，只在 110kV 及 220kV 及以上的架空线路上才沿线路全线装设避雷线。35kV 及以下电力架空线路，一般不全线装设避雷线。有避雷线的线路，每基杆塔不连避雷线的工频电阻，在雷季干燥时不宜超过表 9-16 所列数值。

表 9-16　有避雷线架空电力线路杆塔的工频接地电阻

土壤电阻率/Ω·m	100 及以下	100 以上至 500	500 以上至 1000	1000 以上至 2000	2000 以上
接地电阻/Ω	10	15	20	25	30①

① 表示如果土壤电阻率很高，接地电阻很难降低到 30Ω 时，可采用 6～8 根总长不超过 500m 的放射形接地体，或连续伸长接地体，其接地电阻不受限制。

② 加强线路绝缘，在铁横担线路上可改用瓷横担或高一等级的绝缘子（10kV 线路），加强线路绝缘，使线路的绝缘耐冲击水平提高。当线路遭受雷击时，发生相间闪络的机会减少，而且雷击闪络后形成稳定工频电弧的可能性也大为减小，线路雷击跳闸次数就减少。

③ 利用导线三角形排列的顶线兼作保护线。在顶线绝缘子上装设保护间隙，如图 9-26 所示。在线路顶线遭受雷击、出现高电压雷电波时，间隙被击穿，雷电流便畅通地对地泄放，从而保护了下面两根导线，一般线路不会引起跳闸。

④ 杆塔接地。将铁横担线路的铁横担接地，当线路遭受雷击发生对铁横担闪络时，雷电流通过接地引下线入地。接地电阻应越小越好，年平均雷暴日在 40 天以上的地区，其接地电阻不应超过 30Ω。

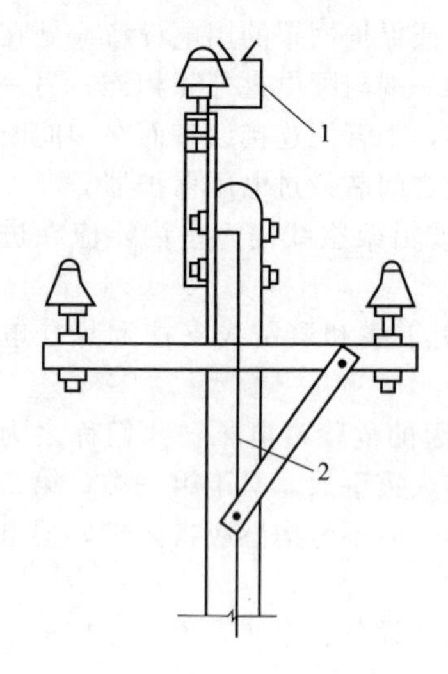

图 9-26 顶线绝缘子附有保护间隙

1—保护间隙；2—接地线

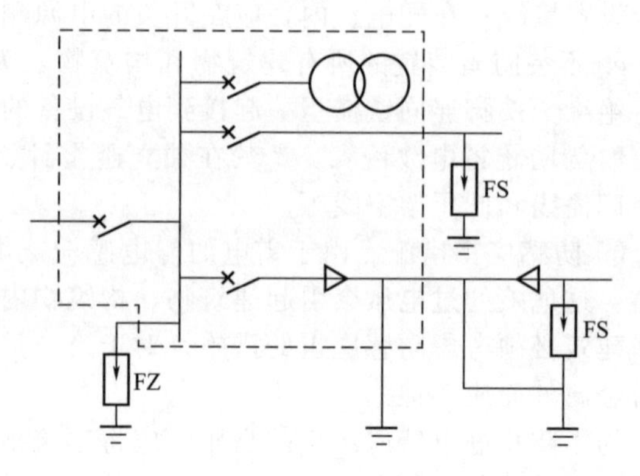

图 9-27 10kV 变配电所雷电侵入波的保护接线

FZ，FS—阀型避雷器

⑤ 装设自动重合闸装置。线路遭受雷击时不可避免要发生相间短路，尤其是 10kV 等电压较低的线路，但运行经验证明，电弧熄灭后线路绝缘的电气强度一般都能很快恢复。因此，线路装设自动重合闸装置后，只要调整好，有 60％～70％的雷击跳闸能自动重合成功，这对保证安全供电起很大作用。

（4）变配电所防雷措施

① 10kV 变配电所的防护。10kV 变配电所应在每组母线和每回路架空线路上装设阀型避雷器，其保护接线如图 9-27 所示。母线上避雷器与变压器的电气距离不宜大于表 9-17 所列数值。

表 9-17 10kV 避雷器与变压器的最大电气距离

雷季经常运行的进出线路数	1	2	3	4 及以上
最大电气距离/m	15	23	27	30

a. 对于具有电缆进线线段的架空线路，阀型避雷器应装设在架空线路与连接电缆的终端头附近。

b. 阀型避雷器的接地端应和电缆金属外皮相连。

c. 如各架空线均有电缆进出线段，则避雷器与变压器的电气距离不受限制。

d. 避雷器尖以最短的接地线与变配电所的主接地网连接，包括通过电缆金属外皮与主接地网连接。

e. 在多雷地区，为了防止变压器低压侧雷电波侵入的正变换电压和来自变压器高压侧的反变换电压击穿变压器的绝缘（反变换电压是指高压侧遭受雷击、避雷器放电、其接地装置呈现较高的对地电压，此电压经过变压器低压中性点通过变压器反转来加到高压侧的电压冲击波），在变压器低压侧宜装设一组低压阀型避雷器或击穿保险器。如果变压器高压侧电压在 35kV 以上，则在变压器的高低压侧均应装设阀型避雷器保护。

② 低压线路终端的保护。雷电侵入波沿低压线路进入室内，容易造成严重的人身事故。为了防止这种雷害，根据不同情况，可采取下列措施：

a. 对于重要用户，最好采用电缆供电，并将电缆金属外皮接地。条件不允许时，可由架空线接 50m 以上的直埋电缆供电，并在电缆与架空线连接处装设一组低压阀型避雷器，架空线绝缘子铁脚与电缆金属外皮一起接地。

b. 对于重要性较低的用户，可采用全部架空供电，并在进户处装设一组低压阀型避雷器，架空线绝缘子铁脚与电缆金属外皮一起接地。

c. 对于一般用户，将进户处绝缘子铁脚接地即可。

d. 年平均雷暴日数不超过 30 天的地区、低压线被建筑物等屏蔽的地区以及接户线距低压线路接地点不超过 50m 的，接户线的绝缘子铁脚可不接地。

③ 架空管道上雷电侵入波的防护。为了防止沿架空管道传来的雷电侵入波，应根据用户的重要性，在管道进户处及邻近的 100m 内，采取 1～4 处接地措施，并在管道地架处接地。接地装置也可与电气设备接地装置共用。

6. 防雷设备安装要求

① 避雷针及其接地装置不能装设在人、畜经常通行的地方，距道路应在 3m 以上，否则要采取保护措施。与其他接地装置和配电装置之间要保护规定距离：地上不小于 5m，地下不小于 3m。

② 用避雷带防建筑物遭直击雷时，屋顶上任何一点距离避雷带不应大于 10m。当有 3m 及以上平行避雷带时，每隔 30～40m 宜将平行的避雷带连接起来。

③ 屋顶上装设多支避雷针时，两针间距离不宜大于 30m。屋顶上单支避雷针的保护范围可按 60°保护角确定。

④ 阀型避雷器安装要求：

a. 避雷器不得任意拆开，以免破坏密封和损坏元件。避雷器宜垂直立放保管。

b. 避雷器在安装前应检查其型号规格是否与设计相符；瓷件应无裂纹、损坏；瓷套与铁法兰间的结合应良好；组合元件应经试验合格；底座和拉紧绝缘子的绝缘应良好。FS 型避雷器的绝缘电阻应大于 2500MΩ。

c. 阀型避雷器应垂直安装，每一个元件的中心线与避雷器安装点中心线的垂直偏差不应大于该元件高度的 1.5%；如有歪斜可在法兰间加金属片校正，但应保证其导电良好，并把缝隙垫平后涂以油漆。

均压环应安装水平，不能歪斜。

d. 拉紧绝缘子串必须紧固，弹簧应能伸缩自如，同相绝缘子串拉力应均匀。

e. 放电记录器应密封良好，动作可靠，安装位置应一致，有便于观察；放电记录器要恢复至零位。

f. 10kV 以下变配电所常用的阀型避雷器体积较小，一般安装在墙上或电杆上。安装在墙上时，应有金属支架固定；安装在电杆上时，应有横担固定。金属支架、横担应根据设计要求加工制作，并固定牢固。避雷器的上部端子一般用镀锌螺栓与高压母线连接，下部端子接到接地引下线上。接地引下线应尽量短而直，截面积应按接地要求和规定选择。

⑤ 管型避雷器安装要求：

a. 安装前应进行外观检查。绝缘管壁应无破损、裂开；漆膜无脱落；管口无堵塞；配件齐全；绝缘应良好；试验应合格。

b. 灭弧间隙不得任意拆开调整，喷口处的灭弧管内径应符合产品技术规定。

c. 安装时应在管体的闭口端固定，开口端指向下方。倾斜安装时，其轴线与水平方向的夹角：普通管型避雷器应不小于 15°；无续流避雷器应不小于 45°；装在污秽地区时应增大倾斜角度。

d. 避雷器安装方位，应使其排出的气体不会引起相间或相对地短路或闪络，也不得喷及其他电气设备。避雷器的动作指示盖应向下打开。

e. 避雷器及其支架必须安装牢固，防止反冲力使其变形和移位，同时应便于观察和检修。

f. 无续流避雷器的高压引线与被保护设备的连接线长度应符合产品的技术要求。隔离间隙（外部间隙）应符合产品技术要求。

g. 隔离间隙（外部间隙）电极的制作应按产品的有关要求，铁质材料制作的电极应镀锌。

隔离间隙轴线与避雷器管体轴线的夹角不小于45°，以免引起管壁闪络；隔离间隙宜水平安装，以免雨滴造成短路；隔离间隙必须安装牢固，其间隙距离应符合设计规定。

⑥ 氧化锌避雷器安装要求与闪型避雷器相同。

参考文献

[1] 《电工实用手册》编委会．电工实用手册［M］．北京：化学工业出版社，2014.
[2] 周晓鸣，李贞权，董武．新编电工技能手册［M］．北京：中国电力出版社，2010.
[3] 戈以荣．电工技能手册［M］．上海：上海交通大学出版社，2001.
[4] 《实用电工电子技术手册》编委会．实用电工电子技术手册［M］．北京：机械工业出版社，2003.
[5] 陈小华．简明电工实用手册［M］．北京：人民邮电出版社，2002.
[6] 李正吾．新电工手册［M］．合肥：安徽科学技术出版社，2003.
[7] 孙克军．农村电工手册［M］．2版．北京：机械工业出版社，2002.
[8] 刘光源．简明维修电工实用手册［M］．2版．北京：机械工业出版社，2004.
[9] 段大鹏．变配电原理、运行与检修［M］．北京：化学工业出版社，2004.
[10] 陈家斌．电气设备安装及调试［M］．北京：中国水利水电出版社，2003.
[11] 刘国林．电工学［M］．北京：人民邮电出版社，2005.
[12] 宋军，陆秀令．电工技术［M］．长沙：湖南大学出版社，2004.
[13] 刘介才．供配电技术［M］．北京：机械工业出版社，2000.
[14] 吕如良．电工手册［M］．4版．上海：上海科学技术出版社，2000.
[15] 沙振舜．电工实用技术手册［M］．南京：江苏科学技术出版社，2002.
[16] 曾凡奎．新简明电工手册［M］．北京：机械工业出版社，2005.
[17] 刘丙江，刘晗．袖珍电工技能手册［M］．北京：中国电力出版社，2013.